普通高等教育“十一五”国家级规划教材
“十三五”江苏省高等学校重点教材

传感器原理

(第四版)

姚恩涛　田裕鹏　李开宇
陈智军　费　飞　编著

科学出版社
北　京

内 容 简 介

本书为“十三五”江苏省高等学校重点教材(编号：2019-2-099)。

本书以传感器原理为主线，在介绍传感器的静态和动态一般特性的相关概念及计算方法基础上，阐述经典与现代多种传感器的工作原理、特点、调理电路、误差分析、设计方法和典型应用。全书共16章，其内容既包含基于场理论的结构型传感器，也包括基于热力学原理、物理效应的物性型传感器。根据传感器集成化、微型化发展的趋势，补充微机电、无源射频等传感器技术，并介绍了提高传感器测试精度的方法、传感器的新技术。

本书条理清楚，框架结构合理，原理介绍重点突出，理论性和系统性强，同时又有一定的实用性和启发性。本书可作为高等院校测控技术与仪器、电子信息工程、自动化、机械电子工程等专业的教材，也可供其他相近专业学生及从事传感器、测控技术工作的工程技术人员参考。

图书在版编目(CIP)数据

传感器原理 / 姚恩涛等编著. —4版. —北京：科学出版社，2020.9
普通高等教育“十一五”国家级规划教材 · “十三五”江苏省高等学校重点教材
ISBN 978-7-03-066746-5

Ⅰ. ①传… Ⅱ. ①姚… Ⅲ. ①传感器-高等学校-教材
Ⅳ. ①TP212

中国版本图书馆CIP数据核字(2020)第218599号

责任编辑：余 江 / 责任校对：王萌萌
责任印制：张 伟 / 封面设计：迷底书装

科学出版社 出版
北京东黄城根北街16号
邮政编码：100717
http://www.sciencep.com
北京中科印刷有限公司 印刷
科学出版社发行 各地新华书店经销
*
1987年10月第 一 版 开本：787×1092 1/16
2007年 8 月第 三 版 印张：22 1/2
2020年 9 月第 四 版 字数：562 000
2022年12月第六次印刷
定价：79.00元
(如有印装质量问题，我社负责调换)

前　　言

传感器作为信息获取的工具，在当今信息时代的重要性越来越为人们所认识。随着科学技术的发展，现代工业生产的自动化程度越来越高，对传感器的依赖性也越大，作为自动检测与自动控制系统主要环节的传感器，对系统测控质量具有决定性作用。因此，传感器与传感器技术的研究、发展和应用近年来取得了巨大进步，成为国内外重点支持发展的高技术领域，传感器技术也成为新技术革命的关键因素。

为了适应传感器技术迅猛发展的需要，编者在《传感器原理(第三版)》的基础上，进行改编和重新整理，各章内容均有所增删，新增加第 9 章(声表面波传感器)和第 15 章(微机电技术与微传感器)；删除了原第 14 章中的气敏和湿敏传感器。为方便读者学习掌握传感器知识，在必要的章节中给出了相关例题，并在章后列有习题与思考题。本书继承了第二、三版深入浅出、理论联系实际等特点，并注意吸收传感器发展的最新成果，内容丰富、新颖，具有一定的广度和深度。本书可作为高等院校测控技术与仪器、电子信息工程、自动化、机械电子工程等专业的教材，也可供其他专业学生及从事传感器、测控技术工作的工程技术人员参考。

全书共 16 章，由姚恩涛负责统筹主编。参加编写的有南京航空航天大学的田裕鹏教授(第 1、2、6、7、8 章，第 10 章的 10.1～10.5、10.7 节，第 16 章的 16.4、16.5 节)、姚恩涛教授(第 3、4、5、11 章，第 10 章的 10.6 节)、李开宇副教授(第 12、13、14 章，第 16 章的 16.1～16.3 节)、陈智军副教授(第 9 章)、费飞博士(第 15 章)。

全书由南华大学李兰君教授审阅。

本书自从第一版问世以来，得到全国兄弟院校教师、学生的支持。在教材重新编写过程中，得到多方面的帮助和支持，于盛林教授、吴志鹤教授给予了许多宝贵的建议。特别是教材原主编余瑞芬教授，为新版教材的出版倾注了大量时间和心血。编者在此一并致以诚挚的谢意。

由于编者水平有限，恳请读者对书中不当之处给予批评指正。

编　者

2020 年 7 月于南京

前　言

目　录

第1章　绪　　论

1.1　传感器的定义及其作用

1.1.1　传感器的定义

当今社会是信息化的社会，若将信息化社会与人体相比拟，如图 1-1-1 所示，电子计算机便相当于人的大脑，大脑是通过人的五种感觉器官(视觉、听觉、嗅觉、味觉和触觉)感受外界刺激并做出反应的，与“感官”相对应的就是传感器，故传感器又称为“电五官”。所以传感器是人机接口(外部真实世界与计算机的接口，另一接口是执行器)，它能感受或响应规定的被测量，如各种物理量、化学量、生物量或状态量，并按照一定规律转换成有用信号，便于远距离传输、处理、存储和控制。

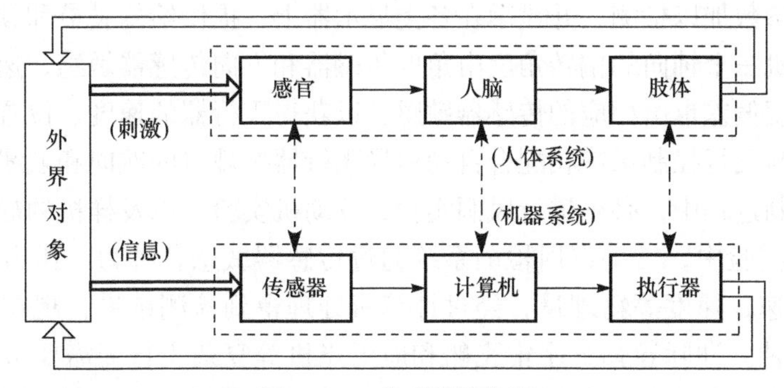

图 1-1-1　传感器的作用

国家标准《传感器通用术语》中，对于传感器的定义作了如下规定：“能感受(或响应)规定的被测量并按照一定规律转换成可用信号输出的器件或装置。传感器通常由直接响应被测量的敏感元件和产生可用信号输出的转换元件以及相应的电子线路所组成。”

这里所谓的“可用信号”是指便于处理、传输的信号。目前，最便于处理和传输的是电信号。

传感器技术则是涉及传感原理、传感器件设计、机械工程、计算机、通信网络等技术或学科的综合技术，是多学科技术交叉渗透形成的一门新技术学科——传感器工程学。

1.1.2　传感器的作用

近年来，传感器引起人们极大的关注。现代信息技术的三大基础是：信息的获取、传输和处理，即传感器技术、通信技术和计算机技术，它们分别构成了信息技术系统的“感官”、“神经”和“大脑”。现代计算机技术和通信技术由于超大规模集成电路的飞速发展取得了极大进展，以微处理器为中心的信息处理能力及通信能力已大大提高，成本显著下降，而作为信息获取源头的信息获取装置——传感器的发展相对落后，没有跟上信息技术的发展，成为影响产业发展的瓶颈。

所以，传感器面临着急需改变信息获取落后现状的挑战，同时技术进步又为传感器技术加速发展提供了保证和机遇，从20世纪80年代起，逐步在世界范围内掀起了一股“传感器热”。在过去的数十年中传感器技术及其应用取得了巨大的进步，新的技术不断出现，传感器技术成为新技术革命的关键因素。人们不仅对传感器的精度、可靠性、响应速度、获取的信息量要求越来越高，还要求其成本低廉且使用方便。

传感器是实现自动检测和自动控制的首要环节，如果没有传感器对原始参数进行精确可靠的测量，那么无论信号转换、信息处理还是数据的显示与控制，都将成为一句空话。可以说，没有精确可靠的传感器，就没有精确可靠的自动检测和控制系统。现代微电子技术和计算机为信息的转换与处理提供了极其完善的手段，近代检测与控制系统正经历着重大的变革，但是，如果没有各种传感器去检测大量原始数据并提供信息，那么，电子计算机也无法发挥其应有的作用。

传感器已经广泛应用于生产、生活和科学研究的各个领域，在航空、航天技术领域，传感器应用得最早，也应用得最多。在现代飞机上，装备着繁多的显示与控制系统，以保证各种飞行任务的完成。在这些系统中，传感器首先对反映飞行器飞行参数和姿态、发动机工作状态的各个物理参数加以检测，并显示在各类显示器上，提供给驾驶员和领航员去控制和操纵飞行器。如飞机三个轴向的偏转角度由角度传感器和方向传感器敏感，速度由速度传感器敏感，高度或高度偏差也由相应的传感器敏感，以获得飞行器的速度、位置、姿态、航向、航程等参数，并与飞行控制系统相配合自动引导飞行器按规定的航向和航线飞行。另外，在新型飞行器的研制过程中，必须进行风洞实验、发动机实验，以及样机的静、动载实验和飞行实验，在各种实验中，自动巡回检测系统通过传感器敏感各种力、压力、应变、位移、温度、流量、转速、速度等物理量，经过计算机处理得到检测结果，现在大型飞机使用的传感器多达上百种。洲际导弹、宇宙飞船和航天飞机等复杂飞行器需要敏感的飞行参数更多，在美国航天飞机上就安装有超过2000个各种类型的传感器，时刻监测航天飞机的工作状态。

在化工、炼油、钢铁冶炼、电力、煤气等现代化工业生产过程中，传感器的应用就更多了。现代化的工业生产自动化程度很高，通常不能直接观察装置中的生产过程，只能通过传感器检测物理、化学和机械参数，从而了解和控制装置的运转状态。因此，传感器在工业控制中极为重要。自动化工业生产工艺复杂、装置庞大，传感器分布在装置内的各个检测点。检测数据由传感器所在地点传送到控制室，自动控制系统发出的控制信号和指令信号又传送到现场，从而实现远距离控制。温度、压力、流量和液位是经常需要检测的参数，被称为生产过程的“四大参数”，影响产品性能的参数还有许多，如表征产品物理性质的密度、黏度等参数，这些参数的检测和控制更困难。

仪器仪表是科学研究和工业技术的“耳目”，在基础科学和尖端技术的研究中，大到上千光年的茫茫宇宙，小到10^{-15}m的粒子世界；长到数十亿年的天体演变，短到10^{-24}s的瞬间反应；高到5×10^{8}℃的超高温，低到0.01K的超低温，这些极端量的检测靠人的感官或一般检测设备是无能为力的，必须有相应的高精度传感器或大型检测系统才能奏效。因此，传感器的发展，越来越成为一些边缘科学研究和高新技术开发的推动力量。

传感器在生物医学和医疗器械工程方面也显露出广阔的前景，它将人体内各种生理信息转换成容易测定的量(一般是电量)，从而准确地获得人体生理状态。传感器还渗透到人们的日常生活中，如智能家居中用于温度和湿度的测控、煤气泄漏报警等。一辆现代化小轿车上安装的传感器也多达几十个，甚至上百个。

可见，传感器在科学研究、工业自动化、非电量电测仪表、医用仪器、家用电器、航空航天、军事技术等方面起着极为重要的作用。

1.2　传感器的组成与分类

1.2.1　传感器的组成

传感器通常由直接感受被测量的敏感元件和产生可用信号输出的转换元件以及相应的电子线路所组成，如图1-2-1所示。

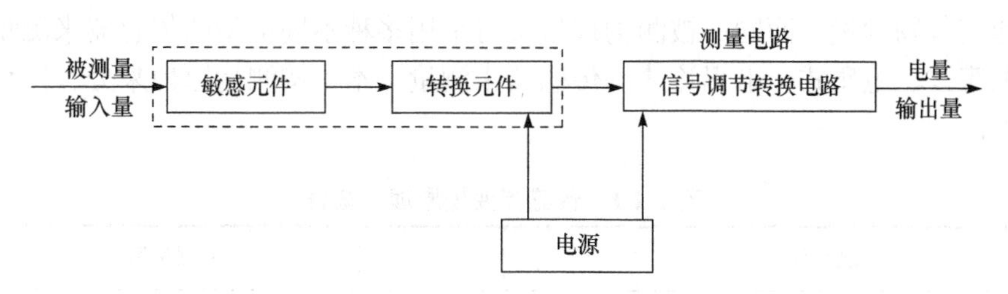

图1-2-1　传感器的组成

例如，如图1-2-2所示的气压传感器，敏感元件是膜盒，被测压力 P 的变化引起膜盒上半部分移动，带动磁芯移动；转换元件是磁芯与电感线圈，磁芯的位移引起线圈电感量的变化；然后由转换电路将线圈电感的变化转换为变化的电压或电流信号输出。实际上很多传感器并不全包含上述三部分。转换元件也可以直接感受被测量，而输出与被测量有确定关系的电量，这时转换元件本身就可作为一个独立的传感器使用，如图1-2-3所示的热电偶中，由接触电势和温差电势直接转换成输出电压，完成温度测量。

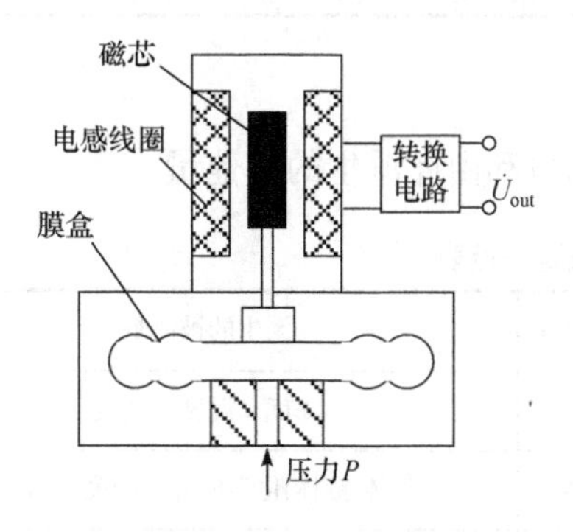

图1-2-2　气压传感器示意图

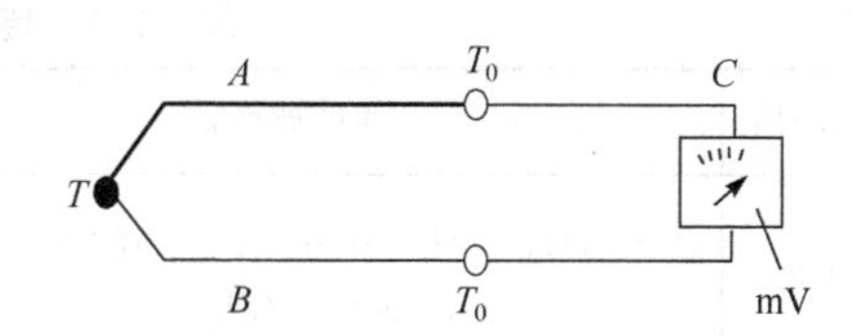

图1-2-3　热电偶示意图

当传感器输出为规定的标准信号时，则称为变送器。传感器与变送器是两种不同功能的模块，变送器为输出标准信号的传感器。标准信号是物理量的形式和数值范围都符合国际标准的信号，如电流标准4～20mA(DC)，电压标准1～5V(DC)。输出的标准化是技术发展的必然趋势，如目前国际上已出现了多种现场总线的变送器。

1.2.2 传感器的分类

随着传感器技术的快速发展，传感器的种类不断增加。一种被测量，可以用不同的传感器来测量；同一原理的传感器，通过形式和结构的变化，可以测量多种被测量。了解传感器的分类，旨在对比不同传感器之间的性能差异，不同的应用场合选择最适宜的传感器。

传感器的分类方法很多，国内外尚无统一的方法。最常用的分类方法是下面两种：第一种是按工作原理分类，如应变式、压阻式、压电式、光电式传感器等；第二种是按被测量分类，如力、位移、速度、加速度传感器等。这两种分类方法有共同的缺点，都只强调了传感器的一个方面，所以在许多情况下往往将上述两种分类方法综合使用，如应变式压力传感器、压电式加速度传感器等。

1. 按工作原理分类

往往同一机理的传感器可以测量多种物理量，如电阻型传感器可以用来测温度、位移、压力、加速度等物理量。而同一被测物理量又可采用多种不同类型的传感器来测量。如位移量，可用电容式、电感式、电涡流式等传感器来测量。本书按测量原理来分，这种分类方法列于表 1-2-1。

表 1-2-1 传感器变换原理一览表

变换原理	传感器举例
变电阻	电位器式、应变式、压阻式、光敏、热敏
变磁阻	电感式、差动变压器式、涡流式
变电容	电容式、湿敏
变谐振频率	振动膜(筒、弦、梁)式
变电荷	压电式
变电势	霍尔式、感应式、热电偶

2. 按被测量分类

这种分类方法列于表 1-2-2，包括输入的基本被测量和由此派生的其他量。

表 1-2-2 传感器输入被测量一览表

基本被测量	派生的被测量	基本被测量	派生的被测量
热工量	温度、热量、比热、压力、压差、真空度、流量、流速、风速	物理量	黏度、温度、密度
		化学量	气体(液体)化学成分、浓度、盐度
机械量	位移、尺寸、形状、力、应力、力矩、振动、加速度、噪声、角度、表面粗糙度	生物量	酶、抗体、抗原、微生物、细胞、组织、核酸等
		光学量	光强、光通量

其他分类方法，如按工作效应分有物理传感器、化学传感器、生物传感器；按输出量分

有模拟式(输出量为电压、电流等模拟信号)、数字式(输出量为脉冲、编码等数字信号)传感器；按能量关系分有能量转换型(传感器输出量直接由被测量能量转换而来)、能量控制型(传感器输出的能量由外部能源提供，但受输入量控制)传感器等。

1.3 传感器的发展

传感器的使用已有相当长的历史，过去人们把它称为变换器或换能器，它既是技术产品中的老成员，又是科技发展中的新秀，其发展方兴未艾，前途无量。

早期以测量物理量为主的传感器，如电位器、应变式和电感式传感器等都是利用机械结构的位移或变形来完成非电量到电量的变换。由于新材料、新工艺、新原理的出现，机械结构型传感器在精度、稳定性方面有了很大提高，出现了谐振式、石英电容式这样一些稳定可靠的高精度结构型传感器。迄今为止，结构型传感器在国防、工业自动化、自动检测等许多领域中仍占有相当大的比重。

1.3.1 新材料、新功能的开发与应用

传感器材料是传感器技术的重要基础，随着各种半导体材料、有机高分子功能材料等新材料的发展，人们可制造出各种新型传感器。利用材料的压阻、湿敏、热敏、光敏、磁敏及气敏等效应，可把温度、湿度、光量、气体成分等物理量变换成电量，由此研制出的传感器称为物性传感器。这种传感器具有结构简单、体积小、重量轻、反应灵敏、易于集成化、微型化等优点，引起传感器学术界的重视。而大量的半导体材料、功能陶瓷和有机聚合物的新发展，则为物性传感器的发展提供了坚实的基础。宽广的市场需求刺激了各类廉价物性传感器的发展，促进了传感器的小型化。但是，在要求高可靠性、高稳定性的使用场合以及恶劣环境条件下，物性传感器还有不少问题有待解决，但是这类传感器的发展前途很广。

1.3.2 微机械加工工艺的发展

在发展新型传感器中，离不开新工艺。各种控制仪器设备的功能越来越强，要求各个部件所占体积越小越好，因而传感器本身体积也是越小越好。这就要求发展新的材料及加工技术，主要是指各种微细加工技术，又称为微机械加工技术，微机械加工技术是随着集成电路工艺发展起来的。半导体技术中的氧化、光刻、扩散、沉积、平面电子工艺、各向异性腐蚀及蒸镀、溅射薄膜等加工方法，都已引进传感器制造过程中，例如，利用半导体技术制造出硅微型传感器，利用薄膜工艺制造出快速响应的气敏、湿敏传感器，利用溅射薄膜工艺制造的压力传感器等。微型传感器是目前最为成功、最具有实用性的微机电装置。

例如，传统的加速度传感器是由重力块和弹簧等制成的，体积大、稳定性差、寿命短，而利用激光等各种微细加工技术制成的硅加速度传感器体积非常小，互换性、可靠性都较好。另外，还有微型的温度、磁场传感器等，这种微型传感器面积大小都在 1mm^2 以下。目前，在 1cm^2 大小的硅芯片上可以制作具有上千个压力敏感单元的阵列。

1.3.3 传感器的集成化、多功能化发展

各种微机械加工工艺及新材料的发展为传感器集成提供了可能，使传感器从原来的单一元件、单一功能向集成化和多功能化方向发展。传感器的集成化一般包含三方面含义：①是将传感器与其后级的放大电路、运算电路、温度补偿电路等集成在一起，实现一体化；②是将同一类的传感器集成于同一芯片上，构成二维阵列式传感器；③是将几个传感器集成在一起，构成一种新的传感器。传感器的“多功能化”是与“集成化”相对应的一个概念，是指传感器能感知与转换两种以上的不同的物理量或化学量。例如，在同一硅片上制作应变计和温度敏感元件，制成能同时测量压力和温度的多功能传感器，将处理电路也制作在同一硅片上，还可实现温度补偿；将检测几种不同气体的敏感元件用厚膜制造工艺制作在同一基片上，制成监测氧气、氨气、乙醇、乙烯四种气体的多功能传感器；一种温、气、湿三功能陶瓷传感器也已经研制成功。

1.3.4 传感器的智能化发展

传感器与微电子技术和微处理器技术相结合，使之不仅具有检测功能，还具有信息处理、逻辑判断、自诊断及“思维”等功能，称为传感器的智能化。传感器与微机的“硬件”和“软件”集合于一体，特别是与“软件”的有机结合，可以对获得的信息进行存储、数据处理、控制，从而扩展了功能，提高了精度，而且在对环境条件的适应性、对信息的识别等方面大大优于传统的单功能传感器，此类传感器称为智能传感器。

综上所述，随着自动化生产程度的不断提高，对传感器的要求也在不断提高，人们正竞相发展小型化、集成化、智能化的传感器，并且为不断满足测试技术的各种需要而努力开发新型传感器。同时必须指出，高灵敏度、高精确度、高稳定性、响应速度快、互换性好等特性始终是传感器发展所追求的目标，也是传感器发展的永久方向。

1.4 本书的主要内容及特点

“传感器原理”是仪表与测试技术类的专业课之一。要求学生掌握几种常用传感器的工作原理、输出特性、误差补偿、应用以及工程设计方法，对于一些新型传感器，要求掌握其基本原理和误差分析方法。既强调对传感器理论原理的掌握，又要求学生有一定的工程设计实践能力，了解传感器技术的典型应用。内容上包括传感器基本知识、常用传感器、新型传感器及现代传感器技术，兼顾一般传感器内容和传感器新技术。本书以结构型传感器为主，对有发展前途的新型传感器也作了较多介绍，如谐振式传感器、光纤式传感器、声表面波传感器、微机电传感器等。本书紧紧围绕传感器原理，从传感器工作的物理效应、传感器结构与特性分析、测量电路与误差补偿、传感器设计与典型应用几方面展开。各章自成体系，便于有重点地讲授。为巩固书本课堂上学习的知识，提高学生应用传感器解决实际问题的能力，本书将有关例题和习题列在相关章节中。

由于传感器属交叉学科，涉及的知识面较广，其原理是基于各种物理、化学现象和物理、化学效应，而测量电路是以模拟电路、数字电路为基础的，智能传感器还需要微处理机和程序设计的知识。传感器种类繁多，应用非常广泛，作为传感器工程技术人员，必须具有扎实

的理论基础和多学科的综合知识。

习题与思考题

1-1　试述传感器的定义及组成。

1-2　传感器有哪几种分类方法？各有什么特点？

1-3　试述传感器的发展趋势。

1-4　传感器的智能化一般包括哪些内容？

第 2 章　传感器的一般特性

传感器的输入-输出关系反映了其一般特性。传感器所测量的量(物理量、化学量及生物量等)经常会发生各种各样的变化，例如，在测量某一液压系统的压力时，压力值在一段时间内可能很稳定，而在另一段时间内则可能有缓慢起伏，或者呈周期性的脉动变化，甚至出现突变的尖峰压力。所以传感器的输入可以分为两种基本形式：一种是输入处于稳态形式(静态或准静态)，即被测量不随时间变化或变化缓慢；另一种是动态形式，即被测量随时间变化而变化(周期或瞬间变化)。输入状态不同，传感器的输入-输出特性也不同，传感器主要通过两个基本特性——静态特性和动态特性来反映其对被测量的响应。传感器的输入-输出特性可以通过传感器校准获得。

2.1　传感器的静态特性

传感器的静态特性是指传感器在静态工作时的输入输出特性。所谓静态工作是指传感器的输入量恒定或缓慢变化而输出量也达到相应的稳定值时的工作状态，这时输出量为输入量的确定函数。

传感器的静态特性是通过静态性能指标来表示的，静态性能指标是衡量传感器静态性能优劣的重要依据，例如，传感器的总精度就是一个重要的综合的静态性能指标。不过，本章主要讨论的是传感器的各种分项性能指标，并简要地研究它们的综合问题。静态特性是传感器使用的重要依据，传感器的出厂说明书中一般都列有其主要的静态性能指标的额定数值。

2.1.1　传感器静态特性的一般知识

如果不考虑传感器特性中的迟滞及蠕变等性质，或者传感器虽然有迟滞及蠕变等但仅考虑其理想的平均特性时，其静态特性在多数情况下可以用如下的代数多项式表示：

$$Y = a_0 + a_1 x + a_2 x^2 + \cdots + a_n x^n \tag{2-1-1}$$

式中，x 为传感器的输入量，即被测量；Y 为传感器的输出量，即测量值。Y 表示传感器的理论输出量，其某一实际输出量则用 y 表示；$a_0, a_1, a_2, \cdots, a_n$ 分别为决定特性曲线形状和位置的系数，一般通过传感器的校准试验数据经曲线拟合求出，它们可正可负。

实际使用中的大多数传感器，其用代数多项式表示的特性方程的次数并不高，一般不超过五次。根据传感器的实际特性所呈现的特点和实际应用场合的具体需要，其静态特性方程并非一定要表示成式(2-1-1)所确定的完整形式。比较常见的情况有：

(1) 当 $a_2, a_3, \cdots, a_n$ =0 时，$Y = a_0 + a_1 x$，特性曲线是一条不过零点的直线，如图 2-1-1(a)所示。这就是线性传感器的特性。

(2) 当 $a_0, a_2, \cdots, a_n$ =0 时，$Y = a_1 x$，特性曲线是一条过零点的直线，如图 2-1-1(b)所示，这是线性传感器比较理想的特性。

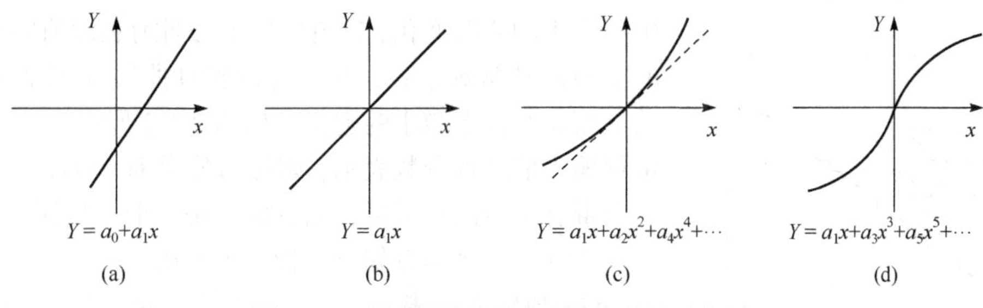

图 2-1-1　传感器的几种典型静态特性示意图

(3) 当 $a_0, a_3, a_5, \cdots=0$ 时，方程只包含一次项和偶次方项，$Y = a_1x + a_2x^2 + a_4x^4 + \cdots$，特性曲线具有零点附近的较小范围线性段，但不具有对称性，如图 2-1-1(c)所示。通常，实际特性也可能不过零。

(4) 当 $a_0, a_2, a_4, \cdots=0$ 时，方程仅包含奇次方项，$Y = a_1x + a_3x^3 + a_5x^5 + \cdots$，特性曲线对原点对称，如图 2-1-1(d)所示。不少差动式传感器具有这种特性，其在原点附近的线性段是比较有利的工作段。通常，实际特性也可能不过零点。

要使传感器和计算机联机使用，传感器的静态特性用数学方程表示是必不可少的，但为了直观地、一目了然地看出传感器的静态特性，使用图线、表格来表示静态特性显然是较优越的方式。图线能表示出传感器特性的变化趋势以及何处有最大或最小的输出，传感器灵敏度何处高、何处低。当然，也能通过其特性曲线，粗略地判别出传感器的线性程度。

列表法就是把传感器的输入-输出数据按一定的方式顺序地排列在一个表格之中，列表的优点是简单易行，各数据易于进行数量上的比较，便于进行其他处理，如绘制曲线、进行曲线拟合、进行插值计算，或求一组数据的差分或差商等。

2.1.2　传感器的主要静态性能指标

1. 测量范围和量程

传感器所能测量的最大被测量(即输入量)的数值称为测量上限，最小的被测量则称为测量下限，而用测量下限和测量上限表示的测量区间，则称为测量范围(简称范围)。

测量上限和测量下限的代数差称为量程。以力传感器为例来说明。

(1) 测量范围为 0～+10N，量程为 10N。

(2) 测量范围为−10N～+10N，量程为 20N。

(3) 测量范围为+2N～+10N，量程为 8N。

如果用 x 来表示被测量，则量程可用式(2-1-2)表示；

$$\text{span} = x_{\max} - x_{\min} \tag{2-1-2}$$

通过测量范围，可以知道传感器的测量下限和测量上限，以便正确使用传感器。通过量程，可以知道传感器的满量程输入值，而其所对应的满量程输出值，乃是决定传感器性能的一个重要数据。

2. 分辨力和阈值

分辨力是指传感器在规定测量范围内所能检测出被测输入量的最小变化量，它表征传感器能检测到的最小输入量变化。实际传感器的输入输出关系不可能都做到绝对连续。有时，输入量开始变化，但输出量并不随之相应变化，而是输入量变化到某一程度时输出才突然产

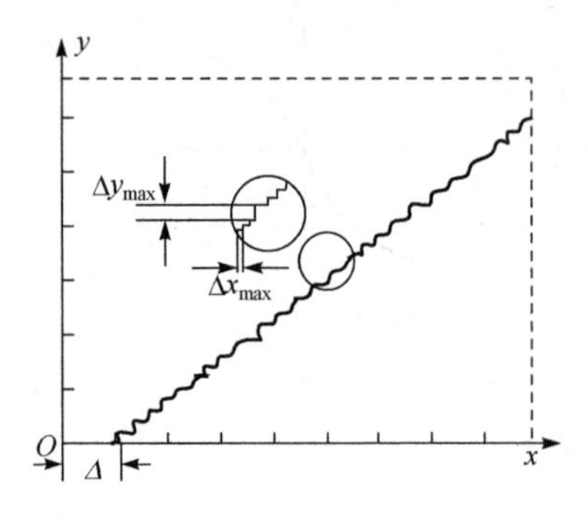

图 2-1-2　分辨力和阈值的概念

生一个小的阶跃变化，这就出现了分辨力和阈值问题。问题的实质应从微观来看，传感器的特性曲线并不是十分平滑的，而是有许多微小的起伏，如图 2-1-2 所示。分辨力用满量程输入值之百分数表示，则称为分辨率。所以，分辨力是一个带有量纲的绝对量，而分辨率是一个无量纲的百分数。

通常，分辨率有如下两种表示方法。

(1) 以输入量来表示——称为输入分辨率，它定义为：在传感器的全部工作范围内都能产生可观测的输出量变化的最小输入量变化，以满量程输入的百分比表示：

$$R_x = \frac{\max\left|\Delta x_{i,\min}\right|}{x_{\max} - x_{\min}} \times 100\% \tag{2-1-3}$$

式(2-1-3)中的输入量变化 $\max\left|\Delta x_{i,\min}\right|$ 乃是取在全部工作范围测得的各最小输入量变化中之最大者。

(2) 以输出量来表示——称为输出分辨率，它定义为：在传感器的全部工作范围内，在输入量缓慢而连续变化时所观测到的输出量的最大阶跃变化，以满量程输出的百分比表示：

$$R_y = \frac{\Delta y_{\max}}{Y_{\max} - Y_{\min}} \times 100\% \tag{2-1-4}$$

式(2-1-4)中，$Y_{\min}$、$Y_{\max}$ 分别为拟合直线输出的最小值和最大值。应当注意，分辨率是一个可反映传感器能否精密测量的性能指标，既适用于传感器的正行程(输入量渐增)，也适用于反行程(输入量渐减)，而且输入分辨率和输出分辨率之间并无确定联系。造成传感器分辨率有限的因素很多，例如，机械运动部件的干摩擦和卡塞等，还有数字系统的运算位数有限、线绕电位器的有限的线匝数等。

阈值可定义为：输入量由零变化到使输出量开始发生可观测变化的输入量值，如图 2-1-2 中的 Δ 值。阈值通常又可称为灵敏限、灵敏阈、失灵区、钝感区等，它实际上是传感器在正行程时的零点分辨力(以输入量表示时)。

3. *灵敏度*

传感器在静态工作条件下，其单位输入所产生的输出，称为灵敏度，或更严格地讲为静态灵敏度。灵敏度描述了传感器对输入量变化的反应能力。在通常意义上，如指一台传感器很灵敏，应当既指其灵敏度高，也指其分辨力高。

用公式来表示，灵敏度可定义如下：

$$K = \lim_{\Delta x \to 0}\left(\frac{\Delta y}{\Delta x}\right) = \frac{\mathrm{d}y}{\mathrm{d}x} \tag{2-1-5}$$

这实际上就是传感器输入输出特性曲线(拟合曲线)上某点的斜率。非线性传感器各处的灵敏度是不相同的。对于线性传感器，灵敏度就为其输入输出特性曲线的斜率，表示为

$$K = \frac{Y - Y_0}{X - X_0} \tag{2-1-6}$$

图 2-1-3 所示为上述两种情况下灵敏度的图解表示。一般希望传感器灵敏度高，并在满量程范围内恒定。灵敏度是一个有单位的量，其单位取决于传感器输出量的单位和输入量

的单位。

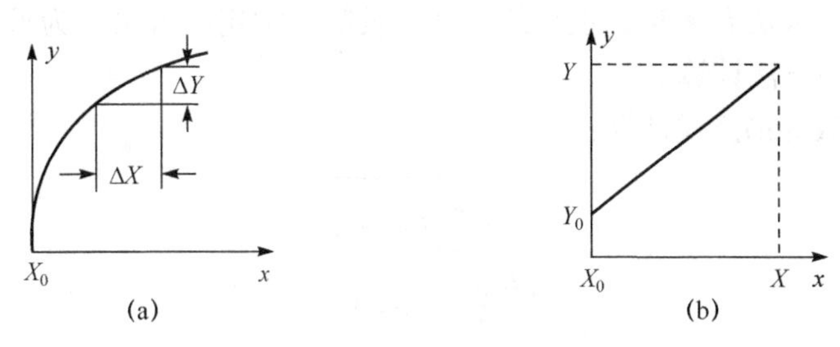

图 2-1-3　灵敏度定义的图解表示

4. 迟滞

对应同一大小的输入量，传感器正(输入量增大)反(输入量减小)行程的输出信号的大小却不相等，这一现象称为迟滞，它反映了传感器正反行程过程中，输入输出曲线的不重合程度。造成迟滞的原因有多种，诸如磁性材料的磁滞、弹性材料的内摩擦、运动部件的干摩擦及间隙等。

迟滞可用传感器正行程和反行程平均校准特性之间的最大差值，以满量程输出的百分比来表示：

$$\xi_H = \frac{\Delta y_{\max}}{Y_{\max} - Y_{\min}} \times 100\% \tag{2-1-7}$$

图 2-1-4 所示为传感器的某种迟滞特性。迟滞作为一种静态指标，是无量纲的。

5. 重复性

在相同的工作条件下，在一段短的时间间隔内，输入量从同一方向作满量程连续多次重复测量时，输出量值相互偏离的程度便称为传感器的重复性。重复性可由一组校准曲线的相互偏离值直接求得。图 2-1-5 表示了重复性的概念，图中只显示出了两个测量循环。

由于重复性反映的是传感器的随机误差，因而按照随机误差的实际概率分布，用相应的标准偏差 S 来表示重复性是更为合理的。对于一个有足够容量的测得值的样本，测得值相对于其均值呈正态分布。在这种情况下，可用样本的标准偏差 S 来估计总体的标准偏差。而重复性则可定义为此随机误差在一定置信概率下的极限值，以满量程输出的百分比来表示。

$$\xi_R = \frac{(2\sim3)S}{Y_{\max} - Y_{\min}} \times 100\% \tag{2-1-8}$$

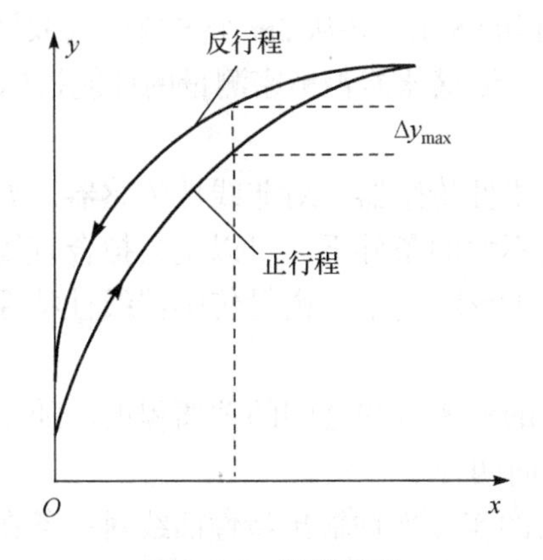

图 2-1-4　迟滞特性

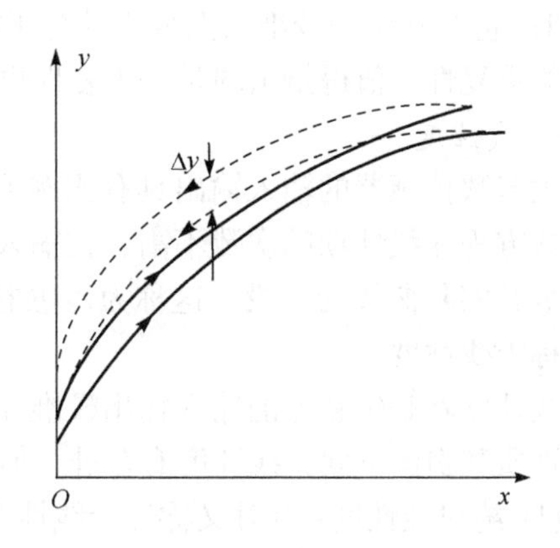

图 2-1-5　重复性的概念

对于正态分布，当置信概率系数取为 2 时，置信概率为 95.44%；取为 3 时，则为 99.73%。

样本标准偏差的求法有多种，现介绍两种比较简单常用的方法。为求第 i 个测点的标准偏差 S_i，可以用下列方法计算。

(1) 用贝塞尔(Bessel)公式计算：

$$S_i = \sqrt{\frac{\sum_{j=1}^{n}(y_{ij} - \overline{y}_i)^2}{n-1}} \tag{2-1-9}$$

式中，y_{ij} 为在第 i 个校准点上的第 j 个测得值($i = 1 \sim m$；$j = 1 \sim n$)；m 为测量点数；n 为测量次数；$\overline{y}_i$ 为在第 i 个校准点上一组测得值的算术平均值，即

$$\overline{y}_i = \frac{1}{n}\sum_{j=1}^{n} y_{ij} \tag{2-1-10}$$

(2) 用极差法计算：

$$S_i = \frac{W_i}{d_n} \tag{2-1-11}$$

式中，W_i 为极差，即在第 i 个校准点的 n 个测得值中最大值与最小值之差的绝对值；d_n 为极差系数，取决于测量循环数，即测量次数或样本容量 n。

在传感器的校准实验中，通常 $n \leqslant 15$，这时还有更简单的公式可用来粗略计算 S_i：

$$S_i = \frac{W_i}{\sqrt{n}} \tag{2-1-12}$$

极差系数 d_n 与测量次数 n 的关系见表 2-1-1。

表 2-1-1　极差系数与测量次数的关系

n	2	3	4	5	6	7	8	9	10	11	12
d_n	1.41	1.91	2.24	2.48	2.67	2.83	2.96	3.08	3.18	3.26	3.33

如果测量校准点为 m 个，便将算出 m 个样本标准偏差 S_i。通常最简单的做法是选择一个最大的 S 来参与式(2-1-9)的计算，以求得重复性，但这种做法偏于保守。当传感器具有迟滞特性时，应当在每一校准点上分别计算正行程和反行程的 S 值，并从 $2m$ 个 S 值中选取最大者来计算重复性。值得指出的是，重复性也是一个可反映传感器能否精密测量的性能指标。

6. 线性度

大多数传感器的输入输出具有比例关系，这就是线性传感器。对非线性传感器，如果其多项式方程非线性项的次数不高，在输入量变化范围不大的条件下，可以用某拟合直线近似地代表其实际曲线的一段，这称为传感器非线性特性的“线性化”。衡量传感器线性特性好坏的指标为线性度。

线性度就是传感器的输入输出校准曲线与所选定的参考直线之间的偏离程度。随参考直线的性质和引法不同，线性度有多种，但主要的有下面四种。

(1) 绝对线性度：有时又称理论线性度，是传感器的实际平均输出特性曲线对一条在其量程内事先规定好的理论直线的最大偏差，用传感器满量程输出的百分比来表示。

$$\xi_{L_{ab}} = \frac{\Delta Y_{ab,\max}}{Y_{ab,\max} - Y_{ab,\min}} \times 100\% \tag{2-1-13}$$

式中，$Y_{ab,\max}$、$Y_{ab,\min}$分别为理论直线输出的最大值和最小值，图 2-1-6 为绝对线性度的定义。

由于绝对线性度的参考直线是事先确定好的，所以绝对线性度反映的是一种线性精度，与后面的几种线性度在性质上有很大不同。在几种线性度的要求中，绝对线性度的要求是最严格的，如果要求传感器具有良好的互换件，就应当要求其绝对线性度。在变送器中，一般采用绝对线性度。

(2) 端基线性度：是传感器实际平均输出特性曲线对端基直线的最大偏差，用传感器满量程输出的百分比来表示。端基直线则定义为由传感器量程所决定的实际平均输出特性曲线首、末两端点的连线。端基线性度的定义示于图 2-1-7 中。按该图所示，可以写出端基直线方程为

$$Y_{te} = y_{\min} - \frac{y_{\max} - y_{\min}}{x_{\max} - x_{\min}} x_{\min} + \frac{y_{\max} - y_{\min}}{x_{\max} - x_{\min}} x \tag{2-1-14}$$

或

$$Y_{te} = a + bx \tag{2-1-15}$$

式中，$x_{\min}$、$y_{\min}$ 分别为测量下限的输入和输出，$x_{\max}$、$y_{\max}$ 分别为测量上限的输入和输出；b 为端基直线的斜率，$b = \frac{y_{\max} - y_{\min}}{x_{\max} - x_{\min}}$；$a$ 为端基直线的截距，$a = y_{\min} - bx_{\min}$。

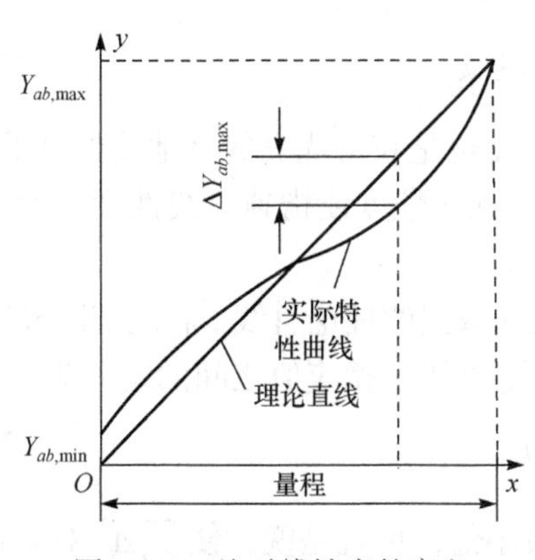

图 2-1-6　绝对线性度的定义

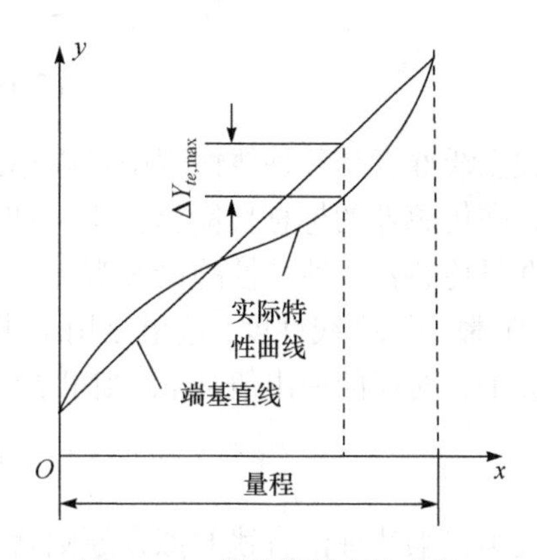

图 2-1-7　端基线性度的定义

在一般情况下，按端基直线算出的最大正、负偏差绝对值并不相等，为了尽可能减小最大偏差，可将端基直线平移，以使最大正、负偏差绝对值相等，从而得到所谓的“平移端基直线”，按该直线算出的线性度便是“平移端基线性度”。

平移端基直线的斜率和端基直线的相同，其截距可表示为

$$a' = a + \frac{1}{2}\left(\left|\Delta Y_{\max 1}\right| - \left|\Delta Y_{\max 2}\right|\right) \tag{2-1-16}$$

式中，$\Delta Y_{\max 1}$、$\Delta Y_{\max 2}$ 分别为最大正偏差和最大负偏差。在求偏差时，规定一律是实际值减去理论值：

$$\Delta Y_{te} = y - Y_{te} \tag{2-1-17}$$

端基直线定义清楚，求法简便，但无严格准则可寻。按它算出的端基线性度一般偏于保

守，故在精密传感器或需要精确评定线性度的情况下，其应用受到一定的限制。平移端基直线是端基直线的一种改进或补充。当校准特性曲线呈单调渐增或单调渐减时，若采用平移端基直线，能得到最高的线性度——独立线性度，因为此时的平移端基直线就是最佳直线。

(3) 独立线性度：是传感器实际平均输出特性曲线对最佳直线的最大偏差，用传感器满量程输出的百分比来表示。而最佳直线则定义为在传感器量程内位于既相互最靠近而又能包容所有试验点的两条平行线中间位置的一条直线。最佳直线的本质特点，乃是它能保证最大偏差为最小。独立线性度的定义示于图 2-1-8。

$$\xi_{L_{in}} = \frac{\Delta Y_{in,\max}}{Y_{in,\max} - Y_{in,\min}} \times 100\% \tag{2-1-18}$$

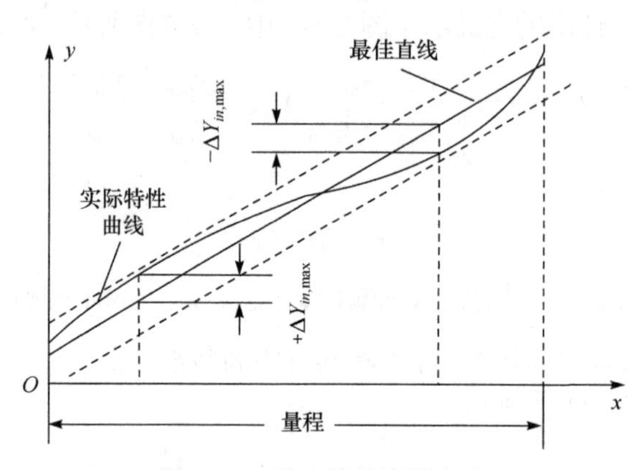

图 2-1-8　独立线性度的定义

独立线性度是各种线性度中可以达到的最高线性度，也是获得优良的其他线性度的基础。通常，在传感器的标称性能指标中，如无特别说明，所列线性度便指独立线性度。独立线性度是衡量传感器线性特性的最客观标准。

(4) 最小二乘线性度：这里是用最小二乘法求得校准数据的理论直线。假定实际校准测试点有 n 个，对应的输出值是 y，则第 i 个校准数据与理论直线上相应值之间的偏差为

$$\varDelta_i = y_i - (b + kx_i) \tag{2-1-19}$$

最小二乘法理论直线的拟合原则就是使 $\sum_{i=1}^{n} \varDelta_i^2$ 为最小值，也就是说，使 $\sum_{i=1}^{n} \varDelta_i^2$ 对 k 和 b 的一阶偏导数等于零，从而求出 b 和 k 的表达式：

$$\frac{\partial}{\partial k}\sum_{i=1}^{n} \varDelta_i^2 = 2\sum_{i=1}^{n}\left(y_i - kx_i - b\right)\cdot(-x_i) = 0$$

$$\frac{\partial}{\partial b}\sum_{i=1}^{n} \varDelta_i^2 = 2\sum_{i=1}^{n}\left(y_i - kx_i - b\right)\cdot(-1) = 0$$

由此求出 k 和 b：

$$k = \frac{n\sum_{i=1}^{n} x_i y_i - \sum_{i=1}^{n} x_i \sum_{i=1}^{n} y_i}{n\sum_{i=1}^{n} x_i^2 - \left(\sum_{i=1}^{n} x_i\right)^2} \tag{2-1-20}$$

$$b=\frac{\sum_{i=1}^{n}x_i^2\sum_{i=1}^{n}y_i-\sum_{i=1}^{n}x_i\sum_{i=1}^{n}x_iy_i}{n\sum_{i=1}^{n}x_i^2-\left(\sum_{i=1}^{n}x_i\right)^2} \tag{2-1-21}$$

式中，n 为校准点数。

以最小二乘直线作理论直线的特点是各校准点上偏差的平方之和最小。但是，整个测量范围内的最大偏差的绝对值并不一定最小，最大正偏差与最大负偏差的绝对值也不一定相等。

7. 符合度

虽然大多数传感器具有线性特性，但是也有一些传感器或其元部件具有非线性特性。当非线性相当大时，就不便于以线性度去衡量其特性了。所谓符合，就是传感器的输入输出特性符合或接近某一参考曲线的性能。评定符合性优劣的指标称为符合度。

和线性度一样，根据不同的需要，从理论上都可以引出不同参考曲线，从而构成不同符合度。例如，如果参考曲线用代数多项式来表示，则每一种符合度又可以用不同阶次的代数多项式来表示，从而可以得到一阶符合度(即线性度)、二阶符合度、三阶符合度等。

在评定线性传感器的线性时所采用的参考直线的种类并不多，但对于非线性传感器，可引的参考曲线的种类却非常多。参考曲线是由其函数形式来决定的。对于一台具体的传感器，如何考虑参考曲线的函数形式呢？下面几条原则可供参考。

(1) 应满足所需的拟合精度要求；

(2) 函数的形式应尽可能简单；

(3) 如用多项式，其次数应尽可能低。

符合度只有在确定了拟合函数形式后来谈论才有意义。一般说来，只有在相同的拟合函数形式下，才可以对不同的传感器比较其符合度的优劣。和线性度一样，符合性也是传感器的一个确定性性能，而不是一个随机性性能。

各种符合度的定义类似于各种线性度的定义，但计算方法比较复杂，不太可能用手算和图解，但可以编制实用的计算程序。

8. 漂移

漂移是指在一定时间间隔内，传感器的输出存在着与被测输入量无关的、不需要的变化。传感器的漂移量大小是表示传感器性能稳定性的重要指标。

漂移包括零点漂移和灵敏度漂移，零点漂移或灵敏度漂移又可分为时间漂移和温度漂移，即时漂和温漂。图 2-1-9 所示为零漂和灵敏度温漂两种漂移的叠加。

国内外对漂移指标的计算方法尚无权威性规定，下面将介绍一些常用的方法。

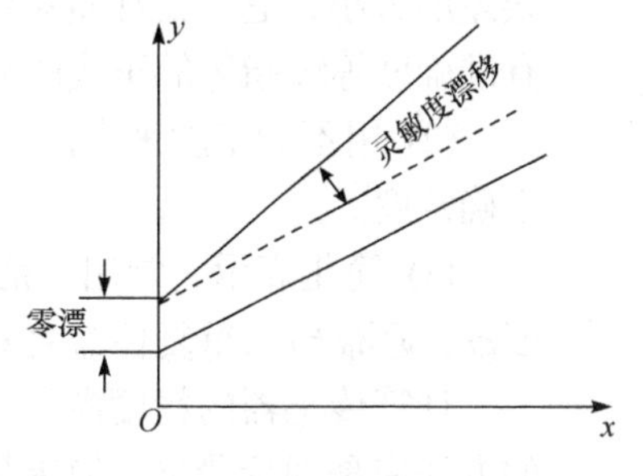

图 2-1-9　零漂与灵敏度漂移

1) 零点时漂

规定传感器 1h 内的零点漂移 D 按下式计算：

$$D=\frac{|y_0-y_0'|_{\max}}{Y_{\max}-Y_{\min}}\times 100\% \tag{2-1-22}$$

式中，y_0 为传感器零点初始输出值；y_0' 为传感器零点的最大或最小输出值。

测试传感器的零点漂移应在规定的恒定环境条件下进行。传感器接通电源后可以有一定预热时间，之后在无输入量作用的情况下可每隔 10～15min 记录一次传感器的零点输出，共进行 1h。

2) 零点温漂

传感器的零点温漂γ可按下式计算：

$$\gamma=\frac{\overline{y}_0(T_2)-\overline{y}_0(T_1)}{Y_{FS}(T_1)(T_2-T_1)}\times 100\%/℃ \tag{2-1-23}$$

式中，$\overline{y}_0(T_1)$为在室温 T_1 时，传感器的零点平均输出值；$\overline{y}_0(T_2)$为在规定的高温或低温温度 T_2 保温 1h 后，传感器的零点平均输出值；$Y_{FS}(T_1)$为在 T_1 温度下传感器的理论满量程输出。为了计算方便，此处也可用实际的满量程输出平均值代替，$\overline{y}_{FS}(T_1)\approx Y_{FS}(T_1)$。

根据式(2-1-23)，可分别计算高温或低温检定的零点温漂γ_+或γ_-。零点温漂测试通常应进行三次，然后再计算γ值。

3) 灵敏度温漂

传感器的灵敏度温漂β可按下式计算：

$$\beta=\frac{\overline{Y}_{FS}(T_2)-\overline{Y}_{FS}(T_1)}{\overline{Y}_{FS}(T_1)(T_2-T_1)}\times 100\%/℃ \tag{2-1-24}$$

式中，$\overline{Y}_{FS}(T_1)$为在室温 T_1 时，传感器的满量程输出平均值；$\overline{Y}_{FS}(T_2)$为在规定的高温或低温 T_2 保温 1h 后，传感器的满量程输出平均值。

大写的Y_{FS}表示传感器按拟合特性计算的理论满量程输出，为计算方便，可以用$\overline{y}_{FS}$代替Y_{FS}。

根据式(2-1-24)可分别计算高温或低温检定时的灵敏度温漂β_+或β_-。灵敏度温漂测试通常应进行三次，然后再计算β值。

9. 总精度

从误差的角度对传感器输入输出进行研究是传感器特性分析的基本内容。在静态情况下，前面所讨论的迟滞、重复性、线性度及符合度，当它们被单独计算和提出来时，通常称为传感器的各分项或单项性能指标。为综合地评价一台传感器的优劣，最好能有一个反映各分项指标共同起作用的综合性能指标。一般把此综合性能指标称为总精度或总不确定度，俗称精度。总精度反映的是传感器的实际输出在一定置信概率下对其理论特性或工作特性的偏离皆不超过的一个范围，其定量描述有下述几种方式。

(1) 用准确度等级指数来表征。准确度等级指数 a 的百分数 a%所表示的相对值代表允许误差的大小，它不是测量系统实际出现的误差。a 值越小表示准确度越高。凡国家标准规定有准确度等级指数的正式产品都应有准确度等级指数的标志。

(2) 用不确定度来表征。不确定度为在规定条件下系统或装置用于测量时所得测量结果的不确定度。

(3) 简化表示。常用“精度”作为表征产品的准确程度的技术指标。通常精度 A 由线性度ξ_L、迟滞ξ_H与重复性ξ_R之和得出。

计算传感器的精度尚无十分权威的方法，有几种方法都在使用中，效果相差不大。较好的方法应是理论严格、简单易行、效果较佳而又能和国际上通用的方法靠近或接轨。下面以线性传感器为例，结合我国《传感器主要静态性能指标计算方法》(GB/T 18459—2001)简要进行介绍。

1) 工作特性直线(即拟合直线)

规定采用端点连线平移直线，即平移端基直线，或最小二乘直线。由于不同的理论直线将影响分项指标的数值，所以在提出总精度的同时应说明使用何种理论直线。

2) 非线性误差

同前一样，可表示为

$$\xi_L = \frac{\left|\Delta Y_{L,\max}\right|}{Y_{FS}} \times 100\% \tag{2-1-25}$$

3) 迟滞误差

定义同前，表示为

$$\xi_H = \frac{\left|\Delta Y_{H,\max}\right|}{Y_{FS}} \times 100\% \tag{2-1-26}$$

4) 非线性及迟滞误差

非线性及迟滞误差是表征传感器正反行程校准曲线与工作特性直线(即拟合直线)不吻合或不一致的程度。它以正行程和反行程校准曲线与工作特性直线之间偏差的最大值和满量程输出值之百分比来表示。

$$\xi_{LH} = \frac{\left|\Delta Y_{LH,\max}\right|}{Y_{FS}} \times 100\% \tag{2-1-27}$$

图 2-1-10 所示为非线性及迟滞误差的定义。

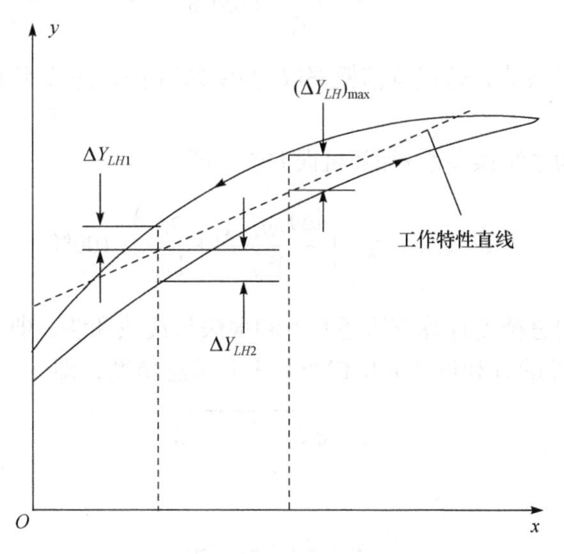

图 2-1-10　非线性及迟滞误差

5) 重复性误差

前面已定义过重复性，重复性误差计算方法为：按贝塞尔公式计算每个校准点上的正、反行程子样标准偏差的估值

$$S_{Ii} = \sqrt{\frac{1}{n-1}\sum_{j=1}^{n}(y_{Iij} - \overline{y}_{Ii})^2} \tag{2-1-28}$$

$$S_{Di}=\sqrt{\frac{1}{n-1}\sum_{j=1}^{n}(y_{Dij}-\overline{y}_{Di})^2} \tag{2-1-29}$$

式中，S_{Ii} 为第 i 个校准点上正行程校准数据的子样标准偏差(i=1,2,⋯,m)；S_{Di} 为第 i 个校准点上反行程校准数据的子样标准偏差(i=1,2,⋯,m)；y_{Iij} 为正行程第 i 个校准点上第 j 次测得数据；y_{Dij} 为反行程第 i 个校准点上第 j 次测得数据；$\overline{y}_{Ii}$ 为正行程第 i 个校准点上数据的算术平均值，即

$$\overline{y}_{Ii}=\frac{1}{n}\sum_{j=1}^{n}y_{Iij},\quad j=1,2,\cdots,n$$

$\overline{y}_{Di}$ 为反行程第 i 个校准点上数据的算术平均值：

$$\overline{y}_{Di}=\frac{1}{n}\sum_{j=1}^{n}y_{Dij},\quad j=1,2,\cdots,n$$

如果传感器在其整个量程内具有相同的方差，即假定传感器在各处具有相同的精密度，那么各校准点上子样方差的数学期望将是总体方差 S^2，因此总体标准偏差的估值为

$$S=\sqrt{\frac{1}{2}\left(\frac{1}{m}\sum_{i=1}^{m}S_{Ii}^2+\frac{1}{m}\sum_{i=1}^{m}S_{Di}^2\right)} \tag{2-1-30}$$

S 便可用来反映输出值的重复性。而重复性误差则定义为

$$\xi_R=\frac{3S}{Y_{FS}}\times 100\% \tag{2-1-31}$$

ξ_R 将反映随机误差的极限值，这里置信概率取为 99.73%(按正态概率密度分布考虑时)。

6) 总精度计算

规定总精度表示为系统误差 ξ_{LH} 加随机误差 ξ_R，即

$$A=\xi_{LH}+\xi_R=\left(\frac{\left|\Delta Y_{LH,\max}\right|}{Y_{FS}}+\frac{3S}{Y_{FS}}\right)\times 100\% \tag{2-1-32}$$

除此之外，常用的总精度计算方法还有方和根法与代数和法，即用迟滞、非线性(或符合性)和重复性这三项误差的方和根或简单代数和来表示总精度，即

$$A_1=\sqrt{\xi_H^2+\xi_L^2+\xi_R^2} \tag{2-1-33}$$

或

$$A_2=\xi_H+\xi_L+\xi_R \tag{2-1-34}$$

迟滞和非线性误差属于系统误差，而重复性误差则属于随机误差，而这三种误差的最大值也不一定出现在同一位置上，所以上述处理误差合成的方法，虽然计算简单，但理论根据不足。一般来说，方和根法把总精度算得偏小，而简单代数和法则把总精度算得偏大。

2.1.3　传感器静态性能指标计算实例

为了说明传感器主要静态性能指标的计算方法，现将一只压力传感器的校准数据列于

表 2-1-2 中，分别计算：①端点平移线性度；②最小二乘线性度；③重复性；④迟滞误差；⑤总精度。

表 2-1-2　传感器校准数据

次数	$y_i(V)$ \ $x_i\times10^5$ / Pa	0	0.5	1.0	1.5	2.0	2.5
1	正行程	0.0020	0.2015	0.4005	0.6000	0.7995	1.0000
	反行程	0.0030	0.2020	0.4020	0.6010	0.8005	
2	正行程	0.0025	0.2020	0.4010	0.6000	0.7995	0.9995
	反行程	0.0035	0.2030	0.4020	0.6015	0.8005	
3	正行程	0.0035	0.2020	0.4010	0.6000	0.7995	0.9990
	反行程	0.0040	0.2030	0.4020	0.6010	0.8005	

解析方法如下：

1. 先求出在计算中要用到的一些基本数据

(1) 按下列公式求出各个校准点上正、反行程校准数据的算术平均值和迟滞值，列于表 2-1-3。

算术平均值：
$$\bar{y}_j=\frac{1}{2}\left(\bar{y}_{Ij}+\bar{y}_{Dj}\right)$$

迟滞值：
$$\Delta y_{jH}=\left|\bar{y}_{Ij}-\bar{y}_{Dj}\right|$$

式中，$\bar{y}_{Ij}=\frac{1}{n}\sum_{i=1}^{n}y_{Iji}$，$\bar{y}_{Dj}=\frac{1}{n}\sum_{i=1}^{n}y_{Dji}$，$I$ 代表正行程，D 代表反行程，n 为重复测量序数，这里 n=3, i=1，2，3。

(2) 由子样方差公式可知

$$S_{Ij}^2=\frac{1}{n-1}\sum_{i=1}^{n}\left(y_{Iji}-\bar{y}_{Ij}\right)^2$$

$$S_{Dj}^2=\frac{1}{n-1}\sum_{i=1}^{n}\left(y_{Dji}-\bar{y}_{Dj}\right)^2$$

式中，j 的取值分别对应 0，0.5，1.0，1.5，2.0，2.5($\times10^5$Pa)压力，计算结果列于表 2-1-3。

(3) 由子样标准偏差公式求出 S 值，当 $m=6$ 时，有

$$S=\sqrt{\frac{1}{2m}\left(\sum_{j=1}^{m}S_{Ij}^2+\sum_{j=1}^{m}S_{Dj}^2\right)}$$

计算结果为 S=0.0004。

2. 按平移端基直线法计算各性能指标

1) 端基直线的截距、斜率、方程式、理论值和系统误差

表 2-1-3　平移端基直线法和最小二乘直线法各项数据

压力 $x/10^5$Pa	输出平均值/V		正反行程平均值 $\bar{y}_i$/V	迟滞值 Δy_H/V	子样方差平方根		子样标准偏差 S	端基直线 y=0.0031+0.39856x			平移端基直线 y=0.00295+0.39856x		最小二乘直线 y=0.002986+0.39853x			
	正行程	反行程			正行程 S_{Ij}	反行程 S_{Dj}		理论值 y/V	偏差 正行程 $(\Delta y)'$/V	偏差 反行程 $(\Delta y)''$/V	理论值 y/V	偏差 Δy/V	理论值 y/V	偏差 正行程 $(\Delta y)'$/V	偏差 反行程 $(\Delta y)''$/V	偏差 Δy/V
0	0.0027	0.0035	0.0031	0.0008	0.0008	0.0005	0.0004	0.0031	−0.0004	+0.0004	0.0030	0.0001	0.0030	−0.0003	+0.0005	+0.0001
0.5	0.2018	0.2027	0.2023	0.0009	0.0003	0.0005		0.2024	−0.0006	+0.0003	0.2022	0.0001	0.2023	−0.0005	+0.0004	+0.0000
1.0	0.4008	0.4020	0.4014	0.0012	0.0003	0.0000		0.4017	−0.0009	+0.0003	0.4015	−0.0001	0.4015	−0.0007	+0.0005	−0.0001
1.5	0.6000	0.6012	0.6006	0.00120	0.0000	0.0003		0.6009	−0.0009	+0.0003	0.6008	−0.0002	0.6008	−0.0008	+0.0004	−0.0002
2.0	0.7995	0.8005	0.8000	0.0010	0.0000	0.0000		0.8002	−0.0007	+0.0003	0.8001	−0.0001	0.8000	−0.0005	+0.0005	0
2.5	0.9995	0.9995	0.9995	0	0.0005	0.0005		0.9995	0	0	0.9994	0.0001	0.9993	+0.0002	+0.0002	+0.0002

$$\bar{y}_1 = 0.0031\text{V}$$

$$\bar{y}_m = 0.9995\text{V}$$

已知 $x_1 = 0\text{Pa}$，$x_m = 2.5\times10^5\text{Pa}$时，因此

截距：
$$b = \frac{\bar{y}_1 x_m - \bar{y}_m x_1}{x_m - x_1} = 0.0031$$

斜率：
$$k = \frac{\bar{y}_m - \bar{y}_1}{x_m - x_1} = 0.39856$$

端基直线方程：
$$y=0.0031+0.39856x$$

由该方程式可以计算出各校准点的理论值，以及正、反行程的系统误差，即正、反行程各点的算术平均值与理论值之差，这些数值均列于表 2-1-3。

2) 平移端基直线的截距、斜率、方程、理论值和非线性误差

用正反行程输出的平均值减去端基直线输出的理论值，算出各标准点上相对于端点连线的最大正偏差 $(\Delta y)'_{\max}$ 和最大负偏差 $(\Delta y)''_{\max}$，得到

$$(\Delta y)'_{\max} = 0\text{V}$$

$$(\Delta y)''_{\max} = -0.0003\text{V}$$

由此可求出平移端基直线的截距与斜率为

$$b = \bar{y}_1 + \frac{|(\Delta y)'_{\max}| - |(\Delta y)''_{\max}|}{2} = 0.00295\text{V}$$

$$k = k_1 = 0.39856$$

于是，得平移端基直线的方程为

$$y = 0.00295 + 0.39856x$$

由该方程可求出各校准点的平移端基直线的理论值和非线性误差，即正、反行程校准数据算术平均值与理论值之差，这些数据也列于表 2-1-3。

3) 各性能指标计算

(1) 理论满量程输出：

$$y_{FS} = |(x_m - x_1)k| = 0.9964\text{V}$$

(2) 重复性。取置信系数 $\lambda = 3, S = 0.0004$，有

$$\xi_R = \frac{\lambda \cdot S}{y_{FS}} \times 100\% = 0.12\%$$

(3) 非线性误差采用平移端基拟合直线计算：

$$\xi_L = \frac{(\Delta y_L)_{\max}}{y_{FS}} \times 100\% = 0.02\%$$

(4) 迟滞误差：

$$\xi_H = \frac{(\Delta y_H)_{\max}}{y_{FS}} \times 100\% = 0.12\%$$

(5) 总精度。按平移端基直线计算，最大系统误差 $(\Delta y)_{LH,\max}=0.0008$ ，并取置信系数 $\lambda=3$，则精度为

$$\xi=\frac{\left|(\Delta y)_{LH,\max}\right|+\lambda\cdot S}{y_{FS}}\times 100\%=0.2\%$$

3. 按最小二乘法计算各性能指标

由已知数据可以求出：

$$\sum_{i=1}^{6}x_i=37.5$$

$$\sum_{i=1}^{6}y_i=15.0425$$

$$\sum_{i=1}^{6}x_iy_i=25.5618$$

$$\sum_{i=1}^{6}x_i^2=63.75$$

于是，截距与斜率可算出如下：

$$k=0.3985$$
$$b=0.002986$$

因此，最小二乘法直线方程为

$$y=0.002986+0.3985x$$

依此方程计算出的理论值、系统误差和非线性误差一并列于表 2-1-3。

(1) 理论满量程输出：

$$y_{FS}=\left|(x_m-x_1)\cdot k\right|=0.9963$$

(2) 重复性。取置信系数 $\lambda=3$, $S=0.004$ ，有

$$\xi_R=\frac{\lambda\cdot S}{y_{FS}}\times 100\%=0.12\%$$

(3) 非线性度：

$$\xi_L=\frac{(\Delta y_L)_{\max}}{y_{FS}}\times 100\%=0.02\%$$

(4) 迟滞误差：

$$\xi_H=\frac{(\Delta y_H)_{\max}}{y_{FS}}\times 100\%=0.12\%$$

(5) 总精度。最大系统误差为

$$(\Delta y)_{LH,\max}=-0.0008$$

则

$$\xi = \frac{\left|(\Delta y)_{LH,\max}\right| + \lambda \cdot S}{y_{FS}} \times 100\% = 0.2\%$$

现将依平移端点连线和最小二乘法分别算出的性能数据归纳于表 2-1-4，以资比较。

表 2-1-4　性能数据归纳

指标	平移端基直线法	最小二乘直线法
重复性 ξ_R	0.12%	0.12%
迟滞误差 ξ_H	0.12%	0.12%
非线性度 ξ_L	0.02%	0.02%
总精度 ξ	0.2%	0.2%

2.2　传感器的动态特性

动态特性反映了传感器对随时间变化的输入量的响应特性。对于任何一种传感器，只要输入量是时间的函数，则其输出量也应是时间的函数。好的传感器，其输出量随时间变化的曲线与被测量随时间变化的曲线应一致或者相近。但实际上除了具有理想比例特性的环节以外，输出信号将不会与输入信号完全一致。这种输出与输入之间的差异称为动态误差，研究这种误差的性质称为动态特性分析。

在测量随时间变化的参数时，只考虑静态性能指标是不够的，还要注意其动态性能指标。传感器在测量动态压力、振动、温度变化时，都离不开动态指标。

实际被测量随时间变化的形式可能是各种各样的，所以在研究动态特性时通常根据“标准”输入特性来考虑传感器的响应特征。常用的标准输入有两种：正弦输入与阶跃输入。传感器的动态特性分析和动态标定可以针对这两种标准输入信号来进行，相应的传感器的动态响应特性又可以分为稳态(频率)响应特性和瞬态(时间)响应特性。

2.2.1　动态特性的一般数学模型

为了便于分析和处理传感器的动态特性，必须建立数学模型。对于线性系统的动态响应研究，最广泛使用的数学模型是常系数线性微分方程。只要对微分方程求解，就可得到动态性能指标。

对于任意线性系统，下列数学模型——高阶常系数线性微分方程都是成立的：

$$a_n \frac{\mathrm{d}^n y}{\mathrm{d}t^n} + a_{n-1}\frac{\mathrm{d}^{n-1} y}{\mathrm{d}t^{n-1}} + \cdots + a_1 \frac{\mathrm{d}y}{\mathrm{d}t} + a_0 y$$

$$= b_m \frac{\mathrm{d}^m x}{\mathrm{d}t^m} + b_{m-1}\frac{\mathrm{d}^{m-1} x}{\mathrm{d}t^{m-1}} + \cdots + b_1 \frac{\mathrm{d}x}{\mathrm{d}t} + b_0 x \tag{2-2-1}$$

式中，y 为输出量；x 为输入量；t 为时间；$a_0,a_1,\cdots,a_n$ 和 $b_0,b_1,\cdots,b_m$ 为常数；$\frac{\mathrm{d}^n y}{\mathrm{d}t^n}$ 为输出量对

时间 t 的 n 阶导数；$\frac{\mathrm{d}^m x}{\mathrm{d}t^m}$ 为输入量对时间 t 的 m 阶导数。

如果用算子 D 代表 d/dt 时，式(2-2-1)可改写成：

$$(a_n \mathrm{D}^n + a_{n-1}\mathrm{D}^{n-1} + \cdots + a_1 \mathrm{D} + a_0)y = (b_m \mathrm{D}^m + b_{m-1}\mathrm{D}^{m-1} + \cdots + b_1 \mathrm{D} + b_0)x \tag{2-2-2}$$

对于此类微分方程式，可用经典的 D 算子方法来求解，也可以用拉氏变换方法来求解。方程式的解由通解和特解两部分组成：y=通解(y_1)+特解(y_2)。

动特性与静特性的区别是，前者的输出与输入的关系不是一个定值，而是时间的函数，随输入的变化而变化，因此常应用“传递函数”这一术语来表征这种输入和输出的关系。

2.2.2 传递函数

在分析、设计和应用传感器时，传递函数的概念十分有用。传递函数被表征为输出信号对输入信号之比，因此，由式(2-2-2)可得

$$\frac{y}{x}(\mathrm{D}) = \frac{b_m \mathrm{D}^m + b_{m-1}\mathrm{D}^{m-1} + \cdots + b_1 \mathrm{D} + b_0}{a_n \mathrm{D}^n + a_{n-1}\mathrm{D}^{n-1} + \cdots + a_1 \mathrm{D} + a_0} \tag{2-2-3a}$$

因为式(2-2-3a)是用算子形式表示的，所以称为传感器的算子形式传递函数。如果设定输入信号是时间的函数，就能推导出输出信号。可以使用框图(图 2-2-1)来表明信号的流向和传感器的传递函数。

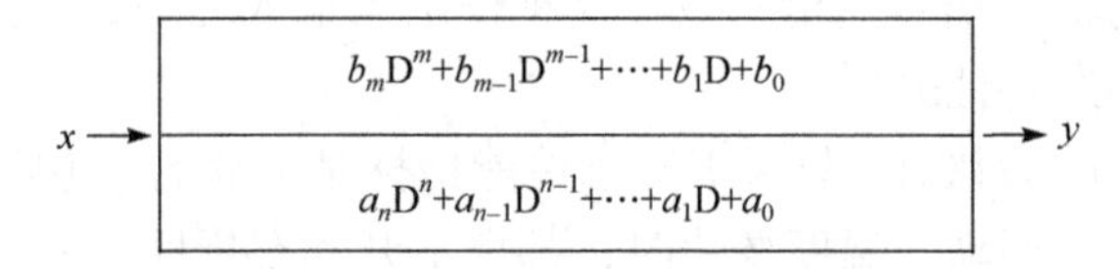

图 2-2-1　传递函数的框图表示法

应该注意的是，上述算子形式传递函数只是输入信号和输出信号之间的传递函数关系的数学表达式，书写时一定要写成 $\frac{y}{x}(\mathrm{D})$，不能只写 $\frac{y}{x}$，更不能理解 $\frac{y}{x}$ 为随时间而变化的瞬时比值。

通常，在研究线性系统时还可应用拉氏变换方法，当初始条件均为零时，输出量拉氏变换与输入量拉氏变换之比称为拉氏形式传递函数，即

$$\frac{y}{x}(S) = \frac{b_m S^m + b_{m-1}S^{m-1} + \cdots + b_1 S + b_0}{a_n S^n + a_{n-1}S^{n-1} + \cdots + a_1 S + a_0} \tag{2-2-3b}$$

因此，从传递函数来看，可以很方便地把拉氏形式传递函数改换成算子形式的传递函数，只要把式(2-2-3b)中的 S 换成 D 即可，反之亦然。这两种形式的传递函数都可以用来描述系统的动态性能，故有时就称它们为系统的传递函数。

传递函数的功用之一是，在框图中用作表示系统的动态特性的图示符号。例如，对于具有如式(2-2-3)所示传递函数的传感器，便可用框图来表示，见图 2-2-1。而且，当组成系统的各个元件或环节的传递函数为已知时，就可以用传递函数来确定系统的特性，只要允许忽略相邻环节之间的负载影响(当第二环节的输入阻抗比第一环节的输出阻抗大得多时)，便可用各单个环节的传递函数的乘积来表示系统的传递函数，见图 2-2-2。

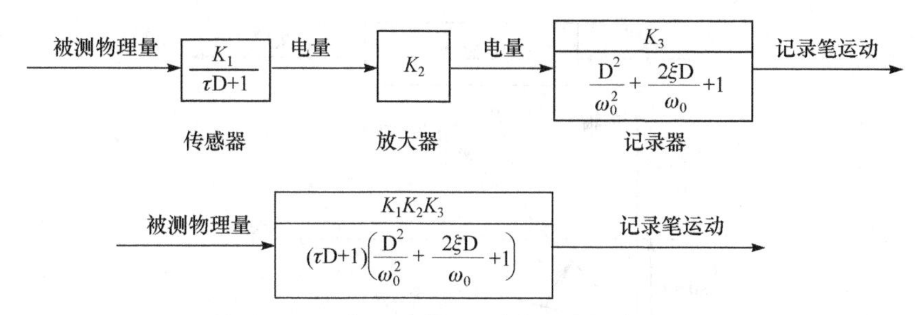

图 2-2-2　由各环节传递函数构成系统传递函数

2.2.3　正弦输入与频率响应

1. 频率响应的通式

当输入为正弦信号 $x(t)=A\sin\omega t$ 时(图 2-2-3)，输出信号 $y(t)$的特征将是这样的：由于其暂态响应的存在，一开始 $y(t)$并不是正弦波，随着时间的推移，暂态响应部分逐渐衰减以至消失，经过一定时间后，将只剩下正弦波。此时，输出量 $y(t)$与输入量的频率相同，但幅值不等，并有相位差，即 $y(t)=B\sin(\omega t+\varphi)$。因此，即使输入信号振幅 A 一定，只要 ω 有所变化，输出信号的振幅与相位也会发生变化。

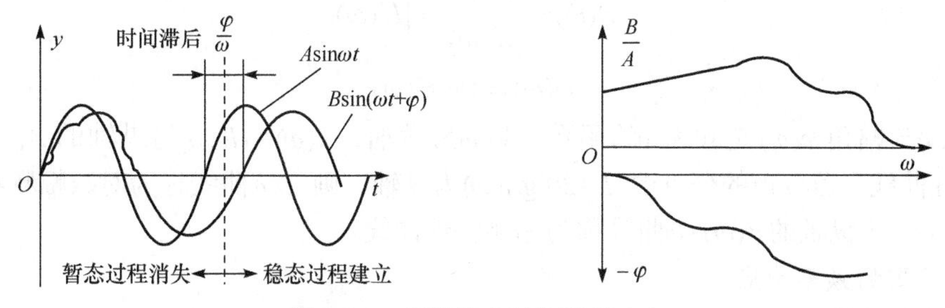

图 2-2-3　正弦输入时的频率响应

所谓频率响应，就是在稳定状态下幅值比 B/A 和相位φ随ω而变化的特性。

在正弦输入情况下，只要用 $\mathrm{j}\omega$ 代替式(2-2-3)中的算子 S，即可得到传感器的频率传递函数：

$$\frac{y}{x}(\mathrm{j}\omega)=\frac{b_m(\mathrm{j}\omega)^m+b_{m-1}(\mathrm{j}\omega)^{m-1}+\cdots+b_1(\mathrm{j}\omega)+b_0}{a_n(\mathrm{j}\omega)^n+a_{n-1}(\mathrm{j}\omega)^{n-1}+\cdots+a_1(\mathrm{j}\omega)+a_0} \tag{2-2-4}$$

式中，ω为角频率。

对于任意给定频率ω，方程(2-2-4)具有复数形式。为此，可用复数来处理频率响应问题，以使数学表达式更为简单。所以，若用 $A\mathrm{e}^{\mathrm{j}\omega t}$ 来代替图 2-2-3 中的输入信号 $A\sin\omega t$，在稳定情况下，输出信号就是 $B\mathrm{e}^{\mathrm{j}(\omega t+\varphi)}$。还可以用极坐标形式表示这个复数，其中，$A\mathrm{e}^{\mathrm{j}\omega t}$ 是大小为 A 的矢量，在复数平面以角速度ω (rad/s)绕原点旋转。$B\mathrm{e}^{\mathrm{j}(\omega t+\varphi)}$则是大小为 B 的矢量，以相同角速度旋转，但相位差为φ，见图 2-2-4。图中 $A\cos\omega t$ 和 $B\cos(\omega t+\varphi)$分别为上述二矢量在实轴的投影。把 $x=A\mathrm{e}^{\mathrm{j}\omega t}, y=B\mathrm{e}^{\mathrm{j}(\omega t+\varphi)}$ 代入式(2-2-3)，便得频率响应的通式：

$$H(\mathrm{j}\omega)=\frac{B\mathrm{e}^{\mathrm{j}(\omega t+\varphi)}}{A\mathrm{e}^{\mathrm{j}\omega t}}=\frac{b_m(\mathrm{j}\omega)^m+b_{m-1}(\mathrm{j}\omega)^{m-1}+\cdots+b_1(\mathrm{j}\omega)+b_0}{a_n(\mathrm{j}\omega)^n+a_{n-1}(\mathrm{j}\omega)^{n-1}+\cdots+a_1(\mathrm{j}\omega)+a_0} \tag{2-2-5}$$

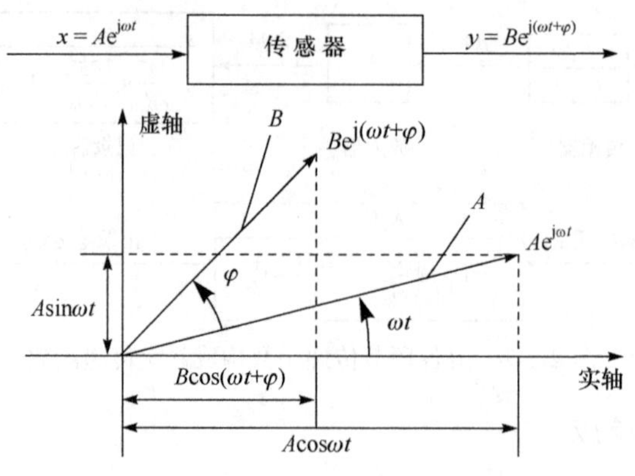

图 2-2-4　输入输出的复数表示法

频率响应特性 $H(\omega)$是频率ω的函数，一般都是复数，因此 $H(\omega)$可用指数式来表达，即

$$H(\omega)=A(\omega)e^{j\varphi(\omega)}$$

式中，$A(\omega)$为频率特性 $H(\omega)$的模，是输出的模$|y(\omega)|$与输入的模$|x(\omega)|$之比；$\varphi(\omega)$为频率特性的幅角。幅角φ是输出超前输入的角度。

$$A(\omega)=\frac{|Y(\omega)|}{|X(\omega)|}=|H(\omega)|$$

$$\varphi(\omega)=\arg H(\omega) \tag{2-2-6}$$

模 $A(\omega)$与幅角 $\varphi(\omega)$ 是频率ω的函数。以ω为横轴，$A(\omega)=|H(\omega)|$为纵轴的 $A(\omega)$-ω曲线称为幅频特性曲线。若以模的分贝数 $L=20\lg A(\omega)$为纵轴，则 L-ω曲线称为对数幅频特性；以ω为横轴，$\varphi(\omega)$ 为纵轴的 $\varphi(\omega)$ -ω曲线称为相频特性曲线。

2. 传感器的频率响应

1) 零阶传感器

对照传递函数方程式(2-2-1)，零价传感器的系数只剩下 a_0 与 b_0，于是，微分方程为

$$a_0 y=b_0 x$$

即

$$y=\frac{b_0}{a_0}x=K\cdot x \tag{2-2-7}$$

式中，K 为静态灵敏度。

式(2-2-7)清楚地表明，零阶系统输入量无论随时间如何变化，其输出量幅值总是与输入量呈确定的比例关系，在时间上也不滞后，相位差等于零。电位器式传感器(图 2-2-5)就是一种零阶系统，如果其电阻值沿长度 L 是线性分布的，式(2-2-7)可改写为

$$U_{out}=\frac{U_{in}}{L}x=K\cdot x \tag{2-2-8}$$

式中，U_{out} 为输出电压值；U_{in} 为输入电压值；x 为位移量。

只要该电位器是纯电阻，并且输入量的变动速度不很高，就符合零阶系统的理想条件。而实际电位器存在寄生电感和电容，还有电刷滑动引起的机械滞后，这些因素都对其动态性能有影响。

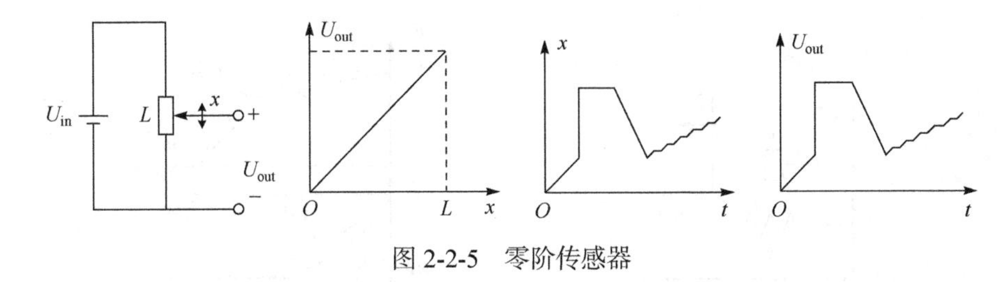

图 2-2-5　零阶传感器

2) 一阶传感器

这时，式(2-2-1)中除系数 a_1、a_0、b_0 外其他系数均为零，因此可写成

$$a_1\frac{\mathrm{d}y}{\mathrm{d}t}+a_0y=b_0x$$

上式两边各除以 a_0，得到

$$\frac{a_1}{a_0}\frac{\mathrm{d}y}{\mathrm{d}t}+y=\frac{b_0}{a_0}x$$

或者写为

$$(\tau\mathrm{D}+1)y=Kx$$

式中，τ 为时间常数($\tau=a_1/a_0$)；K 为静态灵敏度($K=b_0/a_0$)。

因此，任何一阶传感器的传递函数方程式如下：

$$\frac{y}{x}(\mathrm{D})=\frac{K}{\tau\mathrm{D}+1} \tag{2-2-9}$$

于是，一阶传感器的频率响应为

$$\frac{y}{x}(\mathrm{j}\omega)=\frac{K}{\mathrm{j}\omega\tau+1}=\frac{K}{\sqrt{(\omega\tau)^2+1}}\arctan(-\omega\tau)$$

幅值比为

$$\frac{B}{A}=\left|\frac{y}{x}(\mathrm{j}\omega)\right|=\frac{K}{\sqrt{(\omega\tau)^2+1}} \tag{2-2-10}$$

相位角为

$$\varphi=\arctan(-\omega\tau) \tag{2-2-11}$$

由弹簧和阻尼器组成的机械系统就是典型的一阶系统，由它构成的传感器则为一阶传感器，如图 2-2-6(a)所示。这类系统的传递函数微分方程为

$$c\dot{y}+ky=x$$

式中，c 为阻尼系数；k 为弹簧刚度。

经过变换就可以得到式(2-2-9)的通式，也可以写成：

$$\tau\dot{y}+y=Kx$$

式中，τ为时间常数($\tau=c/k$)。由此，可以推导出频率响应方程、幅值比以及相位角表达式，如式(2-2-10)和式(2-2-11)所示。图 2-2-6(b)是这种系统的幅相特性，其幅值比也称为“增益”，相位角表达式中的负号表示相位滞后。

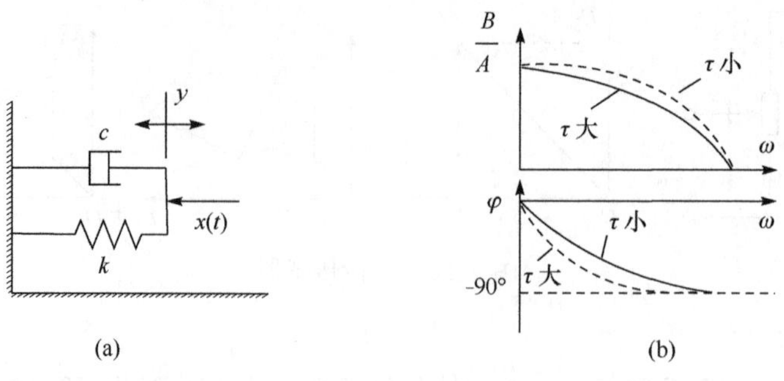

图 2-2-6 一阶系统(传感器)及其幅相特性

可以看出，时间常数越小，系统的频率响应特性越好。如果要时间常数小，就要求系统的阻尼系数小些，弹簧刚度适当大些。除了弹簧阻尼系统外，属于一阶系统测量装置的还有液体温度计等。

例 2-2-1 若一阶传感器的时间常数为 0.01s，传感器响应的幅值百分误差在 10%范围内，试求此时输入信号的工作频率范围。

解析 传感器响应的幅值百分误差在 10%范围内，即

$$\left|\frac{\frac{B}{A}(0)-\frac{B}{A}(\omega)}{\frac{B}{A}(0)}\right| = 0.1$$

所以

$$\frac{1}{\sqrt{(\omega\tau)^2+1}} = 0.9$$

此时 $\omega\tau$ 最高值达 0.5，可用 $\omega\tau$ =0.5 来确定输入信号工作频率范围的上限。因而得出上限频率为

$$\omega = \frac{0.5}{\tau} = \frac{0.5}{0.01} = 50(\text{rad / s})$$

$$f = \frac{50}{2\pi} = 8(\text{Hz})$$

可知，所求工作频率范围为 0～8Hz。

3) 二阶传感器

处理方式与一阶传感器相同，对照式(2-2-1)可得

$$a_2\frac{\mathrm{d}^2y}{\mathrm{d}t^2} + a_1\frac{\mathrm{d}y}{\mathrm{d}t} + a_0y = b_0x$$

两边各除以 a_0，并以算子 D = d/dt 代入，即得

$$\left(\frac{a_2}{a_0}\mathrm{D}^2 + \frac{a_1}{a_0}\mathrm{D} + 1\right)y = \frac{b_0}{a_0}x \tag{2-2-12}$$

式中，$\frac{b_0}{a_0} = K$ 表示静态灵敏度；$\sqrt{\frac{a_0}{a_2}} = \omega_0$ 表示无阻尼自振频率；$\frac{a_1}{2\sqrt{a_0a_2}} = \xi$ 表示阻尼比。于是，式(2-2-12)可改写成

$$\left(\frac{D^2}{\omega_0^2}+\frac{2\xi}{\omega_0}D+1\right)y=K\cdot x$$

因此，二阶传感器的传递函数为

$$\frac{y}{x}(D)=\frac{K}{\frac{D^2}{\omega_0^2}+\frac{2\xi D}{\omega_0}+1} \tag{2-2-13}$$

频响特性方程为

$$\frac{y}{x}(j\omega)=\frac{K}{\left(\frac{j\omega}{\omega_0}\right)^2+\frac{j(2\xi\omega)}{\omega_0}+1}=\frac{K}{1-\left(\frac{\omega}{\omega_0}\right)^2+j\left(2\xi\frac{\omega}{\omega_0}\right)} \tag{2-2-14}$$

幅值比可表示为

$$\frac{B}{A}=\left|\frac{\frac{y}{K}}{x}(j\omega)\right|=\frac{1}{\sqrt{\left[1-\left(\frac{\omega}{\omega_0}\right)^2\right]^2+\left[2\xi\left(\frac{\omega}{\omega_0}\right)\right]^2}} \tag{2-2-15}$$

相位角为

$$\varphi=-\arctan\frac{2\xi\left(\frac{\omega}{\omega_0}\right)}{1-\left(\frac{\omega}{\omega_0}\right)^2} \tag{2-2-16}$$

与此相应的二阶系统的幅值比和相位特性示于图 2-2-7。

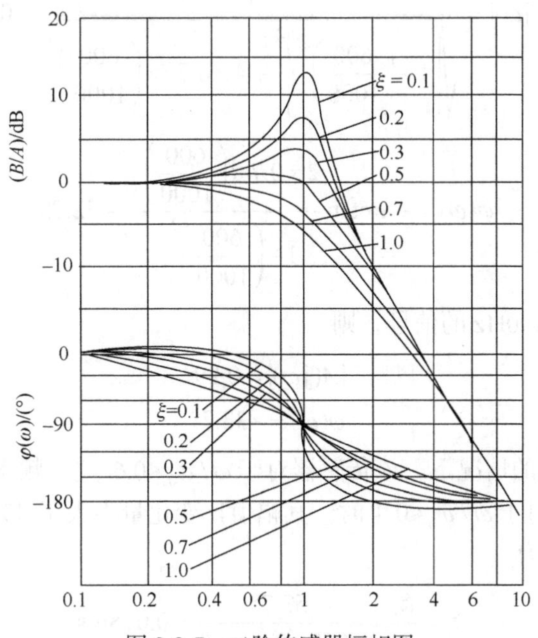

图 2-2-7　二阶传感器幅相图

3. 频域性能指标

参看图 2-2-8，通常用以下指标来衡量传感器的频域性能。

(1) 通频带 ω_b。这是在对数幅频特性曲线上幅值衰减 3dB 时所对应的频率范围。

(2) 工作频带 ω_{g1} 或 ω_{g2}。这是幅值误差为±5%或±10%时所对应的频率范围。

(3) 相位误差。在工作频带范围内，传感器的实际输出与所希望的无失真输出间的相位差值，即相位误差。

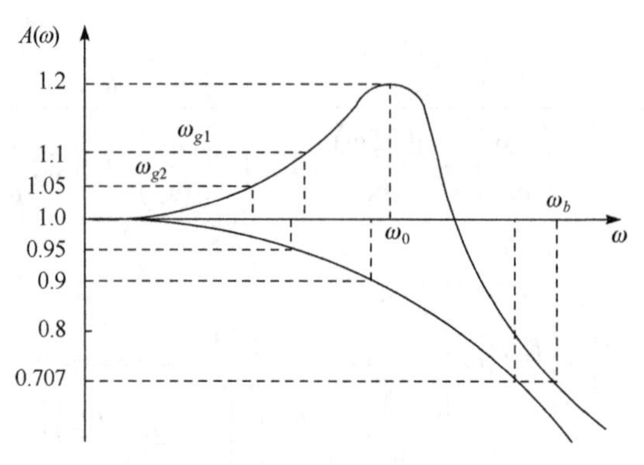

图 2-2-8　频域的各种动态性能指标

例 2-2-2　设一力传感器可以简化成典型的质量-弹簧-阻尼二阶系统，已知该传感器的固有频率 f_0=1000Hz，若其阻尼比ξ=0.7，试问用它测量频率分别为 400Hz、600Hz 的正弦变化力时，其归一化输出与输入幅值比 $A(\omega)$和相位差 $\varphi(\omega)$各为多少？

解析　讨论传感器动态特性时，常用无量纲幅值比 $A(\mathrm{j}\omega)$，当用 $f_0=1000\mathrm{Hz}, \xi=0.7$ 的传感器用来测量 f=600Hz 的信号时，利用式(2-2-15)、式(2-2-16)求解：

$$\left|A(\mathrm{j}\omega)\right|=\frac{1}{\sqrt{\left[1-\left(\frac{600}{1000}\right)^2\right]^2+4\times0.7^2\times\left(\frac{600}{1000}\right)^2}}=0.95$$

$$\varphi(\omega)=-\arctan\frac{2\times0.7\times\left(\frac{600}{1000}\right)}{1-\left(\frac{600}{1000}\right)^2}=-52.7^\circ$$

同理，若用来测量 $f=400\mathrm{Hz}$ 的信号，则

$$\left|A(\mathrm{j}\omega)\right|=0.99$$

$$\varphi(\omega)=-33.7^\circ$$

由上式可见，在 ξ=0.7 的情况下，该传感器对于 $\omega/\omega_0\leqslant0.6$ 这一频率段的信号，其幅值比的变化量不大于 5%，而对于 $\omega/\omega_0\leqslant0.4$ 时，其幅值比变化量不大于 1%，该传感器的输出相对于输入的滞后时间分别为

$$t_1=\frac{\varphi_1}{\omega}=\frac{52.7^\circ}{180^\circ\times2\pi\times600}=0.078\mathrm{ms}$$

$$t_2 = \frac{\varphi_2}{\omega} = \frac{33.7°}{180° \times 2\pi \times 400} = 0.075\text{ms}$$

两者相差很小，说明相位差$\varphi(\omega)$与被测信号角频率ω近似呈直线关系。如果被测信号中有多种频率成分，由于各个频率成分通过传感器后输出的滞后时间近似为常数，因而不致引起失真。

需要强调指出的是，同样是二阶测量系统，即使其结构也都是由质量-弹簧-阻尼系统组成，当激励位置不同时，是作用在质量块上，还是作用在基础上，或者激励(被测量)与响应(即输出信号)有不同的组合方式时，其传递函数形式可能会有很大的差别，从而有着完全不同的频率响应特性。

2.2.4　阶跃输入与时间响应

通常，在阶跃输入作用下测定传感器的动态性能的时域指标。一般认为，阶跃输入对传感器来说是最严峻的，如果说在阶跃输入作用下传感器能满足其动态性能指标，那么在其他形式的输入作用下，其动态性能指标也必定令人满意。

阶跃信号$U(t)$如图 2-2-9(a)所示，信号的幅度为A。下面分别介绍一阶和二阶两种传感器的阶跃响应。

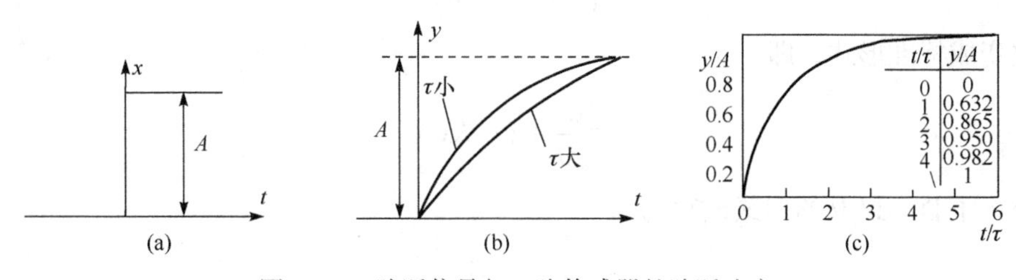

图 2-2-9　阶跃信号与一阶传感器的阶跃响应

1. 一阶传感器的阶跃响应

对于一阶传感器，假设在t=0 时，x=y=0；当t>0 时，输入量瞬间突变到A值。对照式(2-2-9)便得传递函数式如下：

$$\frac{y}{x} = \frac{1}{\tau \text{D} + 1} \tag{2-2-17}$$

因为式中的分母是 D 的一次式，故称为一阶延迟系统。

现在来求t从 0 开始的无限小时间内，齐次方程τD+1=0 的通解。由于 D 的根是$r = -1/\tau$，可得

$$y_1 = K\text{e}^{-\frac{t}{\tau}}$$

同一非齐次方程的特解为y_2=C(t>0 时)，把它代入式(2-2-17)，得到

$$C = A$$

因此

$$y = y_1 + y_2 = K\text{e}^{-\frac{t}{\tau}} + A$$

以初始条件y(0)=0 代入上式，即得t=0 时K=$-A$，所以

$$y = A(1 - e^{-\frac{t}{\tau}}) \tag{2-2-18}$$

与式(2-2-18)相对应的曲线示于图 2-2-9(b)、(c)中。可以看到，随着时间的推移，y 越来越接近 A，当 $t=\tau$ 时，$y=0.63A$。在一阶延迟系统中，时间常数 τ 值是决定响应速度的重要参数。

例 2-2-3　玻璃水银温度计通过玻璃温包把热量传给水银，可用一阶微分方程来表示，现已知某玻璃水银温度计特性的微分方程为

$$4\frac{dy}{dt} + 2y = 2\times10^{-3}x$$

式中，y 为水银柱高(m)；x 为输入温度(℃)。试确定该温度计的时间常数及静态灵敏度。

解析　一阶系统输入输出的动态特性表达式为

$$a_1\frac{dy}{dt} + a_0 y = b_0 x$$

使上式中 y 的系数为 1 时，则有

$$\frac{a_1}{a_0}\frac{dy}{dt} + y = \frac{b_0}{a_0}x$$

再改变成标准形式，即

$$\tau\frac{dy}{dt} + y = Kx$$

或用微分算子 $D = d/dt$ 的形式改写为

$$\frac{y}{x}(D) = \frac{K}{1+\tau D}$$

将已知水银温度计的特性方程改写成标准形式，得

$$2\frac{dy}{dt} + y = 10^{-3}x$$

于是可知，时间常数 τ=2s，静态灵敏度 $K=10^{-3}$m/℃=1mm/℃。

2. 二阶传感器的阶跃响应

具有惯性质量、弹簧和阻尼器的振动系统是典型的二阶系统，如图 2-2-10(a)所示。

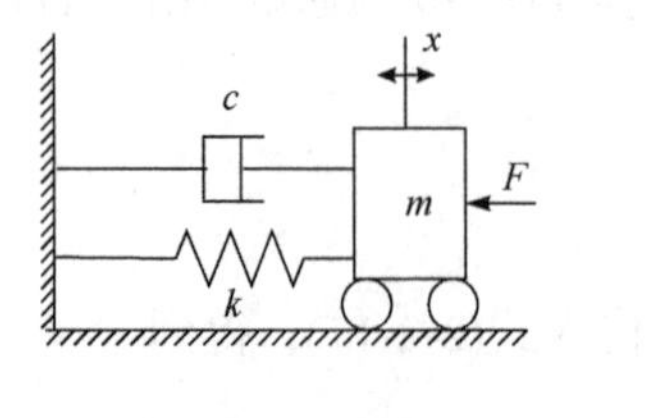

(a) 典型的二阶系统

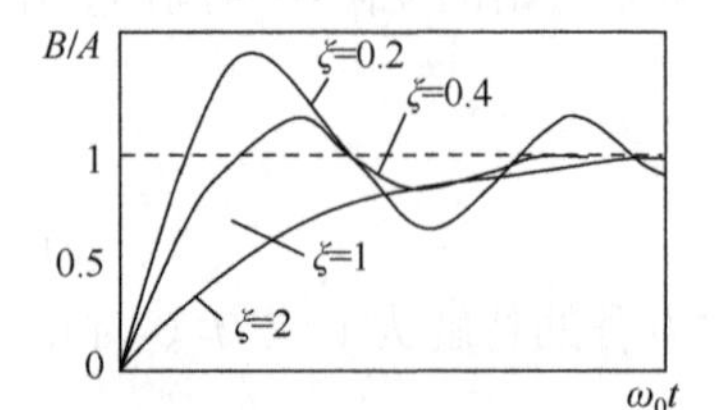

(b) 二阶延迟系统的阶跃响应曲线

图 2-2-10　二阶传感器的阶跃响应

根据牛顿第二定律，对于该系统则有

$$m\frac{\mathrm{d}^2y}{\mathrm{d}t^2}=F-ky-C\frac{\mathrm{d}y}{\mathrm{d}t}$$

式中，m 为惯性质量；k 为弹簧刚度；y 为位移；C 为阻尼系数；F 为外力。

上式经过整理即成：

$$\frac{y}{F}=\frac{1}{m\mathrm{D}^2+C\mathrm{D}+k}$$

令 $\xi=\frac{C}{2\sqrt{mk}},\omega_0=\sqrt{\frac{k}{m}},K=\frac{1}{k}$，并代入上式，即可得到二阶系统的传递函数式为

$$\frac{y}{F}=\frac{K\omega_0^2}{\mathrm{D}^2+2\xi\omega_0\mathrm{D}+\omega_0^2} \tag{2-2-19}$$

再把 $F=AU(t)$ 代入上式，便得二阶延迟系统的阶跃响应式为

$$(\mathrm{D}^2+2\xi\omega_0\mathrm{D}+\omega_0^2)y=K\omega_0^2AU(t) \tag{2-2-20}$$

设二阶方程式 $\mathrm{D}^2+2\xi\omega_0\mathrm{D}+\omega_0^2=0$ 的根为 r_1 和 r_2，则

$$r_1=(-\xi+\sqrt{\xi^2-1})\omega_0$$
$$r_2=(-\xi-\sqrt{\xi^2-1})\omega_0$$

于是，式(2-2-20)的解就需要按下列三种情况分别处理。

(1) r_1 和 r_2 是实数，即 $\xi>1$，这时齐次方程的通解就是

$$y_1=k_1\mathrm{e}^{r_1t}+k_2\mathrm{e}^{r_2t}$$

取齐次方程的特解 $y_2=C$，并代入式(2-2-20)，可得 $C=KA$，所以，$y_2=KA$。

因此，该方程式的解为

$$y=KA+k_1\mathrm{e}^{r_1t}+k_2\mathrm{e}^{r_2t}$$

将上式代入式(2-2-20)，考虑到初始条件，$t=0$ 时，$y(0)=0$，$\dot{y}(0)=0$，由此求出 k_1 与 k_2，便得出解如下：

$$y=KA\left[1-\frac{\xi+\sqrt{\xi^2-1}}{2\sqrt{\xi^2-1}}\mathrm{e}^{\left(-\xi+\sqrt{\xi^2-1}\right)\omega_0t}+\frac{\xi-\sqrt{\xi^2-1}}{2\sqrt{\xi^2-1}}\mathrm{e}^{\left(-\xi-\sqrt{\xi^2-1}\right)\omega_0t}\right] \tag{2-2-21}$$

这表示是过阻尼的情况。

(2) r_1 和 r_2 相等，即 $\xi=1$。这时求得其通解 y_1，并用上述相同方法确定常数，可得到

$$y=KA\left[1-\left(1+\omega_0t\right)\mathrm{e}^{-\omega_0t}\right] \tag{2-2-22}$$

这是临界阻尼的情况。

(3) r_1 和 r_2 是共轭复根，即 $\xi<1$。这时可用类似方法求通解 y_1，以 y_2 为待定系数，可得到

$$y=KA\left[1-\frac{\mathrm{e}^{-\xi\omega_0t}}{\sqrt{1-\xi^2}}\sin(\sqrt{1-\xi^2}\,\omega_0t+\varphi)\right] \tag{2-2-23}$$

式中，$\varphi=\arcsin\sqrt{1-\xi^2}$。这表示是欠阻尼的情况。

上述式(2-2-21)、式(2-2-22)、式(2-2-23)代表的响应曲线示于图 2-2-10(b)中。图中，纵坐

标为 B/A，横坐标为 $\omega_0 t$，均为无量纲参数。可以看出，响应曲线的形状决定于阻尼系数 ξ 的大小，$\xi>1$ 时，B/A 值逐渐增加到接近于 1 而不会超过 1。$\xi<1$ 时，B/A 必定超过 1，为振幅逐渐减小的衰减曲线。$\xi=1$ 的情况介于上述两者之间，但也不会产生振荡。可见，ξ 体现了衰减的程度，常称 ξ 为“阻尼比”。对二阶传感器而言，ξ 越大，接近最终稳态值的时间越长。ξ 过小时，则因振荡的关系，接近终值的时间仍然很长。因此，设计系统时一般取 ξ=0.6～0.8。

如果把图 2-2-10(b)的横坐标改成 t，则横坐标原刻度值就需要“缩小”$1/\omega_0$。由此可见，对于一定的 ξ，ω_0 越大，响应速度就越快；ω_0 越小，响应速度就越慢。因为 ω_0 本身就是 $\xi=0$ 时的角频率，故可称为“固有频率”。

3. 时域性能指标

在理想情况下，阶跃输入信号大小对过渡过程曲线的形状是没有影响的。在做过渡过程实验时，应保持传感器工作在线性范围内。图 2-2-9 和图 2-2-11 所示为单位阶跃输入作用下的过渡过程曲线，并由此可定义出若干动态性能指标。

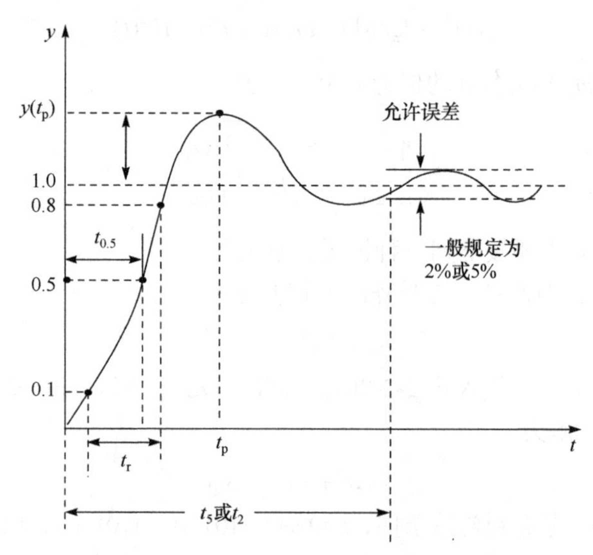

图 2-2-11　阶跃输入下的各种动态性能指标

参看图 2-2-11，通常用下述四个指标表示传感器的动态性能。

(1) 时间常数 τ：输出值上升到稳态值 $y(\infty)$ 的 63%所需的时间。

(2) 上升时间 t_r：输出值从稳态值 $y(\infty)$ 的 10%上升到 90%所需的时间。

(3) 响应时间 t_5 或 t_2：输出值进入稳态值的 5%或 2%的允许误差带内所需的时间，有的文献又称其为建立时间或停入时间。

(4) 超调量 σ：在过渡过程中，输出量的最大值 $y(t_p)$ 小于 $y(\infty)$，则响应无超调。如果 $y(t_p)>y(\infty)$，则有超调。超调量的定义是

$$\sigma=\frac{y(t_p)-y(\infty)}{y(\infty)}\times 100\% \tag{2-2-24}$$

综上看出，输出量 $y(t)$ 能否很好地跟随输入量的变化乃是传感器动态性能的重要指标。为了确定上述性能指标，对不同阶次(如一阶、二阶或高阶)的传感器，其所需要的动态数学模型是不同的。一价传感器的主要时域性能指标是 τ、t_r、t_2 和 t_5。对于二阶传感器，除了这几个外，还有超调量 σ 和振荡次数 n 两个指标。高阶传感器的分析更为复杂，其具体计算方法可参阅

自动控制原理方面的有关书籍。

2.3　传感器标定

任何一种传感器在制造、装配完成后为确定其实际性能，必须按原设计指标进行一系列严格的技术检定,称为标定。传感器使用一段时间后(我国计量法规定一般为一年)或经过修理，为确保传感器的各项性能达到使用要求而进行的性能复测称为校准。标定与校准的内容和方法基本相同。

传感器的标定，就是利用精度高一级的标准器具对传感器进行定度的过程，通过试验建立传感器输出量与输入量之间的对应关系，同时确定出不同使用条件下的误差关系。其基本方法是：利用标准仪器产生已知的非电量(如标准力、压力、位移等)作为输入量，输入待标定的传感器中，然后比较传感器的输出量与输入的标准量，获得一系列校准数据或曲线。有时输入的标准量是利用标准传感器检测而得到的，这时的标定实质上是待标定传感器与标准传感器之间的比较。

传感器的标定系统一般由被测量的标准发生器、被测量的标准测试系统、待标定传感器所配接的信号调节器和显示、记录器等组成。

传感器的标定分为两种：静态标定和动态标定。静态标定的目的是确定传感器(或传感系统)的静态特性指标，如线性度、灵敏度、迟滞和重复性等；动态标定则主要是检验、测试传感器(或传感系统)的动态特性，如频率响应、时间常数、固有频率和阻尼比等。由于各种不同传感器的工作原理和结构不同，其标定方法也不相同，本章以压力传感器的标定为例说明传感器标定的一般方法。

2.3.1　传感器静态特性的标定

1. 静态特性标定的方法

对传感器(或传感系统)进行静态特性标定，首先就是创造一个静态标准条件，其次是选择与被标定传感器的精度要求相适应的一定精度等级的标定用仪器设备，然后按一定步骤进行标定。

1) 静态标准条件

所谓静态标准条件是指没有加速度、振动、冲击(除非这些参数本身就是被测物理量)及环境温度一般为室温(20±5)℃、相对湿度不大于 85%、大气压力为(760±60)mm 汞柱的情况。

2) 标定仪器设备(标准量具)的精度等级的确定

对传感器进行标定，是根据试验数据确定传感器的各项性能指标，实际上也是确定传感器的测量精度。所以在标定传感器时，所用的测量仪器(标准量具)的精度要比被标定的传感器(或传感系统)的精度至少高一个等级。这样，通过标定所确定的传感器的静态性能指标才是可靠的，所确定的测量精度才是可信的。

3) 标定步骤

(1) 将传感器(或传感系统)全量程(测量范围)分成若干间距点。

(2) 根据传感器的量程分点情况，由小到大逐点地输入标准量值，并记录下与各输入值相对应的输出值。

(3) 将输入值由大到小逐点减少下来，同时记录与各输入值相对应的输出值。

(4) 按(2)、(3)所述过程，对传感器进行正、反行程往复循环多次测试，一般为三次，将得到的输出-输入测试数据列成表格或绘成曲线。

(5)对测试数据进行必要的数据处理，根据处理结果就可以确定传感器的线性度、灵敏度、迟滞和重复性等静态特性指标。

2. 压力传感器静态标定

目前，常用的压力传感器静态标定(校准)装置有活塞压力计、杠杆式和弹簧测力计式压力标定机。图 2-3-1 是用活塞压力计标定压力传感器的示意图。活塞压力计由校油泵(压力发生系统)和活塞部分(压力测量系统)组成。

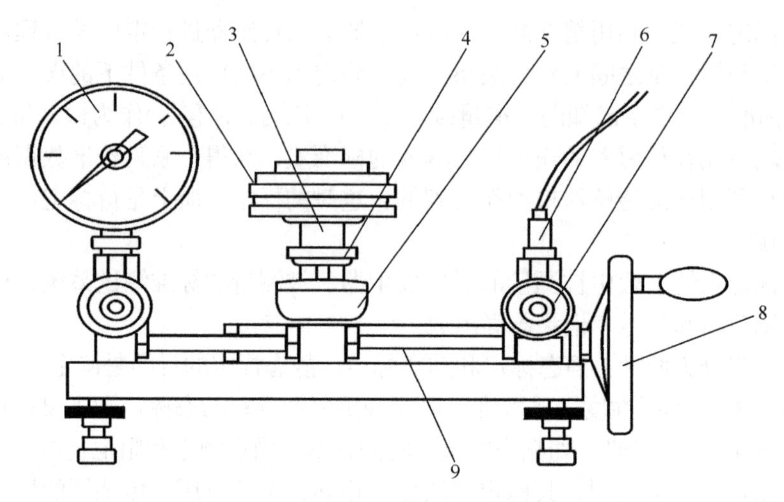

图 2-3-1　活塞压力计标定压力的示意图

1—标准压力表；2—砝码；3—活塞；4—进油阀；5—油杯；6—被标传感器；7—针形阀；8—手轮；9—手摇压力泵

校验泵由手摇压力泵 9、油杯 5、进油阀 4 及两个针形阀 7 组成，在针形阀上有连接螺帽，用以连接被标定的传感器 6 及标准压力表 1。活塞部分由具有精确截面的活塞 3、活塞缸及与活塞直接相连的承重托盘和砝码 2 组成。

压力计是利用活塞和加在活塞上的砝码重量所产生的压力与手摇压力泵所产生的压力相平衡的原理进行标定工作的，其精度可达±0.05%以上。被标定传感器要求±0.1%精度时可用此法。

标定时，把被标定压力传感器装在连接螺帽上，然后，按活塞压力计的操作规程，转动压力泵的手轮 8，使托盘上升到规定的刻线位置，按所要求的压力间隔，逐点增加砝码，使压力计产生所需的压力，同时用数字电压表记下传感器在相应压力下的输出值 V。这样就可以得出被标定压力传感器或测压系统的输出特性曲线，如图 2-3-2 所示。根据这条曲线可确定出所需要的各个静态特性指标。

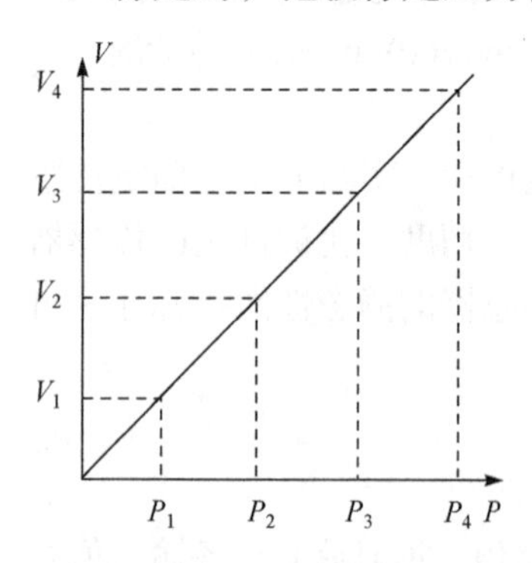

图 2-3-2　压力标定曲线

在实际测试中，为了确定整个测压系统的输出特性，往往需要进行现场标定。为了操作方便，可以不用加载砝码，而直接用标准压力表读取所加的压力。

上面的标定方法不适合压电式压力测量系统，因为活塞压力计的加载过程时间太长，致使传感器产生的电荷有泄漏，严重影响其标定精度。所以对压电式测压系统一般采用杠杆式压力标定机或弹簧测力计式压力标定机。

2.3.2 传感器动态特性的标定

传感器的动态特性标定主要是研究传感器的动态响应。而与动态响应有关的参数，一阶传感器只有一个时间常数τ，二阶传感器则有两个参数：固有频率ω_0和阻尼比ξ。

1. 动态特性的标定方法

同静态标定相同，在对传感器进行动态标定时，首先要建立动态标定系统，对被标定传感器提供标准的信号(脉冲、正弦、阶跃信号等)作为输入，并测出其动态响应曲线。相应的标定方法如下。

(1) 冲击响应法。冲击响应法具有所需设备少、操作简便、调整控制方便等特点。如用于力传感器动态标定的落锤式冲击台就是将重物自由下落，冲击砧子所产生的冲击力作为标准动态力的。安装在砧子上的被校传感器，其冲击加速度由固定在重锤上的标准加速度计测出。改变重锤下落高度，可得到不同的冲击加速度，即不同的冲击力。

(2) 频率响应法。利用正弦输入时，通过测定输出与输入的幅值比和相位差来确定传感器的幅频特性和相频特性，然后根据幅频特性，求得一阶传感器的时间常数τ、欠阻尼二阶传感器的阻尼比ξ和固有频率ω_0。频率响应法比较直观，精度比较高。但是，需要性能优良的参考传感器，非电量正弦发生器的工作频率有限，实验时间长。若传感器不是纯粹的电气系统而是机械-电气或其他物理系统，一般很难获得正弦输入信号。

(3) 阶跃响应法。相比较而言，获得阶跃信号输入却很方便，所以使用阶跃输入信号来标定动态参数也就更为方便。以下对阶跃响应法动态标定进行讨论。

1) 一阶传感器

对于一阶传感器，测得阶跃响应之后，取输出值达到最终稳定值的 63.2%所经过的时间作为时间常τ，但这样测定的时间常数实际上没有涉及动态响应的全过程，测量结果的可靠性仅仅取决于个别的瞬时值。如果用下述方法来确定时间常数，可以获得较可靠的结果。一阶传感器的阶跃响应函数为

$$y(t)=1-\mathrm{e}^{-\frac{t}{\tau}} \tag{2-3-1}$$

整理得

$$1-y(t)=\mathrm{e}^{-\frac{t}{\tau}} \tag{2-3-2}$$

令

$$z=\ln[1-y(t)] \tag{2-3-3}$$

则

$$z=-\frac{t}{\tau} \tag{2-3-4}$$

表明z和时间t呈线性关系，且$\tau=-\Delta t/\Delta z$(图 2-3-3)。因此，可以根据测得的$y(t)$值，做出z-t曲线，并根据$\Delta t/\Delta z$的值获得时间常数τ。这种方法考虑了瞬态响应的全过程。根据z-t曲线与直线的拟合程度还可以判断传感器与一阶线性传感器的符合程度。

2) 二阶传感器

实际传感器都设计成阻尼比小于 1，是典型的欠阻尼二阶传感器，其阶跃响应曲线如图 2-3-4 所示，是以$\omega_{\mathrm{d}}=\omega_0\sqrt{1-\xi^2}$的角频率作衰减振荡的，此角频率$\omega_{\mathrm{d}}$称为传感器的阻尼振荡频率。按照求极值的通用方法，可以求得各振荡峰值所对应的时间$t_{\mathrm{p}}=0, \pi/\omega_{\mathrm{d}}, 2\pi/\omega_{\mathrm{d}}, \cdots$。显

然，当 $t_p=\pi/\omega_d$ 出现第一个最大的峰值时，由式(2-2-23)得

$$y(t_p) = AK\left(1+e^{-\frac{\pi\xi}{\sqrt{1-\xi^2}}}\right) \tag{2-3-5}$$

则最大超调量为

$$M = \frac{y(t_p)-y_\infty}{y_\infty} = e^{-\frac{\pi\xi}{\sqrt{1-\xi^2}}} \tag{2-3-6}$$

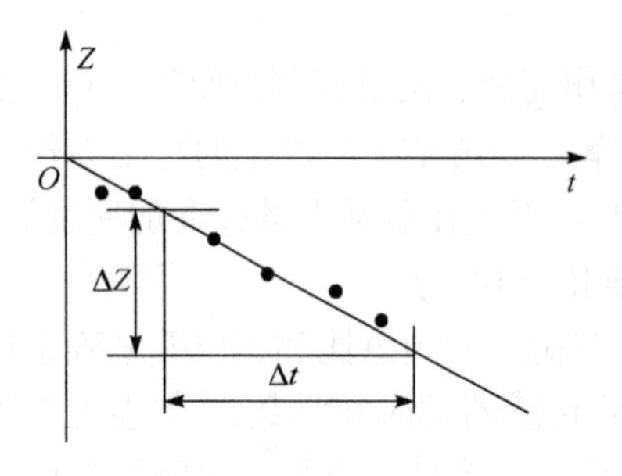

图 2-3-3　求一阶传感器时间常数的方法

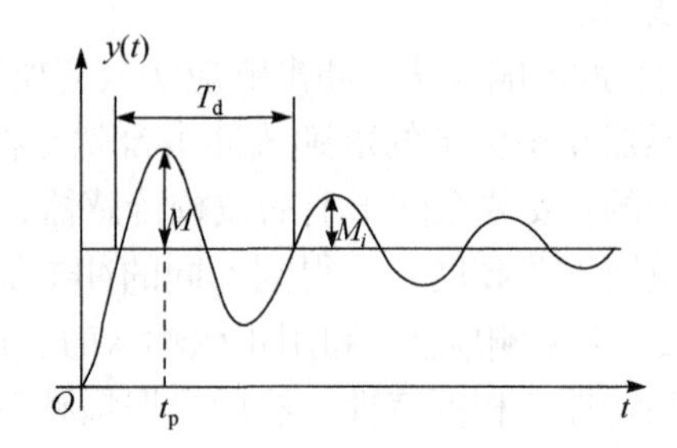

图 2-3-4　二阶传感器(ξ<1)阶跃响应

可以求得最大超调量 M 和阻尼比 ξ 的关系为

$$\xi = \sqrt{\frac{1}{\left(\frac{\pi}{\ln M}\right)^2+1}} \tag{2-3-7}$$

因此，测得 M 之后，便可按式(2-3-7)来求得阻尼比 ξ。

如果测得阶跃响应的瞬变过程较长，那么，可以利用任意两个超调量 M_i 和 M_{i+n} 来求得阻尼比 ξ，其中 n 是该两峰值相隔的周期数(整数)。设 M_i 峰值对应的时间为 t_i，则 M_{i+n} 峰值对应的时间为

$$t_{i+n} = t_i + \frac{2n\pi}{\omega_n\sqrt{1-\xi^2}} \tag{2-3-8}$$

由式(2-2-23)、式(2-3-6)、式(2-3-8)，得

$$\ln\frac{M_i}{M_{i+n}} = \ln\frac{e^{-\xi\omega_n t_i}}{e^{-\xi\omega_n(t_i+2n\pi/(\omega_n\sqrt{1-\xi^2}))}} = \frac{2n\pi\xi}{\sqrt{1-\xi^2}} \tag{2-3-9}$$

整理后得

$$\xi = \sqrt{\frac{\delta_n^2}{\delta_n^2+4\pi^2 n^2}} \tag{2-3-10}$$

其中

$$\delta_n = \ln\frac{M_i}{M_{i+n}} \tag{2-3-11}$$

若传感器是线性的二阶系统，那么 n 值采用任意正整数所得的 ξ 值不会有差别；反之，n

取不同值，获得不同的ξ值，则表明该传感器不是线性二阶系统。

在阶跃响应曲线上，测取振荡周期 T_d 值，然后把 T_d、ξ 值代入式(2-3-12)便可求得固有频率。

$$\omega_0 = \frac{2\pi}{T_d\sqrt{1-\xi^2}} \tag{2-3-12}$$

2. 压力传感器动态标定

对压力传感器进行动态标定，必须给传感器加一个特性已知的标准动压信号作为激励源，如阶跃压力信号。产生阶跃压力有许多方法，其中激波管是比较常用的方法，是因为它的前沿压力很陡，接近理想阶跃函数。所以压力传感器标定时广泛应用此种方法。此外，激波管结构简单，使用方便可靠，标定精度可达 4%～5%。以下分析压力传感器动态特性的激波管标定法。

激波管标定装置系统如图 2-3-5 所示，它由激波管、入射激波测速系统、标定测量系统和气源等四部分组成。

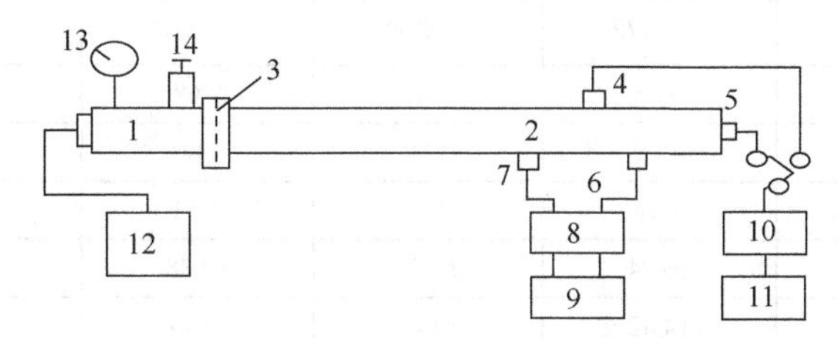

图 2-3-5　激波管标定装置系统原理图

1—高压室；2—低压室；3—膜片；4—侧面被标定的传感器；5—底面被标定的传感器；6、7—压电压力传感器；8—前置电荷放大器；9—数字频率计；10—电荷放大器；11—记忆示波器；12—气源；13—气压表；14—泄气门

激波管是产生激波的核心部分，由高压室 1 和低压室 2 组成。1、2 之间由铝或塑料膜片 3 隔开，激波压力的大小由膜片的厚度决定。标定时，根据要求对高、低压室充以压力不同的压缩气体(常采用压缩空气)，低压室一般为一个大气压，仅给高压室充以高压气体。当高、低压室的压力差达到一定程度时，膜片破裂，高压气体迅速膨胀冲入低压室，从而形成激波。这个激波的波阵面压力保持恒定，接近理想的阶跃波，并以超声速冲向被标定的传感器。

被标定传感器可以安装在侧面位置上，也可以安装在底端面上。标定测量系统由被标定传感器 4 或 5、电荷放大器 10 及记忆示波器 11 等组成。传感器在激波的激励下，按固有频率产生一个衰减振荡，如图 2-3-6 所示。从被标定传感器来的信号经过电荷放大器加到记忆示波器上记录下来，以供确定传感器的动态特性。

入射激波的测速系统(图 2-3-5)由测速压电压力传感器 6 和 7、前置电荷放大器 8 以及数字频率计 9 组成，测速压电压力传感器 6 和 7 相隔一定距离安装。当激波掠过传感器 7 时，放大器输出一个脉冲，使数字频率计 9 计时开始，当激波掠过传感器 6 时，放大器又输出脉冲，它使数字频率计计时结束。如果数字频率计将两者的时间差记录下来，就能求得激波的平均速度 v，即

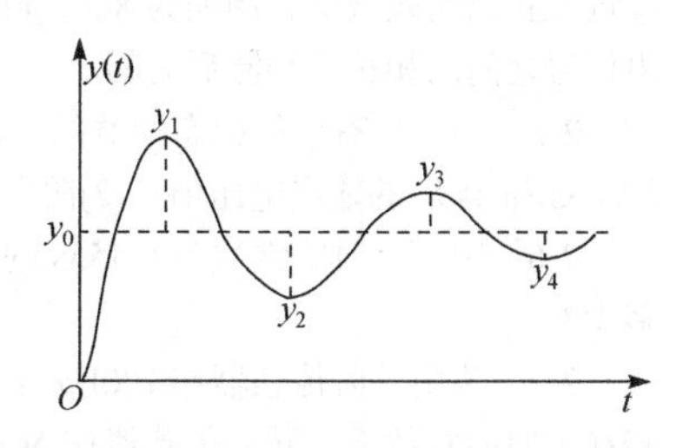

图 2-3-6　被标定传感器的输出波形

$$v = \frac{l}{t} \tag{2-3-13}$$

式中，l 为两个测速压电压力传感器 6 和 7 之间的距离；t 为激波通过两个传感器间距离所需的时间($t=nT$；n 为频率显示的脉冲计数；T 为计数器的时标)。

气源系统由气源(包括控制台)12、气压表 13 及泄气门 14 等组成。它是高压气体的产生源，通常采用压缩空气(也可采用氮气)。压力大小通过控制台控制，由气压表监视。完成测量后开启泄气门 14，以便泄掉管内气体，然后对管内进行治理，更换膜片，以便下次再用。

习题与思考题

2-1 设某压力传感器的校准数据如题 2-1 表中“输出值”栏所示，试分析计算以端点连线平移线和最小二乘直线为工作特性时的非线性度、迟滞和重复性误差。

题 2-1 表 校准数据列表

压力/MPa	输出值/mV					
	第一次循环		第二次循环		第三次循环	
	正行程	反行程	正行程	反行程	正行程	反行程
0	−2.74	−2.72	−2.71	−2.68	−2.68	−2.67
0.02	0.56	0.66	0.61	0.68	0.64	0.69
0.04	3.95	4.05	3.99	4.09	4.02	4.11
0.06	7.39	7.49	7.42	7.52	7.45	7.52
0.08	10.88	10.94	10.92	10.88	10.94	10.99
0.10	14.42	14.42	14.47	14.47	14.46	14.46

2-2 某一阶传感器的时间常数为 6ms，幅值比为 0.7，试求当 $\omega\tau=1$ 时的频率和在此频率处幅值的百分误差。

2-3 有两个测量系统，它们的动态特性可分别用下面两个微分方程描述，试求这两个系统的时间常数 τ 和静态灵敏度 k。

(1)
$$30\frac{\mathrm{d}y}{\mathrm{d}t}+3y=1.5\times10^{-5}\theta$$

式中，y 为输出电压(V)；θ 为输入温度(℃)。

(2)
$$1.4\frac{\mathrm{d}y}{\mathrm{d}t}+4.2y=9.6x$$

式中，y 为输出电压(V)；x 为输入压力(Pa)。

2-4 已知一热电偶的时间常数 τ=10s，如果用它来测量一台炉子的温度，炉内温度在 540℃和 500℃之间按近似正弦曲线波动，周期为 80s，静态灵敏度 $k=1$，试求该热电偶输出的最大值和最小值，以及输入与输出信号之间的相位差和滞后时间。

2-5 一只具有单位稳态增益的一阶传感器，其时间常数为 1s，试求：(1)输入 1V 阶跃电压时，在 1s、2s、3s 和 4s 后的输出电压值；(2)阶跃响应的初始斜率。

2-6 用一只时间常数为 0.355s 的一阶传感器去测量周期分别为 1s、2s 和 3s 的正弦信号，问幅值误差为多少？

2-7 若用一阶传感器作 100Hz 正弦信号的测试，如幅值误差要求限制在 5%以内，则时间常数应取多少？若在该时间常数下，同一传感器作 50Hz 正弦信号的测试，这时的幅值误差和相位差有多大？

2-8 试区别阻尼系数 c 和阻尼比 ξ，为什么在讨论传感器的动态响应时一般采用阻尼比 ξ？

2-9 一只二阶线性传感器的质量为 6g，刚度为 1N/mm，试计算该传感器的固有频率 f_0。若 F 为阶跃输入力，试求该传感器的响应刚好不产生超调所必需的阻尼系数 c。

2-10　把一只力传感器作为二阶振荡系统处理，已知其固有频率为 800Hz，阻尼比 ξ=0.14，现将它用于工作频率为 400Hz 的外力测试时，其幅值比 $A(\mathrm{j}\omega)$ 和相位角 $\varphi(\omega)$ 各为多少？又当该传感器的阻尼比 ξ 为 0.7 时，$A(\mathrm{j}\omega)$ 和 $\varphi(\omega)$ 又将如何变化？

2-11　作为二阶系统来处理的两只加速度传感器，其固有频率分别为 25kHz 和 45kHz，阻尼比均为 0.3，若用以测量频率为 10kHz 的正弦输入振动加速度，试问：应选用哪一种固有频率的传感器，为什么？并计算在测量时将产生多大的振幅误差和相位误差？

2-12　某加速度传感器的动态特性可以用如下的微分方程来描述：

$$\frac{\mathrm{d}^2 y}{\mathrm{d}t^2}+3.0\times10^3\frac{\mathrm{d}y}{\mathrm{d}t}+2.25\times10^{10}y=11.0\times10^{10}x$$

式中，y 为输出电荷量(pC)；x 为输入加速度值($\mathrm{m/s^2}$)。

试确定该传感器的 ω_0、ξ 和静态灵敏度 K 的大小。其允许误差为 ± 5%，试确定该加速度传感器的最高工作频率(Hz)。

2-13　已知某二阶系统传感器的固有频率 $f_0=10\mathrm{kHz}$，阻尼比 ξ=0.1，若要求传感器的输出幅值误差小于 3%，试确定该传感器的工作频率范围。

2-14　设某传感器是典型的质量-弹簧-阻尼系统，已知质量 m=1kg，弹簧刚度 k=1000N/m，阻尼比 $\xi=0.5$，试分析该传感器在圆频率分别为 $\omega=10\mathrm{rad/s}$、$\omega=30\mathrm{rad/s}$、$\omega=50\mathrm{rad/s}$ 时的响应。

2-15　传感器的标定与校准的意义是什么？

2-16　传感器标定系统由哪几部分组成？标定条件是什么？

第3章　弹性敏感元件

3.1　概　　述

在外力的作用下，物体将产生尺寸和形状的变化，此过程称为物体的变形。当去掉外力后，物体随即恢复其原来的尺寸和形状，此种变形就称为弹性变形。利用弹性变形进行测量和变换的元件即所谓的弹性敏感元件。

弹性敏感元件直接感受被测的力、力矩或压力，并把它们转换成应变或位移。此种应变或位移又可作为输入量加给传感器的其他变换元件，因此，弹性敏感元件在传感器技术中有重要的作用。

在传感器中常用的弹性元件有梁、柱、筒、膜片、膜盒、弹簧管及波纹管等。

3.2　弹性敏感元件的基本特性

3.2.1　弹性特性

作用在弹性敏感元件上的输入量(力、力矩或压力)和由它引起的输出量(应变、位移或转角)之间的关系，就称为弹性敏感元件的弹性特性。典型的弹性特性如图3-2-1所示。

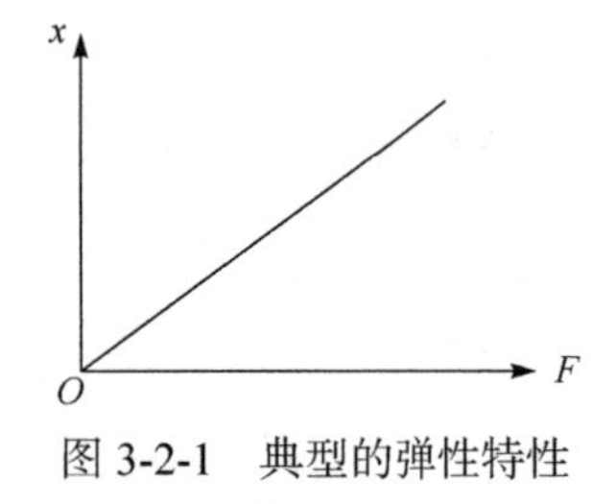

图 3-2-1　典型的弹性特性

1. *灵敏度*

灵敏度又称弹性敏感元件的柔度，它定义为单位输入量所引起的输出量，一般用 S 表示。对于图3-2-1，在某一点处的灵敏度为

$$S=\frac{\mathrm{d}x}{\mathrm{d}F} \tag{3-2-1}$$

当弹性敏感元件并联使用时，系统的灵敏度为

$$S_{\mathrm{P}}=\frac{1}{\sum_{i=1}^{n}\frac{1}{S_i}} \tag{3-2-2}$$

而在串联使用时，则为

$$S_{\mathrm{S}}=\sum_{i=1}^{n}S_i \tag{3-2-3}$$

2. *刚度*

刚度即弹性敏感元件的不灵敏度，是灵敏度的倒数，是引起弹性敏感元件单位变形所需要的外力。通常用 k 表示刚度，在某一点处的刚度为

$$k = \frac{1}{S} = \frac{\mathrm{d}F}{\mathrm{d}x} \tag{3-2-4}$$

作为传感器弹性敏感元件，其刚度要求在额定量程内保持不变，即具有线性特性。

3.2.2　弹性滞后

弹性元件在弹性变形范围内,其加载时的特性曲线与卸载时的特性曲线不重合的现象,称为弹性滞后。它是造成某些传感器产生迟滞误差的重要原因。

如图 3-2-2 所示，卸载特性曲线比加载特性曲线高，在 F_i 处，便存在滞后Δx_i。引起弹性滞后的主要原因是弹性元件材料在工作时存在的内摩擦和材料拉、压弹性模量不相同而引起的。

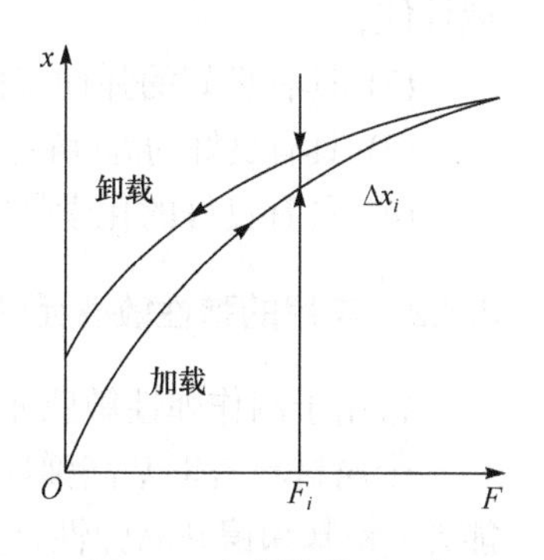

图 3-2-2　弹性滞后现象

3.2.3　弹性后效与蠕变

这种在弹性极限范围内，应变滞后于外加应力，并和时间有关的现象称为弹性后效。弹性元件加上一个阶跃载荷后，并不能立即完成相应的变形，而是经过一定时间间隔逐渐完成变形的。好似弹性元件具有某种“惯性”一样。当外加力停止变化而保持某一固定值时，弹性元件在一个较长的时间范围内仍继续缓慢变形，这就是弹性元件的蠕变现象。

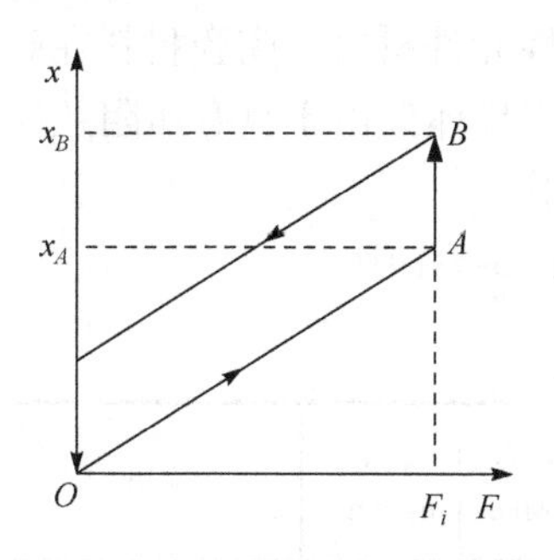

图 3-2-3　弹性后效现象与蠕变

如图 3-2-3 所示，若给弹性元件突然加上力 F_i，即阶跃载荷，它虽然不能立即产生变形，但也是非常快地产生变形 x_A，但当力保持 F_i 不变时，弹性元件将缓慢地继续变形，达到 x_B，卸载时，也有相似的情况发生。弹性后效与蠕变有联系又有区别，除了它们发生的时间过程不同外，蠕变的大小还随所加载荷和温度的增加而增加。

在实际传感器中，弹性滞后、后效和蠕变是同时发生的，物理概念比较复杂，设计传感器的人员应当予以充分注意，以减少传感器的误差。

3.2.4　固有振动频率

弹性元件本身具有质量、弹性，这就决定了弹性元件所具有的固有振动频率。一般，总希望固有振动频率较高，但也不能一味追求高频率，因为经常会遇到弹性敏感元件高的固有频率和其高的线性度、高的灵敏度等之间的矛盾，故必须予以综合考虑。

由于弹性敏感元件往往是一个具有分布参数的系统，其固有振动频率的计算是非常复杂的，现有的一些公式也多不准确，故通常用实验方法来确定，而且只确定最低的固有振动频率。

3.3　弹性敏感元件所用的材料

3.3.1　对弹性敏感元件材料的要求

弹性敏感元件要获得预期的性能，在它们加工过程中和加工后都需要进行相应的热处理、时效处理等，否则很难保证其良好、稳定的性能。

对弹性材料提出的一般要求如下：

(1) 具有良好的机械性(强度高、抗冲击韧性好、疲劳强度高等)及良好的机械加工及热处理性能；

(2) 具有良好的弹性特性(弹性极限高、弹性滞后和弹性后效小)；

(3) 具有良好的温度特性(弹性模量的温度系数小而且稳定、材料的线膨胀系数小而且稳定)；

(4) 具有良好的化学性能(抗氧化性和抗腐蚀性好)。

3.3.2 常用的弹性敏感元件材料

常用于制作弹性敏感元件的材料有金属材料和非金属材料两大类。

金属材料有铜基高弹性合金，如黄铜、磷青铜、钛青铜，这类合金耐高温和耐腐蚀等性能差；铁基和镍基高弹性合金，如 17-4PH(Cr17Ni4Al)、蒙乃尔合金(Ni63～67，Al2~3，Ti0.05，其余 Cu)，这类合金弹性极限高、迟滞小、耐腐蚀，但弹性模量随温度变化较大；恒弹合金，如 3J53(Ni42CrTiA)、3J58,其国外代号为 Ni-Span-C，这种材料在−60～100℃的温度范围内的弹性模量温度系数为$\pm 10\times 10^{-6}$/℃；铌基合金，主要有 Nb-Ti 及 Nb-Zr 合金，如 Nb35Ti42Al5～5.5，这种合金在−40～220℃温度范围内弹性模量的温度系数为(−32.5～−512.5) $\times 10^{-6}$/℃；弹性极限高、迟滞小、无磁性、耐腐蚀。

非金属材料有石英、陶瓷和半导体硅等。其中，石英材料内耗小、迟滞小(只有最好的弹性合金的 1/100)、线膨胀系数小、品质因数高，是一种理想的弹性元件材料；陶瓷材料在破坏前，其应力、应变关系为线性关系，最适用于高温压力测量；半导体硅由于具有压阻效应并适于微电子和微机械加工，所以得到了极高的重视和广泛的应用。

常用的金属弹性敏感元件材料及其主要性能和应用说明列于表 3-3-1 中。

表 3-3-1 常用的弹性元件材料及其主要性能

牌号	名称	化学成分		弹性模量		线膨胀系数 /(10^{-6}/℃)	抗拉强度 σ_b/MPa	屈服点 σ_s/MPa	密度 /(g/cm³)	应用
		元素	含量/%	E/GPa	G/GPa					
40Cr	铬钢	C Mn Cr	0.37～0.45 0.50～0.80 0.80～1.10	218		11	1000	800		用以制作普通精度的弹性元件
65Mn	锰弹簧钢	Si C Mn	0.17～0.37 0.90～1.20 0.62～0.70	200	82	11	1000	800	7.81	同上
30CrMnSiA	合金结构钢	C Mn Si	0.32～0.39 0.80～1.10 1.10～1.40	210		11	1650	1300		用以制作重要的高精度弹性元件
50CrVA	铬钒弹簧钢	C Mn Si Cr V	0.46～0.54 0.50～0.80 0.17～0.37 0.80～1.10 0.10～0.20	212	83		1300	1100		用以制作重要的弹簧，工作温度可达400℃，疲劳强度高
60SiMnA	硅锰弹簧钢	C Mn Si	0.56～0.64 0.60～0.90 1.60～2.00	200	87	11.5	1600	1400		用以制作厚度小于5mm 的平面型弹性元件，疲劳强度高

续表

牌号	名称	化学成分		弹性模量		线膨胀系数 /(10^{-6}/℃)	抗拉强度 σ_b/MPa	屈服点 σ_s/MPa	密度 /(g/cm³)	应用
		元素	含量/%	E/GPa	G/GPa					
1Cr18Ni9	不锈钢	C Mn Si Cr Ni	0.14 2.0 0.8 17～20 8～11	200	80	16.6	550	200	7.85	弹性稳定性好，适于在高温下工作
QBe2	铍青铜	Be Ni Cu	1.90～2.20 0.20～0.50 其余	131	50	16.6	1250		8.23	用以制造高精度的弹性敏感元件

3.4 常用弹性敏感元件特性参数的计算

弹性敏感元件在作为传感器的敏感元件使用时，其输入大多情况下为力或压力，而其输出则多为应变或位移。当传感器用于动态测量或为了保证弹性敏感元件具有良好的抗震稳定性时，必须正确地设计其固有振动频率。

3.4.1 弹性圆柱

弹性圆柱结构简单，通常用于测量较大的载荷，当在其柱面正确粘贴上应变片时，可做成测力传感器。弹性圆柱的结构及受力示意图见图 3-4-1。

在轴向力 F 的作用下，在与轴线成α角和α+90°角的截面上所产生的应力和应变为

$$\sigma_\alpha = \frac{F}{A}\cos^2\alpha \tag{3-4-1}$$

$$\sigma_{\alpha+90^\circ} = \frac{F}{A}\sin^2\alpha \tag{3-4-2}$$

$$\varepsilon_\alpha = \frac{F}{EA}\left(\cos^2\alpha - \mu\sin^2\alpha\right) \tag{3-4-3}$$

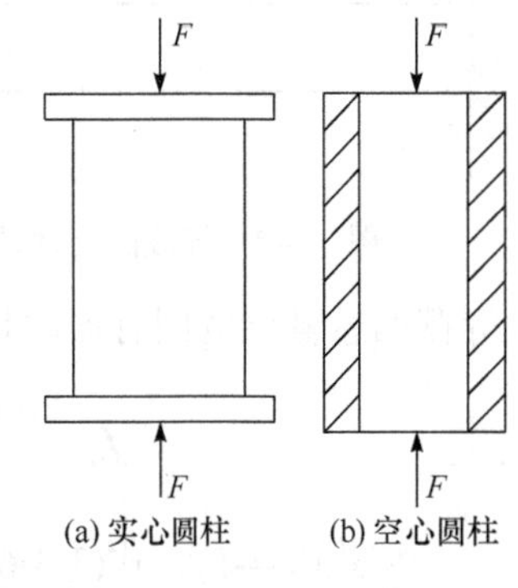

图 3-4-1 圆柱体

式中，F 为沿圆柱轴向的作用(N)；E 为材料的弹性模量(Pa)；μ 为材料的泊松系数；A 为圆柱的横截面积(mm²)；α为截面与圆柱轴线的夹角。

当α=0 时，力 F 在轴向产生的应力和应变为

$$\sigma = \frac{F}{A}, \qquad \varepsilon = \frac{F}{AE}$$

而当α = 90°时，力 F 在圆柱横向产生的应力和应变为

$$\sigma = 0, \qquad \varepsilon = -\mu\frac{F}{AE}$$

空心圆柱优于实心圆柱之处在于，在相同的截面或重量情况下，圆柱的直径可以做得大一些，从而可提高圆柱的抗弯强度。但圆柱壁也不宜太薄，否则受压时可能会引起圆柱失稳。

圆柱的固有角频率为

$$\omega_0^2 = \frac{k}{m} = \frac{EA}{lm}$$

或固有频率为

$$f_0 = \frac{1}{2\pi}\sqrt{\frac{EA}{lm}} = \frac{1}{2\pi l}\sqrt{\frac{E}{\rho}} \tag{3-4-4}$$

式中，l 为圆柱长度；k 为圆柱刚度；E 为圆柱材料的弹性模量；m 为圆柱的质量；A 为圆柱的横截面积；ρ为圆柱材料的密度。

由式(3-4-3)和式(3-4-4)可知，在相同的力 F 作用下，选用弹性模量小的材料，可得到较大的应变量，有利于提高测量灵敏度；但弹性模量 E 小将使固有频率降低，不低于加宽测量频带。在不降低固有频率的情况下来提高测量灵敏度，必须减小圆柱的截面积；而在不降低应变量的情况下来提高固有频率，只有减小圆柱的长度。

3.4.2 悬臂梁

1. 等截面梁

对于一端固定的等截面悬臂梁(图 3-4-2)，作用力 F 与梁上某位置处的应变关系可表示为

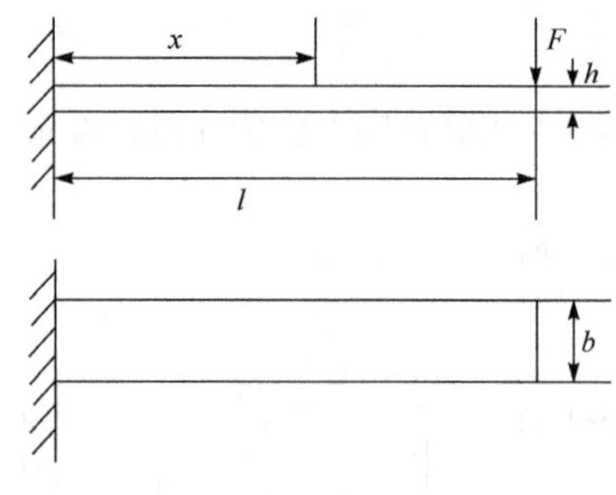

图 3-4-2　等截面悬臂梁

$$\varepsilon_x = \frac{6F(l-x)}{EAh} \tag{3-4-5}$$

式中，ε_x 为距支点 x 处的应变值；l 为梁的长度；x 为梁上某位置距固定端的距离；E 为材料的弹性模量；A 为梁的截面积；h 为梁的厚度。

在实际应用中，常将悬臂梁的自由端的挠度 y 作为输出，y 与 F 的关系为

$$y = \frac{4l^3}{Ebh^3}F \tag{3-4-6}$$

等截面悬臂梁的固有振动频率为

$$f_0 = \frac{0.162h}{l^2}\sqrt{\frac{E}{\rho}} \tag{3-4-7}$$

从式(3-4-5)、式(3-4-6)及式(3-4-7)可以看出，等截面梁的厚度减小可使测量灵敏度提高，但将使固有振动频率降低。

2. 等强度梁

采用等强度梁的目的是在自由端加上作用力 F 时，梁表面各处沿轴线方向产生的应变大小相等，即实现等强度，这给应变片传感器的应变片粘贴带来了方便。为保证梁的等应变性，作用力 F 必须加在梁两斜边的交点处，如图 3-4-3 所示。

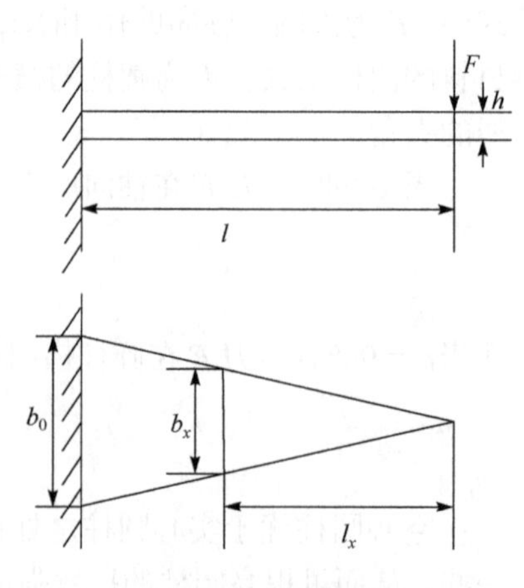

图 3-4-3　等强度梁

等强度梁各处沿轴线方向产生的应变为

$$\varepsilon=\frac{6l}{Eb_0h^2}F \tag{3-4-8}$$

其自由端挠度为

$$y=\frac{6l^3}{Eb_0h^3}F \tag{3-4-9}$$

而其固有振动频率则为

$$f_0=\frac{0.316h}{l^2}\sqrt{\frac{E}{\rho}} \tag{3-4-10}$$

3.4.3　扭转圆柱

在力矩测量中常用到扭转圆柱。当圆柱承受弯矩 M_t 作用时，在柱横截面产生的最大剪切应力在靠近柱表面的边缘处(图 3-4-4)，为

$$\tau_{\max}=\frac{T}{I_P}r \tag{3-4-11}$$

式中，T 为外力偶矩；r 为柱的半径；I_P 为横截面对圆心的极惯性矩，即

$$I_P=\frac{\pi d^4}{32}$$

d 为柱的直径。

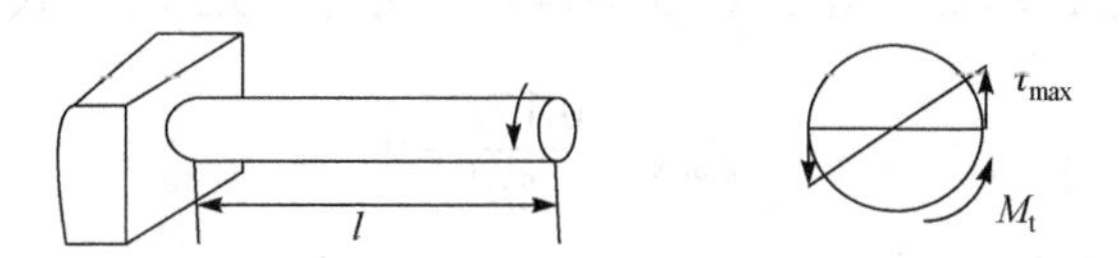

图 3-4-4　扭转圆柱及最大剪力

扭转圆柱长度为 l 时的扭转角为

$$\phi=\frac{Tl}{GI_P} \tag{3-4-12}$$

式中，G 为扭转圆柱材料的剪切弹性模量，而 GI_P 则称为抗扭刚度。

在与轴线成±45°的方向上所产生的正应力分别等于 $\tau_{\max}$ 和 $-\tau_{\max}$，因而这里的最大线应变为

$$\varepsilon_{\max}=\frac{1}{E}(1+\mu)\tau_{\max}=\frac{(1+\mu)}{E}\cdot\frac{T}{I_P}r \tag{3-4-13}$$

3.4.4　圆形平膜片

圆形平膜片在均匀分布压力作用下，其中心的位移要较相同尺寸的波纹膜片要小，但在构成具有电输出的传感器时却常被采用。

如图 3-4-5 所示，在均匀分布载荷作用下，随半径的增加，膜片上的应力将由拉应力均匀过渡到压应力。设此载荷为压力 p，膜力中心的挠度(位移)最大，为

$$y_{max} = \frac{3}{16}\left(\frac{1-\mu^2}{E}\right)\frac{R^4}{h^3}p \tag{3-4-14}$$

式中，p 为压力；R 为膜片的半径；h 为膜片的厚度；y_{max} 为膜片中心的最大挠度(位移)。

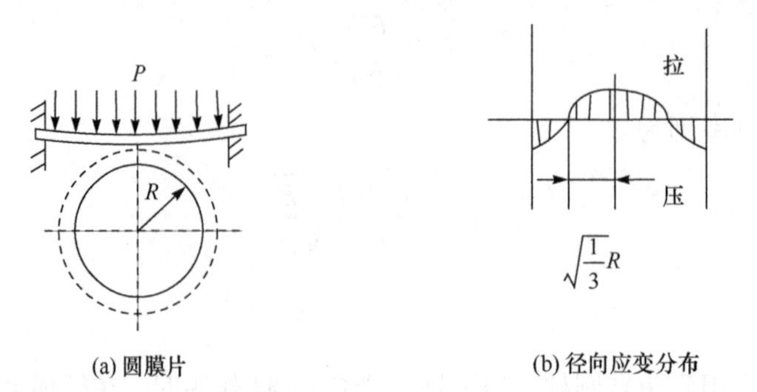

图 3-4-5　圆膜片应变分布

式(3-4-14)仅适于小挠度情况，即当 $y_{max} \ll h$ 时，y_{max} 和 p 具有线关系。当 $y_{max} \gg h$ 时，挠度与压力的关系具有下面的非线性形式：

$$\frac{pR^4}{Eh^4} = \frac{16y}{3\left(1-\mu^2\right)h} + \frac{2}{21}\left(\frac{23-9\mu}{1-\mu}\right)\left(\frac{y}{h}\right)^3 \tag{3-4-15}$$

这就是周边固支的圆形平膜片中心挠度的通用公式。在小挠度情况下，即 $\left(y/h\right)^3 \ll 1$，式(3-4-15)后一项可忽略，从而简化为式(3-4-14)。当取 μ=0.3 时，式(3-4-14)还可简化为

$$y_{max} = \frac{0.17R^4}{Eh^3}p \tag{3-4-16}$$

在位置 r 处膜片的应变值为

$$\varepsilon_r = \frac{3}{8}\left(\frac{1-\mu^2}{Eh}\right)\left(R^2 - 3r^2\right)p \tag{3-4-17}$$

圆形平膜片的固有振动频率为

$$f_0 = \frac{0.492h}{R^2}\sqrt{\frac{E}{\rho}} \tag{3-4-18}$$

3.4.5　弹簧管

弹簧管又称波登管(Bourdon tube)或包端管，大多是弯曲成 C 形的空心管子，是弹簧管压力表中的主要元件，在压力传感器中也得到应用。管子截面多为椭圆形或扁圆形。管子的一端封死，作为自由端；另一端开口供进入被测压力，作为固定端。C 形弹簧管的结构及其截面形状示于图 3-4-6 中。在管内压力作用下，管截面将趋于变成圆形，从而使 C 形管趋于伸直。于是，弹簧管自由端的位移便是管内压力的度量。

对于椭圆形截面的薄壁弹簧管(管壁厚 h 和短半轴 b 之比应不超过 0.7～0.8)，其自由端位移 d 和所加压力 p 的关系具有下面的形式：

$$d = p\left(\frac{1-\mu^2}{E}\right)\frac{R^3}{bh}\left(1-\frac{b^2}{a^2}\right)\frac{\alpha}{\beta + x^2}\sqrt{(\gamma - \sin\gamma)^2 + (1-\cos\gamma)^2} \quad (3\text{-}4\text{-}19)$$

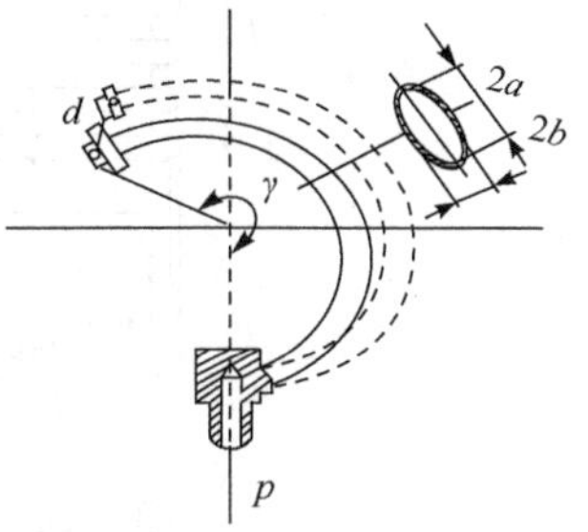

(a) 外形 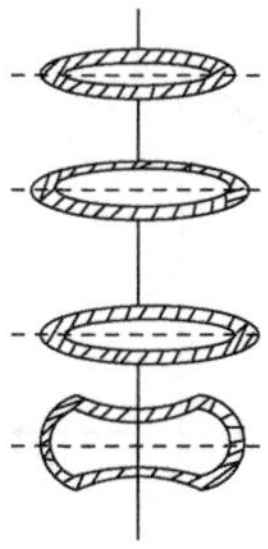　　(b) 各种管截面形状

图 3-4-6　C 形弹簧管

式中，R 为弹簧管的曲率半径；a、b 为弹簧管的长半轴和短半轴；h 为弹簧管的壁厚；x 为弹簧管的基本参数，$x=Rh/a^2$；α、β为与 b/a 比值有关的系数，对于椭圆形截面管，其值可查表 3-4-1；对于扁圆形截面管，则可查表 3-4-2；γ 为弹簧管的中心角。

表 3-4-1　椭圆形截面管的系数α和β

a/b	1	1.5	2	3	4	5
α	0.750	0.636	0.566	0.483	0.452	0.430
β	0.083	0.062	0.053	0.045	0.044	0.043
a/b	6	7	8	9	10	∞
α	–0.416	0.406	0.400	0.395	0.390	0.368
β	0.042	0.042	0.042	0.042	0.042	0.042

表 3-4-2　扁圆形截面管的系数α和β

a/b	1	1.5	2	3	4	5
α	0.637	0.594	0.548	0.480	0.437	0.408
β	0.096	0.110	0.115	0.121	0.123	0.121
a/b	6	7	8	9	10	∞
α	0.388	0.120	0.190	0.199	0.118	0.114
β	0.121	0.120	0.199	0.199	0.118	0.114

由式(3-4-19)可看出，弹簧管具有线性的 $d = f(p)$特性。由图 3-4-7 可以看出，压力超过压力值 p_0 时，特性曲线将偏离直线而上翘。

3.4.6　波纹管

波纹管是一种表面上有许多同心环状波形皱纹的薄壁管状弹性元件，可感受管内压力或管外所加集中力而产生轴线方向的形变(拉伸或压缩)，如图 3-4-8 所示。金属波纹管的轴向容易变形，即灵敏度高，在变形量允许的情况下，压力(或轴向力)的大小与波纹管的伸缩量成正比。

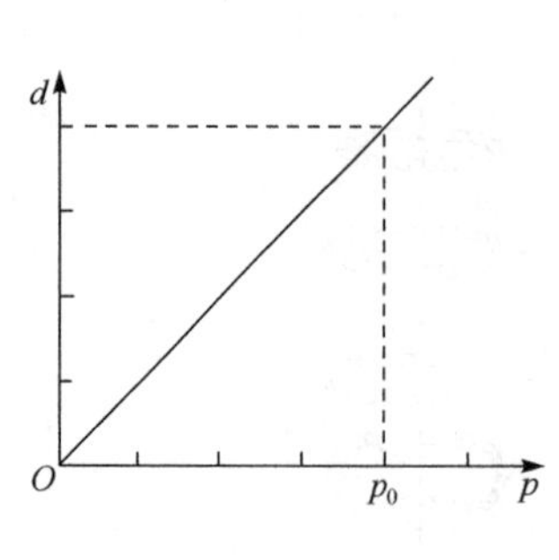

图 3-4-7　弹簧管的特性曲线

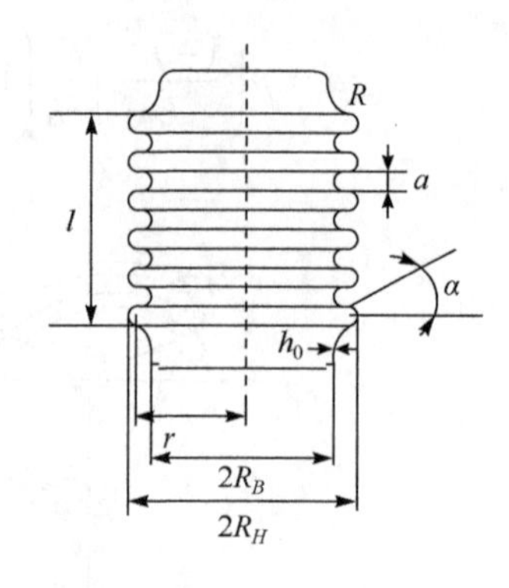

图 3-4-8　波纹管

波纹管的轴向形变(位移)与轴向集中力的关系可由式(3-4-20)确定：

$$y = F\frac{1-\mu^2}{Eh_0}\cdot\frac{n}{A_0-\alpha A_1+\alpha^2 A_2+B_0\dfrac{h_0^2}{R_H^2}} \tag{3-4-20}$$

式中，F 为轴向集中力；n 为工作的波纹(皱褶)数；h_0 为波纹管内半径处的壁厚，即管毛坯厚度；A_0、A_1、A_2 和 B_0 取决于系数β和 m：

$$\beta = \frac{R_H}{R_B},\qquad m = \frac{R}{R_H}$$

其中，R_H 为波纹管的外半径；R_B 为波纹管的内半径；R 为波纹(皱褶)的圆弧的半径，α为波纹平面与水平面的夹角，即波纹的斜角，可按下式计算：

$$\alpha = \frac{2R-a}{2\left(R_H-R_B-2R\right)}$$

其中，a 为两相邻波纹的间距。

算出β和 m 后即可查阅“仪器零件”等相关手册，得到 A_0、A_1、A_2 和 B_0，当波纹管受压力 p 作用时，其自由端的位移将为

$$y = pS_a\frac{1-\mu^2}{Eh_0}\cdot\frac{n}{A_0-\alpha A_1+\alpha^2 A_2+B_0\dfrac{h_0^2}{R_H^2}} \tag{3-4-21}$$

式中，p 为所加压力；S_a 为波纹管的有效面积，$S_a=\pi r^2$，r 为波纹管的平均半径，$r=(R_H+R_B)/2$。

理论分析和试验表明：当其他条件不变时，波纹管的灵敏度与工作波纹数目成正比，与壁厚的三次方成反比，与内径和外径之比(R_H/R_B)成正比。在仪表制造业中所用的波纹管，直径为 12～160mm，测量压力范围为 10^0～10^7Pa。

3.4.7　薄壁圆筒

薄壁圆筒的壁厚一般小于筒径的 1/20，当其内腔与压力接通时，筒壁不产生弯曲变形，只是均匀向外扩张。所以，筒壁的每单元面积都将在轴向和圆周方向产生拉伸应力和应变。拉伸应力为

$$\sigma_x = \frac{r_0}{2h}p, \qquad \sigma_r = \frac{r_0}{h}p$$

式中，σ_x 为筒的轴向拉伸应力；σ_r 为筒的圆周方向的拉伸应力；r_0 为筒的内半径；h 为筒的壁厚。

轴向应力 σ_x 和周向应力 σ_r 相互垂直，如图 3-4-9 所示。应用虎克定律，不难求得轴向应变与周向应变：

$$\varepsilon_x = \frac{r_0}{2Eh}(1-2\mu)p \tag{3-4-22}$$

$$\varepsilon_r = \frac{r_0}{2Eh}(2-\mu)p \tag{3-4-23}$$

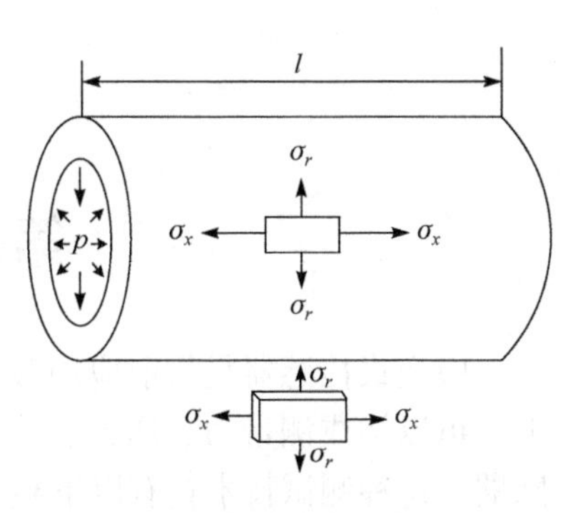

图 3-4-9　薄壁圆筒的应力分析

从式(3-4-21)和式(3-4-22)可看出，薄壁圆筒在周围方向产生的应变明显大于其轴向应变。因此，若要构成应变式传感器，沿圆周方向粘贴应变片是有利的。

薄壁圆筒的固有振动频率为

$$f_0 = \frac{0.32}{\sqrt{2r_0 l + 2l^2}}\sqrt{\frac{E}{\rho}} \tag{3-4-24}$$

式中，l 为圆筒长度；E 为圆筒材料的弹性模量；ρ为圆筒材料的密度。

习题与思考题

3-1　什么是弹性变形？传感器常用的弹性元件都有哪些种类？对制作弹性元件的材料性能都有哪些要求？

3-2　弹性元件的强度、刚度和稳定性的定义是什么？对设计弹性元件有什么作用？

3-3　如题 3-3 图所示，梁受到可移动的集中载荷 P=40kN 的作用。已知：允许正应力为[σ]=10MPa。梁的横截面为矩形，其宽高比 h/b=3/2。试计算梁的最小截面尺寸。

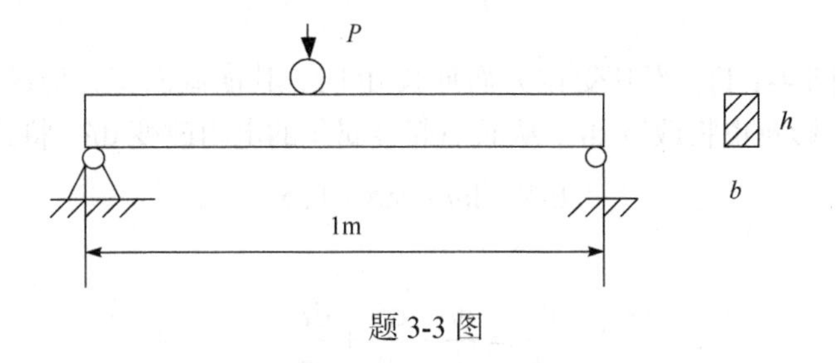

题 3-3 图

3-4　两圆轴的尺寸、受到的扭力均相同，但一个为钢，另一个为铝，若 G[钢]=3G[铝]，则：(1)两轴的最大剪应力之比 τ_{max}[钢]：τ_{max}[铝]是多少？(2)两轴的最大扭转角之比 Φ[钢]：Φ[铝]是多少？

第4章　应变式传感器

应变式传感器是目前应用最广泛的传感器之一。将电阻应变片粘贴在各种弹性敏感元件上，可以构成测量力、压力、荷重、应变、位移、速度、加速度等各种参数的电阻应变式传感器。这种测试技术具有以下独特的优点。

(1) 结构简单，尺寸小；

(2) 性能稳定可靠，精度高；

(3) 变换电路简单；

(4) 易于实现测试过程自动化和多点同步测量、远距测量和遥测。

因此，它在航空航天、机械、电力、化工、建筑、医学、汽车工业等多个领域有很广泛的应用。

4.1　金属的电阻应变效应

早在1856年，英国物理学家就发现了金属的电阻应变效应——金属丝的电阻随其所受机械变形(拉伸或压缩)的大小而变化。

由物理学可知，金属丝电阻的计算式为

$$R = \rho \frac{l}{S} \tag{4-1-1}$$

式中，R 为电阻值(Ω)；ρ为电阻率($\Omega \cdot \mathrm{mm}^2 \cdot \mathrm{m}^{-1}$)；$l$ 为金属丝长度(m)；S 为金属丝横截面积(mm^2)。

取一段金属丝(图4-1-1)，当其受拉力而伸长 $\mathrm{d}l$ 时，其横截面将相应减少 $\mathrm{d}S$，电阻率则因金属晶格畸变因素的影响也将改变 $\mathrm{d}\rho$，从而引起金属丝的电阻改变 $\mathrm{d}R$。将式(4-1-1)取对数可得

$$\ln R = \ln l - \ln S + \ln \rho \tag{4-1-2}$$

两边取微分，得

$$\frac{\mathrm{d}R}{R} = \frac{\mathrm{d}l}{l} - \frac{\mathrm{d}S}{S} + \frac{\mathrm{d}\rho}{\rho} \tag{4-1-3}$$

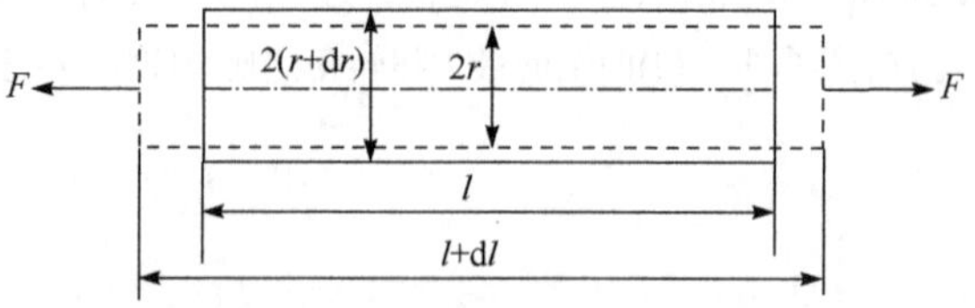

图4-1-1　金属丝的变形

由于 $\varepsilon_x = \frac{\mathrm{d}l}{l}$ 为金属丝轴向应变，$\varepsilon_y = \frac{\mathrm{d}r}{r}$ 为金属丝径向应变，且 $S=\pi r^2$(r 为金属丝半径)，因此

$$dS = 2\pi r dr$$

$$\frac{dS}{S} = 2\frac{dr}{r} \tag{4-1-4}$$

由于导线处于单向应力状态，在比例极限范围内有

$$\varepsilon_y = -\mu\varepsilon_x \tag{4-1-5}$$

式中，μ 为金属丝材料的泊松系数。

将式(4-1-4)、式(4-1-5)代入式(4-1-3)，经整理得

$$\frac{dR}{R} = (1+2\mu)\varepsilon_x + \frac{d\rho}{\rho} \tag{4-1-6}$$

$$\frac{dR/R}{\varepsilon_x} = K_0 = (1+2\mu) + \frac{1}{\varepsilon_x}\frac{d\rho}{\rho} \tag{4-1-7}$$

式中，K_0 称为金属丝的灵敏系数，其意为金属丝产生单位变形时电阻相对变化的大小。显然，K_0 越大，单位应变引起的电阻相对变化越大，即越灵敏。

从式(4-1-7)可以看出，影响 K_0 的两个因素中第一项$(1+2\mu)$是构件受力后其几何尺寸发生变化而引起的；第二项则是构件发生变形时，其自由电子的活动能力和数值均发生变化所致，该项无法用解析式表达。因此，只能依靠实验求得 K_0 值。一般，金属材料的泊松比$\mu = 0.25$～0.4，经过大量实验筛选，某些材料的电阻率的变化很小，且和线应变呈线性关系，如康铜(50%～60%Cu、50%～40%Ni)的灵敏系数 K_0=2.2，镍铬(80%Ni、20%Cr)的灵敏系数 K_0=2.4，它们的材料灵敏系数近似为常数。在金属丝弹性变形范围内，电阻的相对变化 dR/R 与应变ε_x成正比，可用增量来表示式(4-1-7)，即

$$\frac{\Delta R}{R} = K_0\varepsilon_x \tag{4-1-8}$$

4.2　电阻应变片

4.2.1　电阻应变片的结构和种类

1. 应变片的结构

要利用电阻应变效应实现对构件表面线应变的测量，金属丝的阻值应该远远大于接入仪器的引线的阻值。另外，线应变的定义是指构件上的某一点沿某一方向的微小线段的相对变形量，所以金属丝需要制成“栅状”以控制其尺寸大小，按照此原理做成的检测元件称为电阻应变片。

电阻应变片的结构种类繁多，形式各异，但其基本结构相同(图 4-2-1)。它一般由敏感栅、基底、黏合剂、引线、盖片等组成。敏感栅为应变片的敏感元件，通常用高电阻率金属细丝制成，直径为 0.01～0.05mm，并用黏合剂将其固定在基底上。基底的作用应保证将构件上的应变准确地传递到敏感栅上，因此它必须很薄，一般为 0.03～0.06mm，另外，它还应有良好的绝缘、抗潮和耐热性能。基底材料有纸、胶膜、玻璃纤维布等。纸具有柔软、易于粘贴、应变极限大等优点，但耐热耐湿性差，一般在工作温度低于 70℃下使用，若浸以酚醛树脂类黏合剂，使用温度可提高到 180℃，且时间稳定性好，适用于测力等传感器。胶膜基底是由

环氧树脂、酚醛树脂和聚酰亚胺等有机黏合剂制成的薄膜。胶膜基底具有比纸更好的柔性、耐湿性和耐久性，使用温度可达 100～300℃。玻璃纤维布能耐 400～450℃高温，多用作中温或高温应变片基底。敏感栅上面粘贴有覆盖层，敏感栅电阻丝两端焊接引出线，用以和外接电路相连接。图 4-2-1 中，L 和 b 分别称为应变片基长和宽度。基长 L 为敏感栅沿栅长方向测量应变的有效长度，对具有圆弧端的敏感栅，是指圆弧外侧之间的距离，对具有较宽横栅的敏感册，是指两栅内侧之间的距离。宽度 b 是指最外两段栅丝之间的距离。

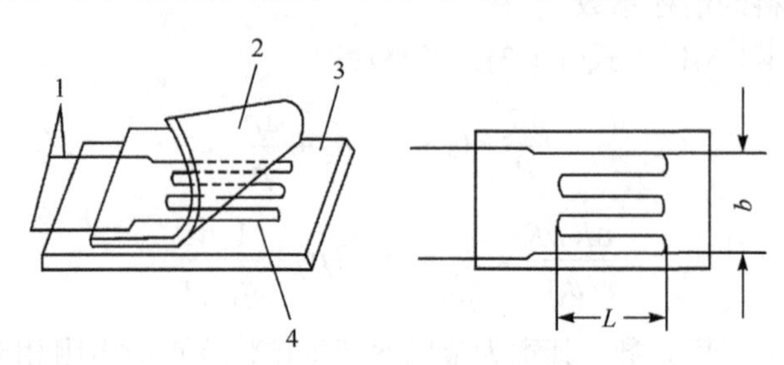

图 4-2-1　应变片的基本结构

1—引线；2—盖片；3—基底；4—敏感栅

当将金属丝材料做成敏感栅后，其电阻应变特性与金属单丝有所不同，必须按统一标准重新进行实验测定。测定时规定，将电阻应变片贴在单向应力作用下的试件上，例如，受轴向拉伸的直杆或纯弯梁等。试件材料为钢，其泊松系数 $\mu = 0.285$，用一定加载方式使直杆或梁发生变形，用精密电阻电桥或其他仪器测量应变片对应的电阻变化，便可得到电阻应变片的电阻-应变特性。实验证明，应变片的$\Delta R/R$ 与ε_x 的关系在很大应变范围内仍然有很好的线性关系，即

$$\frac{\Delta R}{R} = K\varepsilon_x \tag{4-2-1}$$

式中，K 称为电阻应变片的灵敏系数。

实验还表明，应变片的灵敏系数 K 总小于同种材料金属丝的灵敏系数 K_0，这是受到所谓横向效应的影响，横向效应将在 4.2.2 节内容中介绍。应变片的灵敏系数是通过抽样法测定的。应变片属于一次性使用的测量元件，所以，只能在每批产品中按一定比例(一般为 5%)抽样测定灵敏系数 K 值，然后取其平均值作为这批产品的灵敏系数，称为“标称灵敏系数”。

例 4-2-1　将100Ω的一个应变片粘贴在低碳钢制的拉伸试件上，若试件的等截面积为 $0.5\times10^{-4}\text{m}^2$，低碳钢的弹性模量 $E=200\times10^9\text{N/m}^2$，由 50kN 的拉力所引起的应变片电阻变化为 1Ω，试求该应变片的灵敏系数。

解析　电阻应变片的灵敏系数 K 定义为：粘贴在测试件上的应变片在其轴向受到单向应力时引起的电阻相对变化，与由此单向应力引起的试件表面轴向应变之比，即 $K = (\Delta R / R) / (\Delta l / l)$。

由材料力学知识可知：

$$E = \frac{\sigma}{\varepsilon}$$

式中，ε为线应变，$\varepsilon = \frac{\Delta l}{l}$；$\sigma$ 为正应力，$\sigma = \frac{F}{S}$。

由此可得

$$\frac{\Delta l}{l}=\frac{\sigma}{E}=\frac{F}{ES}=\frac{50000}{0.5\times10^{-4}\times200\times10^{9}}=0.005$$

因此

$$K=\frac{\Delta R/R}{\Delta l/l}=\frac{1/100}{0.005}=2$$

2. 电阻应变片的种类

1) 丝式应变片

丝式应变片结构有丝绕式和短接式。

丝绕式应变片如图 4-2-2 所示，是一种常用的应变片，它制作简单，性能稳定，价格便宜，易于粘贴。敏感栅材料直径为 0.012～0.05mm，其基底很薄(一般为 0.03mm 左右)，能保证有效地传递变形。引线多用 0.15～0.3mm 直径的镀锡铜线与敏感栅相接。

短接式应变片如图 4-2-3 所示。在结构上，用比栅丝直径大 5～10 倍的镀银丝连接两个栅丝，镀银丝电阻较小，因而由横向应变引起的电阻变化与敏感栅的电阻变化量相比只占极小的比例，也就是横向效应很小，但由于焊点多，在冲击、振动条件下易在焊接点处出现疲劳破坏，且制造工艺要求高，未得到大量推广。

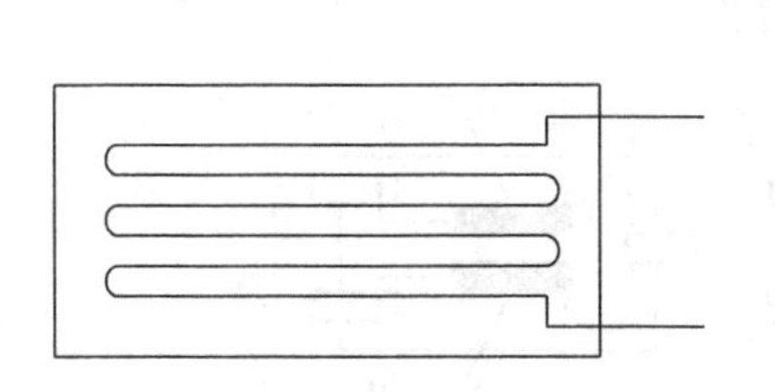

图 4-2-2　丝绕式应变片

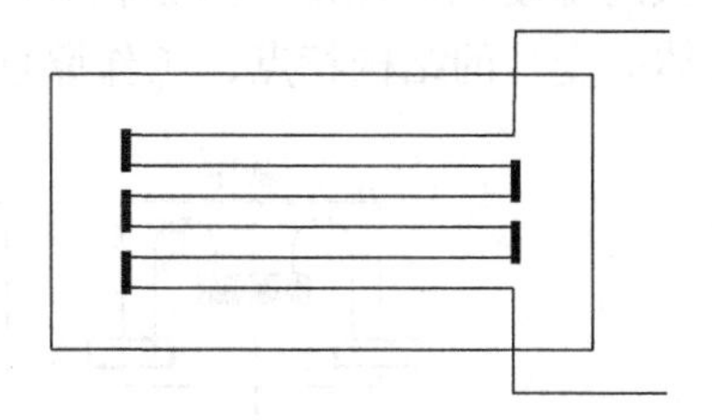

图 4-2-3　短接式应变片

2) 箔式应变片

箔式应变片是利用照相制版或光刻腐蚀法将电阻箔材在绝缘基底上制成各种图形而成的应变片。箔材厚度为 0.001～0.01mm。图 4-2-4 为常见的几种箔式应变片外形。

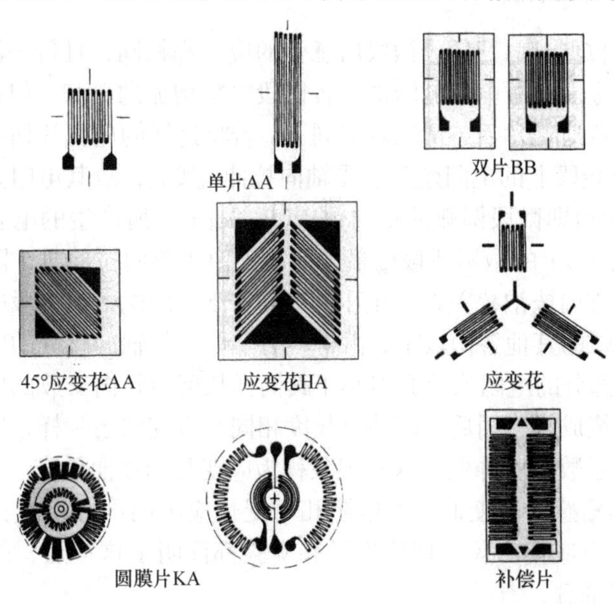

图 4-2-4　箔式应变片

箔式应变片有许多优点：

(1) 制造技术能保证敏感栅尺寸准确，线条均匀，可以根据不同测量要求制成任意形状；

(2) 敏感栅圆弧的横向效应可以忽略；

(3) 散热性能好，可通过较大的工作电流，从而增大输出信号；

(4) 疲劳寿命长，又因与试件的接触面积大，黏接牢固，机械滞后小；

(5) 生产效率高，不需要复杂的机械设备，便于实现工艺自动化。

鉴于上述优点，在测试技术中，箔式应变片得到了广泛的应用。

3) 半导体应变片

半导体应变片是基于半导体材料的“压阻效应”，即电阻率随工作应力而变化的效应。所有材料都在某种程度上呈现压阻效应，但半导体的压阻效应特别显著，能反映出很微小的应变，因此，半导体和金属丝一样可以把应变转换成电阻的变化。

常见的半导体应变片采用锗或硅等半导体材料制作敏感栅，一般为单根状，一些半导体应变片如图 4-2-5 所示。半导体应变片的突出优点是其体积小、灵敏度高，灵敏系数比金属应变片要大几十倍，可以不需要放大仪器而直接与记录仪器相连，机械滞后小。缺点是电阻和灵敏系数的温度稳定性差，测量较大应变时非线性严重，灵敏度分散性大。这里只是简单介绍半导体应变片的结构特点，工作原理将在第 13 章介绍。

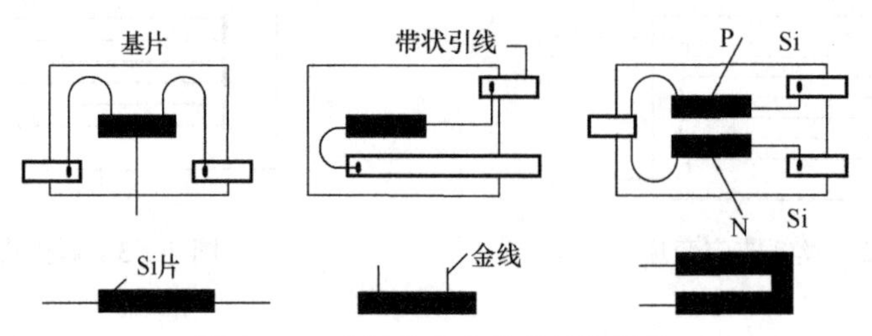

图 4-2-5　半导体应变片的结构形式

4.2.2　横向效应及横向灵敏度

金属直丝受单向拉伸时，其任一微段所感受的应变都相同，且每一段都伸长，因此，每一段电阻都将增加，金属丝总电阻的增加为各微段电阻增加的总和。但是，将同样长度的线材弯曲成栅状并制作成应变片后，情况就不同了。若将这样的应变片粘贴在单向拉伸试件上(图 4-2-6)，这时各直线段上的电阻丝只感受轴向拉伸应变ε_x，故其电阻是增加的；但是在圆弧段上，各微段沿轴向(即微段圆弧的切向)的应变并非ε_x，所产生的电阻变化与直线段上同长微段的不一样，在α=90°的微圆弧段处最为明显。由于单向拉伸时，除了沿水平方向有拉应变外，同时在垂直方向按泊松关系产生压缩应变$-\mu\varepsilon_x$，因此，该微段的电阻不仅不增加，反而会减少，而在圆弧的其他各微段上，由材料力学可知其轴向感受的应变是由$-\mu\varepsilon_x$变化到ε_x的。因此，圆弧段部分的电阻变化必然小于其同样长度沿轴向安放的电阻金属丝的电阻变化。因此，直的线材绕成敏感栅后，即使总长度相同，应变状态一样，应变片敏感栅的电阻变化仍要小些，灵敏系数有所降低，这种现象称为应变片的横向效应。

由此看来，敏感栅感受应变时，其电阻相对变化应由两部分组成：一部分与纵向应变有关，另一部分与横向应变有关。理论推导和实验都证明了这一点，例如，丝绕式应变片(图 4-2-7)，对于直线部分，有

$$\frac{(\Delta R)_l}{R}=\left(\frac{nl}{L}\right)K_0\varepsilon_x \tag{4-2-2}$$

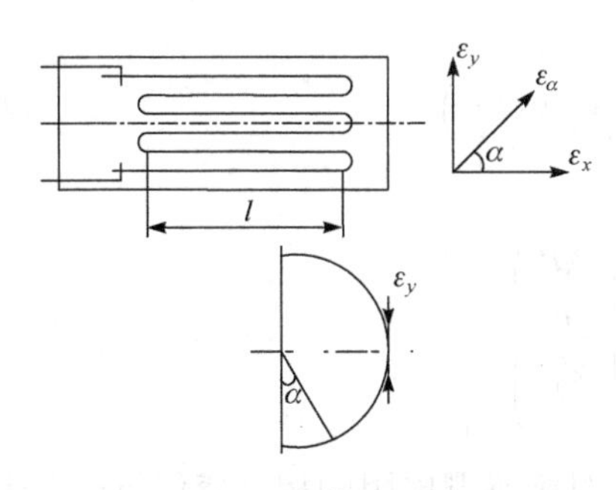

图 4-2-6　横向效应

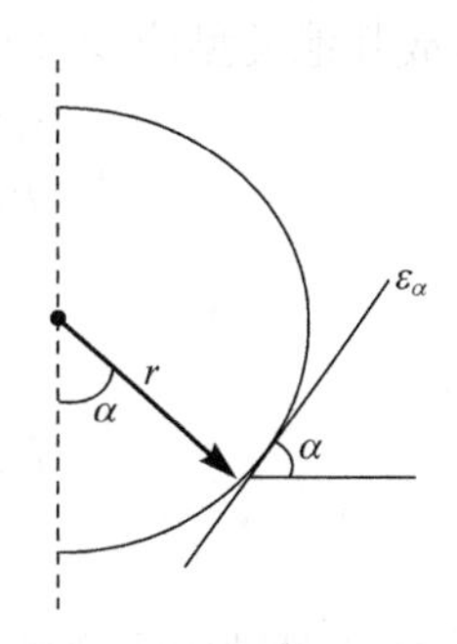

图 4-2-7　圆弧部分的线应变

对圆弧部分，平面应变场任意方向的线应变为

$$\begin{aligned}\varepsilon_\alpha&=\frac{\varepsilon_x+\varepsilon_y}{2}+\frac{\varepsilon_x-\varepsilon_y}{2}\cos 2\alpha-\frac{\gamma_{xy}}{2}\sin 2\alpha\\&=\frac{\varepsilon_x+\varepsilon_y}{2}+\frac{\varepsilon_x-\varepsilon_y}{2}\cos 2\alpha\end{aligned}$$

圆弧部分的变形为

$$\begin{aligned}\Delta l&=\int_l\varepsilon_\alpha \mathrm{d}l=\int_l\varepsilon_\alpha r(\mathrm{d}\alpha)\\&=\int_0^{\pi}\left(\frac{\varepsilon_x+\varepsilon_y}{2}+\frac{\varepsilon_x-\varepsilon_y}{2}\cos 2\alpha\right)r(\mathrm{d}\alpha)=\frac{\varepsilon_x+\varepsilon_y}{2}\pi r\end{aligned} \tag{4-2-3}$$

圆弧部分的平均应变为

$$\bar{\varepsilon}_r=\frac{\Delta l}{l}=\frac{\varepsilon_x+\varepsilon_y}{2} \tag{4-2-4}$$

圆弧部分相对总电阻的变化为

$$\frac{(\Delta R)_r}{R}=\frac{(n-1)\pi r}{L}K_0\bar{\varepsilon}_r=\frac{(n-1)\pi r}{L}K_0\frac{\varepsilon_x+\varepsilon_y}{2} \tag{4-2-5}$$

直线部分相对总电阻的变化为

$$\frac{(\Delta R)_l}{R}=\frac{nl}{L}K_0\varepsilon_x \tag{4-2-6}$$

总的电阻变化为

$$\Delta R=(\Delta R)_l+(\Delta R)_r$$

总的电阻相对变化为

$$\frac{\Delta R}{R}=\left[\frac{2nl+(n-1)\pi r}{2L}K_0\right]\varepsilon_x+\left[\frac{(n-1)\pi r}{2L}K_0\right]\varepsilon_y \tag{4-2-7}$$

式中，l 为应变片直线段长度；L 为电阻丝总长度；r 为圆弧半径；K_0 为线材的灵敏系数；ε_x 为沿应变片轴向的应变；ε_y 为沿应变片横向的应变；n 为敏感栅直线段段数。设

$$K_x = \frac{2nl + (n-1)\pi r}{2L} K_0, \qquad K_y = \frac{(n-1)\pi r}{2L} K_0, \qquad C = \frac{K_y}{K_x}$$

式(4-2-7)可写成其他类型应变片也适用的一般形式：

$$\frac{\Delta R}{R} = K_x \varepsilon_x + K_y \varepsilon_y = K_x (\varepsilon_x + C\varepsilon_y) \tag{4-2-8}$$

其中

$$K_x = \left(\frac{\frac{\Delta R}{R}}{\varepsilon_x} \right)_{\varepsilon_y = 0}, \quad K_y = \left(\frac{\frac{\Delta R}{R}}{\varepsilon_y} \right)_{\varepsilon_x = 0}$$

式中，K_x 为应变片对轴向应变的灵敏系数，代表ε_y=0 时敏感栅电阻的相对变化与ε_x之比；K_y 为应变片对横向应变的灵敏系数，代表ε_x=0 时敏感栅电阻的相对变化与ε_y之比；C 为应变片的横向灵敏度，表示横向效应对应变片输出的影响，通常可用实验方法来测定 K_x 和 K_y，然后再求出 C。

由于横向效应的存在，电阻应变片如果用来测量非钢制试件(钢的泊松比为 μ_0=0.285)，或者沿敏感栅为非单向应力状态的情况，其垂直方向应变不符合泊松比关系，如果仍按标称灵敏系数计算应变，必将造成测量误差，可以利用式(4-2-8)计算这种误差，同时也可看出横向灵敏度 C 的影响。

钢试件在单向应力状态下，有

$$\varepsilon_y = -\mu_0 \varepsilon_x$$

代入式(4-2-8)得

$$\frac{\Delta R}{R} = K_x (1 - C\mu_0) \varepsilon_x = K\varepsilon_x$$

$$K = K_x (1 - C\mu_0) \tag{4-2-9}$$

式(4-2-9)说明应变片标定的灵敏系数 K 与 K_x 及 C 的关系。现在假定实测时应变场是任意的ε_x 和ε_y，材料的泊松比为μ，此时其电阻相对变化应按式(4-2-8)计算，而灵敏系数却仍按标称灵敏系数 K 计算，显然由此计算所得的应变值将与真实应变值不符而带来一定的误差。假设计算所得的应变为ε_x'，则

$$\varepsilon_x' = \frac{\frac{\Delta R}{R}}{K} = \frac{K_x (\varepsilon_x + C\varepsilon_y)}{K_x (1 - C\mu_0)} = \frac{\varepsilon_x + C\varepsilon_y}{1 - C\mu_0} \tag{4-2-10}$$

应变的相对误差 e 为

$$e = \frac{\varepsilon_x' - \varepsilon_x}{\varepsilon_x} = \frac{C}{1 - C\mu_0} \left(\mu_0 + \frac{\varepsilon_y}{\varepsilon_x} \right) \tag{4-2-11}$$

式(4-2-11)说明，相对误差不仅与弹性元件的材料有关，而且与应力状态有关，只有当$\varepsilon_y/\varepsilon_x = -\mu_0$ 时，此误差 e 才为零。

若取钢的泊松比为 0.28，铸铁的泊松比为 0.24，混凝土的泊松比为 0.17，橡胶的泊松比为 0.47，在单向应力状态下测纵向应变，按式(4-2-7)计算，其误差在±1%以内，一般工程上可以忽略不计。但由应变状态不同引起的误差却值得注意。例如，设$\varepsilon_y/\varepsilon_x$=1 时，误差可达 6%，这就不能忽视了。

由式(4-2-11)可知，要减少横向效应所造成的误差，减小横向灵敏度 C 是有效的办法，而 C 主要与敏感栅的构造及尺寸有关，例如丝绕式敏感栅，其横向灵敏度 C 为

$$C=\frac{K_y}{K_x}=\frac{(n-1)\pi r}{2nl+(n-1)\pi r} \tag{4-2-12}$$

由式(4-2-12)可知，r 越小，l 越大，则 C 越小，这就是说，敏感栅窄、基长长的应变片，其横向效应引起的误差就小。实验表明，l<10mm 时，C 急剧上升，误差增大，应变片灵敏系数很快下降，而当 l>15mm 时，C 值大大减小，并趋于定值。因此，使用大基长应变片，横向效应引起的误差小，但是当应力分布变化大时，必须选用小基长的应变片，因为应变片所测得的是在基长内线应变的平均值。

4.2.3　电阻应变片的材料

1. 敏感栅材料

对制造敏感栅的材料有下列要求。

(1) 灵敏系数 K_0 和电阻率 ρ 尽可能高而稳定，且 K_0 在很大范围内为常数，即电阻变化率 $(\Delta R/R)$ 与机械应变 ε 之间应具有良好的线性关系。

(2) 电阻温度系数小，电阻-温度间的线性关系和重复性好，与其他金属之间的接触热电势小。

(3) 机械强度高，压延及焊接性能好，抗氧化、抗腐蚀能力强，机械滞后小。

常用材料有康铜、镍铬、铁铬铝、铁镍铬、贵金属合金等。康铜是应用最广泛的敏感栅材料，它有很多优点，上述要求都能满足，其 K_0 值对应变的恒定性非常好，不但在弹性变形范围内 K_0 保持常值，在微量塑性变形范围内也基本上保持恒定值，所以康铜丝应变片的测量范围广。康铜的电阻温度系数足够小，而且稳定，因而测量时的温度误差小。另外，还能通过改变合金比例，进行冷作加工或不同的热处理来控制其电阻温度系数，使之能在从负值到正值的很大范围内变化，因而可做成温度自补偿应变片。康铜的 ρ 值也足够大，便于制造适当的阻值和尺寸的应变片。康铜的加工性好，容易拉丝，易于焊接，因而国内外应变丝材料均以康铜丝为主。

与康铜相比，镍铬合金的电阻系数 ρ 高，抗氧化能力较好，使用温度较高。最大的缺点是电阻温度系数大，因此主要用于动态测量中。

镍铬铝合金也是一种性能良好的敏感栅材料，其电阻率高，电阻温度系数小，K_0 在 2.8 左右，重要特点是抗氧化能力比镍铬合金更高，静态测量时使用温度可达 700℃，因此，宜做成高温应变片。最大缺点是电阻温度曲线的线性差。

贵金属合金的特点是具有很强的抗氧化能力，电阻温度曲线线性度好，宜作高温应变片，但其电阻温度系数很大，且价格贵，我国资源少。各种材料性能列于表 4-2-1。

表 4-2-1　常用敏感栅材料的一般性能

材料类型	牌号、成分	电阻率 $\rho/(\Omega\cdot mm^2\cdot m^{-1})$	电阻温度系数 $\alpha/(10^{-6}/℃)$	灵敏系数 K_0	线膨胀系数 $\beta/(10^{-6}/℃)$	对铜热电势 $/(\mu V/℃)$	最高使用温度/℃	备注
铜镍合金	康铜 Ni45Cu55	0.45～0.54	±20	2.0	15	43	250(静态) 400(动态)	

续表

材料类型	牌号、成分	电阻率 $\rho/(\Omega\cdot \text{mm}^2\cdot \text{m}^{-1})$	电阻温度系数 $\alpha/(10^{-6}/℃)$	灵敏系数 K_0	线膨胀系数 $\beta/(10^{-6}/℃)$	对铜热电势 $/(\mu\text{V}/℃)$	最高使用温度/℃	备注
镍铬铁合金	Cr20Ni80	1.0～1.1	110～130	2.1～2.3	14	3.8	400(静态) 800(动态)	
	6J22 (Ni74Cr20A13Fe3) 6J23 (Ni75Cr20A13Cu2)	1.24～1.42	±20	2.4～2.6	13.3	3	400(静态) 800(动态)	
镍铬铁合金	恒弹性合金 (Ni36Cr8Mo0.5Fe 余量)	1.0	175	3.2	7.2		230(动态)	用于动态应变测量
镍铬铝合金	Cr26Al5V2.6 Ti0.2Y0.3Fe 余量	1.5	−7	2.6	11		800(静态) 1000(动态)	
铂及铂合金	铂(Pt)	0.10	3900	4.8	9		1000(静态)	半桥式温度补偿
	铂铱(Pt80Ir20)	0.35	590	4.0	13		700(静态)	
	铂钨(W8.5pt 余量)	0.74	192	3.2	9		800(静态) 1000(动态)	应变片补偿栅用
	铂钨(W9.5pt 余量)	0.76	139	3.0	9		700(静态) 1000(动态)	
	铂钨铼镍铬	0.75	174	3.2	9		700(静态) 1000(动态)	

2. 应变片基底材料

应变片基底材料是电阻应变片制造和应用中的一个重要组成部分，有纸和聚合物两大类。纸基材料已逐渐被各方面性能更好的有机聚合物(胶基)所取代。胶基是由环氧树脂、酚醛树脂和聚酰亚胺等制成的胶膜，厚为 0.03～0.06mm。

3. 黏合剂

黏合剂是联结应变片和构件表面的重要物质，对黏合剂材料的性能有以下一些要求。

(1) 机械强度高，挠性好，即弹性变形大。

(2) 黏合力强，固化内应力小(固化收缩小、膨胀系数要和试件接近等)。

(3) 电绝缘性能好。

(4) 耐老化性好，对温度、湿度、化学药品或特殊介质的稳定性要好，用于长期动应变测量时，还应有良好的耐疲劳性能。

(5) 蠕变小，滞后小。

(6) 对被黏结构的材料不起腐蚀作用。

(7) 对使用者没有毒害或毒害小。

(8) 有较宽的使用温度范围。

很难找到一种黏合剂能满足上述全部要求，因为有些要求是相互矛盾的，例如，抗剪切强度高的，固化收缩率就大些，耐疲劳性能较差，在高温下使用的黏合剂，固化程序和粘贴操作就比较复杂，由此看出，只能根据不同试验条件，针对主要性能选用适当的黏合剂。表 4-2-2 列出了一些常用的黏合剂和使用条件。

4. 引线材料

康铜丝敏感栅应变片的引线常采用直径为 0.15～0.18mm 的银铜丝，其他类型敏感栅多采用铬镍、铁铬铝金属丝引线。引线与敏感栅点焊相连接。

表 4-2-2　常用黏合剂的性能

类型	主要成分	牌号	适于黏合的基底材料	最低固化条件	固化压力/(10^4Pa)	使用温度/℃	特点
硝化纤维素黏合剂	硝化纤维素(或乙基纤维素)溶剂	万能胶	纸	室温 10h 或 60℃2h	0.5～1	−50～80	防潮性差，用它制造和黏合应变片蠕变大，绝缘电阻低，常用在精度不高的常温应变测量中
氰基丙烯酸黏合剂	氰基丙烯酸酯	501 502	纸、胶膜、玻璃纤维布	室温 1h	粘贴时指压	−100～80	常温下几分钟内固化。固化时收缩小，应变片蠕变零漂小，耐油性好，耐潮和耐温差，应在密封和 19℃以下保存，在室温下储存期约半年
聚酯树脂黏合剂	不饱和聚酯树脂、过氧化环已酮、萘酸钴干料		胶膜、玻璃纤维布	室温 24h	0.3～0.5	−50～150	常温下固化，黏合力好，耐水、耐油、耐烯酸，抗冲击性能优良，须在使用前调和配制
环氧树脂类黏合剂	环氧树脂、聚硫酚铜胺固化剂	914	胶膜、玻璃纤维布	室温 2.5h	粘贴时指压	−60～80	黏合强度高，能黏合各种金属与非金属材料，固化时收缩率小，蠕变滞后小，耐水、耐油、耐化学药品，绝缘性好，914 及 509 须在使用前调和配制
	酚醛环氧、无机填料、固化剂	509	胶膜、玻璃纤维布	200℃ 2h	粘贴时指压	−100～250	
	环氧树脂、酚醛、甲苯二酚、石棉粉等	J06-2	胶膜、玻璃纤维布	150℃ 3h	2	−196～250	
酚醛树脂类黏合剂	酚醛树脂、聚乙烯醇缩丁醛	JSF-2	胶膜、玻璃纤维布	150℃ 1h	1～2	−60～150	需要较高的固化温度和压力，必须进行事后固化处理消除残余应力，否则要产生大的蠕变、零漂。固化后，黏合强度高，耐热性好，耐水、耐化学药品和耐疲劳性能好
	酚醛树脂、聚乙烯醇缩甲乙醛	1720	胶膜、玻璃纤维布	190℃ 3h	—	−60～100	
	酚醛树脂、有机硅	J-12	胶膜、玻璃纤维布	200℃ 3h	—	−60～350	
聚酰亚胺黏合剂	聚酰亚胺	30-14	胶膜、玻璃纤维布	280℃ 2h	1～3	−150～250	耐热、耐水、耐酸、耐溶剂、抗辐射，绝缘性好，应变极限高。缺点是固化温度较高
磷酸盐黏合剂	磷酸二氢铝无机填料	GJ-14 LN-3	金属薄片、临时基底	400℃ 1h	—	550	用于高温变变测量，黏合强度高，绝缘性好，可用于动静态应变测量。缺点是对敏感栅有腐蚀性
		P10-6		400℃ 3h		700	
氧化物喷涂	三氧化二铝		金属薄片、临时基底			800	高温喷涂后，不需要固化处理，可用于 800℃高温动静态测量

4.3　应变片的主要参数

要正确选用电阻应变片，必须了解影响其工作特性的一些主要参数。

1. 应变片电阻值

这是应变片在未安装和不受力的情况下，于室温条件测定的电阻值，也称原始阻值，单位以Ω计。应变片电阻值已趋于标准化，有 60Ω、120Ω、350Ω、600Ω和 1000Ω各种阻值，其中，120Ω最常使用。电阻值大，可以加大应变片承受的电压，从而可以增大输出信号，但敏感栅尺寸也要随之增大。

2. 绝缘电阻

这是敏感栅与基底之间的电阻值，一般应大于 $10^{10}\,\Omega$。

3. 灵敏系数(K)

当应变片安装于试件表面，在其轴线方向的单向应力作用下，应变片的阻值相对变化与试件表面安装应变片区域的轴向应变之比称灵敏系数 K。K 值的准确性直接影响测量精度，其误差大小是衡量应变片质量优劣的主要标志。要求 K 值尽量大而稳定。当金属丝材做成电阻应变片后，电阻应变特性与金属单丝是不同的，因此，必须重新用实验测定它。测定时规定，将电阻应变片贴在单向应力作用下的试件上，这在前面已介绍过。

4. 机械滞后

这是指粘贴的应变片在一定温度下受到增(加载)、减(卸载)循环机械应变时，同一应变量下应变指示值($\varepsilon_{指}$)的最大差值(ε_{zm})(图 4-3-1)。

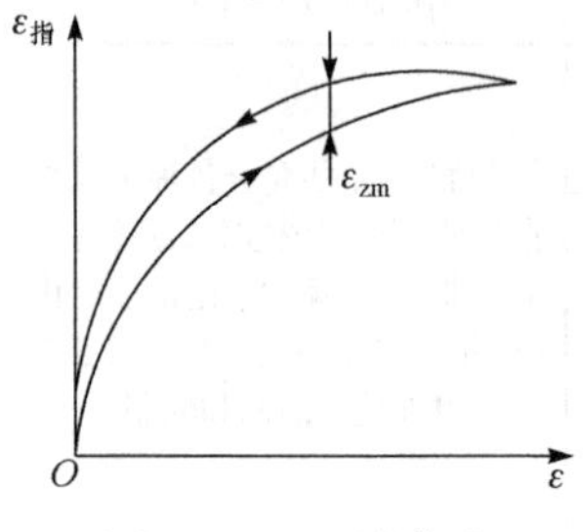

图 4-3-1　机械滞后

机械滞后的产生主要是敏感栅基底和黏合剂在承受机械应变之后留下的残余变形所致。机械滞后的大小与应变片所承受的应变量有关，加载时的机械应变量大，卸载过程中在同一输入应变处有不同的指示应变，第一次承受应变载荷时常常发生较大的机械滞后，经历几次加卸载循环之后，机械滞后便明显减少。通常，在正式使用之前都预先加卸载若干次，以减少机械滞后对测量数据的影响。

5. 允许电流(I)

这是指应变片不因电流产生的热量而影响测量精度所允许通过的最大电流。它与应变片本身、试件、黏合剂和环境等有关，要根据应变片的阻值和尺寸来计算。工程上使用如下经验公式：

$$I=\sqrt{\frac{P}{R}A_g} \tag{4-3-1}$$

式中，A_g 为敏感栅的面积；P 为敏感栅的功率密度，由弹性元件的散热条件确定；R 为应变片的电阻值。

为了保证测量精度，在静态测量时，允许直流一般为 25mA，动态测量时，电流可以取大一些，箔式应变片的允许电流较大。

6. 应变极限

应变片的应变极限是指一定温度下，指示应变值与真实应变的相对差值不超过规定值(一般为 10%)时的最大真实应变值。在一批应变片中，按一定百分率抽样测定应变片的应变极限，取其中最小的应变极限值作为该批应变片的应变极限。

7. 零点时漂和蠕变

对于已安装好的应变片，在一定温度下不承受机械应变时，其指示应变随时间变化的特性称为该应变片的零点时漂。

如果在一定温度下使应变片承受恒定的机械应变，这时指示应变随时间而变化的特性称为应变片的蠕变。

可以看出，这两项指标都是用来衡量应变片特性对时间的稳定性的。对于长时间测量的应变片才有意义。实际上，无论是标定或用于测量，蠕变中即已包含零点时漂，因为零点时漂是不加载的情况，它是加载情况的特例。

应变片在制造过程中产生的内应力、丝材、黏合剂和基底在不同温度与载荷情况下内部结构的变化是造成应变片零漂(零点时漂和温漂)蠕变的因素。

4.4　电阻应变片的动态响应特性

电阻应变片测量变化频率较高的动态应变时，要考虑它的动态响应特性。实验表明，在动态测量时，机械应变以相同于声波速度的应变波形式在材料中传播。应变波由试件材料表面经黏合剂、基底到敏感栅，需要一定时间。前两者都很薄，可以忽略不计，但当应变波在敏感栅长度方向传播时，就会有时间的滞后，对动态(高频)应变测量就会产生误差。应变片的动态响应特性就是其感受随时间变化的应变时的响应特性。

4.4.1　应变波的传播过程

应变以波的形式从试件(弹性元件)材料经基底、黏合剂，最后传播到敏感栅，各个环节的情况不尽相同。

1. 应变波在试件材料中的传播

应变波在弹性材料中传播时，其速度为

$$v=\sqrt{\frac{E}{\rho}} \tag{4-4-1}$$

式中，E 为试件材料的纵向弹性模量(N/m^2)；ρ为试件材料的密度(kg/m^3)。

表 4-4-1 中列出应变波在各种材料中的传播速度。

表 4-4-1　应变波在几种材料中的传播速度

材料名称	传播速度/(m/s)	材料名称	传播速度/(m/s)
混凝土	2800～4100	有机玻璃	1500～1900
水泥砂浆	3000～3500	硝酸纤维素塑料	850～1400
石膏	3200～5000	环氧树脂	700～1450
钢	4500～5100	环氧树脂合成物	500～1500
铝合金	5100	橡胶	30
镁合金	5100	电木	1500～1700
铜合金	3400～3800	型钢结构物	5000～5100
钛合金	4700～4900		

2. 应变波在黏合剂和基底中的传播

应变波由试件材料表面经黏合剂、基底到敏感栅，需要的时间非常短。如应变波在黏合剂中的传播速度为 1000m/s，黏合剂和基底的总厚度为 0.05mm，则所需时间为 5×10^{-8}s，因此可以忽略不计。

3. 应变波在应变片敏感栅长度内的传播

当应变波在敏感栅长度方向上传播时，情况与前二者大不一样。由于应变片反映出来的应变是应变片丝栅长度内所感受应变量的平均值，即只有当应变波通过应变片全部长度后应变片所反映的波形才能达到最大值，这就会有一定的时间延迟，将对动态测量产生影响。

4.4.2 应变片可测频率的估算

由 4.4.1 节可知，影响应变片频率响应特性的主要因素是应变片的基长。应变片的可测频率或称截止频率可分下面两种情况来分析。

1. 正弦应变波

应变片对正弦应变波的响应特性如图 4-4-1 所示。

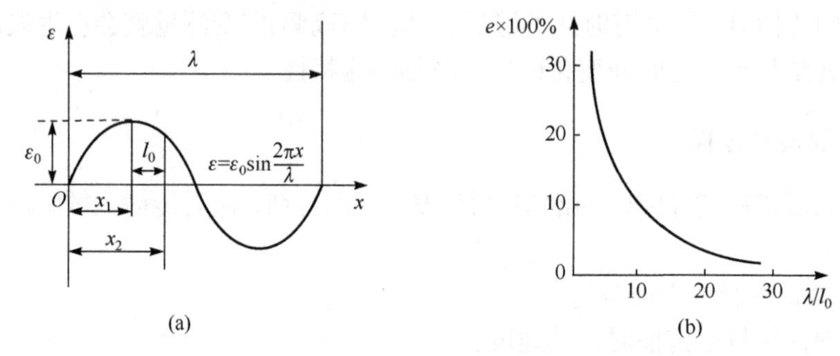

图 4-4-1　应变片对正弦波的响应特性和误差曲线

应变片反映的应变波形是应变片栅长内所感受应变量的平均值，因此应变片所反映的波幅将低于真实应变波，这就造成一定误差。应变片的基长增长，该误差也增大。图 4-4-2(a)表示应变片正处于应变波达到最大幅值时的瞬时情况。设应变波的波长为λ，应变片的基长为l_0，其两端的坐标为

$$x_1=\frac{\lambda}{4}-\frac{l_0}{2},\quad x_2=\frac{\lambda}{4}+\frac{l_0}{2}$$

此时应变片在其基长l_0内测得的平均应变ε_P最大值为

$$\varepsilon_P=\frac{\int_{x_1}^{x_2}\varepsilon_0\sin\frac{2\pi}{\lambda}x\mathrm{d}x}{x_2-x_1}=-\frac{\lambda\varepsilon_0}{2\pi l_0}\left(\cos\frac{2\pi}{\lambda}x_2-\cos\frac{2\pi}{\lambda}x_1\right)=\frac{\lambda\varepsilon_0}{\pi l_0}\sin\frac{\pi l_0}{\lambda} \tag{4-4-2}$$

故应变波幅测量误差 e 为

$$e=\left|\frac{\varepsilon_P-\varepsilon_0}{\varepsilon_0}\right|=\left|\frac{\lambda}{\pi l_0}\sin\frac{\pi l_0}{\lambda}-1\right| \tag{4-4-3}$$

由式(4-4-3)可知，测量误差 e 与应变波长对基长的相对比值 $n=\lambda/l_0$ 有关(图 4-4-1(b))。λ/l_0 越大，误差越小，一般可取 λ/l_0=10～20，其误差小于 1.6%～0.4%。

由 $\lambda=v/f$，$\lambda=nl_0$，得

$$f=\frac{v}{nl_0} \tag{4-4-4}$$

式中，f为应变片的可测频率；v为应变波的传播速度；n为应变波波长与应变片基长之比。

对于钢材，v =5000m/s，如取 n =20，则利用式(4-4-4)可算得某一基长的应变片的最高工作频率，如表 4-4-2 所示。

表 4-4-2　不同应变片基长的最高工作频率

应变片基长 l_0/mm	1	2	3	5	10	15	20
最高工作频率 f / kHz	250	125	83.3	50	25	16.5	12.5

2. 阶跃应变波

阶跃应变波的情况如图 4-4-2 所示。图中，(a)为阶跃输入，(b)为应变传播滞后时间，(c)为应变片响应波形。由于应变片所反映的波形有一定的时间延迟才能达到最大值，因此，应变片的理论和实际输出波形如图 4-4-2 所示。若输出从 10%上升到最大值的 90%这段时间作为上升时间 t_r，则 t_r= $0.8l_0/v$，根据允许误差计算应变片的可测频率。参考东南大学出版社出版的教材《传感器技术》(贾伯年，1993)，可测频率 $f = 0.35/t_r$，则

$$f = \frac{0.35v}{0.8l_0} = 0.44\frac{v}{l_0} \tag{4-4-5}$$

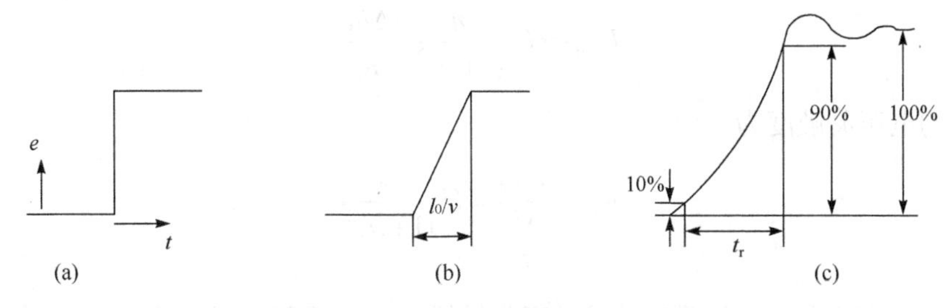

图 4-4-2　应变片对阶跃波的响应特性

传感元件把各种被测非电量转换为 R、L、C 的变化后，必须进一步把它转换为电流或电压变化，才有可能用电测仪器来进行测定，电桥测量线路正是进行这种变换的一种最常用的方法。下面结合电阻应变片介绍电桥的一些基本概念，并对电阻应变片桥路进行简要分析。

4.5　应变测量电桥电路

4.5.1　电阻电桥的工作原理

1. 直流电桥

经典的电桥线路如图 4-5-1 所示，U 为直流电源电压，R_1、R_2、R_3、R_4 为电桥的桥臂，R_L 为负载电阻，可以求出 I_L 与 U 之间的关系：

$$I_L = \frac{(R_1R_4 - R_2R_3)U}{R_L(R_1+R_2)(R_3+R_4)+R_1R_2(R_3+R_4)+R_3R_4(R_1+R_2)} \tag{4-5-1}$$

当 I_L=0 时，称为电桥平衡，平衡条件为

$$R_1R_4 = R_2R_3 \tag{4-5-2}$$

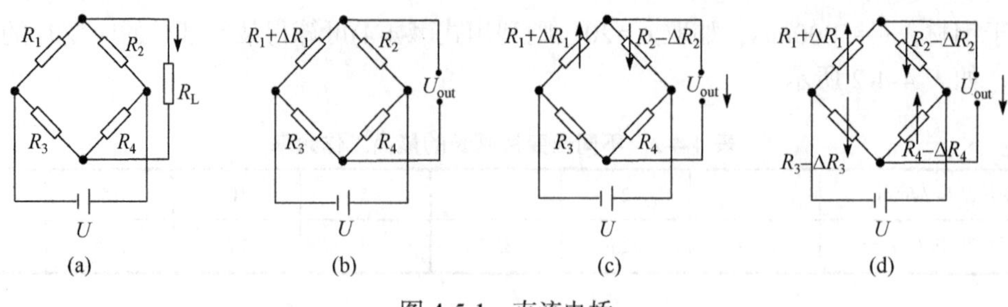

图 4-5-1 直流电桥

设 R_1 为工作应变片，$R_L=\infty$，如图 4-5-1(b)所示，初始状态下，电桥处于平衡状态，$U_{out}=0$。当有ΔR_1时，电桥的输出电压为

$$U_{out}=\frac{\frac{R_4}{R_3}\cdot\frac{\Delta R_1}{R_1}}{\left(1+\frac{\Delta R_1}{R_1}+\frac{R_2}{R_1}\right)\left(1+\frac{R_4}{R_3}\right)}\cdot U \tag{4-5-3}$$

令 $R_2/R_1=n$，以及忽略分母中的微小项，式(4-5-3)整理得

$$U_{out}\approx U\frac{n}{(1+n)^2}\cdot\frac{\Delta R_1}{R_1} \tag{4-5-4}$$

因此，电桥的电压灵敏度为

$$K_U=\frac{U_{out}}{\frac{\Delta R_1}{R_1}}=U\frac{n}{(1+n)^2} \tag{4-5-5}$$

由式(4-5-5)可以看出，电桥电压灵敏度与供桥电压和桥臂电阻比值 n 二者有关。供桥电压越高，电压灵敏度越高。当$n=1$时，即 $R_1=R_2$，$R_3=R_4$的对称条件下，电压灵敏度最大，这种对称电路得到广泛的应用，这也就是进行温度补偿所需要的电路。这时，上面的三个表达式可简化成下面的式子：

$$U_{out}=\frac{1}{4}U\frac{\Delta R_1}{R_1}\frac{1}{\left(1+\frac{1}{2}\frac{\Delta R_1}{R_1}\right)} \tag{4-5-6}$$

$$U_{out}\approx\frac{1}{4}U\frac{\Delta R_1}{R_1}=K_U\frac{\Delta R_1}{R_1} \tag{4-5-7}$$

$$K_U=\frac{1}{4}U \tag{4-5-8}$$

如果采用差动半桥(图 4-5-1(c))，设 $R_1=R_2=R_3=R_4=R$，$\Delta R_1=-\Delta R_2=\Delta R$，则

$$U_{out}=U\left(\frac{R_1+\Delta R_1}{R_1+\Delta R_1+R_2+\Delta R_2}-\frac{R_3}{R_3+R_4}\right)=\frac{U}{2}\left(\frac{\Delta R}{R}\right) \tag{4-5-9}$$

为了提高电桥灵敏度或进行温度补偿，在桥臂中往往安置多个应变片，电桥也可以采用四等臂电桥，如图 4-5-1(d)所示，初始 $R_1=R_2=R_3=R_4=R$，若忽略高阶小量，可得

$$U_{\text{out}}=\frac{1}{4}U\left(\frac{\Delta R_1}{R_1}-\frac{\Delta R_2}{R_2}-\frac{\Delta R_3}{R_3}+\frac{\Delta R_4}{R_4}\right) \tag{4-5-10}$$

设四个应变片的灵敏系数都为 K，产生的应变分别为ε_1、ε_2、ε_3、ε_4，则

$$U_{\text{out}}=\frac{1}{4}UK\left(\varepsilon_1-\varepsilon_2-\varepsilon_3+\varepsilon_4\right) \tag{4-5-11}$$

例 4-5-1 有一应变式测力传感器，弹性元件为实心圆柱，直径 D=40mm。在圆柱轴向和周向各贴两片灵敏系数为 1.9 的 100Ω应变片，组成差动全桥电路。设力 F=1000kg，材料弹性模量 $E=2\times10^5\text{N/mm}^2$，泊松比$\mu$=0.3。若应变片允许工作电流是 15mA，试求这时电桥输出电压的大小。

解析 电阻应变片的测量线路一般都用惠斯通(Wheatstone)电桥将电阻变化转换成电压变化。由电阻应变片与匹配电阻构成惠斯通电桥如图 4-5-1 所示。

由题意可知，如果四个桥臂电阻都有变化(全桥式桥路)，分别为$(R_1+\Delta R_1)$，$(R_2-\Delta R_2)$，$(R_3-\Delta R_3)$和$(R_4+\Delta R_4)$，则相应的输出电压可用下式表示：

$$U_{\text{out}}=\frac{1}{4}U\left(\frac{\Delta R_1}{R_1}-\frac{\Delta R_2}{R_2}-\frac{\Delta R_3}{R_3}+\frac{\Delta R_4}{R_4}\right)$$

由力学分析知，在压缩力 F 作用下，圆柱的轴向应变为

$$\varepsilon_x=\frac{F}{ES}=\frac{1000\times9.8}{2\times10^5\times\pi\times\left(\frac{40}{2}\right)^2}=3.9\times10^{-5}$$

根据泊松关系，圆柱周向应变为

$$\varepsilon_y=-\mu\varepsilon_x$$

所以

$$U_{\text{out}}=\frac{1}{4}UK\left(\varepsilon_x+\mu\varepsilon_x+\mu\varepsilon_x+\varepsilon_x\right)$$

激励电压(桥压)为

$$U_{\text{in}}=2IR=2\times15\times10^{-3}\times100=3(\text{V})$$

电桥的空载输出电压为

$$U_{\text{out}}=\frac{1}{4}\times3\times1.9\times\left(2+2\times0.3\right)\times3.9\times10^{-5}=0.144(\text{mV})$$

2. 交流电桥

直流电桥在实际工作中有广泛的应用，其主要优点是所需要的高稳定直流电源较易获得；如果测量静态量，输出为直流量，精度较高；其连接导线要求低，不会引起分布参数；在实现预调平衡时电路简单，仅需对纯电阻加以调节。直流电桥的缺点是容易引起工频干扰，产生零点漂移。在动态测量时往往采用交流电桥。

交流电桥电路如图 4-5-2 所示。在电路具体实现上与直流电桥有两个不同点：一是其激励电源是高频交流电压源或电流源(电源频率一般是被测信号频率的 10 倍以上)；二是交流电桥的桥臂既可以是纯电阻，也可以是包含电容、电感的交流阻抗。

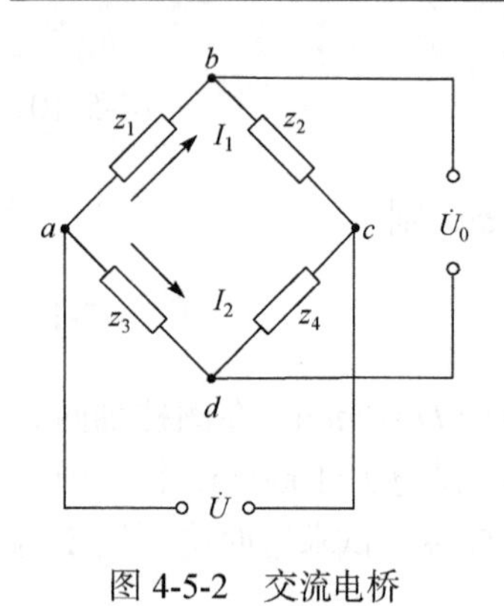

图 4-5-2　交流电桥

由图 4-5-2 可以导出交流电桥的平衡条件是

$$z_1 z_4 = z_2 z_3$$

$$z_i = Z_i \mathrm{e}^{\mathrm{j}\varphi_i} \tag{4-5-12}$$

式中，z_i 为各桥臂的复数阻抗(i=1,2,3,4)；Z_i 为复数阻抗的模(i=1,2,3,4)；φ_i 为复数阻抗的阻抗角(i=1,2,3,4)。

故交流电桥的平衡条件为

$$Z_1 \mathrm{e}^{\mathrm{j}\varphi_1} Z_4 \mathrm{e}^{\mathrm{j}\varphi_4} = Z_2 \mathrm{e}^{\mathrm{j}\varphi_2} Z_3 \mathrm{e}^{\mathrm{j}\varphi_3}$$

即

$$Z_1 Z_4 \mathrm{e}^{\mathrm{j}(\varphi_1+\varphi_4)} = Z_2 Z_3 \mathrm{e}^{\mathrm{j}(\varphi_2+\varphi_3)} \tag{4-5-13}$$

若要此方程成立，需同时满足下面两个条件，即

$$\begin{cases} Z_1 Z_4 = Z_2 Z_3 \\ \varphi_1 + \varphi_4 = \varphi_2 + \varphi_3 \end{cases} \tag{4-5-14}$$

可见，交流电桥平衡的条件是四个桥臂中对边阻抗的模乘积相等，对边阻抗角之和相等。所以交流电桥的平衡比直流电桥的平衡要复杂得多。

交流电桥在作动态测试时得到了广泛的应用，它使不同频率的动态信号的后续放大器所要求的特性易于实现。但其缺点也是明显的，如电桥连接的分布参数会对电桥的平衡产生影响。对于纯电阻交流电桥，由于导线间存在分布电容，相当于在桥臂上并联了一个电容，如图 4-5-3(a)所示。所以在调节平衡时，除了考虑阻抗的模的平衡条件，还需要考虑阻抗角的平衡条件。图 4-5-3(b)是纯电阻交流电桥的具有调节平衡环节的电路，电容 C_2 是一个差动可变电容器，调节它时，使并联到两相邻臂的电容值产生反方向变化，实现相位平衡条件；但在调节电容时，复数阻抗的模也要改变，还需要调节 R_3 来满足模的平衡条件。所以，模与相位因交叉影响需要反复调节才能达到最终的平衡。

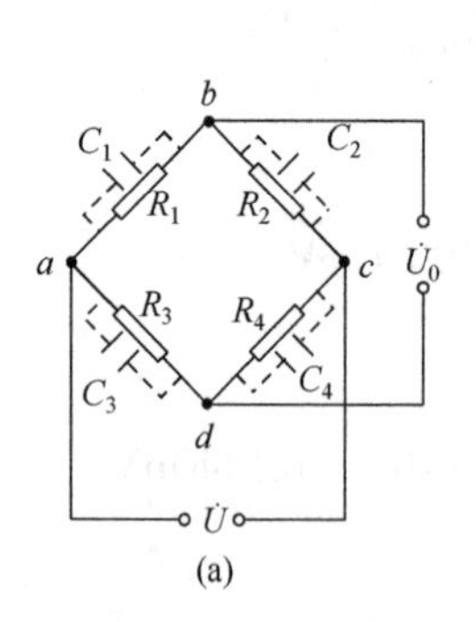

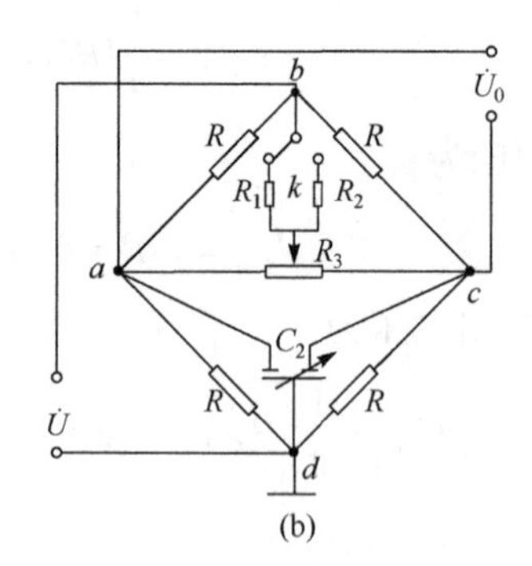

图 4-5-3　交流电桥平衡调节

交流电桥的激励电源必须具有良好的电压与频率的稳定度，前者影响其输出的稳定度，后者会影响电桥的平衡，因为交流阻抗计算中均含有电源频率的因子。当电源频率不稳定，或电压波形畸变，即包括高次谐波时，交流阻抗会有变化，或者除了基频交流阻抗外还有高频交流阻抗，这会给平衡调节带来困难。因为当基波频率阻抗调到平衡，而对高次谐波的交流阻抗仍未达到平衡时，将有高次谐波的输出电压。

4.5.2 电桥的平衡调节

电桥四个桥臂的名义阻值相同，但实际上是有偏差的。测量前要求电桥处于平衡状态，即电桥输出为 0，这就要求有电阻平衡电路，常采用图 4-5-4(a)中的电阻平衡电路。即在电路中增加电阻 R_5 和电位器 R_6，见图 4-5-4(b)。将 R_6 分成 R_6' 及 R_6'' 两部分，见图 4-5-4(c)。设 $R_6' = n_1 R_6$，$R_6'' = n_2 R_6$，$n_1 + n_2 = 1$，$R_6' + R_6'' = (n_1 + n_2)R_6 = R_6$。由电工学中星形连接变为三角形连接，见图 4-5-4(d)，它的计算公式为

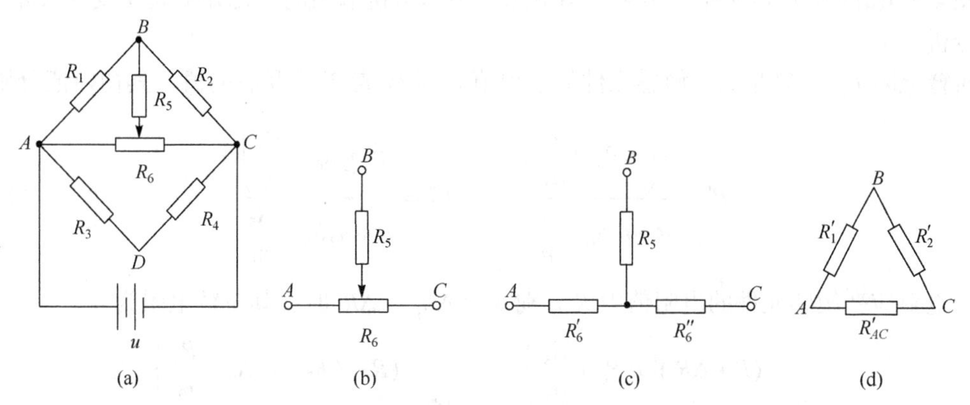

图 4-5-4　恒压电桥中的电阻平衡电路

$$R_1' = \frac{R_6''R_6' + R_6'R_5 + R_6''R_5}{R_6''} = \frac{n_2 R_6 n_1 R_6 + n_1 R_6 R_5 + n_2 R_6 R_5}{n_2 R_6} = n_1 R_6 + \frac{1}{n_2} R_5 \tag{4-5-15}$$

同理

$$R_2' = \frac{R_6''R_6' + R_6'R_5 + R_6''R_5}{R_6'} = n_2 R_6 + \frac{1}{n_1} R_5 \tag{4-5-16}$$

这里计算出的 R_1' 和 R_2' 是并联在 R_1 和 R_2 上的，并联后的阻值变化为

$$\Delta R_1' = R_1 - \frac{R_1 R_1'}{R_1 + R_1'} = \frac{R_1^2}{R_1 + R_1'} = \frac{R_1^2}{R_1 + n_1 R_6 + \dfrac{1}{n_2} R_5} \tag{4-5-17}$$

$$\Delta R_2' = \frac{R_2^2}{R_2 + n_2 R_6 + \dfrac{1}{n_1} R_5}$$

由上式可见：当 R_1' 最小(即 $n_1 = 0$，$n_2 = 1$)时，$\Delta R_1'$ 最大，即

$$\Delta R_{1\max}' = \frac{R_1^2}{R_1 + R_5} \tag{4-5-18}$$

当 R_2' 最小(即 $n_1 = 1$，$n_2 = 0$)时，$\Delta R_2'$ 最大，即

$$\Delta R_{2\max}' = \frac{R_2^2}{R_2 + R_5} \tag{4-5-19}$$

由式(4-5-18)和式(4-5-19)可见，R_5 的大小决定了平衡范围，R_5 越小，调节平衡的范围就越大。表 4-5-1 是电阻应变敏感元件的阻值 R=350Ω，选用不同值的 R_5 时，可调节的桥臂的电阻值。

表 4-5-1　不同 R_5 值时，可调节的桥臂电阻值

R_5/Ω	5k	10k	20k	50k	100k	200k
$\Delta R'_{\max}/\Omega$	22.90	11.84	6.02	2.43	1.22	0.61
$\dfrac{\Delta R'_{\max}}{R}$	0.065	0.034	0.017	0.007	0.0035	0.0017

图 4-5-4(a)的恒压电桥中的电阻平衡电路会引起电桥输出的变化并引起非线性误差。下面进行分析。

桥臂电阻 R_1''、R_2'' 是应变敏感元件的电阻值 R 与 R_1' 或 R_2' 并联后的值，其初始值分别为

$$R_1''=\frac{R\left(n_1R_6+\dfrac{R_5}{n_2}\right)}{R+n_1R_6+\dfrac{R_5}{n_2}},\qquad R_2''=\frac{R\left(n_2R_6+\dfrac{R_5}{n_1}\right)}{R+n_2R_6+\dfrac{R_5}{n_1}} \tag{4-5-20}$$

当电阻应变敏感元件的电阻值由 R 分别变化 ΔR_1、ΔR_2 时，其桥臂电阻为

$$R_1'''=\frac{(R+\Delta R_1)\left(n_1R_6+\dfrac{R_5}{n_2}\right)}{R+\Delta R_1+n_1R_6+\dfrac{R_5}{n_2}},\qquad R_2'''=\frac{(R+\Delta R_2)\left(n_2R_6+\dfrac{R_5}{n_1}\right)}{R+\Delta R_2+n_2R_6+\dfrac{R_5}{n_1}} \tag{4-5-21}$$

桥臂电阻的变化量为

$$\Delta R_1'=R_1'''-R_1''=\frac{1}{1+\dfrac{2R+\Delta R_1}{n_1R_6+\dfrac{R_5}{n_2}}+\dfrac{R(R+\Delta R_1)}{\left(n_1R_6+\dfrac{R_5}{n_1}\right)^2}}\Delta R_1$$

$$\Delta R_2'=R_2'''-R_2''=\frac{1}{1+\dfrac{2R+\Delta R_2}{n_2R_6+\dfrac{R_5}{n_1}}+\dfrac{R(R+\Delta R_2)}{\left(n_2R_6+\dfrac{R_5}{n_1}\right)^2}}\Delta R_2 \tag{4-5-22}$$

电桥的输出电压为

$$U_{\text{out}}=\frac{U}{4}\left(\frac{\Delta R_1'}{R_1''}-\frac{\Delta R_2'}{R_2''}-\frac{\Delta R_3}{R}+\frac{\Delta R_4}{R}\right)$$

令 $\dfrac{\Delta R_1}{R}=-\dfrac{\Delta R_2}{R}=-\dfrac{\Delta R_3}{R}=\dfrac{\Delta R_4}{R}=\dfrac{\Delta R}{R}$，将式(4-5-20)、式(4-5-21)代入上式，并计算两个极限位置(n_1=0，n_1=1)的输出电压的差：

$$U_{\text{out}2}-U_{\text{out}1}=\frac{U}{2}\cdot\frac{\dfrac{\Delta R}{R_5}}{\left(1+\dfrac{R}{R_5}\right)^2}\cdot\frac{\Delta R}{R} \tag{4-5-23}$$

由平衡电路造成的传感器的灵敏度误差为

$$\delta = \frac{U_{\text{out}2} - U_{\text{out}1}}{U_{\text{out}}} = \frac{\dfrac{R}{R_5}}{2\left(1+\dfrac{R}{R_5}\right)^2} \cdot \frac{\Delta R}{R} \tag{4-5-24}$$

4.5.3 电桥的非线性误差及其补偿

上面的分析基于应变片的参数变化很小，即 $\Delta R / R \ll 1$，因此在分析电桥输出电流或电压与各参数的关系时，都忽略了分母中的 $\Delta R/R$ 项，从而得到的是线性关系，这是理想情况。当应变片承受很大应变时，$\Delta R/R$ 项就不能忽略，得到的输入-输出特性呈非线性，于是，实际的非线性特性曲线与理想的线性特性曲线之间就有偏差，即非线性误差 e_f。

设电桥为等臂电桥，即 $R_1=R_2=R_3=R_4=R$，可以计算出单臂测量时的非线性误差：

$$e_f = \frac{\left|U'_{\text{out}} - U_{\text{out}}\right|}{U_{\text{out}}} = \left|\frac{1}{\left(1+\dfrac{1}{2}\dfrac{\Delta R_1}{R}\right)} - 1\right| \approx \frac{1}{2}\frac{\Delta R_1}{R} \tag{4-5-25}$$

式中，U_{out} 为电桥的理想输出电压值；U'_{out} 为电桥的实际输出电压值。

对于一般的应变片，所感受的应变通常在 5000 微应变以下，若灵敏系数 $K = 2$，则 $K\varepsilon = 0.01$，按上式算得 $e_f = 0.5\%$，这还不算太大。但是对于一些电阻相对变化较大的情况，或者测量精度要求较高时，该误差就不能忽视了。例如，半导体应变片，其灵敏系数 $K=125$，在承受 1000 微应变时，电阻相对变化达到 0.125，非线性误差达到 6%，这时，必须采取措施来减小非线性误差。

通常有下列两种办法可以减小或消除非线性误差。

1. 差动电桥法

根据被测试件的应变情况，在电桥的相邻两臂同时接入两个工作应变片，使一片受拉，一片受压，便成为差动电桥(图 4-5-1(c))。当两个工作应变片的应变数值相等、符号相反时，电桥的输出电压为

$$U_{\text{out}} = \frac{U}{2}\left(\frac{\Delta R}{R}\right)$$

由上式可知，差动电桥不仅没有非线性误差，且电压灵敏度比单臂电桥提高一倍，同时还起到了温度补偿作用。在接有四片工作片的差动电桥中，其输出为单臂电桥的四倍，为

$$U_{\text{out}} = U\frac{\Delta R_1}{R_1} \tag{4-5-26}$$

由于差动电桥有上述优点，在非电量电测技术中得到广泛的作用。

2. 恒流源电桥法

恒流源电桥接法是使电桥工作臂支路中的电流不随 ΔR_1 的变化而变，或者尽量变化小些，从而减小非线性误差。

恒流源电桥电路如图 4-5-5 所示，供电电流为 I，通过各桥臂的电流为 I_1 和 I_2，若测量电路的阻抗较高时，电流之间的关系为

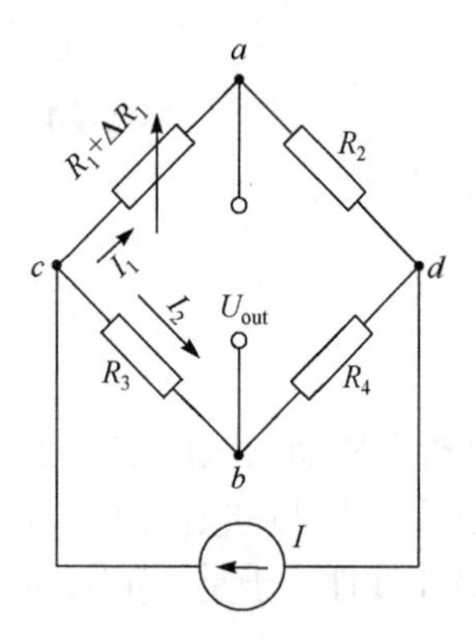

图 4-5-5　恒流源电桥

$$I_1=\frac{R_3+R_4}{R_1+R_2+R_3+R_4}I$$

$$I_2=\frac{R_1+R_2}{R_1+R_2+R_3+R_4}I$$

其输出电压为

$$U_{\text{out}}=\frac{R_1R_4-R_2R_3}{R_1+R_2+R_3+R_4}I \tag{4-5-27}$$

若电桥处于初始平衡状态，$R_1R_4=R_2R_3$，当 R_1 变为 $R_1+\Delta R_1$ 时，电桥的输出电压为

$$U_{\text{out}}=I\frac{R_4\Delta R_1}{R_1+R_2+R_3+R_4+\Delta R_1} \tag{4-5-28}$$

式(4-5-28)分母中也有ΔR_1，所以也是非线性的，如果忽略分母中的ΔR_1，则输出电压理想值为

$$U_{\text{out}}=I\frac{R_4\Delta R_1}{R_1+R_2+R_3+R_4+\Delta R_1}=\frac{1}{4}I\Delta R_1 \tag{4-5-29}$$

因此，恒流源电桥的非线性误差 e_f 为

$$e_f=\frac{\dfrac{\Delta R_1}{R_1}}{\left(1+\dfrac{R_2}{R_1}\right)\left(1+\dfrac{R_3}{R_1}\right)+\dfrac{\Delta R_1}{R_1}}\approx\frac{1}{4}\frac{\Delta R_1}{R_1} \tag{4-5-30}$$

将式(4-5-30)与式(4-5-25)相比，可见恒流源电桥的非线性误差减小一半。

4.6　电阻应变片的温度误差及其补偿方法

4.6.1　温度误差及其产生原因

作为测量应变的电阻应变片，希望它的电阻只随应变而变，不受任何其他因素影响，但实际上应变片的电阻变化受温度影响很大。假如把应变片安装在一个可以自由膨胀的试件上，使试件不受载荷作用，此时如果环境温度发生变化，应变片的电阻将随之发生变化。在应变测量中如果不排除这种影响，势必给测量带来很大误差，这种由于环境温度带来的误差称为应变片的温度误差，又称热输出。

电阻应变片由于温度所引起的电阻变化与试件应变所造成的电阻变化几乎具有相同的数量级，如果不采取适当措施加以解决，应变片将无法正常工作。

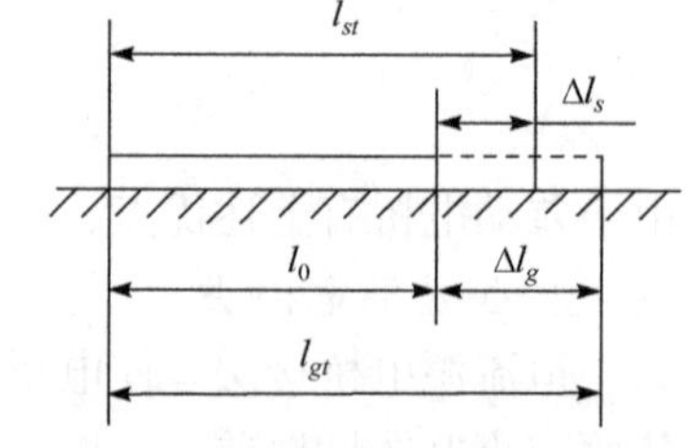

图 4-6-1　应变片的温度误差

造成温度误差(图 4-6-1)的原因有两个。

(1) 敏感栅的金属丝电阻本身随温度将发生变化，电阻和温度的关系可表达为

$$R_t=R_0(1+\alpha\Delta t)$$

$$\Delta R_{t\alpha}=R_t-R_0=R_0\alpha\Delta t \tag{4-6-1}$$

式中，R_t为温度为 t 时的电阻值；R_0为温度为 t_0时的电阻值；Δt 为温度的变化值；$\Delta R_{t\alpha}$为温度变化Δt 时的电阻变化；α为应变丝的电阻温度系数，表示温度改变 1℃时的电阻的相对变化。

(2) 试件材料与应变丝材料的线膨胀系数不相等，使应变丝产生附加变形，从而造成电阻变化。现分析图 4-6-1 中粘贴在构件上一段长为 l_0的应变丝的变形情况。当温度改变Δt℃时，应变丝受热膨胀到 l_{st}，而应变丝 l_0下的构件伸长为 l_{gt}，它们的长度与温度关系如下：

$$l_{st} = l_0(1+\beta_s\Delta t)$$

$$\Delta l_s = l_{st} - l_0 = \beta_s l_0 \Delta t \tag{4-6-2}$$

$$l_{gt} = l_0(1+\beta_g\Delta t)$$

$$\Delta l_g = l_{gt} - l_0 = \beta_g l_0 \Delta t \tag{4-6-3}$$

式中，l_0为温度为 t_0时的应变丝长度；l_{st}为温度为 t 时应变丝的自由膨胀长度；β_s、β_g为应变丝与构件材料的线膨胀系数，即温度改变 1℃时长度的相对变化；Δl_s、Δl_g为应变丝与构件的膨胀量。

由式(4-6-2)、式(4-6-3)可知，如果β_s与β_g不相等，则Δl_s与Δl_g就不等，但是应变丝与构件是黏结在一起的，因此，应变丝被迫从Δl_s拉长到Δl_g，这就使应变丝产生附加变形Δl，从而使应变丝产生附加应变 ε_β 以及相应的电阻变化 $\Delta R_{t\beta}$。

$$\Delta l = \Delta l_g - \Delta l_s = (\beta_g - \beta_s) l_0 \Delta t$$

$$\varepsilon_\beta = \frac{\Delta l}{l_0} = (\beta_g - \beta_s)\Delta t$$

$$\Delta R_{t\beta} = R_0 K \varepsilon_\beta = R_0 K(\beta_g - \beta_s)\Delta t$$

因此，由温度变化而引起的总的电阻变化ΔR_t为

$$\Delta R_t = \Delta R_{t\alpha} + \Delta R_{t\beta} = R_0 \alpha \Delta t + R_0 K(\beta_g - \beta_s)\Delta t$$

$$\frac{\Delta R_t}{R_0} = \alpha\Delta t + K(\beta_g - \beta_s)\Delta t$$

折合成应变量为

$$\varepsilon_t = \frac{\frac{\Delta R_t}{R_0}}{K} = \frac{\alpha \Delta t}{K} + (\beta_g - \beta_s)\Delta t \tag{4-6-4}$$

由式(4-6-4)可知，因环境温度改变而引起的附加电阻变化所造成的虚假应变，除与环境温度变化有关外，还与应变片本身的性能参数(K，α，β_s)以及被测构件的线膨胀系数有关。

实际上，温度对应变片特性的影响远非上述两个因素所能概括。温度变化还可通过其他途径来影响应变片的工作。例如，温度变化会影响黏合剂传递变形的能力，从而对应变片的特性产生影响，过高的温度甚至使黏合剂软化而完全丧失传递变形的能力，但是一般在常温和正常工作条件下，上述两个因素仍然是造成应变片的温度误差的主要原因。

4.6.2　温度补偿方法

温度补偿方法通常有桥路补偿和应变片自补偿两大类。在常温应变测量中，温度补偿的

方法是采用桥路补偿法，这种方法简单、经济、补偿效果好。它是利用电桥特性来进行温度补偿的。

1. 桥路补偿法

桥路补偿法也称补偿片法，分为以下两种。

1) 补偿块补偿法

以图 4-6-2 所示构件为例。在构件被测点处粘贴电阻应变片 R_1，接入电桥的 AB 桥臂，另外在补偿块上粘贴一个与工作应变片规格相同的应变片 R_2，称温度补偿片，接入桥臂 BC。在电桥的 AD 和 CD 桥臂接入固定电阻 R 组成电桥。所用的补偿块的材料与被测构件相同，但是不受外力，将它置于构件被测点附近，使处于同一温度场。因此，R_1 和 R_2 因温度改变引起的电阻变化是相同的。因而可以消除温度的影响。

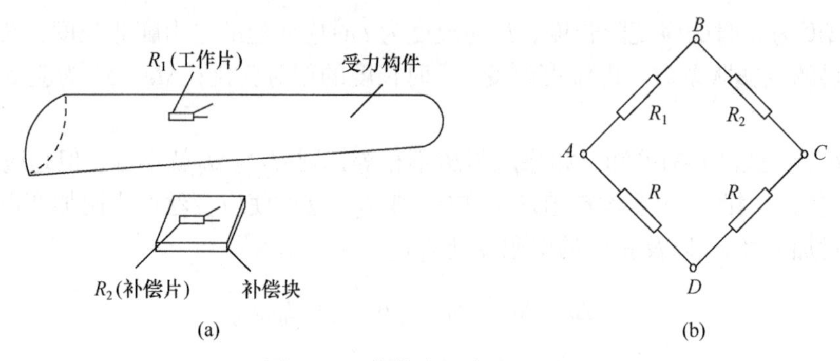

图 4-6-2　构件表面应变的测量

2) 工作片补偿法

这种方法不需要补偿块和补偿片，而是在同一被测试件上粘贴几个工作应变片，将它们接入电桥中。当试件受力且测点环境温度变化时，每个应变片的应变中都包含外力和温度变化引起的应变，根据电桥的基本特性，在读数应变中可以消除温度变化所引起的虚假应变，而得到所需测量的应变。因此，工作应变片既参加工作，又起到了温度补偿的作用。具体应用在应变式传感器中介绍。

2. 应变片自补偿法

这是在被测部位粘贴一种特殊应变片来实现温度补偿的方法，当温度变化时，产生的附加应变为零或相互抵消，这种特殊应变片称为温度自补偿应变片。

下面介绍几种自补偿应变片。

1) 选择式自补偿应变片

由式(4-6-4)可知，实现温度补偿的条件为

$$\varepsilon_t = 0$$

则

$$\alpha = -K(\beta_g - \beta_s) \tag{4-6-5}$$

被测试件材料确定后就可以选择适合的应变片敏感栅材料来满足式(4-6-5)，达到温度自补偿。这种方法的缺点是，一种α值的应变片只能用在一种材料上，局限性很大。

2) 双金属敏感栅自补偿片

也称组合式自补偿应变片，它是用电阻温度系数不同(一个为正，另一个为负)的两种电阻

丝材料串联绕制成敏感栅(图 4-6-3)。这两段敏感栅 R_1 与 R_2 由于温度变化而产生的电阻变化分别为 ΔR_{1t} 与 ΔR_{2t}，$\Delta R_{1t}=-\Delta R_{2t}$，起到了温度补偿作用。这种补偿效果较前一种好，在工作温度范围内通常可达到 0.14με/℃。

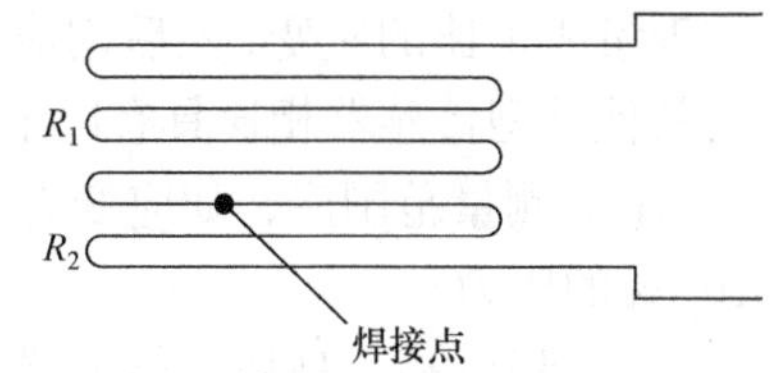

图 4-6-3　双金属线栅补偿

3) 双金属半桥片

这种应变片在结构上与双金属自补偿应变片相同，但敏感栅是由同符号电阻温度系数的两种合金丝串接而成(图 4-6-4)，而且，敏感栅的两部分电阻 R_1 与 R_2 分别接入电桥的相邻两个桥臂上。R_1 是工作臂，R_2 与外接电阻 R_B 组成补偿臂，另两臂只能接入平衡电阻 R_3 与 R_4，适当调节它们之间的长度比和外接电阻 R_B 的数值，可以使两桥臂由于温度引起电阻的变化相等或相近，达到热补偿的目的，即

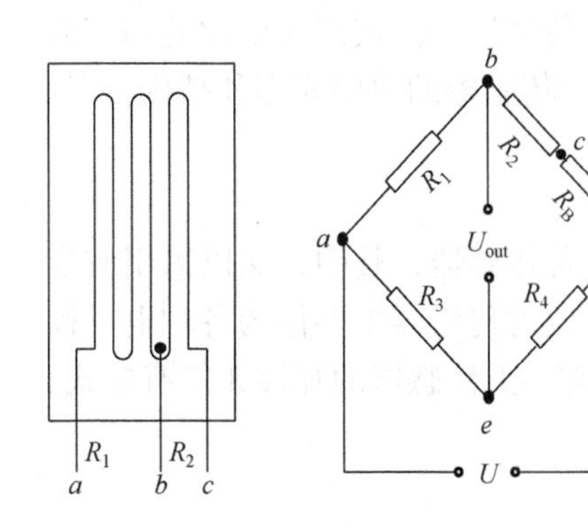

图 4-6-4　温度自补偿应变片

$$\varepsilon_{1t}=\frac{\Delta R_{1t}}{R_1}=\frac{\Delta R_{2t}}{R_2+R_B}=\frac{R2}{R2+R_B}\varepsilon_{2t} \tag{4-6-6}$$

外接补偿电阻为

$$R_B=R_2\left(\frac{\varepsilon_{2t}}{\varepsilon_{1t}}-1\right) \tag{4-6-7}$$

式中，ε_{1t}、ε_{2t} 分别为工作栅和补偿栅的热输出。

这种补偿法的最大优点是：通过调整 R_B 的值，不仅可使热补偿达到最佳状态，而且还适用于不同线膨胀系数的试件。缺点是：对 R_B 的精度要求高。另外，由于 R_1 与 R_2 在构件表面产生的应变符号相同，当有应变时补偿栅对有效工作应变起着抵消的作用，使应变片输出灵敏度降低，因此，补偿栅材料通常选用电阻温度系数大而电阻率小的铂或铂合金，这样只要几欧的铂电阻就能达到温度补偿，同时使应变片的灵敏系数损失少一些。应变片必须使用ρ大、α小的材料，这类应变片就可在不同膨胀系数材料的试件上实现温度自补偿，所以比较通用。

3. 热敏电阻补偿法

热敏电阻补偿法的原理如图 4-6-5 所示。热敏电阻 R_t 处在与应变片相同的温度条件下，温度升高时，一方面应变片的灵敏度下降，另一方面热敏电阻 R_t 的阻值也下降，于是，电桥的输入电压增加，结果，电桥的输出增大，补偿了因应变片引起的输出下降。通过选择分流电阻 R_5 的值，可以达到较好的补偿效果。

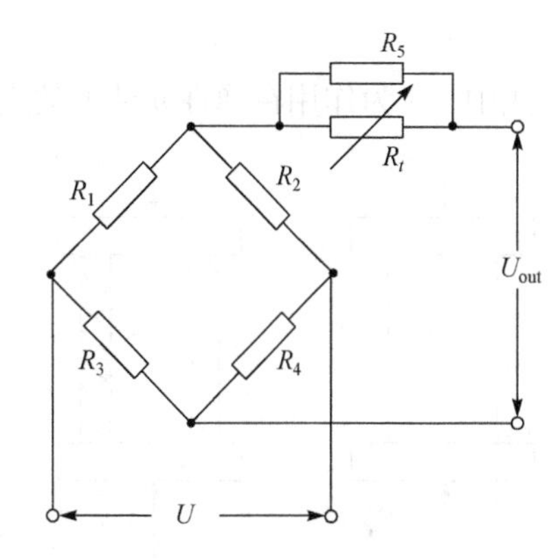

图 4-6-5　热敏电阻补偿法

4.7　应变式传感器工作原理

在测试技术中，除了直接用电阻应变丝(片)来测定试件的应变和应力外，还广泛利用它制成各种应变式传感器来测定各种物理量，如力矩、压力、加速度等。应变式传感器的基本构

成通常可分两部分：弹性敏感元件及应变片(丝)。弹性元件在被测物理量的作用下产生一个与物理量成正比的应变，然后用应变片(丝)作为传感元件将应变转换为电阻变化。应变式传感器与其他类型传感器相比具有以下特点：

(1) 测量范围广，如应变力传感器可测 10^{-2}～10^{7}N 的力，应变式压力传感器可测 10^{-2}～10^{7}Pa 的压力；

(2) 精度高，高精度传感器的精度可达 0.01%；

(3) 输出特性的线性好；

(4) 性能稳定，工作可靠；

(5) 能在恶劣环境、大加速度和振动条件下工作，只要进行适当的构造设计及选用合适的材料，也能在高温或低温、强腐蚀及核辐射条件下可靠工作。

由于应变式传感器具有以上特点，因此它在测试技术中获得十分广泛的应用。应变式传感器按照其用途不同可分为测力传感器、位移传感器、压力传感器等。按照应变丝的固定方式，可分为粘贴式和非粘贴式两种。下面介绍构成各类应变式传感器的简要原理和结构特点。

4.7.1　应变式力传感器

载荷和力传感器是试验技术和工业测量中用得较多的一种传感器，其中，又以采用应变片的应变式力传感器为最多，传感器量程从几克到几百吨。测力传感器主要作为各种电子秤和材料试验机的测力元件，或用于飞机和发动机的地面测试等。力传感器的弹性元件有柱式、悬臂梁式、环式、框式等数种。

1. 柱式力传感器

柱式力传感器如图 4-7-1 所示，其弹性元件分实心圆柱(图(a))和空心圆柱(图(b))两种，实心圆柱可以承受较大载荷，在弹性范围内应力与应变成正比：

$$\varepsilon = \frac{\Delta l}{l} = \frac{\sigma}{E} = \frac{F}{ES} \tag{4-7-1}$$

式中，F 为作用在弹性元件上的集中力；S 为圆柱的横截面积。

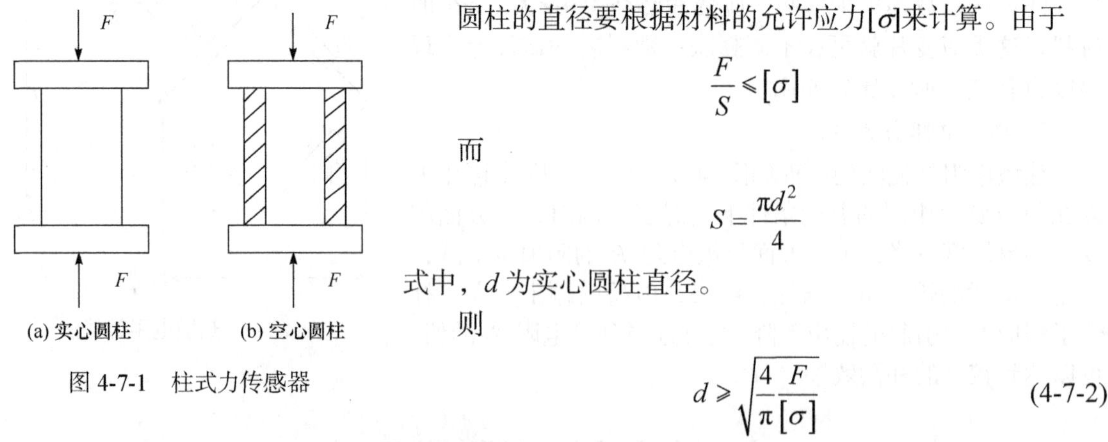

图 4-7-1　柱式力传感器

圆柱的直径要根据材料的允许应力$[\sigma]$来计算。由于

$$\frac{F}{S} \leqslant [\sigma]$$

而

$$S = \frac{\pi d^2}{4}$$

式中，d 为实心圆柱直径。

则

$$d \geqslant \sqrt{\frac{4}{\pi}\frac{F}{[\sigma]}} \tag{4-7-2}$$

由上列各式可知，欲提高变换灵敏度，必须减小横截面积 S，但 S 减小，其抗弯能力也减弱，对横向干扰力敏感。为了解决这个矛盾，在测量小集中力时，都采用空心圆筒或在受力端安装承弯膜片。空心圆筒在同样横截面情况下，横向刚度大，横向稳定性好。同理，承弯膜片的横向刚度也大，横向力都由它承担，而其纵向刚度则小。

空心圆柱弹性元件的直径也要根据允许应力来计算。

由于

$$\frac{1}{4}\pi(D^2-d^2)\geqslant\frac{F}{[\sigma]}$$

因此

$$D\geqslant\sqrt{\frac{4}{\pi}\frac{F}{[\sigma]}+d^2}$$

式中，D 为空心圆柱外径；d 为空心圆柱内径。

弹性元件的高度对传感器的精度和动态特性都有影响。由材料力学可知，高度对沿其横截面的变形有影响，当高度与直径的比值 $H/D\geqslant1$ 时，沿其中间断面上的应力状态和变形状态与其端面上作用的载荷性质和接触条件无关。根据试验研究结果，建议采用公式：

$$H=2D+l \tag{4-7-3}$$

式中，l 为应变片的基长。

对于空心圆柱为 $H\geqslant D-d+l$。

弹性元件上应变片的粘贴和桥路的连接应尽可能消除偏心和弯矩的影响，如图 4-7-2 所示。其中，(a)为圆柱面展开图，(b)为桥路连接图。四组应变片沿圆周均匀分布。

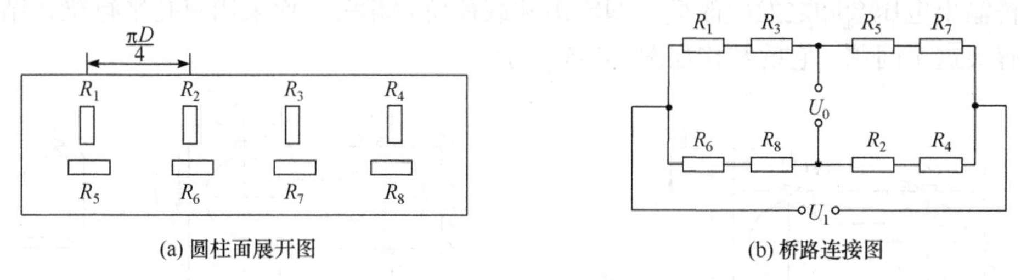

图 4-7-2　柱式力传感器应变片粘贴

2. 梁式力传感器

1) 等截面梁应变式力传感器

等截面梁应变式力传感器如图 4-7-3 所示。弹性元件为一端固定的悬臂梁，力作用在自由端，在距载荷作用点为 l_0 的上下表面，顺着轴线方向分别粘贴 R_1、R_2、R_3 和 R_4 电阻应变片，R_1、R_2 粘贴在上表面，R_3、R_4 粘贴在下表面，此时 R_1、R_2 若受拉，则 R_3、R_4 受压，两者发生极性相反的等量应变，若把它们组成全桥，则电桥的灵敏度为单臂工作时的四倍。粘贴应变片处的应变为

$$\varepsilon_0=\frac{\sigma}{E}=\frac{6Fl_0}{bh^2E} \tag{4-7-4}$$

由梁式弹性元件制作的力传感器，适于测量 500kg 以下的载荷，最小可测几十克重的力，这种传感器具有结构简单、加工容易、应变片容易粘贴、灵敏度高等特点。

2) 等强度梁应变式力传感器

另一种梁的结构为等强度梁，如图 4-7-4 所示。梁上各点的应力为

$$\sigma=\frac{M}{W}=\frac{6Fl}{b_0h^2} \tag{4-7-5}$$

式中，M 为梁所承受的弯矩；W 为梁各横截面的抗弯模量；F 为作用在梁上的力。

从而可求得等强度梁的应变值。

这种梁的优点是对沿 l 方向上粘贴应变片的位置要求不高，设计时应根据最大载荷 F 和材料允许应力$[\sigma]$选择梁的尺寸。悬臂梁式传感器自由端的最大挠度不能太大，否则荷重方向与梁的表面不垂直，会产生误差。

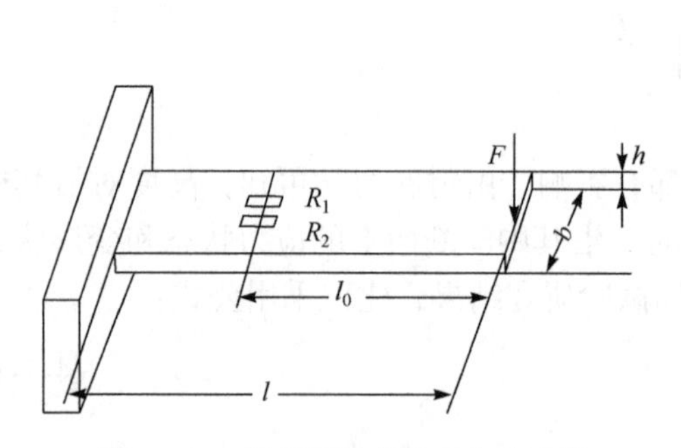

图 4-7-3　等截面梁应变式力传感器

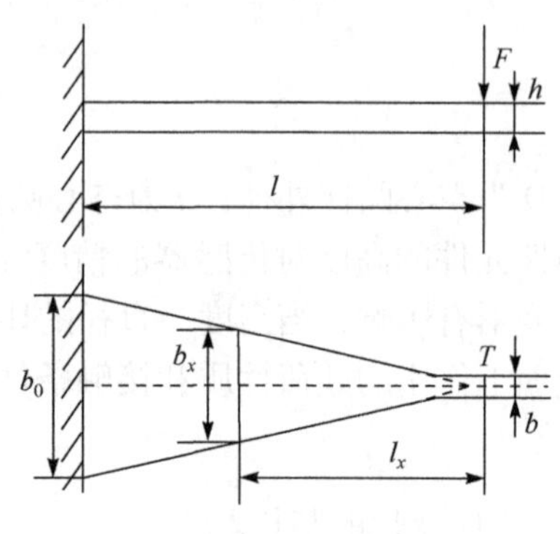

图 4-7-4　等强度梁

3) 双孔平行梁式力传感器

上面介绍的两种悬臂梁式力传感器存在一个共同问题，当载荷作用位置在梁的纵向变化时，电桥输出电压会随之发生改变，即输出和载荷位置相关。而采用双孔平行梁式结构可以很好地解决这个问题。它的结构如图 4-7-5 所示。

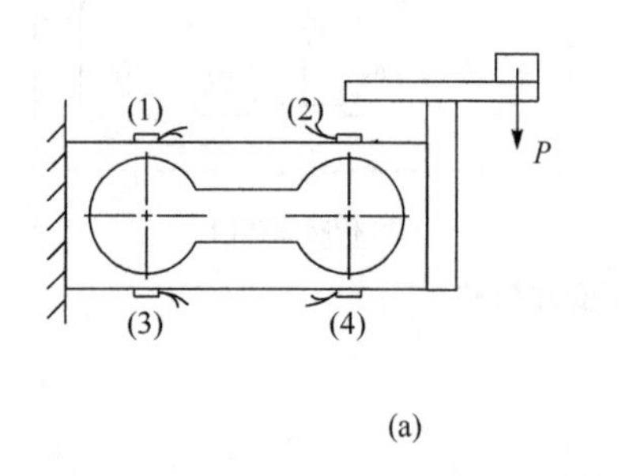

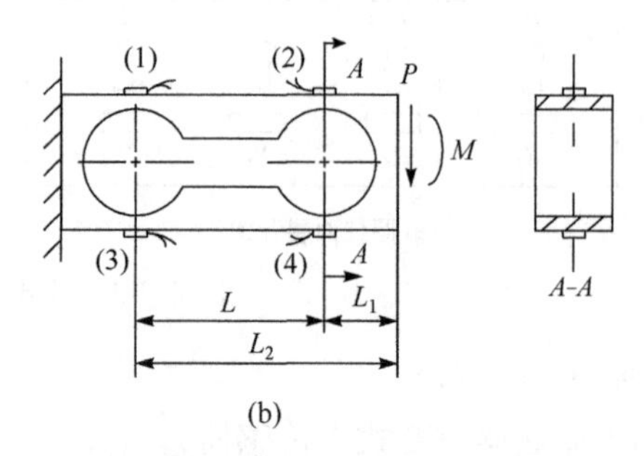

图 4-7-5　双孔平行梁式力传感器

如果载荷 P 安放在秤盘的任意位置，都可以将载荷 P 简化为作用在弹性元件端部的一个集中力 P 和一个力偶 M，见图 4-7-5(b)，各应变片处的应变为

$$\varepsilon_1=\frac{PL_2+M}{EW},\qquad \varepsilon_2=\frac{PL_1+M}{EW}$$

$$\varepsilon_3=-\frac{PL_2+M}{EW},\qquad \varepsilon_4=-\frac{PL_1+M}{EW}$$

4 个应变片组成全桥，电桥的输出电压为

$$U_{\text{out}}=\frac{1}{4}UK\left(\varepsilon_1-\varepsilon_2-\varepsilon_3+\varepsilon_4\right)=\frac{UKL}{2EW}P \tag{4-7-6}$$

式中，W 为应变片粘贴处横截面的抗弯截面模量，由式(4-7-6)可见，载荷 P 安放在任何位置都不会影响输出。

4.7.2 应变式压力传感器

1. 膜片式压力传感器

膜片式压力传感器常用于测量液体或气体的压力，其原理示于图 4-7-6。图(b)的圆膜片是焊接在外壳端部，图(c)为敏感元件的圆膜片和外壳一体化结构。引线从壳体上端引出，工作时将传感器的下端旋入管壁，介质压力 p 均匀地作用在膜片的一面，膜片的另一面粘贴应变片，通过感受的应变反映压力的大小。

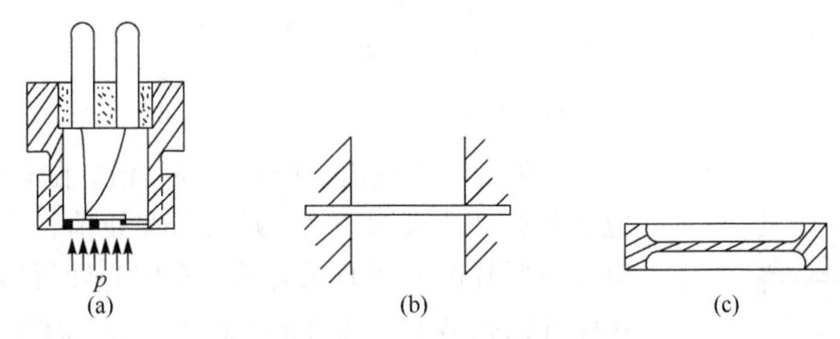

图 4-7-6　膜片式压力传感器

传感器的线性度、灵敏度、固有频率等参数受膜片周边的固定情况的影响很大。

通常将膜片周边做成刚性连接，当膜片上有均布压力 p 作用时，可由下式求得膜片上各点的径向应力 σ_r 和切向应力 σ_t。

$$\sigma_r = \frac{3}{8}\frac{p}{h^2}\left[(1+\mu)R^2 - (3+\mu)x^2\right] \tag{4-7-7}$$

$$\sigma_t = \frac{3}{8}\frac{p}{h^2}\left[(1+\mu)R^2 - (1+3\mu)x^2\right] \tag{4-7-8}$$

从而计算出膜片内任意一点的应变为

$$\varepsilon_r = \frac{3}{8}\frac{p}{Eh^2}\left(1-\mu^2\right)\left(R^2 - 3x^2\right) \tag{4-7-9}$$

$$\varepsilon_t = \frac{3}{8}\frac{p}{Eh^2}\left(1-\mu^2\right)\left(R^2 - x^2\right) \tag{4-7-10}$$

式中，ε_r、ε_t 分别为径向应变和切向应变；R、h 为圆板的半径和厚度；x 为离圆心的径向距离。

由式(4-7-7)和式(4-7-8)可知，膜片边缘处的应力为

$$\sigma_r = -\frac{3}{4}\frac{p}{h^2}R^2 \tag{4-7-11}$$

$$\sigma_t = -\frac{3}{4}\frac{p}{h^2}R^2\mu \tag{4-7-12}$$

可见在膜片周边处的应力为最大，在设计时应根据此处的应力不超过材料许用应力$[\sigma]$的原则选择圆板的度厚 h：

$$h = \sqrt{\frac{3pR^2}{4[\sigma]}} \tag{4-7-13}$$

另外，再结合膜片上的应变分布规律可以找出贴片的方法。从膜片应变分布图 4-7-7 可以看出，在 x=0 时，膜片中心位置处的径向应变和切向应变相等，为

$$\varepsilon_{\mathrm{r}}=\varepsilon_{\mathrm{t}}=\frac{3}{8}\frac{p}{h^2}\left(\frac{1-\mu^2}{E}\right)R^2 \tag{4-7-14}$$

x=R 的边缘处的应变为

$$\begin{cases}\varepsilon_{\mathrm{r}}=-\dfrac{3p}{4h^2}\left(\dfrac{1-\mu^2}{E}\right)R^2\\ \varepsilon_{\mathrm{t}}=0\end{cases} \tag{4-7-15}$$

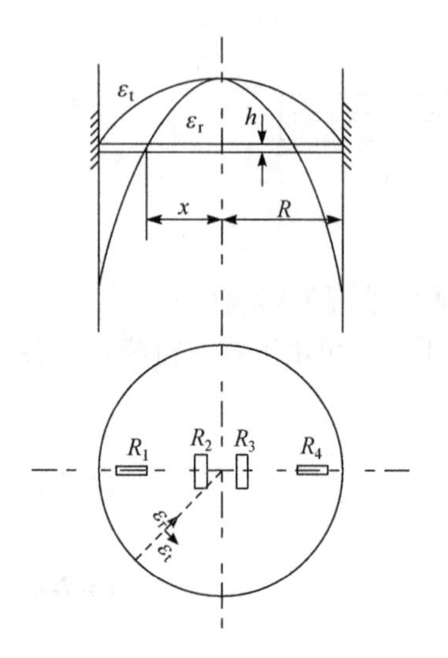

图 4-7-7　膜片应变分布

此处径向应变值比中心处高一倍。在 x=$R/\sqrt{3}$ 处，ε_{r}=0。应变分布规律表明，切向应变都是正值，中间最大，而径向应变沿膜片的分布有正有负，在中心处与切向应变相等，在边缘处达到最大，其值是中心的二倍，而在 $x=R/\sqrt{3}$ 处，其值为零。因此粘贴应变片时要避开径向应变为零的部位。一般在圆膜片中心处沿切向贴两片，在边缘处沿径向贴两片。应变片 R_1、R_4 和 R_2、R_3 分别接入桥路的相对桥臂，以提高灵敏度。

至于周边刚性固定的圆膜片，其固有振动频率的计算如下：

$$f=1.57\sqrt{\frac{Eh^3}{12R^4m_0(1-\mu)^2}} \tag{4-7-16}$$

式中，m_0 为平膜片单位厚度的质量。

由式(4-7-15)、式(4-7-16)可知，膜板的厚度和弹性模量 E 增加时，传感器的固有频率增大，而灵敏度下降；半径越大，固有频率越低，灵敏度越高，所以设计传感器时要综合考虑这些因素。

2. 筒式压力传感器

当被测压力较大时，多采用筒式压力传感器，如图 4-7-8 所示。圆柱体内有一盲孔，一端有法兰盘与被测系统连接，被测压力 p 进入应变筒的腔内，使筒变形，圆筒外表面上的周向应变ε_{t}和轴向应变ε_{z}分别为

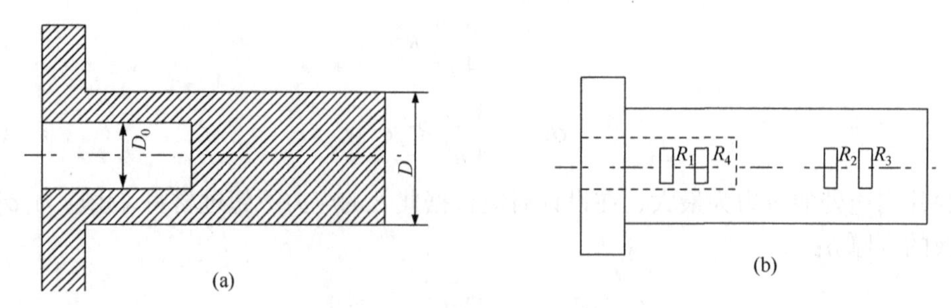

图 4-7-8　圆筒内压力传感器

$$\varepsilon_{\mathrm{t}} = \frac{p(2-\mu)}{E(n^2-1)} \tag{4-7-17}$$

$$\varepsilon_{\mathrm{z}} = \frac{p(1-2\mu)}{E(n^2-1)} \tag{4-7-18}$$

式中，$n = D/D_0$。

可见，圆筒外表面的周向应变比轴向应变大，且两者皆为正值。为了提高灵敏度，并达到温度补偿的目的，将两个应变片 R_1 和 R_4 安装在圆筒外壁的周向，两个应变片 R_2 和 R_3 安装在圆柱上，起到温度补偿的作用。这类传感器可用来测量机床液压系统的压力(几十～几百 kg/cm^2)，也可用来测量枪炮的膛内压力(几千 kg/cm^2)，其动特性和灵敏度主要由材料 E 值和尺寸决定。

4.7.3　应变式位移传感器

应变式位移传感器是把被测位移量变成弹性元件的变形和应变，但它与力传感器要求不同，测力传感器弹性元件的刚度要大，而位移传感器弹性元件的刚度要小。否则，当弹性元件变形时，将对被测构件形成一个反力，影响被测构件的位移数据。位移传感器的弹性元件也有很多种形式，下面介绍梁式弹性元件的位移传感器。

图 4-7-9 所示为梁式弹性元件的位移传感器，它一端固定，另一端为自由的矩形截面悬臂梁。在固定端附近截面的上下表面各粘贴两个应变片，并接成全桥线路。梁的自由端的挠度为

$$f = \frac{Pl^3}{3EI} = \frac{4Pl^3}{Ebh^3} \tag{4-7-19}$$

式中，I 为梁截面的惯性矩，对矩形截面梁，I 为梁截面的惯性矩，$I = \dfrac{bh^3}{12}$；P 为被测构件对梁的作用力。

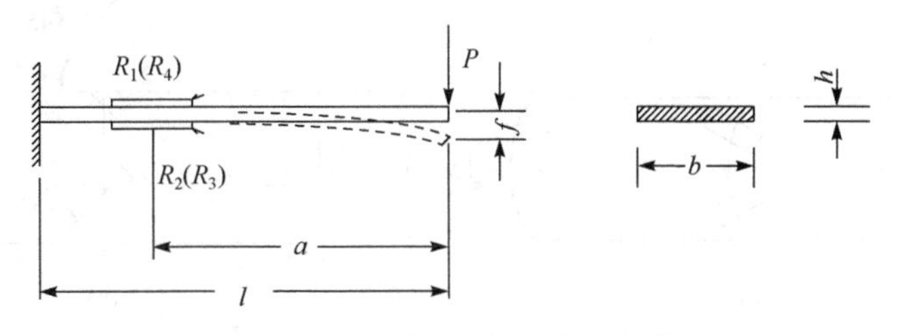

图 4-7-9　测位移的梁式弹性元件

由应变片测出的应变值，可求出悬臂梁上的载荷为

$$P = \frac{1}{a}E\varepsilon W = \frac{Ebh^2}{6a}\varepsilon \tag{4-7-20}$$

式中，W 为抗弯矩截面模量，对于矩形截面，$W = \dfrac{bh^2}{6}$。

由上两式得到

$$f = \frac{2}{3}\frac{l^3}{ah}\varepsilon \tag{4-7-21}$$

接成全桥电路，则应变仪的指示应变为$\varepsilon_i=4\varepsilon$，代入式(4-7-21)得

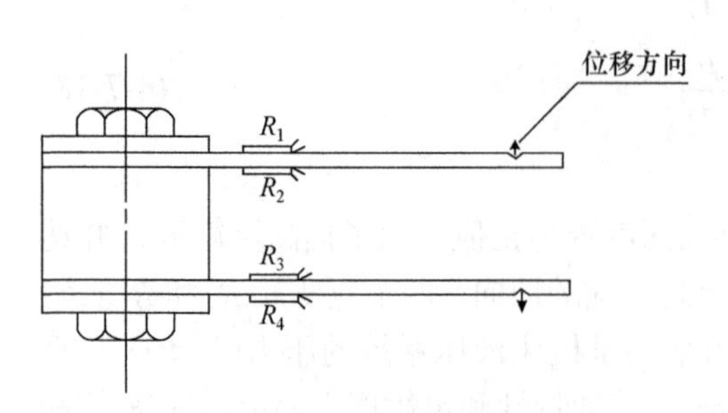

图 4-7-10　双悬臂梁式弹性元件

$$f=\frac{1}{6}\frac{l^3}{ah}\varepsilon_i \tag{4-7-22}$$

实际应用时要先对传感器进行标定，这种位移传感器所测的位移不能太大，否则，P 的作用点到应变片的距离 a 变化也会太大，就不能近似作为常数处理。

图 4-7-10 为测位移的双悬臂梁式弹性元件。可以用于测量试件被夹持在两个悬臂梁自由端之间的那部分的变形量。

4.7.4　圆轴式扭力传感器

图 4-7-11(a)是实心圆轴扭力传感器的示意图。它是在轴中间截面间隔 90°处粘贴四个与轴成 45°角的应变片，图 4-7-11(b)是它的展开图。在扭力的作用下，圆轴表面的剪应力为

$$\tau=\frac{M}{W_n} \tag{4-7-23}$$

式中，W_n 为圆轴抗扭截面模量。实心轴的抗扭截面模量为

$$W_n=\frac{\pi D^3}{32} \tag{4-7-24}$$

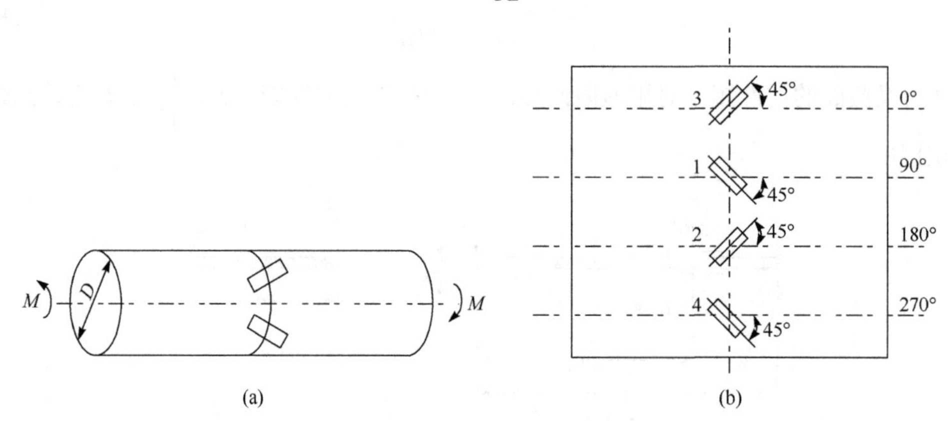

图 4-7-11　圆轴式扭力传感器

圆轴表面与轴线成 45°方向的正应力为

$$\sigma_1=\sigma_4=\tau=\frac{M}{W_n}$$

$$\sigma_2=\sigma_3=-\tau=-\frac{M}{W_n}$$

圆轴表面与轴线成 45°方向的线应变为

$$\varepsilon_1=\varepsilon_4=\frac{1}{E}(\sigma_1-\mu\sigma_2)=\frac{1+\mu}{EW_n}M,\qquad \varepsilon_2=\varepsilon_3=-\frac{1+\mu}{EW_n}M$$

4 个应变片组成全桥，电桥的输出电压为

$$U_{\text{out}} = UK\frac{1+\mu}{EW_n}M \tag{4-7-25}$$

根据电桥的输出电压可以得到扭力矩为

$$M = \frac{EW_n}{UK(1+\mu)}U_{\text{out}} \tag{4-7-26}$$

对于实际受扭的轴，在粘贴应变片截面上还可能存在弯曲力矩或轴向拉压力等，但图 4-7-11 所示的布片和组桥方案，可以消除这些内力对扭力矩 M 电桥的输出的影响。

习题与思考题

4-1　一试件的轴向应变 ε_x=0.0015，表示多大微应变？若已知试件的轴向微应变为 2000με，表示试件的轴向相对伸长率为百分之几？

4-2　假设某电阻应变片在输入应变为 5000με时电阻变化为 1%，试确定该应变片的灵敏系数。若在使用该应变片的过程中，采用的灵敏系数为 1.9，试确定由此而产生的测量误差的正负和大小。

4-3　某典型应变片的技术指标如下：

(1) 应变片电阻标称值为 150Ω(±5%)；

(2) 灵敏系数 2(公差 0.2%)；

(3) 疲劳寿命 10^7 次；

(4) 横向灵敏系数 0.3%；

(5) 零漂：在最高工作温度的 0.7 倍时为 10με/h。

试解释上述各技术指标的含义。

4-4　某等臂电桥接有一个 200Ω的工作应变片电阻，假定电桥的输出电阻为 200Ω，电桥电源为 6V，灵敏系数 K_0=2，工作应变片承受的应变为 350με，试求用内阻分别为 20kΩ、1kΩ和 250Ω的电压表测量时各表指示的输出电压。

4-5　一应变片贴在标准试件上，其泊松比 $\mu = 0.3$，试件受轴向拉伸，如题 4-5 图所示。已知 $\varepsilon_x = 1000\mu\varepsilon$，电阻丝轴向应变的灵敏系数 K_x=2，横向灵敏度 $C = 4\%$，试求 $\Delta R/R$ 和 $R = 120\Omega$ 时的 ΔR。

4-6　一材料为钢的实心圆柱形试件，直径 $d = 10\text{mm}$，材料的弹性模量 $E = 2\times10^{11}\text{N/m}^2$，泊松比 $\mu = 0.285$，试件上贴有一片金属电阻应变片，其主轴线与试件加工方向垂直，如题 4-6 图所示，若已知应变片的轴向灵敏度 K_x=2，横向灵敏度 C=4%，当试件受到压缩力 $F=3\times10^4\text{N}$ 作用时，应变片的电阻相对变化 $\Delta R/R$ 为多少？

4-7　在材料为钢的实心圆柱形试件上，沿轴线和圆周方向各粘贴一片 120Ω的金属电阻应变片，如题 4-7 图所示，把这两片应变片接入差动电桥，已知钢的泊松比 $\mu = 0.285$，应变片的灵敏系数 $K_0 = 2$，电桥电源电压 $U_{\text{in}} = 6\text{V(dc)}$，当试件受轴向拉伸时，测得应变片 R_1 的电阻变化值 $\Delta R_1 = 0.48\Omega$，试求电桥的输出电压。

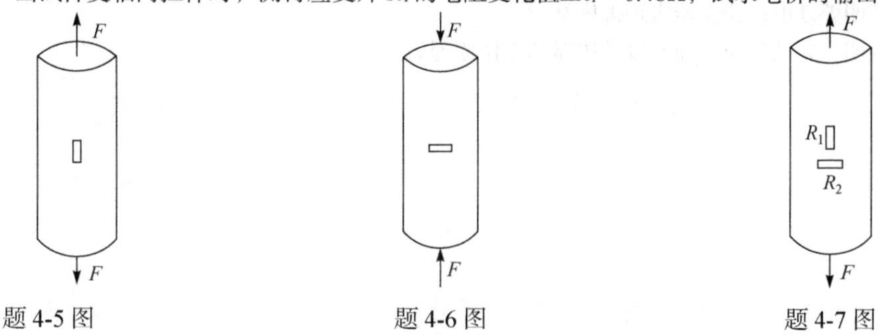

题 4-5 图　　题 4-6 图　　题 4-7 图

4-8　已知一测力传感器使用的电阻应变片的阻值 R=120Ω，灵敏度系数 K_0=2，若其中一片接入等臂电桥，电桥的供电电压 U_{in}=10V(dc)，要求电桥的非线性误差 $e_1 \leqslant 0.5\%$，试求应变片的最大应变 $\varepsilon_{\max}$ 应小于多少？并求最大应变时电桥的输出电压。

4-9　钢轴与电机连接驱动一个恒定负载力矩，用电阻应变计测量该力矩大小。将电阻值 120 Ω 、灵敏系数 K_0=2 的应变片贴在轴上，且使应变片的母线与驱动轴的轴线成 45°角，如题 4-9 图所示，钢轴的剪切模量是 8×10^6kg/cm^2,轴的半径为 15mm，当加载时应变计的电阻变化为 0.24 Ω ，求负载力矩。

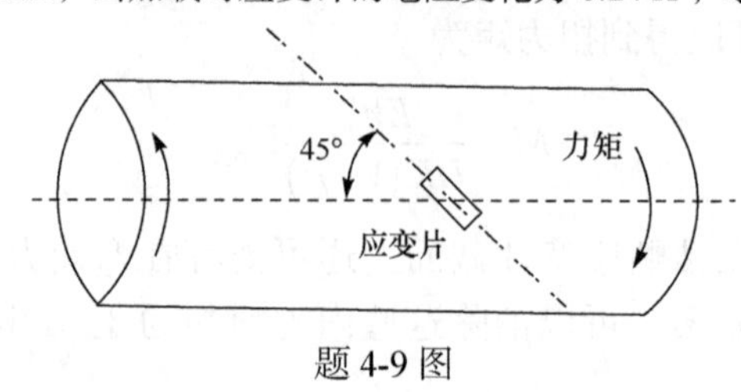

题 4-9 图

4-10　膜片式弹性元件的周边固定时，在压强作用下其应变分布如题 4-10 图所示。试求：(1)当位置参数 r 为何值时径向应变为零？(2)如组成全桥电路，按电桥灵敏度最大原则给出应变片的粘贴方位，并画出全桥电路。

4-11　一台采用等强度梁的电子秤，在梁的上、下两面各贴有两片电阻应变片，做成秤重传感器，如题 4-11 图所示。已知 $l=100\text{mm}, b=11\text{mm}, t=3\text{mm}, E=2.1\times10^4\text{N}/\text{mm}^2$， $K_0=2$, 接入直流四臂差动电桥，供桥电压为 6V，当称重 0.5kg 的物体时，求电桥的输出电压 U_{out}。

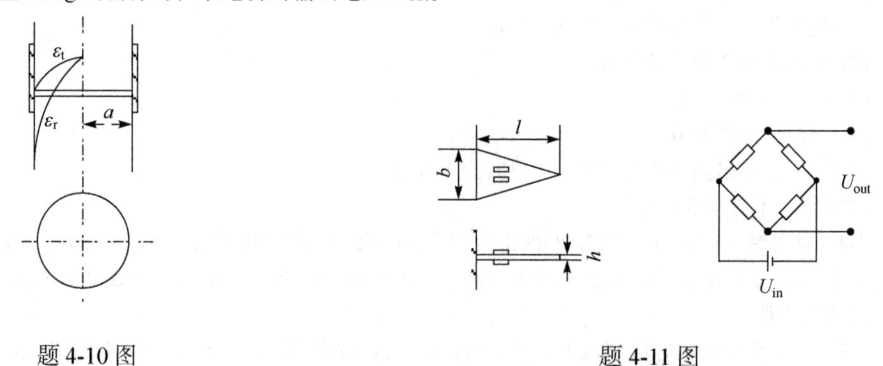

题 4-10 图　　　　题 4-11 图

4-12　应变片测力传感器的弹性元件为钢质圆柱体，直径 d=40mm，在圆柱表面粘贴四片阻值均为 120 Ω ，灵敏系数 K=2 的金属箔式应变片，不考虑应变片的横向灵敏度，钢的弹性模量 $E=2\times10^{11}\text{N}/\text{m}^2, \mu=0.3$ ，试求：(1)正确标出四片应变片在圆柱形弹性元件上的位置，并说明理由；(2)绘出相应的电桥测量电路，注明应变片符号，当供桥电压为 6V(dc)，所受力 $F=1\text{N}$ 时，传感器接电桥电路后电压灵敏度的大小。

4-13　现欲测钢构件频率为 10kHz 的动态应力，应变波的传播速度为 5000m/s，若要求应变波幅测量的相对误差小于 0.4%，试问应变片的栅长应为多少？

4-14　证明差动电桥线路能实现温度补偿。

4-15　说明柱式结构应变加速度传感器的工作原理。

第 5 章　电容式传感器

电容式传感器的基本工作原理是基于物体间的电容量与其结构参数之间的关系。电容式传感器不但广泛应用于位移、振动、角度、加速度等机械量的精密测量，而且还逐步扩大到用于压力、压差、液位、物位或成分含量等方面的测量。

电容传感器的主要特点如下：

(1) 小功率、高阻抗；

(2) 小的静电引力和良好的动态特性；

(3) 与电阻式传感器相比，电容式传感器本身发热影响小；

(4) 可以进行非接触测量；

(5) 结构简单，适应性强，可以在温度变化比较大或具有各种辐射的恶劣环境中工作。

电容式传感器的主要缺点是：

(1) 变间隙等结构传感器的电容变化和输入量的关系具有非线性；

(2) 寄生电容往往会降低传感器的灵敏度和精度。

5.1　工作原理与分类

由物理学可知，电容器的电容是构成电容器的两极板形状、大小、相互位置及极板间电介质介电常数的函数。以最简单的平板电容器为例(图 5-1-1)，当不考虑边缘电场影响时，其电容量 C 为

$$C = \frac{\varepsilon S}{\delta} \tag{5-1-1}$$

式中，ε为介质的介电常数；S 为极板的面积；δ 为极板间的距离。

由式(5-1-1)可知，平板电容器的电容是ε、δ、S 的函数，即 $C = f(\varepsilon,\ \delta,\ S)$。电容式传感器的工作原理正是建立在上述关系上的。

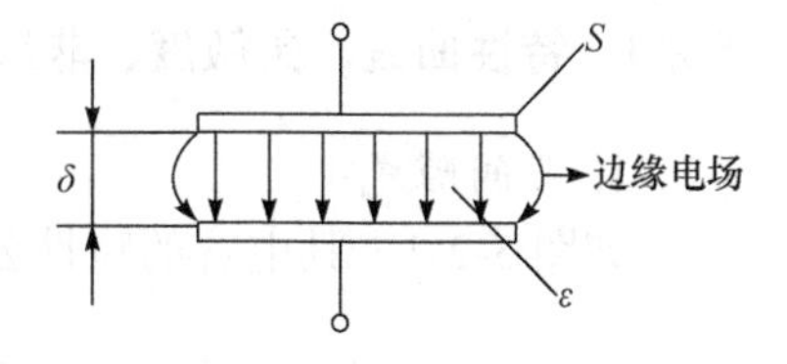

图 5-1-1　平板电容器

具体地说，如将上极板固定，而下极板与被测运动物体固连，当被测运动物体上、下移动(使 δ 变化)或左、右移动(使 S 变化)时，将引起电容的变化。通过一定测量线路可将这种电容变化转换为电压、电流、频率等电信号输出。根据输出信号大小，即可测定运动物体位移的大小。如果两极板均固定不动，而极板间的介质状态参数发生变化致使介电常数变化时(如介质在极板间的相对位置、介质的温度、密度、湿度等参数发生变化时，均能导致介电常数的变化)，也能引起电容变化，故可据此测定介质的各种状态参数，如介质在极板中间的位置、介质的湿度、密度等。总之，只要被测物理量的变化能使电容器中任意一个参数产生相应改变而引起电容变化，再通过一定的测量线路将其转换为有用的电信号输出，即可根据这种输出信号大小来判定被测物理量的大小，这就是电容式传感器的基

本工作原理。

电容式传感器根据其工作原理不同，可分为变间隙式、变面积式、变介电常数式三种。按极板形状不同一般有平板和圆柱形两种。

图 5-1-2 是几种不同的电容式传感器的原理结构图。图(a)、图(b)是变间隙式；图(c)、图(d)、图(e)和图(f)是变面积式；图(g)和图(h)是变介电常数式。图(a)、图(b)、图(c)、图(e)是线位移传感器；图(d)是角位移传感器；图(b)和图(f)是差动传感器，它们包括两个结构完全相同的电容器极板，并都共用一个活动极板。当活动电极处于起始中间位置时，两个电容器的电容相等，当活动电极偏离中间位置时，一个电容增加，另一个电容减少。差动式与单体式相比，灵敏度高，非线性得到改善，并且能补偿温度误差，在结构条件允许时宜多采用。

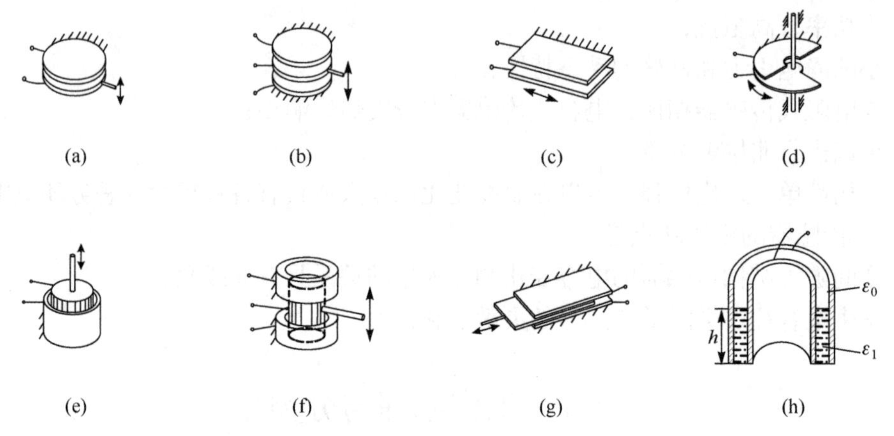

图 5-1-2 几种不同的电容式传感器的原理结构图

变间隙式一般用来测量微小的线位移(小至 0.01 微米～零点几毫米)；变面积式则一般用来测角位移(从一角秒至几十度)或较大的线位移；变介电常数式常用于固体或液体的物位测量，也用于测定各种介质的湿度、密度等状态参数。

5.2 主要特性

5.2.1 特性曲线、灵敏度、非线性

1. 变间隙式

如图 5-2-1，其电容的特性公式为

$$C = \frac{\varepsilon S}{\delta} = \frac{\varepsilon_r \varepsilon_0 S}{\delta} \tag{5-2-1}$$

式中，C 为输出电容(F)；ε 为极板间介质的介电常数(F/m)；ε_0 为真空的介电常数，$\varepsilon_0 = 8.85\times10^{-12}$ (F/m)；ε_r 为极板间介质的相对介电常数，$\varepsilon_r = \dfrac{\varepsilon}{\varepsilon_0}$，对于空气介质 $\varepsilon_r \approx 1$；S 为极板间相互覆盖的面积(m^2)；δ 为极板间的距离(m)。

由式(5-2-1)可知，极板间的电容 C 与极板间距离 δ 呈反比的双曲线关系(图 5-2-2)。由于这种传感器特性的非线性，所以在工作时动极板一般不能在整个间隙范围内变化，而只能限制在一个较小的 $\Delta\delta$ 范围内变化，以使 ΔC 与 $\Delta\delta$ 的关系近似于线性。

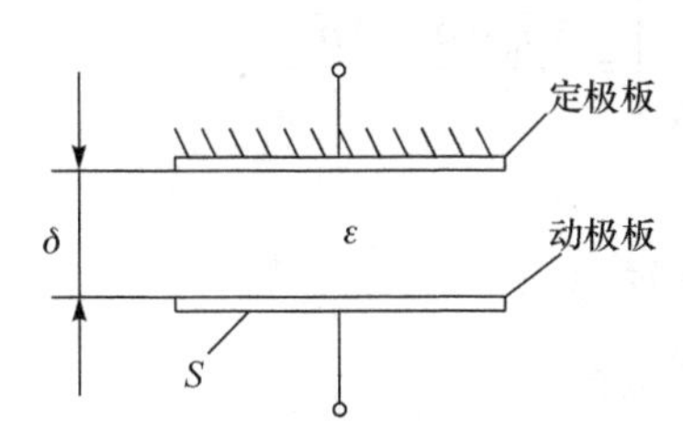

图 5-2-1　变间隙式平板电容器原理图

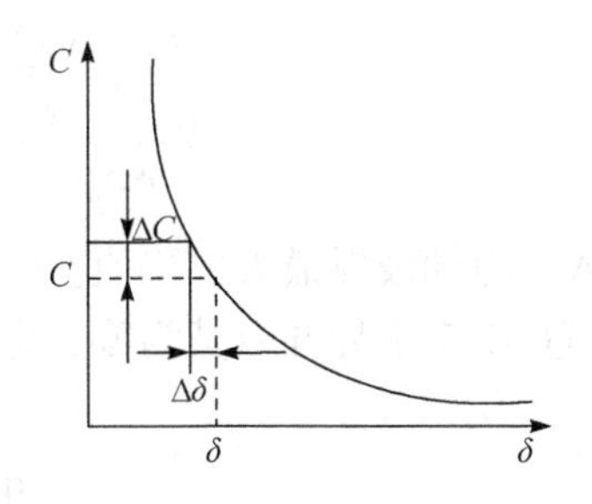

图 5-2-2　变间隙式平板电容器的特性曲线

进一步看一下 ΔC 与 $\Delta\delta$ 之间的关系。假如间隙 δ 减小了 $\Delta\delta$，则电容 C 将增加 ΔC：

$$\Delta C=\frac{\varepsilon S}{\delta-\Delta\delta}-\frac{\varepsilon S}{\delta}$$

$$\frac{\Delta C}{C}=\frac{\dfrac{\Delta\delta}{\delta}}{1-\dfrac{\Delta\delta}{\delta}} \tag{5-2-2}$$

当 $\dfrac{\Delta\delta}{\delta}\leqslant 1$ 时，可将式(5-2-2)展开为级数

$$\frac{\Delta C}{C}=\frac{\Delta\delta}{\delta}\left[1+\frac{\Delta\delta}{\delta}+\left(\frac{\Delta\delta}{\delta}\right)^2+\left(\frac{\Delta\delta}{\delta}\right)^3+\cdots\right] \tag{5-2-3}$$

由式(5-2-3)可见，输出电容的相对变化 $\dfrac{\Delta C}{C}$ 与输入位移 $\Delta\delta$ 之间的关系是非线性的，只有当 $\dfrac{\Delta\delta}{\delta}\ll 1$ 时，略去各非线性项后，才能得到近似线性关系：

$$\frac{\Delta C}{C}=\frac{1}{\delta}\Delta\delta \tag{5-2-4}$$

$$K=\frac{\dfrac{\Delta C}{C}}{\Delta\delta}=\frac{1}{\delta} \tag{5-2-5}$$

式中，K 为电容式传感器的灵敏度，它表示单位输入能引起输出电容相对变化的大小。如略去式(5-2-3)中的方括号内 $\dfrac{\Delta\delta}{\delta}$ 的二次方以上各项，则得

$$\frac{\Delta C}{C}=\frac{\Delta\delta}{\delta}\left(1+\frac{\Delta\delta}{\delta}\right) \tag{5-2-6}$$

如图 5-2-3 所示，按式(5-2-4)得到的特性为直线 1，按式(5-2-6)得到的则为曲线 2。若用端基法求特性曲线 2 的线性度，则得校准曲线和拟合直线 3 之间的偏差的绝对值为

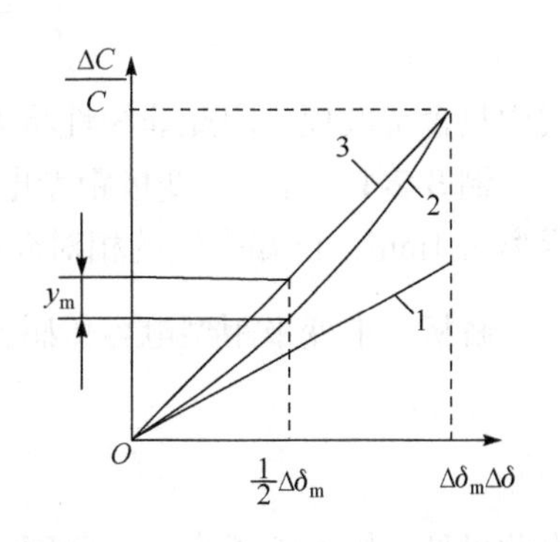

图 5-2-3　变间隙式平板电容器的非线性

$$y=\frac{\frac{\Delta\delta_{m}}{\delta}+\frac{\Delta\delta_{m}^{2}}{\delta^{2}}}{\Delta\delta_{m}}\Delta\delta-\left[\frac{\Delta\delta}{\delta}+\left(\frac{\Delta\delta}{\delta}\right)^{2}\right]=\frac{\Delta\delta_{m}\Delta\delta}{\delta^{2}}-\frac{\Delta\delta^{2}}{\delta^{2}} \tag{5-2-7}$$

式中，$\Delta\delta_m$为动极板最大位移值。

对式(5-2-7)求导并令其为零，即可求得最大绝对偏差y_m：

$$\frac{dy}{d(\Delta\delta)}=\frac{\Delta\delta_{m}}{\delta^{2}}-\frac{2\Delta\delta}{\delta^{2}}=0$$

$$\Delta\delta=\frac{1}{2}\Delta\delta_{m} \tag{5-2-8}$$

$$y_{m}=\frac{1}{4}\frac{\Delta\delta_{m}^{2}}{\delta^{2}} \tag{5-2-9}$$

故非线性误差为

$$e_{f}=\frac{\frac{1}{4}\frac{\Delta\delta_{m}}{\delta}}{1+\frac{\Delta\delta_{m}}{\delta}}\times 100\% \tag{5-2-10}$$

由以上各式可得以下结论：

(1)由式(5-2-5)可知，传感器欲提高灵敏度K，应减少间隙δ，但受电容器击穿电压的限制，而且装配工作困难。

(2)由式(5-2-9)和式(5-2-10)可知，非线性将随最大相对位移增加而增加，因此为了保证一定的线性度，应限制动极片的相对位移量。如取

$$\frac{\Delta\delta_{m}}{\delta}=0.1\sim 0.2$$

此时线性度为2%～5%。

(3)为了改善非线性，可以采用差动式，当一个电容增加时，其特性方程如式(5-2-3)所示，另一个电容则减少，此时其特性方程与式(5-2-3)相似，但其偶次项均为负号。这时，差动结构的两电容相减，总输出为

$$\frac{\Delta C}{C}=2\frac{\Delta\delta}{\delta}\left[1+\left(\frac{\Delta\delta}{\delta}\right)^{2}+\left(\frac{\Delta\delta}{\delta}\right)^{4}+\cdots\right] \tag{5-2-11}$$

式中只含奇次项，因此非线性将大大减小，而灵敏度提高了一倍。

例 5-2-1　有一只变极距型电容传感元件，二极板重叠有效面积为$8\times10^{-4}m^{2}$，两极板间的距离为1mm，已知空气的相对介电常数是1.0006，试计算该传感器的位移灵敏度。

解析　求变极距型电容传感元件的位移灵敏度时只要把计算式$C=\varepsilon_{r}\varepsilon_{0}\frac{S}{\delta}$对$\delta$求导，即

$$\frac{dC}{d\delta}=-\frac{\varepsilon_{r}\varepsilon_{0}S}{\delta^{2}}$$

由此可见，极距δ越小，灵敏度就越高。

把已知数代入上式，得位移灵敏度为

$$\frac{\mathrm{d}C}{\mathrm{d}\delta}=-\frac{8.85\times10^{-12}\times1.0006\times8\times10^{-4}}{(1\times10^{-3})^2}=-7\times10^{-9}(\mathrm{F/m})=-7(\mathrm{nF/m})$$

式中，负号表示当极距 δ 增大时电容值减小。

2. 变面积式

其结构参数见图 5-2-4。当动极板移动 Δx 后，两极板间的电容为

$$C=\frac{\varepsilon b(a-\Delta x)}{\delta}=C_0-\frac{\varepsilon b}{\delta}\Delta x$$

$$\Delta C=C-C_0=-\frac{\varepsilon b}{\delta}\Delta x \tag{5-2-12}$$

$$K=-\frac{\Delta C}{\Delta x}=\frac{\varepsilon\cdot b}{\delta} \tag{5-2-13}$$

式中，K 为灵敏度。

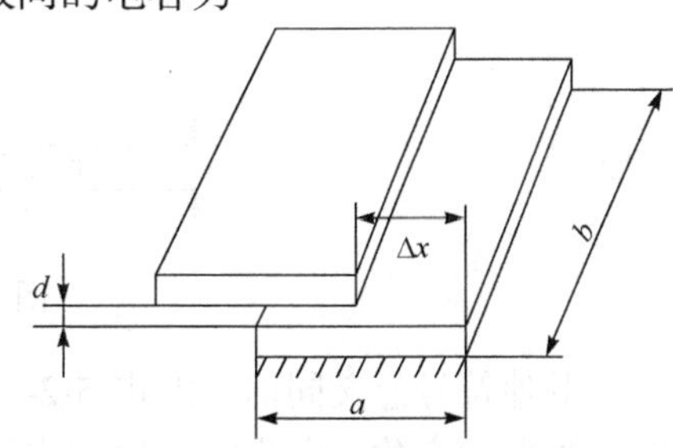

图 5-2-4　变面积式平板电容器示意图

由式(5-2-12)和式(5-2-13)可见，变面积电容式传感器的输出特性是线性的，灵敏度为一个常数。增大极板长度 b，减小间隙 δ 可使灵敏度提高。极板宽度 a 的大小不影响灵敏度，但也不能太小，否则边缘电场影响增大，非线性将增大。

3. 变介电常数式

电容式液位计中所使用的电容式传感器元件就属于这一类(图 5-2-5)。当被测液体的液面在电容式传感元件的两同心圆柱形电极间变化时，引起极间不同介电常数介质的高度发生变化，因而导致电容变化，其输出电容与液面高度的关系为

$$C=\frac{2\pi\varepsilon_0(h-x)}{\ln\dfrac{R_2}{R_1}}+\frac{2\pi\varepsilon_1 x}{\ln\dfrac{R_2}{R_1}}=\frac{2\pi\varepsilon_0 h}{\ln\dfrac{R_2}{R_1}}+\frac{2\pi(\varepsilon_1-\varepsilon_0)x}{\ln\dfrac{R_2}{R_1}} \tag{5-2-14}$$

式中，ε_1 为液体的介电常数(F/m)；ε_0 为空气的介电常数(F/m)；h 为电极板的总长度(m)；R_1 为内电极板的外径(m)；R_2 为外电极板的内径(m)。

由式(5-2-14)可知，输出电容 C 将与液面高度 x 呈线性关系。在航空油量表中，由于油箱的不规则形状，液面高度与油箱中的油量关系是非线性的，为了获得电容输出与油量的线性关系，必须使电容与液面高度呈非线性关系，通常的方法是在一个圆柱形极板上开一些缺口，此时电容式传感元件的特性将是非线性的，其示意图如图 5-2-6 所示。

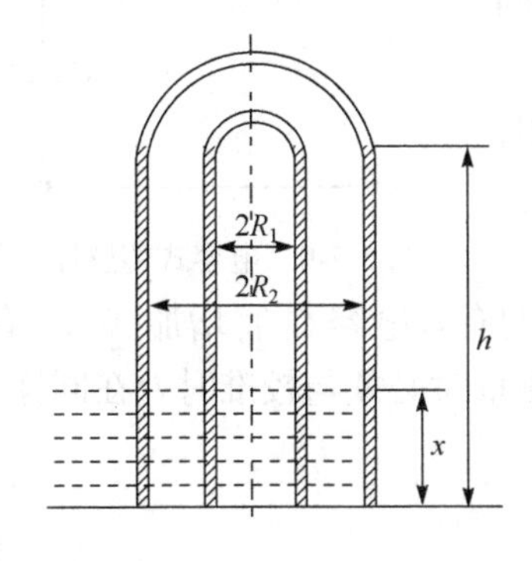

图 5-2-5　电容式液位传感器

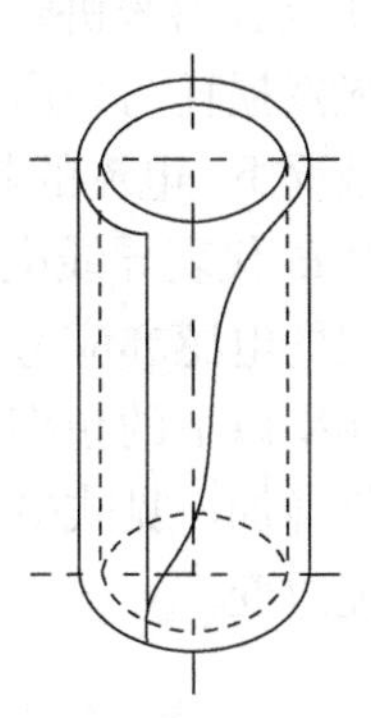
图 5-2-6　液位传感器用非线性电容器

另一种变介电常数的电容式传感器的原理图见图 5-2-7。当某种介质在两固定极板间运动

时电容输出与介质参数之间的关系为

$$C=\frac{S}{\dfrac{\delta-d}{\varepsilon_0}+\dfrac{d}{\varepsilon_r\varepsilon_0}}=\frac{\varepsilon_0 S}{\delta-d+\dfrac{d}{\varepsilon_r}} \tag{5-2-15}$$

式中，d为运动介质的厚度(m)。

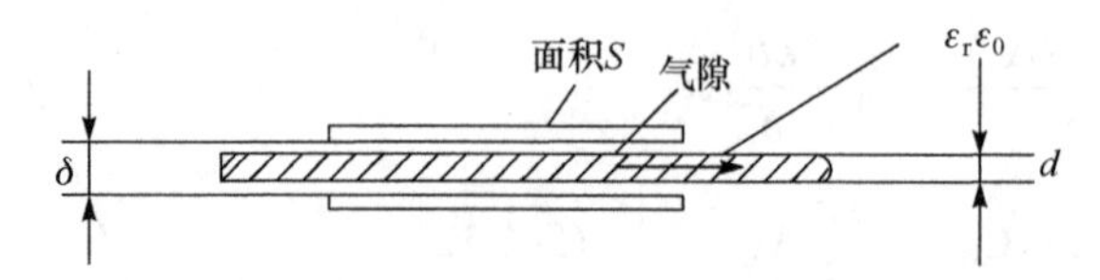

图 5-2-7　变介电常数的电容器

其他符号意义同前。由式(5-2-15)可见，当运动介质的厚度d保持不变而介电常数ε_r改变时，如湿度变化，电容将产生相应的变化，据此可做成介电常数ε的测试传感器，如湿度传感器。反之，若ε_r不变，则可做成测厚传感器。

以上所有特性计算式均未考虑电场的边缘效应，故实际电容量将比计算值大。例如，由两圆形平板构成的电容器，当其半径R与间隙δ的比值$\dfrac{R}{\delta}=50$且板厚度等于间距时，实际电容量将比计算值大6%。此外边缘效应还将使灵敏度降低、非线性增加。为了减少边缘效应的影响，可以适当减小极板间距，但这易引起击穿，并限制了测量范围。较好的办法是采用防护环(图 5-2-8)。在使用时，使防护环与被防护的极板 1 具有相等的电位，则在被防护的工作极板面上的电场基本上保持均匀，而发散的边缘电场将发生在防护环外周。

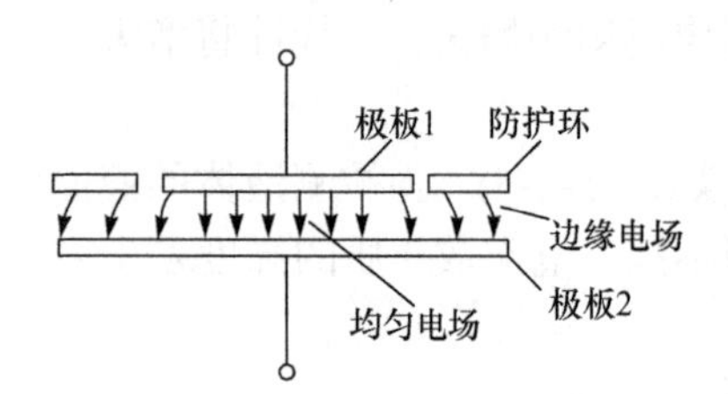

图 5-2-8　电容传感器防护环

5.2.2　电容式传感器的等效电路

绝大多数电容式传感器均可用纯电容来表示。在高频下(如几兆赫)，即使电容很小，损耗一般亦可忽略。在低频时，其中损耗可用并联电阻R_p来表示(图 5-2-9)，它代表直流漏电阻、电极绝缘基座中的介质损耗和在极板间隙中的介质损耗等。对空气介质电容器来讲，其损耗一般可以忽略；对固体介质来讲，显然损耗与介质性质有关。

但在高频情况下，电流的趋肤效应将使导体电阻增加，因此图 5-2-9 中R_c代表导线电阻、金属支座及极板电阻。此时，连接导线的电感亦应考虑，图 5-2-9 中以L表示。对于任一谐振频率以下的频率，由于L的存在，传感器的有效电容C_e将增加ΔC_e，有效电容的相对变化也将增加，见式(5-2-16)和式(5-2-17)，因此测量时必须与校准时处在同样条件下，即电缆长度不能改变。

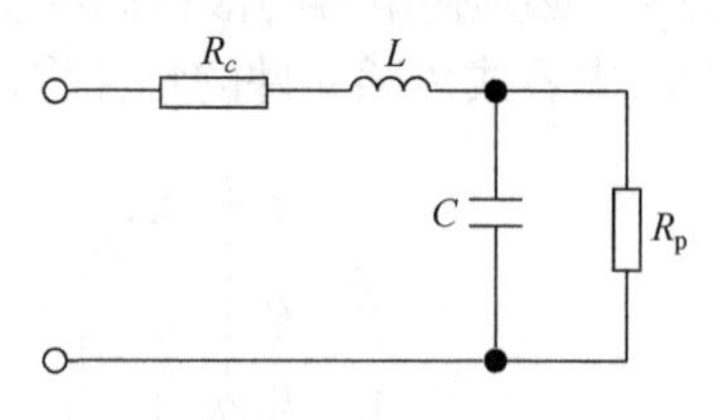

图 5-2-9　电容式传感器的等效电路

$$C_e=\frac{C}{1-\omega^2LC} \tag{5-2-16}$$

$$\frac{\Delta C_e}{C_e}=\frac{\Delta C}{C}\left(\frac{1}{1-\omega^2LC}\right) \tag{5-2-17}$$

5.2.3　高阻抗、小功率

电容式传感器元件由于其几何尺寸较小，一般电容量很小，有的甚至只有几个皮法。电容越小，容抗($X_c=1/(\omega C)$)越大，视在功率($P_c=UI=U^2\omega C$)越小。

现举一个具体实例来说明。设有一个圆形平板电容式传感器，其直径 d=40mm，初始间隙 δ_0=0.25mm，两极板间电压为 U=30V，频率 f=400Hz，则其起始电容 C=44.5pF，容抗 $X_c=11.1\times10^6\Omega$，视在功率 $P_c=10^{-4}$W，当动极片移动 $\Delta\delta=0.1\delta_0$ 时，其电容变化量 ΔC 为 4.45pF。由以上数据可知，电容式传感器的电容量很小，因此是一个高阻抗、小功率的传感器，而且电容变化量极小，这是电容式传感器的一个重要特征。这个特征使它易受外界干扰，且其信号一般需用电子线路加以放大。采取多个传感元件并联以提高总电容量或提高电源频率，都可减小容抗。

5.2.4　静电吸力

电容式传感元件两极板间存在着静电场，因此极板受到静电吸力或静电力矩的作用。当活动极板由敏感元件来带动时，这种静电力将作用到敏感元件上。如果敏感元件的推动力很小，静电力将使敏感元件产生附加位移，造成测量误差。不过这种静电力一般是很小的，因此只有对推动力很小的敏感元件才需对静电吸力加以考虑。

5.3　测 量 线 路

电容式传感器将被测物理量变换为电容变化后，必须采用测量线路将其转换为电压、电流或频率信号。电容工作在充电-放电状态，如果采用电桥电路，输出只能反映电容的变化量，如果要测出电容是增大还是减小，测量电路必须具有相敏解调功能。传感器电容受到分布电容的影响，因此，电容初值越大，分布电容的影响相对越小；但实际上，传感器由于体积受到限制，故电容传感器的电容值一般情况都很小(pF 级)。

电容传感器分为单个电容值测量和差动或带有温度补偿的双电容变化的测量。电容在测量电路里的表现有三种形式：①容抗ωC：对应测量电路为电桥电路、运算放大器(运放)电路，需要配有相敏解调电路；②时间常数$\tau=RC$：为一阶系统，采用充放电电路；③决定谐振频率的 LC：采用谐振电路或调频电路。电容式传感器的测量线路变化很多，本书只介绍前两种测量方法对应的典型电路。

5.3.1　交流不平衡电桥

阻容电桥在实践中使用不多，一般采用变压器式桥路。其测量线路的原理框图见图 5-3-1。变压器式桥路可以说是阻容电桥的简化，它省去了两桥臂电阻，在原理上已离开了四臂惠斯通电桥的概念，因此分析方法亦有所不同。

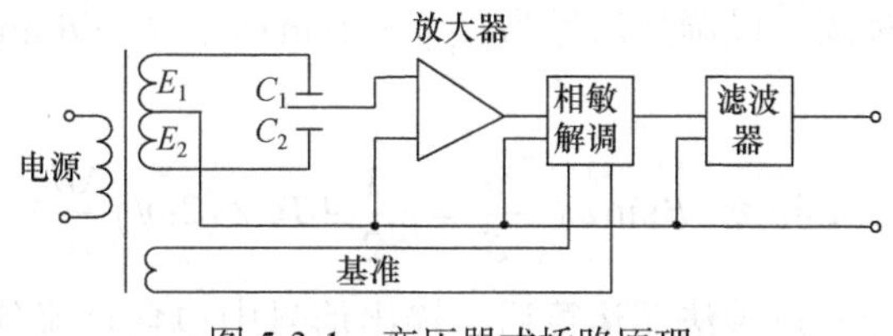

图 5-3-1　变压器式桥路原理

变压器式桥路的等效电路图见图 5-3-2。图中 C_1、C_2 可以是两个差动电容器，也可使其中之一为固定电容，另一个为电容式传感器；Z_f 为放大器的输入阻抗，一般可取 $Z_f \to \infty$, Z_f 上的电压降即电桥输出电压 $\dot{U}_{\text{out}}$。设在起始时，$\dot{E}_1 = \dot{E}_2 = \dot{E}$。下面来求 $\dot{U}_{\text{out}}$ 与传感器电容 C_1、C_2 及电路其他参数的关系式。

在这种情况下，我们可以直接写出输出电压 $\dot{U}_{\text{out}}$ 的表达式：

$$\dot{U}_{\text{out}} = \left(\frac{2\dot{E}}{\dfrac{1}{\mathrm{j}\omega C_1} + \dfrac{1}{\mathrm{j}\omega C_2}} \right) \frac{1}{\mathrm{j}\omega C_2} - \dot{E} = \dot{E}\left(\frac{C_1 - C_2}{C_1 + C_2} \right) \tag{5-3-1}$$

对于差动电容器(图 5-3-3)：

$$\frac{C_1 - C_2}{C_1 + C_2} = \frac{\dfrac{\varepsilon S}{\delta_0 - \Delta\delta} - \dfrac{\varepsilon S}{\delta_0 + \Delta\delta}}{\dfrac{\varepsilon S}{\delta_0 - \Delta\delta} + \dfrac{\varepsilon S}{\delta_0 + \Delta\delta}} = \frac{\Delta\delta}{\delta} \tag{5-3-2}$$

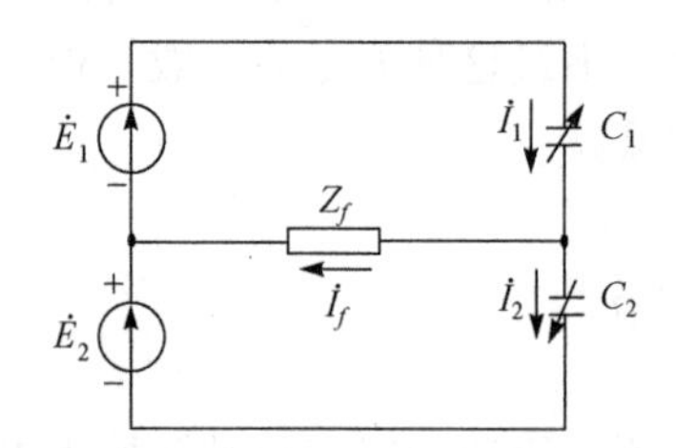

图 5-3-2　变压器式桥路的等效电路

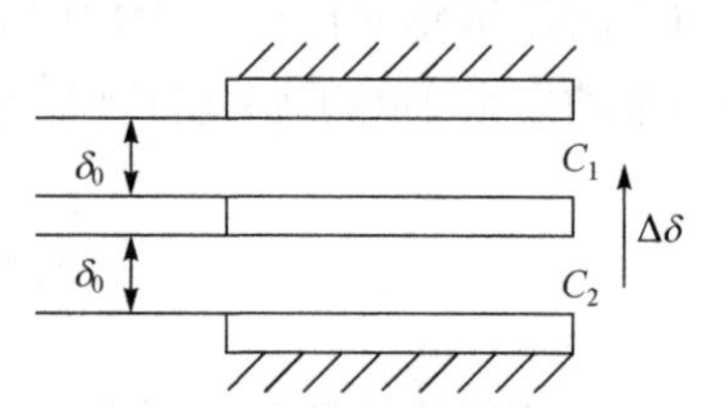

图 5-3-3　差动电容器示意图

将式(5-3-2)代入式(5-3-1)可得

$$\dot{U}_{\text{out}} = \dot{E}\frac{\Delta\delta}{\delta_0} \tag{5-3-3}$$

可见当输出与$(C_1-C_2)/(C_1+C_2)$成正比时，即使对变间隙电容式传感器来说，输出也将与输入位移呈理想线性关系，这一点在以后电路中还将遇到。对变压器式电桥来说，只有当放大器的输入阻抗为无限大时才能做到。大多数情况下，电容式传感器的电容值很小，如果其激励电源的频率低，则容抗很大，要求其后面接入的放大电路或解调电路有很高的输入阻抗。另外，对于变介电常数传感器，介质的介电常数会随着电场的频率改变，当频率达到一定数值时，才趋于稳定。所以通常需要提高激励频率，减小容抗，当电容值在 pF 数量级时，激励频率需要达到 MHz 数量级。

由式(5-3-3)可见，要测出中间极板的位移方向，就要知道激励电源 $\dot{E}$ 与输出 $\dot{U}_{\text{out}}$ 之间的相位是同相或反相，即需要用到相敏解调电路。利用乘法电路实现调制信号与输出信号的乘法运算，可以实现相敏解调。设调制信号为 $\dot{U}_{\text{ref}} = A\sin\omega t$，$\dot{E} = B\sin\omega t$，经过乘法器运算后的输出为

$$\dot{U}_{\text{ref}}\dot{U}_{\text{out}} = A\sin\omega t \cdot B\sin\omega t \cdot \frac{\Delta\delta}{\delta} = -\frac{1}{2}AB\cos(2\omega t)\frac{\Delta\delta}{\delta} + \frac{1}{2}AB\frac{\Delta\delta}{\delta}$$

调制信号与参考信号经过乘法器运算后，输出信号中包含直流分量和倍频信号分量。其

中直流信号的符号就表示了输入信号的符号，而倍频信号可以经过低通滤波器滤除。这就起到了相敏解调的作用，乘法器可以选择 XR2208 等集成电路器件。

以上所述为不平衡电桥线路，它的输出与供桥电源电压幅值成正比。电源电压的不稳定将直接影响测量精度。对于不平衡电桥，传感器必须工作在小偏离情况，否则电桥非线性将增大。

平衡电桥以电桥桥臂的平衡条件为基础，这种平衡条件与电源电压无关，因此测量将不受电源电压波动的影响，而电桥输出一般具有线性特征。采取自动平衡电桥线路还能实现自动测量、远距传输以及多信号输出等要求。

5.3.2　二极管式线路

电桥测量线路的输出均为具有一定相位的交流电压，为了获得相应的直流输出，必须进行相敏解调，这就使线路较复杂，且要求输出电压与激励电压之间必须有严格固定的相移，否则将带来误差。美国麻省理工学院教授 K.S.Lion 在 1963 年提出一种二极管电路，称为非线性双 T 网络。这种电路的特点是线路十分简单，不需要附加相敏解调器，即能获得高电平的直流输出，而且灵敏度也很高。据资料介绍，当输入电源电压为正弦波，有效值为 46V、频率为 1.3MHz、负载为 1MΩ、电容变化为 ± 7pF 时，可输出直流电压为 ± 5V。

这种线路的组成见图 5-3-4。E 为一高频(MHz 级)振荡源，可为方波或正弦波；C_1、C_2 可为传感器的两差动电容；也可使其中之一为固定电容，另一个为电容式传感器的可变电容；R_f 为双 T 网络的输出负载；D_1、D_2 为两个二极管；R 为固定电阻。

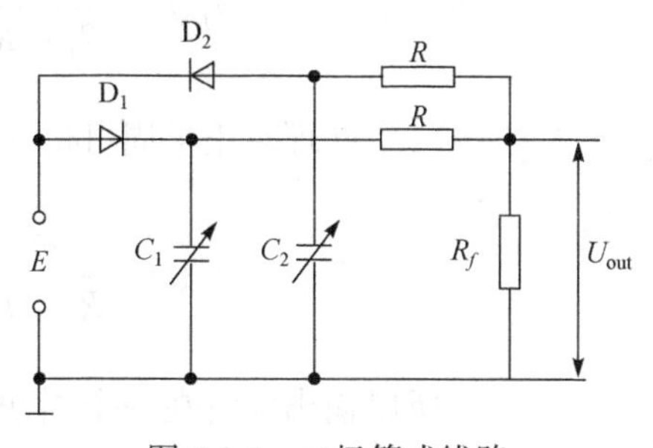

图 5-3-4　二极管式线路

为了解其工作原理，将图 5-3-4 改画成图 5-3-5。为简化分析，假设二极管正向电阻为零，反向为无穷大，且仅考虑负载电阻 R_f 上的电流。由二极管单向导电作用可知，当 E 为正半周时，如图 5-3-5(a)所示，D_1 导通、C_1 充电、D_2 不导通，其等效电路如图 5-3-5(c)所示。当 E 为负半周时，D_2 导通、C_2 充电、D_1 不导通，其等效电路如图 5-3-5(b)所示。当线路一开始接通时，若 E 为正半周，则 C_1 首先充电至$+E$。当 $t=t_1$ 刚进入负半周时，C_2 也充电至 E，此时 a 点电位 ϕ_a 与 0 点 ϕ_0 电位相等，$i'_f=0$。以后 C_1 开始放电，e_{C1} 下降，$\phi_a<\phi_0$，电流 i'_f 增加。当 $t=t_2$ 刚进入正半周时，C_1 立刻充电至 E，C_2 上原有的电压还未及放电，所以 $e_{C2}=E$，此时 $\phi_a=\phi_0$，$i''_f=0$。

此后 C_2 开始放电，e_{C2} 下降，$\phi_a>\phi_0$，i''_f 逐渐增加，且其方向与 i'_f 相反，波形见图 5-3-6。当 $C_1=C_2$ 时，i'_f 与 i''_f 波形相同，方向相反，所以通过 R_f 上的平均电流为零；当 $C_1>C_2$ 时，i'_f 的波形高度将小于 i''_f，所以通过 R_f 的平均电流将不为零，因此产生输出电压 U_{out}。

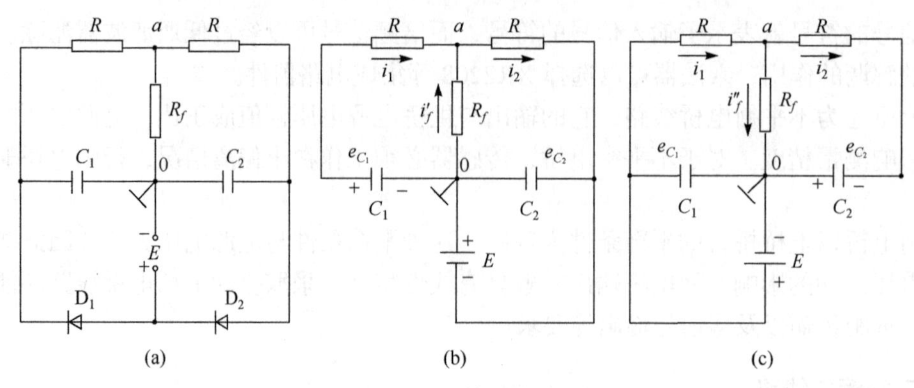

图 5-3-5　二极管式线路分析

对负半周按图 5-3-5(b)列出方程为

$$\begin{cases} e_{C_1}=E-\dfrac{1}{C_1}\displaystyle\int_0^t i_1\mathrm{d}t=i_1R-i'_fR_f \\ e_{C_2}=E=i'_fR_f+i_2R \\ i_1=i_2-i'_f \end{cases} \tag{5-3-4}$$

对方程(5-3-4)的第一式微分，并联解方程可得

$$i'_f(t)=\frac{E}{R_f+R}\left[1-\mathrm{e}^{-\frac{R+R_f}{RC_1(R+2R_f)}t}\right] \tag{5-3-5}$$

同理对正半周可得

$$i''_f(t)=\frac{E}{R_f+R}\left[1-\mathrm{e}^{-\frac{R+R_f}{RC_2(R+2R_f)}t}\right] \tag{5-3-6}$$

所以输出电流在一个周期 T 内对时间的平均值为

$$\overline{I}_f=\frac{1}{T}\int_0^T\left[i''_f(t)-i'_f(t)\right]\mathrm{d}t$$

将式(5-3-5)、式(5-3-6)代入得

$$\overline{I}_f=\frac{(R+2R_f)R}{(R+R_f)^2}Ef(C_1-C_2-C_1\mathrm{e}^{-k_1}+C_2\mathrm{e}^{-k_2}) \tag{5-3-7}$$

式中，$k_1=\dfrac{R+R_f}{2RC_1(R+2R_f)f}$；$k_2=\dfrac{R+R_f}{2RC_2(R+2R_f)f}$；$f=\dfrac{1}{T}$。

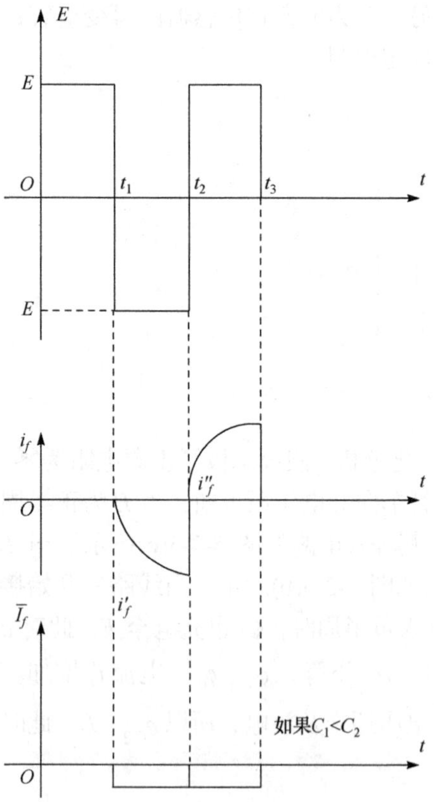

图 5-3-6　负载电流 i_f 的波形

适当选择线路中元件参数及电源频率 f，使 $k_1>5$、$k_2>5$，则式(5-3-7)中非线性项(指数项)在总输出中的比例将小于 1%，若将其忽略则得

$$\overline{I}_f \approx \frac{R(R+2R_f)}{(R+R_f)^2} E f(C_1 - C_2) \tag{5-3-8}$$

故输出电压的平均值为

$$\overline{U}_{\text{out}} = \overline{I}_f R_f \approx \frac{R(R+2R_f)}{(R+R_f)^2} R_f E f(C_1 - C_2) \tag{5-3-9}$$

由式(5-3-9)可见，输出电压不仅与电源电压 E 的幅值大小有关，而且还与电源频率有关，因此除了要求稳压外，还须稳频。另外输出与 $C_1 - C_2$ 有关，而不是与$(C_1 - C_2)/(C_1 + C_2)$有关(式(5-3-1))，因此对于变间隙的差动电容式传感器来说，使用该电路只能减少非线性，而不能完全消除非线性。经过取平均值电路后，输出电压具有与 $C_1 - C_2$ 对应的极性，所以具有相敏解调功能。

5.3.3　差动脉冲宽度调制线路

该线路的原理图如图 5-3-7。它由比较器 A_1、A_2、双稳态触发器及电容充放电回路所组成。C_1、C_2 为传感器的差动电容，双稳态触发器的两个输出端用作线路输出。设电源接通时，双稳态触发器的 A 端为高电位，B 端为低电位，因此 A 点通过 R_1 对 C_1 充电，直至 M 点上的电位等于参考电压 U_f 时，比较器 A_1 产生一个脉冲，触发双稳态触发器翻转，A 点成低电位，B 点成高电位。此时 M 点电位经二极管 D_1 从 U_f 迅速放电至零。而同时 B 点的高电位经 R_2 向 C_2 充电。当 N 点的电位充至 U_f 时，比较器 A_2 产生一脉冲，使触发器又翻转一次，使 A 点成高电位，B 点成低电位，又重复上述过程。如此周而复始，在双稳态触发器的两输出端各自产生一宽度受 C_1、C_2 调制的脉冲方波。下面来研究此方波脉冲宽度与 C_1、C_2 的关系。当 C_1=C_2 时，线路上各点电压波形如图 5-3-8(a)所示，A、B 两点间平均电压为零。但当 C_1、C_2 值不相等时，若 $C_1 > C_2$，则 C_1、C_2 充放电时间常数就发生改变，电压波形如图 5-3-8(b)所示，A、B 两点间平均电压不再是零。

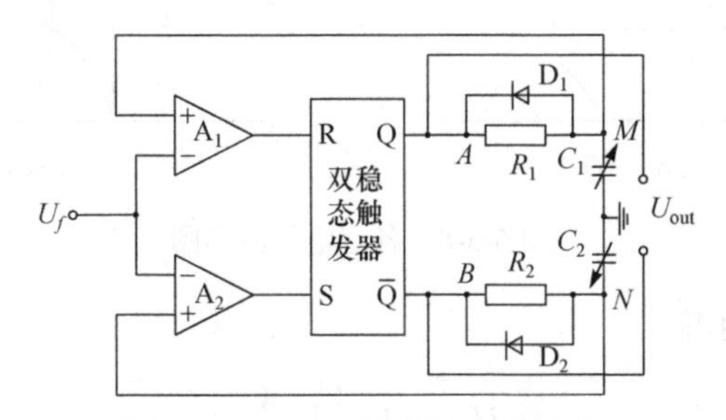

图 5-3-7　差动脉冲宽度调制线路

输出直流电压 U_{out} 经低通滤波后获得，应等于 A、B 两点间电压平均值 U_{AP} 与 U_{BP} 之差。

$$U_{AP} = \frac{T_1}{T_1 + T_2} U_1 \tag{5-3-10}$$

$$U_{BP} \frac{T_2}{T_1 + T_2} U_1 \tag{5-3-11}$$

式中，U_1 为触发器输出的高电平。

$$U_{out} = U_{AP} - U_{BP} = U_1 \frac{T_1 - T_2}{T_1 + T_2} \tag{5-3-12}$$

$$T_1 = R_1 C_1 \ln \frac{U_1}{U_1 - U_f} \tag{5-3-13}$$

$$T_2 = R_2 C_2 \ln \frac{U_1}{U_1 - U_f} \tag{5-3-14}$$

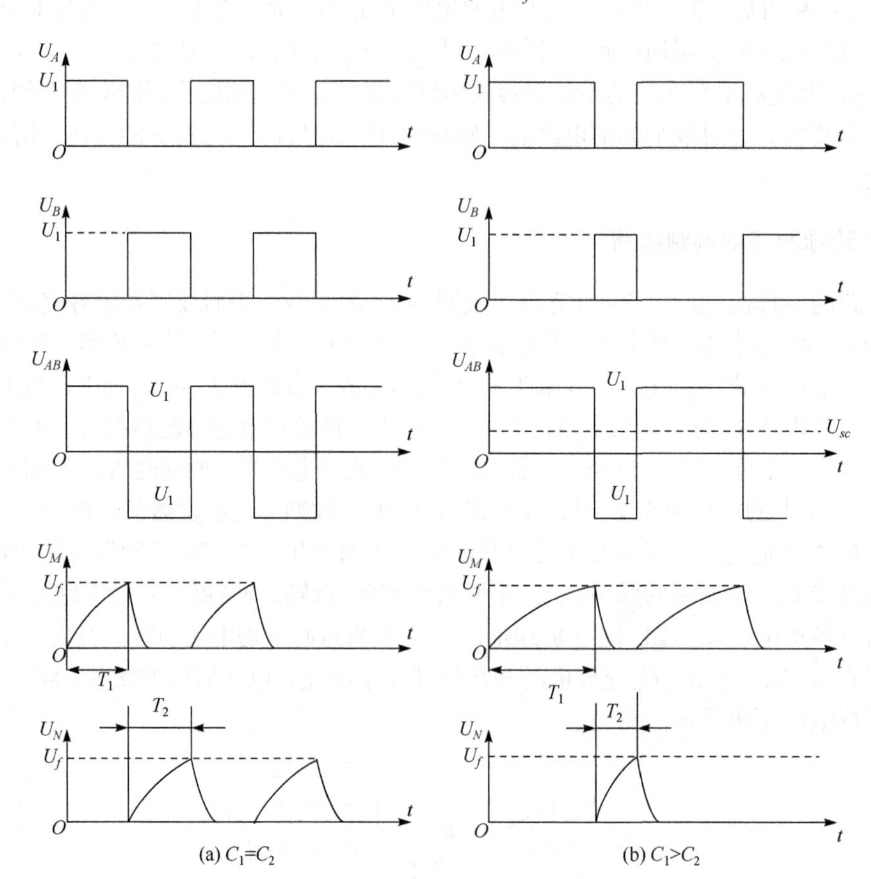

图 5-3-8　各点电压波形图

设充电电阻 $R_1=R_2=R$，则得

$$U_{out} = U_1 \frac{C_1 - C_2}{C_1 + C_2} \tag{5-3-15}$$

由上式可知，差动电容的变化使充电时间不同，从而使双稳态触发器输出端的方波脉冲宽度不同而产生输出。而且无论对于变面积式或变间隙式电容器，均能获得线性输出。此外，脉冲调宽线路还具有如下特点：与二极管式线路相似，不需要附加相敏解调器，即能获得直流输出；输出信号一般为 100kHz～1MHz 的矩形波，所以直流输出只需要经低通滤波器简单地引出。由于低通滤波器的作用，对输出矩形波的纯度要求不高，只需要电压稳定度较高的直流电源，这与其他测量线路中对频率和幅值的稳定度都有较高要求的交流电源相比，易于实现。

5.3.4　运算放大器式线路

这种线路的最大特点是能够克服单电容变间隙式传感器的非线性，使输出与输入动极板位移呈线性关系。图 5-3-9 为该线路的原理图。

这种线路实质上是反相比例运算电路，只是用 C_0 及 C_x 来代替其中的电阻，而输入及输出电压均为交流电压。

按理想运算放大器的条件，可得其特性式为

$$\frac{\dot{U}_{\text{out}}}{\dot{U}_{\text{in}}}=-\frac{Z_f}{Z_1}=-\frac{-\mathrm{j}\dfrac{1}{\omega C_x}}{-\mathrm{j}\dfrac{1}{\omega C_0}}=-\frac{C_0}{C_x} \tag{5-3-16}$$

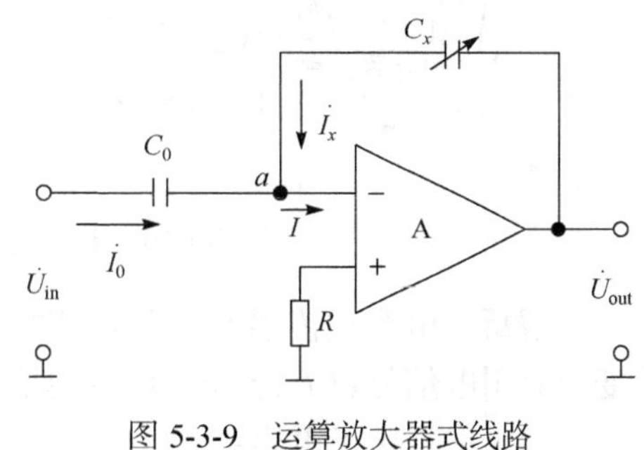

图 5-3-9　运算放大器式线路

$$\dot{U}_{\text{out}}=-\dot{U}_{\text{in}}\frac{C_0}{C_x} \tag{5-3-17}$$

将 $C_x=\dfrac{\varepsilon_0 S}{\delta}$ 代入式(5-3-17)，可得

$$\dot{U}_{\text{out}}=-\dot{U}_{\text{in}}\frac{C_0}{\varepsilon_0 S}\delta \tag{5-3-18}$$

由上式可知，输出电压与动极板的输入机械位移 δ 呈线性关系，这就从原理上解决了单电容变间隙式传感器的非线性问题。当然对实际运算放大器来说，由于不能完全满足理想运放条件，非线性误差仍将存在，但是只要其开环放大倍数足够大，输入阻抗也较高，这种误差将很小。当在结构上不易采用差动电容时，例如，在进行振动测量时，测量头为电容式传感器的定极板，而振动机械的任何一部分导电平面则作为动极板，两者组成单极板电容式传感器，那么这种方案较使用单极板的其他电路能获得更高的线性输出。按这种原理已制成了能测出 0.1μm 的电容式测微仪。

由式(5-3-18)可知，测试精度取决于信号源电压的稳定性，所以需要高精度的交流稳压源，由于其输出也为交流电压，故需要经精密整流电压输出，这些附加电路将使整个测量电路较为复杂。另外，大部分电容传感器的电容值很小，所以电路中分布电容对输出影响较大，这也限制了该电路的实际应用。

例 5-3-1　现有一只 0～20mm 的电容式位移传感器，其结构如图 5-3-10(a)所示。已知 L=25mm，R_1=6mm，R_2=5.7mm，r=4.5mm。其中圆柱 C 为内电极，A、B 为两个外电极，D 为屏蔽套筒。B 和 C 构成固定电容 C_F，C_{AC} 随活动套筒 D 的轴向位移而变化，构成变化电容 C_x 。拟采用理想运放电路 5-3-10(b)，试求：

(1) 要求运放输出电压与输入位移 x 成正比，在运放线路中 C_F 与 C_X 应如何连接？

(2) 活动套筒每伸入 1mm 所引起的电容变化量为多大？

(3) 输入电压 U_{in}=6V 时，输出电压 U_{out} 为多少？

(4) 固定电容 C_F 的作用何在？

(5) 传感器与运放线路的连接线对传感器的输出有无影响？

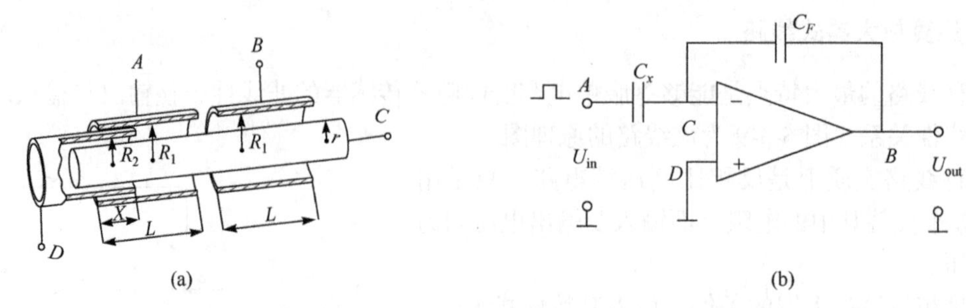

图 5-3-10　电容式位移传感器的结构示意图及其测量线路

解析　电容式传感器是将被测物理量转换为电容量变化，然后再通过测量线路把电容量变成有用电信号(I,U,f)输出。基本的电容计算公式有两个。

对于平板电极电容：

$$C=\varepsilon_0\varepsilon_{\mathrm{r}}\frac{S}{\delta}$$

式中，ε_0为真空介电常数，$\varepsilon_0=8.85\times10^{-12}\mathrm{F/m}$; ε_{r}为两极板间介质的相对介电常数，对于真空，$\varepsilon_{\mathrm{r}}=1$；$S$为两极板重叠部分的有效面积(m^2)；$\delta$为两极板间的距离(m)。

对于两同心圆筒状电极：

$$C=\frac{2\pi\varepsilon_0\varepsilon_{\mathrm{r}}L}{\ln\frac{R_1}{r}}=\frac{\varepsilon_{\mathrm{r}}L}{1.8\ln\frac{R_1}{r}}\quad(\mathrm{pF})$$

式中，L为电极长度(cm)；R_1为外电极的内径(mm)；r为内电极的外径(mm)。

因此，根据题意可具体计算如下。

(1) 为了使$U_{\mathrm{out}}=f(x)$呈线性关系，C_F与C_x要分别接在理想运放线路的反馈端和输入端，见图 5-3-10(b)。按理想运算放大器的条件，可得特性式为

$$\frac{\dot{U}_{\mathrm{out}}}{\dot{U}_{\mathrm{in}}}=-\frac{Z_F}{Z_x}=-\frac{C_x}{C_F}$$

式中

$$C_F=\frac{\varepsilon_{\mathrm{r}}L}{1.8\ln\frac{R_1}{r}}=\frac{1\times2.5}{1.8\times\ln\frac{6}{4.5}}=4.828(\mathrm{pF})$$

$$C_x=\frac{\varepsilon_{\mathrm{r}}(L-x)}{1.8\ln\frac{R_1}{r}}$$

C_x与x呈线性关系，因此U_{out}与x呈线性关系。

$$\dot{U}_{\mathrm{out}}=-\dot{U}_{\mathrm{in}}\frac{C_x}{C_F}=-\dot{U}_{\mathrm{in}}\frac{L-x}{L}$$

$$\Delta\dot{U}_{\mathrm{out}}=\dot{U}_{\mathrm{in}}\cdot\frac{\Delta x}{L}$$

(2) 当$\Delta x=1\mathrm{mm}$时，有

$$\Delta C_x = -\frac{\varepsilon_r \Delta x}{1.8\ln\frac{R_1}{r}} = -0.193\text{pF}$$

(3) 当U_{in}=6V 时，输出电压灵敏度为

$$\frac{\Delta U_{out}}{\Delta x} = U_{in} \cdot \frac{1}{L} = 0.24\text{V/mm}$$

(4) 由于C_{AC}与C_{BC}(即C_F)的结构尺寸及材料相同，它们又处于同样环境条件中，在特性式中又分别处于分子和分母位置，因此C_F可起到温度与湿度补偿作用。

(5) 电容传感元件的三个引出头 A、B、C 与理想运放之间可以有一定长度的连接线，用单股屏蔽导线的屏蔽线与地线相连，这样，由电缆所构成的分布电容 C_{AD}、C_{CD}、C_{BD} 对主电容C_x与C_F基本没有影响，运算放大器不可能完全符合理想条件，因此电缆连接线不宜太长。

5.4　结构稳定性及抗干扰技术

5.4.1　温度变化对结构稳定性的影响

温度变化能引起电容式传感器各组成零件几何尺寸改变，从而导致电容极板间隙或面积发生改变，产生附加电容变化。这一点对于变间隙电容式传感器来说更显重要，因为一般其间隙都很小，为几十微米至几百微米之间。温度变化使各零件尺寸改变，可能导致对本来就很小的间隙产生很大的相对变化，从而引起很大的特性误差。如图 5-4-1 所示的电容压差传感器，当环境温度变化时，其外壳、玻璃支撑结构、平膜片的尺寸都会改变，引起电容值的变化，造成结构误差。

下面以电容式压力传感器的结构为例来研究这项误差的形成(图 5-4-2)。

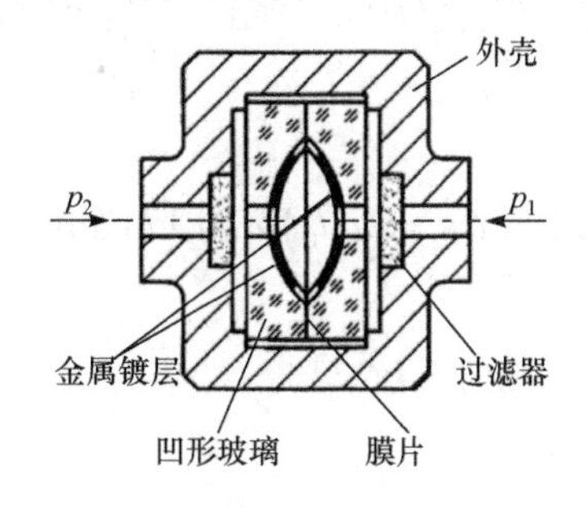

图 5-4-1　差动式电容压差传感器结构图

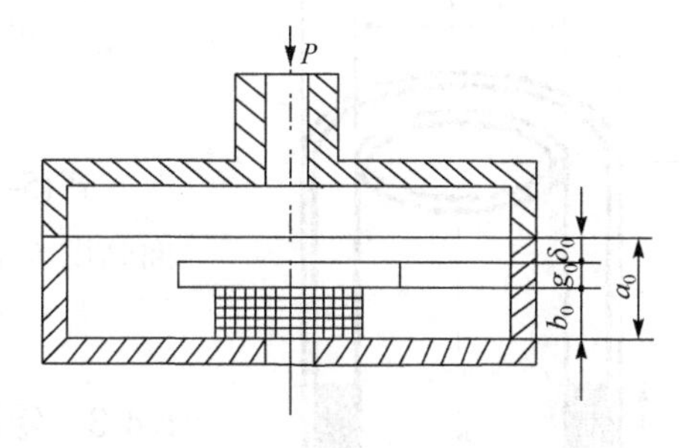

图 5-4-2　温度对结构稳定性的影响

设温度为 t_0 时，极板间隙为 δ_0，固定极板厚为g_0，绝缘件厚为 b_0，膜片至绝缘底部之间的壳体长度为a_0，则有

$$\delta_0 = a_0 - b_0 - g_0$$

当温度从 t_0 改变 Δt 时，各段尺寸均要膨胀，设其膨胀系数分别为α_a、α_b、α_g，最后各段尺寸的膨胀导致间隙改变为 δ_t，则

$$\Delta\delta_t = \delta_t - \delta_0 = (a_0\alpha_a - b_0\alpha_b - g_0\alpha_g)\Delta t$$

因此，由于间隙改变而引起的电容相对变化，即电容式传感器的温度误差为

$$e_t=\frac{C_t-C_0}{C_0}=\frac{\delta_0-\delta_t}{\delta_t}=-\frac{(a_0\alpha_a-b_0\alpha_b-g_0\alpha_g)\Delta t}{\delta_0+(a_0\alpha_a-b_0\alpha_b-g_0\alpha_g)\Delta t}\tag{5-4-1}$$

可见，温度误差与组成零件的几何尺寸及零件材料的线膨胀系数有关。因此在结构设计中，应尽量减少热膨胀尺寸链的组成环节数目及其尺寸。另外，要选用膨胀系数小、几何尺寸稳定的材料。因此高质量电容式传感器的绝缘材料多采用石英、陶瓷、玻璃等，而金属材料则选用低膨胀系数的镍铁合金。极板可直接在陶瓷、石英等绝缘材料上蒸镀一层金属薄膜来代替，这样既可消除极板尺寸的影响，同时也可以减少电容边缘效应。减少温度误差的另一常用的措施，是采用差动对称结构并在测量线路中对温度误差加以补偿。

5.4.2　温度变化对介质介电常数的影响

温度变化还能引起电容极板间介质介电常数的变化，使传感器电容改变，带来温度误差。温度对介电常数的影响随介质不同而异。对于以空气或云母为介质的传感器来说，这项误差很小，一般不需要考虑。但在电容式液位计中，煤油的介电常数的温度系数达 0.07%/℃，因此如果环境温度变化 ± 50℃，造成的误差将达 7%，这样大的误差必须加以补偿。燃油的介电常数 ε_t 随温度升高而近似线性地减少，其关系如下：

$$\varepsilon_t=\varepsilon_{t0}(1+\alpha_\varepsilon\Delta t)\tag{5-4-2}$$

式中，ε_{t0} 为起始温度下燃油的介电常数；ε_t 为温度改变 Δt 时的介电常数；α_ε 为燃油介电常数的温度系数(对于煤油 $\alpha_\varepsilon\approx-0.000684/℃$)。

对于同心圆柱式传感器(如图 5-4-3 所示)，在液面高度为 h 时，温度为 t_0 时液体的介电常数为 $\varepsilon_1(t_0)$，温度为 t 时液体的介电常数为 $\varepsilon_t(t)$，引起电容量的改变为

$$\Delta C_t=\frac{2\pi h}{\ln\frac{D}{d}}\left[\varepsilon_1(t)-\varepsilon_0\right]-\frac{2\pi h}{\ln\frac{D}{d}}\left[\varepsilon_1(t_0)-\varepsilon_0\right]=\frac{2\pi h}{\ln\frac{D}{d}}\varepsilon_1(t_0)\alpha_\varepsilon\Delta t\tag{5-4-3}$$

式(5-4-3)说明 ΔC_t 既与 $\Delta\varepsilon_1=\varepsilon_1(t_0)\alpha_\varepsilon\Delta t$ 成比例，还与液面高度 h 有关，即

$$\Delta C_t\propto h\Delta\varepsilon_1\tag{5-4-4}$$

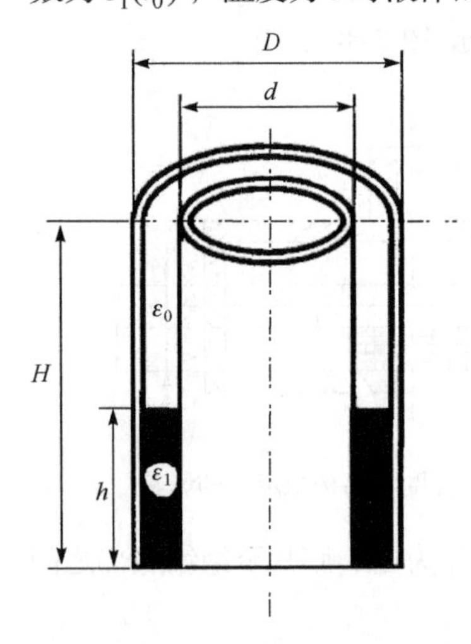

图 5-4-3　电容式液位传感器结构原理图

5.4.3　绝缘问题

前面讲过电容式传感器有一个重要特点，即电容量一般都很小，仅几十皮法，甚至只有几个皮法，大的如液位传感器也仅有几百皮法。如果电源频率较低，则电容式传感器本身的容抗就可高达几兆欧到几百兆欧。由于它具有这样高的阻抗，所以绝缘问题显得十分突出。在一般电器设备中，绝缘电阻有几兆欧就足够了，但对于电容式传感器来说却不能看作绝缘，这就对绝缘零件的绝缘电阻提出更高的要求。因此，一般绝缘电阻将被看作对电容式传感器的一个旁路，称为漏电阻。考虑绝缘电阻的旁路作用，电容式传感器的等效电路如图 5-4-4 所示，漏电阻将与传感器电容构成复阻抗而加入测量线路中去影响输出。更严重的是，当绝缘材料的性能不够好时，

绝缘电阻会随着环境温度和湿度而变化，致使电容式传感器的输出产生缓慢的零位漂移。因此对所选绝缘材料，不仅要求其具有低的膨胀系数和几何尺寸的长期稳定性，还应具有高的绝缘电阻、低的吸潮性和高的表面电阻，故宜选玻璃、石英、陶瓷、尼龙等，而不用夹布胶木等一般电绝缘材料。为防止水汽的进入使绝缘电阻降低，可将表壳密封。此外，采用高的电源频率(数千赫至数兆赫)，以降低电容式传感器的内阻抗，从而也相应地降低了对绝缘电阻的要求。

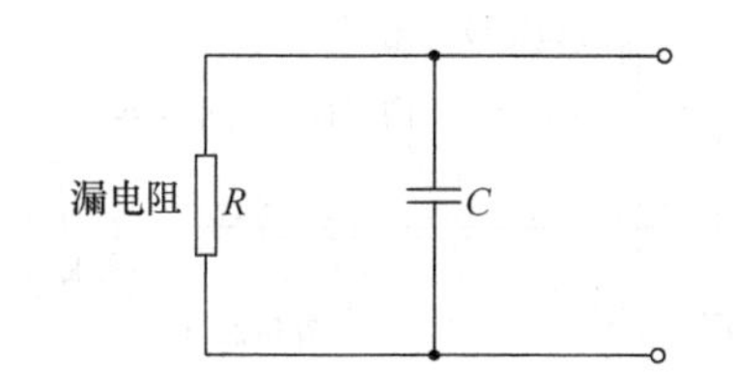

图 5-4-4　考虑漏电阻时电容传感器的等效电路

5.4.4　寄生电容的干扰及防止

在电容式传感器的设计和使用过程中，要特别注意防止寄生电容的干扰。由于电容式传感器本身电容量很小，仅几十皮法，因此传感器受寄生电容的干扰的问题非常突出。这个问题解决不好，将导致传感器特性严重不稳，甚至完全无法工作。

在任何两个导体之间均可构成电容联系，因此电容式传感器除了极板间的电容外，极板还可能与周围物体(包括仪器中各种元件甚至人体)之间产生电容联系。这种附加的电容联系，称为寄生电容。寄生电容使传感器电容量改变。由于传感器本身的电容量很小，再加上寄生电容又是极不稳定的，这就会导致传感器特性的不稳定，从而对传感器产生严重干扰。

为了克服这种不稳定的寄生电容的联系，必须对传感器及其引出的导线采取屏蔽措施，即将传感器放在金属壳体内，并将壳体接地，从而可消除传感器与壳体外部物体之间的不稳定的寄生电容联系。传感器的引出线必须采用屏蔽线，且屏蔽层应与壳体相连而无断开的不屏蔽间隙，屏蔽线外套同样应良好接地。

但是，对电容式传感器来说，这样做仍然存在以下电缆寄生电容问题。

(1) 屏蔽线本身电容量大，每米最大可达上百皮法，最小的也有几皮法。由于电容式传感器本身电容量仅有几十皮法甚至更小，当屏蔽线较长且其电容与传感器电容并联时，传感器电容的相对变化量将大大降低，也就是说传感器的有效灵敏度将大大降低。

(2) 由于电缆本身的电容随放置位置和其形状的改变而有很大变化，这样将使传感器特性不稳。严重时，有用电容信号将被寄生电容噪声所淹没，以至传感器无法工作。

电缆寄生电容的影响，长期以来一直是电容式传感器难于解决的棘手的技术问题，阻碍着它的发展和应用。目前微电子技术的发展，已为解决这类问题创造了良好的技术条件。

一种可行的解决方案是将测量线路的前级或全部与传感器组装在一起，构成整体式或有源传感器，以便从根本上消除长电缆的影响。这一点在微电子技术高度发展的今天，在技术上已无多大困难。

另一种情况，即传感器工作在恶劣环境如低温、强辐射等情况下，当半导体器件经受不住这样恶劣的环境条件而必须将电容敏感部分与电子测量线路分开，然后通过电缆连接时，为解决电缆寄生电容问题，可以采用“双层屏蔽等电位传输技术”，有的文献称为“驱动电缆技术”。

这种技术的基本思路是连接电缆采用内外双层屏蔽，使内屏蔽与被屏蔽的导线电位相同，这样引线与内屏蔽之间的电缆电容将不起作用，外屏蔽仍接地而起屏蔽作用。其原理图见图 5-4-5。图中电容式传感器的输出引线采用双层屏蔽电缆，电缆引线将电容极板上的电压

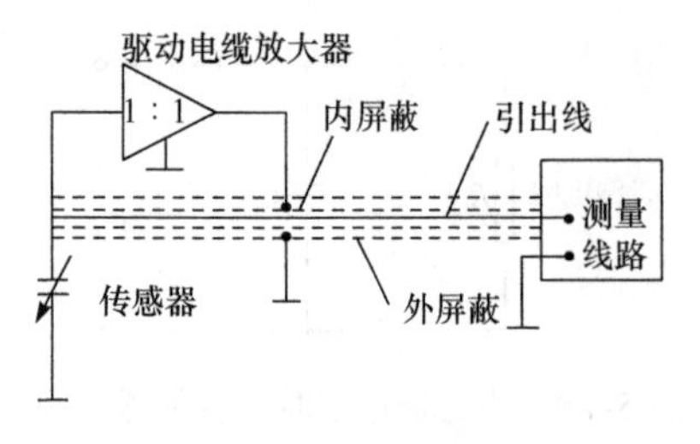

图 5-4-5 驱动电缆原理图

输至测量线路的同时，再输入一个放大倍数严格为 1 的放大器，因而在此放大器的输出端得到一个与输入完全相同的输出电压，然后将其加到内屏蔽上。由于内屏蔽与引线之间处于等电位，因而两者之间没有容性电流存在，这就等效于消除了引线与内屏蔽之间的电容联系。而外屏蔽接地后，内、外屏蔽之间的电容将成为 1 : 1 放大器的负载，而不再与传感器电容相并联。这样，无论电缆形状和位置如何变化都不会对传感器的工作产生影响。试验证明，采用这种方法，即使传感器电容量很小，传输电缆长达数米时，传感器仍能很好地工作。

这里应指出实现驱动电缆放大器的技术难点。因为电容式传感器是交流供电的，其极板上的电压是交流电压，因此 1 : 1 放大，就不仅要求放大器输出、输入电压幅度相等，而且相移也应为零。另外由图 5-4-5 可见，运算放大器的输入阻抗是与传感器电容相并联的，这就要求放大器最好能有无穷大的输入阻抗与近似零的输入电容，显然，这些要求只能在一定程度上得到满足，尤其要使输入电容近于零和相移近于零是相当困难的。

英国 Wayne Kerr 公司在其运算放大器式线路中首先运用了驱动电缆技术，其原理如图 5-4-6 所示。实际上它并未采用附加的 1 : 1 放大器，而是巧妙地利用理想运算放大器反相输入端与线路地电位接近相等的概念，将线路地直接连接在内屏蔽上，这就有效地消除了电缆寄生电容的干扰。

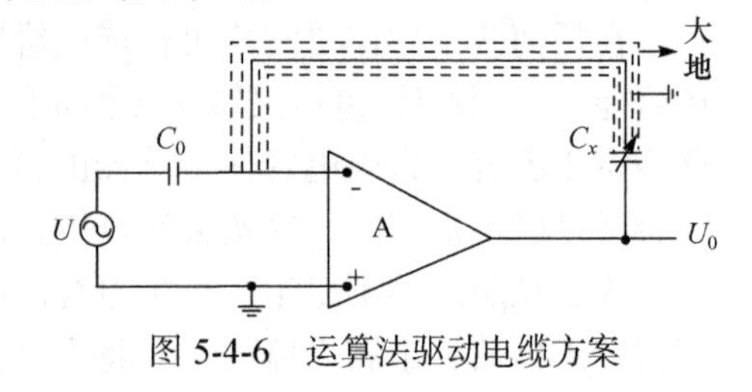

图 5-4-6 运算法驱动电缆方案

5.5 电容式传感器的应用

5.5.1 电容式压差传感器

图 5-5-1 为一种比较先进而常见的电容式压差传感器的感压敏感元件(又称模头)的结构原理图，该传感器可用于工业过程的各种压力测量。敏感部的外壳用高强度金属制成。在壳体腔内浇注玻璃绝缘体，在玻璃体相对两内侧磨成光滑的球面，然后在上面镀上一层均匀的金属作为两电容的固定极板，再在它们中间放一个测压敏感膜片，并与壳体密封焊接在一起，膜片两侧空腔内充以硅油，并通过引油孔与外部隔离膜片所形成的空腔相通。差动压力不是直接作用在测量敏感膜片上，而是分别作用在两隔离膜片上，然后通过硅油再传递至测量敏感膜片，使其产生位移，引起差动电容变化，再通过引线把差动电容接至测量线路。

膜片直径为 7.5～75mm，厚度为 0.05～0.25mm，膜片最大位移为 0.1mm，玻璃球面中心处深度在 0.08～0.25mm 之间。

这种压力传感器的最大特点是承受过压能力极强，特别适用于管道中绝对压力很高但压差很小的“高线压低压差”的情况。为了测量小差压，膜片要做得很薄，但一旦一方压力消失，则膜片一侧将承受极高的过压而致使膜片破裂。但在这种结构中，膜片是贴在球形支撑面上，而由该支撑面代替膜片承受高压，如果压力继续增大，则隔离膜片也将贴在壳体上，使测量膜片不会继续变形。据报道，当满量程压力为零点几巴(bar，1bar=10^5Pa)时，传感器能承受千倍过压，而特性不会明显变化。

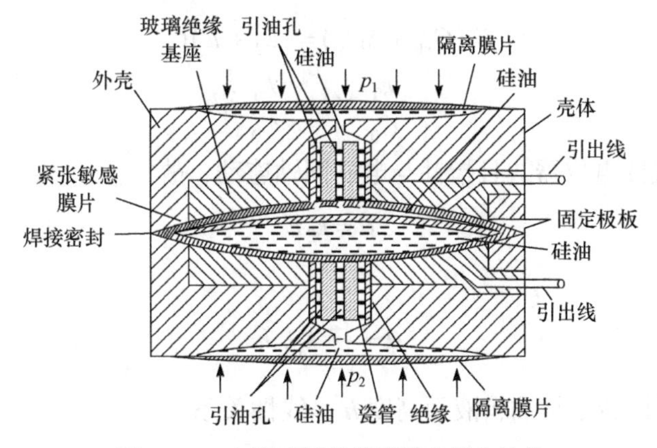

图 5-5-1　电容式压差传感器的模头结构

该传感器精度高、耐振动、耐冲击、可靠性高、寿命长，但制造工艺要求很高，尤其是张紧膜片的焊接是一个工艺难题。

5.5.2　电容式液位传感器

以飞机上一种电容式油量表为例来说明其工作原理。图 5-5-2 为电容式油量表的自动平衡电桥线路，它由变压器式桥路、放大器、两相电机、指针等部件组成。电容式传感器 C_x 接入电桥一个臂，C_0 为固定的标准电容器，R 为调整电桥平衡的电位器，其电刷与指针同轴连接，该轴则经减速器由两相电机来带动。当油箱中无油时，电容式传感器有一起始电容 $C_x=C_{x0}$，如使 $C_0=C_{x0}$，且电刷位于零点，即 $R=0$，指针指在零位上，此时电桥无输出，两相电机不转，系统处于平衡状态，故有

$$E_1C_{x0} = E_2C_0 \tag{5-5-1}$$

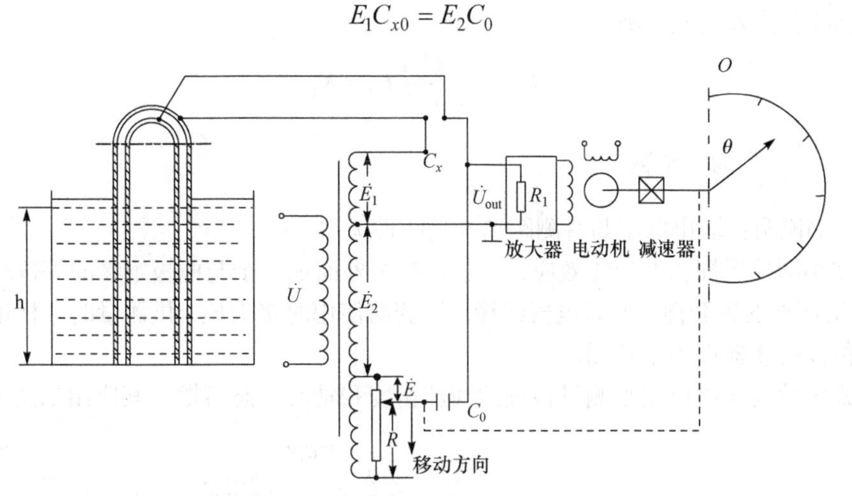

图 5-5-2　自动平衡电桥液位测量

当油箱中油量变化，液面升高为 h 时，$C_x=C_{x0}+\Delta C_x$，$\Delta C_x =k_1h$，此时电桥平衡被破坏，有电压输出，经放大后，使两相电机转动，通过减速器同时带动电位器及指针转动。当电刷移动至输出电压为 E 的某一位置时，电桥重新恢复平衡，输出电压为零，两相电机停转，指针也停在某一相应的指示角 θ 上，从而指示出油量的多少。根据平衡条件，在新的平衡位置上应有

$$E_1\left(C_{x0}+\Delta C_x\right)=\left(E_2+E\right)C_0$$

$$E=\frac{E_1}{C_0}\Delta C_x=\frac{E_1}{C_0}k_1h$$

因为所用的是线性电位器，且指针与电刷同轴连动，故

$$\theta=k_2E$$

最后得

$$\theta=\frac{E_1}{C_0}k_1k_2h \tag{5-5-2}$$

式(5-5-2)说明指针转角与油箱液面高度 h 呈线性关系。

5.5.3　电容式位移传感器

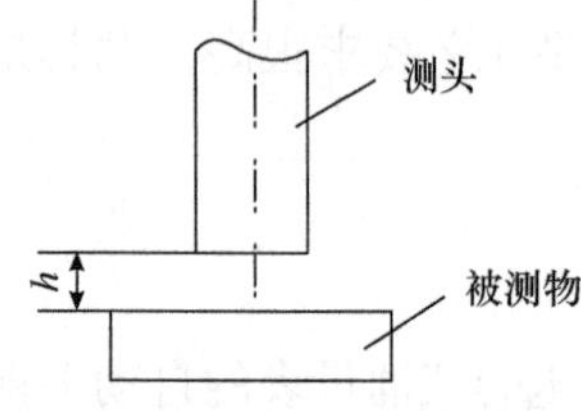

图 5-5-3　电容式测微仪原理图

高灵敏度电容位移传感器采用非接触方式精确测量微位移和振动振幅。图 5-5-3 是电容式测微仪原理图。电容探头与待测表面间形成的电容 C_X 为

$$C_X=\frac{\varepsilon_0S}{h} \tag{5-5-3}$$

式中，C_X 为待测电容；S 为测头端面积；h 为待测距离。

待测电容 C_X 接在高增益运放的反馈回路中，如图 5-3-9 所示的运算放大器检测电路。因此由式(5-3-17)可得

$$U_{\text{out}}=-\frac{C_0}{C_X}E_0$$

将式(5-5-3)代入上式，则

$$U_{\text{out}}=-\frac{C_0h}{\varepsilon_0S}E_0=K_1h \tag{5-5-4}$$

式中，$K_1=-\dfrac{C_0E_0}{\varepsilon_0S}$ 为一常数。

式(5-5-4)说明：输出电压与待测距离 h 呈线性关系。

为了减小圆柱形探头的边缘效应，一般在探头外面加一个与电极绝缘的等位环(即电保护套)，在等位环外安置套筒，两者电气绝缘。该套筒使用时接大地，供测量时夹样用。图 5-5-4 是电容测位仪传感器探头示意图。

电容式传感器还可以用来测量转轴的回转精度和轴心动态偏摆，其应用如图 5-5-5 所示。

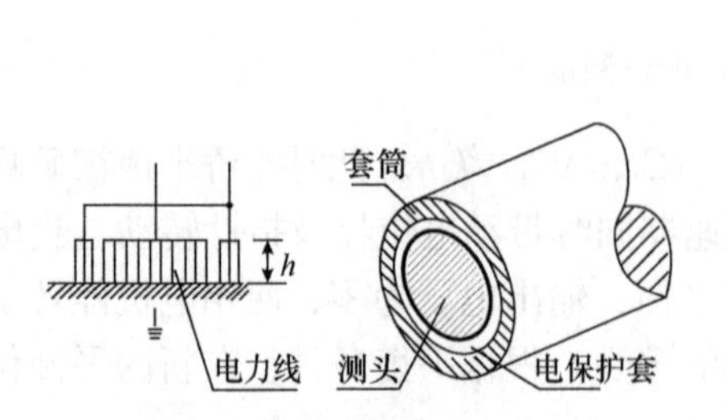

图 5-5-4　电容测位移传感器探头

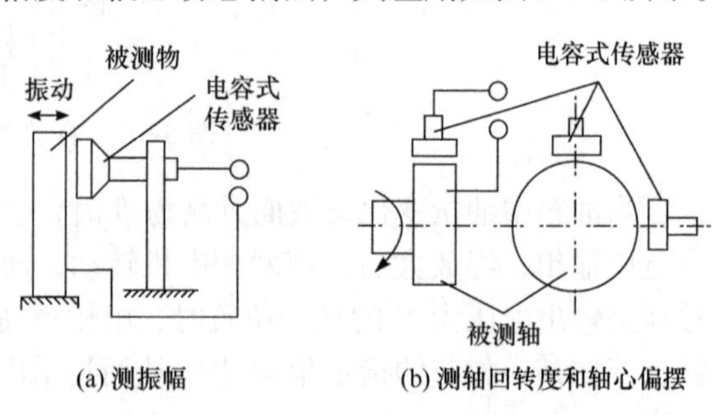

图 5-5-5　电容式测微仪应用示意图

5.5.4　容栅式传感器

近年来，在变面积型电容式传感器的基础上发展成一种新型传感器，称为容栅式传感器，它分为长容栅和圆容栅两种，如图 5-5-6 所示。在图 5-5-6(a)、(b)中，1 是固定容栅，2 是可动容栅，在它们相对的两个面上分别印制一系列均匀分布并互相绝缘的金属(如铜箔)栅极，形状如图。将固定容栅和可动容栅的栅极面对放置，中间留有间隙 δ，形成成对的电容，这些电容并联。当固定容栅、可动容栅相对位置移动时，每对电容面积发生变化，因而电容值 C 也随之变化，由此就可测出线位移或角位移。

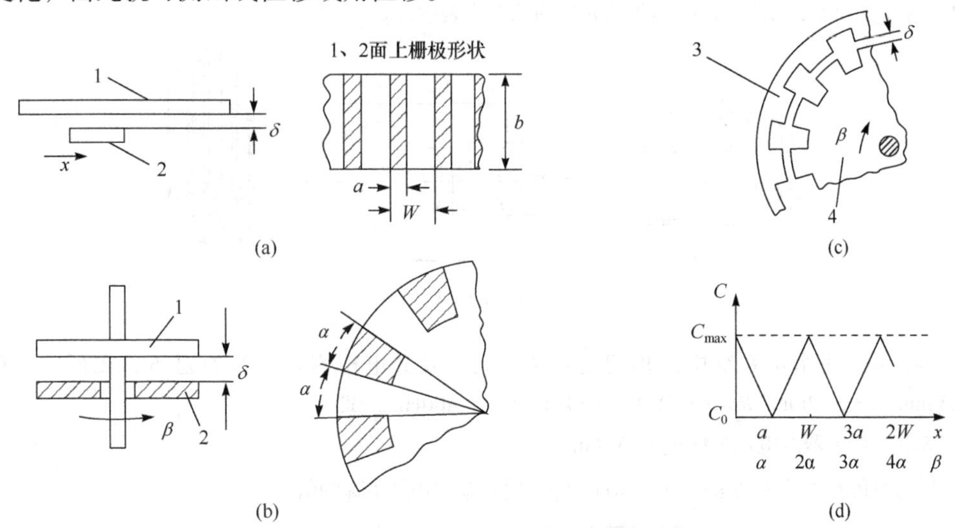

图 5-5-6　容栅式传感器结构原理图和 C-x(或 C-β)关系曲线

1—固定容栅；2—可动容栅；3—柱状容栅的定子；4—柱状容栅的转子

根据电场理论并忽略边缘效应，长容栅(图 5-5-6(a))的最大电容量为

$$C_{\max} = n\frac{\varepsilon ab}{\delta} \tag{5-5-5}$$

式中，n 为可动容栅的栅极数；b 为容栅的宽度；a 为容栅的长度。

理论上最小电容量为零，实际上为固定电容 C_0，称为容栅的固有电容。当可动容栅沿 x 方向平行于固定容栅不断移动时，每对电容的相对遮盖长度 a 将由大到小，再由小到大地周期性变化，电容值也随之由大到小、由小到大地周期性变化，如图 5-5-6(d)所示。经后续电路信号处理，则可测得位移值。

片状圆容栅结构示意图见图 5-5-6(b)，两圆盘 1、2 同轴安装，栅极呈辐射状，当可动容栅 2 随被测量而转动时，忽略边缘效应，最大电容量为

$$C_{\max} = n\frac{\varepsilon\alpha(R^2 - r^2)}{2\delta} \tag{5-5-6}$$

式中，R 和 r 分别为圆盘上栅极外半径和内半径；α 为每条栅极对应的圆心角(rad)；其他符号含义同上。片状圆容栅的可动容栅不断转动得到的 C-β 曲线见图 5-5-6(d)。

柱状圆容栅(图 5-5-6(c))是由同轴安装的定子(圆套)1 和转子(圆柱)2 组成的，在它们的内、外柱面上刻有一系列宽度相等的齿和槽，因此也可称为齿形传感器。当转子旋转时就形成了一个可变电容器：定子、转子齿面相对时电容量最大，错开时电容量最小。其转角与电容量

关系曲线见图 5-5-6(d)。

容栅式传感器除了具有电容传感器的特点(如动态响应快，结构简单，易于实现非接触测量等)外，还因多极电容及其平均效应，分辨力更高，测量精度高，对刻制精度和安装等要求不高，量程大，是一种很有发展前途的传感器。现已应用于数显量具(如数显卡尺、数显千分尺)及雷达测角系统中。

习题与思考题

5-1　试计算题 5-1 图所示各电容传感元件的总电容表达式。

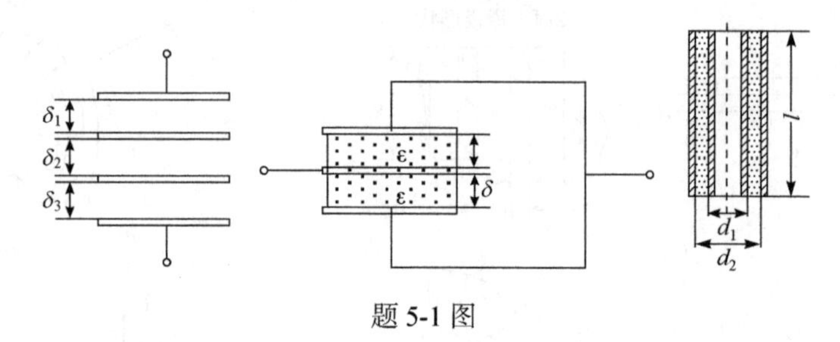

题 5-1 图

5-2　在压力比指示系统中采用的电容传感元件及其电桥测量线路如题 5-2 图所示。已知：$\delta_0 = 0.25\text{mm}$; $D = 38.2\text{mm}$; $R = 5.1\text{k}\Omega$; $U_{\text{in}} = 60\text{V(ac)}$; $f = 400\text{Hz}$ 。试求：

(1) 该电容传感器的电压灵敏度 $k_u(\text{V/m})$;

(2) 当电容传感器的活动极板位移 $\Delta\delta = 10\mu\text{m}$ 时，输出电压 U_{out} 的值。

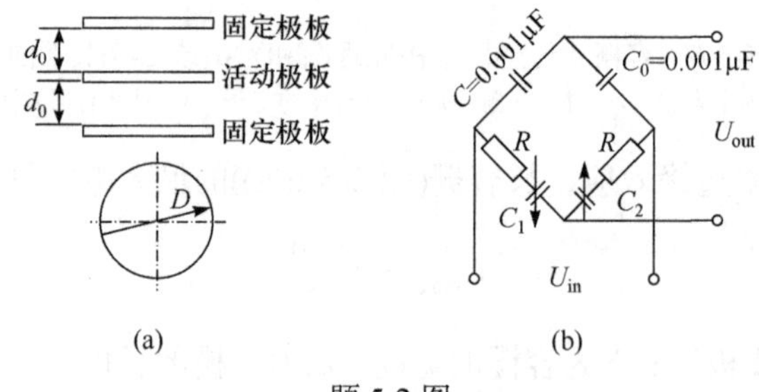

题 5-2 图

5-3　有一台变间隙非接触式电容测微仪，其传感器的极限半径 $r = 4\text{mm}$，假设与被测工件的初始间隙 $\delta_0 = 0.3\text{mm}$ ，试问：

(1) 如果传感器与工件的间隙变化量 $\Delta\delta = \pm 10\mu\text{m}$ ，电容变化量为多少？

(2) 如果测量电路的灵敏度 $k_u = 100\text{mV/pF}$ ，则在 $\Delta\delta = \pm 1\mu\text{m}$ 时的输出电压为多少？

5-4　一只电容位移传感器如题 5-4 图所示，由四块置于空气中的平行平板组成。板 A、C 和 D 是固定极板。板 B 是活动极板，其厚度为 t，它与固定极板的间距为 d。B、C 和 D 极板的长度均为 b，A 的长度为 $2b$，各板宽度为 l，忽略板 C 和 D 的间隙及各板的边缘效应，试推导活动极板 B 从中间位置移动 $x=\pm b/2$ 时电容 C_{AC} 和 C_{AD} 的表达式($x = 0$ 时为对称位置)。

5-5　试推导变间隙式差动电容传感元件接入变压器式电桥后的输出特性表达式。线路如题 5-5 图所示，C_1 与 C_2 为变间隙差动电容传感元件，平衡时，C_1、C_2 极板间隙均为 δ_0 ，设 $E_1=E_2=E_3$，负载 $Z_f = \infty$ 。

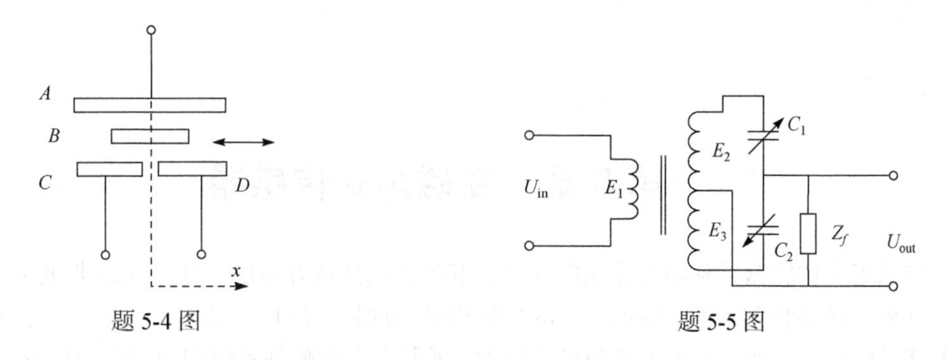

题 5-4 图　　　　题 5-5 图

5-6　试计算周边固定的两个圆膜片构成的变间隙电容压力传感器的灵敏度 $(\Delta C / C) / p$ ，两个膜片结构尺寸相同，如题 5-6 图所示。已知半径 r 处的偏移量 y 可用下式表示：

$$y = \frac{3}{16} p \frac{1-\mu^2}{Et^3}(a^2 - r^2)^2$$

式中，p 为压力；a 为圆膜片半径；t 为膜片厚度；E 为膜片的弹性模量；μ 为膜片材料的泊松比。

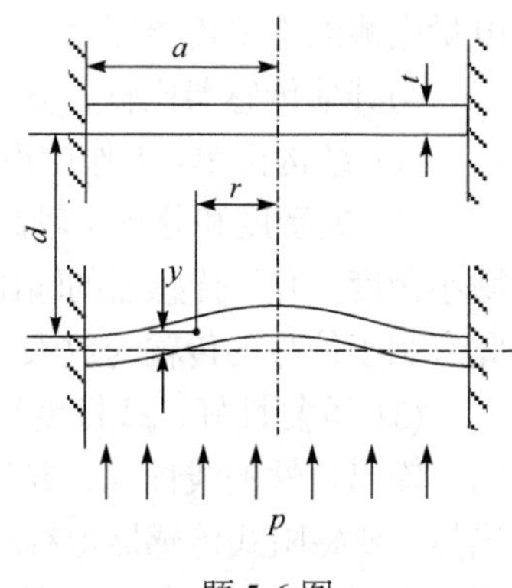

题 5-6 图

5-7　试述“驱动电缆”的原理，什么情况下可以不采用“驱动电缆”？

5-8　电容式传感器有哪些缺点？适宜测量哪些参数？为什么说电容式传感器很有发展前途？

5-9　为什么电容式传感器易受干扰？采取哪些措施可以减小干扰的影响？

5-10　电容式传感器的温度误差的原因是什么？如何补偿？

5-11　电容式传感器常用的测量线路有哪几种？各有什么优缺点？

5-12　为什么电容式传感器特别强调绝缘问题？

第 6 章　变磁阻式传感器

变磁阻式传感器是利用磁路磁阻变化引起线圈电感或互感的改变来实现非电量电测的。作为一种机电转换装置，它可以把输入的各种机械物理量如位移、振动、压力、应变等参数转换成电能量输出，在现代工业生产和科学技术，尤其在自动控制系统中应用十分广泛，是实行非电量电测的重要传感器之一。

与其他传感器比较，变磁阻式传感器有如下几个特点。

(1) 结构简单。工作中没有活动电接触点(与电位器传感器相比)，因而工作可靠，寿命长。

(2) 灵敏度和分辨率较高。最高能测出 0.01μm 量级的机械位移变化，能感受小至 0.1″的微小角度变化。传感器的输出信号强，位移传感器的电压灵敏度一般可达每毫米数百毫伏，因此有利于信号的传输与放大。

(3) 重复性好，线性度较高。在一定位移范围(最小几十微米，最大达数十甚至数百毫米)内，输出特性的线性好，并且比较稳定，高精度的电感量仪，非线性误差可以达到 0.1%。当然，变磁阻式传感器也有缺点，如存在交流零位信号，不宜高频动态测量等。变磁阻式传感器种类很多，根据工作原理不同，可分为电感式(自感 L 变化)、变压器式(互感 M 变化)、涡流式(自感、互感都变化)等；根据结构不同，又分为气隙型和螺管型。常用的变磁阻式传感器示于图 6-0-1。

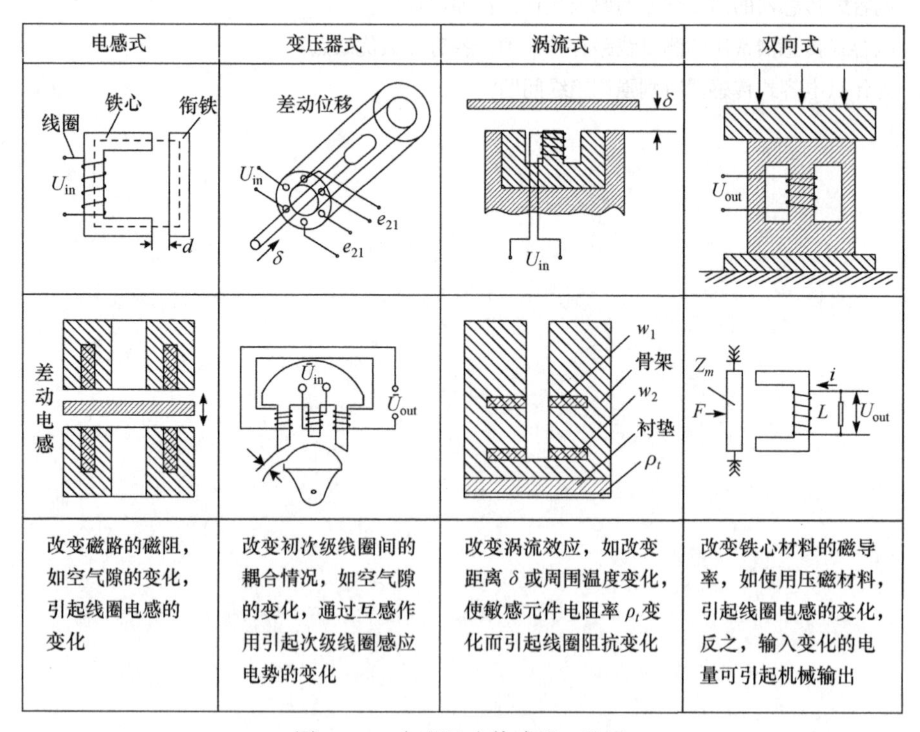

图 6-0-1　变磁阻式传感器一览图

6.1　电感式传感器

电感式传感器的种类繁多，常用的有π型、E 型和螺管型三种。虽然电感式传感器的结构形式有很多，但都不外乎包括线圈、铁心和活动衔铁这三个部分。

6.1.1　简单电感传感器

1. 工作原理

图 6-1-1 是最简单的电感传感器原理图。

铁心和活动衔铁均由导磁材料如硅钢片或坡莫合金制成，可以是整体的或者是叠片的，衔铁和铁心之间有空气隙。当衔铁移动时，磁路中气隙的磁阻发生变化，从而引起线圈电感的变化，这种电感量的变化与衔铁位置(即气隙大小)相对应。因此，只要能测出这种电感量的变化，就能判定衔铁位移量的大小，这就是电感传感器的基本工作原理。

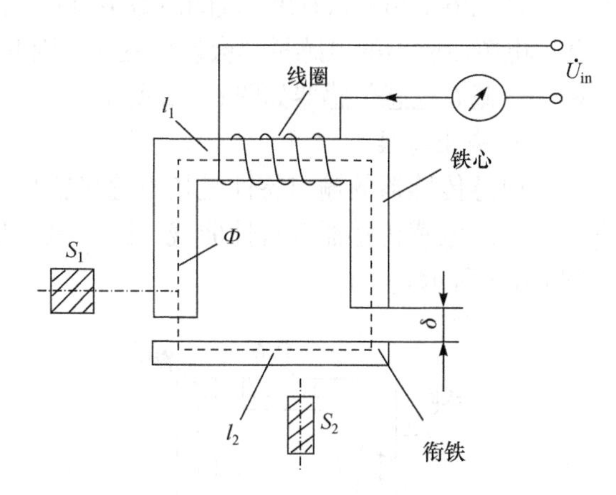

图 6-1-1　电感传感器原理图

若设电感传感器线圈的匝数为 W，根据电感的定义，此线圈的电感量为

$$L=\frac{W\Phi}{I} \tag{6-1-1}$$

式中，Φ为磁通(Wb)；I 为线圈中的电流(A)。

磁通可由下式计算：

$$\Phi=\frac{IW}{R}=\frac{IW}{R_F+R_\delta} \tag{6-1-2}$$

式中，R_F(铁心磁阻)和 R_δ(空气隙磁阻)可分别由下列二式求出：

$$R_F=\frac{l_1}{\mu_1 S_1}+\frac{l_2}{\mu_2 S_2} \tag{6-1-3}$$

$$R_\delta=\frac{2\delta}{\mu_0 S} \tag{6-1-4}$$

式中，l_1 为磁通通过铁心的长度(m)；S_1 为铁心横截面积(m^2)；μ_1 为铁心在磁感应值为 B_1 时的磁导率(H/m)；l_2 为磁通通过衔铁的长度(m)；S_2 为衔铁横截面积(m^2)；μ_2 为衔铁在磁感应值为 B_2 时的磁导率(H/m)；δ 为气隙长度(m)；S 为气隙截面积(m^2)；μ_0 为空气的磁导率，$\mu_0=4\pi\times10^{-7}$H/m。

μ_1、μ_2 可由磁化曲线或 $B=f(H)$表格查得，或者按下列公式求出：

$$\mu=4\pi\times10^{-7}\times\frac{B}{H}\quad(\mathrm{H/m}) \tag{6-1-5}$$

式中，B 为磁感应强度(T)；H 为磁场强度(A/m)。

由于电感传感器用的导磁性材料一般都工作在非饱和状态下，其磁导率μ远大于空气的磁导率μ_0(大数千倍至数万倍)，因此，铁心磁阻和气隙磁阻相比是非常小的，即$R_F \ll R_\delta$，常常可以忽略不计。这样，把式(6-1-2)代入式(6-1-1)便得

$$L \approx \frac{W^2}{R_\delta} = \frac{W^2 \mu_0 S}{2\delta} \tag{6-1-6}$$

式(6-1-6)为电感传感器的基本特性公式。

从式(6-1-6)可以看出，线圈匝数W确定之后，只要气隙长度δ和气隙截面二者之一发生变化，电感传感器的电感量都会发生变化。因此，电感传感器可分为变气隙长度和变气隙截面两种，变截面电感传感器如图 6-1-2 所示。

2. 输出特性

电感传感器的输出特性是指电感量输出与衔铁位移量输入之间的关系。下面重点分析变气隙长度电感传感器的特性曲线，因为电感量与气隙长度成反比，用图线表达时是曲线，如图 6-1-3 所示。

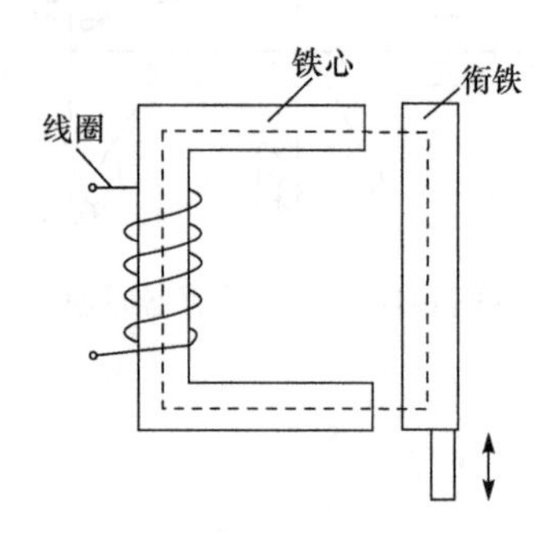

图 6-1-2　变截面电感传感器

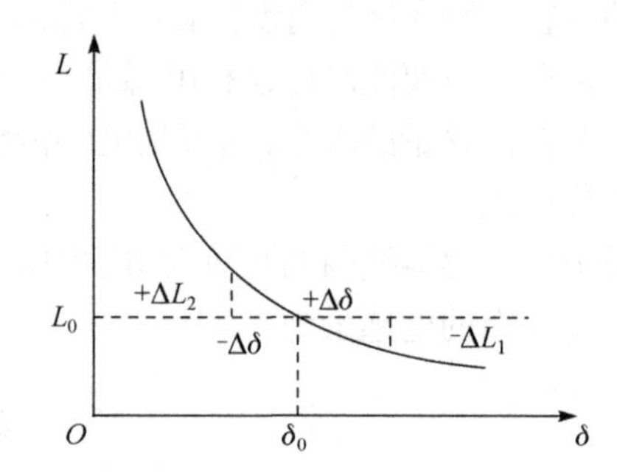

图 6-1-3　电感传感器的特性曲线

假设电感传感器初始气隙为δ_0，衔铁的位移量即气隙的变化量为$\Delta\delta$，则由图 6-1-3 可以看出，当气隙长度δ_0增加$\Delta\delta$时，电感变化为$-\Delta L_1$，当气隙长度减小$\Delta\delta$时，电感变化为$+\Delta L_2$，虽然$\Delta\delta$的数值相同，但电感变化值不相等。$\Delta\delta$越大，ΔL_1与ΔL_2在数值上相差也越大，这意味着非线性越厉害。现进一步分析在衔铁移动后ΔL-$\Delta\delta$关系的非线性。

设衔铁处于初始位置时，电感传感器的初始气隙为δ_0，由式(6-1-6)可知，初始电感为

$$L_0 = \frac{W^2 \mu_0 S}{2\delta_0} \tag{6-1-7}$$

当衔铁向上移动$\Delta\delta$时，传感器的气隙减小，即

$$\delta = \delta_0 - \Delta\delta \tag{6-1-8}$$

这时的电感量为

$$L = \frac{W^2 \mu_0 S}{2(\delta_0 - \Delta\delta)} \tag{6-1-9}$$

电感的变化量为

$$\Delta L = L - L_0 = L_0 \left(\frac{\Delta\delta}{\delta_0 - \Delta\delta} \right) \tag{6-1-10}$$

式(6-1-10)可改写成

$$\frac{\Delta L}{L_0}=\frac{\Delta\delta}{\delta_0-\Delta\delta}=\frac{\Delta\delta}{\delta_0}\cdot\frac{1}{1-\dfrac{\Delta\delta}{\delta_0}} \tag{6-1-11}$$

当$\dfrac{\Delta\delta}{\delta_0}\ll 1$时，可将式(6-1-11)展开成级数

$$\frac{\Delta L}{L_0}=\frac{\Delta\delta}{\delta_0}\left(1+\frac{\Delta\delta}{\delta_0}+\left(\frac{\Delta\delta}{\delta_0}\right)^2+\cdots\right)=\frac{\Delta\delta}{\delta_0}+\left(\frac{\Delta\delta}{\delta_0}\right)^2+\left(\frac{\Delta\delta}{\delta_0}\right)^3+\cdots \tag{6-1-12}$$

同理，如衔铁向下移动$\Delta\delta$时，传感器的气隙将增大，即

$$\delta=\delta_0+\Delta\delta \tag{6-1-13}$$

这时电感量的变化为

$$\Delta L=L-L_0=L_0\left(\frac{\Delta\delta}{\delta_0+\Delta\delta}\right) \tag{6-1-14}$$

把式(6-1-14)展开成级数

$$\frac{\Delta L}{L_0}=-\frac{\Delta\delta}{\delta_0}+\left(\frac{\Delta\delta}{\delta_0}\right)^2-\left(\frac{\Delta\delta}{\delta_0}\right)^3+\cdots \tag{6-1-15}$$

由式(6-1-12)和式(6-1-15)可以看出，如果不考虑包括 2 次项以上的高次项，则ΔL与$\Delta\delta$呈比例关系，因此，高次项的存在是造成非线性的原因。但是，当气隙相对变化$\Delta\delta/\delta_0$很小时，高次项将迅速减小，非线性可以得到改善。然而，这又会使传感器的测量范围(即衔铁的允许工作位移)变小，所以，对输出特性线性度的要求和对测量范围的要求是相互矛盾的。一般对于变气隙长度电感传感器，为了得到较好的线性特性，取$\Delta\delta/\delta_0$=0.1～0.2，这时$L=f(\delta)$可近似看作一条直线。

3. 简单电感传感器的测量电路

要测定线圈电感的变化，必须把电感传感器接到一定的测量线路中，将电感的变化进一步转换为电压、电流或频率的变化。最简单的测量线路如图 6-1-1 所示。电感传感器线圈与交流电流表相串联，用频率和大小一定的交流电压做电源。当衔铁位移时，传感器的电感变化，引起电路中电流改变，从电流表指示值可以判断衔铁位移大小。

假定忽略铁心磁阻R_F和电感线圈电阻R_c，即认为$R_F\ll R_\delta$，$R_c\ll\omega L$，电感线圈的寄生电容C和铁损电阻R_e也忽略不计，则电流(输出量)有效值与衔铁位移(输入量)的关系可表达如下：

$$I=\frac{2U\delta}{\mu_0\omega W^2 S} \tag{6-1-16}$$

由式(6-1-16)可知，测量电路中的电流幅值与气隙大小成正比，见图 6-1-4。图中的虚直线是理想特性。

然而，电感传感器实际特性是一条不过零点的曲线。这是由于空气隙为零时仍存在起始电流 I_n。因为，当 R_δ为零时，R_F与 R_δ相比就不能忽略不计，所以，$L=W^2/R_F$有一定值，即有一定起始电流。气隙很大时，线圈的铜电阻 R_c与线圈的感抗相比已不可再忽略，这时，最大电流 I_m将趋向一个稳定值(U/R_c)。起始电流的存在表明，衔铁还未移动时，电流表已有指示，这种情况在测量中是不希望有的。除此之外，简单电感传感器又好像交流磁铁一样，有电磁力作用在活动衔铁上，力图将衔铁吸向铁心，使仪表产生误差。

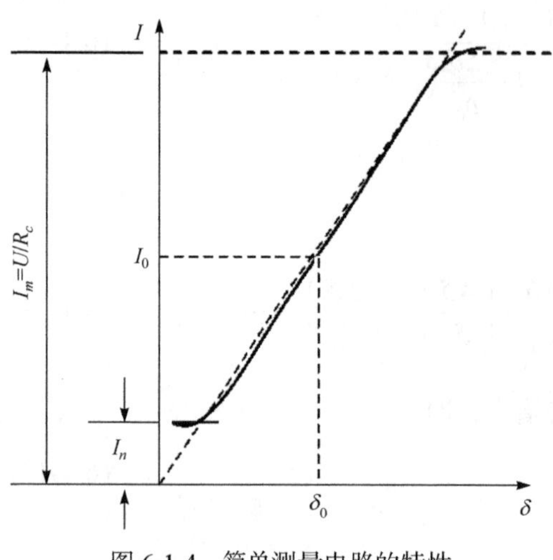

图 6-1-4　简单测量电路的特性

简单电感传感器测量电路存在特性非线性及起始电流，并且易受外界干扰的影响，如电源电压和频率的波动等都能使线圈电阻 R_c改变，因而影响输出电流。因此，简单电感传感器一般不用于较精密的测量仪表和系统，只用在一些继电信号装置中。

6.1.2　差动式电感传感器

1. 结构特点

完全对称的简单电感传感器合用一个活动衔铁便构成了差动式电感传感器。

图 6-1-5(a)、(c)分别为 E 型和螺管型差动式电感传感器的结构原理图。其特点是：上下两个导磁体的几何尺寸完全相同，材料相同，上下两只线圈的电气参数(线圈铜电阻、线圈匝数)也完全一致。

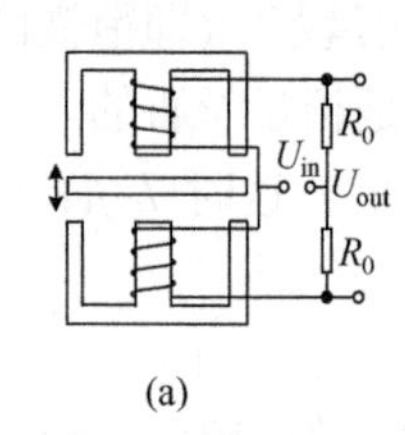

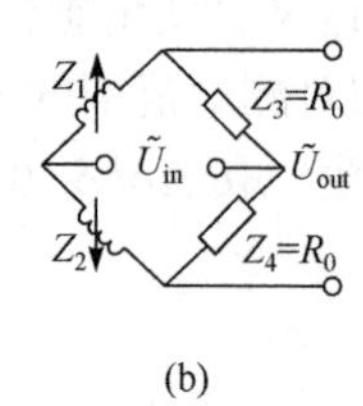

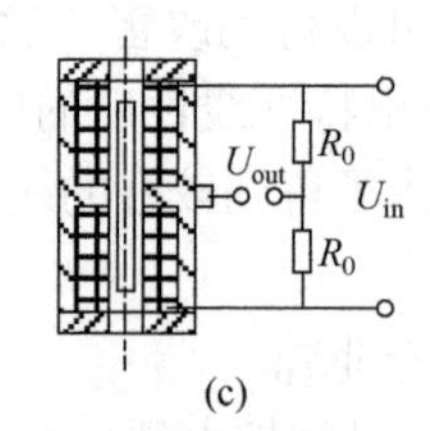

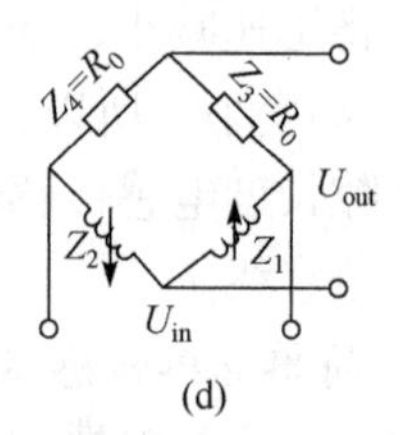

图 6-1-5　差动式电感传感器的原理和接线图

图 6-1-5(b)、(d)为差动式电感传感器的接线图。传感器的两只电感线圈接成交流电桥的相邻两臂，另外两个桥臂由电阻组成。

这两类差动式电感传感器的工作原理相同，只是结构形式不同而已。

2. 工作原理

从图 6-1-5 可以看出电感传感器和电阻构成了四臂交流电桥，由交流电源供电，在电桥的另一对角端即输出的交流电压。

在起始位置时，衔铁处于中间位置，两边的气隙相等，因此，两只电感线圈的电感量在理论上相等，电桥的输出电压 $U_{out}=0$，电桥处于平衡状态。

当衔铁偏离中间位置向上或者向下移动时，造成两边的气隙不一样，使两只电感线圈的电感量一增一减，电桥就不平衡。电桥输出电压幅值大小与衔铁移动量大小成比例，其相位则反相180°。因此，如果测量出输出电压的大小和相位，就能决定衔铁位移量的大小和方向。

3. E 型差动式电感传感器接入电桥后的输出特性

输出特性是指电桥输出电压与传感器衔铁位移量之间的关系。由图 6-1-5(a)可知，衔铁在中间位置时，两边的气隙长度相等，即$\delta_1=\delta_2=\delta_0$。如果结构对称，两只线圈的参数相同，则上下两只线圈的电感也应相等，即

$$L_{10}=L_{20}=L_0=\frac{\mu_0 S}{2\delta_0}W^2 \tag{6-1-17}$$

$$Z_{10}=Z_{20}=Z_0=R_c+\mathrm{j}\omega L_0 \tag{6-1-18}$$

式中，R_c为单个电感线圈的铜电阻；Z_0为单个电感线圈的交流阻抗(在$\delta_1=\delta_2=\delta_0$时)；$\omega$为电源电压之角频率。

当衔铁偏离中间位置时，设向上偏离 $\Delta\delta$，磁路上半部气隙磁导增加，下半部气隙磁导减少，于是电桥对角端有电压输出。假定电桥输出端的负载阻抗为无穷大，则输出电压为

$$\dot{U}_{\text{out}}=\dot{I}_1 Z_1-\dot{I}_3 Z_3=\frac{Z_1 Z_4-Z_2 Z_3}{(Z_1+Z_2)(Z_3+Z_4)}\dot{U}_{\text{in}} \tag{6-1-19}$$

但是，由于上下两边气隙不相等，阻抗也有了变化，上边变化 ΔZ_1，下边变化 ΔZ_2，即$Z_1=Z_0+\Delta Z_1$，$Z_2=Z_0+\Delta Z_2$。其中，$\Delta Z_1=\mathrm{j}\omega\Delta L_1$，$\Delta Z_2=\mathrm{j}\omega\Delta L_2$。电桥的另两臂是电阻，也就是说，$Z_3=Z_4=R_0$。将关系式代入式(6-1-19)可得

$$\dot{U}_{\text{out}}=\dot{U}_{\text{in}}\frac{(Z_0+\Delta Z_1)R_0-(Z_0+\Delta Z_2)R_0}{2R_0(Z_0+\Delta Z_1+Z_0+\Delta Z_2)}=\frac{\dot{U}_{\text{in}}}{2}\left(\frac{\Delta Z_1-\Delta Z_2}{2Z_0+\Delta Z_1+\Delta Z_2}\right) \tag{6-1-20}$$

式(6-1-20)分母中存在 ΔZ 因子，这是造成电压输出特性非线性的原因。但是，由于 ΔZ 与 Z_0 相比较是很小的，尤其在差动电桥的情况下，分母中 $\Delta Z_1+\Delta Z_2$ 趋向于零，因而差动电桥能使电桥特性的非线性度大大减小，这是差动电桥的一个优点，所以，略去分母中的 $\Delta Z_1+\Delta Z_2$ 便得

$$\dot{U}_{\text{out}}\approx\frac{\dot{U}_{\text{in}}}{4}\left(\frac{\Delta Z_1-\Delta Z_2}{Z_0}\right)=\frac{\dot{U}_{\text{in}}}{4}\left(\frac{\mathrm{j}\omega}{R_c+\mathrm{j}\omega L_0}\right)(\Delta L_1-\Delta L_2) \tag{6-1-21}$$

式中，Z_0为衔铁在中间位置时单个电感线圈的阻抗；R_c为衔铁在中间位置时单个线圈的铜电阻；L_0为衔铁在中间位置时单个线圈的起始电感量。

根据式(6-1-12)和式(6-1-15)，可得

$$\Delta L_1-\Delta L_2=2L_0\left[\frac{\Delta\delta}{\delta_0}+\left(\frac{\Delta\delta}{\delta_0}\right)^3+\left(\frac{\Delta\delta}{\delta_0}\right)^5+\cdots\right] \tag{6-1-22}$$

已经知道，单个电感传感器的 ΔL 与 $\Delta\delta$的关系是非线性的，但当构成差动式电感传感器且接成电桥以后，电桥输出电压将与 $\Delta L_1-\Delta L_2$ 有关(式(6-1-21))。然而，从式(6-1-22)可以看出，它不存在偶次项，这说明差动式电感传感器的非线性在$\pm\Delta\delta$工作范围内要比简单电感传感器小得多，图 6-1-6 清楚地说明这一点。

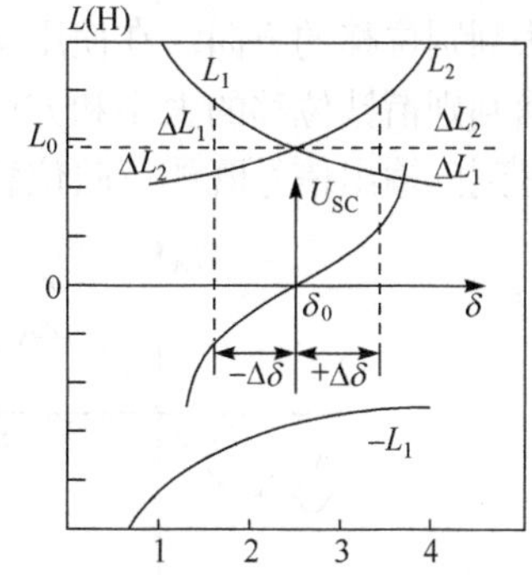

图 6-1-6 差动式电感传感器与简单电感传感器的非线性特性比较

现在再分析一下灵敏度问题。假设 $\Delta L_1=-\Delta L_2=\Delta L$，并略去式(6-1-22)中三次项以上的高次

项，则写成

$$\Delta L_1 - \Delta L_2 = 2L_0\left(\frac{\Delta\delta}{\delta_0}\right)$$

把上式代入式(6-1-21)可得

$$\dot{U}_{\text{out}} = \frac{\dot{U}_{\text{in}}}{4}\left(\frac{\text{j}\omega}{R_c + \text{j}\omega L_0}\right)\left(2L_0\frac{\Delta\delta}{\delta_0}\right) = \frac{\dot{U}_{\text{in}}}{2}\cdot\frac{\Delta\delta}{\delta_0}\frac{\text{j}\omega L_0(R_c - \text{j}\omega L_0)}{(R_c + \text{j}\omega L_0)(R_c - \text{j}\omega L_0)}$$

$$= \frac{\dot{U}_{\text{in}}}{2}\cdot\frac{\dfrac{\Delta\delta}{\delta_0} + \text{j}\dfrac{R_c}{\omega L_0}\dfrac{\Delta\delta}{\delta_0}}{1 + \left(\dfrac{R_c}{\omega L_0}\right)^2}$$

令$Q = \dfrac{\omega L_0}{R_c}$，$Q$为电感传感器的品质因数，代入上式，得到

$$\dot{U}_{\text{out}} = \frac{\dot{U}_{\text{in}}}{2}\cdot\frac{\dfrac{\Delta\delta}{\delta_0} + \text{j}\dfrac{1}{Q}\dfrac{\Delta\delta}{\delta_0}}{1 + \dfrac{1}{Q^2}} \tag{6-1-23}$$

由式(6-1-23)可以知道，电桥输出电压中包含两个分量：一个是与电源电压相位同相的分量；另一个是与电源电压相位差90°的正交分量。输出电压的正交分量与Q值有关，Q值增大，正交分量便随之减小。对于高Q值的电感传感器，式(6-1-23)可简化为

$$U_{\text{out}} = \frac{U_{\text{in}}}{2}\cdot\frac{\Delta\delta}{\delta_0} = K\cdot\Delta\delta \tag{6-1-24}$$

式中，K称为差动式电感传感器连成的四臂电桥的灵敏度。K的物理意义是，衔铁单位移动量可能引起的电桥的输出电压。K值越大，灵敏度就越高，从K的表达式$K = (U_{\text{in}}/2\delta_0)$可知，$K$值与电桥的电源电压和起始气隙有关，提高电桥的电源电压，减小起始气隙，就可以提高灵敏度。

式(6-1-24)还说明，电桥的输出电压与衔铁位移量$\Delta\delta$成正比，其相位则与衔铁移动方向有关。若设衔铁向下移动$\Delta\delta$为正，U_{out}为正，则衔铁向上移动$\Delta\delta$为负，即相位反向180°，依次画成的特性曲线示于图6-1-7。

虽然输出电压随位移量的正负反相180°，然而在输出端无论是直流还是交流电压表都无法判别位移的方向。在使用交流电压表时，其实际输出特性曲线如图6-1-8(a)实线所示。为正确判别衔铁位移的大小和方向，可采用带相敏整流的交流电桥。采用带相敏整流的交流电桥，得到的输出信号既能反映位移大小，也能反映位移的方向，其输出特性如图6-1-8(b)所示。

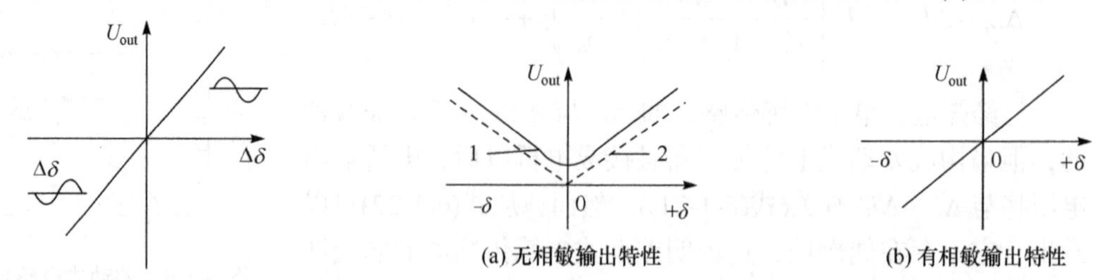

图6-1-7　差动式电感传感器(含电桥)的理想特性

图6-1-8　差动式电感传感器输出特性曲线

1—有残余电压；2—无残余电压

6.1.3　螺管式电感传感器

这一类电感传感器的工作原理建立在线圈泄漏路径中的磁阻变化的原理上，线圈的电感与铁心插入线圈的深度有关。这种传感器的精确理论分析比闭合磁路中具有小气隙的电感线圈的理论分析要复杂得多，这是由沿着有限长线圈的轴向磁场强度的不均匀分布引起的。

对于如图 6-1-9 所示的有限线圈，其沿着轴向的磁场强度 H 为

$$H = \frac{IW}{2l}\left(\frac{l+2x}{\sqrt{4r^2+(l+2x)^2}}+\frac{l-2x}{\sqrt{4r^2+(l-2x)^2}}\right) \tag{6-1-25}$$

式中，l 为线圈长度(m)；r 为线圈的平均半径(m)；W 为线圈匝数；I 为线圈的平均电流(A)。

从图 6-1-9 中的磁场强度的分布曲线可以看出，在铁心刚插入或者接近离开线圈时的灵敏度要比铁心插入线圈一半左右时的灵敏度小得多。还可以看出，只有在线圈中段才有较好的线性关系，这时 H 的变化比较小。

对于图 6-1-10 所示的差动式螺管线圈，两个线圈施加的电流反相，其沿轴向的磁场强度为

$$H = \frac{IW}{2}\left(\frac{l-2x}{\sqrt{4r^2+(l-2x)^2}}-\frac{l+2x}{\sqrt{4r^2+(l+2x)^2}}+\frac{2x}{\sqrt{r^2+x^2}}\right) \tag{6-1-26}$$

为了获得较好的线性关系，铁心长度在 $0.6l$ 时，可工作在 H 转折处(零点)。

差动螺管传感器与具有小气隙铁心的差动电感传感器相比较有如下特点：

(1) 由于电容较大，所以在较高的激磁频率下，电感和电容的组合容易产生谐振，同时线圈铜损电阻也大，温度稳定性较差。

(2) 由于空气通路大，即磁路的磁阻大，灵敏度比较低，但线性好，电感也大些。

(3) 螺管式差动电感的铁心通常比较细，一般情况下采用软钢和坡莫合金制造，在特殊情况下也用铁氧体磁性材料，因此这种铁心的损耗大，线圈的 Q 值较低。

(4) 为了使线圈内的磁场均匀地变化，对于线圈、铁心和外壳的加工要求较高。

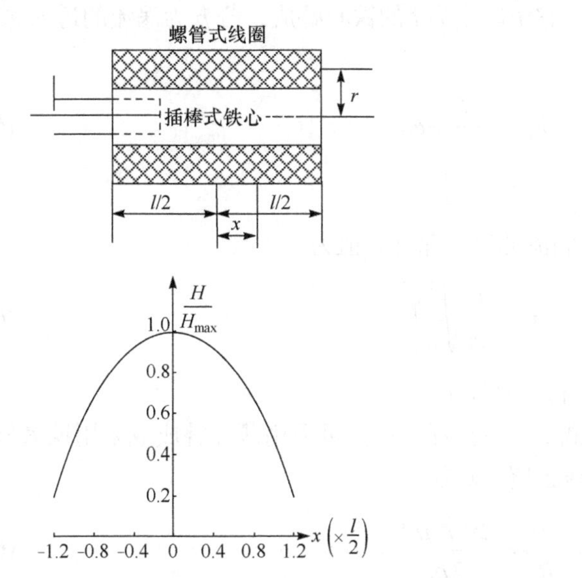

图 6-1-9　螺管式电感传感器沿轴向磁场强度分布曲线

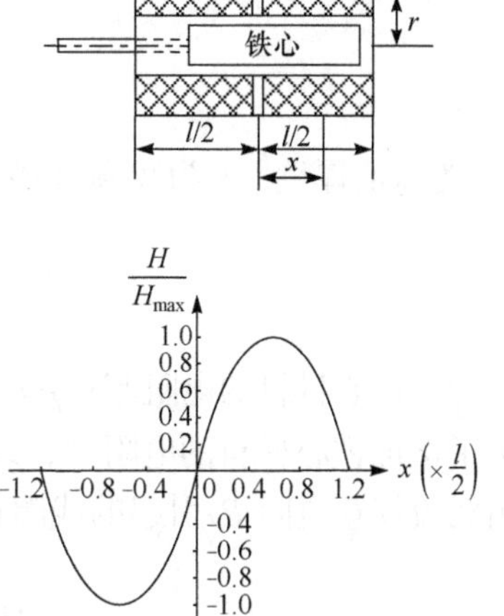

图 6-1-10　差动式螺管线圈沿轴向磁场强度分布曲线

6.1.4　电感传感器等效电路与主要误差分析

1. 电感传感器等效电路分析

电感传感器实质上反映了铁心线圈的自感随衔铁位移变化的情况。但是，线圈不可能是纯电感的，还包括铜损电阻(R_c)、铁心的涡流损耗电阻(R_e)、磁滞损耗电阻(R_h)和线圈的寄生电容(C)，因此，传感器的等效电路如图 6-1-11 所示。

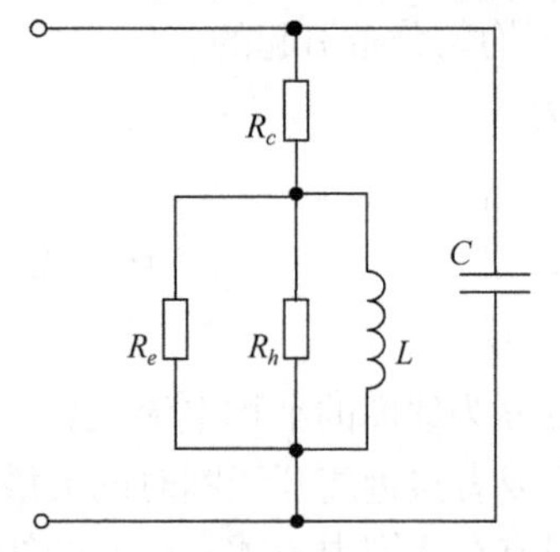

图 6-1-11　电感传感器等效电路

1) 铜损电阻(R_c)

导线直径为 d，电阻率为 ρ_c，线圈匝数为 W，每匝线圈的平均长度为 l_{cp} 时，线圈的电阻可由下式计算：

$$R_c = \frac{4\rho_c W l_{cp}}{\pi d^2} \tag{6-1-27}$$

如果忽略集肤效应和外屏蔽作用，则线圈铜电阻仅与线圈的材料和尺寸有关，而与频率无关。当流过线圈的电流的频率 $f=\omega/(2\pi)$时，电感为 L 与电阻为 R_c 的线圈的损耗因素 D_c 为

$$D_c = \frac{R_c}{\omega L} = \frac{2\delta\rho_c l_{cp}}{\pi^2 f W d^2 \mu_0 S} = \frac{C}{f} \tag{6-1-28}$$

式中

$$C = \frac{2\delta\rho_c l_{cp}}{\pi^2 W d^2 \mu_0 S} \tag{6-1-29}$$

由式(6-1-28)可知，由线圈损耗电阻 R_c 引起的电感损耗因素 D_c 与频率成反比。

2) 涡流损耗电阻(R_e)

导磁体在交变磁场中，由于磁通量随时间而变化，在铁心及衔铁中产生涡流损耗。影响导磁体涡流损耗大小的因素较多。

现考虑有一个小气隙的铁磁磁心，它由厚度为 t 的铁心叠成，若 p 为涡流的透入深度，当 $t/p<2$ 时，R_e 可用下式表示：

$$R_e = \frac{6}{\left(\frac{t}{p}\right)^2}\omega L \tag{6-1-30}$$

式中，t 为铁心厚度；L 为线圈自感。涡流的透入深度 p 值为

$$p = \frac{1}{2\pi}\sqrt{\frac{\rho_1}{\mu f}} \tag{6-1-31}$$

式中，ρ_1 为铁心材料的电阻率；μ为材料的磁导率。

为了增加铁心材料的电阻率，以减少涡流损耗，衔铁可采用薄片叠成或采用铁氧材料。

由涡流损耗电阻 R_e 引起的线圈损耗因素 D_e 为

$$D_e = \frac{\omega L}{R_e} = \frac{2\pi^2 t^2 \mu f}{3\rho_1} = e \cdot f \tag{6-1-32}$$

式中，e 为比例系数。由式(6-1-32)可看出，D_e 与 f 成正比。

另外，还有磁滞损耗电阻 R_h 引起的线圈的损耗因数 D_h，由于 D_h 的计算比较复杂，推导从略。D_h 与气隙有关，气隙越大，D_h 越小，并且 D_h 不随频率变化。

3) 损耗因数 D 和品质因数 Q

具有叠片铁心的电感线圈的总损耗因数 D 为三个损耗因数之和，即

$$D = D_c + D_e + D_h = \frac{C}{f} + ef + D_h \tag{6-1-33}$$

损耗因数的最小值发生在频率为 f_m 处，f_m 的值为

$$f_m = \sqrt{\frac{C}{e}} \tag{6-1-34}$$

这时，$D_m = D_h + 2\sqrt{eC}$。

线圈的品质因数 Q 为耗散因数 D 的倒数，Q 的最大值为

$$Q_{\max} = \frac{1}{D_h + 2\sqrt{eC}} \tag{6-1-35}$$

当气隙很小时，D_h 与 c 和 e 相比可忽略，故

$$Q_{\max} = \frac{1}{2\sqrt{eC}} \tag{6-1-36}$$

4) 电感线圈的并联寄生电容

电感传感器都存在一个与线圈并联的寄生电容 C，这一电容主要由线圈绕组的固有电容和传感器与电子测量设备的连接电缆的电容组成。

为了分析方便，先考虑无寄生电容的情况。这时，线圈的阻抗为

$$Z = R' + \mathrm{j}\omega L' \tag{6-1-37}$$

式中，R' 表示线圈铜电阻 R_c 与铁心等效损耗电阻 R_e' 之和；L' 表示线圈电感 L 与铁损电阻 R_e 并联后所对应的等效电感。这样变换后的等效电路示于图 6-1-12 中。图中 R_e' 与 L' 的串联阻抗与 R_e 与 L 的并联阻抗相等，因此

$$R_e' + \mathrm{j}\omega L' = \frac{R_e \mathrm{j}\omega L}{R_e + \mathrm{j}\omega L} \tag{6-1-38}$$

把式(6-1-38)的分母有理化并整理后得到

$$R_e' + \mathrm{j}\omega L' = \frac{R_e}{\left(\dfrac{R_e}{\omega L}\right)^2 + 1} + \frac{\mathrm{j}\omega L}{1 + \dfrac{1}{\left(\dfrac{R_e}{\omega L}\right)^2}} \tag{6-1-39}$$

从而得到

$$R_e' = \frac{R_e}{1 + \left(\dfrac{R_e}{\omega L}\right)^2} \tag{6-1-40}$$

$$L' = \frac{L}{1+\left(\frac{\omega L}{R_e}\right)^2} \tag{6-1-41}$$

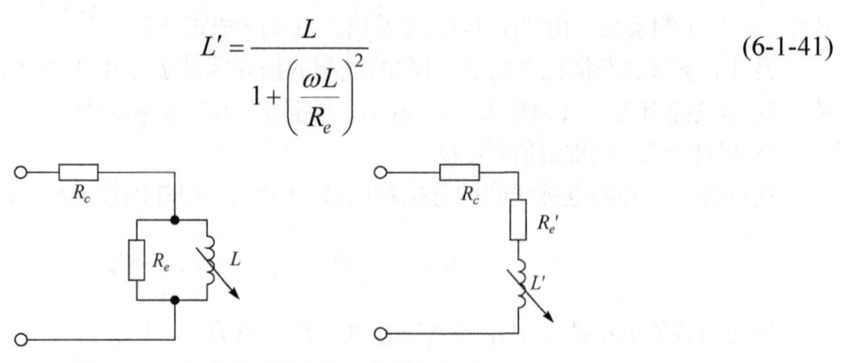

图 6-1-12　电感传感器等效电路的变换形式

因为铁损的串联等效电阻 R_e' 与 L 有关。因此，当电感传感器衔铁发生位移时，不仅使电感量发生改变，而且还使电阻有变化。这种附加的电阻变化是不希望有的。

要减少这种附加电阻变化的影响，比值 $R_e/\omega L$ 应尽量小，使得 $R_e' \ll \omega L'$。因此，铁损的等效串联电阻与传感器的感抗相比是很小的，从而就减小了附加电阻 R_e' 的影响，所以，在设计电感传感器时，应尽可能地减小铁损。

现在再考虑有并联寄生电容的情况。

设线圈的阻抗为 Z_p，其表达式如下：

$$Z_p = \frac{\left(R' + \mathrm{j}\omega L'\right)\left(-\mathrm{j}\frac{1}{\omega C}\right)}{R' + \mathrm{j}\omega L' - \mathrm{j}\frac{1}{\omega C}}$$

线圈的品质因数为 $Q = \frac{\omega L'}{R'}$，则有

$$Z_p = \frac{R'}{\left(1-\omega^2 L'C\right)^2 + \left(\frac{\omega^2 L'C}{Q}\right)^2} + \frac{\mathrm{j}\omega L'\left[\left(1-\omega^2 L'C\right) - \left(\frac{\omega^2 L'C}{Q^2}\right)\right]}{\left(1-\omega^2 L'C\right)^2 + \left(\frac{\omega^2 L'C}{Q}\right)^2}$$

当品质因数 Q 值较大时，$1/Q^2 \ll 1$，上式便可简化为

$$Z_p = \frac{R'}{\left(1-\omega^2 L'C\right)^2} + \frac{\mathrm{j}\omega L'}{1-\omega^2 L'C} = R_p + \mathrm{j}\omega L_p \tag{6-1-42}$$

由式(6-1-42)可知，当线圈有并联电容时，有效串联损耗电阻 R_p 和有效电感 L_p 都增大了，而有效 Q 值 $\left(\omega L_p/R_p\right)$ 则减小。

电感传感器在考虑并联电容后的有效灵敏度为

$$\frac{\mathrm{d}L_p}{L_p} = \frac{1}{1-\omega^2 L'C}\frac{\mathrm{d}L'}{L'} \tag{6-1-43}$$

式(6-1-43)表明，并联电容后，传感器的灵敏度提高了，因此，必须根据测量设备所用电缆的实际长度对传感器进行校正，或者相应地调整总并联电容。

2. 主要误差分析

在电感传感器的实际特性和理想特性之间存在偏差。在设计、制造、使用时必须设法消除它或尽可能减小它。

造成误差的因素很多，大致可分为两个方面：外界工作环境条件如温度变化、电源电压和频率的波动等；电感传感器本身特性所固有的，式(6-1-24)是在忽略了许多因素后得出的，如线圈电感与衔铁位移之间实际上存在的非线性、不可避免存在的交流零位信号等。

1) 电源电压和频率波动的影响

电源的波动一般允许为 5%～10%。从式(6-1-24)可看出，电源电压波动直接影响电感传感器的输出电压，另外还会引起传感器铁心磁感应强度 B 与磁导率μ的改变，从而使铁心磁阻发生变化。因此，铁心磁感应强度的工作点一定要选在磁化曲线的线性段，以免在电源电压波动时 B 值进入饱和区而使磁导率发生很大变动。

电源频率的波动一般很小，频率变化会使线圈感抗变化，严格对称的交流电桥是能够补偿频率波动影响的。

2) 温度变化的影响

温度变化会引起零件尺寸改变，小气隙电感传感器对于几何尺寸微小变化更为敏感。随着气隙的变化，输出特性的斜率和线性度将发生变化。温度变动还会引起线圈电阻和铁心磁导率的变化。

为了补偿外界温度变化的影响，在结构设计时要合理选择零件的材料(注意各材料的膨胀系数的匹配)，在制造与装配工艺上应使差动式电感传感器的两只线圈的电气参数(电阻、电感、匝数)和几何尺寸尽可能一致。这样，在对称的电桥电路中能有效地补偿温度的影响。当然也应使电感传感器具有较高的 Q 值，使输出特性的非线性减小，零位电压降低。

3) 特性的非线性

电感传感器输出电压与衔铁位移的关系式(6-1-24)是在忽略了一系列因素后的工作特性方程。实际上电感传感器的输出电压与衔铁位移之间的关系是非线性的，式(6-1-22)清楚地说明了这一点，这是造成输出特性非线性的主要原因。另外，严格地讲，电桥本身也是非线性的。

为了改善特性的非线性，除了采用差动式电感传感器外，还必须限制衔铁的最大位移量。对于 E 型变气隙长度的电感传感器，一般 $\Delta\delta=(0.1\sim0.2)\delta_0$。

4) 输出电压与电源电压的相位

输出电压与电源电压之间存在一定的相移，也就是存在与电源电压相差 90° 的正交分量，见式(6-1-23)。差动电感电桥的输出电压，有时需要经过放大、相敏整流和滤波后才接入指示或记录装置，过大的正交分量易使放大器特别是高放大倍数放大器进入饱和状态，使波形失真。

消除或抑制正交分量的方法是采用相敏整流电路，以及提高传感器的 Q 值，一般 Q 值不应低于 3～4。

5) 电桥的不平衡电压——零位误差

零位误差产生的原因是：①差动式传感器两个线圈的电气参数及导磁体的几何尺寸不可能完全对称；②传感器具有铁损即磁心磁化曲线的非线性；③电源电压中含有高次谐波；④线圈具有寄生电容，线圈与外壳、铁心间有分布电容。

零位信号的危害是十分明显的，会降低测量精度，削弱分辨能力，易使放大器饱和。如图 6-1-13 所示，零位信号的波形十分复杂，通过频谱分析可以得到，其中包含基波(与输入电源电压同频率)和高次谐波。

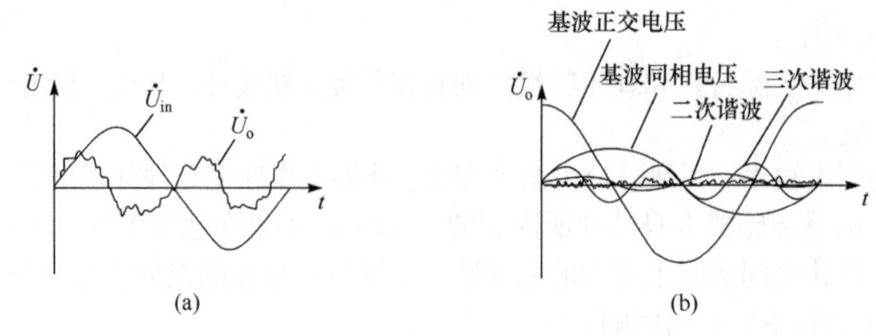

图 6-1-13 零位信号和波形组成

减小零位误差的措施有减小电源中的谐波成分，减小电感传感器的激磁电流，使之工作在磁化曲线的线性段等。为了消除电桥的零位不平衡电压，在差动电感电桥的实际电路中可接入调零电位器，当电桥起始不平衡时，通过调节电位器，使之达到平衡条件。

即使这样，在电桥的输出端仍会存在一个很小的残余电压(图 6-1-8)，这是因为电桥的输出零位信号中有高次谐波电压存在。调节电位器虽然满足了基波的平衡条件，但不一定能精确地使高频谐波分量满足平衡条件。这时，可在电桥输出端加适当电容器作为高频滤波器，或者把交流输出接入相敏整流电路，变为直流信号输出，就可以消除零位信号，6.1.5 节结合具体线路给出详述。

6.1.5 测量电路

电感传感器的测量电路与电容传感器有类似之处，如应用于电容检测的交流电桥电路、变压器电桥电路同样适用于电感的检测，就不再赘述。这里介绍一种相敏整流交流电桥，电路如图 6-1-14 所示。

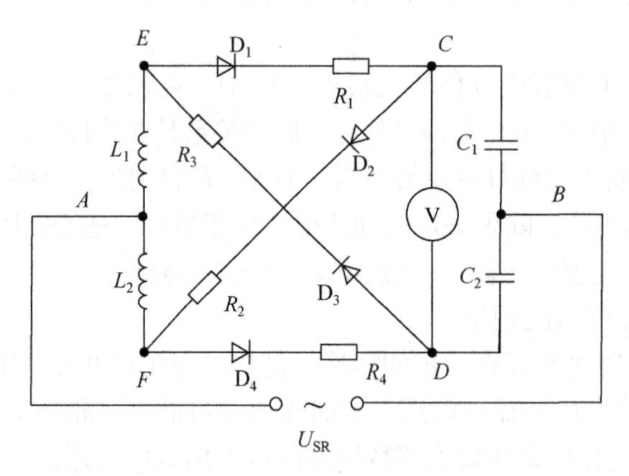

图 6-1-14 相敏整流交流电桥

差动电感的线圈 L_1、L_2 阻抗分别为 Z_1 和 Z_2。当衔铁处于中间位置时，$Z_1=Z_2=Z$。

激励电源为 U_{SR}，输出电压为 U_{CD}。

当衔铁上移，Z_1 增大，Z_2 减小。分析电源处于正、负半周时的输出如下。

(1) 输入交流电压为正半周时，A 点电位为正，B 点电位为负，二极管 D_1、D_4 导通，D_2、D_3 截止。在 A-E-C-B 支路中，C 点电位由于 Z_1 增大而比平衡时的 C 点电位降低；而在 A-F-D-B 支路中，D 点电位由于 Z_2 的降低而比平衡时 D 点的电位增高，所以 D 点电位高于 C 点电位，直流电压表正向偏转。

(2) 输入交流电压为负半周时，A 点电位为负，B 点电位为正，二极管 D_2、D_3 导通，D_1、

D_4截止，则在 $B\text{-}C\text{-}F\text{-}A$ 支路中，C 点电位由于 Z_2 减少而比平衡时降低；而在 $B\text{-}D\text{-}E\text{-}A$ 支路中，D 点电位由于 Z_1 的增加而比平衡时的电位增高，所以仍然是 D 点电位高于 C 点电位，电压表正向偏转。

当衔铁下移时，输出为负，电压表总是反向偏转。可见采用带相敏整流的交流电桥，输出信号既能反映位移大小，又能反映位移的方向。

6.1.6　应用

电感传感器主要用于测量微位移，凡是能转换成位移量变化的参数，如压力、力、压差、加速度、振动、应变、流量、厚度、液位等都可以用电感传感器来进行测量。

电感测微仪在工程中应用极其广泛，图 6-1-15 是电感测微仪的工作原理图。测量杆和被测物体一起移动，并带动磁心一起在传感器的线圈中移动，从而使差动式传感器的两个线圈的阻抗发生大小相等但极性相反的变化。将电感传感器线圈接入交流电桥，经过相敏检波就可以得到反映位移量大小和方向的直流输出信号。这种测微仪的动态测量范围可以达到 ± 1mm，分辨力可达到 1μm，精度可达到 3%左右。

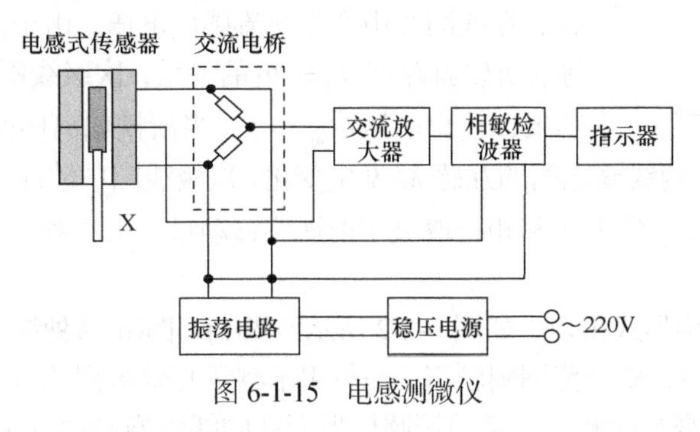

图 6-1-15　电感测微仪

图 6-1-16 是用于测量压力差的差动式电感传感器，圆膜片既作为感受压力差的敏感元件，又作为差动式电感传感器的活动衔铁。其工作原理是：当 $P=P_1-P_2=0$，即膜片两边的压力相等时，两边电感的起始间隙相等，$\delta_1=\delta_2=\delta_0$，因此两个线圈的阻抗相等，即 $Z_1=Z_2=Z_0$，电桥处于平衡状态，电桥输出电压为零。当膜片两边的压力不等时，所测压力差 $\Delta P\neq 0$，膜片产生位移，$\delta_1\neq\delta_2$，则两个线圈的阻抗也不相等，$Z_1\neq Z_2$，电桥输出不为零。电桥输出电压的大小将反映被测压力差的大小。即可知压力 P 的大小。

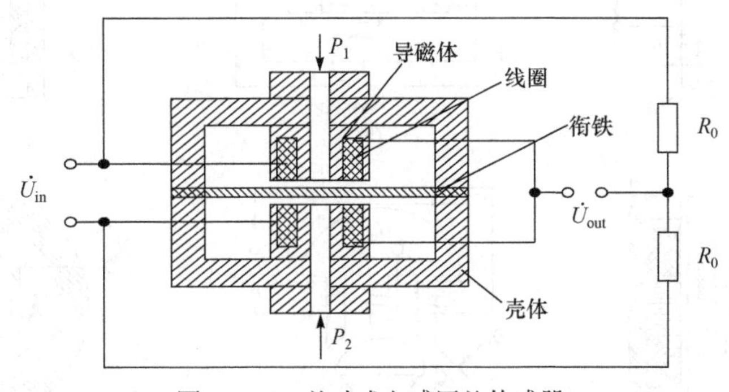

图 6-1-16　差动式电感压差传感器

若在所测压力差范围内电感气隙变化量很小，则电桥输出电压将与被测压力差成正比。差动式电感传感器在结构上由完全对称的两部分组成，与简单电感传感器相比较，具有非线性误差小、零位输出小、温度等外界干扰影响小等优点。

6.2 差动变压器式传感器

6.2.1 工作原理

差动变压器式传感器简称差动变压器，其工作原理示于图 6-2-1。

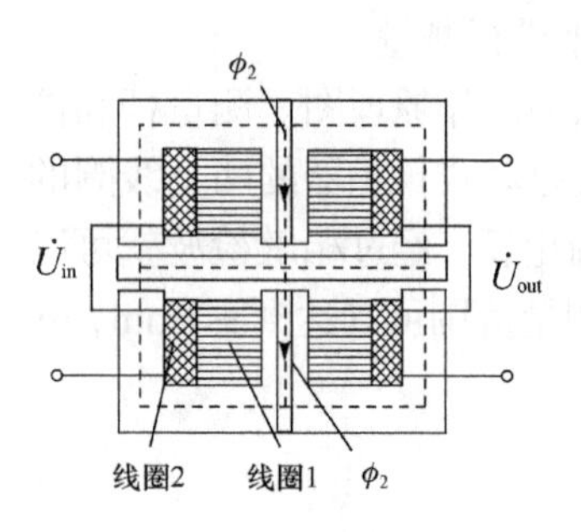

图 6-2-1　E 型差动变压器

差动变压器的结构与上述差动式电感传感器基本一样，也是由铁心、衔铁和线圈三个主要部分组成的。其不同处在于，差动变压器上下两只铁心均有一个初级线圈 1(又称激磁线圈)和一个次级线圈 2(也称输出线圈)。衔铁置于两铁心的中间，上下两只初级线圈串联后接交流激磁电压 U_{in}，两只次级线圈则按电势反向串接。

当衔铁处于中间时，$\delta_1=\delta_2$，线圈 1 中产生交变磁通为 Φ_1 和 Φ_2，在线圈 2 中产生交流感应电压，由于两边气隙相等，磁阻相等，所以就存在 $\Phi_1=\Phi_2$ 的关系，次级线圈中的感应电势 $e_{21}=e_{22}$，结果，输出电压 $\dot{U}_{out}=0$。当衔铁偏离中间位置时，两边气隙就不相等，$\delta_1\neq\delta_2$，这样，两线圈之间的互感 M 发生变化，次级线圈中感应电势不再相等，$e_{21}\neq e_{22}$，便有电压 $\dot{U}_{out}$ 输出。$\dot{U}_{out}$ 的大小和相位取决于衔铁位移动量的大小和方向，这就是差动变压器的基本工作原理。

差动变压器的结构形式很多，如图 6-2-2 所示。图(a)、图(b)两种结构的差动变压器，衔铁均为平板形，灵敏度高，测量范围则较窄，一般用于测量几微米到几百微米的机械位移。对于位移在一毫米至上百毫米的测量，常采用圆柱形衔铁的螺管型差动变压器，见图(c)、图(d)两种结构。图(e)、图(f)两种结构是测量转角的差动变压器，通常可测到几角秒的微小角位移，输出的线性范围一般为–10°～10°。

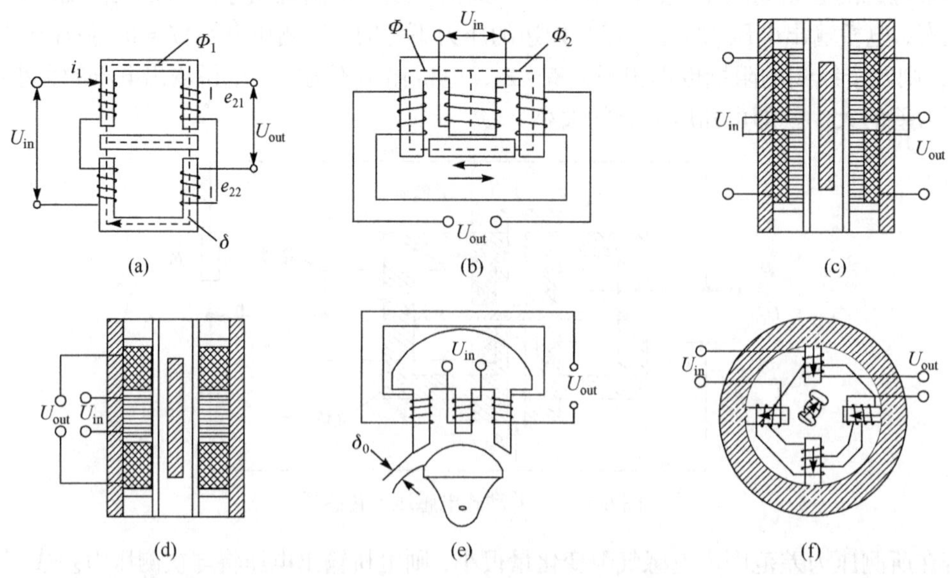

图 6-2-2　各种差动变压器的结构示意图

6.2.2　螺管型差动变压器

1. 结构特点

螺管型差动变压器的结构形式虽有很多种，如图 6-2-2(c)、(d)所示，但不外乎包括线圈组合、铁心和衔铁三大部分。

线圈组合由初级线圈和骨架组成。骨架通常采用圆柱形，由绝缘材料制成。对骨架材料的要求是：高频损耗小、抗潮湿、温度膨胀系数小。普通的可用胶木棒，要求高的则用环氧玻璃纤维、聚砜塑料和聚四氟乙烯等。骨架的形状和尺寸要精密地对称，骨架上绕有初级线圈。线圈通常用高强度漆包线密绕而成。一般采用 36～48 号漆包线，导线直径取决于电源电压和频率的高低。电源电压一般在 3～15V(有效值)范围内，电源频率在 50Hz～20kHz 范围内。

线圈的排列方式有二段形、三段形和多段形几种(图 6-2-3)。骨架-线圈组合应当用环氧树脂密封，以提高线圈间绝缘强度和机械强度。高精度差动变压器的线圈还要经过老化处理，使线圈的电阻和电感稳定化。

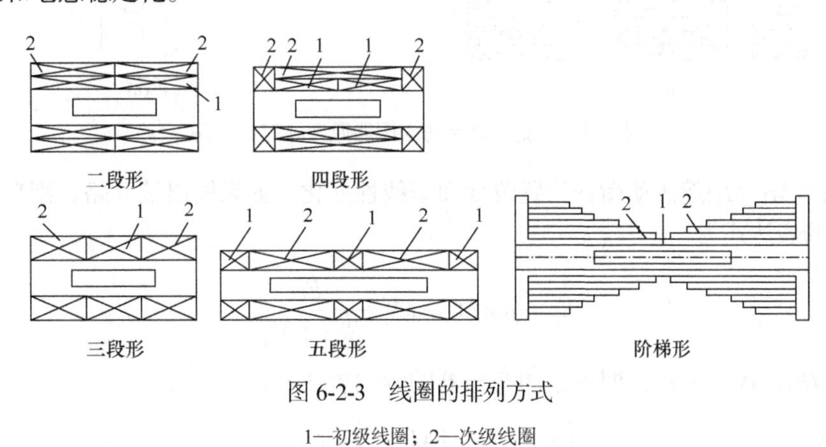

图 6-2-3　线圈的排列方式

1—初级线圈；2—次级线圈

铁心的功用是提供闭合回路、磁屏蔽和机械保护。活动衔铁和铁心用同种材料制造，通常选用电阻率大、磁导率高、饱和磁感应强度大的材料，如纯铁、坡莫合金、铁氧体等。铁氧体适用于高频工作的铁心，但尺寸精度受到限制，所以高精度差动变压器宜用镍含量高的坡莫合金。铁心和衔铁要经过适当热处理，去除应力，以改进其磁性能。

2. 差动变压器的等效电路

螺管型差动变压器输出特性的计算比较复杂，因为在有限长度的螺管线圈轴线上，磁场强度的分布是不均匀的。但是，根据变压器原理还是可以对螺管型差动变压器进行分析的。

理想情况下，即忽略了铁损、导磁体磁阻和线圈间寄生电容的差动变压器，其等效电路示于图 6-2-4。

根据基尔霍夫第二定律，初级线圈的回路方程为

$$i_1R_1 + L_1\frac{\mathrm{d}i_1}{\mathrm{d}t} - e_1 = 0 \tag{6-2-1}$$

次级线圈中的感应电势分别为

$$e_{21} = M_1\frac{\mathrm{d}i_1}{\mathrm{d}t} \tag{6-2-2}$$

$$e_{22} = M_2 \frac{\mathrm{d}i_1}{\mathrm{d}t} \tag{6-2-3}$$

因此，次级线圈的总电势为

$$e_2 = (M_1 - M_2)\frac{\mathrm{d}i_1}{\mathrm{d}t} \tag{6-2-4}$$

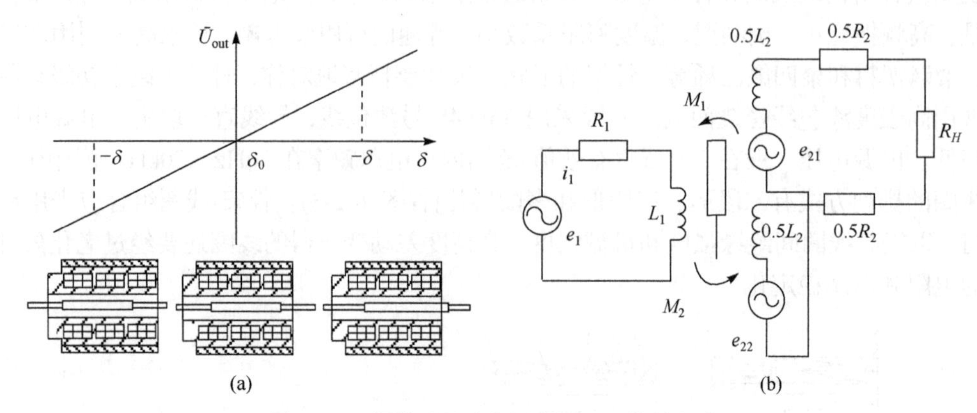

图 6-2-4　螺管型差动变压器原理和等效电路

互感差值(M_1–M_2)随活动衔铁位置改变而呈线性变化。如果输出端开路，则在某一衔铁位置输出电压的表达式为

$$\dot{E}_2 = \mathrm{j}\omega(M_1 - M_2)\frac{\dot{E}_1}{R_1 + \mathrm{j}\omega L_1} \tag{6-2-5}$$

令 $\tau_p=L_1/R_1$，代入上式，即得差动变压器的频响表达式：

$$\begin{cases} \dfrac{e_2}{e_1}(\mathrm{j}\omega) = \dfrac{(M_1 - M_2)\omega}{R_1\sqrt{(\omega\tau_p)^2 + 1}}\angle\phi \\ \phi = 90° - \arctan\omega\tau_p \end{cases} \tag{6-2-6}$$

角 ϕ 为输出电势 e_2 与输入电势 e_1 之间的相位差。

下面分三种情况进行讨论。

(1) 铁心处于中间位置时，互感 $M_1=M_2=M$，则 $e_2=0$；

(2) 铁心上升时，$M_1=M+\Delta M$，$M_2=M-\Delta M$，$e_2 = \dfrac{2\omega\Delta M e_1}{\sqrt{R_1^2 + (\omega L_1)^2}}$，与 e_{21} 同相；

(3) 铁心下降时，$M_1=M-\Delta M$，$M_2=M+\Delta M$，$e_2 = -\dfrac{2\omega\Delta M e_1}{\sqrt{R_1^2 + (\omega L_1)^2}}$，与 e_{22} 同相。

输出电压还可以写成

$$e_2 = \frac{2\omega M e_1}{\sqrt{R_1^2 + (\omega L_1)^2}}\frac{\Delta M}{M} = 2e_0\frac{\Delta M}{M} \tag{6-2-7}$$

式中，e_0 为铁心处于中间平衡位置时单个次级线圈的感应电压。

例 6-2-1　在某型飞机中心仪中 M 数传感器采用如图 6-2-5 所示 E 型差动变压器作为机电转换装置，当衔铁向右移动产生气隙变化 0.1mm 时，试求该传感器的从初级线圈观测的等效

气隙磁导 G_δ，以及初级线圈电流 I_0 和次级线圈输出电压(忽略铜电阻、漏磁通)。已知 $\delta_0=\delta_1=\delta_2=1\text{mm}$, $S_1=S_2=S_0=1\text{cm}^2$，初级线圈激磁电压 $U_{\text{in}}=10\text{V}, f=400\text{Hz}$，初、次线圈匝数分别为 $W_1=1000$ 匝，$W_2=W_3=2000$ 匝。

解析　电感式传感器中线圈电感值可由下式表示：

$$L=W^2G_\delta=W^2\frac{\mu_0 S}{\delta}$$

式中，μ_0 为真空磁导率，$\mu_0=4\pi\times10^{-7}\text{H/m}$；$W$ 为线圈匝数；δ 为磁路的长度，一般指气隙长度(m)；S 为磁路的截面积(m^2)；G_δ 为气隙磁导(H)。

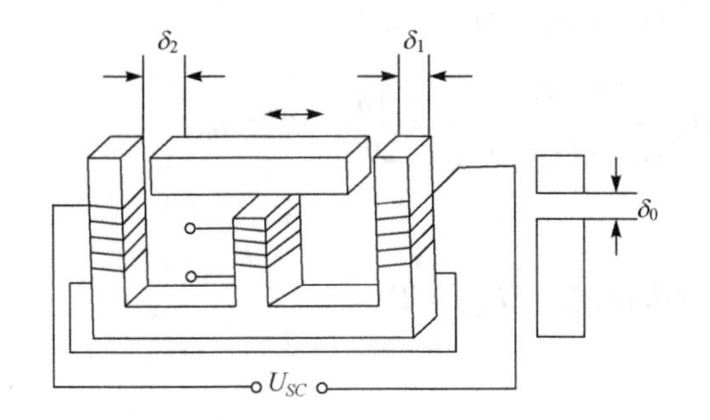

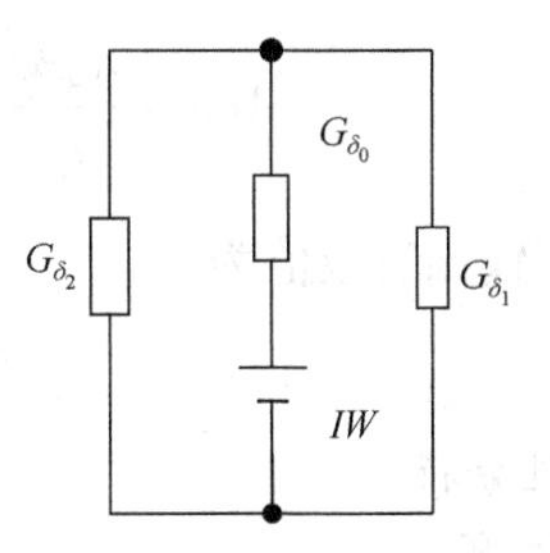

图 6-2-5　例 6-2-1 图

衔铁移动后，各气隙磁导为

$$G_{\delta_0}=\frac{\mu_0 S}{\delta_0}=\frac{1}{10}\mu_0,\quad G_{\delta_1}=\frac{1}{9}\mu_0,\quad G_{\delta_2}=\frac{1}{11}\mu_0$$

等效到初级线圈的等效气隙磁导为

$$G_\delta=\frac{(G_{\delta_1}+G_{\delta_2})G_{\delta_0}}{G_{\delta_1}+G_{\delta_2}+G_{\delta_0}}=\frac{20}{299}\mu_0$$

初级线圈电感为

$$L_1=W_1^2G_\delta=1000^2\times\frac{20}{299}\times4\pi\times10^{-7}=8.4\times10^{-2}(\text{H})$$

初级线圈电流为

$$I_0=\frac{U_{\text{in}}}{\omega L_1}=\frac{10}{2\times3.14\times400\times8.4\times10^{-2}}=47.4(\text{mA})$$

设 M_{01} 为线圈 0 和 1 之间的互感系数，M_{02} 为线圈 0 和 2 之间的互感系数，三个线圈的磁通分别为 ϕ_0、ϕ_1、ϕ_2，分析等效磁路有

$$\begin{cases}\dfrac{\phi_1}{G_{\delta_1}}=\dfrac{\phi_2}{G_{\delta_2}}\\ \phi_1+\phi_2=\phi_0\end{cases}$$

可得

$$\phi_1=\frac{G_{\delta_1}}{G_{\delta_1}+G_{\delta_2}}\phi_0,\qquad \phi_2=\frac{G_{\delta_2}}{G_{\delta_1}+G_{\delta_2}}\phi_0$$

而

$$\phi_0 = I_0 W_1 G_\delta$$

所以

$$\phi_1 = I_0 W_1 \frac{G_{\delta_0} G_{\delta_1}}{G_{\delta_0} + G_{\delta_1} + G_{\delta_2}}, \qquad \phi_2 = I_0 W_1 \frac{G_{\delta_0} G_{\delta_2}}{G_{\delta_0} + G_{\delta_1} + G_{\delta_2}}$$

计算 M_{01}、M_{02}：

$$M_{01} = \frac{W_2 \phi_1}{I_0} = W_1 W_2 \frac{G_{\delta_0} G_{\delta_1}}{G_{\delta_0} + G_{\delta_1} + G_{\delta_2}} = \frac{22}{299} \times 10^6 \times \mu_0$$

$$M_{02} = \frac{W_3 \phi_2}{I_0} = W_1 W_3 \frac{G_{\delta_0} G_{\delta_2}}{G_{\delta_0} + G_{\delta_1} + G_{\delta_2}} = \frac{18}{299} \times 10^6 \times \mu_0$$

所以，输出有效值为

$$U_{\text{out}} = \omega I_0 (M_{01} - M_{02}) = 2\text{V}$$

3. 特性分析

1) 灵敏度

差动变压器的灵敏度是指差动变压器在单位电压激磁下，铁心移动一单位距离时的输出电压，其单位为 V/(mm/V)。一般差动变压器的灵敏度大于 50mV/(mm/V)，要提高差动变压器的灵敏度有以下几条途径。

(1) 提高线圈的 Q 值，为此可增大差动变压器的尺寸，一般线圈长度为直径的 1.5～2.0 倍为恰当。

(2) 选择较高的激磁频率。

(3) 增大铁心直径，使其接近于线圈内径，但不触及线圈架。二段形差动变压器的铁心长度为全长的 60%～80%，铁心采用磁导率高、铁损小、涡流损耗小的材料。

(4) 在不使初级线圈过热的条件下尽量提高激磁电压。

2) 频率特性

差动变压器的激磁频率一般从 50Hz～10kHz 较为适当，频率太低时，差动变压器的灵敏度显著降低，温度误差和频率误差增加。频率太高，上述的理想差动变压器的假定条件就不能成立，因为随着频率的增加，铁损和耦合电容等的影响也增加，具体使用时，在 400Hz～5kHz 的范围内选择。

激磁频率与输出电压有很大关系。频率的增加引起与次级线圈相联系的磁通量的增加，使差动变压器的输出电压增大。另外，频率的增加使初级线圈的电抗也增加，从而使输出信号有减小的趋势。

3) 线性范围

理想差动变压器次级输出电压与衔铁位移呈线性关系。实际上，由于铁心的直径、长度、材质的不同和线圈骨架的形状、大小的不同均对线性关系有直接的影响，因此一般差动变压器的线性范围为线圈骨架长度的 1/10～1/4。

通常所说的差动放大器的线性度不仅是指衔铁位移与输出电压的关系，还要求输出电压的相位角为一定值，另外，线性度好坏与激磁频率、负载电阻等都有关系。得到最佳线性度的激磁频率随铁心长度而异。

如果把差动放大器的交流输出电压用差动整流电路进行整流，能使输出电压线性度得到改善，也可以依靠测量电路来改善差动变压器的线性度和扩展线性范围。

4) 温度特性

机械结构的膨胀、收缩，测量电路的温度特性等的影响，会造成差动变压器的测量精度下降。

机械部分的热胀冷缩，对差动变压器测量精度的影响可达数微米到十微米。如果要把这种影响限制在 1μm 以内，则需要把差动变压器在使用环境中放 24h 以后才可测量使用。

在造成温度误差的各项原因中，影响最大的为初级线圈的电阻温度系数。当温度变化时，初级线圈的温度变化引起初级电流增减，从而造成次级电压随温度而变化。一般铜导线的电阻温度系数为+0.4%/℃，对于小型的差动变压器且在低频使用场合下，其初级线圈阻抗中，线圈电阻所占的比率较大。因此这时差动变压器的电阻温度系数为–0.3%/℃，对于大型差动变压器且其使用频率较高时，其电阻温度系数较小，一般为–0.1%/℃～0.05%/℃。

如果初级线圈的 $Q=\omega L_1/R_1$ 高，则由温度变化引起次级感应电势 e_2 的变化 Δe_2 就小，另外由温度变化、次级线圈的电阻变化，也引起输出电压 $\dot{U}_{out}$ 变化，但这影响较小，可以忽略不计。通常铁心的磁特性、磁导率、铁损、涡流损耗等也随温度一起变化，但与初级线圈所受温度的影响相比可以忽略不计。

差动变压器的使用温度通常为 80℃，特别制造的高温型可为 150℃。

4. 测量线路

现以图 6-2-6 所示的一个实际电路为例进行分析，该电路由 4 部分组成：方波发生器、电流放大电路、精密整流电路、加法电路和一阶低通滤波器。

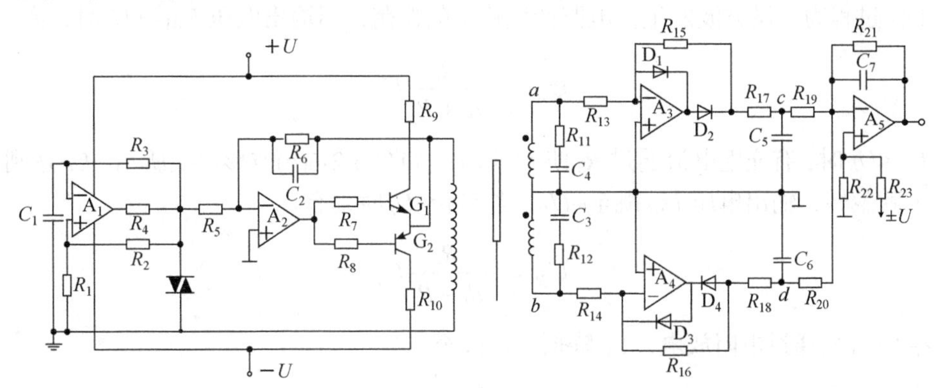

图 6-2-6　差动变压器位移传感器的测量线路

1) 方波发生器

从差动放大器的频率特性知道，不同测量范围、不同结构尺寸的差动放大器有其最佳频率值，并且传感器对激磁电源波形要求不高，可以是方波、三角波、正弦波等，其中方波发生器作为激磁电源是合适的，方波常用于脉冲和数字系统作为信号源，电路如图 6-2-7 所示。它是由一个电压比较器和 RC 充放电回路组成的。

电压比较器(图 6-2-8)用来确定翻转点的电平，使定时精度和稳定性都有显著提高。这里，电压比较器选用宽带高输入阻抗的 LF353 运算放大器，引出端功能图及主要参数见图 6-2-8(b)。图 6-2-7 中的 D_z 是双稳压管，起限幅作用，把输入幅度限制在 $\pm U_z$ 之间，U_z 是稳压管的稳压值。R_4是限流电阻，防止放大器过载。

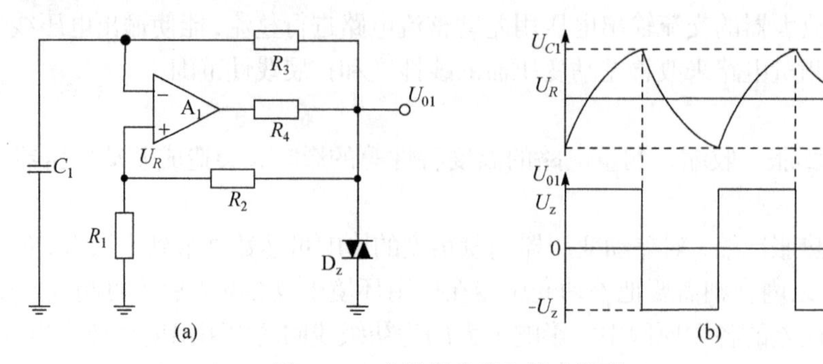

图 6-2-7　方波发生器和输出波形

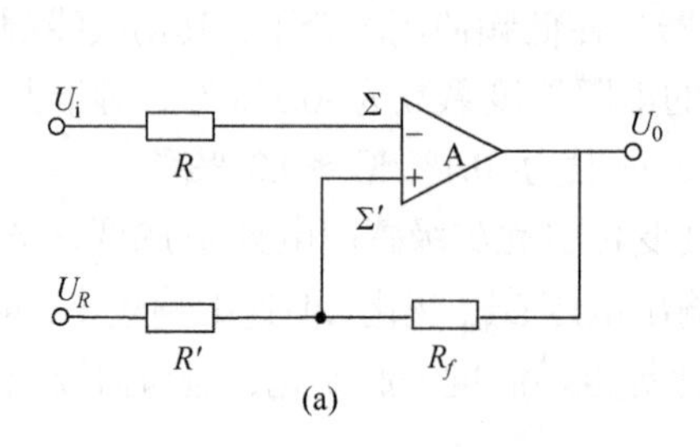

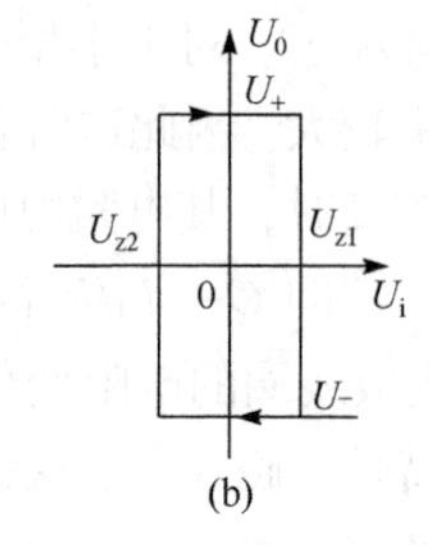

图 6-2-8　电压比较器和输入输出关系

利用电容两端的电压 U_C和 U_z相比较，决定 U_{01}的极性是正还是负。U_{01}的极性又决定通过电容的电流是充电(使 U_C增加)还是放电(使 U_C减小)，而 U_C的高低再一次决定 U_{01}的极性。当电容反复地进行充放电时，在电路的输出端就产生正负交替的方波。

其工作过程为：设方波发生器电路产生稳定的振荡，当输出电压 $U_{01}=+U_z$时，有

$$U_R = +\frac{R_1}{R_1+R_2}U_z$$

当 $U_C<U_R$时，有充电电流通过 R_3使 U_C增加，如图 6-2-6(b)波形曲线所示。U_C达到 U_R时，比较器 A 就翻转，输出电压 U_{01}跳至$-U_z$。当 $U_{01}=-U_z$时，有

$$U_R = -\frac{R_1}{R_1+R_2}U_z$$

电容 C_1开始通过电阻放电，U_C降低，当降至

$$U_C = -\frac{R_1}{R_1+R_2}U_z = U_R$$

比较器 A 又回翻到 $U_{01}=+U_z$状态。接着又重复充电过程，如此不断地循环，就形成了自激振荡，输出 U_{01}是对称方波。

方波周期取决于 C_1的充放电的时间常数 R_3C_1和$\pm\frac{R_1}{R_1+R_2}U_z$的值。

其振荡周期为

$$T = 2R_3C_1\ln\left(1+\frac{2R_1}{R_2}\right)$$

该电路的转换精度与双稳压管的稳定度有关。这种方波发生器的特点是：①调节 R_3 可以调节振荡频率，方波幅值则通过选择 D_z 的稳定电压来调整；②频率稳定性高(f 仅与 R_3C_1 有关)，且温漂小；③输出幅度取决于稳压管的击穿电压；④输出方波的前后沿陡度取决于运算放大器的上升速率 SR，SR 越大，前后沿越陡，方波质量越好。

采用一般元件，这个电路在 f_Z=10～10^4Hz 的频率范围内都能良好工作，若对元件和运算放大器进行适当挑选，最高频率可达 10^5Hz。

2) 电流放大电路

增大输出电流的目的是提高差动变压器式传感器的磁势 IW。电流放大电路如图 6-2-9 所示。

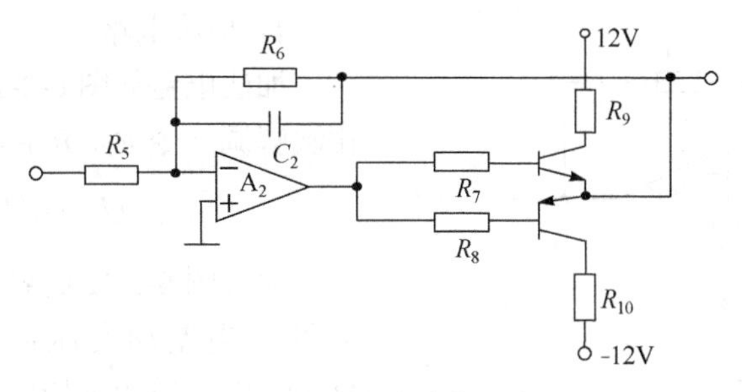

图 6-2-9　电流放大电路

电路由运算放大器和互补对称电路组成，R_9、R_{10} 是限流电阻，防止电流过大损坏三极管，这种互补电路的特点是：当有信号输入时，两个管子交替地工作，得到对称的工作状态。如果输入交流信号，则可以得到输出波形合成的效果，从而提高输出功率，提高差动变压器初级线圈的电流。

3) 精密整流电路

用普通的二极管整流时，由于其正向伏安特性不是线性的，因此整流特性并不理想，另外，二极管正向压降随温度而变，若接成如图 6-2-10 那样的精密整流电路，把整流二极管接在运算放大器的反馈回路中，能得到与理想二极管接近的精密整流器，其输出与输入之间即使在小信号下仍有良好的线性关系。

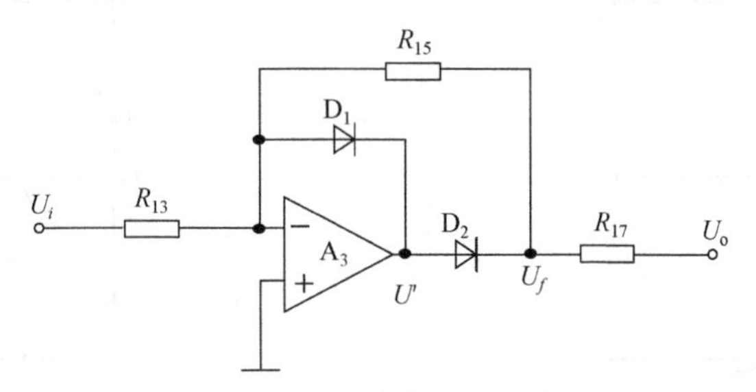

图 6-2-10　精密整流电路

当输入电压为负时，运算放大器的输出电压 U' 为正值，所以二极管 D_1 截止，二极管 D_2 的工作状态则取决于 U' 的大小，当 $U'<U_f$ 时，D_2 截止，放大器处于开环状态，当 $U'>U_f$ 时，D_2 导通，可把 U_f 看成放大器的输出失调电压。D_2 导通，相当于一个反相输入比例放大器，$U_o=-U_i\left(R_{15}/R_{13}\right)$，若取 R_{15}=R_{13}，则 U_o=$-U_i$。由于放大器的开环增益 A 很高，当输入信号 $U_i \geqslant U_f/A$ 时，会使 D_1 导通，而且 D_1 一旦导通，放大器处于深度的闭环状态，U_o=0。由上所

述，精密的整流器的输出为

$$U_o = -U_i \quad (U_i < 0)$$
$$U_o = 0\text{V} \quad (U_i > 0)$$

若将 D_1 和 D_2 的极性倒过来，则得到另一极性的整流器输出为

$$U_o = -U_i \quad (U_i > 0)$$
$$U_o = 0\text{V} \quad (U_i < 0)$$

该整流器的死区电压是非常小的，它等于二极管正向压降的 $1/A$ 倍。如果 $R_{15} > R_{13}$，精密半波整流器还兼有放大作用，放大倍数为(R_{15}/R_{13})，其输入阻抗为 R_{13}，输出阻抗近似为零。

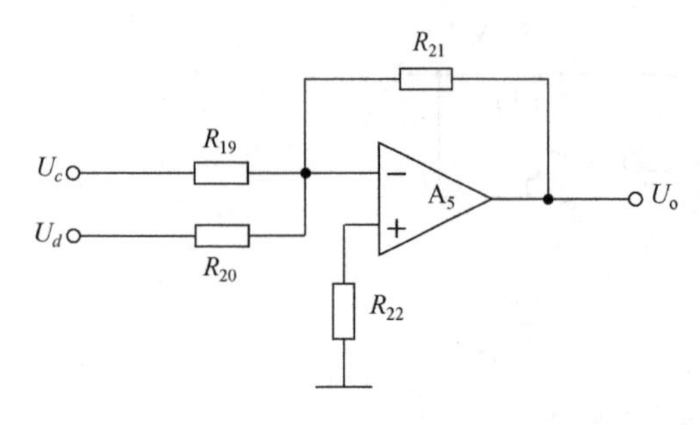

图 6-2-11　加法电路

4) 加法电路

加法电路如图 6-2-11 所示。其作用是实现相敏解调。令 R_{19}=R_{20}=R_{21}，则有

$$U_o = -(U_c + U_d)$$

通过图 6-2-12 的各点的波形和最后的输出可见，当差动变压器的衔铁产生位移使得 M_1>M_2 时，输出电压的平均值为正，反之，输出电压的平均值为负，说明了该电路的相敏解调功能。

(a) M_1>M_2

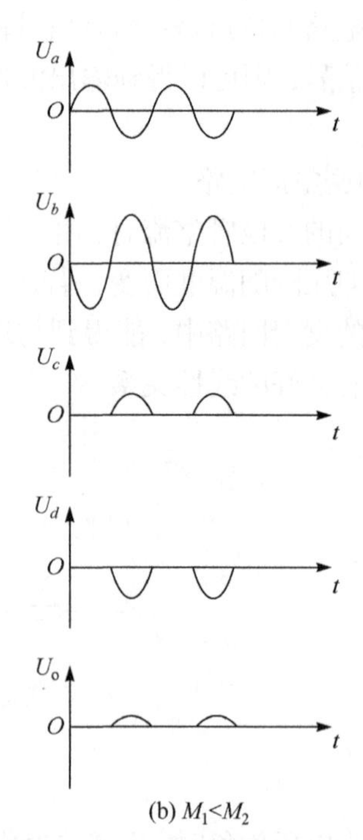

(b) M_1<M_2

图 6-2-12　相敏检波电路各点波形

5) 一阶低通滤波器

使用低通滤波器的作用是得到信号的平均值。图 6-2-13 所示为一阶低通滤波器电路(图(a))及其对数幅频特性(图(b))。

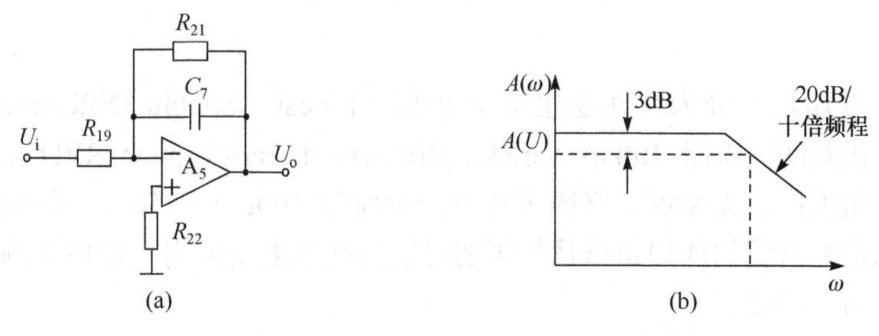

图 6-2-13　一阶低通滤波器及其幅频特性

为了提高组件增益和带负载能力，可以将滤波电路作为反馈支路接到反相组件的反相输入端。该电路接有深度负反馈，因此集成运算放大器 F741 工作在线性区，根据虚地的概念可得

$$\dot{A}=\frac{\dot{U}_o}{\dot{U}_i}=-\frac{R_{21}}{R_{19}}\cdot\frac{1}{1+j\omega R_{21}C_7}=-\frac{A_v}{1+j\dfrac{\omega}{\omega_0}}$$

式中，$A_v=\dfrac{R_{21}}{R_{19}}$，　$\omega_0=\dfrac{1}{R_{21}C_7}$　。

ω_0 是滤波器的截止角频率，所以幅频特性和相频特性分别为

$$A(\omega)=\frac{\dfrac{R_{21}}{R_{19}}}{\sqrt{1+\left(\dfrac{\omega}{\omega_0}\right)^2}}=\frac{A_v}{\sqrt{1+\left(\dfrac{\omega}{\omega_0}\right)^2}}$$

$$\phi(\omega)=-\pi-\arctan\frac{\omega}{\omega_0}$$

5. 专用差动变压器调理电路

AD598 是一块工业级的差动变压器信号调理芯片，框图如图 6-2-14 所示。

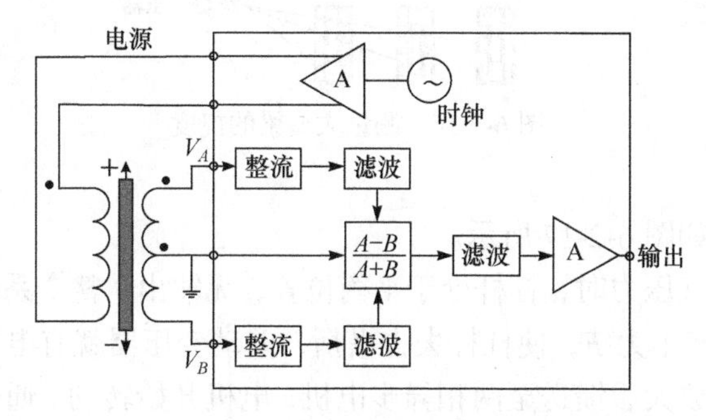

图 6-2-14　差动变压器调理电路 AD598

内部振荡频率在 20Hz～20kHz 之间可调。通过相敏整流电路分别得到 A、B 端的绝对值，经过$(A-B)/(A+B)$运算及滤波处理，直接得到与位移大小成比例的直流输出。该电路还有以下优点：①输出与激励线圈电压无关；②改善线性度、灵敏度；③可以单双电源工作；④改善动态测量范围。

6.2.3　应用

螺管型差动变压器又分为线性变化差动变压器(Linear Variable Differential Transformers, LVDT)和旋转变化差动变压器(Rotary Variable Differential Transformers, RVDT)。差动变压器具有线性度好、灵敏度高、无摩擦、坚固等特点，量程为 100μm～25cm。差动变压器的应用非常广泛，凡是与位移有关的任何机械量均可通过它转换成电量输出。常用于测量位移、振动、应变、比重、张力、厚度等。

1. 测量振动和加速度

图 6-2-15 所示为测量加速度的差动变压器(图(a))和测量振动的波形图(图(b))。如前所述，测定振动物体的频率和振幅时，激磁频率必须是振动频率的十倍，这样测定的结果是十分精确的，可测量的振幅为 0.1～5.0mm，振荡频率一般为 0～150Hz。采用特殊设计的结构，还可以提高其频率响应范围。

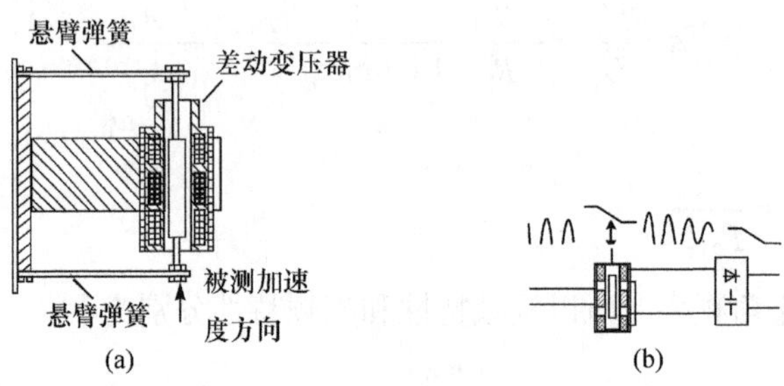

图 6-2-15　加速度传感器和测量振动的波形

2. 测量大型构件的应力、位移、挠度等力学性能参数

用差动变压器测量这些参数较之常用的千分表精度高、分辨率高、重复性好，并且可以实现自动测量和记录(图 6-2-16)。

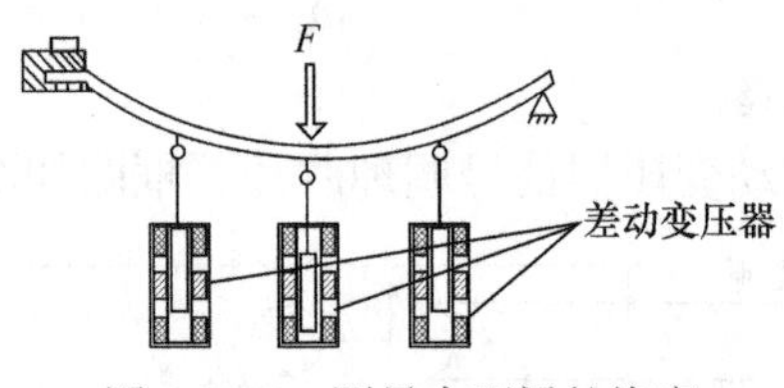

图 6-2-16　测量大型梁的挠度

3. 力平衡系统

力平衡系统的原理如图 6-2-17 所示。

当被测压力等于大气压力时，杠杆处于平衡位置，无输出，整个系统处于平衡状态。当波纹管内通入压力 P，便产生力 F，使杠杆失去平衡，差动变压器就有电信号输出。前置放大器和伺服放大器把此信号放大后馈送至两相异步电机，电机开始转动。通过齿轮减速器带动指针转动，反馈电位器的电刷也随之转动，电位器的输出电压发生改变。该电压输入跨导放大器，而跨导放大器输出的是电流。力发生器输出的是与电流成正比的力，使杠杆向平衡位置方向转动，直到杠杆回到平衡位置，差动变压器便无输出，电机停转，此时系统达到了新的平衡。因此。指针指示的位置是与压力值 P 相对应的，可直接标记为压力值。这种闭环系统的精度高，线性度达万分之一。差动变压器的实例很多，这里不再逐一介绍。

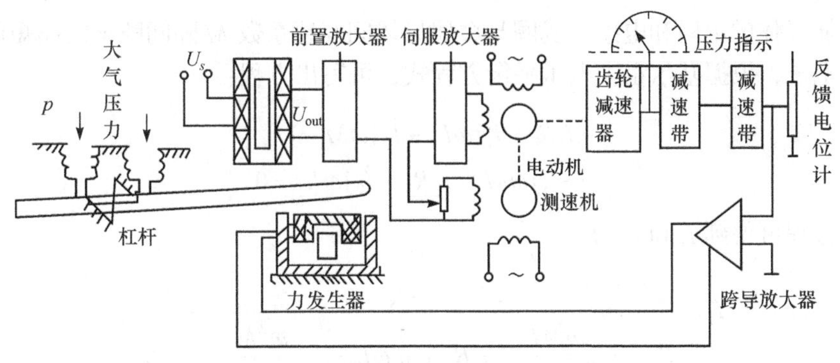

图 6-2-17　力平衡系统中的差动变压器

6.3　电涡流传感器

根据电磁场理论，在受到时变电磁场作用的任何导体中，都会产生电涡流。涡流的强度与导体的电阻率、磁导率、导体厚度以及线圈与导体之间的距离、线圈的激励频率等参数有关。固定其中若干个参数不变，就能按涡流大小测量另外某一个参数。电涡流式传感器的最大特点是可进行非接触测量，并且结构简单，不受油污等介质的影响，在工业生产和科学研究各个领域有广泛的应用，常用于测量位移、振幅、尺寸、厚度、工件表面粗糙度、导体的温度、金属表面裂纹等。

6.3.1　工作原理

一块金属导体放置在一个扁平线圈附近，相互并不接触，如图 6-3-1 所示，当线圈中通以高频正弦交变电流时，线圈的周围空间就产生交变磁场 H_1，此交变磁场通过邻近金属导体，在导体上就产生电涡流。而此电涡流也产生交变磁场 H_2，H_2 的方向与 H_1 的方向相反，由于磁场 H_2 的反作用，使通电线圈中电流大小和相位都发生变化，即线圈的有效阻抗变化，因此可用线圈阻抗的变化来反映金属导体(被测体)的电涡流效应。

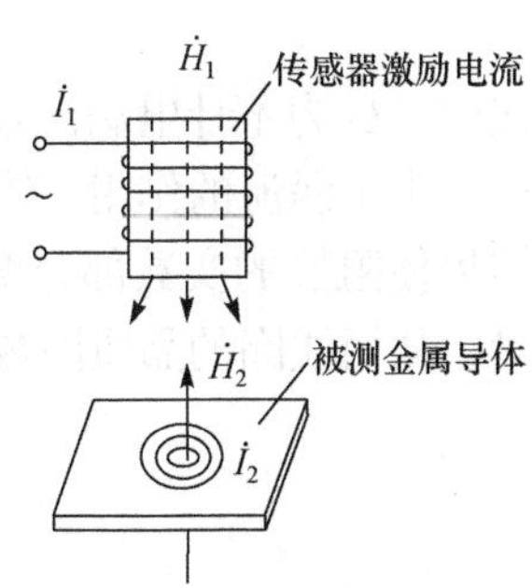

图 6-3-1　电涡流工作原理

线圈阻抗的变化不仅与电涡流效应有关，还与金属导体的电阻率(ρ)、磁导率(μ)、几何尺寸(r)、激磁电流(I)、频率(ω)以及线圈到金属导体的距离(x)有关，如果控制这些可变参数只改变其中的一个参数，这样阻抗变化就成为这个参数的单值函数，常用的电涡流测距传感器，是在 ρ、μ、r、I、ω 恒定不变时，阻抗 z 仅是距离 x 的单值函数。因此，电涡流式传感器应看成由一个载流线圈和金属导体两部分组成，缺一不可。

6.3.2　等效电路分析

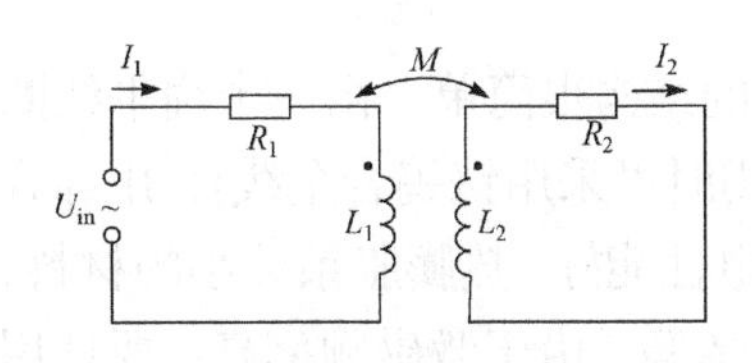

图 6-3-2　电涡流式传感器等效电路

电涡流式传感器的金属导体可看作一个短路线圈，它与高频通电扁平线圈磁性相连，鉴于变压器原理，把高频导电线圈看成变压器原边，金属导体中涡流回路看成副边，即可画出电涡流式传感器的等效电路如图 6-3-2 所示。

图 6-3-2 中，R_1 和 L_1 为通电线圈铜电阻和电感，R_2 和

L_2为被测金属导体的电阻和电感，线圈与金属导体间互感系数 M 随间隙 x 的缩短而增大。U_{in}为高频激磁电压，根据基尔霍夫电压平衡方程式，可写出方程：

$$\begin{cases}\dot{I}_1R_1+\dot{I}_1\mathrm{j}\omega L_1-\dot{I}_2\mathrm{j}\omega M=\dot{U}_{sr}\\-\dot{I}_1\mathrm{j}\omega M+\dot{I}_2R_2+\dot{I}_2\mathrm{j}\omega L_2=0\end{cases}\tag{6-3-1}$$

解上列方程可得到 I_1 和 I_2 为

$$\dot{I}_1=\frac{\dot{U}_{sr}}{R_1+\dfrac{\omega^2M^2}{R_2^{\ 2}+(\omega L_2)^2}R_2+\mathrm{j}\left[\omega L_1-\dfrac{\omega^2M^2}{R_2^2+(\omega L_2)^2}\omega L_2\right]}\tag{6-3-2}$$

$$\dot{I}_2=\mathrm{j}\omega\frac{M\dot{I}_1}{R_2+\mathrm{j}\omega L_2}=\frac{M\omega^2L_2\dot{I}_1+\mathrm{j}\omega MR_2\dot{I}_1}{R_2^2+\omega^2L_2^{\ 2}}\tag{6-3-3}$$

由此可算出线圈受到金属导体影响后的等效阻抗为

$$Z=R_1+\frac{\omega^2M^2}{R_2^{\ 2}+(\omega L_2)^2}R_2+\mathrm{j}\left[\omega L_1-\frac{\omega^2M^2}{R_2^2+(\omega L_2)^2}\omega L_2\right]\tag{6-3-4}$$

从而可得到线圈的等效电感为

$$L=L_1-L_2\frac{\omega^2M^2}{R_2^2+(\omega L_2)^2}\tag{6-3-5}$$

式中，L_1为不计电涡流效应时的线圈电感量；L_2为电涡流等效电路的等效电感。

由于涡流的作用，线圈阻抗从原来 $Z_0=R_1+\mathrm{j}\omega L_1$，变为 Z，比较 Z_0 与 Z 可知，涡流影响的结果使阻抗的实数部分增大而虚数部分减小，由于被测金属导体上电涡流产生热量而消耗能量，从而线圈的品质因数 Q 也减小。由式(6-3-4)化简后可得到线圈的品质因数 Q 为

$$Q=Q_0\frac{1-\dfrac{L_2}{L_1}\dfrac{\omega^2M^2}{Z_2^2}}{1+\dfrac{R_2}{R_1}\dfrac{\omega^2M^2}{Z_2^2}}\tag{6-3-6}$$

式中，$Q_0=\omega L_1/R_1$，为无涡流影响时线圈的 Q 值；$Z_2=R_2+\mathrm{j}\omega L_2$，为金属导体中产生电涡流部分圆环的阻抗。

由式(6-3-4)、式(6-3-5)和式(6-3-6)可知，线圈与金属导体的阻抗、电感和品质因数都是此系统互感系数平方的函数，因此 $Z=f(x)$，$L=\mu(x)$，$Q=\nu(x)$都是非线性函数。实际使用时，为了获得线性输出，可限制传感器在某一范围内使用。

6.3.3　结构特点

图 6-3-3 所示为最常用的一种变间隙式电涡流传感器，它的结构很简单，由一个扁平线圈固定在框架上构成。线圈用高强度漆包线或银线绕制(高温使用时可采用铼钨合金线)，用黏合剂粘在框架端部或绕制在框架槽内。线圈框架应采用损耗小、电性能好、热膨胀系数小的材料，常用高频陶瓷、聚酰亚胺、环氧玻璃纤维、氮化硼和聚四氟乙烯等。由于激磁频率高，要选用

同轴电缆和高质量插头。

这种传感器线圈外径大时，线圈的磁场轴向分布范围广，但磁感应强度的变化梯度小，线圈外径小时则相反。图 6-3-4 所示为内径与厚度相同，但外径不同的两个线圈在其轴线上某一点的轴向磁感应强度 B 与其到探头端面的距离 x 之间的关系，d_{01} 和 d_{02} 表示线圈的外径。可以看出，线圈外径大，线性范围大，但灵敏度低；反之，线圈外径小，灵敏度高，但线性范围小。

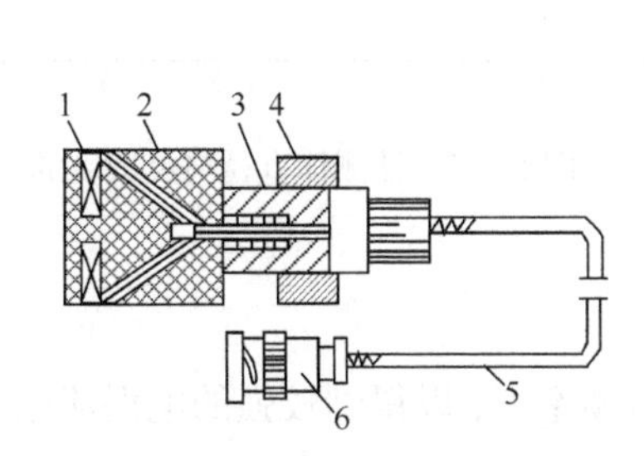

图 6-3-3　电涡流式传感器的结构

1—线圈；2—框架；3—框架枕套；4—支座；5—电缆；6—插头

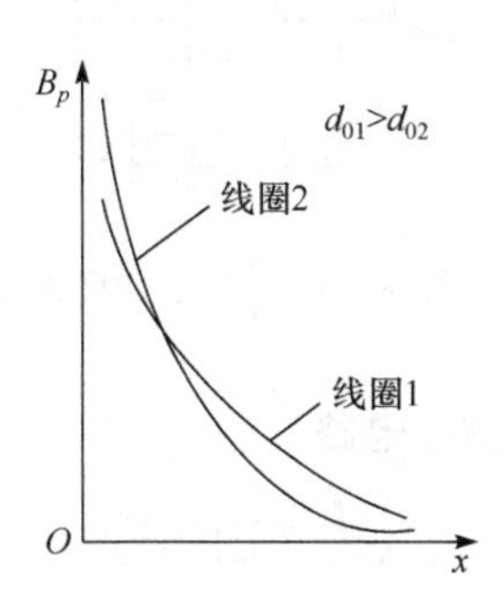

图 6-3-4　线圈轴向磁感应强度分布

为了使传感器小型化，也可在线圈内加磁心，以便在电感量相同的条件下减少匝数，提高 Q 值。同时，加入磁心可以感受较弱的磁场变化，使 μ 值变化增大而扩大测量范围。

需要指出的是，由于电涡流传感器是利用线圈与被测导体之间的电磁耦合工作的，因而被测导体作为“实际传感器”的一部分，其材料的物理性质、尺寸与形状都与传感器特性密切相关，因此有必要对被测体进行讨论。

首先，被测导体的电导率、磁导率对传感器的灵敏度有影响。一般说来，被测体的电导率越高，灵敏度也越高。磁导率则相反，当被测物为磁性体时，灵敏度较非磁性体低。而且被测体若有剩磁，将影响测量结果，因此应予消磁。若涡流体为软磁体时，则同时存在两种效应，除涡流所产生的去磁效应外，涡流体导磁也同时起作用，产生增磁效应。当激励线圈接近涡流体时，涡流的作用使线圈电感减小，而涡流体的导磁作用则使线圈电感增加，为使涡流效应大于磁效应，激励频率应选在 10^5Hz 以上，以保证有很强的涡流效应。总的说来，在相同的工作频率范围内，非导磁的涡流体灵敏度比导磁体要高。

若被测体表面有镀层，镀层性质和厚度不均匀也会影响测量精度。在测量转动或移动的被测体时，这种不均匀将形成干扰信号。尤其在激励频率较高，电涡流的贯穿深度减小时，不均匀干扰的影响更加突出。

灵敏度还与被测体的大小和形状密切相关，若被测体为平面，在涡流环的直径为线圈直径的 1.8 倍处，电涡流的密度(J)已衰减为最大值的 5%，如图 6-3-5 所示。为充分利用电涡流效应，被测体环的直径不应小于线圈直径的 1.8 倍。当被测体环的直径为线圈直径的 1/2 时，灵敏度将减小 1/2，更小时，灵敏度下降更严重。如对于圆柱体被测体，只有在其直径为线圈直径的 3.5 倍以上，才不影响测量结果，两者相等时，灵敏度降低 30%左右。被测体直径对灵敏度的影响示于图 6-3-6 中，图中 D 为被测体直径，d 为线圈直径，K_r 为相对灵敏度。

被测体的厚度一般应大于 0.2mm，才不影响测量结果，但被测体的厚度也要视激励频率而定，铜铝等材料则可薄至 70μm。

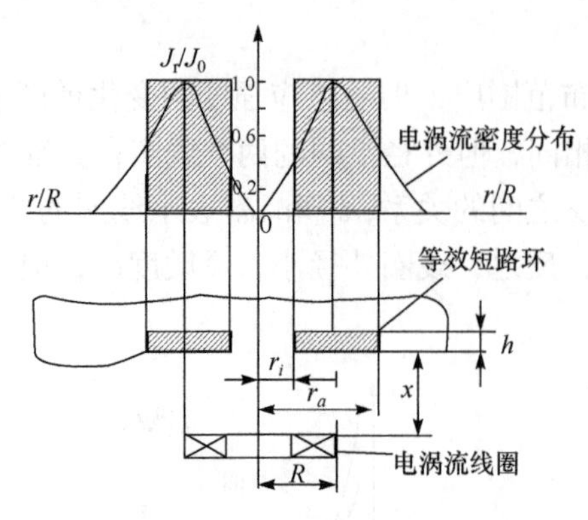

图 6-3-5　导体表面电涡流分布

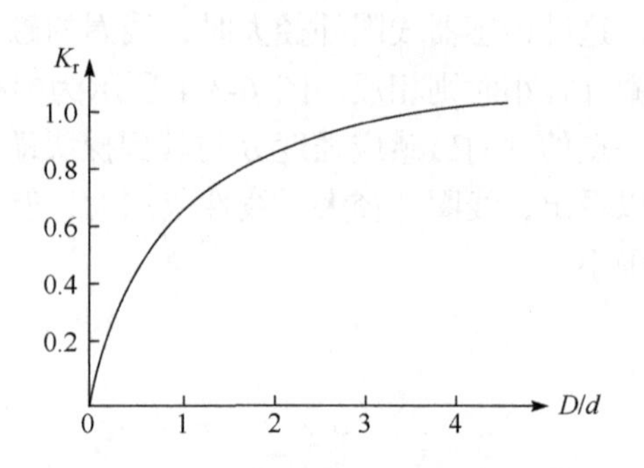

图 6-3-6　被测体直径与灵敏度的关系

6.3.4　测量电路

电涡流式传感器的特点是，激励线圈工作在较高频率下，以得到较强的电涡流效应，因此，大多采用定频调幅和调频两种电路。

1. 定频调幅测量电路

定频调幅测量原理示于图 6-3-7，它由高频激励电流对一并联的 LC 电路供电。L 是传感器的激励线圈。由于 LC 并联电路的阻抗在谐振时达到最大，而在失谐状态下急剧减小。实际的激励线圈的电参数设为 L_1 和 R_1。在一定频率、恒定幅值电流源激励下，输出端电压随着失谐的增大而急剧下降。为使分析简单，设激励频率 f 足够高，使 $R_1 \ll \omega C$，则 LC 回路的等效阻抗为

$$Z=\frac{\dfrac{L_1}{C}+\dfrac{R_1}{\mathrm{j}\omega C}}{R_1+\mathrm{j}\left(\omega L_1-\dfrac{1}{\omega C}\right)}\approx\frac{\dfrac{L_1}{C}}{R_1+\mathrm{j}\left(\omega L_1-\dfrac{1}{\omega C}\right)} \tag{6-3-7}$$

$$|Z|\approx\frac{\dfrac{L_1}{R_1C}}{\sqrt{1+\left(\omega\dfrac{L_1}{R_1}-\dfrac{1}{\omega R_1C}\right)^2}}$$

设该 LC 电路的谐振频率为 ω_0，$C=\dfrac{1}{\omega_0^2L_1}$，代入上式，得到

$$|Z|\approx\frac{\dfrac{L_1}{R_1C}}{\sqrt{1+\left(\omega\dfrac{L_1}{R_1}-\dfrac{\omega_0^2L_1}{\omega R_1}\right)^2}}\approx\frac{\dfrac{L_1}{R_1C}}{\sqrt{1+\left[2\dfrac{L_1}{R_1}(\omega-\omega_0)\right]^2}} \tag{6-3-8}$$

输出电压为

$$|U_0|=|I_0||Z|\approx|I_0|\frac{\dfrac{L_1}{R_1C}}{\sqrt{1+\left(2\dfrac{L_1}{R_1}\Delta\omega\right)^2}} \tag{6-3-9}$$

式中，$\Delta\omega=\omega-\omega_0$ 是失谐频率偏移。$\omega_0^2=\dfrac{1}{L_1C}$，由于 L_1 是涡流参数，故 ω_0 是与涡流有关的变量。由上式可知：

(1) 当 $\omega=\omega_0$ 时，输出最大，为 $\dot{U}_0=\dot{I}_0\dfrac{L_1}{R_1C}$；

(2) 对非导磁金属，涡流增大导致 L_1 减小、ω_0 和 R_1 增大，因此式(6-3-9)的分子减小而分母增大，于是输出电压随涡流增大而减小，谐振频率及谐振曲线向高频方向移动，见图 6-3-7；

(3) U_0 与涡流参数之间呈单调而非线性的关系。

这种方式多用于测量位移，其测量系统框图示于图 6-3-7(c)。

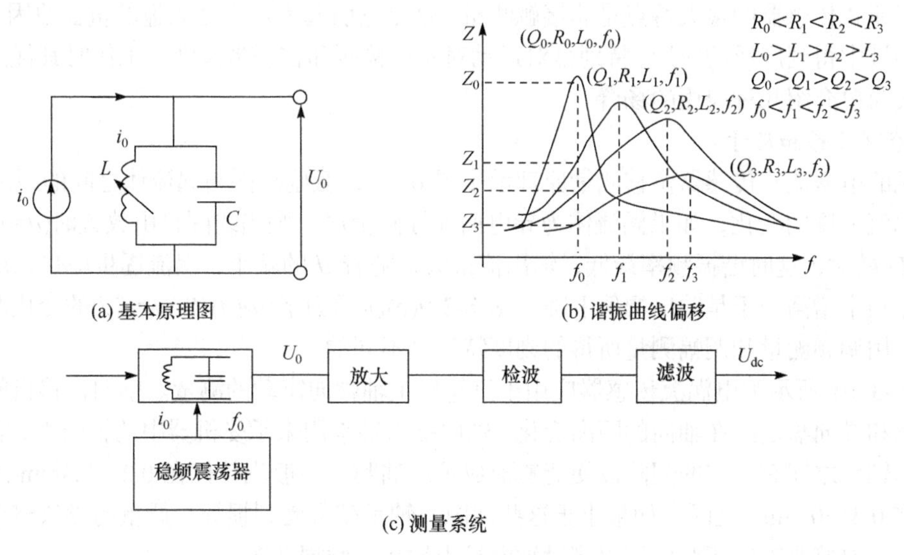

图 6-3-7　定频调幅测量原理

2. 调频测量电路

定频调幅电路虽然应用较广，但电路复杂，线性范围较窄。而调频测量电路则比较简单，线性范围也较宽，电路中将 LC 谐振回路和放大器结合构成 LC 振荡器，其频率始终等于谐振频率，而幅值始终为谐振曲线的峰值，即

$$\omega=\omega_0=\frac{1}{\sqrt{L_1C}}$$

$$\dot{U}_0=\dot{I}_0\frac{L_1}{R_1C} \tag{6-3-10}$$

可见，在涡流增大时，L_1 减小，R_1 增大，谐振频率增高，而输出幅值变小。显然，在调频方式下有两种可以运用的方式。一种称为调频鉴幅式，利用了频率与幅值同时变化的特点。测出图 6-3-8(a)的峰点值，其特性如图中谐振曲线的包络线，此法的优点是取消了图 6-3-7(c)中的稳频振荡器而利用了其后的简单检波器。另一种是直接输出频率，见图 6-3-8(b)，测量电路中的鉴频器将调频信号转换为电压输出。

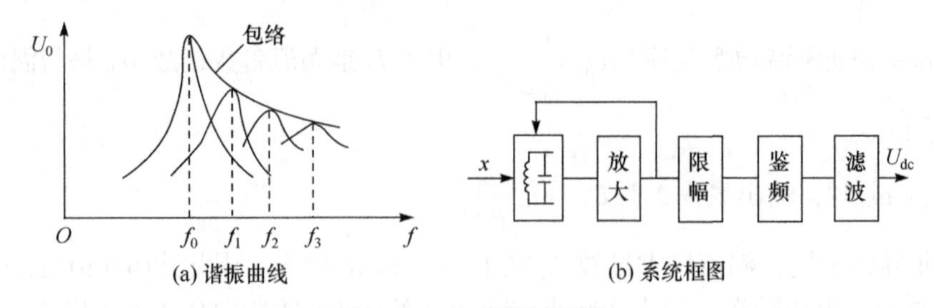

(a) 谐振曲线　(b) 系统框图

图 6-3-8　调频测量原理

6.3.5　应用

电涡流式传感器的最大特点是非接触测量，这是它引起人们广泛兴趣的重要原因。目前已在许多领域中得到广泛的应用，特别是对运动对象的检测和在恶劣条件下工作时其优点更加突出。下面简单介绍几种应用的场合。

1. 检测位移和尺寸

常见的电涡流式传感器位移测量原理示于图 6-3-9，激励线圈与涡流体之间的距离 d 的变化引起涡流强度的变化，如果涡流体为导电而非导磁金属，则当线圈自由放置时(d=∞)，线圈中电感 L_1 最大，这时谐振频率最低，输出值最大，随着 d 的减小，涡流逐步增强，L_1 将减小而使谐振频率增高，于是输出幅值下降。图 6-3-9(b)所示为 $f=\Phi(d)$和 $U_0=f(d)$的变化曲线，可以看出，用调频测量和调幅测量所得的刻度特性是不同的。

图 6-3-10 所示为电涡流传感器应用于汽轮机主轴轴向窜动的测量。轴向位移指的是轴向推力轴承和导向盘之间在轴向的距离变化。轴向推力轴承用来承受机器中的轴向力，它要求在导向盘和轴承之间有一定的间隙以便能够形成承载油膜。一般汽轮机在 0.2～0.3mm 之间，压缩机组在 0.4～0.6mm 之间。如果小于这些间隙，轴承就会受到损坏，严重的导致整个机器损坏，因此需要监测轴的相对位移以测量轴向推力轴承的磨损情况。

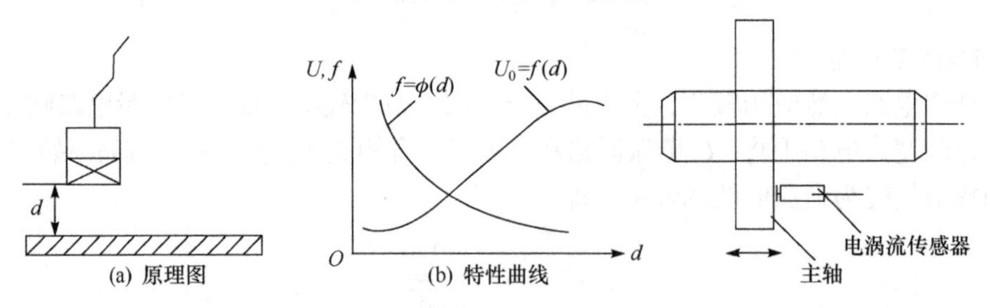

(a) 原理图　(b) 特性曲线

图 6-3-9　电涡流测距原理　　图 6-3-10　汽轮机主轴位移测量

利用涡流测量位移的主要问题是通用性差，当涡流体由一种材料改换为另一种材料时，需要重新标定或校正。实验证明，校正可以用改变原始间隙的办法完成，从而扩大了电涡流式传感器的适用范围。利用测距的原理，电涡流式传感器可以用于振动、表面镀层厚度、表面不平度等的测量。此外，也可作为计数脉冲发生器来使用，用于测量转速或金属零件的计数。这时，传感器的输出只要求是“1”或“0”两种信号，传感器的特性要求就大大降低。

2. 测量材料的性质

当线圈与涡流体之间的距离固定不变时，涡流强度及其反映的参数就与涡流体的材料性质有关，利用这一特点可测量材料的性质。最早应用的是电涡流探伤。当金属表面层有裂纹时，如热处理裂纹、焊缝裂纹、材料试验中的裂纹等，涡流的分布及参数都会随之发生变化。

6.4 工程设计方法

变磁阻式传感器种类繁多，用途各异，因此其设计方法各有差异，设计步骤也不尽相同。下面以变气隙长度电感传感器为例(不包括涡流型传感器)，分析变磁阻式传感器设计的一般步骤以及在确定各个参数时所依据的共同原则。

通常，在设计任务书中给定的技术条件和原始数据可能有下列内容：

(1) 输入位移量(或角度)的大小；

(2) 灵敏度；

(3) 输出特性的允许误差，如非线性、相移、零位信号等；

(4) 输出特性的形式，如要求电压还是功率，直流还是交流；

(5) 电源电压和频率。

根据传感器在具体测量系统中的不同使用条件，有时只采用其中几项，或者增加其他要求项目。

需要解决的设计任务则包括下列几项：

(1) 选定传感器的结构形式；

(2) 确定其磁路中的各个结构尺寸；

(3) 确定线圈匝数及导线直径；

(4) 确定激磁电压及频率。

6.4.1 电感传感器设计考虑

现以差动螺管式线圈的设计为例来说明电感传感器的设计考虑。某型号电感位移传感器的主要性能列于表 6-4-1。

表 6-4-1 某型号电感位移传感器特性

型号	D-05	D-10	D-50
量程	±5mm	±10mm	±50mm
非线性误差	±0.5%	±0.5%	±0.5%
使用环境温度	−10～80℃		−10～40℃
稳定误差	<0.5%/℃		<1.5%/℃
频率响应	0～200Hz		静态
供桥电源	5V 3000Hz		5V 3000Hz

传感器线圈的长度是根据测量范围来选择的。所谓测量范围是指输出信号与位移量之间呈线性关系(允许有某一误差)的位移范围。如传感器在非线性误差±0.5%的测量范围内，位移范围分别为±5mm、±10mm、±50mm。总的说来，测量范围大的传感器尺寸长一些，测量范围小的，尺寸就短一些，但并没有一个固定的比例关系。该传感器的线圈和铁心尺寸示于图 6-4-1。图中，l_c为铁心长，l为线圈总长。

为了满足当铁心移动时线圈内部磁通变化的均匀性，保持输出电压与铁心位移量之间的线性关系，对传感器有以下三个要求：

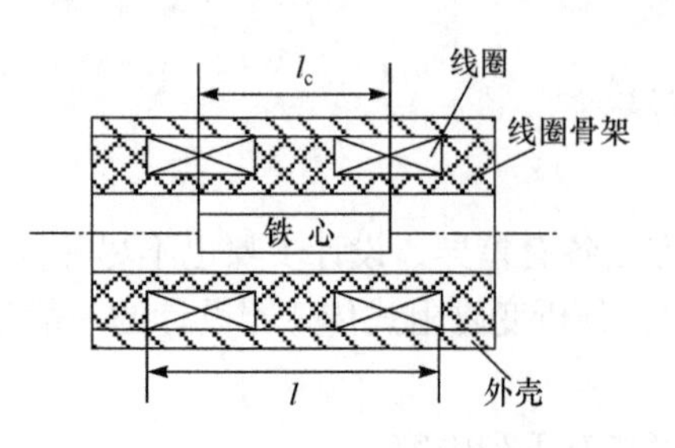

图 6-4-1　差动螺管式传感器的线圈和铁心

(1) 铁心的加工精度；

(2) 线圈架的加工精度；

(3) 线圈绕制的均匀性。

对一个尺寸已确定的传感器，如果在其余参数不变的情况下，仅仅改变铁心的长度或线圈匝数，也可以使它的线性范围变化。

对于改变铁心长度的传感器的输出特性示于图 6-4-2，可以看出，当铁心 l_0 增长时，输出灵敏度减小。考虑到线性关系，铁心长度有一个最佳值，这个最佳值一般用实验法求得。

对于改变线圈匝数的传感器输出特性示于图 6-4-3，可以看出，线圈匝数 W 增加时，输出灵敏度相应增加，考虑到线性关系，线圈匝数也有一个最佳值，也是用实验法求得的。

因此在传感器设计时，首先估算一下线圈长度 l，定下传感器大概的尺寸。铁心的长度选择为 $l_c \geqslant l-2\delta$(δ为铁心的位移量)，线圈的匝数选择在 $W \geqslant 3000$ 匝。然后做传感器的输出特性实验，逐步地缩短铁心长度和线圈匝数(两者可以交替进行)，使传感器的线性关系达到最佳值，最后定下铁心长度和线圈匝数。如果设计出的传感器范围不够大，则需要把传感器的尺寸适当放大。

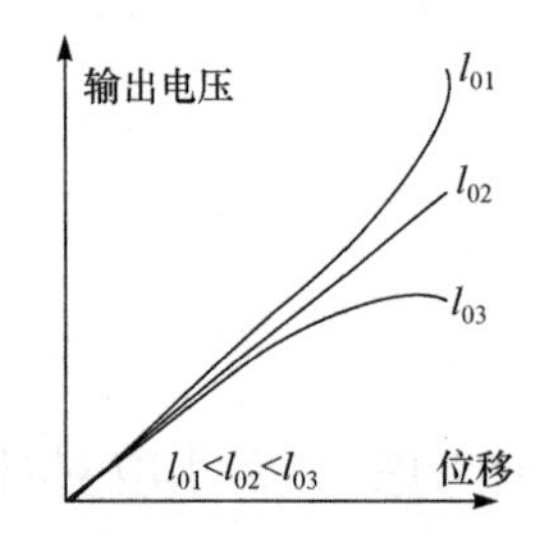

图 6-4-2　改变铁心长度的传感器的输出特性

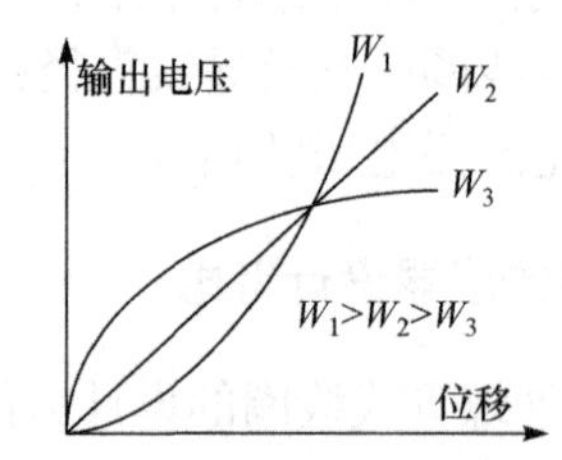

图 6-4-3　改变线圈匝数的传感器的输出特性

线圈的电感量取决于线圈匝数和磁路磁导率的大小。电感量大些，输出灵敏度就高些。用提高线圈匝数来提高电感量不是一个好办法，因为线圈匝数提高，线圈电阻就增大，线圈电阻受温度影响也较大，使传感器的温度特性变差，因此为了增加电感量、尽量考虑增加磁路的磁导率。

增加外壳(导磁体)和心体的长度，能增加磁导率，但由此结构也变大。因此在满足传感器所需要量程的范围内，就尽量把结构设计得紧凑一些。为了增加电感量，一是使铁心外径尽量接近线圈架内径；二是外壳内径小些，电感量相应也增加。

6.4.2　设计步骤

1. 选定变磁阻式传感器的类型和测量线路

所选传感器的类型一般可依据输入位移量的形式和大小，以及使用要求来定。例如，E 型和Π型电感传感器或差动变压器，测量范围较小，灵敏度则高，常用于测量从零点几微米到数百微米的小位移；螺管式则通常用来测量 1mm 以上至数百毫米的大位移，其线性范围较宽一些。

测量线路的选择主要根据选定的传感器种类、用途、灵敏度、精度及输出形式等要求来定。

2. 确定磁系统结构的形式和尺寸

变磁阻式传感器的形式很多，Π型和 E 型传感器一般采用叠片铁心。这种铁心形式可以借用已有的标准尺寸系列，因此节省设计时间和加工费用。

选定磁导体结构形式后，其尺寸可根据使用环境的允许尺寸或者测量系统对传感器元件尺寸提出的要求来定。此外，还要考虑一些其他技术要求。例如，对变磁阻式传感器的灵敏度要求较高，铁心尺寸相应也大些。当然，这是在满足了技术条件的基础上做出的一些变动。

衔铁与铁心间气隙的选定是重要的一环。平板式传感器初始气隙越小，灵敏度越高，但是，输出特性的线性范围会相应缩小。气隙一般选在 0.3～1.0mm 范围内，气隙的相应变化(即 $\Delta\delta/\delta$)取 0.1～0.2 或稍大一些。螺管式位移传感器的初始气隙则比最大位移量大 20%左右。

3. 材料的选择

对铁心和衔铁材料的要求是：磁导率高，损耗小，磁化曲线的线性段较宽，电阻率大，居里温度高，磁性能稳定，加工性好，价格低廉。

当变磁阻式传感器磁路中包含比较大的气隙时，铁心磁阻和气隙相比，可以忽略不计。实验证明，材料不同，对线圈的电感量和 Q 值几乎没有多大影响。电感量主要决定于气隙的大小和线圈的匝数。当然，当激磁频率非常高时，铁损的影响就不能忽略了。

传感器常用的软磁材料有硅钢片(D31、D41 系列)、纯铁、坡莫合金(1J79、1J50 等)及铁氧体(MXO、NXO)，它们的一些性能列于表 6-4-2(纯铁与坡莫合金的主要性能及热处理规范)。

表 6-4-2 纯铁与坡莫合金的主要性能及热处理规范

牌号	μ_c	μ_m	H_c /(A/m)	B_s/T	ρ /(Ω · mm · m^{-1})	居里点/℃	热处理规范
	(×10^{-3}T · m · A^{-1})						
DT_1～DT_4	—	10	95.5	2.1	0.1	768	860～930℃,密封箱内或真空，氢气中保温 4h，缓冷
1J50	3.5～4.5	35～50	20.0～11.0	1.5	0.45	500	1050～1150℃, 高真空(10^{-4}～10^{-3}mmHg)或干燥净氢中加热退火，保温 3～6h，以 100～200℃/h 冷却至 300℃出炉
1J79	—	138～163	2.8～1.6	0.75	0.55	450	

4. 电源激磁频率的选择

在变磁阻式传感器结构尺寸已定的情况下，提高激磁频率，一般可以增大灵敏度。反之，在灵敏度相同，激磁电压一定的情况下，提高激磁频率，可以减少需要的磁通或匝数，实际上可以减少传感器的尺寸。此外，增加激磁频率也是提高传感器品质因数 Q 值的有效方法。在动态测量中，为了不致引起被测物理量的过分失真，对激磁频率有一定要求。

然而，激磁频率的提高不是无限制的，在激磁频率极高时，线圈的寄生电容的影响和磁通的集肤效应变得显著，结果，传感器的 Q 值和灵敏度反而降低。

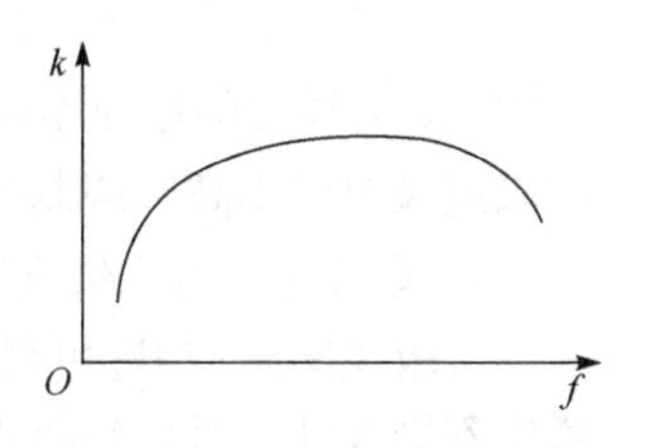

图 6-4-4 Q 值与灵敏度对激磁频率的关系

实践证明，传感器的 Q 值和灵敏度同频率之间的函数关系是一条有极值的曲线，如图 6-4-4 所示。通常，选择曲线的平坦部分作为传感器的供电频率。

在飞机上，为了简化设备，降低成本，可以直接选用 400Hz 电源。如果采用较高电源频率，则必须自行设计电源部分。

5. 确定激磁电流的大小

简单电感传感器或差动变压器的初级线圈上承受的电压$\dot{U}_{in}$可看作近似等于其自感反电势(因为没有考虑铜损耗和漏电感)，即

$$U_{in}=4.44fW_1\phi_m=4.44f\frac{I_{1m}W_1^2}{R_\delta} \tag{6-4-1}$$

式中，R_δ为气隙总磁阻；I_{1m}为激磁电流的幅值($I_{1m}=\sqrt{2}I_1$)；W_1为初级线圈的匝数。

当传感器的气隙磁阻和激磁频率确定以后，传感器的激磁电流与所加的激磁电压成正比，一般情况下，提高电源激磁电压能够提高传感器的灵敏度。

由式(6-4-1)可知，U_{in}与W_1的平方和I_1成正比。也就是说，在保持线圈能承受同一电压的条件下，如果把线圈匝数增加一倍，激磁电流就可以减少 3/4。于是，磁势I_1W_1将减少，这意味着激磁磁通减少了，使得铁损下降。所以，在激磁电压保持不变的条件下，增加线圈匝数是有利的。但是，在铁心窗口面积一定的情况下，增加线圈匝数，就要减小导线直径，这又使线圈电阻增大，Q值降低。

选定导线直径后，根据导线允许的电流密度J便可决定激磁电流$\dot{I}_1$为

$$I_1=\frac{1}{4}\pi d^2J \tag{6-4-2}$$

J一般取为 2～5A/mm^2，有时还可以更高些。

从激磁电流就可确定激磁电压U_{in}为

$$\dot{U}_{in}=\dot{I}_1(R_c+j\omega L) \tag{6-4-3}$$

根据$\dot{I}_1$和$\dot{U}_{in}$，可以决定激磁线圈的匝数W_1。

6. 校验激磁线圈的窗口面积

所谓激磁线圈的窗口，是指用于绕线圈的区域的大小，如图 6-4-1 所示的差动螺管式电感传感器，其线圈的窗口就是打“叉”的那部分区域，根据激磁线圈的线径和匝数，计算线圈实际所占窗口面积S_k，不应超过分配给激磁线圈的允许窗口面积$[S_k]$，即

$$S_k=\frac{\frac{1}{4}\pi d_1^2W_1}{K_\delta}\leqslant[S_k] \tag{6-4-4}$$

式中，K_δ为导线的填充系数，一般取 0.3～0.7，与导线直径及绕线方式有关，d_1为导线的直径。如果绝缘要求不高，绕制技术熟练，K_δ可取较大值。

7. 差动变压器次级线圈的线径d_2和匝数

次级线圈匝数W_2可根据匝数比求出。实验证明，线圈匝数比$n=W_2/W_1$与差动变压器的灵敏度不呈线性，因为差动变压器是效率很低的变压器，不能看作理想变压器。影响匝数比的因数很多，它与激磁频率f、电源内阻、负载电阻、分布电容等均有密切关系。一般情况下取n=1～2。n太大时，次级线圈的输出阻抗过高，易受到外部干扰影响。

导线直径一般与初级线圈相同，当输出接入高阻抗放大器时，次级线圈通过的电流很小，这时，次级线圈直径可细一些。

8. 校验最大磁感应强度

变磁阻式传感器工作磁感应强度 B 的选择，与变压器设计中的考虑有很大不同。设计变压器时，为了减小铁心尺寸，B 值一般取得较高，工作点常取在磁化曲线的饱和段。但是，设计变磁阻式传感器时，主要考虑减小信号的非线性失真，B 值一般取得较低，工作点取在磁化曲线的线性段，如图 6-4-5 所示，以保证在衔铁整个位移范围内 B 值处于线性段内。

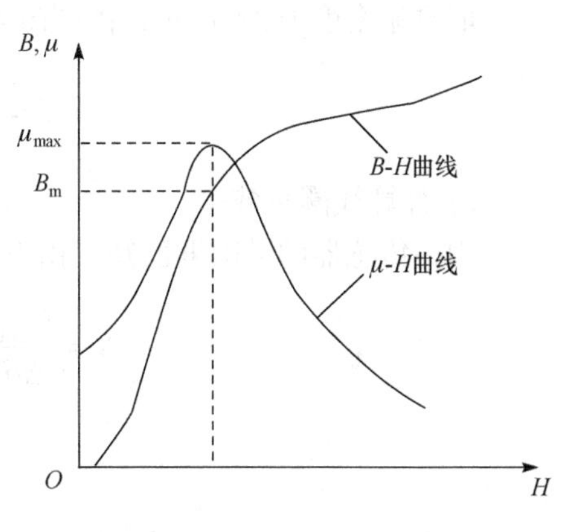

图 6-4-5　B-H 曲线和 μ-H 曲线

当激磁电流和匝数确定以后，就可以进行磁路计算(导磁体尺寸为已知)，检验最大磁感应值是否位于线性段内。

几种常用材料的与 μ_{max} 对应的 B_m 值为

材料	B_m
硅钢 D44	0.3～0.5(T)
坡莫合金 1J50	0.4～0.6(T)
铁氧体	0.1(T)

以上所述的设计步骤只能作为参考，不是一成不变的，必须对具体技术条件进行具体分析。应当指出，关于差动变压器的设计计算公式都是近似的，因此，要非常重视实际的调试工作，从中对计算所得的数据加以适当修改，得到比较完善的设计。

6.4.3　设计举例

1. 设计原始数据

1) 目的

设计随动仪表中用的差动变压器式传感元件，采用图 6-2-2(a)所示的差动结构，其半个结构采用图 6-4-6 所示的形式，图中尺寸单位为 mm。

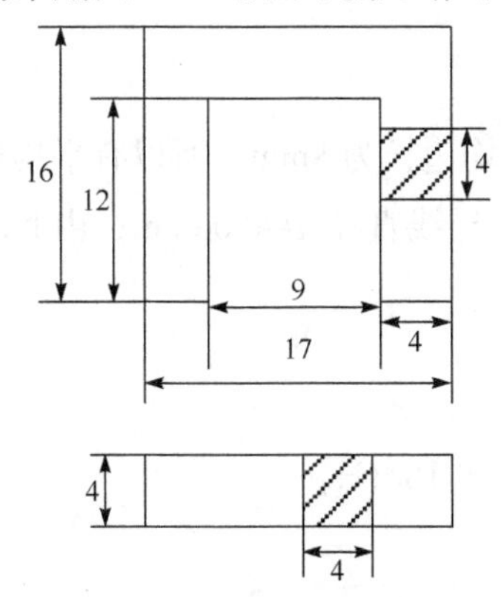

图 6-4-6　Π 型差动变压器的结构尺寸

2) 技术要求

最大输出位移	0.08mm
灵敏度	不小于 20mV/μm
特性非线性	不大于 1%
零位信号	不大于 10mV
电源	36V，400Hz
最大结构尺寸	25mm × 25mm × 20mm

2. 设计步骤

1) 选定衔铁和铁心的尺寸

衔铁都用整体薄片叠合而成，根据技术条件规定的最大结构尺寸就可以确定衔铁和铁心的尺寸(图 6-4-6)。

2) 确定初始气隙 δ_0

考虑非线性要求，取 $\Delta\delta/\delta_0=0.2$，因为 $\Delta\delta_{max}=0.08$mm，所以 $\delta_0=0.4$mm。

3) 选择衔铁和铁心的材料

选用坡莫合金 1J50，考虑到电源频率为 400Hz 及现成的材料规格，取每片叠片的厚度为

h_0=0.2mm，共 20 片。

4) 确定导线直径 d_1

根据前面所述原则，选用 QZ 型高强度漆包线，线径为 d_1=0.06mm。

5) 确定激磁电流

取电流密度 j=3A/mm²，由式(6-4-2)可求出有效值：

$$I=\frac{1}{4}\pi\times 0.06^2\times 3=8.5(\text{mA})$$

6) 计算线圈匝数

因为传感器的灵敏度已知，由下式可求出线圈匝数：

$$K=\frac{U_{\text{out}}}{\Delta\delta}=\omega W_1 W_2 I\frac{\mu_0 S}{\delta_0{}^2}\geqslant 20\text{mV}/\mu\text{m}$$

$$W_1W_2=\frac{\delta_0^2 K}{\omega I\mu_0 S} \tag{6-4-5}$$

通常，为了简化工艺结构，取 $W_2=W_1$，使初级线圈和次级线圈的结构相同。

由提供的设计已知参数，有

$$\delta_0=0.4\times 10^{-3}\text{m}$$

$$S=1.6\times 10^{-5}\text{m}^2$$

$$\mu_0=4\pi\times 10^{-7}\text{H}/\text{m}$$

把它们代入式(6-4-5)，得到 $W_2=W_1$=2720 匝。

7) 求线圈铜电阻 R_c

由下式计算：

$$R_c=\frac{4\rho W l_{cp}}{\pi d^2}$$

线圈是正方形的，最小边长为 4mm，最大边长为 12mm,平均边长为 8mm，所以有平均单匝数长度 $l_{cp}=8\times 4$=32(mm)；导线密度 $\rho=0.0175\Omega\cdot\text{mm}^2\cdot\text{m}^{-1}$；导线直径 d=0.06mm；由此求出 R_c=540Ω。

8) 求线圈电感

$$L_1=\frac{W_1^2\mu_0 S}{2\delta_0}=\frac{2720^2\times 4\pi\times 10^{-7}\times(4\times 10^{-3})^2}{2\times 0.4\times 10^{-3}}=0.186(\text{H})$$

9) 求激磁电压幅值

$$\begin{aligned}U_{\text{inm}}&=4.44fW_1^2 I_{1\text{m}}\frac{\mu_0 S}{2\delta_0}\\&=4.44\times 400\times 2720^2\times 8.5\times 10^{-3}\times\sqrt{2}\times\frac{4\pi\times 10^{-7}\times(4\times 10^{-3})^2}{2\times 0.4\times 10^{-3}}=3.97(\text{V})\end{aligned}$$

可取 $U_{\text{in}m}=4\text{V}$。

10) 校验激磁绕组窗口面积

由图 6-4-6 可知，允许窗口面积$[S_k]=12\times4=48(\text{mm}^2)$，取填充系数 $k_0=0.3$，代入式(6-4-4)得

$$S_k=\frac{2720\times\frac{1}{4}\times\pi\times0.06^2}{0.3}=25.62(\text{mm}^2)<\left[S_k\right]$$

11) 确定次级线圈导线直径和匝数

$$W_2=W_1=2720\text{ 匝}$$

$$d_2=d_1=0.06\text{mm}$$

12) 校验气隙中最大磁感应强度

$$B_\delta=\mu_0H_\delta=\mu_0\frac{\sqrt{2}I_1W_1}{\delta_0}=0.102(\text{T})$$

因为铁心截面与气隙截面相等，所以，铁心中 $B_m=B_\delta<0.5\text{T}$(合金 1J50 的与 μ_{max} 对应的 B 值为 0.5T)，处于磁化曲线线性段内。

习题与思考题

6-1　有一只差动电感位移传感器，已知电源电压 $U_{\text{in}}=4\text{V}$, $f=400\text{Hz}$, 传感器线圈铜电阻与电感量分别为 $R=40\Omega$, $L=30\text{mH}$, 用两只匹配电阻设计成四臂等阻抗电桥，如题 6-1 图所示，试求：

(1) 匹配电阻 R_3 和 R_4 的值。

(2) 当 $\Delta Z=10\Omega$ 时，分别接成单臂和差动电桥后的输出电压值。

(3) 用矢量图表明输出电压 U_{out} 与输入电源电压 U_{in} 之间的相位差。

(4) 假设该传感器的两个线圈铜电阻不相等 $R_1\neq R_2$，在机械零位时便存在零位电压，用矢量图分析能否用调整衔铁位置的方法使 $U_{\text{out}}=0$。

6-2　试比较差动电感与简单电感传感器的电感量随气隙变化的特性曲线(画在同一坐标平面上)。

Ĩ-3　电源频率波动对电感式传感器的灵敏度有何影响？如何确定传感器的最佳电源频率？

6-4　变间隙式、变截面式和螺管式三种电感式传感器各适用于什么场合？各有什么优缺点？

6-5　某线性差动变压器式传感器用频率 1kHz，峰-峰值为 6V 的电源激励，假设衔铁的输入运动是频率 100Hz 的正弦运动，位移幅值为±3mm，已知传感器的灵敏度为 2V/mm，试画出激励电压、输入位移和输出电压的波形。

6-6　上题中线性差动变压器式传感器的技术参数如下：

线性度：0.4%；分辨率：10μm；零点残余电压：0.5%；热漂移：<0.1%/℃；输出阻抗：2.5kΩ；响应时间：1ms。试说明这些参数的含义。

6-7　将两只相同的大功率差动螺管式电感传感器组成平衡式位置传递系统，如题 6-7 图所示，试定性分析其工作原理。

6-8　比较差动电感传感器和差动变压器式传感器的异同。

6-9　试从电涡流式传感器的基本工作原理出发，简要说明它的各种应用。

6-10　使用电涡流式传感器测量位移或振幅时对被测物体要考虑哪些因素？为什么？

6-11　电涡流式传感器探头线圈为什么通常做成扁平形？

6-12　差动变压器式传感器的激励电压与频率应如何选择？

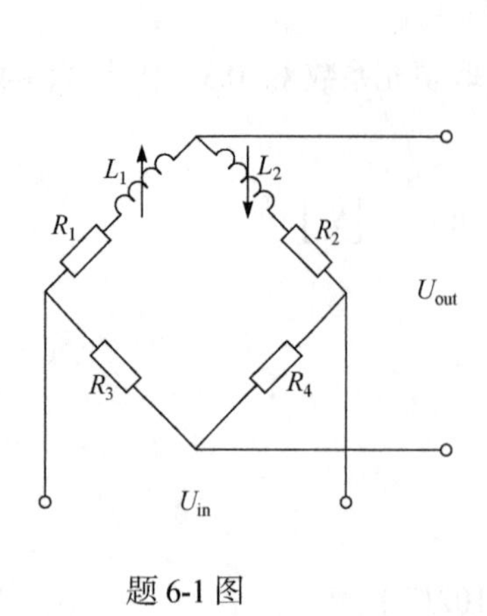

题 6-1 图

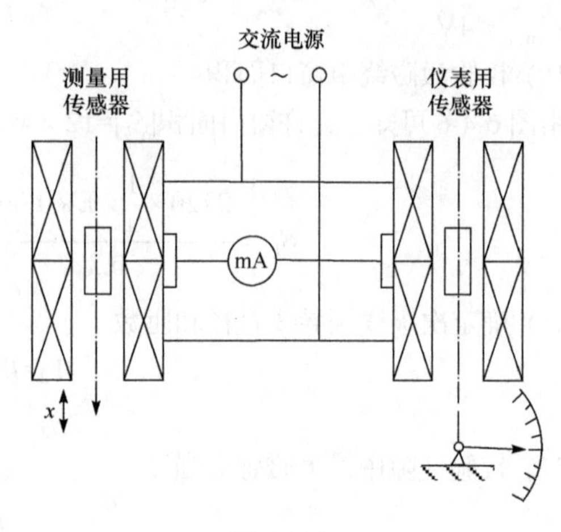

题 6-7 图

6-13　造成差动变压器式传感器温度误差的原因是什么？试述减小温度误差的措施。

6-14　试比较电涡流传感器三种测量电路(恒定频率调幅式、变频调幅式和调频式)的优缺点，并指出它们的应用场合。

6-15　对于题 6-15 图所示的差动变压器位移传感器，已知激励电流为 I，初级和次级线圈匝数为 W_1、W_2，激励角频率为ω，初始气隙厚度为δ_0，气隙面积为 S，当衔铁向上移动$\Delta\delta$ 时，求输出电压的有效值。

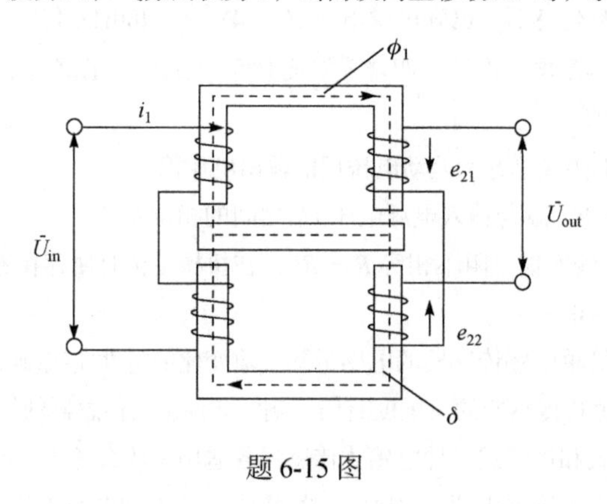

题 6-15 图

第7章　磁电式传感器

磁电式传感器是利用电磁感应原理，将输入的运动速度转换成线圈中的感应电势输出。它直接将被测物体的机械能量转换成电信号输出，工作不需要外加电源，是一种典型的有源传感器。由于这种传感器输出功率较大，因此大大地简化了配用的二次仪表电路。

7.1　概　　述

根据电磁感应定律，线圈两端的感应电势 e 正比于匝链线圈的磁通的变化率，即

$$e = W\frac{\mathrm{d}\Phi}{\mathrm{d}t} \tag{7-1-1}$$

式中，Φ 为匝链线圈的磁通(Wb)；W 为线圈匝数。

已知磁路磁阻变化可以引起磁通量变化，磁铁与线圈之间的相对运动或恒定磁场中线圈面积的变化，都可以引起磁通变化。若线圈在恒定磁场中做直线运动，并切割磁力线时，则线圈两端产生的感应电势 e 为

$$e = WBl\frac{\mathrm{d}x}{\mathrm{d}t}\sin\theta = WBlv\sin\theta \tag{7-1-2}$$

式中，B 为磁场的磁感应强度；x 为线圈与磁场相对运动的位移；v 为线圈与磁场的相对运动速度；θ 为线圈运动方向与磁场方向之间的夹角；W 为线圈的有效匝数；l 为每匝线圈的平均长度。当 θ=90°(线圈垂直切割磁力线)时，式(7-1-2)可写成

$$e = WBlv \tag{7-1-3}$$

若线圈相对于磁场做旋转运动切割磁力线，则线圈的感应电势为

$$e = WBS\frac{\mathrm{d}\theta}{\mathrm{d}t}\sin\theta = WBS\omega\sin\theta \tag{7-1-4}$$

式中，ω 为旋转运动的相对角速度；S 为每匝线圈的截面积；θ 为线圈平面的法线方向与磁场方向的夹角。当 $\theta = 90°$时，式(7-1-4)可写成

$$e = WBS\omega \tag{7-1-5}$$

由式(7-1-3)和式(7-1-5)可知，当传感器的结构确定后，B、S、W、l 均为定值，因此感应电势 e 与相对速度 v(或 ω)成正比。

根据上述基本原理，磁电式传感器可分为两种基本类型。

1. 变磁通式(变磁阻式)

这一类磁电式传感器中，永久磁铁与线圈均不动，感应电势是由变化的磁通产生的。如图 7-1-1 所示的转速传感器。其中永久磁铁、线圈和外壳均固定不动，齿轮安装在被测旋转体轴上。当齿轮转动时，齿轮与软铁磁轭之间的气隙距离随之变化，从而导致气隙磁阻和穿过

气隙的主磁通发生变化。结果在线圈中感应出电势，其频率f(Hz)决定于齿数N和转速n(r/min)的乘积，即

$$f = \frac{nN}{60} \tag{7-1-6}$$

经放大整形后，输出规则的脉冲信号，将此信号输入频率计，即可由频率测出转速。

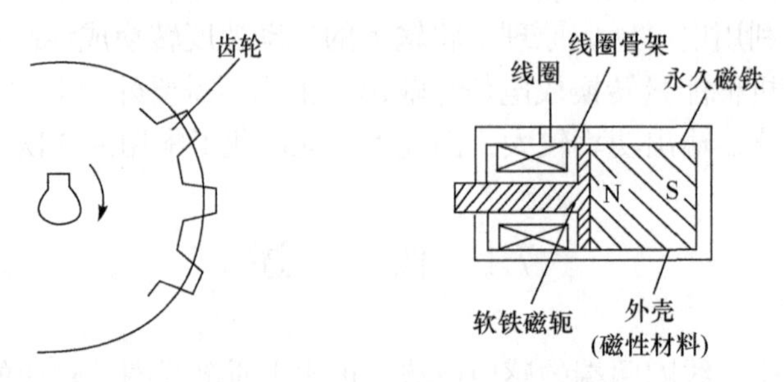

图 7-1-1　变磁通式转速传感器

变磁通磁电式传感器的优点是结构简单、工作可靠、制作成本低，并且能在−50～100℃环境温度下有效地工作。

2. 恒定磁通式

这一类磁电式传感器中，工作气隙中的磁通保持不变，而线圈中的感应电势是由于工作气隙中的线圈相对永久磁铁运动，并切割磁力线产生的，输出感应电势与相对速度成正比。恒定磁通磁电传感器一般应用于振动测量，本章将着重介绍这一类传感器。

7.2　磁电式振动传感器

7.2.1　工作原理和动态特性

磁电式振动传感器由永久磁铁(磁钢)、线圈、阻尼器和壳体等组成，如图 7-2-1 所示。可以用一个由集中质量m、集中弹簧k和集中阻尼c组成的等效二阶系统来表示(图 7-2-2)。对照图 7-2-1 和图 7-2-2，永久磁铁相当于二阶系统中的质量块m。阻尼大多是由线圈的金属骨架在磁场中运动产生的电磁阻尼提供的，也有的传感器还兼有空气阻尼器。

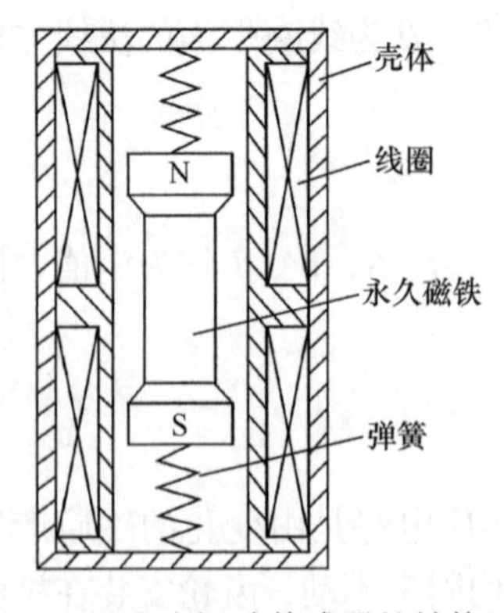

图 7-2-1　磁电式振动传感器的结构示意图

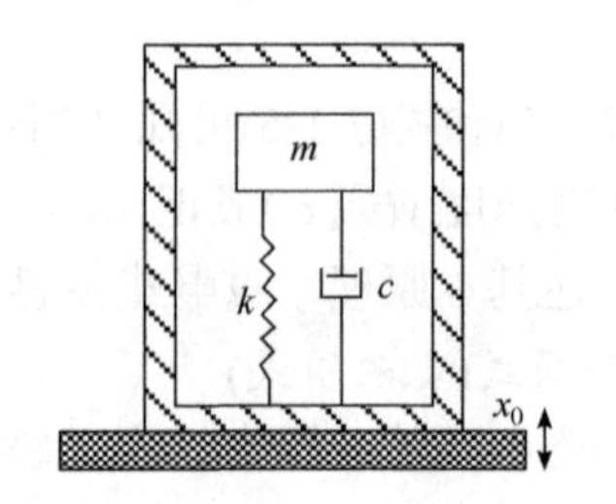

图 7-2-2　二阶系统

测量时传感器壳体刚性地固定在振动体上，随振动体一起振动。如果传感器的质量块质量 m 较大，弹簧较软(弹簧系数 k 较小)，那么，当振动频率足够高时，质量块的惯性相对很大，来不及跟随振动体振动，以至接近静止。这种情况下，振动能量几乎被弹簧吸收，而弹簧的伸缩量接近振动体的振幅，即电磁式振动传感器的理想工作状态为质量块相对被测物体静止，其直接测量的是被测物体的振动速度，描述其频率特性应选择被测物体的振动速度与质量块相对外壳的振动速度作为输入输出。由于速度为位移的一阶微分，因此也可以选择两者的位移作为频率特性的输入输出参量。

下面进一步分析该传感器的动态特性。如图 7-2-2 所示的二阶系统，设 x_0 为振动体的绝对位移，x_m 为质量块的绝对位移，则质量块与振动体之间的相对位移 x_t 为

$$x_t = x_m - x_0$$

由牛顿第二定律得到

$$m\frac{\mathrm{d}^2 x_m}{\mathrm{d}t^2} = -c\frac{\mathrm{d}x_t}{\mathrm{d}t} - kx_t \tag{7-2-1}$$

即

$$m\frac{\mathrm{d}^2 x_m}{\mathrm{d}t^2} = -c\frac{\mathrm{d}}{\mathrm{d}t}(x_m - x_0) - k(x_m - x_0) \tag{7-2-2}$$

应用微分算子 $\mathrm{D} = \frac{\mathrm{d}}{\mathrm{d}t}$，则式(7-2-2)可以写为

$$(m\mathrm{D}^2 + c\mathrm{D} + k)x_m = (c\mathrm{D} + k)x_0 \tag{7-2-3}$$

由此可得到传感器的传递函数为

$$\frac{x_m}{x_0}(\mathrm{D}) = \frac{c\mathrm{D} + k}{m\mathrm{D}^2 + c\mathrm{D} + k}$$

即

$$\frac{x_t}{x_0}(\mathrm{D}) = \frac{x_m - x_0}{x_0}(\mathrm{D}) = \frac{-m\mathrm{D}^2}{m\mathrm{D}^2 + c\mathrm{D} + k} = \frac{-\mathrm{D}^2}{\mathrm{D}^2 + 2\xi\omega_0\mathrm{D} + \omega_0^2} \tag{7-2-4}$$

式中，$\xi = \frac{c}{2\sqrt{mk}}$ 为相对阻尼系数(阻尼比)；$\omega_0 = \sqrt{\frac{k}{m}}$ 为固有角频率。

若振动体做简谐振动，即当输入信号 x_0 为正弦波时，只要将 D=jω 代入式(7-2-4)，可得到频率传递函数为

$$\frac{x_t}{x_0}(\mathrm{j}\omega) = \frac{\left(\frac{\omega}{\omega_0}\right)^2}{1 - \left(\frac{\omega}{\omega_0}\right)^2 + 2\mathrm{j}\xi\left(\frac{\omega}{\omega_0}\right)} \tag{7-2-5}$$

其幅频特性和相频特性分别为

$$\left|\frac{x_t}{x_0}\right|=\frac{\left(\frac{\omega}{\omega_0}\right)^2}{\sqrt{\left[1-\left(\frac{\omega}{\omega_0}\right)^2\right]^2+\left[2\xi\left(\frac{\omega}{\omega_0}\right)\right]^2}} \tag{7-2-6}$$

$$\varphi=-\arctan\frac{2\xi\left(\frac{\omega}{\omega_0}\right)}{1-\left(\frac{\omega}{\omega_0}\right)^2} \tag{7-2-7}$$

由式(7-2-6)和式(7-2-7)绘出如图 7-2-3 所示的幅频特性曲线。由图 7-2-3 可见，当 ω 远大于 $\omega_0(\omega>3\omega_0)$时，振幅比接近于 1，且相位滞后 180°。也就是说，当振动频率比传感器的固有频率高三倍以上时，质量块与振动体之间的相对位移 x_t 就接近于振动体的绝对位移 x_0。这种情况，传感器的质量块 m 可以看作静止的。

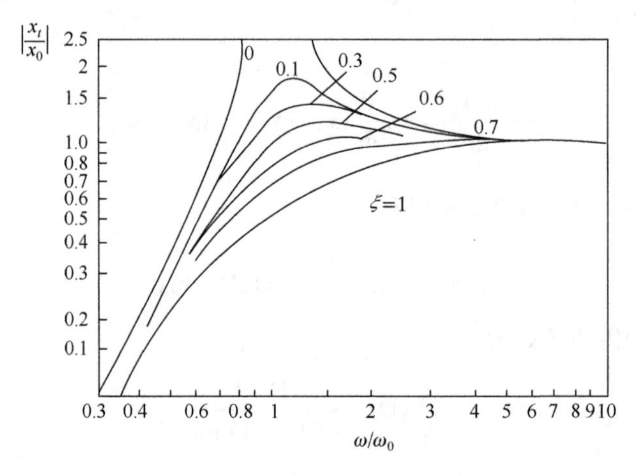

图 7-2-3　幅频特性

例 7-2-1　现设计一只磁电式振动速度传感器，要求测量振动频率为 50Hz 的振幅时，最大振幅误差不超过 5%。若相对阻尼系数 ξ 取为 0.6，问传感器的固有频率应为多大?

解析　若振动体做简谐运动，振动速度传感器的动态数学模型如下式所示，振幅比为

$$\left|\frac{x_t}{x_0}\right|=\frac{\left(\frac{\omega}{\omega_0}\right)^2}{\sqrt{\left[1-\left(\frac{\omega}{\omega_0}\right)^2\right]^2+\left[2\xi\left(\frac{\omega}{\omega_0}\right)\right]^2}}$$

相位为

$$\varphi=-\arctan\frac{2\xi\left(\frac{\omega}{\omega_0}\right)}{1-\left(\frac{\omega}{\omega_0}\right)^2}$$

式中，ω 为输入振动频率；ω_0 为传感器固有频率，$\omega_0 = \sqrt{k/m}$；x_t 为质量块与振动体之间的相对位移；x_0 为振动体的绝对位移；ξ 为相对阻尼系数。

把 $x_i / x_0 = 1.05$ 代入振幅比公式：

$$1.05 = \frac{\left(\dfrac{\omega}{\omega_0}\right)^2}{\sqrt{\left[1-\left(\dfrac{\omega}{\omega_0}\right)^2\right]^2 + \left[2\times 0.6\left(\dfrac{\omega}{\omega_0}\right)\right]^2}}$$

上式无解，说明该情况不会出现。

把 $x_i / x_0 = 0.95$ 代入振幅比公式，即可求得 f_0，等式两边各取平方，得

$$0.9\times\left[1-2\left(\frac{\omega}{\omega_0}\right)^2+\left(\frac{\omega}{\omega_0}\right)^4\right]+0.9\times 1.44\left(\frac{\omega}{\omega_0}\right)^2=\left(\frac{\omega}{\omega_0}\right)^4$$

$$0.1\times\left(\frac{\omega}{\omega_0}\right)^4+0.504\times\left(\frac{\omega}{\omega_0}\right)^2-0.9=0$$

$$\left(\frac{\omega}{\omega_0}\right)^2=\left(\frac{f}{f_0}\right)^2=\begin{cases}1.4\\-6.4\end{cases}$$

解上式，舍去不合理的负值，得

$$f_0 = 42.3\text{Hz}$$

即固有频率应小于 42.3Hz。

对于图 7-2-1 所示的磁电式振动传感器，线圈与壳体固定在一起，永久磁铁通过柔软的弹簧与壳体相连。当传感器感受频率远高于其固有频率的机械振动时，永久磁铁接近静止不动，而线圈则跟随振动体一起振动。永久磁铁与线圈之间的相对位移十分接近振动体的绝对位移，其相对运动速度就接近振动体的振动速度。由电磁感应原理可知，线圈绕组中的感应电势 e 为

$$e = W_\delta B_\delta l_0 v_0 \tag{7-2-8}$$

式中，B_δ为工作气隙磁感应强度(T)；l_0 为每匝线圈的平均长度(m)；W_δ 为工作气隙中绕组的匝数；v_0 为振动体的振动速度(m/s)。

对于结构已定的传感器，灵敏度 $K = W_\delta B_\delta l_0$ 可看作一个常值。因此，理想情况，传感器的输出电势正比于振动速度，见图 7-2-4 中虚线。但是，传感器的实际输出特性并非完全线性，而是一条偏离理想直线的曲线，见图 7-2-4 中实线。偏离的原因可解释如下：当振动速度很小时(小于 v_A)，在振动频率一定情况下，振动加速度很小，所产生的惯性力还不足以克服传感器活动部件的静摩擦力。因此，线圈与永久磁铁之间不存在相对运动，传感器也就不会有感应电势输出。随着振动速度的增大(超过 v_A 直至接近 v_B)，惯性力增大，克服了静摩擦力，线圈与永久

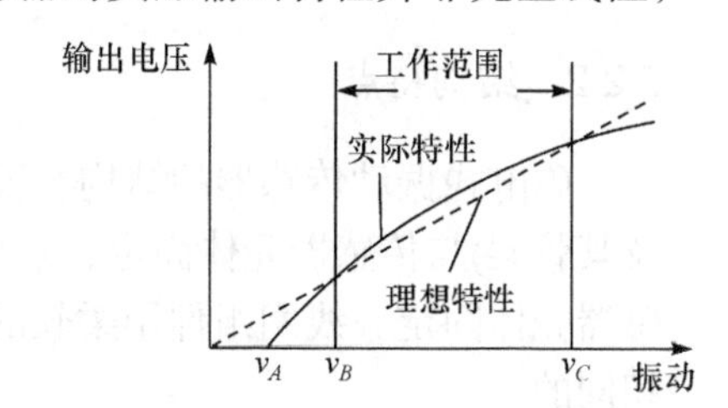

图 7-2-4　磁电式振动传感器的输出特性

磁铁之间发生相对运动，传感器也就有了输出。但由于摩擦阻尼的作用，输出特性呈非线性。当振动速度继续增大(超过 v_B 直至接近 v_C)，这时与速度成正比的黏性阻尼大于摩擦阻尼，结果使输出特性的线性度达到最佳。当振动速度超过 v_C 以后，由于惯性力太大，弹簧位移超出其弹性变形范围。这时，作用在弹簧上的力与弹簧位移不再呈线性关系，因此，输出特性出现“饱和”现象。

上述分析得到，传感器的输出特性在振动速度小和很大情况下是非线性的。然而在实际工作范围内，其线性度却是令人满意的。

例 7-2-2　某振动传感器的技术数据如下(磁电式速度传感器)：

频率范围　20～1000Hz
幅值范围　5mm，最大峰-峰值
加速度范围　0.1～30g (峰值)
有阻尼固有频率　5Hz
线圈电阻　600Ω
横向灵敏度　最大 20%
玱零泋　$4.88 \pm 0.2(\mathrm{V \cdot m^{-1} \cdot s})$
质量　170g

试求：(1) 在有效载荷作用下测得最小频率时的最大振幅数据如上，计算这时的输出电压值；

(2) 当频率为 100Hz 时测得输出电压峰值为 0.5V，确定这时的速度和相应位移。

解析　假设振动是简谐运动，则各振动参数间有如下关系：

位移　$x = A\sin\omega t$　位移幅值 $= A$

速度　$v = \dfrac{\mathrm{d}x}{\mathrm{d}t} = A\omega\cos\omega t$　速度幅值 $= A\omega$

加速度　$a = \dfrac{\mathrm{d}v}{\mathrm{d}t} = -A\omega^2\sin\omega t$　加速度幅值 $= A\omega^2$

将题中已知数分别代入上列各式，得

(1) 速度=位移 $\times\, \omega = 5\times10^{-3}\mathrm{m}\times 2\pi\times 20\mathrm{Hz} = 0.628\mathrm{m/s}$

输出电压=速度 × 灵敏度=0.628×4.88=3.07(V)

(2) 输出电压 $= 0.5\mathrm{V}$(峰值)

$$\text{速度峰值} = \frac{0.5}{4.88} = 0.102(\mathrm{m/s})$$

$$\text{位移峰值} = \frac{\text{速度}}{\omega} = \frac{0.102}{2\pi\times100} = 0.16\,(\mathrm{mm})$$

7.2.2　结构特点

磁电式振动传感器的结构有很多种，但大体上可分为两种类型：一种是将线圈组件(线圈及其骨架)与传感器壳体固定，永久磁铁(磁钢)用柔软的弹簧支承；另一种是将永久磁铁与传感器壳体固定，线圈组件用柔软的弹簧支承。这两种结构形式的传感器，其工作原理是完全相同的。

1. 动铁型磁电式传感器

图 7-2-5 所示是应用于航空发动机振动监测的一种磁电式振动传感器。其线圈组件与传感器壳体固定在一起，磁钢用上下两个弹簧支承，磁钢套筒与传感器壳体固定。磁钢套筒用不锈钢材料车制而成，其内壁经过精加工后镀铬，再经研磨，精度和光洁度都极高，磁钢一般采用铝镍钴永磁合金。在磁钢两端各压入一个金钯合金的套环。由于金钯合金具有越磨越滑的特点，当磁钢在套筒中滑动时，可使摩擦系数降至最小，有利于传感器感受较小的振动。磁钢套筒的两端插入两个堵头，用焊接将其封严。这样，磁钢组件(磁钢、弹簧和堵头)便成为不可拆卸的一个整体。

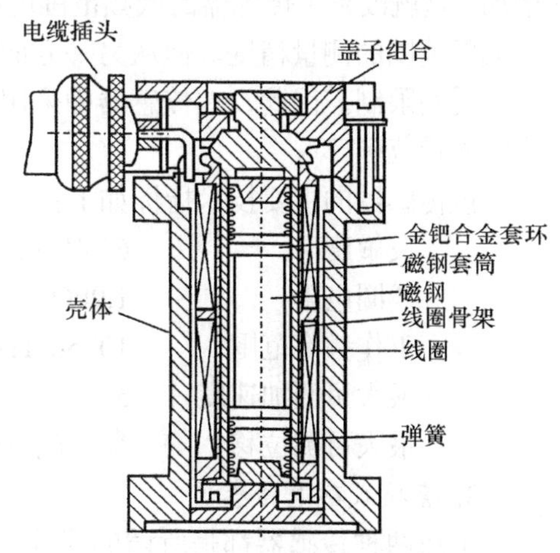

图 7-2-5　磁电式振动传感器
(线圈与壳体固定)

线圈组件包括一个线圈骨架和两个反接的螺管线圈。线圈骨架是一个非磁性的不锈钢(或铝合金)圆筒。磁钢套筒置于它的内腔之中。线圈骨架与磁钢套筒都起着电磁阻尼器的作用。螺管线圈用高强度漆包线绕制。为了提高线圈的耐热绝缘强度，在导线上浸渍一层无机绝缘材料。

在传感器壳体组件的盖子上，用银铜镍锂丝焊料焊上一个插座，在插座上用玻璃粉烧结两根合金丝。插座与合金丝选用 4J29 材料，利用与其热膨胀系数相近的玻璃在高温烧结时与金属封在一起。玻璃烧结有着良好的密封和绝缘作用。

传感器的壳体用磁性材料铬钢制成。它既是磁路的一部分，又起磁屏蔽作用。永久磁铁的磁力线从其一端穿过磁钢套筒、线圈骨架和螺旋线圈，并经过壳体回到磁钢的另一端，构成一个闭合磁回路。当传感器感受振动时，线圈与永久磁铁之间相对运动，线圈切割磁力线，传感器输出正比于振动速度的电压信号。

该传感器的主要技术指标如下：

灵敏度	$40\text{V}\cdot\text{m}^{-1}\cdot\text{s}$
线圈直流电阻	460Ω
固有频率	15Hz
工作频率范围	45~1500Hz
工作温度范围	−54~370℃

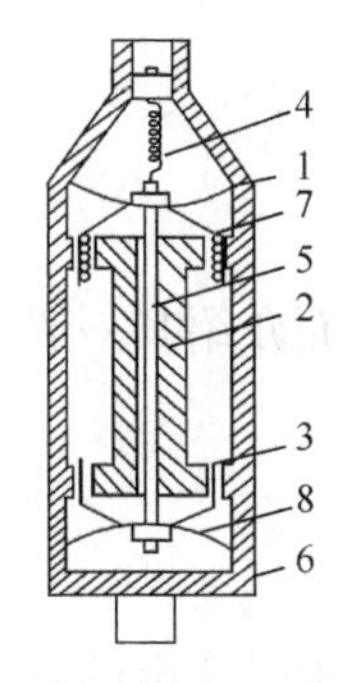

图 7-2-6　永久磁铁与壳体固定的磁电式振动传感器

1、8—弹簧；2—磁钢；3—阻尼器 4—引线；5—芯轴；6—外壳；7—线圈

2. 动圈型磁电式传感器

图 7-2-6 所示是永久磁铁与壳体固定的磁电式振动传感器，传感器的磁钢和壳体(软磁材料)固定在一起。芯轴的一端固定着一个线圈；另一端固定一个圆筒形铜杯(阻尼杯)。惯性元件是线圈组件、阻尼杯和芯轴，而不是磁钢。当振动频率远高于传感器的固有频率时，线圈接近静止不动，而磁钢则跟随振动体一起振动。这样，线圈与磁钢之间就有相对运动，其相对速度等于振动体的振动速度。线圈以相对速度切割磁力线，并输出正比于振动

速度的感应电势。该传感器一般可用于大型构件的测振。

由于线圈组件、阻尼杯和芯轴的质量 m 较小，而阻尼杯又增加了阻尼，所以使阻尼比 ξ 增加。这就改善了传感器的低频范围的幅频特性，使共振峰降低，如图 7-2-3 所示，从而提高了低频范围的测量精度。但从另一方面来说，质量减少却使传感器的固有频率增加，使频率响应受到限制。因此，在传感器中采用了非常柔软的薄片弹簧，以降低固有频率，扩大低频段的测量范围。

该传感器的主要技术指标如下：

灵敏度	$60.4\text{V}\cdot\text{m}^{-1}\cdot\text{s}$
线圈电阻	1.9kΩ
工作频率范围	10~500Hz
最大可测加速度	5g
最大可测位移	1mm(单峰值)

3. 直接式磁电传感器

上述两种传感器都是所谓的惯性式传感器。实际中还有一种传感器的结构如图 7-2-7 所示。使用时，传感器要固定在待测物体上，顶杆要顶在固定不动的参考面上，或者传感器固定在相对不动的参考系上，顶杆顶在振动物体上，给弹簧片一定的预压力。当物体振动时，顶杆在弹簧恢复力作用下跟随振动物体一起振动。这样，和顶杆一起运动的线圈也就跟随振动物体而振动。磁钢和壳体固定在一起，固定不动。因此，线圈和磁钢之间就有了相对运动，其相对运动的速度等于振动物体的振动速度。线圈以相对速度切割磁力线，传感器就输出正比于振动速度的电压信号。这种传感器的使用频率上限取决于弹簧片刚度的大小，弹簧片刚度 k 不能太小，根据测量对象的不同可以选用各种 k 值的弹簧片，刚度值大，可测量频率范围就大，刚度值小，可测量频率范围就低。这种传感器的频率下限可从零开始，因此这种传感器适用于低频振动速度的测量。

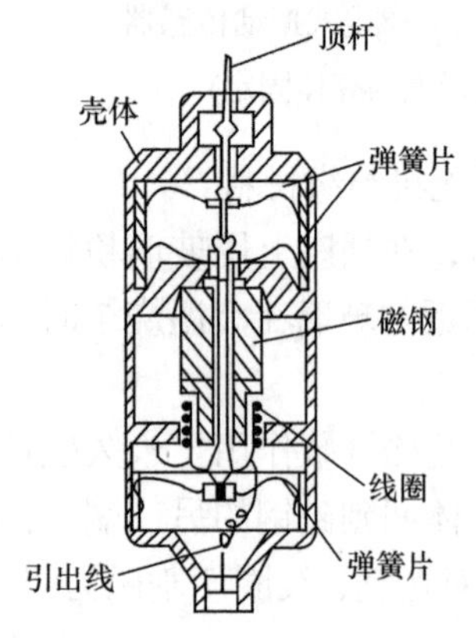

图 7-2-7　直接式磁电传感器

7.3　设 计 基 础

磁电式传感器主要由永久磁铁、线圈、阻尼器、弹簧等组成，下面介绍其一般设计方法。

7.3.1　磁路计算

1. 永久磁铁的工作点

永久磁铁提供了工作气隙中的磁场，它是由永磁合金制成，不同永磁合金的磁性能各异。选择磁性材料主要是根据材料的矫顽力(H_c)和剩余磁感应强度(B_r)及最大磁能积$(HB)_m$。

选定永久磁铁材料后，磁路设计取决于永磁材料的工作点。线圈通常被安装在永磁体的空气隙中，因为气隙中的磁阻远大于磁铁材料的磁阻，所以气隙起去磁作用，因此工作点通常是取在材料磁化曲线的去磁曲线段上的某一点($-H_m$、B_m)，即可在它的去磁曲线上确定永久磁铁的工作点。工作点的确定原则是使永久磁铁尽可能工作在最大磁能积$(BH)_m$上，这时磁铁体积最小。

由磁能积曲线可知，磁导线 OO'(由 H_m 与 B_m 关系所确定的一条直线)与去磁曲线的交点 A 就是永久磁铁的最佳工作点，如图 7-3-1 所示。实际上永久磁铁的工作点一般并不在去磁曲线上，而是在局部磁滞回环上(近似用回复线 CD 代替)。直线 CD 的斜率可近似等于去磁曲线上 H=0 处的斜率。这样，考虑到传感器装配过程中可能产生的最大去磁，就可以确定 C 点的位置。再由直线 CD 的斜率就可以确定永久磁铁的工作点 D。显然 D 点仍位于磁导线上。

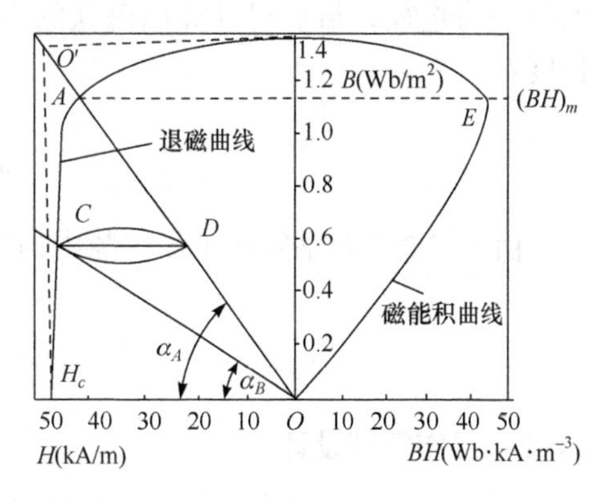

图 7-3-1　永久磁铁的去磁曲线和磁能积曲线

2. 计算永久磁铁尺寸

由工作点 D 所对应的 B_m 和 H_m 值，可以计算出永久磁铁的尺寸。如图 7-3-2 所示的圆柱形磁路结构，按照磁通的连续性定律和磁路基尔霍夫第一定律，可写出以下两个等式：

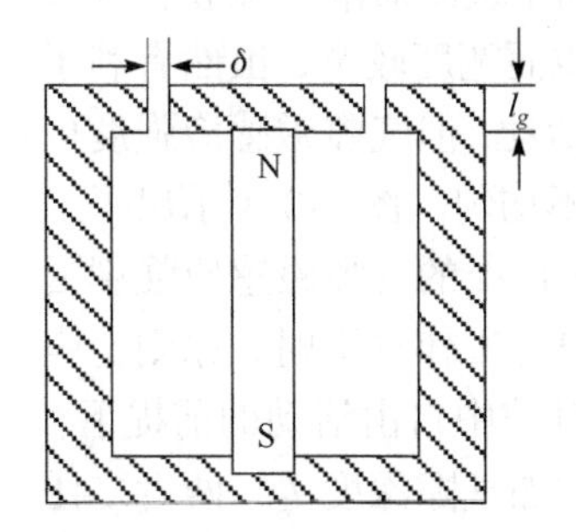

图 7-3-2　具有工作气隙的圆柱形磁路结构

$$B_m S_m = K_a B_\delta S_\delta \tag{7-3-1}$$

$$H_m l_m = K_l H_\delta \delta \tag{7-3-2}$$

式中，B_m、B_δ 分别为磁铁和工作气隙中的磁感应强度；S_m、S_δ 分别为磁铁和工作气隙的截面积；H_m、H_δ 分别为磁铁和工作气隙中的磁场强度；l_m、δ 分别为磁铁和工作气隙的长度；K_l 为修正系数($K_l \approx 1.2$)；K_a 为漏磁系数。

漏磁系数 K_a 一般在 1.5～10 之间，可按下式计算：

$$K_a = \frac{\Phi_m}{\Phi_\delta} = \frac{\sum G}{G_\delta} \tag{7-3-3}$$

式中，Φ_m、Φ_δ 分别为永久磁铁中的总磁通和工作气隙中的磁通；$\sum G$ 为工作气隙磁导与各漏磁磁导之和；G_δ 为工作气隙磁导。

由式(7-3-1)和式(7-3-2)可得

$$B_m = \frac{k_a B_\delta S_\delta}{S_m} \tag{7-3-4}$$

$$H_m = \frac{k_l H_\delta \delta}{l_m} \tag{7-3-5}$$

再由式(7-3-4)和式(7-3-5)，得到

$$\frac{B_m}{H_m} = \frac{k_a B_\delta S_\delta l_m}{k_l H_\delta \delta S_m} = \frac{k_a \mu_0 S_\delta l_m}{k_l \delta S_m} = \tan\alpha \tag{7-3-6}$$

式(7-3-6)表示 B_m 和 H_m 之间的关系是通过坐标原点的一条直线，称为磁导线。$\tan\alpha$ 是其斜率。

根据选定的传感器外形尺寸和气隙尺寸，估算出每匝线圈的平均长度，由此计算出气

隙的平均直径，最后可计算出磁铁的直径和截面积 S_m。由式(7-3-6)便可计算得到永久磁铁长度：

$$l_m = \frac{k_l \delta S_m \tan\alpha}{k_a S_\delta \mu_0} \tag{7-3-7}$$

由式(7-3-4)可估算出工作气隙中的磁感应强度：

$$B_\delta = \frac{B_m S_m}{K_a S_\delta} \tag{7-3-8}$$

7.3.2　工作气隙设计

工作气隙是利用永久磁铁磁能的地方，又是安装线圈的地方。在设计时，既要保证有足够的线圈窗口面积，以容纳较多匝数的线圈，又要考虑气隙磁场较强而均匀。

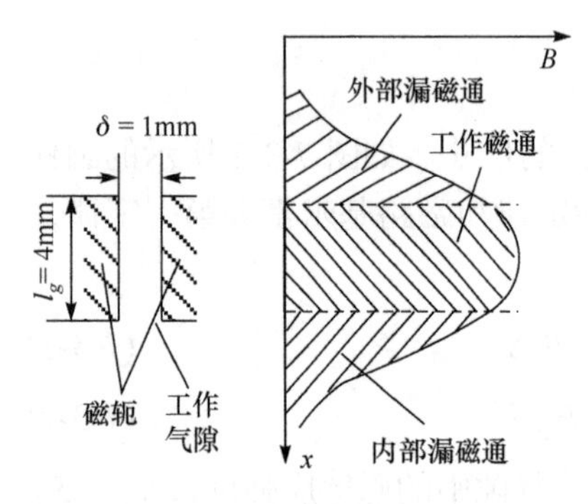

图 7-3-3　工作气隙磁场分布

工作气隙宽度小而深度又较深的情况，虽然可以得到均匀而较强的气隙磁场，但不利于线圈对准气隙和在气隙中自由活动。如果工作气隙太浅而宽度较宽，虽然有利于线圈对准气隙和在气隙中自由活动，但气隙磁感应强度也因此而减小，并且沿气隙宽度不均匀。图 7-3-3 示出了工作气隙宽度与深度之比为 1∶4 情况的气隙磁感应强度沿深度的分布曲线。综上所述，设计工作气隙时，原则上应在保证线圈窗口面积和线圈在气隙中自由活动的前提下，尽量减小工作气隙的宽度 δ，增加气隙深度 l_g，两者之比适当小于 1/4，以获得均匀而较强的气隙磁场。

7.3.3　线圈组件设计

传感器的线圈组件由线圈绕组和骨架组成，如图 7-3-4 所示。骨架材料一般采用铝合金、不锈钢等金属。在磁电式振动传感器中，金属骨架起着电磁阻尼器的作用，其原理将在 7.3.5 节中介绍。

由于线圈组件在工作气隙中相对永久磁铁做轴向运动。为保证线圈组件活动灵活，不会与永久磁铁发生摩擦，线圈组件的厚度应略小于工作气隙的宽度 δ，即

$$h + t < \delta \tag{7-3-9}$$

式中，h 为线圈厚度，$h=\dfrac{D_3 - D_2}{2}$；t 为骨架厚度，$t=\dfrac{D_2 - D_1}{2}$。

因此，当工作气隙的尺寸确定后，线圈厚度和骨架厚度也就可以确定了。

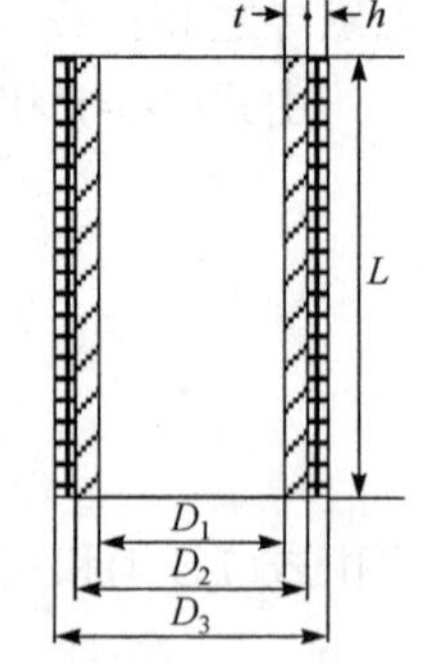

图 7-3-4　线圈组件

线圈绕组的长度 L 取决于工作气隙的深度 l_g 和振动位移的峰-峰值。为避免因不均匀漏磁通分布造成过大的输出特性非线性，线圈的基本长度应增加约 30%，即

$$L = 1.3(l_g + l_p) \tag{7-3-10}$$

式中，l_p为振动位移的峰-峰值。

为了使传感器获得较大的输出电压，线圈绕组应多于一层。导线材料一般选用高强度漆包线，绕制时将导线均匀地绕在线圈骨架上。

当导线直径选定后，绕组每层的匝数W_δ，可按式(7-3-11)计算：

$$W_0 = \frac{Lf_1}{d_w} \tag{7-3-11}$$

式中，L 为线圈绕组的长度；d_w 为带绝缘层的导线直径；f_1 为有效利用系数(与绕制工艺等因素有关，一般可取 f_1=0.95)。

线圈绕组的层数 n 可按式(7-3-12)计算：

$$n = \frac{h}{d_w f_2} \tag{7-3-12}$$

式中，h 为线圈厚度；f_2 为填充系数(与绕制工艺、导线直径、绝缘纸厚度等因素有关，一般可从有关手册中查到)。

因此，线圈绕组的总匝数 W 为

$$W = nW_0 \tag{7-3-13}$$

工作气隙中线圈的匝数W_δ为

$$W_\delta = W\frac{l_g}{L} \tag{7-3-14}$$

7.3.4　固有频率的确定和弹簧刚度的计算

从磁电式振动传感器的工作原理知道，只有当振动体的振动频率大大高于传感器的固有频率(至少取$(f/f_0)>3$)时，才能保证一定的测量精度。要使传感器有良好的低频响应，必须尽量降低传感器的固有频率。为此在设计时，应选择较大的质量 m 和较软的弹簧(k 较小)。但从尽可能减小传感器的体积和重量考虑，尤其为了减小加在振动体上的载荷，选择柔软的弹簧比加大质量更为适合。

然而，从另一方面来说，刚度太小的弹簧会造成很大的静挠度。因此，不能过分要求传感器的固有频率太低，而只能在可能条件下尽量降低。当然不考虑振动频率，而任意要求降低传感器的固有频率也是没有意义的。只有在测量较低频率的振动时，才希望传感器有很低的固有频率。它们之间的关系可依据最大允许振幅误差来确定。

弹簧刚度可从确定的固有频率来考虑。传感器的固有频率为

$$f_0 = \frac{1}{2\pi}\sqrt{\frac{k}{m}} = \frac{1}{2\pi}\sqrt{\frac{kg}{W}}$$

式中，W 为传感器质量块的重力(N)；g 为重力加速度(m/s^2)。

由此可计算出弹簧的刚度 k 为

$$k = \frac{(2\pi f_0)^2 W}{g} \tag{7-3-15}$$

按式(7-3-15)计算出来的刚度是传感器弹簧的总刚度。对于如图 7-2-1 所示的磁电式振动

传感器，它有两个弹簧。计算出来的弹簧总刚度即这两个弹簧刚度之和。每个弹簧的刚度选取原则是，在静止状态下应使质量块保持在传感器的中间位置，对于垂直安装的传感器，则上下两个弹簧的刚度就不应该相等。在质量块较重情况下，为了使质量块保持在传感器的中间位置，下弹簧的刚度应大于上弹簧的刚度。在质量块较轻的情况，由于小质量块不至于引起较大的弹簧静位移，因此可以采用两个刚度相同的弹簧。对于水平安装的传感器，支承质量块的左右两个弹簧的刚度应该相等。

7.3.5　阻尼系数计算

在磁电式振动传感器中，引入适当的阻尼不仅起着迅速衰减自由振动的作用，而且能降低共振峰，改善频率响应的特性，扩大频率响应的范围，提高测量的精度。因此，在磁电式振动传感器中，阻尼器是必不可少的。

阻尼系数 c 与阻尼比 ξ 之间有以下关系：

$$\xi = \frac{c}{2m\omega_0}$$

当传感器的固有频率 ω_0 与质量 m 确定后，根据要求的阻尼比($\xi = 0.6\sim0.7$)就可以由上式计算出阻尼系数 c。

磁电式振动传感器的阻尼器一般采用电磁阻尼器。也有的传感器为了增加阻尼，还采用了电磁阻尼与空气阻尼混合的阻尼方式。电磁阻尼的优点是无须增加附加阻尼装置。线圈的金属骨架就是一个阻尼器，而且阻尼系数受温度的影响也很小。

电磁阻尼的原理很简单。当线圈金属骨架(或专用的铜阻尼杯)在永久磁铁磁场中做相对运动并切割磁力线时，就会在金属骨架内感应出沿圆周方向的涡流而受到磁场力的作用。力的方向与运动方向相反，起阻碍运动的作用。

电磁阻尼力与金属圆筒的材料、尺寸以及工作气隙中的磁感应强度有关。如图 7-3-5 所示的金属杯，其平均直径为 D_{cp}(m)，当它以速度 v(m/s)在环形工作气隙中垂直于磁力线方向运动时，金属杯中的感应电势为

$$e = B_\delta \pi D_{cp} v \tag{7-3-16}$$

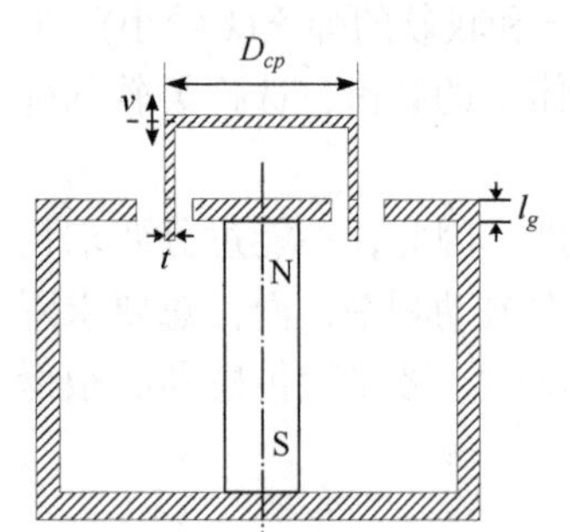

图 7-3-5　电磁阻尼器

式中，B_δ 为工作气隙中平均磁感应强度(T)。

金属杯的电阻为

$$R = \frac{\rho \pi D_{cp}}{l_g t}$$

式中，ρ 为金属材料的电阻率($\Omega \cdot \mathrm{m}$)；l_g 为工作气隙深度(m)；t 为金属杯的厚度(m)。

金属中的感应电流为

$$i = \frac{e}{R} = \frac{B_\delta l_g t v}{\rho} \tag{7-3-17}$$

因而阻尼力为

$$F = \pi D_{cp} B_\delta i = \frac{\pi D_{cp} B_\delta^2 l_g t v}{\rho} \tag{7-3-18}$$

对于理想的黏性阻尼，阻尼力与速度 v 成正比，即

$$F = c \cdot v$$

因此，电磁阻尼系数 c 可表示为

$$c = \frac{\pi D_{cp} B_\delta^2 l_g t}{\rho} \tag{7-3-19}$$

上述推导中忽略了漏磁场和杂散磁场，并且认为工作气隙磁场是均匀的。因此按式(7-3-18)中计算出来的阻尼力要比实际测得的稍小一些。

由式(7-3-19)可知，阻尼系数 c 与阻尼器的尺寸、材料以及气隙磁感应强度有关。阻尼器尺寸越大，电磁阻尼就越大。所以在有的传感器中，为了增大阻尼，线圈骨架设计得比较大。也有的传感器是采取增加骨架厚度来增加阻尼。

为了获得适当的阻尼，有些传感器的阻尼器做成可调阻尼结构。例如，在采用空气阻尼的传感器中，一般在磁钢两端的磁轭(导磁体)上开有若干小通气孔，用堵孔的多少来调节阻尼的大小；而在电磁阻尼器中，改变线圈骨架(或专用阻尼杯)的厚度 t 来调节阻尼的大小可以获得明显的效果。

7.4　应　　用

7.4.1　振动测量

由前述知道，用于绝对振动测量的磁电式振动传感器是一种惯性式传感器。它不需要静止的基座做参考基准，可以直接安装在振动体上进行测量。所以，这类传感器不仅在地面测振中广泛应用，而且在机载振动监视系统中也获得广泛的应用。

对于飞机来说，发动机运转的不平衡和空气动力的作用，都会引起飞机各部分产生不同程度的振动。振动过大，将会造成飞机构件的损坏。为了确保飞行安全，在飞机设计和制造过程中，对一些重要部件(如发动机、机身、机翼等)都必须进行地面振动试验，以验证其结构设计是否合理，零件加工和装置是否符合质量要求。在振动测试中，磁电式振动传感器仍是现在应用的一种振动传感器。

机载振动监视系统是监测飞机中发动机振动变化趋势的系统。在这个系统中，磁电式振动传感器安装在发动机机匣上(水平和垂直方向各一只传感器)，感受发动机的机械振动，并输出正比于振动速度的电压信号。由于传感器接收的是飞机上各种频率振动的综合信号，因此，在放大器的输入端还必须接入相应的滤波装置，使振动频率与发动机转速相应的信号通过，而其他频率的信号衰减掉。经过滤波后的信号经放大检波后，由微安表指示，同时又输入警告电路。当振动量达到规定的值时，信号灯被接通，发出警告信号，飞行员随即可采取紧急措施，避免事故发生。

磁电式与压电式振动传感器相比，其输出阻抗要低得多(几十欧至几千欧)，因此相应降低了对绝缘和放大器的要求，连接电缆的噪声干扰可以不考虑，这是它突出的一个优点。其次，传感器的输出信号正比于振动速度的电压信号，便于直接放大指示。只要在放大器中附加适当的积分电路或微分电路，便可指示振幅或加速度。

然而，磁电式振动传感器也有一些明显的缺点。例如，传感器的体积和重量比压电式振

动传感器大得多，结构也比较复杂，由于存在活动部件，因此不如压电传感器坚固可靠。而且随着使用时间的增加，活动部件的磨损会引起传感器性能变化，需要定期检修。虽然质量较好的传感器的检修周期可长达 3000～5000h，但一般情况下只有几百小时。不仅增加了维修费用，而且在检修前，由于传感器的性能已变坏，整个振动测试系统的精度降低。

除此之外，磁电式振动传感器的工作温度不高。普通传感器只能工作在 120℃以下，即使采用了一些特殊措施，最高工作温度也只能到 425℃。这是因为传感器的部件，如线圈导线、磁钢等耐温有限的缘故，这就限制了它在高温环境中的应用。

另外，磁电式振动传感器的频率响应也不高，一般只能测量低至 10Hz，高至 2000Hz 频率范围的机械振动。

7.4.2　流量测量

1. 结构

磁电式涡轮流量传感器结构(速度式流量计)如图 7-4-1 所示。它主要由壳体、导流器、叶轮、轴与轴承、磁电式信号检出器和前置放大器组成。

1) 壳体

壳体用非磁性材料制成，如不锈钢 1Cr18Ni9Ti 或硬铝合金 LY12。

2) 导流器

导流器起支撑涡轮和整流、稳流的作用。当流体进入涡轮前，先被导直，使流束基本平行于轴线方向，冲到叶轮上，以免因流体自旋而改变流体与涡轮叶片的作用角度，保证测量精度。导流器也应采用非磁性材料(不锈钢 1Cr18Ni9Ti)制成。

3) 磁电式信号检测器

磁电式信号检测器实际上是一个转速传感器，它将涡轮的转速换成相应的电脉冲信号输出，其结构由永久磁铁和线圈组成。

4) 涡轮

由磁导率较高的材料(2Cr13、3Cr13)制成。涡轮上装有数片螺旋形叶片，其功能是将流体的动能转换成涡轮的旋转能。

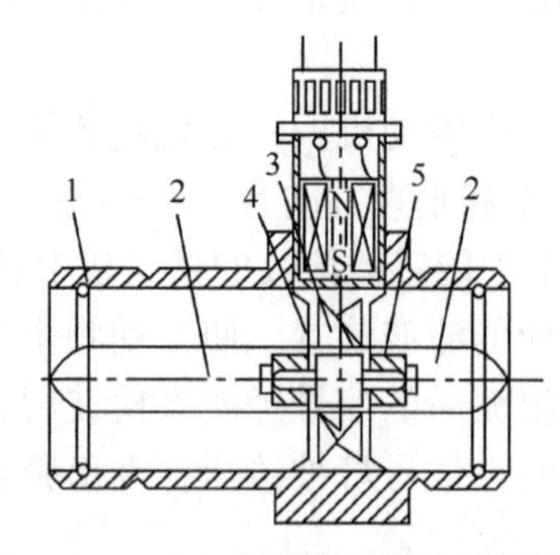

图 7-4-1　磁电式涡轮流量传感器结构

1—壳体；2—导流器；3—磁电式信号检出器；4—涡轮；5—轴承

5) 轴与轴承

传感器的长期稳定性和可靠性在一定程度上取决于轴和轴承之间的配合与磨损程度。因此，要求两者之间的摩擦力尽可能小，而且具有足够高的耐磨性和耐腐蚀性。

2. 工作原理

当流体沿管道轴线方向冲击涡轮叶片，驱动涡轮旋转时，叶片将周期地通过磁电式信号检测器，使磁路的磁阻发生变化，从而使感应线圈耦合的磁通量发生周期性变化。根据电磁感应原理，在线圈中将感应出脉动的电势信号。经前置放大器放大、整形后输出规则的电脉冲信号。在一定流量范围内，电脉冲的频率与涡轮的转速成正比，即与被测流量(体积流量)成正比。

习题与思考题

7-1　某磁电式速度传感器的弹簧-质量系统的弹簧刚度 $k = 3200\text{N}/\text{m}$, 测得其固有频率 $f_0 = 20\text{Hz}$ ，若将传感器固有频率减小为 10Hz，问弹簧刚度应为多大?

7-2　磁电式速度传感器固有频率为 10Hz，运动部件质量为 0.2kg，气隙磁感应强度 $B_\delta = 1\text{T}$ ，单匝线圈长度为 4mm，气隙内的线圈匝数为 1500 匝，试求弹簧刚度 k 以及灵敏度 $K_0\,(\text{mV}/(\text{m}/\text{s}))$ 。

7-3　某磁电式速度传感器要求在最大允许振幅误差 2%以下工作，若取相对阻尼系数 ξ=0.6，试求 ω/ω_0 的范围。

7-4　试述磁电式速度传感器应满足 $\omega/\omega_0 \gg 1$ 的理由。

7-5　已知磁电式振动传感器的固有频率 f_0=15Hz，阻尼比 $\xi = 0.7$，若输入频率为 f = 45Hz 的简谐振动，求传感器测量幅值相对误差。

7-6　磁电式振动传感器的电磁阻尼是如何产生的?

7-7　试分析直接式磁电测振传感器的工作频率范围，若要扩展其测量频率范围的上限和下限，可以采取什么措施?

7-8　为什么磁电式传感器要考虑温度误差？有什么办法可减小温度误差?

第 8 章　压电式传感器

压电式传感器的工作原理是基于某些介质材料的压电效应。当材料受力作用而变形时，其表面会有电荷产生，从而实现非电量测量，是典型的有源传感器。压电式传感器具有体积小、重量轻、工作频带宽等特点，因此在各种动态力、机械冲击与振动的测量，以及声学、医学、力学、宇航等方面都得到了非常广泛的应用。

8.1　压电效应与压电式传感器的工作原理

8.1.1　压电效应

某些电介质，在沿一定方向上受到外力的作用而变形时，内部会产生极化现象，同时在其表面上产生电荷；当外力去掉后，又重新回到不带电的状态，这种机械能转变为电能的现象，称为“顺压电效应”，简称压电效应。相反，在电介质的极化方向上施加电场，它会产生机械变形，当去掉外加电场时，电介质的变形随之消失。这种将电能转换为机械能的现象，称为“逆压电效应”。具有压电效应的电介质称为压电材料。常见的压电材料有石英晶体、压电陶瓷等。

8.1.2　石英晶体的压电效应

图 8-1-1 所示为右旋石英晶体的理想外形，它具有规则的几何形状，R、r、S、x、m 面的数量都是 6 个，这是由于晶体内部结构对称性的缘故。石英晶体有三个晶轴，如图 8-1-2 所示。其中 z 轴被称为光轴，它是用光学方法确定的，z 轴方向上没有压电效应。经过晶体的棱线，并且垂直于光轴的 x 轴被称为电轴；垂直于 xOz 平面的 y 轴被称为机械轴。

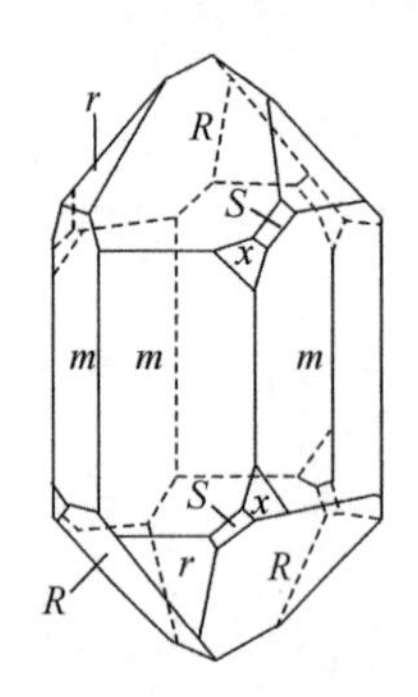

图 8-1-1　石英晶体的理想外形

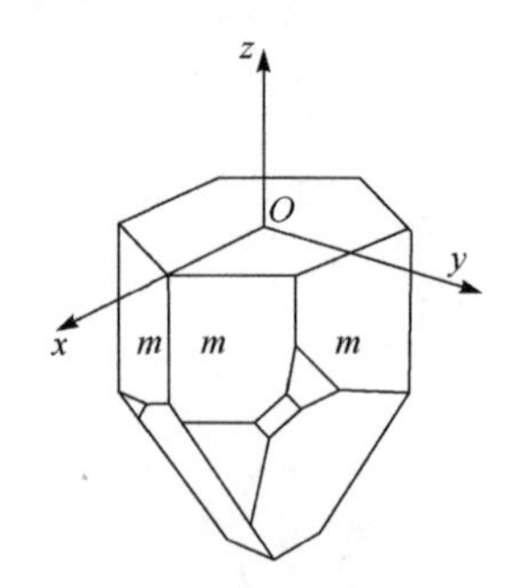

图 8-1-2　石英晶体的直角坐标系

石英晶体的压电效应与其内部结构有关。为了直观地了解其压电效应，将组成石英(SiO_2)晶体的硅离子和氧离子的排列在垂直于晶体 z 轴的 xOy 平面上投影，等效为图 8-1-3 中的正六边形排列。图中，“⊕”代表 Si^{4+}，“⊖”代表 $2O^{2-}$。

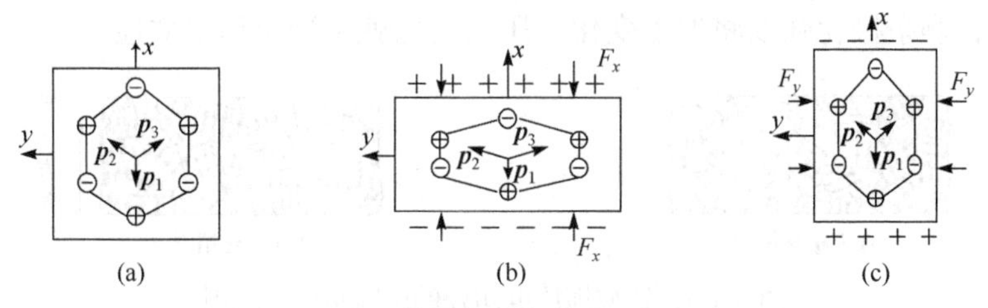

图 8-1-3　石英晶体压电效应机理示意图

当石英晶体未受力作用时，正、负离子(即 Si^{4+}和 $2O^{2-}$)正好分布在正六边形的角上，形成三个大小相等、互成 120°夹角的电偶极矩 $\boldsymbol{p}_1$ 、$\boldsymbol{p}_2$ 和 $\boldsymbol{p}_3$ ，如图 8-1-3(a)所示。电偶极矩 $p=ql$，q 为电荷量，l 为正、负电荷之间距离。电偶极矩的矢量和等于零，即 $\boldsymbol{p}_1+\boldsymbol{p}_2+\boldsymbol{p}_3=0$ 。这时晶体表面不产生电荷，石英晶体从整体上说呈电中性。

当石英晶体受到沿 x 方向的压缩力作用时，晶体沿 x 方向产生压缩变形，正、负离子的相对位置随之变动，正、负电荷中心不再重合，如图 8-1-3(b)所示。电偶极矩在 x 轴方向的分量为 $(\boldsymbol{p}_1+\boldsymbol{p}_2+\boldsymbol{p}_3)_x>0$ ，在 x 轴的正方向的晶体表面上出现正电荷。而在 y 轴和 z 轴方向的分量均为零，即 $(\boldsymbol{p}_1+\boldsymbol{p}_2+\boldsymbol{p}_3)_y=0$ ，$(\boldsymbol{p}_1+\boldsymbol{p}_2+\boldsymbol{p}_3)_z=0$ 。在垂直于 y 轴和 z 轴的晶体表面上不出现电荷。这种沿 x 轴作用力，而在垂直于此轴晶面上产生电荷的现象，称为“纵向压电效应”。

当石英晶体受到沿 y 轴方向的压缩力作用时，晶体的变形如图 8-1-3(c)所示，电偶极矩在 x 轴方向的分量为 $(\boldsymbol{p}_1+\boldsymbol{p}_2+\boldsymbol{p}_3)_x<0$ ，在 x 轴的正方向的晶体表面上出现负电荷。而在 y 轴和 z 轴的晶面上不出现电荷。这种沿 y 轴作用力，而在垂直于 x 轴晶面上产生电荷的现象，称为“横向压电效应”。

当石英晶体受到沿 z 轴方向的力(无论是压缩力，还是拉伸力)作用时，晶体在 x 方向和 y 方向的变形相同，正、负电荷中心始终保持重合，电偶极矩在 x、y 方向的分量等于零，所以沿光轴方向施加作用力，石英晶体不会产生压电效应。

当作用力 F_x 或 F_y 的方向相反时，电荷的极性将随之改变。如果石英晶体在各个方向同时受到均等的作用力(如液体压力)，石英晶体将保持电中性，所以石英晶体没有体积变形的压电效应。

8.1.3　压电陶瓷的压电效应

压电陶瓷是人工制造的多晶压电材料。它是由无数细微的电畴组成的，这些电畴实际上是自发极化的小区域，自发极化的方向完全是任意排列的，如图 8-1-4(a)所示。在无外电场作用时，从整体来看，这些电畴的极化效应被互相抵消了，使原始的压电陶瓷呈电中性，不具有压电性质。

为了使压电陶瓷具有压电效应，必须进行极化处理。所谓极化处理，就是在一定温度下沿一定方向对压电陶瓷施加强电场(一般为 20～30kV/cm 的直流电场)，经过 2～3h 电场作用，压电陶瓷就具备压电性能了。这是因为陶瓷内部电畴的极化方向在外电场作用下都趋向于电场的方向，如图 8-1-4(b)所示。这个方向就是压电陶瓷的极化方向，通常命名为 z 轴方向。

压电陶瓷的极化过程与铁磁材料的磁化过程极其相似。经过极化处理的压电陶瓷，在去掉外电场后，其内部仍存在很强的剩余极化强度。当压电陶瓷受外力作用时，电畴的界限发生移动，因此，剩余极化强度将发生变化，压电陶瓷就呈现出压电效应。

(a) 未极化情况

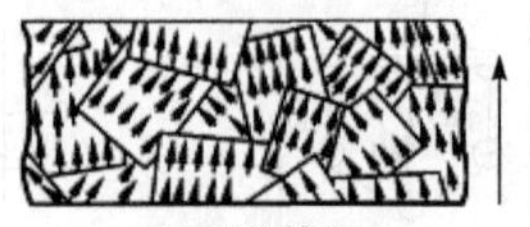

(b) 极化情况

图 8-1-4　钛酸钡压电陶瓷的电畴结构示意图

8. 1. 4　压电常数与表面电荷的计算

根据压电效应，压电材料在一定方向的力作用下，在材料一定表面产生电荷，可以用下式表示：

$$\eta_{ij} = d_{ij} \cdot \sigma_j$$

式中，σ_j 为 j 方向的应力；d_{ij} 为 j 方向的力使得 i 面产生电荷的压电常数；η_{ij} 为 j 方向的力在 i 面产生的电荷密度。

压电常数 d_{ij} 有两个下标，即 i 和 j。其中 $i(i$=1、2、3)表示在 i 面上产生电荷，例如，i=1、2、3 分别表示在垂直于 x、y、z 轴的晶片表面，即 x、y、z 面上产生电荷。下标 j=1、2、3、4、5、6，其中 j=1、2、3 分别表示晶体沿 x、y、z 轴方向承受单向应力；j=4、5、6 则分别表示晶体在 yOz 平面、zOx 平面和 xOy 平面上承受的剪切应力(图 8-1-5)。

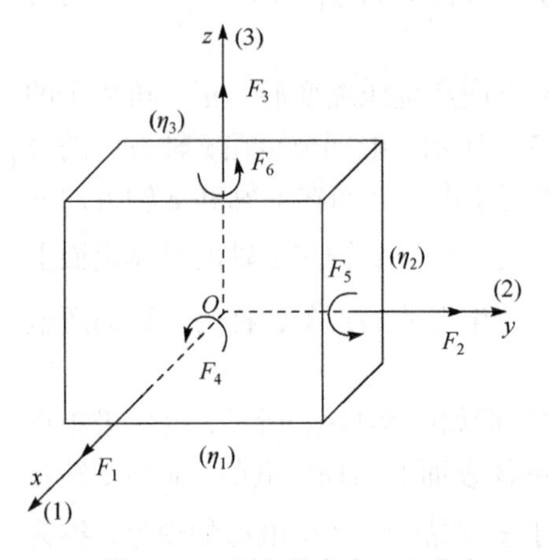

图 8-1-5　压电效应力－电分布

1. *石英晶体的压电常数和表面电荷的计算*

从石英晶体上切下一片平行六面体——晶体切片，使它的晶面分别平行于 x、y、z 轴，如图 8-1-6 所示。当晶片受到 x 方向压应力 σ_1 (N/m^2)作用时，晶片将产生厚度变形，在垂直于 x 轴表面上产生的电荷密度 η_{11} 与应力 σ_1 成正比，即

$$\eta_{11} = d_{11}\sigma_1 = d_{11}\frac{F_1}{l\omega} \tag{8-1-1}$$

式中，F_1 为沿晶轴 x 方向施加的压缩力(N)；d_{11} 为压电常数，压电常数与受力和变形方式有关。石英晶体在 x 方向承受机械应力时的压电常数 d_{11}=2.31×10^{-12}C/N；l、w 分别为石英晶片的长度和宽度(m)。

因为

$$\eta_{11} = \frac{q_{11}}{l\omega}$$

式中，q_{11} 为垂直于 x 轴晶片表面上的电荷(C)。

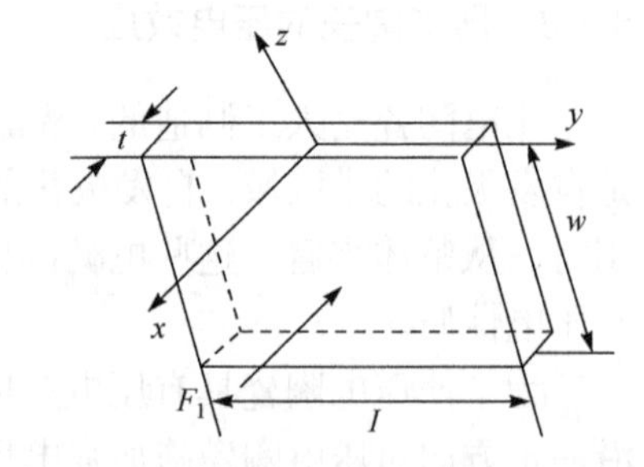

图 8-1-6　石英晶体切片

所以，式(8-1-1)可写成如下形式：

$$q_{11} = d_{11}F_1 \tag{8-1-2}$$

由式(8-1-2)可知，当石英晶片的 x 轴方向施加压缩力时，产生的电荷 q_{11} 正比于作用力

F_1，而与晶片的几何尺寸无关。电荷的极性如图 8-1-7(a)所示。如果晶片在晶轴 x 方向受到拉力(大小与压缩力相等)的作用，则仍在垂直于 x 轴表面上出现等量的电荷，但极性却相反，如图 8-1-7(b)所示。

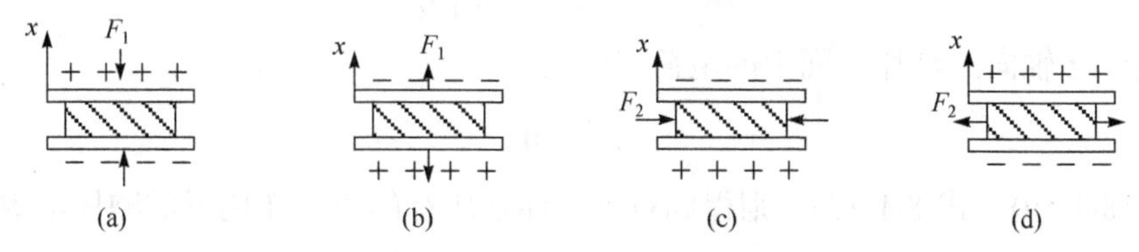

图 8-1-7　石英晶体上的电荷极性与受力方向的关系

当晶片受到沿 y(即机械轴)方向的力 F_2 作用时，在垂直于 x 轴表面上出现电荷，电荷的极性如图 8-1-7(c)(受压缩应力)和图 8-1-7(d)(受拉抻应力)所示。电荷密度 η_{12} 与施加的应力 σ_2 成正比，即

$$\eta_{12} = d_{12}\sigma_2 \tag{8-1-3}$$

由此可得到电荷量为

$$q_{12} = d_{12}\frac{l\omega}{t\omega}F_2 = d_{12}\frac{l}{t}F_2 \tag{8-1-4}$$

式中，d_{12} 为石英晶体在 y 方向承受机械应力时的压电常数。根据石英晶体的对称性 $d_{12}= -d_{11}$。则式(8-1-4)可写成

$$q_{12} = -d_{11}\frac{l}{t}F_2 \tag{8-1-5}$$

式中，F_2 为沿 y 方向对晶体施加的作用力(N)；q_{12} 为在 F_2 作用下，在垂直于 x 轴的晶片表面上出现的电荷量(C)；l、t 分别为石英晶片的长度和厚度(m)。

由式(8-1-5)可知，沿机械轴方向对晶片施加作用力时，产生的电荷量与晶片的尺寸有关。适当选择晶片的尺寸(长度和厚度)，可以增加电荷量。

当石英晶体受到 z(即光轴)方向的应力 F_3 作用时，无论是拉应力，还是压应力，都不会产生电荷，即

$$\eta_{13} = d_{13}\sigma_3 = 0 \tag{8-1-6}$$

因为 $\sigma_3 \neq 0$，所以 $d_{13}=0$。

当石英晶体分别受到剪切应力 σ_4、σ_5、σ_6 作用时，则有

$$\eta_{14} = d_{14}\sigma_4 \tag{8-1-7}$$

$$\eta_{15} = d_{15}\sigma_5 = 0(\text{即}d_{15} = 0) \tag{8-1-8}$$

$$\eta_{16} = d_{16}\sigma_6 = 0(\text{即}d_{16} = 0) \tag{8-1-9}$$

综上所述，只有在沿 x、y 方向作用正应力和晶片的 x 面上作用剪切应力时，才能在垂直于 x 轴的晶片表面产生电荷，即

$$\eta_1^* = d_{11}\sigma_1 - d_{11}\sigma_2 + d_{14}\sigma_4 \tag{8-1-10}$$

同理，通过实验可知，在垂直于 y 轴的晶片表面，只有在剪切应力 F_5 和 F_6 的作用下才出现电荷，即

$$\eta_2^* = d_{25}\sigma_5 + d_{26}\sigma_6 \tag{8-1-11}$$

因为石英晶体的压电常数 $d_{25}=-d_{14}$，$d_{26}=-2d_{11}$，所以式(8-1-11)可写成

$$\eta_2^* = -d_{14}\sigma_5 - 2d_{11}\sigma_6 \tag{8-1-12}$$

在垂直于 Z 轴向的晶片表面上的电荷密度为

$$\eta_3^* = 0 \tag{8-1-13}$$

综合式(8-1-10)～式(8-1-13)，则得到石英晶体在所有的应力作用下的顺压电效应表达式，写成矩阵形式为

$$\begin{bmatrix}\eta_1^*\\ \eta_2^*\\ \eta_3^*\end{bmatrix}=\begin{bmatrix}d_{11} & d_{12} & 0 & d_{14} & 0 & 0\\ 0 & 0 & 0 & 0 & d_{25} & d_{26}\\ 0 & 0 & 0 & 0 & 0 & 0\end{bmatrix}\begin{bmatrix}\sigma_1\\ \sigma_2\\ \sigma_3\\ \sigma_4\\ \sigma_5\\ \sigma_6\end{bmatrix}$$

$$=\begin{bmatrix}d_{11} & -d_{11} & 0 & d_{14} & 0 & 0\\ 0 & 0 & 0 & 0 & -d_{14} & -2d_{11}\\ 0 & 0 & 0 & 0 & 0 & 0\end{bmatrix}\begin{bmatrix}\sigma_1\\ \sigma_2\\ \sigma_3\\ \sigma_4\\ \sigma_5\\ \sigma_6\end{bmatrix} \tag{8-1-14}$$

由压电常数矩阵可知，石英晶体独立的压电常数只有两个，即

$$d_{11} = \pm 2.31\times 10^{-12}(\mathrm{C/N})$$
$$d_{14} = \pm 0.73\times 10^{-12}(\mathrm{C/N})$$

按 IRE 标准规定，右旋石英晶体的 d_{11} 和 d_{14} 值取负号；左旋石英晶的 d_{11} 和 d_{14} 值取正号。

压电常数矩阵是正确选择压电元件、受力状态、变形方式、能量转换率以及晶片几何切型的重要依据。

由压电常数矩阵还可以知道，压电元件承受机械应力作用时，有哪几种变形方式具有能量转换作用。例如，石英晶体通过 d_{ij} 有四种基本变形方式可将机械能转换为电能，即

(1) 厚度变形，通过 d_{11} 产生 x 方向的纵向压电效应；

(2) 长度变形，通过 d_{12} 产生 y 方向的横向压电效应；

(3) 面剪切变形，晶体受剪切面与产生电荷的面不共面。例如，对于 x 切型晶片，定义与 x 轴垂直的面为 x 平面；与 y 轴垂直的面为 y 平面；与 z 轴垂直的面为 z 平面。当 y 面上作用有 z 方向的剪切应力(根据剪切应力互等定理，z 面上同时作用有 y 方向的剪切应力)时，通过 d_{14} 在 x 面上将产生电荷；对于 y 切型晶片，当 x 面上作用有 z 方向的剪切应力(z 面上同时作用有 x 方向的剪切应力)时，通过 d_{25} 可在 y 面上产生电荷。

(4) 厚度剪切变形，晶体受剪切面与产生电荷的面共面。例如，对于 y 切晶片，当在 x 平面上作用有 y 方向的剪切应力时(y 面上同时作用有 x 方向的剪切应力)，通过 d_{26} 在 y 面上产

生电荷。

2. 压电陶瓷的压电常数和表面电荷的计算

压电陶瓷的极化方向通常取 z 轴方向，在垂直于 z 轴平面上的任何直线都可取作 x 轴或 y 轴，对于 x 轴和 y 轴，其压电特性是等效的。压电常数 d_{ij} 的两个下标中的 1 和 2 可以互换，4 和 5 也可以互换。这样在 18 个压电常数中，不为零的只有 5 个，而其中独立的压电常数只有 3 个，即 d_{33}、d_{31} 和 d_{15}。例如，钛酸钡压电陶瓷的压电常数矩阵为

$$\begin{bmatrix} 0 & 0 & 0 & 0 & d_{15} & 0 \\ 0 & 0 & 0 & d_{24} & 0 & 0 \\ d_{31} & d_{32} & d_{33} & 0 & 0 & 0 \end{bmatrix} \tag{8-1-15}$$

式中，$d_{33}=190\times10^{-12}$(C/N)；$d_{31}=d_{32}=-0.41d_{33}=-78\times10^{-12}$(C/N)；$d_{15}=-d_{24}=250\times10^{-12}$(C/N)。

由式(8-1-15)可知，钛酸钡压电陶瓷除厚度变形、长度变形和剪切变形外，还可以利用体积变形获得压电效应。

8.2　压 电 材 料

8.2.1　压电晶体

压电晶体的种类很多，如石英、酒石酸钾钠、电气石、磷酸铵(ADP)、硫酸锂等。其中，石英晶体是压电传感器中常用的一种性能优良的压电材料。

1. 石英晶体几何切型的分类

石英晶体是各向异性体。在 xyz 直角坐标中，沿不同方位进行切割，可得到不同的几何切型。

根据石英晶体在 xyz 直角坐标系中的方位可分为两大切族：X 切族和 Y 切族，如图 8-2-1 所示。

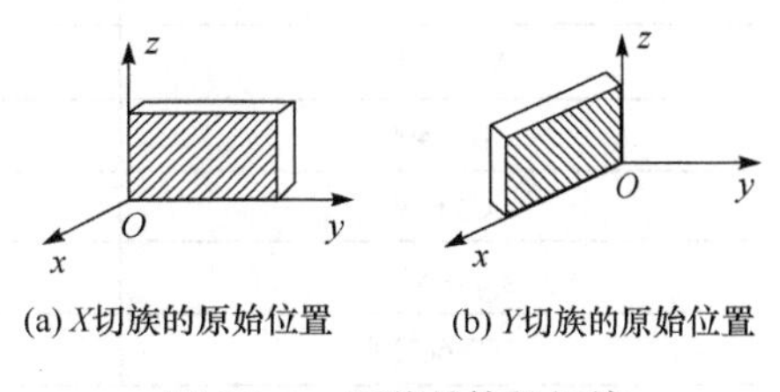

(a) X切族的原始位置　(b) Y切族的原始位置

图 8-2-1　石英晶体的切族

1) X 切族

这是以厚度方向平行于晶体 x 轴，长度方向平行于 y 轴，宽度方向平行于 z 轴这一原始位置旋转出来的各种不同的几何切型。

2) Y 切族

这是以厚度方向平行于晶体的 y 轴，长度方向平行于 x 轴，宽度方向平行于 z 轴这一原始位置旋转出来的各种几何切型。

2. 石英晶体几何切型的表示符号

按 IRE 标准对石英晶体几何切型表示符号的规定，X 切族以 xy 表示；Y 切族以 yx 表示，每一种切型的石英晶片用一组字母 x、y、z、t、l、w 和角度 γ 来表示。并且按 x、y、z 三个字母的先后排列表示晶片厚度、长度和宽度的原始方位，而用字母 t、l、w 分别表示晶片的实际厚度、长度和宽度。角度 γ 表示晶片的旋转角，其方向规定从 x(或 y)轴的正端看，若 γ 角为绕 x(或 y)轴逆时针旋转，取正值；顺时针旋转，取负值。

图 8-2-2 表示一块右旋石英晶体常用的切割方位及其代号。图中英文大写字母 X、Y、AT、BT、…为石英晶体切型的习惯表示符号，与 IRE 标准规定的符号的对照见表 8-2-1。

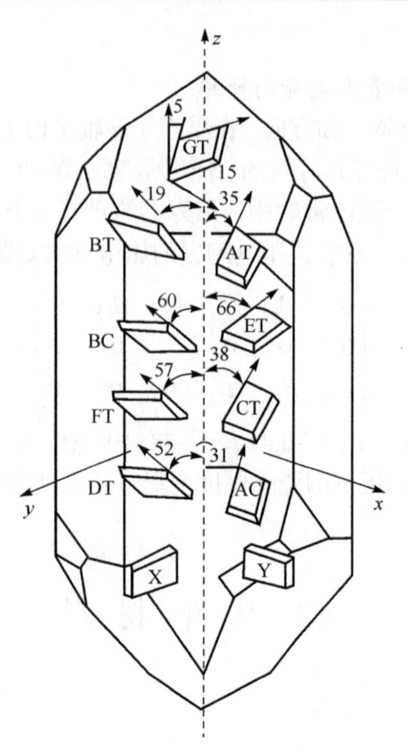

图 8-2-2　石英晶体的常用切割方位

表 8-2-1　石英晶体两类切型符号对应关系举例

习惯符号	IRE 符号	备注
X0°	*xy*	晶片面垂直 *x* 轴
Y0°	*yx*	晶片面垂直 *y* 轴
AT+35°15′	(*yxl*)+35°15′	
BT−49°	(*yxl*)−49°	
CT+38°	(*yxl*)+38°	
CT−52°	(*yxl*)−52°	
ET+66°30′	(*yxl*)+66°30′	
FT−57°	(*yxl*)−57°	
GT+51°/+45°	(*yxtl*)+51°/(+45°)	
NT+5°/−50°	(*yxtl*)+5°/(−50°)	
AC+31°	(*yxl*)+31°	
BC−60°	(*yxl*)−60°	

为了进一步熟悉石英晶体切型的表示符号，举例说明如下。

(1) *xy*(即 X0°)切型，表示晶体的厚度方向平行于 *x* 轴，晶片面与 *x* 轴垂直，不绕任何坐标轴旋转，即 *X* 切族的原始位置切割，简称 *X* 切，如图 8-2-1(a)所示。

(2) *yx*(即 Y0°)切型，表示晶片的厚度方向与 *y* 轴平行，晶片面与 *y* 轴垂直，不绕任何坐标轴旋转，即 *Y* 切族的原始位置切割，简称 *Y* 切，如图 8-2-1(b)所示。

(3) (*yxl*)+35°15′(即 AT)切型，表示晶片的厚度方向与 *y* 轴平行，长度方向与 *x* 轴平行，并

在 yx 的原始位置绕其长度 l 逆时针旋转 35°15′的切割，如图 8-2-3 所示。

(4) $(xytl)+5°/(-50°)$切型，表示晶片的厚度方向与 x 轴平行，长度方向与 y 轴平行，并且在 xy 的原始位置上，先绕厚度 t 逆时针转 5°，再绕长度 l 顺时针转 50°的切割，如图 8-2-4 所示。

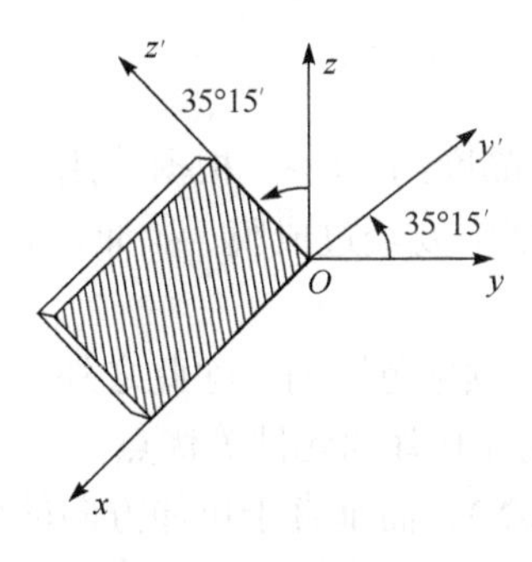

图 8-2-3　$(yxl)+35°15'$切型

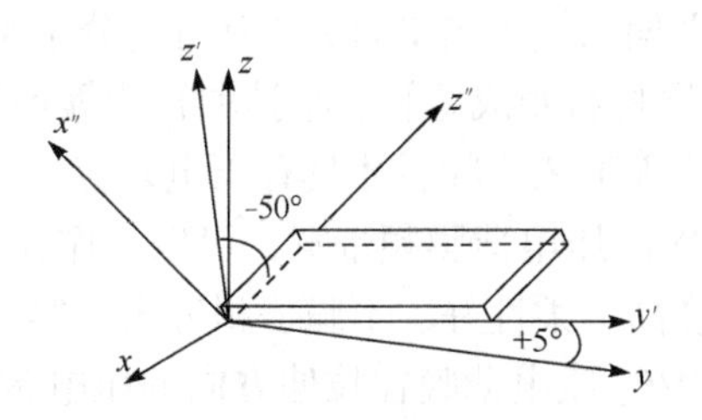

图 8-2-4　$(xytl)+5°/(-50°)$切型

3. 石英晶体的性能

石英晶体是一种性能优良的压电晶体。它不需要人工极化处理，没有热释电效应，介电常数和压电常数的温度稳定性好，在常温范围内，这两个参数几乎不随温度变化。在 20～200℃温度范围内，温度每升高 1℃，压电常数仅减小 0.016%，温度上升到 400℃时，压电常数 d_{11} 也只减小了 5%。但当温度超过 500℃时，d_{11} 值急剧下降，当温度达到 573℃(居里点温度)时，石英晶体就完全失去压电特性。

石英晶体一个突出的优点是性能非常稳定。除此之外，它还具有自振频率高、动态响应好、机械强度高、绝缘性能好、迟滞小、重复性好、线性范围宽等优点。

8.2.2　压电陶瓷

1. 钛酸钡($BaTiO_3$)压电陶瓷

钛酸钡压电陶瓷是最早使用的压电陶瓷材料。它是由碳酸钡和二氧化钛按一定比例混合后烧结而成的。钛酸钡的压电常数 d_{33} 要比石英晶体的压电常数 d_{11} 大几十倍。介电常数和体电阻率也都比较高。但温度稳定性和长时期稳定性，以及机械强度都不如石英，而且工作温度比较低，最高使用温度只有 80℃左右。

2. 锆钛酸铅压电陶瓷(PZT)

锆钛酸铅压电陶瓷是由钛酸铅和锆酸铅组成的固熔体。它具有很高的介电常数，而且工作温度可达 250℃，各项机电参数随温度和时间等外界因素的变化较小。由于锆钛酸铅压电陶瓷在压电性能和温度稳定性等方面都远远优于钛酸钡压电陶瓷，因此它是目前使用最普遍的一种压电材料。

根据各种不同的用途对压电性能提出的不同要求，在锆钛酸铅材料中再添加一种或两种微量的其他元素，如铌(Nb)、锑(Sb)、锡(Sn)、锰(Mn)、钨(W)等，可以获得不同性能的 PZT 压电陶瓷。

在压电材料中，除常用的石英晶体和 PZT 压电陶瓷外，人工制造的铌酸锂($LiNbO_3$)单晶体可称得上是一种压电性能良好的压电材料。其压电常数高达 80pC/N，比石英晶体大 35 倍左右，介电常数($\varepsilon_r=85$)也比石英晶体高得多。虽然铌酸锂压电晶体和石英晶体同为单晶体，但它不是单畴结构，而是多畴结构。为了得到单畴结构，还需要进行单畴化(即极化)处理，经过极化处理后才具有压电效应。由于它是单晶体，所以时间稳定性比压电陶瓷好得多。更为突出的是铌酸锂单晶的居里点温度高达 1200℃，最高工作温度可达 760℃，因此，用铌酸锂单晶可制成非冷却型高温压电式传感器。

8.2.3 压电薄膜-聚偏二氟乙烯

聚偏二氟乙烯(PVF_2)是有机高分子半晶态聚合物，结晶度约 50%。根据使用要求，可将 PVF_2 原材料制成薄膜、厚膜和管状等各种形状。PVF_2 一般需要经过成膜、拉伸、上电极、电场极化等工艺步骤后才具有压电效应。

PVF_2 压电薄膜频带宽，可以工作在 10^{-5}Hz～500MHz 频率范围内。除此之外，还具有机械强度高、柔性好、不脆、耐冲击、容易加工成大面积元件和阵列元件等优点。

PVF_2 压电薄膜在拉伸方向的压电常数最大(d_{31}=20pC/N)，而垂直于拉伸方向的压电常数 d_{32} 最小($d_{32} \approx 0.2d_{31}$)。因此在测量小于 1MHz 的动态量时，大多利用 PVF_2 压电薄膜受拉伸产生的横向压电效应。

PVF_2 压电薄膜最早应用于电声器件中，在超声和水声探测方面的应用发展很快。它的声阻抗与水的声阻抗非常接近，两者具有良好的声学匹配关系，因此，PVF_2 压电薄膜在水中可以说是一种声透明的材料，可以用超声回波法直接检测信号。在测量加速度和动态压力方面也已有所应用。表 8-2-2 列出了常用压电材料的性能参数。

表 8-2-2　常用压电材料的性能参数

性能	石英	钛酸钡	锆钛酸铅 PZT-4	锆钛酸铅 PZT-5	锆钛酸铅 PZT-8
压电常数/(pC/N)	d_{11}=2.31 d_{14}=0.73	d_{15}=260 d_{31}=−78 d_{33}=190	$d_{15} \approx 410$ d_{31}=100 d_{33}=200	$d_{15} \approx 670$ d_{31}=−185 d_{33}=415	d_{15}=410 d_{31}=−90 d_{33}=200
相对介电常数(ε_r)	4.5	1200	1050	2100	1000
居里点温度/℃	573	115	310	260	300
密度/(g/cm^3)	2.65	5.5	7.45	7.5	7.45
弹性模量/GPa	80	110	83.3	117	123
机械品质因素	10^5 ~ 10^6		≥500	80	≥800
最大安全应力/(10^6N/m^2)	95 ~ 100	81	76	76	83
体积电阻率/(Ω · m)	$>10^{12}$	10^{10}(25℃)	$>10^{10}$	10^{11}(25℃)	
最高允许温度/℃	550	80	250	250	
最高允许湿度/%	100	100	100	100	

8.3 压电式传感器的等效电路与测量电路

8.3.1 压电式传感器的等效电路

当压电式传感器的压电元件受外力作用时，会在压电元件一定方向的两个表面(电极面)上产生电荷：在一个表面上聚集正电荷；在另一个表面上聚集等量的负电荷。因此，可以把压电式传感器看作一个静电荷发生器。显然，当压电元件的两个表面聚集电荷时，它也是一个电容器，其电容量 C_a 为

$$C_a = \frac{\varepsilon S}{d} = \frac{\varepsilon_r \varepsilon_0 S}{d} \tag{8-3-1}$$

式中，S 为压电元件电极面面积(m^2)；d 为压电元件厚度(m)；ε 为压电材料的介电常数(F/m)；ε_r 为压电材料的相对介电常数；ε_0 为真空介电常数(ε_0=8.85×10^{-12}F/m)；C_a 为压电元件内部电容。

因此，可以把压电式传感器等效为一个电荷源与一个电容相并联的电荷等效电路，如图 8-3-1(a)所示。

由于电容器上的电压 U_a(开路电压)、电荷 q 与电容 C_a 三者之间存在以下关系：

$$U_a = \frac{q}{C_a} \tag{8-3-2}$$

因此，压电式传感器也可以等效为一个电压源和一个串联电容表示的电压等效电路，如图 8-3-1(b)所示。

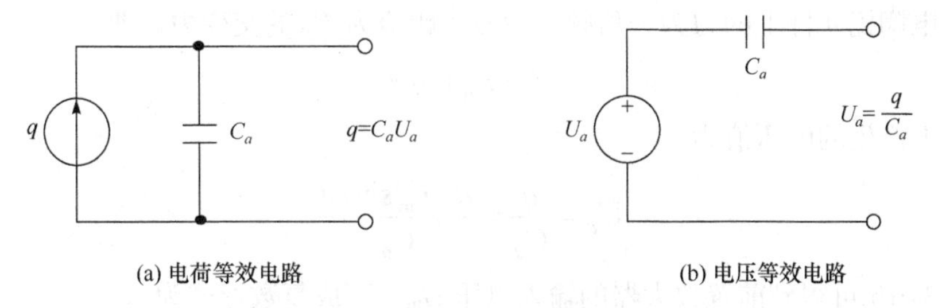

图 8-3-1　压电式传感器的等效电路

在实际使用中，为了提高灵敏度，压电元件常常采用两片或多片组合的工作方式，根据压电元件电连接形式的不同，压电元件的组合有串联和并联两种方式，如图 8-3-2 所示，为两片连接的情况(设两压电片相同)。在串联形式中，两压电片的等效电容是串联关系，总电容为单片电容的一半，正、负电荷分别集中在上、下极板上，而中间极板由于上下片产生的电荷极性相反相互抵消，所以输出总电荷与单片产生的电荷相同，而输出电压为单片电压的两倍。在并联形式中，负极集中在中间极上，两压电片的等效电容是并联关系，总电容为单片电容的两倍，所以输出总电荷为单片产生的电荷的两倍，而输出电压与单片相比不变。

图 8-3-2　压电元件的串、并联

同样的结论可以推广到 n 片相连的情况。

串联：

电荷相等　$Q_\Sigma = Q_i$

电压相加　$U_\Sigma = nU_i$

电容减小　$C_\Sigma = C_i / n$

并联：

电压相等　$U_\Sigma = U_i$

电荷相加　$Q_\Sigma = nQ_i$

电容相加　$C_\Sigma = nC_i$

8.3.2　电压放大器

压电式传感器本身的内阻抗很高，而输出能量较小，因此它的测量电路通常需要接入一个高输入阻抗的前置放大器，其作用为：一是把它的高输出阻抗变换为低输出阻抗；二是放大传感器输出的微弱信号。压电式传感器的输出可以是电压信号，也可以是电荷信号，因此前置放大器也有两种形式：电压放大器和电荷放大器。

图 8-3-3 为压电式传感器与电压放大器连接的等效电路，图(b)为图(a)的简化电路，图 8-3-3(b)中，等效电阻 R 为

$$R=\frac{R_a R_i}{R_a+R_i}$$

等效电容 C 为

$$C=C_c+C_i$$

设作用在压电陶瓷元件上的力为一角频率为 ω 、幅值为 F_{m} 的交变力，即

$$f=F_{\mathrm{m}}\sin\omega t$$

则压电元件上产生的电压值为

$$U_a=\frac{q}{C_a}=\frac{d_{33}F_{\mathrm{m}}\sin\omega t}{C_a} \tag{8-3-3}$$

由图 8-3-3(b)可得到前置放大器的输入电压 U_{in}，写成复数形式为

$$\dot{U}_{\mathrm{in}}=d_{33}\dot{F}\frac{\mathrm{j}\omega R}{1+\mathrm{j}\omega R(C_a+C)} \tag{8-3-4}$$

由式(8-3-4)可得到前置放大器的输入电压的幅值 U_{inm} 为

$$U_{\mathrm{inm}}=\frac{d_{33}F_{\mathrm{m}}\omega R}{\sqrt{1+(\omega R)^2(C_a+C_c+C_i)^2}} \tag{8-3-5}$$

输入电压与作用力之间的相位差 φ 为

$$\varphi=\frac{\pi}{2}-\arctan\left(\omega\left(C_a+C_c+C_i\right)R\right) \tag{8-3-6}$$

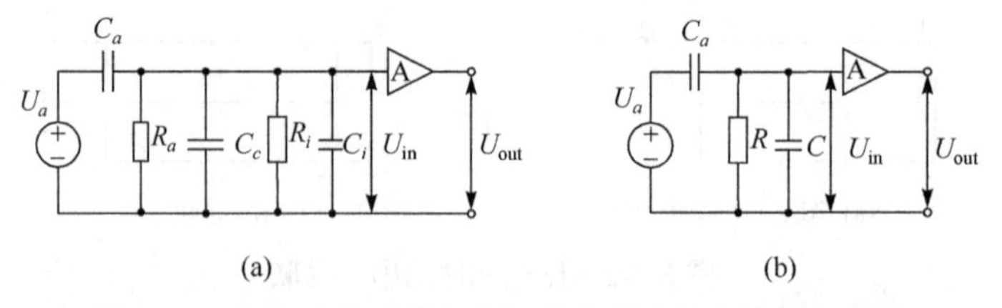

图 8-3-3　压电式传感器与电压放大器连接的等效电路图

假设，在理想情况下，传感器的绝缘电阻 R_a 和前置放大器的输入电阻 R_i 都为无限大，即等效电阻 R 为无限大的情况，电荷没有泄漏，则由式(8-3-5)可知，前置放大器的输入电压(即传感器的开路电压)的幅值 $U_{a\mathrm{m}}$ 为

$$U_{a\mathrm{m}}=\frac{d_{33}F_{\mathrm{m}}}{C_a+C_c+C_i} \tag{8-3-7}$$

这样，放大器的实际输入电压 U_{inm} 与理想情况的输入电压 U_{am} 的幅值比为

$$\frac{U_{\mathrm{inm}}}{U_{am}}=\frac{\omega R(C_a+C_c+C_i)}{\sqrt{1+(\omega R)^2(C_a+C_c+C_i)^2}} \tag{8-3-8}$$

令

$$\tau=R(C_a+C_c+C_i) \tag{8-3-9}$$

则式(8-3-8)和式(8-3-9)可分别写成如下形式：

$$\frac{U_{\mathrm{inm}}}{U_{am}}=\frac{\omega\tau}{\sqrt{1+(\omega\tau)^2}} \tag{8-3-10}$$

$$\varphi=\frac{\pi}{2}-\arctan(\omega\tau) \tag{8-3-11}$$

式中，τ 为测量回路的时间常数。

由此得到电压幅值比和相角与频率的关系曲线，如图 8-3-4 所示。当作用在压电元件上的力是静态力($\omega=0$)时，放大器的输入电压等于零。

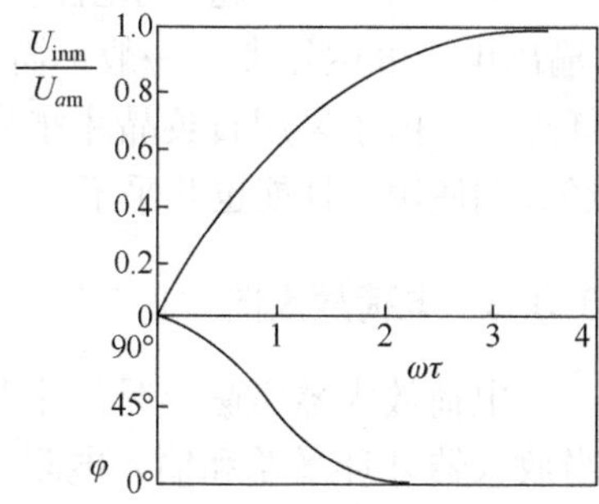

图 8-3-4　电压幅值比、相位频率特性

这个道理很容易理解，因为放大器的输入阻抗不可能无限大，传感器也不可能绝对绝缘。因此，电荷就会通过放大器的输入电阻和传感器本身的泄漏电阻泄漏掉。这也就从原理上决定了压电式传感器不能测量静态物理量。

当 $\omega\tau\gg 3$ 时，可以近似看作放大器的输入电压与作用力的频率无关。在时间常数一定条件下，被测物理量的变化频率越高，越能满足以上条件，则放大器的实际输入电压越接近理想情况的输入电压。

但是，如果被测物理量是缓慢变化的动态量，而测量回路的时间常数又不大，则将造成传感器的灵敏度下降，而且频率变化还会引起灵敏度变化。为了扩大传感器的低频响应范围，就必须尽量提高回路的时间常数。但是应当指出的是，不能靠增加测量回路的电容量来提高时间常数，因传感器的电压灵敏度 K_u 是与电容量成反比的。这可以从式(8-3-5)得到的电压灵敏度关系式来说明。由式(8-3-5)可得

$$K_u=\frac{U_{\mathrm{inm}}}{F_{\mathrm{m}}}=\frac{d_{33}}{\sqrt{\frac{1}{(\omega R)^2}+(C_a+C_c+C_i)^2}}$$

一般情况下，$\omega R\gg 1$，则传感器的电压灵敏度 K_u 为

$$K_u\approx\frac{d_{33}}{C_a+C_c+C_i} \tag{8-3-12}$$

由式(8-3-12)可以看出，增加测量回路的电容量必然会降低传感器的灵敏度。为此，切实可行的办法是提高测量回路的电阻。传感器本身的绝缘电阻一般都很大，所以测量回路的电阻主要取决于前置放大器的输入电阻。放大器的输入电阻越大，测量回路的时间常数就越大，传感器的低频响应也就越好。

电压放大器的电路简单、元器件少、价格便宜、工作可靠。但是电缆长度不能长，增加电缆长度必然会降低传感器的电压灵敏度，而且不能随便更换出厂时规定的电缆，一旦更换

电缆必须重新校正灵敏度，否则将引起测量误差。

随着集成电路技术的发展，超小型阻抗变换器已能直接装进传感器内部，从而组成一体化传感器，如图 8-3-5 所示，为采用石英晶片作为压电元件，装有超小型阻抗变换器的一体化压电加速度传感器。由于压电元件到放大器的引线很短，因此引线电容几乎等于零，这就避免了长电缆对传感器灵敏度的影响。

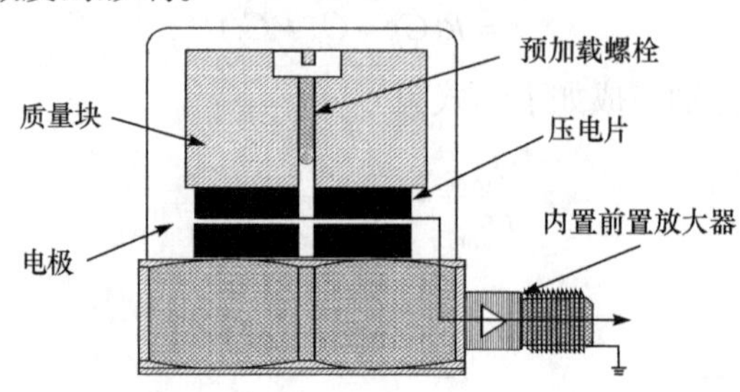

图 8-3-5　装有超小型阻抗变换器的一体化压电加速度传感器

这种内部装有超小型阻抗变换器的石英压电传感器，能直接输出高电平、低阻抗的信号(输出电压可达几伏)。一般不需要再附加放大器，并可以用普通的同轴电缆输出信号。另一个优点是，由于采用石英晶片作为压电元件，因此在很宽的温度范围内灵敏度十分稳定，而且经长期使用，性能也几乎不变。

8.3.3　电荷放大器

电荷放大器实际上是一个具有深度电容负反馈的高增益运算放大器，如图 8-3-6 所示。当放大器开环增益和输入电阻、反馈电阻相当大时，放大器的输出电压 U_{out} 正比于输入电荷 q，即

$$U_{\text{out}}=\frac{-Aq}{C_a+C_c+C_i+(1+A)C_F} \tag{8-3-13}$$

式中，C_a 为传感器压电元件的电容；C_c 为电缆电容；C_i 为放大器输入电容；C_F 为放大器反馈电容；A 为放大器的开环增益。

若 A 足够大，则$(1+A)C_F \gg C_a+C_c+C_i$，这样式(8-3-13)可写成

$$U_{\text{out}}\approx -\frac{q}{C_F} \tag{8-3-14}$$

由式(8-3-14)可见，电荷放大器的输出电压仅与输入电荷量和反馈电容有关。只要保持反馈电容的数值不变，输出电压就正比于输入电荷量。而且，当$(1+A)C_F$ 比 $C_a+C_c+C_i$ 大 10 倍以上时，可以认为传感器的灵敏度与电缆电容无关，更换电缆或需要使用较长的电缆(数百米)时，无须重新校正传感器的灵敏度。

在电荷放大器的实际电路中，考虑到被测物理量的大小，以及后级放大器不致因输入信号太大而导致饱和，反馈电容 C_F 的容量做成可选择的，选择范围一般为 100pF～10nF。选择不同容量的反馈电容，可以改变前置级的输出大小。其次，考虑到电容负反馈线路在直流工作时，相当于开路状态，因此对电缆噪声比较敏感，放大器的零漂也比较大。为了减小零漂，提高放大器工作稳定性，一般在反馈电容的两端并联一个电阻 R_F(10^{10}～$10^{14}\Omega$)，其功用是提供直流负反馈。

电荷放大器的时间常数 R_FC_F 相当大(10^5s 以上)，下限截止频率 $f_L\left(f_L=1/(2\pi R_FC_F)\right)$ 低至 3×10^{-6}Hz，上限频率高达 100kHz，输入阻抗大于 $10^{12}\Omega$，输出阻抗小于 100Ω。因此压电式传感器配用电荷放大器时，低频响应比配用电压放大器要好得多，可对准静态的物理量进行有效的测量。

例 8-3-1　如图 8-3-6 所示压电式传感器测量电路。其中压电片固有电容 $C_a=100$pF，固有电阻 $R_a=\infty$，连接电缆电容 $C_c=300$pF，反馈电容 $C_F=50$pF，$R_F=1$MΩ。求：

(1) 给出输出电压表达式。

(2) 当 $A=10^4$ 时，系统测量误差是多少？

解析　电荷放大器实际上是一个具有深度电容负反馈的高增益运算放大器。当放大器开环增益和输入电阻、反馈电阻相当大时，放大器的输出电压 U_{out} 正比于输入电荷 q，即

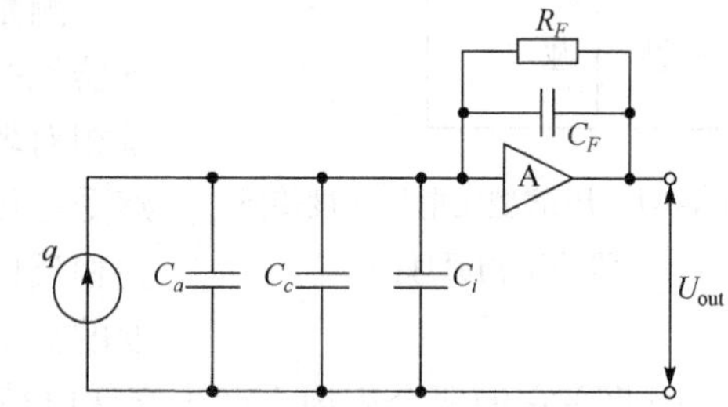

图 8-3-6　压电式传感器与电荷放大器的等效电路

$$U_{\text{out}}=\frac{-Aq}{C_a+C_c+(1+A)C_F}$$

对理想放大器，A 足够大，则$(1+A)C_F\gg C_a+C_c$，这样上式可写成

$$U'_{\text{out}}\approx-\frac{q}{C_F}$$

当 $A=10^4$ 时，系统测量误差为

$$\delta=\frac{U'_{\text{out}}-U_{\text{out}}}{U'_{\text{out}}}\approx\frac{C_a+C_c+C_F}{(1+A)C_F}=\frac{(100+300+50)\times10^{-12}}{(1+10^4)\times50\times10^{-12}}=0.09\%$$

8.4　压电式传感器的应用

8.4.1　压电式加速传感器

1. 工作原理

图 8-4-1 为压缩型压电加速度传感器的结构原理图。压电元件一般由两块压电片(石英晶片或压电陶瓷片)组成。在压电片的两个表面上镀银层，并在镀银层上焊接输出引线，或在两压电片之间夹一片金属薄片，引线就焊接在金属薄片上。输出端的另一根引线直接与传感器基座相连。在压电片上放置一个质量块。质量块一般采用比重大的金属钨或高比重合金制成，以在保证所需质量的前提下使体积尽可能小，为了消除质量块与压电元件之间，以及压电元件本身因加工粗糙造成的接触不良而引起的非线性误差，并且保证传感器在交变力的作用下正常工作，装配时应对压电元件施加预压缩载荷。如图 8-4-1 所示，是利用硬弹簧对压电元件施加预压缩载荷的。除此之外，还可以通过螺栓、螺帽等对压电元件预加载荷。静态预载荷的大小应远大于传感器在振动、冲击测试中可能承受的最大动载荷。这样，当传感器向上运动时，质量块受到的惯性力使压电元件上的压应力增加；反之，当传感器向下运动时，压电元件上的压力减小。

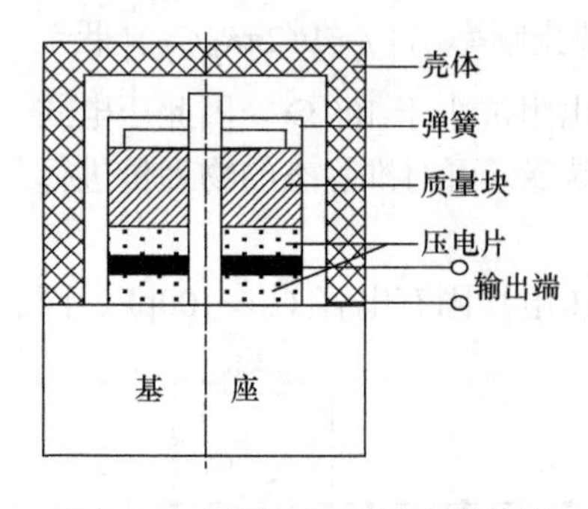

图 8-4-1　压缩型压电加速度传感器的结构原理图

传感器的整个组件装在一个厚基座上，并用金属壳体加以封罩，为了不把试件的任何应变传递到压电元件上，避免由此产生的假信号，所以，一般要加厚基座或选用刚度较大的材料来制造，如钛合金、不锈钢等。壳体和基座的重量差不多占传感器总重量的一半。

测量时，将传感器基座与试件刚性固定在一起。当传感器承受振动时，由于弹簧的刚度相当大，而质量块的质量相对较小，可以认为质量块的惯性很小。因此，质量块感受与传感器基座(或试件)相同的振动，并受到与加速度方向相反的惯性力的作用。这样，质量块就有一正比于加速度的交变力作用在压电元件上。由于压电元件具有压电效应，因此在它的两个表面上产生交变电荷(或电压)。当试件的振动频率远低于传感器的固有频率时，传感器的输出电荷(或电压)与作用力成正比，即与试件的加速度成正比。经电压放大器或电荷放大器放大后即可测出试件的加速度。

2. 频响特性

如图 8-4-1 所示的压电式加速度传感器，可以简化成由集中质量 m、集中弹簧 k 和集中阻尼 C 组成的二阶单自由度系统。因此，当传感器直接测量振动加速度 a_0 时，则根据第 7 章磁电式振动传感器传递函数表达式(7-2-4)，可改写为

$$\frac{x_t}{a_0}(\mathrm{D})=\frac{-1}{\mathrm{D}^2+2\xi\omega_0\mathrm{D}+\omega_0^2} \tag{8-4-1}$$

式中，$a_0=\mathrm{D}^2x_0$。

将式(8-4-1)改写成频率传递函数形式如下：

$$\frac{x_t}{a_0}(\mathrm{j}\omega)=\frac{-\left(\dfrac{1}{\omega_0}\right)^2}{1-\left(\dfrac{\omega}{\omega_0}\right)^2+2\xi\left(\dfrac{\omega}{\omega_0}\right)\mathrm{j}} \tag{8-4-2}$$

其振幅比和相位分别为

$$\left|\frac{x_t}{a_0}\right|=\frac{\left(\dfrac{1}{\omega_0}\right)^2}{\sqrt{\left[1-\left(\dfrac{\omega}{\omega_0}\right)^2\right]^2+\left[2\xi\left(\dfrac{\omega}{\omega_0}\right)\right]^2}} \tag{8-4-3}$$

$$\varphi=-\arctan\frac{2\xi\left(\dfrac{\omega}{\omega_0}\right)}{1-\left(\dfrac{\omega}{\omega_0}\right)^2} \tag{8-4-4}$$

式中，x_t 为质量块相对于传感器壳体位移的振幅；a_0 为加速度振幅；ω 为振动体振动角频率；

ω_0 为传感器固有角频率；ξ 为相对阻尼系数；φ 为质量块的位移滞后于加速度的相位角。

因为质量块与传感器壳体之间的相对位移 x_t 等于压电元件的变形量，所以在压电元件的线性弹性范围内，有

$$F = K_y x_t \tag{8-4-5}$$

式中，F 为作用在压电元件上的力；K_y 为压电元件的弹性系数。

因为 $q=d_{33}F$，所以

$$q = d_{33} K_y x_t \tag{8-4-6}$$

将式(8-4-6)代入式(8-4-3)，则得到压电式加速度传感器灵敏度与频率的关系式，即

$$\frac{q}{a_0} = \frac{K_y d_{33} / \omega_0^2}{\sqrt{\left[1-\left(\frac{\omega}{\omega_0}\right)^2\right]^2 + \left[2\xi\left(\frac{\omega}{\omega_0}\right)\right]^2}} \tag{8-4-7}$$

式(8-4-7)所表示的频响特性曲线如图 8-4-2 所示，由图可知，在 ω/ω_0 相当小的范围内，有

$$\frac{q}{a_0} \approx \frac{K_y d_{33}}{\omega_0^{\ 2}} \tag{8-4-8}$$

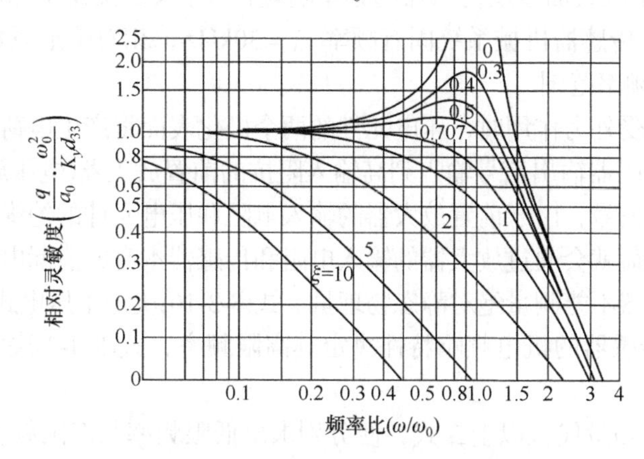

图 8-4-2　压电式加速度传感器的频响特性

由式(8-4-8)可知，当传感器的固有频率远大于振动体的振动频率时，传感器的灵敏度 $K_a = q/a_0$ 近似为一个常数。从频响特性也可以清楚地看出，在这一频率范围内，灵敏度基本上不随频率而变化，而且能获得满意的线性响应。由于压电式传感器具有极高的固有频率，因此频响范围很宽。其低频响应取决于测量回路的时间常数。时间常数越大，低频响应越好。尤其是压电传感器配用电荷放大器，时间常数长达 10^5s，以致可用来测量接近静态的缓变物理量。

压电式传感器的体积小、重力小、刚度大，所以它的固有频率很高，一般可达几十千赫，甚至更高，它的频响可达几千赫，甚至几十千赫、上百千赫，因此压电式传感器的高频响应是相当好的。只要放大器的高频截止频率远高于传感器的固有频率，那么传感器的高频响应完全决定于自身的机械参数。放大器的通频带要做到 100kHz 以上并不困难。因此，压电式传感器的高频响应只需要考虑由其机械参数决定的固有频率。显然，要提高传感器的固有频率，

减小惯性质量是有效的，但只能适当减小，否则灵敏度将太低。

欲提高传感器的高频响应，除了增加壳体的刚度和适当减小惯性质量外，在很大程度上取决于安装表面的平面度和零件之间的紧固程度。如果传感器的拧紧力矩不大，安装表面粗糙，安装螺孔和安装面不垂直，均会大大降低传感器的测量频率上限。

这里要指出的是，测量频率的上限不能取得和传感器的固有频率一样高。这是因为在靠近共振区附近灵敏度将随频率增加而急剧增加(图 8-4-2)。在这个频率范围内只要频率稍有变化，传感器的灵敏度就会发生很大变化，以致不能保证传感器线性响应。而且在共振区附近工作，传感器的灵敏度比出厂时校正灵敏度高得多，如果不进行灵敏度修正，将会造成很大的测量误差。

为此，实际测量的振动频率上限(最高工作频率)一般只取传感器固有频率的 1/5 左右。这样，从低频响应的下限到高频响应的上限的整个频率范围的频率响应特性曲线就可以认为是平坦的。在这一频率响应范围内，传感器的灵敏度基本上不随频率而变。

有些加速度传感器，尤其是用薄壁壳体作传感器外壳的传感器，由于板壳等零件的共振，往往在低于共振频率处产生附加的局部共振。局部共振仅出现在一窄频带上。当传感器的最高工作频率取 1/5 的固有频率时，可以忽略局部共振所引起的共振频率的微小变化，因此对传感器工作频率范围的响应并不影响。

例 8-4-1 分析压电式加速度传感器的频率响应特性。又如测量电路的总电容 C=1000pF，总电阻 $R = 500\text{M}\Omega$，传感器机械系统固有频率 $f_0 = 30\text{kHz}$，相对阻尼系数 $\xi = 0.5$，求幅值误差在 2%以内的使用频率范围。

解析 压电元件受外力作用时，压电元件的两个极化表面将产生电荷，由于输出电信号非常微弱，通常应将传感器输出信号输入到高输入阻抗的前置放大器(电压放大器或电荷放大器)中变换成低阻抗输出信号，由于前置放大器的输入电阻和压电元件的绝缘电阻都不可能做得无穷大，因此，压电电荷就会通过放大器的输入电阻和传感器本身的泄漏电阻漏掉，这就从原理上决定了压电式传感器不能测量绝对静态物理量。式(8-3-10)决定了压电式传感器的低限频率。

压电式加速度传感器的机电频响特性决定其高限频率，式(8-4-3)决定了振动加速度测量的高限频率。

根据题意，将已知量代入以上二式，便分别求出低限频率与高限频率。

对于下限频率，有

$$\frac{\omega\tau}{\sqrt{1+(\omega\tau)^2}} = 0.98$$

$$0.96[1+(\omega\tau)^2] = (\omega\tau)^2$$

$$\omega^2 = \frac{24}{\tau^2} = \frac{24}{(500\times10^6\times100\times10^{-12})^2} = 96$$

$$f_L = 1.6\text{Hz}$$

对于上限频率，因为有

$$\left|\frac{\left|\frac{x_t}{a_0}(0)\right| - \left|\frac{x_t}{a_0}(\omega)\right|}{\left|\frac{x_t}{a_0}(0)\right|}\right| \leqslant 0.02$$

所以

$$-0.02 \leqslant \frac{\left|\frac{x_t}{a_0}(0)\right| - \left|\frac{x_t}{a_0}(\omega)\right|}{\left|\frac{x_t}{a_0}(0)\right|} \leqslant 0.02$$

取

$$\frac{\left|\frac{x_t}{a_0}(0)\right| - \left|\frac{x_t}{a_0}(\omega)\right|}{\left|\frac{x_t}{a_0}(0)\right|} = 0.02$$

即

$$\frac{1}{\sqrt{\left[1-\left(\frac{\omega}{\omega_0}\right)^2\right]^2 + \left[2\xi\left(\frac{\omega}{\omega_0}\right)\right]^2}} = 0.98$$

可得

$$f_{H_1} = 30.6\text{kHz}$$

取

$$\frac{\left|\frac{x_t}{a_0}(0)\right| - \left|\frac{x_t}{a_0}(\omega)\right|}{\left|\frac{x_t}{a_0}(0)\right|} = -0.02$$

即

$$\frac{1}{\sqrt{\left[1-\left(\frac{\omega}{\omega_0}\right)^2\right]^2 + \left[2\xi\left(\frac{\omega}{\omega_0}\right)\right]^2}} = 1.02$$

忽略方程解中的负数，得近似解

$$\left(\frac{\omega}{\omega_0}\right)^2 = \begin{cases} 0.04 \\ 0.96 \end{cases}$$

可得：$f_{H_2} = 6.15\text{kHz}$，$f_{H_3} = 29.4\text{kHz}$。

因此，可得其频率上限范围为

$$f \leqslant f_{H_2} = 6.15\text{kHz}, \quad 29.4\text{kHz} \leqslant f \leqslant 30.6\text{kHz}$$

第二个频率范围相对较窄，不予采用，实际该压电加速度传感器使用频率范围为 $1.6\text{Hz} \leqslant f \leqslant 6.15\text{kHz}$。

3. 结构

压电式加速度传感器常见的结构形式有基于压电元件厚度变形的压缩型和基于剪切变形的剪切型。

1) 压缩型加速度传感器

如图 8-4-3 所示，通过拧紧质量块对压电元件施加预压缩力。这种形式的传感器结构简单、灵敏度高、频率响应高。但对环境影响(如声学噪声、基座应变、瞬变温度等)比较敏感。这是由于其外壳本身就相当于弹簧-质量系统中的一个弹簧，它与压电元件的弹簧并联。因此，壳体所受的任何应力和温度变化都将影响压电元件，使传感器产生较大的干扰信号。

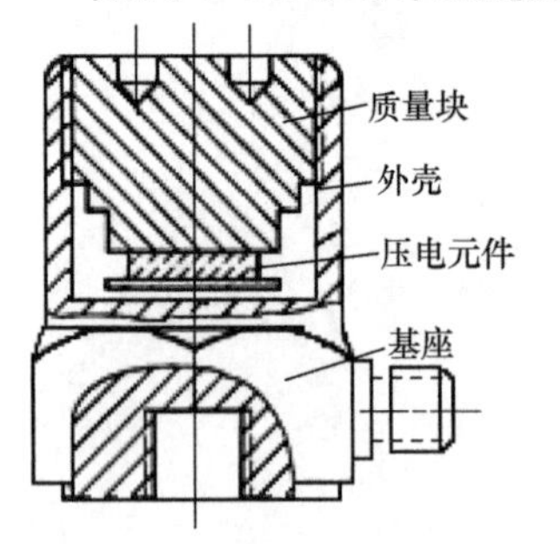

图 8-4-3　压缩型加速度传感器

2) 剪切型加速度传感器。

剪切型加速度传感器是利用压电元件受剪切应力而产生压电效应。按压电元件的结构形式，又有环形剪切型、三角剪切型、H 剪切型等剪切型加速度传感器。

(1) 环形剪切型加速度传感器。

如图 8-4-4 所示，圆环形压电陶瓷和质量环套在传感器的中心柱上。压电陶瓷的极化方向平行于传感器的轴线，如图 8-4-5(a)所示。当传感器受到轴向振动时，质量环由于惯性产生滞后，使压电陶瓷受到剪切应力 T_4 的作用，并在其内外表面产生电荷，如图 8-4-5(a)所示，其电荷密度 $\eta_2 = d_{24}T_4$。

压电陶瓷的极化方向也可以取传感器的径向，如图 8-4-5(b)所示。通过 d_{15} 产生剪切压电效应，电荷从上下端面引出。

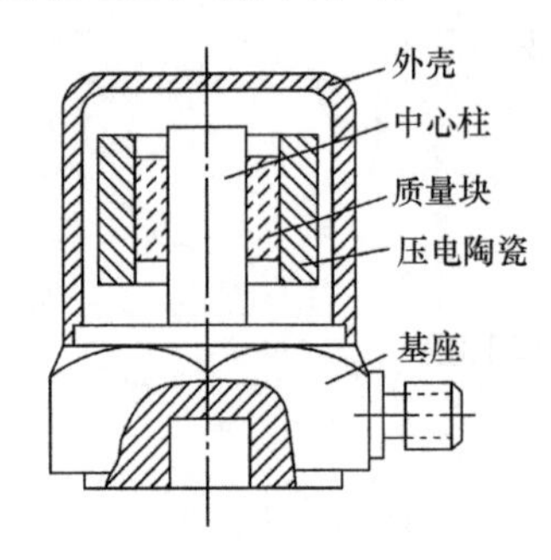

图 8-4-4　环形剪切型加速度传感器

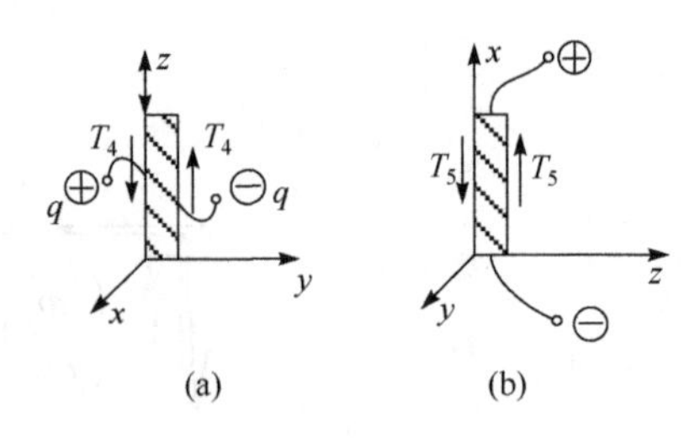

图 8-4-5　圆环形压电陶瓷的极化方向和受力状况

环形剪切型加速度传感器的灵敏度和频响都很高，横向灵敏度比压缩型传感器小得多，而且结构简单、体积小、重量轻。但是，由于压电陶瓷与中心柱之间，以及惯性质量环与压电陶瓷之间要用胶黏结(d_{24} 方案需用导电胶黏结)，装配困难。更主要的是由于胶的使用，限制了传感器的工作温度。

(2) 三角剪切型加速度传感器。

三角剪切型加速度传感器由三角中心柱、惯性块、预紧环等组成，如图 8-4-6 所示。预紧环通常用铍青铜制成。通过过盈配合将压电陶瓷紧固于质量块与三角中心柱之间。由于不用胶接，因此扩大了使用温度范围，线性度也得到了改善。但是，它与压缩型传感器相比较，其零件的加工精度要求高得多，装配也比较困难。

(3) H 剪切型加速度传感器。

与其他剪切型加速度传感器相比，H 剪切型加速度传感器结构更简单，安装也方便。压电元件的预紧力是通过螺栓紧固来完成的，如图 8-4-7 所示。这种结构由于重心左右对称，谐振频率较高，而且不受有机胶合剂的温度范围的限制。

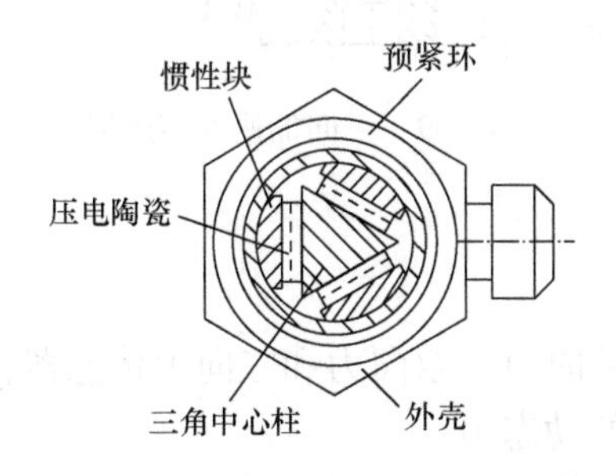

图 8-4-6　三角剪切型加速度传感器

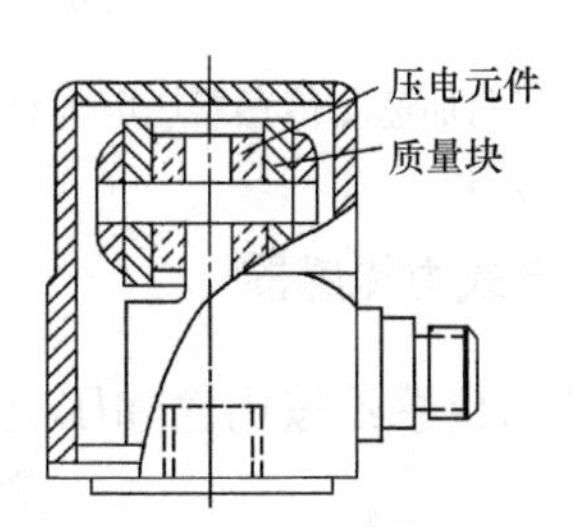

图 8-4-7　H 剪切型加速度传感器

另一个优点是压电元件采用片状，经研磨可以多片叠合，增加输出电荷量和电容量。如果在压电元件组中加入温度补偿元件，还能有效地补偿传感器的灵敏度温度误差。

这种结构的加速度传感器能极大地抑制应变和热感应所造成的误差，具有极高的信噪比，而且低频响应良好，可以测量 0.1Hz 左右的振动。

剪切型加速度传感器由于采用了重心重合的结构，弥补了因重心不重合而引起的横向加速度干扰的缺点，因此剪切型加速度传感器的横向灵敏度比压缩型加速度传感器的横向灵敏度要小得多。此外，由于压电元件通常连接到中心柱上，而不与基座直接接触，因此有效地隔离了基座应变。而且壳体与弹簧-质量系统隔离，声学噪声和瞬变温度的影响很小。表 8-4-1 列出了一组丹麦 B.K.公司产品的性能比较。

表 8-4-1　剪切型与压缩型加速度传感器的性能比较

性能	4396 剪切型	4335 压缩型
最大横向灵敏度/%	<4(最大值)	<4(个别值)
基座应变灵敏度/(g/με)	0.0008	0.2
声灵敏度/(g/154dB)	0.0005	0.1
瞬变温度灵敏度/(g/℃)	0.04	3

3) 三向加速度传感器

三向加速度传感器由三组(或三对)压电元件组成。它们互相叠合在一起，如图 8-4-8(a)所示。这三组(或三对)压电元件分别感受三个方向的加速度。其中一组(一对)为压缩型，感受 z 轴方向的加速度；另外两组(两对)为剪切型，分别感受 x 轴和 y 轴方向的加速度，如图 8-4-8(b)所示。这三组压电元件的灵敏轴线严格互相垂直，图 8-4-9 所示为三向加速度传感器。压电元件的预压缩载荷通过薄壁预紧筒实现。三组压电元件输出与对应方向加速度成正比的电信号。如果采用石英晶体，3 组压电片应分别利用 d_{11}、d_{26}、d_{26} 压电效应。

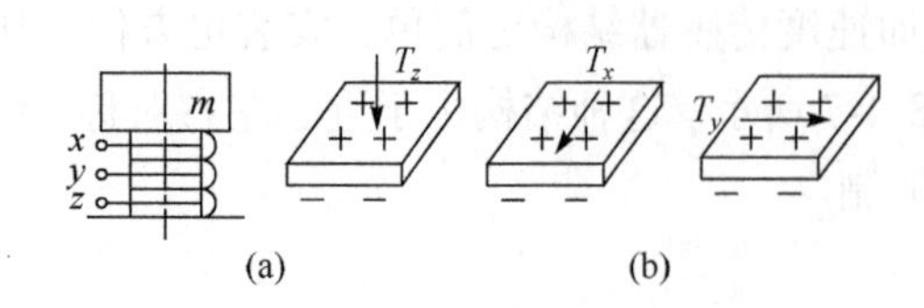

图 8-4-8 三向加速度传感器压电元件的组成图

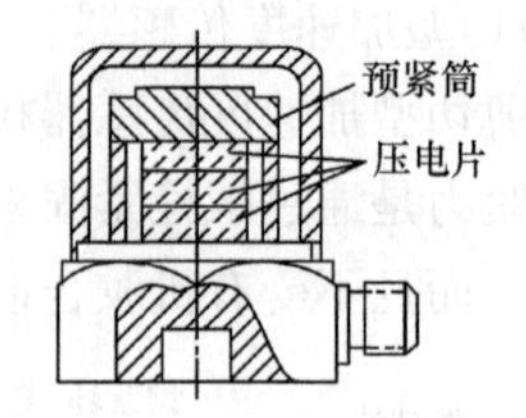

图 8-4-9 三向加速度传感器

8.4.2 压电式力传感器

压电式力传感器按用途和压电元件的组成可分为单向力、双向力和三向力传感器，可以测量几百至几万牛顿的动态力。

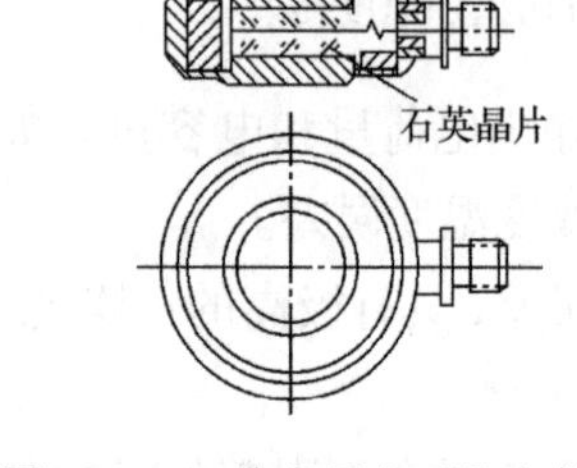

图 8-4-10 单向压电石英力传感器

下面以压电石英晶体力传感器为例说明其工作原理。

1. 单向力传感器

图 8-4-10 为用于机床动态切削力测量的单向压电石英力传感器结构图。压电元件采用 xy(即 X0°)切型石英晶体，利用其纵向压电效应，通过 d_{11} 实现力-电转换，上盖为传力元件，其弹性变形部分的厚度较薄(其厚度由测力大小决定)，聚四氟乙烯绝缘套用来绝缘和定位。

这种结构的单向力传感器体积小、重量轻(仅 10g)，固有频率高(50～60kHz)，最大可测 5000N 的动态力，分辨率达 10^{-3}N。

2. 双向力传感器

双向力传感器基本上有两种组合：一种是测量垂直分力与切向分力，即 F_z 与 F_x(或 F_y)；另一种是测量互相垂直的两个切向分力，即 F_x 与 F_y。无论哪一种组合，传感器的结构形式相同，图 8-4-11 所示为双向压电石英力传感器的结构。下面一组(两片)石英晶片采用 xy(即 X0°)切型，通过 d_{11} 实现力-电转换，测量轴向力 F_x；上面一组(两片)石英晶片采用 yx(即 Y0°)切型，晶片的厚度方向为 y 轴方向，最大电荷灵敏度方向平行于 x 轴。在平行于 x 轴的剪切应力 T_6(在 xy 平面内)的作用下，产生厚度剪切变形，如图 8-4-12 所示。通过 d_{26} 实现力-电转换，测量 F_x。

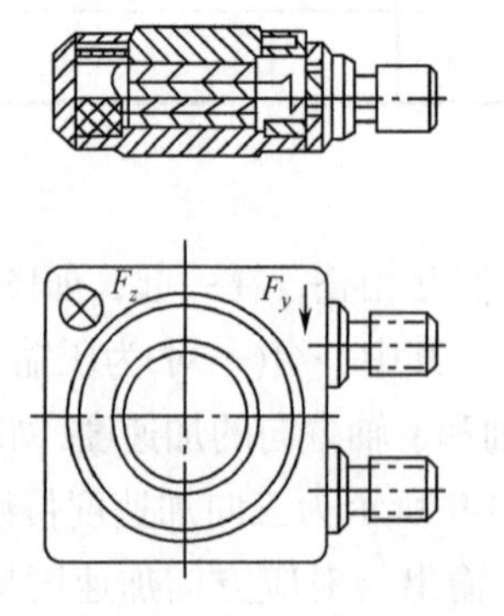

图 8-4-11 双向压电石英力传感器

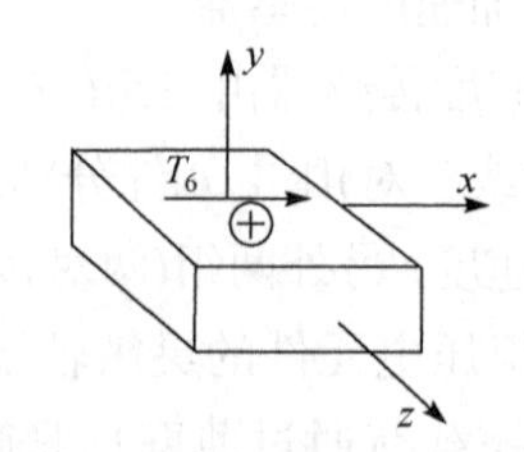

图 8-4-12 厚度剪切的 yx(Y0°)切型

3. 三向力传感器

三向压电石英力传感器如图 8-4-13 所示。可以对空间任一个或多个力同时进行测量，传感器有三组石英晶片，三个晶组输出的极性相同。其中一组根据厚度变形的纵向压电效应，选择 xy(即 X0°)切型晶片，通过 d_{11} 实现力-电转换，测量轴向力 F_z；另外两组采用厚度剪切变形的 yx(即 Y0°)切型晶片，通过压电常数 d_{26} 实现力-电转换，为了使这两组相同切型的晶片分别感受 F_x 和 F_y，在安装时只要将这两组晶片的最大灵敏轴互成 90°夹角，就可以测量 F_x 和 F_y(图 8-4-14)。

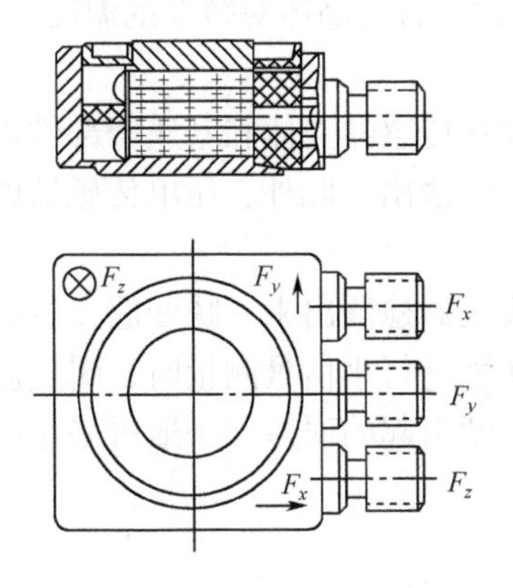

图 8-4-13　三向压电石英力传感器

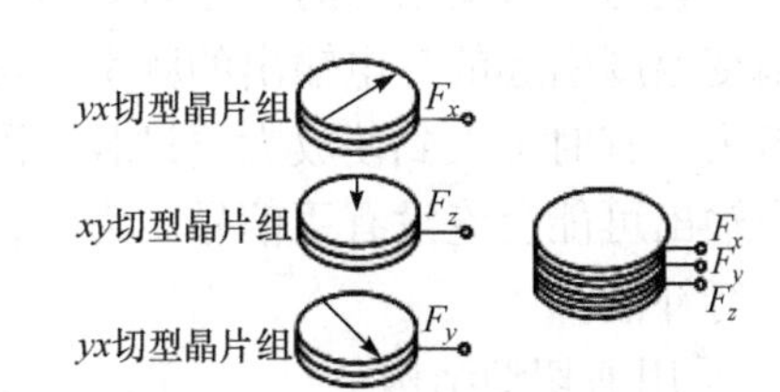

图 8-4-14　三向压电石英力传感器晶片组的构成

8.5　压电式传感器的误差与设计要点

8.5.1　压电式传感器的误差

1. 环境温度的影响

环境温度的变化将会使压电材料的压电常数、介电常数、体电阻和弹性模数等参数发生变化。图 8-5-1 和图 8-5-2 所示为锆钛酸铅 PZT-5H 和 PZT-5A 压电陶瓷的压电应变常数和相对介电常数随温度的变化曲线。

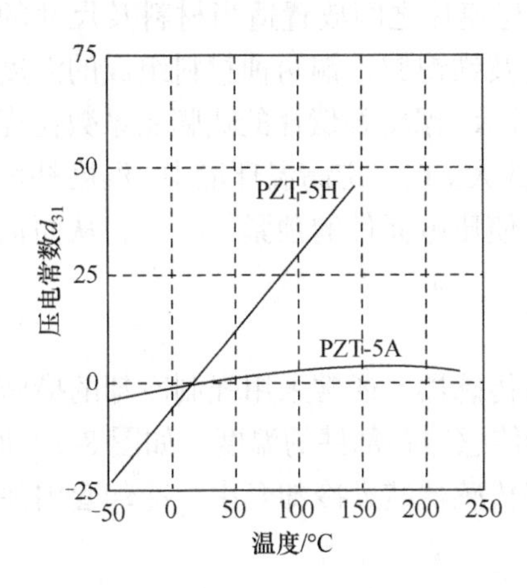

图 8-5-1　压电常数的温度特性

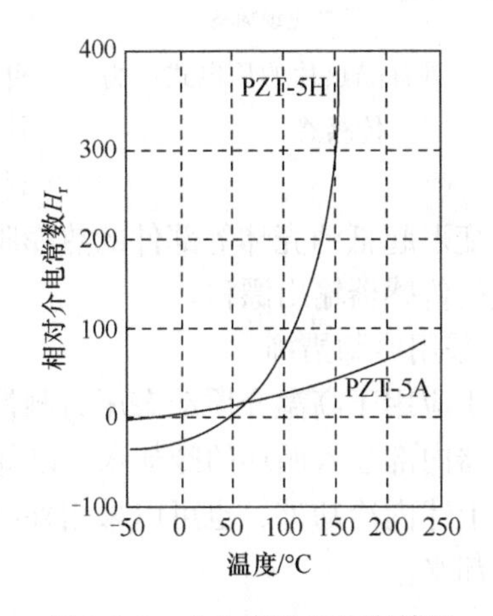

图 8-5-2　介电常数的温度特性

温度对传感器电容量和体电阻的影响较大。电容量随温度升高而增大，体电阻随温度升高而减小。电容量增大使传感器的电荷灵敏度增加，电压灵敏度则降低。体电阻减小使时间常数减小，从而使传感器的低频响应变差。为了保证传感器在高温环境中的低频测量精度，传感器应当采用电荷放大器与之匹配。

某些铁电多晶压电材料具有热释电效应。通常的热电信号是环境温度缓慢变化引起的，频率低于 1Hz。若采用截止频率接近或高于 2Hz 的放大器，这种缓慢变化的热电输出就不存在了。

这种缓变环境温度对传感器输出的影响与压电材料性质有关。通常压电陶瓷都有明显的热释电效应，这主要是陶瓷内极化强度随温度变化的缘故。石英晶体对缓变的温度并不敏感，因此可应用于很低频率信号的测量。

瞬变温度对压电式传感器的影响比较大。瞬变温度在传感器壳体和基座等部件内产生温度梯度，由此引起的热应力传递给压电元件，并产生热电输出。此外，压电传感器的线性度也会因预紧力受瞬变温度的变化而变坏。

瞬变温度引起的热电输出的频率通常很高，可用放大器检测出来。瞬变温度越高，热电输出越大，有时可大到使放大器过载。因此，在高温环境进行小信号测量时，瞬变温度引起的热电输出可能会淹没有用信号。为此，应设法补偿温度引起的误差。一般可采用以下几种方法进行补偿。

1) 采用剪切型结构

剪切型传感器由于压电元件与壳体隔离，壳体的热应力不会直接传递到压电元件上，而基座热应力，通过中心柱隔离，温度梯度不会导致明显的热电输出，因此，剪切型传感器受瞬变温度的影响极小。

2) 采用隔热片

在测量爆炸冲击波压力时，冲击波前沿的瞬态温度非常高，为了隔离和缓冲高温对压电元件的冲击，减小热梯度的影响，一般可在压电式压力传感器的膜片与压电元件之间放置氧化铝陶瓷片或非极化的陶瓷片等热导率小的绝热垫片，如图 8-5-3 所示。

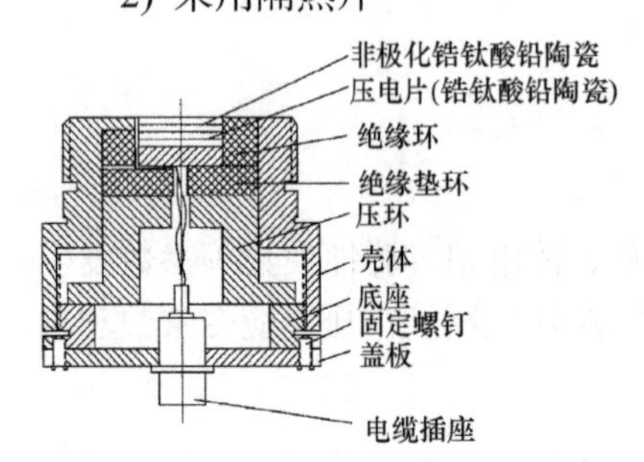

图 8-5-3　具有隔热片的压电式压力传感器

3) 采用温度补偿片

在压电元件与膜片之间放置适当材料及尺寸的温度补偿片(如由陶瓷及铁镍铍青铜两种材料组成的温度补偿片)，如图 8-5-4 所示。温度补偿片的热膨胀系数比壳体等材料的热膨胀系数大。在一定高温环境中，温度补偿片的热膨胀变形起抵消壳体等部件的热膨胀变形的作用，使压电元件的预紧力不变，从而消除温度引起的传感器输出漂移。

4) 采用冷却措施

对于应用于高温介质动态压力测量的压电式压力传感器，通常采用强制冷却的措施，即在传感器内部注入循环的冷却水，以降低压电元件和传感器各部件的温度，如图 8-5-5 所示。

除上述内冷却外，也可以采用外冷却措施，即将传感器装入冷却套中。冷却套内注入循环的冷却水。

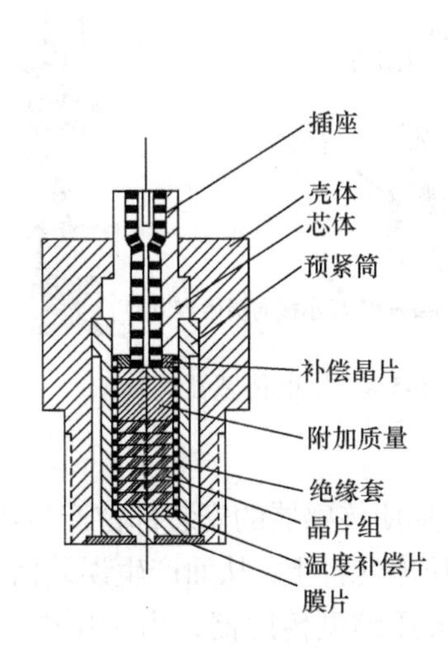

图 8-5-4　具有温度和加速度补偿的压电式压力传感器

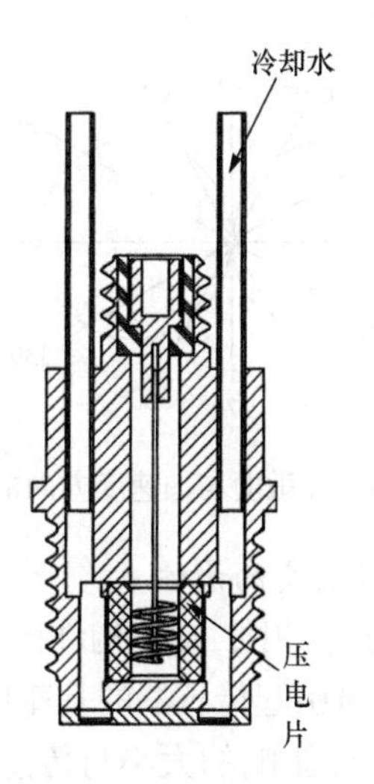

图 8-5-5　水冷压电压力传感器

2. 环境湿度的影响

环境湿度对压电式传感器性能的影响也很大。如果传感器长期在高湿度环境中工作，传感器的缘绝电阻(泄漏电阻)将会减小，以致使传感器的低频响应变坏。为此，传感器的有关部分一定要有良好的绝缘，选用绝缘性能好的绝缘材料，并采取防潮密封措施。

3. 横向灵敏度

对于理想的加速度传感器，只有主轴向加速度的作用才有信号输出，而垂直于主轴方向的加速度作用是不应当有输出的。然而，实际的压电式加速度传感器都不可能做到这一点。在横向加速度的作用下都会有一定的输出，通常将这一输出信号与横向加速度之比称为传感器的横向灵敏度。横向灵敏度以主轴灵敏度的百分数来表示，对于一个较好的传感器，最大横向灵敏度应小于主轴灵敏度的 5%。

产生横向灵敏度的主要原因有：晶片切割时切角的定向误差、压电陶瓷的极化方向的偏差、压电元件表面粗糙或两表面不平行、基座平面或安装表面与压电元件的最大灵敏度轴线不垂直、压电元件作用的静态预压缩应力稍微偏离极化方向等。由于以上各种原因，传感器的最大灵敏度方向与主轴线不重合，如图 8-5-6 所示。这样，横向作用的加速度在最大灵敏度方向上的分量不为零，从而引起传感器的误差信号输出。

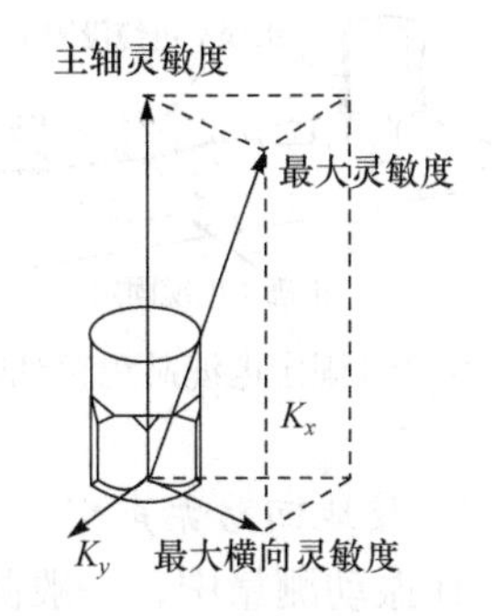

图 8-5-6　横向灵敏度的图解说明

横向灵敏度与加速度方向有关。图 8-5-7 所示为典型的横向灵敏度与加速度方向的关系曲线。若设沿 0° 方向或 180° 方向作用有横向加速度时，横向灵敏度最大，则沿 90° 方向或 270° 方向作用有横向加速度时，横向灵敏度最小。根据这一特点，在测量时仔细调整传感器的位置，使传感器的最小横向灵敏度方向对准最大横向加速度方向，可使横向加速度引起的误差信号输出为最小。实际压电传感器安装使用中，横向灵敏度的影响如图 8-5-8 所示，仔细选择最小横向灵敏度方向，以减小横向加速度引起的误差。

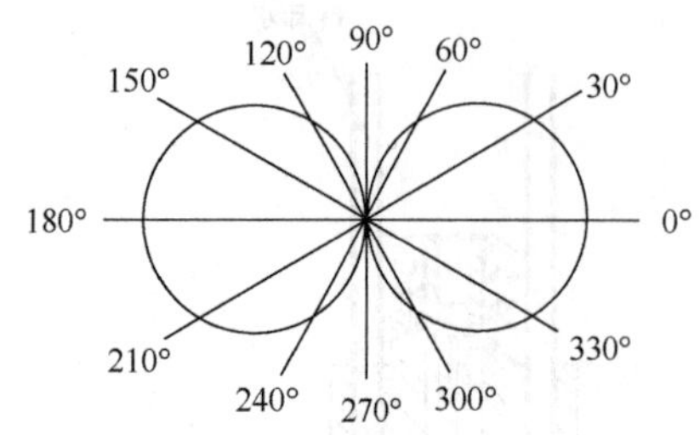

图 8-5-7 横向灵敏度与加速度方向的关系

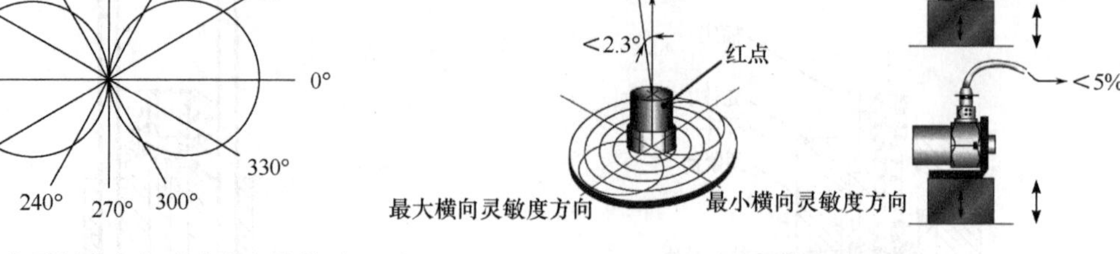

图 8-5-8 压电传感器安装

4. 基座应变的影响

在振动测试中，被测构件由于机械载荷或不均匀地加热使传感器的安装部位产生弯曲或延伸应变时，将引起传感器的基座应变。该应变直接传递到压电元件上，从而产生误差信号输出。

基座应变影响的大小与传感器的结构形式有关。一般压缩型传感器，由于压电元件直接放置在基座上，所以基座应变的影响较大。剪切型传感器因其压电元件不与基座直接接触，所以基座应变的影响比一般压缩型传感器要小得多。

5. 声噪声影响

高强度声场通过空气传播会使构件产生较强烈的振动。当压电式加速度传感器置于这种声场中时会产生寄生信号输出。试验表明，即使加速度传感器受到极高强度的声场作用，产生的误差信号也比较小，如 140dB 噪声引起的传感器的噪声输出值小于一个重力加速度的输出值，这么小的误差信号是完全可以忽略的。

6. 电缆噪声

电缆噪声完全是由电缆自身产生的。普通的同轴电缆是由带挤压聚乙烯或聚四氟乙烯材料作绝缘保护层的多股绞线组成的，外部屏蔽套是一个编织的多股的镀银金属网套。当电缆受到突然的弯曲或振动时，电缆芯线与绝缘体之间，以及绝缘体和金属屏蔽套之间就可能发生相对移动，以致在它们两者之间形成一个空隙。当相对移动很快时，在空隙中将因相互摩擦而产生静电感应电荷，此静电荷将直接与压电元件的输出叠加以后馈送到放大器中，以致在主信号中混杂有较大的电缆噪声。

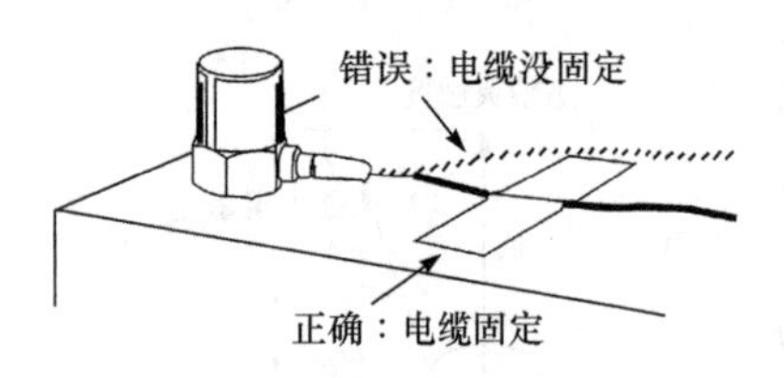

图 8-5-9 固定电缆避免相对运动

为了减小电缆噪声，除选用特制的低噪声电缆外(电缆的芯线与绝缘体之间以及绝缘体与屏蔽套之间加入石墨层，以减小相互摩擦)，在测量过程中应将电缆固紧，以避免相对运动，如图 8-5-9 所示。

7. 接地回路噪声

在振动测量中，一般测量仪器比较多。如果各仪器和传感器各自接地，由于不同的接地点之间存在电位差 ΔU，这样就会在接地回路中形成回路电流，导致在测量系统中产生噪声信号。防止接地回路中产生噪声信号的办法是整个测试系统在一点接地。由于没有接地回路，当然也就不会有回路电流和噪声信号。

一般合适的接地点是在指示器的输入端。为此，要将传感器和放大器采取隔离措施实现对地隔离。传感器的简单隔离方法是电气绝缘，可以用绝缘螺栓和云母垫片将传感器与它所安装的构件绝缘。

8.5.2　压电传感器的设计要点

以压电式压力传感器为例介绍压电传感器的设计要点。

1. 压电式压力传感器结构

压电式压力传感器的种类很多，图 8-5-10 所示是膜片式压电压力传感器的结构。其各部分作用如下。

(1) 外壳：一是起到保护作用，使压电元件免受灰尘、湿气影响；二是起到电屏蔽的作用。典型的外壳材料是不锈钢。另外，外壳上根据测量对象提供安装接头。

(2) 感压膜片：感压膜片作为压力传感器的敏感元件，将输入压力转化为垂直力作用在压电元件上，使得压电晶片产生电荷。大部分感压膜片与外壳密封焊接在一起或焊接在敏感元件前表面。感压膜片是压力传感器最精密的部分，它决定了传感器的测量精度和耐久性能。它必须对外界热冲击不敏感，以减小误差。

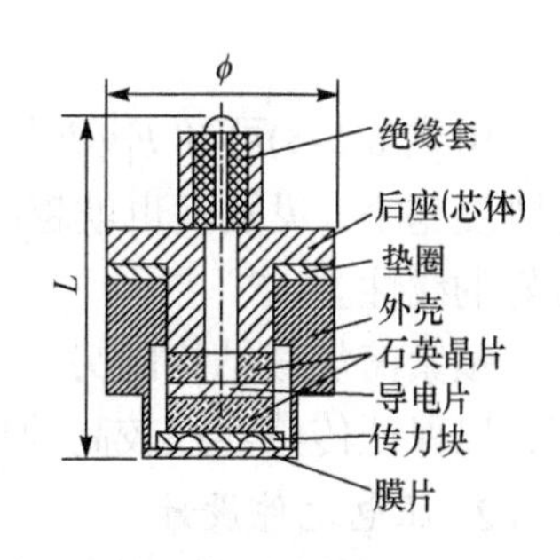

图 8-5-10　膜片式压电压力传感器

(3) 预加载件：保证敏感元件在整个测量范围内保持好的线性和温度特性。预加载套厚度仅有 0.1mm，弹力优化设计，并减小力的偏离。加载套材料通常与外壳相同。并不是所有传感器都有预加载。有时感压膜提供预加载。

(4) 间隔环：主要作用是对压电晶体和预加载套的不同热膨胀起到补偿作用。

这种结构的压力传感器的优点是有较高的灵敏度和分辨率，而且有利于小型化。缺点是压电元件的预压缩应力是通过拧紧芯体施加的。这将使膜片产生弯曲变形，造成传感器的线性度和动态性能变坏。此外，当膜片受环境温度影响而发生变形时，压电元件的预压缩应力将会发生变化，使输出出现不稳定现象。

为了克服压电元件在预加载过程中引起膜片的变形，采用预紧筒加载结构，如图 8-5-11 所示。预紧筒是一个薄壁厚底的金属圆筒。通过拉紧预紧筒对石英晶片组施加预压缩应力。在加载状态下用电子束焊接到壳体上，它不会在压电元件的预加载过程中发生变形。

下面以图 8-5-11 为例分析压电元件和预紧筒的受力状况。由图 8-5-12 可知，预紧筒作为一个刚度为 k_2 的弹性元件与刚度为 k_1 的石英晶片组并联。外压力产生的总力 F 同时分配给石英晶片和预紧筒，即

$$F = F_1 + F_2 \tag{8-5-1}$$

式中，F_1 为石英晶片上受到的力；F_2 为预紧筒受到的力。

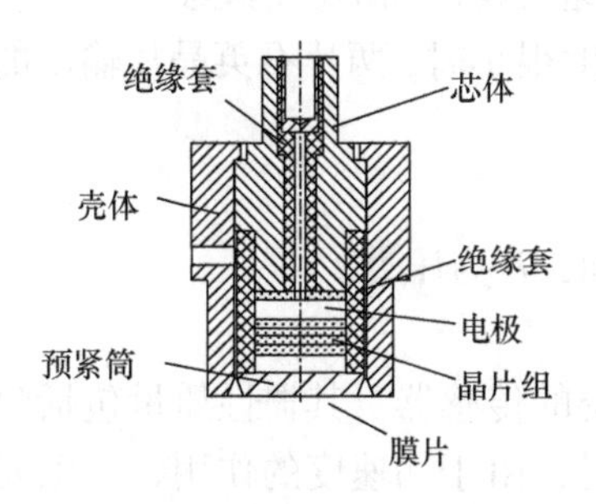

图 8-5-11　预紧筒加载的压电式压力传感器

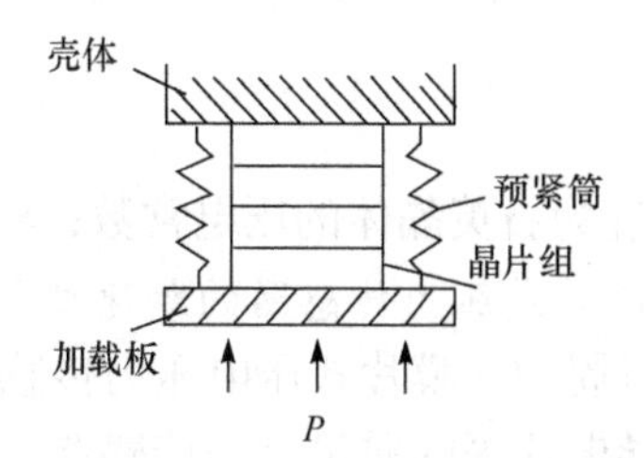

图 8-5-12　预载晶片组

当石英晶片组压缩了 Δx 时，可得

$$F=(k_1+k_2)\Delta x \tag{8-5-2}$$

式中，k_1 为石英晶片组的刚度；k_2 为预紧筒的刚度。

因此

$$\frac{F_1}{F}=\frac{k_1}{k_1+k_2}=\frac{1}{1+\dfrac{k_2}{k_1}} \tag{8-5-3}$$

由式(8-5-3)可知 F_1/F 随 k_2/k_1 的减小而增加，即当石英晶片组的刚度 k_1 一定时，预紧筒的刚度越小，灵敏度也就越高。只要在整个测压范围内保持 k_2/k_1 的比值不变，传感器可获得良好的线性。

预紧筒加载结构的另一个优点是，在预紧筒外围的空腔内可以注入冷却水，降低晶片温度，以保证传感器在较高的环境温度下正常工作。

2. 压电元件设计

压电元件可以根据不同压力范围、工作温度、环境条件的要求进行设计，选择不同的尺寸和形状。按极性连接方式，可以采用串联、并联，为了提高灵敏度，通常采用双晶片(有时也采用多晶片)的串、并联组合方式。如为了保证传感器具有良好的长时间稳定性和线性度，而且能在较高的环境温度下正常工作，压电元件采用两片 $xy(X0^{\circ})$切型的石英晶片。这两片晶片在电气上采取并联连接。图 8-5-13 是两种典型的压电压力传感器，左边利用纵向压电效应，右边利用横向压电效应。

如利用纵向压电效应的压电片，通常利用几个压电片组合以增大灵敏度；利用横向压电效应的压电元件，受力面和产生电荷的面不共面，产生电荷的面镀有金属电极，灵敏度较高，通常用于小型压力传感器。另外，根据各种不同设计目的可采用相应的结构形状，如采用圆形、长方形、环形、枝形和球壳状等。

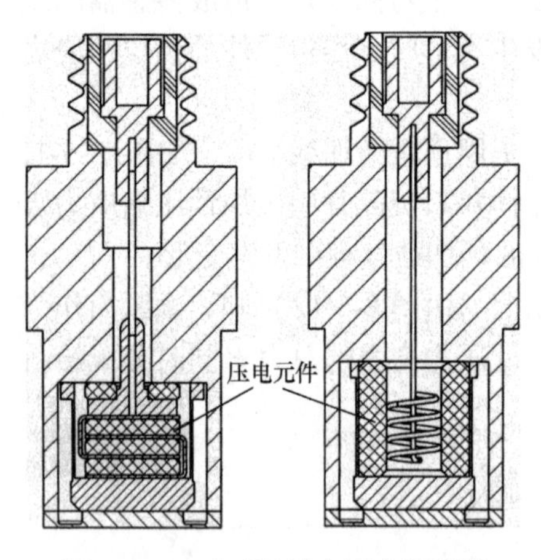

图 8-5-13　典型的压电压力传感器

作用在膜片上的压力通过传力块施加到石英晶片上，使晶片产生厚度变形，为了保证在压力(尤其是高压力)作用下，石英晶片的变形量(零点几微米到几微米)不受损失，传感器的壳体及后座(即芯体)的刚度要大，从弹性波的传递考虑，要求通过传力块及导电片的作用力快速而无损耗地传递到压电元件上，为此传力块及导电片应采用高声速材料，如不锈钢等。

当膜片的刚度很小时，两片石英晶片输出的总电荷量 q 为

$$q=2d_{11}SP \tag{8-5-4}$$

式中，d_{11} 为石英晶体的压电常数；S 为膜片的有效面积；P 为压力。

3. 压电式压力传感器的加速度补偿

众所周知，膜片式压电压力传感器是属于二阶系统的传感器。其惯性质量包括膜片、传力块和导电片等的质量。当传感器在振动环境中测压时，由于加速度的作用，压电元件上将受到与总质量成正比的惯性力的作用而产生电荷输出，结果在输出的压力信号中混入振动引起的误差信号，造成测量误差。在测量的动态压力较大而加速度引起的误差信号相对比较小

的情况下，可以不考虑加速度补偿。但在小压力测量情况，为确保测量精度，应当考虑加速度补偿问题。

压电式压力传感器的加速度补偿主要有以下三种方法。

(1) 尽量减小敏感元件、传力块等的质量，以减少传感器对加速度的敏感性。

(2) 在测压石英晶片组的上面，安装一附加质量块和一组(两片)输出极性相反的补偿石英片，如图 8-5-14 所示。这两组石英晶片在压力的作用下输出是叠加的，而在加速度作用下，附加质量使补偿石英片产生的电荷，与测压石英晶片因振动而产生的电荷相互抵消，只要合理调整补偿质量块的质量，可以达到满意的补偿效果。

(3) 将石英晶片置于两片预加载的膜片之间，如图 8-5-15 所示。有振动时，两加载膜片在石英晶片上作用相反的力，振动就不会引起电荷输出。但其压力灵敏度仅为单膜片传感器的一半。

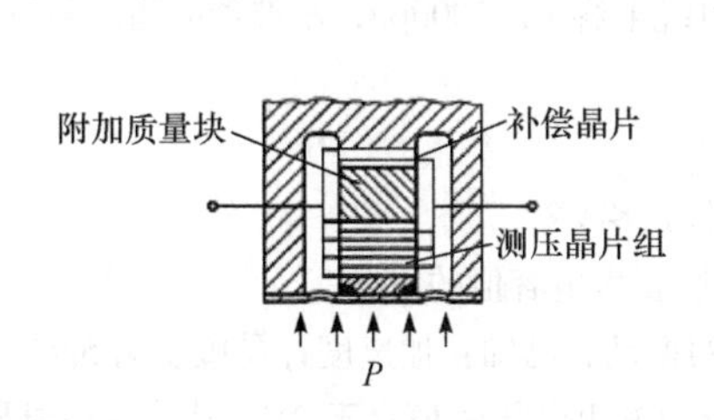

图 8-5-14　用附加质量块补偿加速度误差

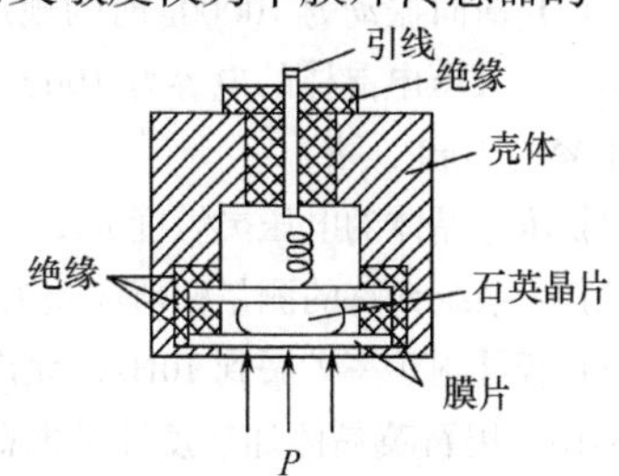

图 8-5-15　具有双膜片加速度补偿的压电式压力传感器

习题与思考题

8-1　试用直角坐标系画出 AT 型、GT 型、DT 型、$xyl-8.5°$ 的晶体切型的方位图。

8-2　用 ZK-2 型阻抗变换器与压电式传感器相配，要求低频时灵敏度下降不超过 5%，求可测频率下限，已知 ZK-2 的输入阻抗为 2000MΩ，测得回路的总电容为 1000pF。

8-3　已知电压前置放大器的输入电阻为 100MΩ，测量回路的总电容为 100pF，试求用压电式加速度计相配测量 1Hz 低频振动时产生的幅值误差。

8-4　用压电式传感器测量最低频率为 1Hz 的振动，要求在 1Hz 时灵敏度下降不超过 5%，若测量回路的总电容为 500pF，求所用电压前置放大器的输入电阻应为多大?

8-5　已知压电式加速度传感器的阻尼比 $\xi=0.1$，其无阻尼固有频率 $f_0=32\text{kHz}$，若要求传感器的输出幅值误差在 5%以内，试确定传感器的最高响应频率。

8-6　有两只压电式加速度传感器，固有频率分别为 200kHz 和 35kHz，阻尼比均为 0.3，今欲测频率为 10Hz 的振动应选用哪一只？为什么?

8-7　压电式传感器的阻尼比很小，试分析它为什么可以响应很高频率的信号而失真却很小。

8-8　试分析外圆配合压缩式压电加速度传感器受声场噪声和基座应变的影响情况。

8-9　试述压电加速度传感器的工作原理，绘出其幅-频特性曲线和相-频特性曲线，并指出传感器的工作频率范围。

8-10　压电元件在使用时常采用多片串接或并接的结构形式，试述在不同接法下输出电压、输出电荷、输出电容的关系，以及每种接法适用于何种场合。

8-11　何谓电压灵敏度 K_u 和电荷灵敏度 K_g？这两者有什么关系?

8-12　某压电式压力传感器的灵敏度为 80pC/Pa，如果它的电容量为 1μF，试确定传感器在输入压力为 1.4Pa 时的输出电压。

8-13　一只测力环在全量程范围内具有灵敏度 3.9pC/N，它与一台灵敏度为 10mV/pC 的电荷放大器连接，在三次试验中测得以下电压值：(1)−100mV；(2)10V；(3)−75V。试确定三次试验中的被测力大小及性质。

8-14　一只石英晶体加速度计的技术数据如下：

频率范围	0～15 kHz
测量范围	±3500g
灵敏度	5pC/g
有阻尼固有频率	22kHz
质量	0.05kg
分辨力	0.002g
横向灵敏度	2%(最大)

试求：(1) 振动加速度为 0.21g 时的电荷输出；

(2) 横向振动为 10000g 时的规定最大电荷输出量。

8-15　某压电晶体的电容为 1000pF，K_q=2.5C/cm，电缆电容 C_c=3000pF，示波器的输入阻抗为 1MΩ 和并联电容为 50pF，求：

(1) 压电晶体的电压灵敏度 K_u；

(2) 若系统允许的测量幅值误差为 5%，可测最低频率是多少?

(3) 若可测频率扩展到 10Hz，允许误差为 5%，需并联多大电容值的电容?

8-16　用石英晶体加速度计及电荷放大器测量机器的振动，已知：加速度计灵敏度为 5pC / g，电荷放大器灵敏度为 50mV / pC，当机器达到最大加速度时相应的输出电压幅值等于 2V，试计算该机器的振动加速度。

第9章　声表面波传感器

声表面波(Surface Acoustic Wave, SAW)传感器是一种新型的物性型传感器，基于压电介质的压电效应工作，采用叉指换能器激发声表面波，通过其传播特性(传播速度、时间、相位、振幅、谐振频率等)随待测对象的变化来实现传感功能，可分为延迟线型和谐振器型两种类型。声表面波传感器最显著的特点是无线功能和无源本质，即在阅读器和天线的配合下可实现无线传感，且传感器端完全不需要电源，因此适于高速旋转等特殊对象和易燃易爆等极端环境。声表面波传感器采用微机电系统(Micro-electro-mechanical System, MEMS)的制作工艺，体积小、重量轻，并且可实现射频识别(Radio Frequency Identification, RFID)与无线传感(Wireless Sensing)的一体化功能，因此在物联网等领域获得了广泛关注。

9.1　声表面波技术的发展历史与特点

声表面波是一种能量集中在介质表面传播的弹性波，如图 9-1-1 所示，最早由英国物理学家瑞利(Lord Rayleigh)于 1885 年研究地震波时发现。瑞利从理论上阐明了声表面波在各向同性固体表面传播的特性，因此为纪念瑞利，声表面波还有一个名称，即“瑞利波(Rayleigh Wave)”。正是由于声表面波的能量集中在介质表面，地震才具有如此大的危害。在研究声表面波以减小地震危害的同时，科学家也在研究如何人为地产生声表面波，以利用其特性为人类服务。1965 年，美国的怀特(R. M. White)和沃尔特默(F. M. Voltmer)发明了能够直接在压电介质中激发出声表面波的叉指换能器(Inter-digital Transducer, IDT)，声表面波技术从此得到了迅速发展。

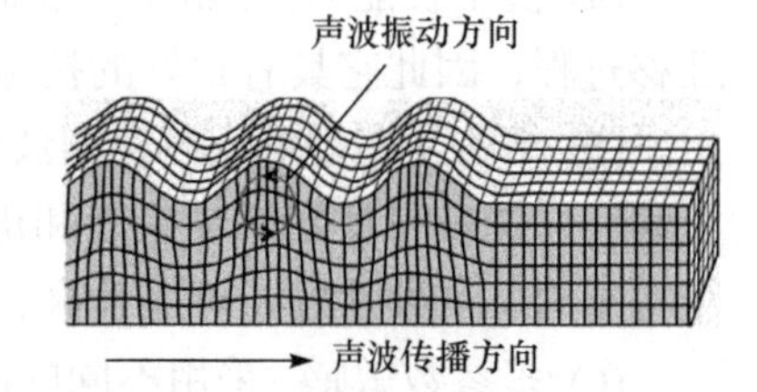

图 9-1-1　声表面波传播、振动示意图

声表面波技术及其声表面波器件具有以下特点。

(1) 能实现电子器件的超小型化。声表面波的传播速度通常为 2500～4500m/s，比电磁波小 5 个数量级。如果要实现同样的延时功能，声表面波器件的尺寸可以比相应的电磁波器件小得多，有利于实现电子器件的超小型化。

(2) 便于对信号进行取样和变换。由于声表面波沿介质表面传播，且传播速度较慢，时变信号在给定瞬时可以完全呈现在压电材料表面上。当声表面波在器件的表面行进时，容易对信号进行取样和变换，从而以非常简单的方式完成其他技术难以实现的功能。

(3) 易于大批量生产。由于声表面波器件是采用半导体平面工艺在压电材料上制作的，因此具有很好的一致性和重复性，易于大批量生产。

(4) 抗辐射能力强，动态范围大。由于声表面波在压电介质表面传播，不涉及介质内部电子的迁移过程，因此声表面波器件具有较强的抗辐射能力和较大的动态范围。

迄今已研制成功了许多声表面波器件，由于声表面波器件具有体积小、可靠性高、一致性好、设计灵活等优点，声表面波技术在雷达、通信、微波中继、声呐、电视广播、信号处理等领域得到了广泛的应用。目前，声表面波技术最为典型而深入的应用是在移动通信领域作为基站和手机终端的射频带通滤波器。先进的移动通信采用多输入多输出(Multi-input Multi-output, MIMO)、载波聚合(Carrier Aggregation, CA)等技术，对智能手机中射频带通滤波器的数量要求增加，对其质量要求也相应提高，从而给声表面波技术带来了更多的机会和更大的挑战。

采用声表面波技术开发新型传感器始于 20 世纪 80 年代。起初，科学家在研究声表面波延迟线、声表面波滤波器时，发现许多环境因素(如温度、压力、电场、磁场等)会对声表面波的传播特性造成影响。之后，在研究如何减小这种影响的同时，科学家开始研究如何利用这些特性来开发新型的声表面波传感器，用于测量各种物理、化学、生物量。

声表面波传感器具有以下优点。

(1) 灵敏度高。声波传感器的灵敏度通常与受到扰动的波的传播路径上能量密度的大小成正比。声表面波的能量集中在介质表面，因此声表面波传感器的灵敏度很高，可以检测到常规传感器难以检测的微小变化。

(2) 微型化。声表面波传感器的频率高、波长短，采用 MEMS 工艺制作，具有体积小、重量轻的微型化特点。

(3) 功耗低。声表面波传感器的损耗小，加上外围电路简单，仅包括电容、电感等组成的阻抗匹配电路，因此整个传感器的功耗低。

(4) 抗干扰能力强。由于声表面波传感器利用的是压电介质表面的弹性波而不涉及电子的迁移过程，因此它具有很好的抗电磁干扰能力。

(5) 结构工艺性好。声表面波传感器为平面结构，设计灵活；片状外形，易于组合；安装容易，并能获得良好的热性能和机械性能。声表面波传感器采用半导体平面制作工艺，因此结构牢固、一致性好、可靠性高，便于大批量生产。

(6) 多参数敏感。采用不同的敏感原理和方式，声表面波传感器可检测压力、温度、电场、磁场、气体、液体、抗体抗原等多种物理、化学、生物量。通过选择合适的压电材料、切型，设计合适的传感器结构，可以制作多种类型的声表面波传感器。

(7) 无线无源。声表面波传感器的工作频率通常在几十 MHz 到几 GHz 之间，处于射频频段，因此可通过天线发射、接收信号，进行无线测量。由于声表面波传感器可通过压电材料的电-声换能效应获取射频能量并储存能量，不需要电源或电池供能，因此在无线的同时还具有无源的特点。

总的来说，虽然声表面波传感器的发展历史并不长，但由于它符合信号系统数字化、微机控制化和集成化、高精度的发展方向，是适应微传感器(Microsensor)和微机电系统发展趋势的一种新型传感器，尤其还具有无线且无源的特点，因此受到了广泛关注。

9.2　声表面波理论分析

声表面波与常规的声体波之间相互关联，但彼此又存在着明显的区别。声表面波与声体波的波动方程完全相同，场量的表达形式近似，其显著区别在于：声体波在介质体内传播，不存在边界问题；声表面波沿介质表面传播，在传播过程中需要满足介质表面的边界条件。

9.2.1 压电耦合波方程

首先，压电材料与一般固体材料一样具有弹性特性，应力和应变之间满足弹性场本构方程，即广义虎克定律：

$$T_{ij} = c_{ijkl} S_{kl} \tag{9-2-1}$$

式中，T_{ij}与S_{kl}分别为应力和应变；c_{ijkl}为材料的弹性常数。式中所有下标的取值范围均为{1，2，3}，并采用 Einstein 求和约定，即单项、乘积项、求导项、微分项的重复英文下标表示在该下标的取值范围内求和。接下来在本章的公式中，若无特别声明，其小写英文下标变量的取值范围均为{1，2，3}，并采用 Einstein 求和约定。

压电材料属于介电材料，除了具有弹性特性之外，还与普通电介质一样存在介电特性，即在外电场的作用下，电介质将产生电极化。电介质的介电场本构方程为

$$D_i = \varepsilon_{ik} E_k \tag{9-2-2}$$

式中，D_i为电位移矢量；E_k为电场强度；ε_{ik}为材料的介电常数。

对于压电材料，其特有的性质便是压电效应：材料变形时会产生电极化，称为正压电效应；同时还存在逆压电效应，即当施加电场时材料产生变形。在压电材料中，弹性场本构方程(9-2-1)与介电场本构方程(9-2-2)通过压电效应相互耦合，其压电本构方程如下：

$$\begin{cases} T_{ij} = c_{ijkl}^{E} S_{kl} - \hat{e}_{ijk} E_k \\ D_i = e_{ikl} S_{kl} + \varepsilon_{ik}^{S} E_k \end{cases} \tag{9-2-3}$$

式中，c_{ijkl}^{E}的上标 E 表示该压电材料的弹性常数在电场为零时测得；ε_{ik}^{S}的上标 S 表示介电常数在应变为零时测得；$\hat{e}_{ijk}$和e_{ikl}分别为逆压电效应和正压电效应时的压电常数。

由于压电材料的正压电效应与逆压电效应是可逆的，因此可得

$$\hat{e}_{ijk} = e_{kij} \tag{9-2-4}$$

这表明，压电常数可用单个常数描述，而不用区分是正压电效应还是逆压电效应。

由于应力、应变的对称性以及弹性常数、压电常数的对称性，可采用如表 9-2-1 所示的缩写下标方法，用单下标代替双下标。这样，T_{ij}、S_{kl}、c_{ijkl}、e_{ikl}可分别记为T_I、S_J、c_{IJ}、e_{iJ}，不仅表示方便，而且都可以用矩阵形式来描述。在本章的后续内容中，很多地方都将采用缩写下标来表示和分析，此时大写英文下标变量的取值范围为{1，2，3，4，5，6}。

表 9-2-1 缩写下标方法

双下标	ij 或 kl	11	22	33	23 或 32	31 或 13	12 或 21
单下标	I 或 J	1	2	3	4	5	6

在线性弹性理论中，应变与振动位移之间的关系为

$$S_{kl} = \frac{1}{2}(u_{k,l} + u_{l,k}) = u_{k,l} \tag{9-2-5}$$

式中，u_k(k =1, 2, 3)为声振动的位移分量。这里采用了逗号惯例，即逗号前的量对逗号后面的下标求偏微分。接下来在本章的公式中，若无特别声明，均采用逗号惯例。

严格说来，每一个时变电场都伴随着一个磁场。然而，由于压电介质中的声波速度通常比电磁波低 5 个数量级，电磁场与声场之间的耦合只需要考虑电场的准静态部分。这样，电场强度可近似表示为电势ϕ的负梯度：

$$E_k = -\phi_{,k} \tag{9-2-6}$$

在准静态近似下，压电材料中的动力学方程由弹性运动方程和电学泊松方程构成：

$$\begin{cases} \rho \ddot{u}_i = T_{ij,j} \\ D_{i,i} = \rho_e \end{cases} \tag{9-2-7}$$

式中，ρ为压电材料的密度；ρ_e为自由电荷密度。由于压电材料为绝缘材料，因此 ρ_e为零。

将式(9-2-5)、式(9-2-6)代入式(9-2-3)，再将式(9-2-3)代入式(9-2-7)，推导出耦合波方程：

$$\begin{cases} c_{ijkl} u_{k,lj} + e_{kij} \phi_{,kj} = \rho \ddot{u}_i \\ e_{ikl} u_{k,li} - \varepsilon_{ik} \phi_{,ik} = 0 \end{cases} \tag{9-2-8}$$

压电材料的耦合波方程包括三个方向的位移分量 $u_i(i=1, 2, 3)$和电势ϕ,它们是用来描述压电介质中声、电耦合振动的四个场量。

9.2.2　场量表达式

声波器件的坐标系如图 9-2-1 所示。声波器件由压电介质构成，$+x_1$为声波传播方向，x_2与传播方向垂直，$+x_3$为器件表面的法线方向。

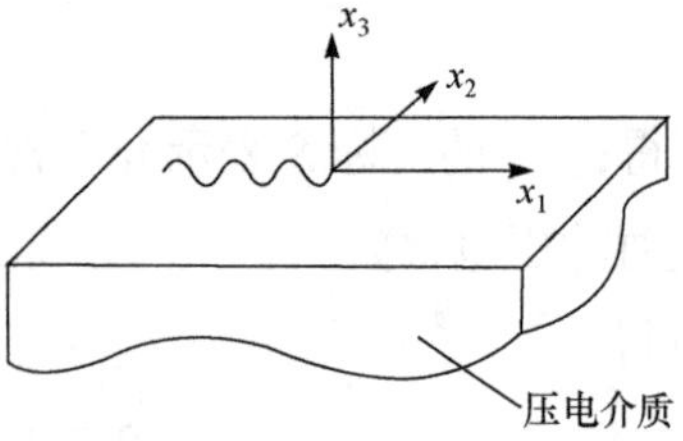

图 9-2-1　声波器件的坐标系

对于声体波，四个场量 $u_i(i=1, 2, 3)$和 ϕ 可认为沿 x_2、x_3方向均不存在变化。根据平面简谐波的性质，声体波的场量表达式具有如下形式：

$$\begin{cases} u_i = A_i \exp[-\mathrm{j}k(x_1 - vt)] \\ \phi = A_4 \exp[-\mathrm{j}k(x_1 - vt)] \end{cases} \tag{9-2-9}$$

式中，v 为声波的传播速度；k 为声波沿传播方向的波矢，$k=2\pi/\lambda=\omega/v$，λ 是声波的波长，ω 是圆频率；A_i、A_4分别为各位移分量和电势的振幅。

对于声表面波，四个场量虽然仍可认为沿 x_2方向不存在变化，但由于声表面波的能量集中在介质表面传播，能量随着离开介质表面的距离增大而衰减，因此声表面波的场量表达式具有如下形式：

$$\begin{cases} u_i = A_i \exp[-\mathrm{j}k(x_1 + \beta x_3 - vt)] \\ \phi = A_4 \exp[-\mathrm{j}k(x_1 + \beta x_3 - vt)] \end{cases} \tag{9-2-10}$$

式中，β 为声表面波沿介质深度$-x_3$方向的衰减系数。

需要指出的是，与电子工程中表征呈正弦变化的电流和电压一样，场量表达式的指数项中有一项 $\mathrm{j}=(-1)^{1/2}$，通过该项使表达式成为复数。指数项可按照欧拉公式 $\mathrm{e}^{\mathrm{j}x} = \cos x+\mathrm{j}\sin x$ 展开成余弦函数和正弦函数，表达式的实部则代表了场量的实际物理意义。

9. 2. 3　压电介质的克里斯托费尔方程组

将声体波的场量表达式(9-2-9)或声表面波的场量表达式(9-2-10)代入耦合波方程(9-2-8)，得到压电介质的克里斯托费尔(Christoffel)方程组，可写成矩阵形式如下：

$$\begin{bmatrix} \Gamma_{11} & \Gamma_{12} & \Gamma_{13} & \Gamma_{14} \\ \Gamma_{21} & \Gamma_{22} & \Gamma_{23} & \Gamma_{24} \\ \Gamma_{31} & \Gamma_{32} & \Gamma_{33} & \Gamma_{34} \\ \Gamma_{41} & \Gamma_{42} & \Gamma_{43} & \Gamma_{44} \end{bmatrix} \begin{bmatrix} A_1 \\ A_2 \\ A_3 \\ A_4 \end{bmatrix} = 0 \tag{9-2-11}$$

式中

$$\Gamma_{11} = c_{55}\beta^2 + (c_{15}+c_{51})\beta + c_{11} - \rho v^2, \quad \Gamma_{22} = c_{44}\beta^2 + (c_{46}+c_{64})\beta + c_{66} - \rho v^2$$

$$\Gamma_{33} = c_{33}\beta^2 + (c_{35}+c_{53})\beta + c_{55} - \rho v^2, \quad \Gamma_{44} = -\varepsilon_{33}\beta^2 - (\varepsilon_{13}+\varepsilon_{31})\beta - \varepsilon_{11}$$

$$\Gamma_{12} = \Gamma_{21} = c_{45}\beta^2 + (c_{14}+c_{56})\beta + c_{16}, \quad \Gamma_{13} = \Gamma_{31} = c_{35}\beta^2 + (c_{13}+c_{55})\beta + c_{15}$$

$$\Gamma_{23} = \Gamma_{32} = c_{34}\beta^2 + (c_{36}+c_{45})\beta + c_{56}, \quad \Gamma_{14} = \Gamma_{41} = e_{35}\beta^2 + (e_{15}+e_{31})\beta + e_{11}$$

$$\Gamma_{24} = \Gamma_{42} = e_{34}\beta^2 + (e_{14}+e_{36})\beta + e_{16}, \quad \Gamma_{34} = \Gamma_{43} = e_{33}\beta^2 + (e_{13}+e_{35})\beta + e_{15}$$

对于声体波，上述式中的 $\beta=0$。

一般情况下，Christoffel 方程组中的四个方程是耦合在一起的，即压电介质的四个场量(u_1，u_2，u_3，ϕ)相互耦合，通过压电效应激发出的声波在 x_1、x_2、x_3 三个方向上都存在着振动位移。由于压电材料的对称性特征，一些对称程度较高的压电材料在某些切向和声波传播方向上，具有(u_1，u_3，ϕ)与 u_2 解耦、(u_2，ϕ)与(u_1，u_3)解耦这两种特殊情况。前一种特殊情况激发的声波只在 x_1、x_3 两个方向上存在振动，与各向同性介质中瑞利波的振动方向一致。对于后一种特殊情况，声波只在 x_2 方向上存在振动。x_2 方向与器件表面平行，与声波传播方向垂直。因此，只在 x_2 方向上存在振动的声波称为水平剪切(Shear Horizontal, SH)波。

9.2.4　边界条件

对于声体波来说，Christoffel 方程组(9-2-11)中的矩阵 Γ 只与压电介质的密度、弹性常数、压电常数、介电常数等材料常数和声体波的传播速度有关。针对式(9-2-11)，位移分量和电势的振幅 Ai、A_4 不可能都为零，因此 Γ 的行列式必须等于零。在声波器件的压电介质材料常数已知的前提下，根据 Γ 的行列式为零，可求得声体波的三个传播速度，从大到小分别为声体波的纵波、快横波和慢横波的传播速度。

对于声表面波而言，Christoffel 方程组中的矩阵 Γ 还与声表面波沿介质深度 $-x_3$ 方向的衰减系数 β 有关，因此仅根据 Γ 的行列式为零，不可能直接得到声表面波的传播速度。声表面波的传播速度受 $x_3=0$ 界面，即压电介质表面的边界条件影响，与边界条件有着对应关系，并且随着边界条件的变化而变化。

边界条件包括力学和电学边界条件。对于自由边界，界面上的力学边界条件是沿 x_1、x_2、x_3 三个方向的应力分量都为零：

$$T_{j3}\big|_{x_3=0} = 0, \quad j=1, 2, 3 \tag{9-2-12}$$

电学边界条件分为自由化和金属化两种情况。对于绝缘的自由化介质表面，界面上不可能有自由电荷，自由化电学边界条件为

$$\sigma_e\big|_{x_3=0} = 0 \tag{9-2-13}$$

式中，σ_e 为界面的面电荷密度。

对于接地的金属化介质表面，表面电势为零，金属化电学边界条件为

$$\phi|_{x_3=0}=0 \tag{9-2-14}$$

9.2.5 声表面波求解

可采用经典的部分波理论来求解声表面波的传播速度，思路如下：对于一个假定的传播速度 v，通过 Christoffel 方程组(9-2-11)中矩阵 Γ 的行列式为零，可求得声波沿介质深度 $-x_3$ 方向衰减系数 β 的 8 个根；鉴于声表面波的能量随着离开介质表面 $x_3=0$ 的距离增大而衰减，根据声表面波的场量表达式(9-2-10)，β 的 8 个根中需要选择 4 个虚部为正的根；声表面波可认为是这 4 个 β 对应的 4 个部分波的线性叠加，其 4 个部分波的权重各不相同；4 个边界条件可写成矩阵形式，由于 4 个部分波的权重不可能都为零，因此声表面波的边界条件的系数行列式必须等于零；每一个假定的传播速度 v 可求得相应的边界条件系数行列式值，因此通过数值求解进行搜索求根的方法可得到真正满足边界条件的声表面波传播速度。

事实上，采用部分波理论不仅能求解声表面波的传播速度，而且能够进一步获得声表面波的场量沿介质深度 $-x_3$ 方向的变化以及沿 $+x_1$ 传播方向的变化，从而完整地分析声表面波的传播特性。

需要提到的是，某些情况下由于边界条件或压电材料自身的原因，声表面波在传播过程中会产生能量泄漏成为漏声表面波(Leaky SAW)，从而导致声表面波的场量沿传播方向发生衰减，式(9-2-10)须修正为如下形式：

$$\begin{cases} u_i = A_i \exp[-\mathrm{j}k(\xi x_1 + \beta x_3 - vt)] \\ \phi = A_4 \exp[-\mathrm{j}k(\xi x_1 + \beta x_3 - vt)] \end{cases} \tag{9-2-15}$$

式中，ξ 表征声表面波的场量沿传播方向的变化因子。

$$\xi = 1 - \mathrm{j}\gamma \tag{9-2-16}$$

式中，γ 称为声表面波沿传播方向的衰减因子。当声表面波在传播过程中不存在泄漏时，$\gamma=0$。

将式(9-2-16)代入式(9-2-15)，再与式(9-2-10)比较可知，式(9-2-15)中的场量增加了一项 $\exp(-k\gamma x_1)$，该项表征了声表面波沿传播方向的衰减。此时声表面波的传播速度与沿传播方向的衰减同时受边界条件影响，同样可以采用部分波理论，通过数值求解进行二维搜索求根的方法得到满足边界条件的声表面波传播速度和沿传播方向的衰减因子。

9.3 声表面波传感器的敏感机理和设计时的注意事项

声表面波器件用作传感器时，其敏感机理通常是待测对象导致压电介质的材料参数、耦合波方程或器件的边界条件变化以及上述二者或者三者共同变化，从而声表面波的传播速度以及沿传播方向的衰减发生变化，并进一步通过声表面波的时延、相位、振幅、谐振频率等传播特性随待测对象的变化来实现传感功能。

以声表面波温度传感器为例，压电介质的弹性、压电、介电常数等参数都具有明确的温度系数，从而基于温度导致压电介质的材料参数发生变化的原理来检测温度。声表面波气体、液体传感器则是由于声表面波传播路径上气体、液体的出现导致器件的边界条件变化来实现传感功能。对于声表面波扭矩传感器，外加扭矩导致压电介质的耦合波方程发生变化，并且

材料参数也会随扭矩引起的压电介质应力、应变的变化而变化，因此通过压电介质的材料参数和耦合波方程共同变化来传感扭矩。

需要提到的是，在设计声表面波传感器时，通常希望声表面波沿传播方向的衰减越小越好，使得检测信号具有最大强度。但某些场合希望通过声表面波的波速和振幅来共同敏感待测对象，譬如待测对象不止一个时，仅通过波速难以实现对多个待测对象的并行敏感，此时在保证检测信号具有足够强度的同时，需要以衰减随待测对象变化的大小，即衰减灵敏度，作为声表面波传感器重要的设计指标。

由于压电材料为各向异性，压电介质在切向和声波传播方向不同时，具有不同的材料常数，对待测对象的灵敏度也各不相同。因此，设计声表面波传感器时，对压电介质切向和声波传播方向的优化极为重要。在优化设计时，除灵敏度之外，还需要考虑的指标是声表面波的机电耦合系数、能流角和各向异性因子。

1. 机电耦合系数

机电耦合系数反映了压电介质通过压电效应进行“电-声”“声-电”换能的强弱。对于声表面波，通过自由化电学边界条件时的传播速度 v_f 和金属化电学边界条件时的传播速度 v_m，机电耦合系数 k_s^2 可近似表示为

$$k_s^2 \approx 2\frac{v_f - v_m}{v_f} \tag{9-3-1}$$

机电耦合系数 k_s^2 表征声表面波的激发效率。设计声表面波传感器时，k_s^2 要足够大，以保证声表面波的可靠激发。

2. 能流角

在各向异性的压电介质中，声表面波的能量传播方向与振动传播方向经常不完全一致，这种现象称为波束偏向现象。两者之间的夹角称为能流角(Power Flow Angle, PFA)，如图 9-3-1 所示。在某些特定的方向，PFA 等于零，即能流方向与波的传播方向一致，称为纯模方向。

对于给定的压电介质切向，在声表面波的传播平面上，利用能流方向垂直于慢度(声表面波传播速度的倒数)曲线的特性，可求出能流角。慢度曲线如图 9-3-2 所示，x-y 为声表面波的传播平面，θ 为声表面波传播方向在传播平面上对应的角度，即声波传播的方向角。慢度曲线为极坐标形式，其中极角为 θ，极径 s 为该传播方向上的声表面波慢度。

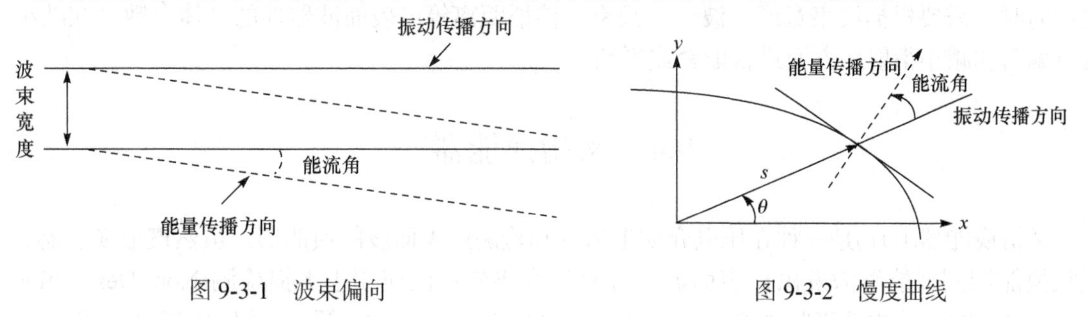

图 9-3-1　波束偏向　　　　图 9-3-2　慢度曲线

根据慢度曲线可推导出：

$$\tan(\text{PFA}) = -\frac{1}{s}\frac{\mathrm{d}s}{\mathrm{d}\theta} = \frac{1}{v}\frac{\mathrm{d}v}{\mathrm{d}\theta} \tag{9-3-2}$$

波束偏向会增大声表面波的传播衰减，因此在设计声表面波传感器时，通常应选择纯模方向或 PFA 尽量小的声波传播方向。

3. 各向异性因子

各向异性因子 ψ 的定义如下：

$$\psi = \frac{\partial \mathrm{PFA}}{\partial \theta} \tag{9-3-3}$$

在纯模方向 θ_0 附近，PFA 可写为

$$\mathrm{PFA} = \psi(\theta - \theta_0) \tag{9-3-4}$$

由此可知，各向异性因子可用来表征声波的波束偏向。PFA 与偏离纯模方向的角度成正比，各向异性因子 ψ 则为其比例系数。对于各向同性材料，有 $\psi = 0$。

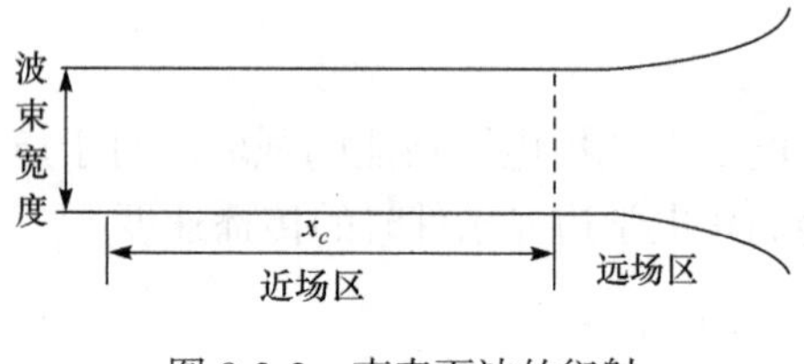

图 9-3-3　声表面波的衍射

波束宽度有限的声波在一定传播距离内先以平面波的形式传播，然后波阵面逐渐展开，最后成为球形。这种波束随着传播距离的增大而发生发散的现象就是声表面波的衍射现象，如图 9-3-3 所示。

衍射会产生相应的衰减，降低声波器件的性能。平面波传播的区域称为近场区或菲涅耳(Fresnel)区，球面波传播的区域称为远场区或夫琅禾费(Fraunhofer)区。Fresnel 区的临界长度 x_c 为

$$x_c = \frac{W^2}{(1+\psi)\lambda} \tag{9-3-5}$$

式中，W 为初始波束宽度；λ 为声表面波的波长。

由式(9-3-5)可知，各向异性因子的正负代表衍射的加速或减速。当 $\psi>0$ 时，$1+\psi>1$，临界长度 x_c 减小，衍射现象加剧；反之，当 $\psi<0$ 时，$1+\psi<1$，临界长度 x_c 增大，衍射现象减小。特别是当 $\psi=-1$ 时，临界长度 x_c 趋于无穷远，不存在衍射现象。

总的说来，各向异性因子同时表征了声波传播时的波束偏向和衍射特性。在设计声表面波传感器，优化选择压电介质切向时，若着眼于减小波束偏向现象，则选择 $\psi=0$，即接近于各向同性的切向；反之，若希望减小衍射，则选择 $\psi<0$ 的切向，且 $\psi=-1$ 最为理想。实际优化切向时，需要根据波束宽度、波长、频率、传播距离等声表面波器件的具体参数，在减小波束偏向和减小衍射两方面进行取舍或平衡。

9.4　叉指换能器

叉指换能器(IDT)是一种在压电介质上激发和检测声表面波的换能器。虽然楔形换能器、梳状换能器同样能够激发出声表面波，并且迄今仍然广泛应用于无损检测(Non Destructive Testing, NDT)和结构健康监测(Structural Health Monitoring, SHM)领域，但它们存在体积大、频率低等问题，很少用在声表面波传感器领域。由于 IDT 沉积在压电介质上与之集成，其“电-声”“声-电”转换效率高，设计灵活并且易于批量制作，因此在传感器领域得到了广泛应用，成为各种声波器件不可缺少的组成部分。

图 9-4-1 为采用 IDT 的压电基底表面声波激发与接收示意图。IDT 是一个电极交错连接的两端器件，其形状如同交叉平放的两排手指，因此称为叉指电极。当在输入 IDT 两端加上交变电压时，介质内建立起交变电场。压电介质由于逆压电效应而产生交变的弹性变形，导致介质内质点产生弹性振动并在介质上传播形成弹性波。输入 IDT 一侧无用的波可由吸声材料吸收，另一侧则由输出 IDT 通过正压电效应将传播来的声波转换成电信号输出。l 为输入 IDT 与输出 IDT 之间的中心距。

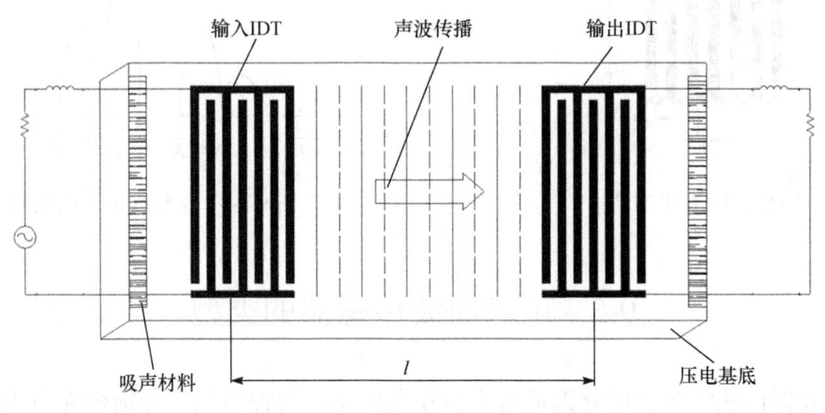

图 9-4-1　声波的 IDT 激发与接收

图 9-4-2 为 IDT 的基本结构图。a 为叉指宽度；b 为叉指间距；P 为叉指周期，$P=2(a+b)$，在一般情况下，叉指宽度和叉指间距相等；w 为孔径，指相邻两指互相重叠部分的长度，它决定了声波的波束宽度。当加上交变电压时，每对叉指电极都会在压电介质中激发出声波，整个 IDT 激发的声波为各对叉指电极激发声波的叠加。

IDT 具有以下特性。

(1) IDT 的叉指周期 P 确定声波器件的中心频率 f_0，$f_0 = v/P$。根据波的干涉原理，当外加激励电信号的频率等于中心频率 f_0 时，IDT 中每对叉指电极激发的波同相叠加，IDT 激发出的声波强度最大，此时叉指周期 P 与声波波长 λ 具有一致性。如果外加激励电信号的频率偏离此中心频率，虽然可以激发出相同频率的声波，但其强度就要低于中心频率时的强度，这也表明 IDT 本身具有频率选择性。

(2) IDT 的叉指周期 P 越小即指条越细，声波器件的中心频率越高。

(3) IDT 的叉指对数 N 越多，通常激发出的声波越强。

(4) IDT 的频带宽度同样取决于叉指对数 N。IDT 的幅频特性如图 9-4-3 所示，呈 $\sin(x)/x$ 的规律变化。带宽的相对值$(\Delta f/f_0)=1/N$。叉指对数越多，带宽越窄。

(5) 由于 IDT 激发和检测声波分别利用的是压电材料的逆压电效应和正压电效应，而压电材料的正逆压电效应具有可逆性，因此输入 IDT 与输出 IDT 通常具有互易性。

为分析 IDT 的机理，设计出满足要求的包括 IDT 各几何尺寸的 SAW 传感器，需要提供用于估计 IDT 特性的简便易行的方法。目前使用较为广泛的 IDT 分析模型有脉冲响应模型(δ 函数模型)、等效电路模型、P 矩阵模型、耦合模式(Coupling-of-Modes, COM)模型和有限元法(Finite Element Method, FEM)/边界元法(Boundary Element Method, BEM)模型。

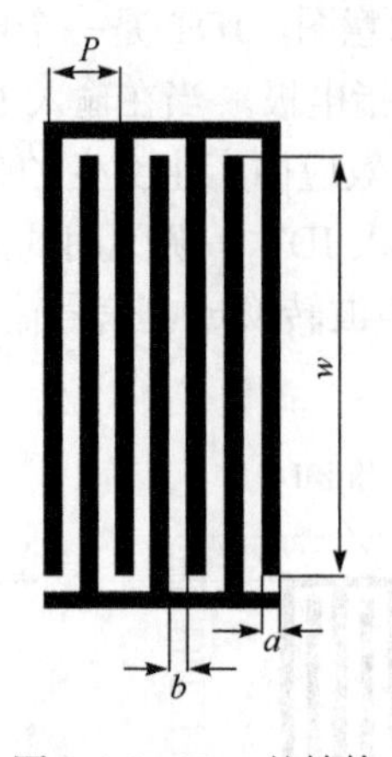

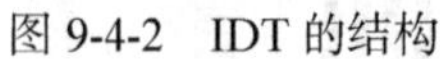
图 9-4-2　IDT 的结构

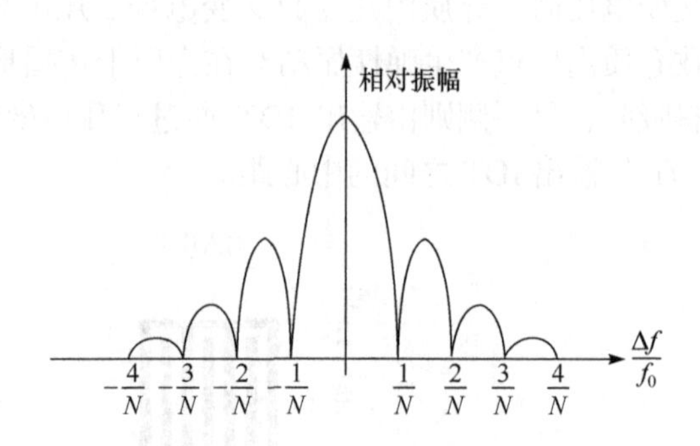

图 9-4-3　叉指换能器的幅频特性

9.5　声表面波传感器的类型

声表面波器件从结构上可分为延迟线型和谐振器型两种类型，分别称为声表面波延迟线(Surface Acoustic Wave Delay-line, SAWD)和声表面波谐振器(Surface Acoustic Wave Resonator, SAWR)。其中，每种类型又可以分为单端、双端两种，如图 9-5-1 所示。SAWD、SAWR 用于传感时，可分别称为延迟线型声表面波传感器、谐振器型声表面波传感器。

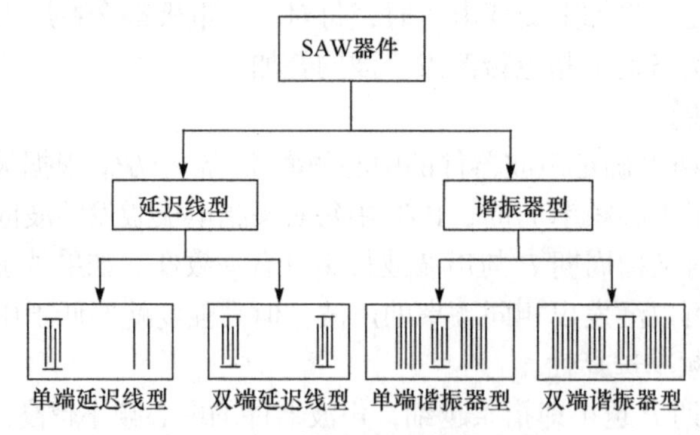

图 9-5-1　声表面波器件的分类

9.5.1　延迟线型声表面波传感器

双端延迟线型声表面波传感器最为典型，由压电基底、输入 IDT、输出 IDT 构成，其结构如图 9-5-2 所示。

当待测对象变化时，SAW 传播速度 v 发生变化，输入、输出 IDT 的中心距 l 即 SAW 传播距离也可能发生变化，从而导致 SAW 在两个 IDT 之间传播的时间发生变化。因此，可通过测量输出响应信号相对于输入激励信号的时间延迟 t 来获得待测对象值：

$$t = \frac{l}{v} \tag{9-5-1}$$

由于 SAWD 的尺寸较小，时间延迟 t 的变化有限，直接测量 t 较为困难，因此可通过测量输入、输出信号的相位差 φ 来获得待测对象值：

$$\varphi = 2\pi ft = 2\pi f\frac{l}{v} \tag{9-5-2}$$

式中，f 为在输入 IDT 端施加的激励信号频率。

相位分辨率远大于时间分辨率，但相位测量存在着模糊性问题，即不能测出 360°的整周期数，只能测出小于 360°的相位值。

双端 SAWD 的等效电路如图 9-5-3 所示，可看作一个二端口网络。1、3 为输入端口，对应 SAWD 的输入 IDT；2、4 为输出端口，对应 SAWD 的输出 IDT。

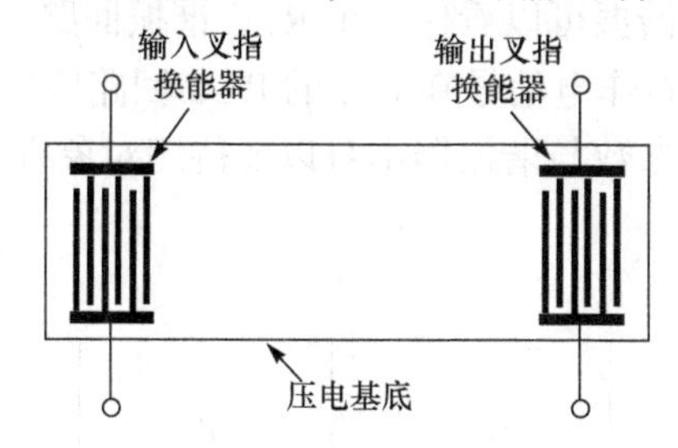

图 9-5-2　双端 SAWD 的结构

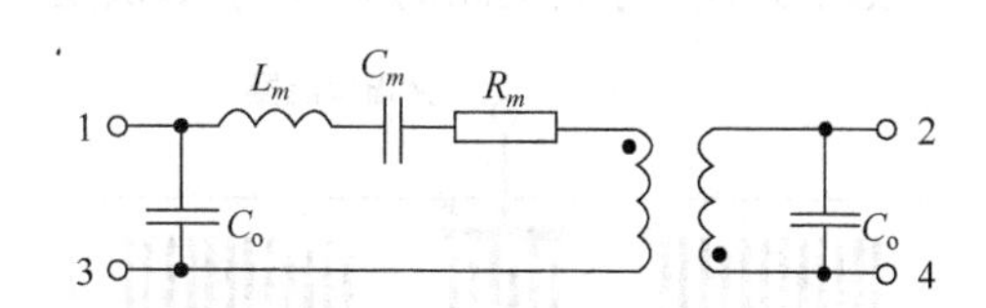

图 9-5-3　双端 SAWD 的等效电路

双端 SAWD 的幅频特性方程为

$$A_u = 20\lg\frac{U_{\text{out}}}{U_{\text{in}}} = F(f) \tag{9-5-3}$$

式中，U_{in} 为输入激励信号；U_{out} 为输出响应信号，器件损耗 A_u 表征的是输出 IDT 与输入 IDT 振幅的比值(dB)；$F(f)$表明，幅频特性是以频率为变量的函数，由传感器的参数和待测对象决定。幅频特性中，器件损耗最小的点对应的频率为双端 SAWD 的谐振频率(中心频率)f_0，通过对谐振频率、器件损耗的测量可获得待测对象值。

器件损耗 A_u 与声表面波沿传播方向的衰减因子 γ 之间的对应关系如下：

$$A_u = -\frac{20}{\ln 10}k\gamma \cdot l = -54.575\frac{l}{P}\cdot\gamma \tag{9-5-4}$$

延迟线型声表面波传感器除了如图 9-5-2 所示的双端结构之外，还存在只有一个叉指换能器的单端结构。单端延迟线型 SAWD 器件如图 9-5-4 所示，由压电基底、叉指换能器和反射栅构成。

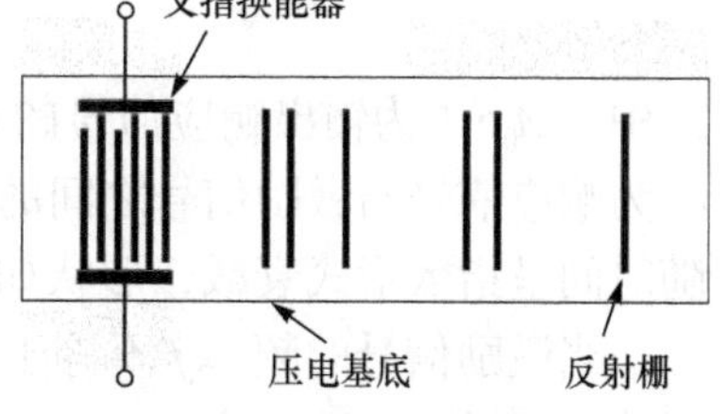

图 9-5-4　单端 SAWD 的结构

反射栅由金属电极构成，其电极边沿因为阻抗不连续产生反射，由此对压电基底上传播的声表面波起着部分反射和部分透射的作用。单端 SAWD 的反射栅数量较少且在压电基底上呈稀疏布置，通常可通过反射栅数量与位置的不同排列组合来设计编码，以实现射频识别功能。鉴于在物联网、射频识别领域用作标签，单端 SAWD 通常被称为声表面波标签。实际上，单端 SAWD 不仅可用作传感器，通过在反射栅之间传输的声表面波时延、相位来获得待测对象值，而且与双端 SAWD 相比具有一些显著的优势，例如，可通过对不同反射栅之间的不同待测对象的检测以实现同时对多个待测对象的并行检测功能，又如，更便于实现无线传感功能等。

9.5.2　谐振器型声表面波传感器

单端谐振器型声表面波传感器由压电基底、叉指换能器和反射栅构成，其结构如图 9-5-5 所示。不同于单端 SAWD 的反射栅数量较少且呈稀疏布置的情形，对于单端 SAWR，IDT 两端的反射栅呈密集型阵列布置，以构成声学谐振腔，IDT 则负责通过逆压电效应将激励信号的能量导入和通过正压电效应将谐振腔内的能量导出。待测对象变化会导致 SAWR 谐振频率 f_0 变化，回波信号也会有相应的变化，通过提取回波信号来分析传感信息。与单端 SAWR 相比，双端 SAWR 增加了一个 IDT，输入、输出 IDT 分别起能量导入、导出的作用。

单端 SAWR 的等效电路如图 9-5-6 所示，其声学谐振可以看作一个 RLC 谐振回路。对声表面波谐振器加载脉冲激励信号后，其谐振过程可以看作电信号在等效的 RLC 回路中振荡衰减。振荡频率由等效电路的 RLC 参数决定，而 RLC 参数与谐振器本身以及待测对象有关。

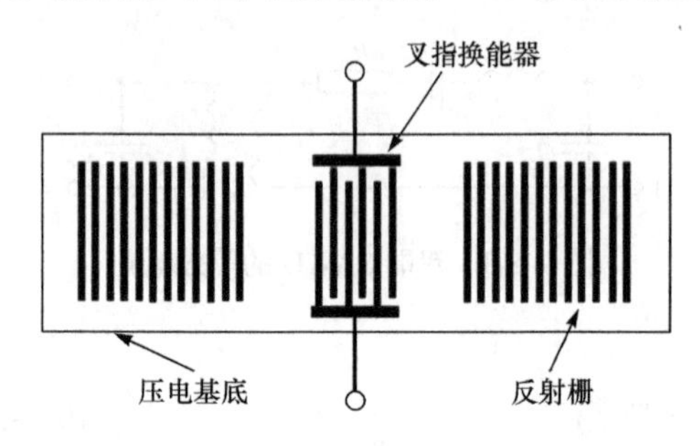

图 9-5-5　单端 SAWR 的结构

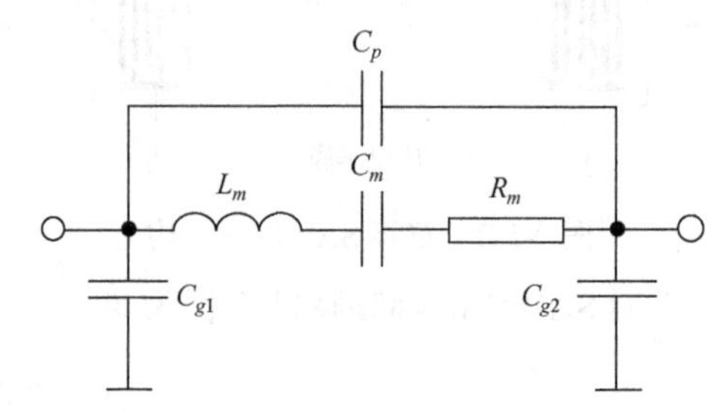

图 9-5-6　单端 SAWR 的等效电路

脉冲激励信号的表达式为

$$x(t) = A\cos(2\pi ft),\quad 0\leqslant t\leqslant T \tag{9-5-5}$$

式中，f、A、T 分别为激励信号的频率、振幅和脉冲宽度。

当激励信号的频率 f 等于 SAWR 的谐振频率 f_0，即传感器处于谐振状态时，加载脉冲激励信号后的 SAWR 输出响应是谐振频率为 f_0、衰减时间常数为 τ 的按指数形式衰减的信号，其表达式为

$$y(t) = A_0 e^{-\frac{t}{\tau}}\cos(2\pi f_0 t + \varphi) \tag{9-5-6}$$

式中，$A_0 e^{-\frac{t}{\tau}}$ 为输出响应信号的衰减包络，衰减时间常数 τ 取决于 SAWR 的 Q 值(品质因素)，φ 为响应信号与激励信号之间的相位差。SAWR 的输出响应信号是一个双边带信号，其幅值随时间呈指数形式衰减，形状如图 9-5-7 所示。

当激励信号的频率 f 不等于 SAWR 的谐振频率 f_0，即传感器处于失谐状态时，SAWR 输出响应信号的表达式为

$$y(t) = A_0 e^{-\frac{t}{\tau}}\cos[2\pi(f-f_0)t]\cos(2\pi f_0 t + \varphi) \tag{9-5-7}$$

式(9-5-7)与式(9-5-6)相比，SAWR 输出响应信号的载波频率都为 f_0，但增加了频率为 $f-f_0$ 的基带调制。传感器失谐激励时，SAWR 输出响应的形式是高频载波信号经过差频基带信号幅度调制后的信号，形状如图 9-5-8 所示。

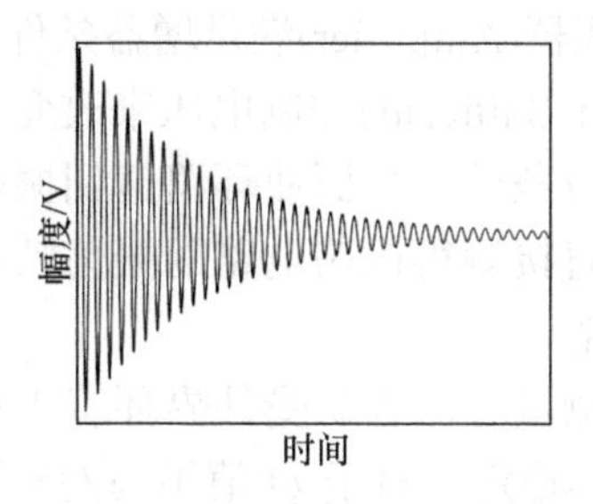

图 9-5-7　SAWR 谐振激励时的输出响应信号

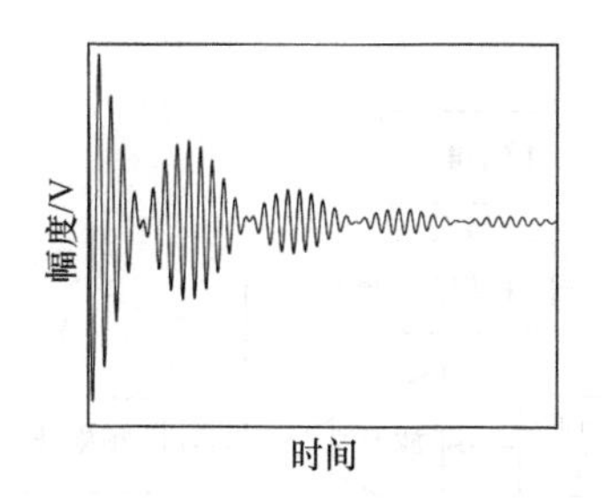

图 9-5-8　SAWR 失谐激励时的输出响应信号

综合上述分析可知，在加载脉冲激励信号之后，SAWR 的频率和幅值都随待测对象变化而变化。无论 SAWR 处于谐振或非谐振激励状态，输出响应信号的载波频率都为当前传感器的谐振频率 f_0，而激励信号的频率 f 越接近 f_0，响应信号的幅度越大、持续时间越长。

9.6　有源声表面波传感系统及其应用

在实验室开发过程中，声表面波传感器通常采用矢量网络分析仪(Vector Network Analyzer, VNA)进行 S 参数的测量，既能测幅值，又能测相位。S 参数的全称为 Scatter 参数，即散射参数，其中 S_{21} 为正向传输系数，S_{12} 为反向传输系数，S_{11} 为输入反射系数，S_{22} 为输出反射系数。对于双端 SAWD 和双端 SAWR，通过测量 S_{21} 参数来获得待测对象值；单端 SAWD 和单端 SAWR 则测量 S_{11} 参数。通过 VNA 测量声表面波传感器的示意图如图 9-6-1 所示。

以双端 SAWD 为例，通过网络分析仪测得其 S_{21} 幅频特性和相频特性如图 9-6-2 所示。图中的左侧纵坐标为幅频特性的插入损耗(Insertion Loss, IL)，即器件损耗 A_u，单位为 dB，右侧纵坐标为相频特性的相位。结合式(9-5-3)可知，可通过幅频特性测出传感器的谐振频率 f_0 及器件损耗 A_u，并进一步获得待测对象值；结合式(9-5-2)可知，可通过相频特性测出传感器在给定激励信号频率 f 时的相位差 φ 来获得待测对象值。

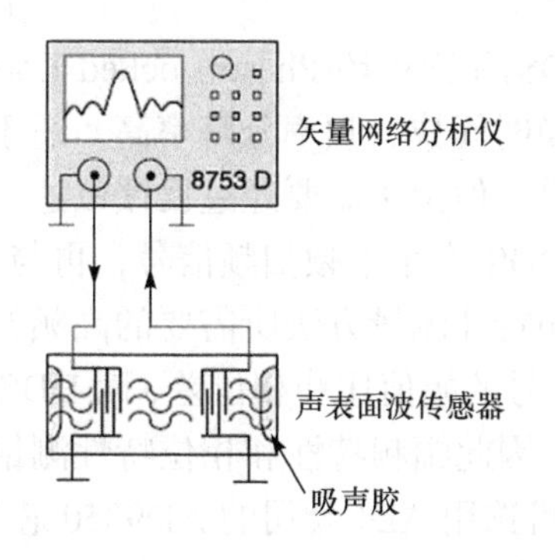

图 9-6-1　通过 VNA 测量声表面波传感器

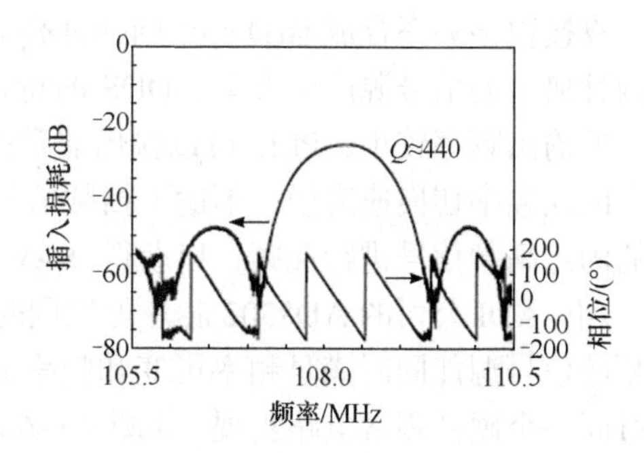

图 9-6-2　双端 SAWD 的 S_{21} 参数

网络分析仪的价格昂贵且体积较大，只适于实验室研究而不适合工业在线测量与应用。可采用如图 9-6-3 所示的振荡电路测量方法，通过自激振荡原理来测出 SAW 传感器的谐振频率。SAW 传感器作为振荡电路的选频元件，并且振荡电路起振需要同时满足增益条件和相位

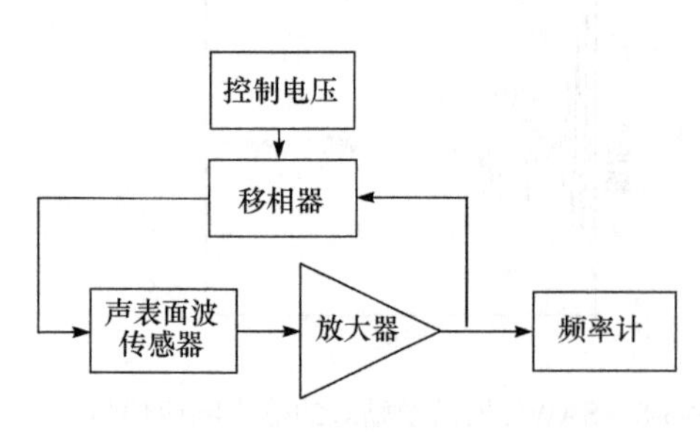

图 9-6-3　振荡电路测量方法原理图

条件。通过放大器(Amplifier)满足增益条件，通过改变移相器(Phase Shifter)的控制电压来改变反馈环路相位以满足相位条件，从而使环路达到振荡状态，可采用频率计直接测得振荡电路的振荡频率，即传感器的谐振频率。

振荡电路测量方法容易受外界环境干扰，导致频率测量结果不稳定，对于 Q 值不高的延迟线型声表面波器件尤为严重，并且只能测量谐振频率，无法获得与衰减或振幅有关的参数。可基于双端 SAWD 的幅频特性和相位特性，搭建相应的测量电路来实现网络分析仪的相应功能。双端 SAWD 的幅频特性为其输出响应信号、输入激励信号的幅值比与信号频率之间的关系，幅频特性测量方法如图 9-6-4 所示。信号源在微控制器(Microcontroller Unit, MCU)的控制下以一定频率间隔扫频产生激励信号，幅值比测量电路把 SAW 传感器的输出、输入 IDT 端的信号幅值比转换为模拟电压信号，A/D 转换电路再把模拟电压信号转换为数字信号送入 MCU 处理、显示。相位特性测量方法如图 9-6-5 所示，信号源在 MCU 的控制下产生一个固定频率的激励信号，相位差测量电路把 SAW 传感器的输出、输入 IDT 端的信号相位差转换为模拟电压信号，再通过 A/D 转换电路进入 MCU 处理并显示结果。

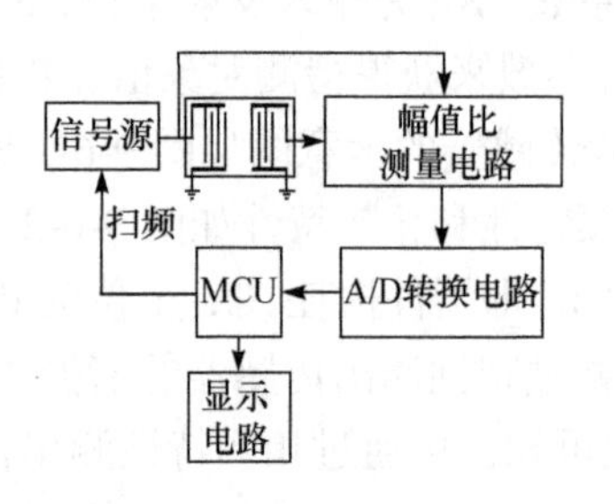

图 9-6-4　幅频特性测量方法原理图

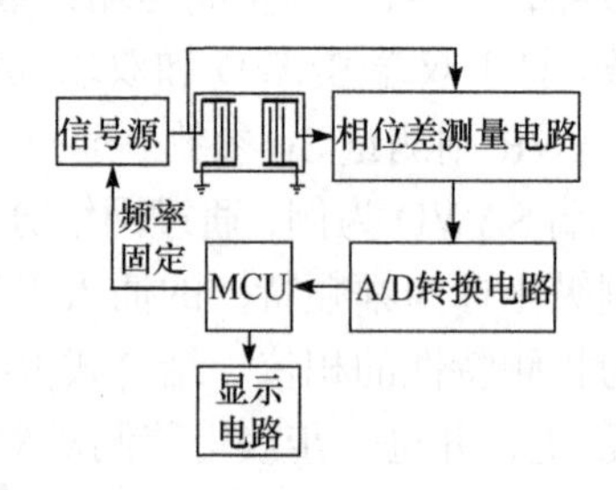

图 9-6-5　相位特性测量方法原理图

直接数字频率合成器(Direct Digital Synthesizer, DDS)和锁相环(Phase Locked Loop, PLL)是两种典型的信号源产生方案。DDS 的特点是频率转换时间快、频率分辨率高，适于扫频信号，但输出频率较小；PLL 可以输出非常高的频率信号，但由于需要经过反馈以达到锁定状态，因此频率切换速度慢，不适于扫频信号。可利用 DDS 产生中频扫频信号，再与 PLL 产生的固定高频信号进行混频，以获得 SAW 传感器幅频特性测量方法所需要的高频扫频信号源。美国 ADI 公司的 AD8302 芯片可以同时测量两路信号的幅值比和相位差，而 DDS 与 PLL 混频的信号源能同时满足频率可变和频率固定的要求，因此幅频特性和相位特性测量方法可通过同一个硬件测量电路实现，如图 9-6-6 所示。DDS 可选用 ADI 公司的 AD9850 芯片，PLL 可选用美国 Linear 公司的 LTC6946 芯片。MCU 采用意法半导体公司的嵌入式 STM32 系列，其自带 A/D 转换电路。

声表面波气体传感器通常采用双端 SAWD 结构，在输入、输出 IDT 之间加上一层敏感材料，如图 9-6-7 所示，该敏感材料通常是对某种特定气体具有选择吸附特性的敏感膜。敏感膜吸附待测气体，使膜层质量变化，导致声表面波的传播速度发生变化，从而可通过测量谐振频率、幅值比、相位差等方法获得待测气体的浓度。

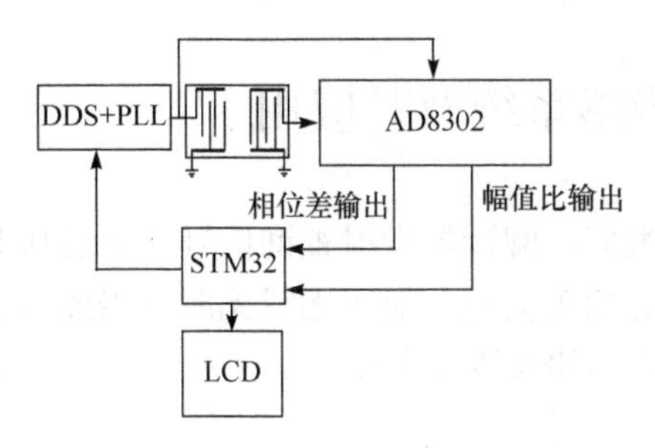

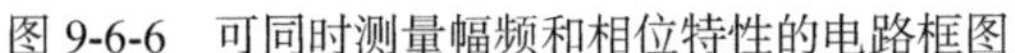

图 9-6-6　可同时测量幅频和相位特性的电路框图

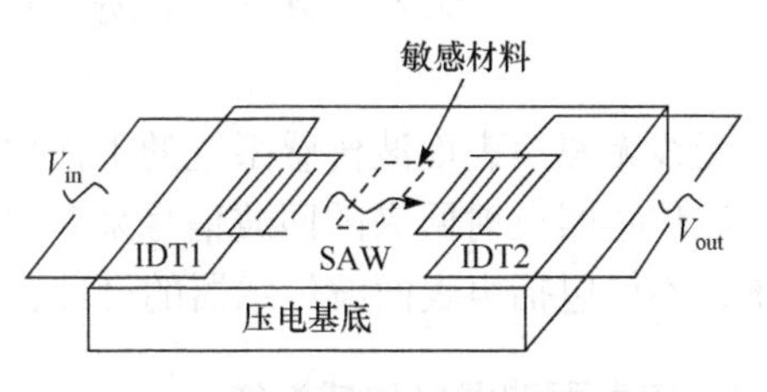

图 9-6-7　声表面波气体传感器的结构

液体传感器主要用于对液体本身特征参数的检测，如液体密度、黏度、电导率的测量；除此之外，鉴于被测对象所处状态，某些传感器必须在液相环境下工作，如抗体-抗原免疫传感、DNA 基因传感等都需要用到液体传感器。声表面波传感器具有所需液体微量、响应速度快等特点，适于生物医学工程等领域的液体传感应用。但是，声表面波传感器为半无限结构，只有一个界面，声表面波的激发、接收与传感都在同一界面进行，当器件与液体接触时，液体会对 IDT 产生腐蚀作用。除此之外，声表面波通常在与界面垂直的方向上存在振动位移(水平剪切型声表面波即 SH-SAW 除外)，当 SAW 传感器与液体接触时，该振动位移会产生压缩波进入液体，从而向液体介质辐射能量，使声表面波产生极大衰减，无法被输出 IDT 有效接收。

需要提到的是，随着对声表面波器件的研究不断深入，在 IDT 基本结构保持不变的前提下，压电基底的结构形式日益多样化，由半无限结构的压电基底拓展到厚度有限的薄板结构以及由半无限压电基底与有限厚度的非压电波导层组合而成的层状结构等，如图 9-6-8 所示，在厚度有限(与波长 λ 相比)的薄板结构上传播的兰姆波(Lamb Wave，又称声板波)，如图 9-6-9 所示，在半无限压电基底与厚度有限的非压电薄膜层结构上传播且只在水平剪切方向上存在质点振动的勒夫波(Love Wave)等。对于兰姆波器件，可选择 IDT 沉积在薄板其中一个界面而待测液体与另一界面接触的结构形式，使换能器与液体分离开来，不受液体侵蚀。对于勒夫波器件，IDT 位于压电基底与薄膜波导层之间，当器件与待测液体接触时，非压电薄膜能避免液体对 IDT 的侵蚀，从而对 IDT 起到保护作用。更为重要的是，勒夫波器件对液体检测的灵敏度还可以通过对薄膜波导层厚度的调整来实现其优化设计。因此，SH 型兰姆波传感器和勒夫波传感器适于液体传感。鉴于激发方式和分析方法相似，通过 IDT 激发出的兰姆波和勒夫波经常被统称为声表面波，兰姆波和勒夫波传感器也经常被统称为声表面波传感器。

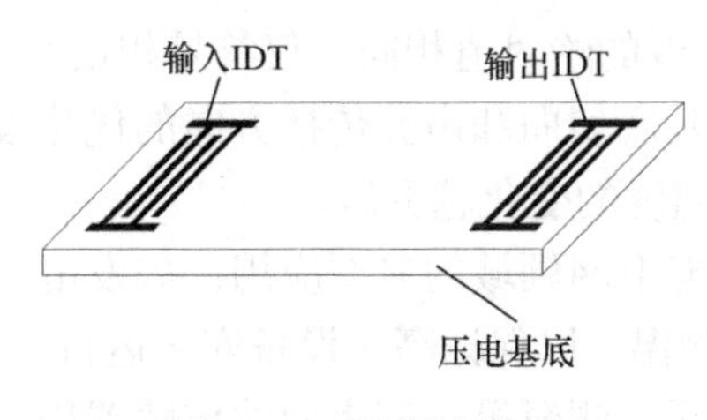

图 9-6-8　兰姆波器件

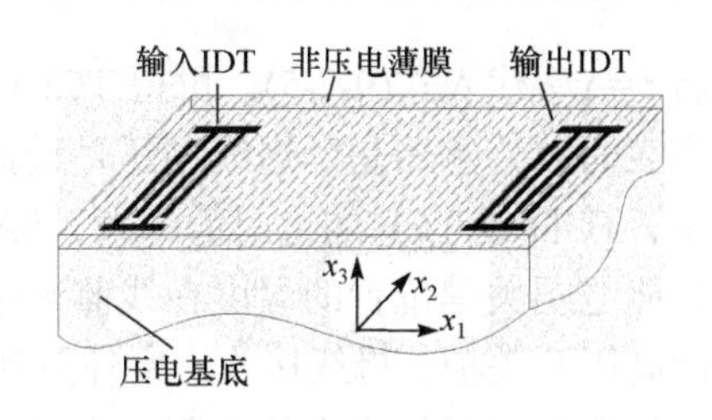

图 9-6-9　勒夫波器件

9.7　无线无源声表面波传感系统及其应用

无线无源声表面波传感系统的工作原理与雷达类似，阅读器发射查询信号，通过接收声表面波传感器反射回来的回波信号来获得待测对象的相关信息。对于无线无源声表面波传感系统，不仅包括声表面波传感器的设计，也涉及阅读器和天线的设计。

9.7.1　声表面波温度传感系统

由于压电介质的弹性、压电、介电常数等参数都具有明确的温度系数，因此根据 9.2 节的理论分析，声表面波的传播速度随温度变化而变化，二者之间具有明确的一一对应关系。定义声表面波的速度温度系数(Temperature Coefficient of Velocity, TCV)如下：

$$\mathrm{TCV}=\frac{1}{v}\cdot\frac{\mathrm{d}v}{\mathrm{d}T} \tag{9-7-1}$$

式中，T 为温度。

对于延迟线型声表面波传感器，温度变化导致输出响应信号相对于输入激励信号的时间延迟 t 发生变化。定义时延温度系数(Temperature Coefficient of Time Delay, TCD)为

$$\mathrm{TCD}=\frac{1}{t}\cdot\frac{\mathrm{d}t}{\mathrm{d}T} \tag{9-7-2}$$

将式(9-5-1)代入式(9-7-2)，可得

$$\mathrm{TCD}=\frac{1}{l}\cdot\frac{\mathrm{d}l}{\mathrm{d}T}-\frac{1}{v}\cdot\frac{\mathrm{d}v}{\mathrm{d}T} \tag{9-7-3}$$

式中，等式右边第一项为压电基底在当前切向和声波传播方向下的热膨胀系数，可记为α。则式(9-7-3)可简化为

$$\mathrm{TCD}=\alpha-\mathrm{TCV} \tag{9-7-4}$$

对于谐振器型声表面波传感器，温度变化导致器件的谐振频率发生变化。定义频率温度系数(Temperature Coefficient of Frequency, TCF)为

$$\mathrm{TCF}=\frac{1}{f}\cdot\frac{\mathrm{d}f}{\mathrm{d}T} \tag{9-7-5}$$

将 $f=v/\lambda$ 代入式(9-7-5)，可得 TCF = –TCD，即二者的绝对值相同，仅符号相反。因此，无论声表面波传感器是延迟线型还是谐振器型，压电基底切向和声波传播方向的优化没有任何区别，TCD 或 TCF 的绝对值越大，SAW 传感器对温度的变化越灵敏。

智能电网关键位置的温度在线监测是物联网在智能电网领域的典型应用，如发电厂和变电站的高压开关柜、母线接头、室外刀闸开关等部位测温，以保证高压设备安全运行。目前，电力系统测温主要技术有热电阻、光纤、红外、有源无线测温等。声表面波传感器用于电力系统测温是近年来出现的新技术，以高压开关柜测温为例，与现有测温方式相比的优势可分类比较如表 9-7-1 所示。

表 9-7-1　声表面波传感器与现有测温方式相比较的优势

现有测温方式	现有测温方式的缺点	声表面波传感器测温的优势
热电阻、热电偶、半导体温度传感器	需金属导线传输信号，绝缘性不能保证	传感器与阅读器之间无电气连接，从而实现高压隔离，保障设备安全运行
光纤温度传感器	光纤易折、易断，不耐高温； 高压情况下存在漏电、爬电隐患； 受开关柜结构影响大，布线难度较大，成本较高	无线传输，安装方便灵活，不受开关柜结构和空间影响； 耐高温； 不受季节和灰尘堆积等因素影响
红外测温	由于高压开关柜内部元件互相遮挡，红外图谱间接获取温度信息，准确性有限、成本高	直接获取温度信息，测量准确稳定； 成本低
有源的无线温度传感器	需要经常更换电池，系统维护成本较高，不适于在高温状态下工作	无须电池驱动，维护成本低； 生态友好

用于智能电网温度监测的声表面波温度传感系统主要由温度传感器节点和阅读器组成，如图 9-7-1 所示。阅读器用多个天线实现多通道分时测量，多个天线安装在不同的空间，每个天线通过频分多址的方法实现对同一空间中多个温度传感器节点的防碰撞测温。温度传感器节点直接安装在智能电网的关键位置，采用单端谐振器型结构，同一空间中的不同节点具有各不相同的中心频率和频带。阅读器依次发射载波频率与各个节点中心频率一致的脉冲激励信号，从而轮询对每个节点测温。阅读器可通过规定的总线，把温度信息按照指定的格式传输到指定的服务器。

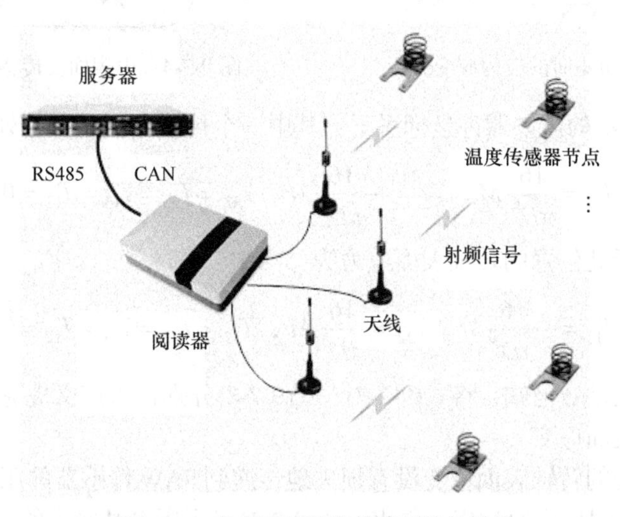

图 9-7-1　声表面波温度传感系统的结构

阅读器由 MCU、发射链路、收发开关、接收链路、信号采集、信号处理和通信接口等模块组成，如图 9-7-2 所示。发射链路以一定时间宽度和时间间隔产生脉冲激励信号，并通过天线发射出去；收发开关实现射频信号的收发隔离；对应的温度传感器节点接收到阅读器发射的激励信号后，反射回如图 9-5-7 或图 9-5-8 所示的回波信号，通过天线接收进入阅读器；接收链路将回波信号滤波、放大、解调后得到低频信号，经过信号采集和信号处理模块得到声表面波谐振器的谐振频率及对应的温度信息，再通过通信接口将温度信息传送到服务器。

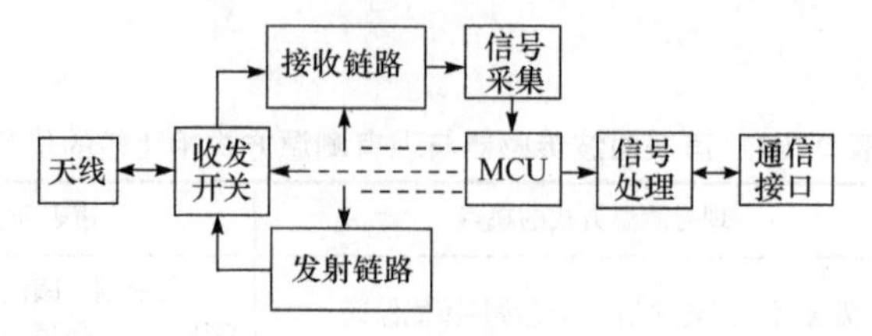

图 9-7-2 阅读器原理框图

9.7.2 声表面波扭矩传感系统

在转轴上施加扭矩时的应力应变分析如图 9-7-3 所示。根据材料力学相关知识可知，转轴表面的剪应力最大，为

$$\tau_{\max} = \frac{16}{\pi D^3} M \tag{9-7-6}$$

式中，D 为转轴直径；M 为扭矩。

剪应力 τ 通常难以直接测量。根据平面二向应力状态分析，转轴表面与其轴线成±45°角位置处，剪应力为零，分别受到一个拉应力和一个压应力作用，其值与式(9-7-6)的最大剪应力值相等。因此，考虑在转轴表面与轴向成±45°角位置处各粘贴一个 SAW 传感器，如图 9-7-4 所示。

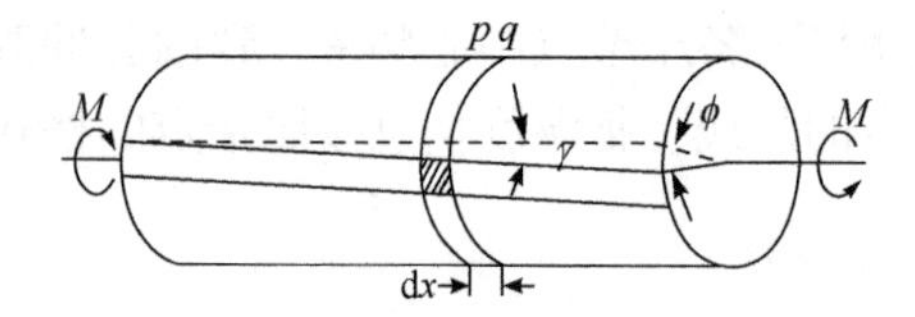

图 9-7-3 转轴受扭矩时的应力应变分析

图 9-7-4 声表面波传感器在转轴上的布置

在如图 9-2-1 所示的声波器件坐标系下，其中一个传感器粘贴位置处的转轴表面应力为

$$T_{11} = \frac{16}{\pi D^3} M,\ T_{22} = -\frac{16}{\pi D^3} M,\ T_{33} = T_{23} = T_{13} = T_{12} = 0 \tag{9-7-7}$$

另一个传感器所处位置的转轴表面应力为

$$T_{11} = -\frac{16}{\pi D^3} M,\ T_{22} = \frac{16}{\pi D^3} M,\ T_{33} = T_{23} = T_{13} = T_{12} = 0 \tag{9-7-8}$$

转轴材料的弹性常数已知，将式(9-7-7)、式(9-7-8)分别代入广义虎克定律(9-2-1)，可得到相应位置处的转轴表面应变。

假定上述位置处的转轴表面应变没有损失地传递到SAW传感器的压电基底上，作为SAW传感器的初始应变。同样可通过广义虎克定律(9-2-1)得到压电基底上的应力，即 SAW 传感器的初始应力。此时由于转轴扭矩的作用，粘贴在转轴上的 SAW 传感器存在初始应力和应变，在如 9.2 节所述的声表面波理论分析过程中，压电介质的弹性运动方程(9-2-7)会变化为如下形式：

$$\rho \ddot{u}_i = T_{ij,j} + \sigma_{jk} u_{i,jk} \tag{9-7-9}$$

式中，σ_{jk} 为 SAW 传感器的初始应力。

进一步，用于计算 SAW 传播速度的压电介质的耦合波方程(9-2-8)也会发生变化：

$$c_{ijkl}u_{k,lj}+e_{kij}\phi_{,kj}+\sigma_{jk}u_{i,jk}=\rho\ddot{u}_i \tag{9-7-10}$$

相应地，Christoffel 方程组(9-2-11)中，其中三个矩阵系数变化如下(其他的矩阵系数不变)：

$$\Gamma_{11}=(c_{55}+\sigma_{33})\beta^2+(c_{15}+c_{51}+\sigma_{13}+\sigma_{31})\beta+(c_{11}+\sigma_{11})-\rho v^2$$

$$\Gamma_{22}=(c_{44}+\sigma_{33})\beta^2+(c_{46}+c_{64}+\sigma_{13}+\sigma_{31})\beta+(c_{66}+\sigma_{11})-\rho v^2$$

$$\Gamma_{33}=(c_{33}+\sigma_{33})\beta^2+(c_{35}+c_{53}+\sigma_{13}+\sigma_{31})\beta+(c_{55}+\sigma_{11})-\rho v^2$$

除此之外，SAW 传感器的初始应力应变还会导致压电介质的弹性常数变化为

$$c'_{ijkl}=c_{ijkl}+c_{ijklmn}\varepsilon_{mn} \tag{9-7-11}$$

式中，c_{ijkl} 为与式(9-2-1)一致的压电材料原始的弹性常数；ε_{mn} 为 SAW 传感器的初始应变；c_{ijklmn} 为与初始应力应变有关的压电材料高阶弹性常数。

对于延迟线型声表面波传感器，扭矩变化导致输出响应信号相对于输入激励信号的时间延迟 t 发生变化。定义时延扭矩系数(Torque Coefficient of Time Delay, TOCD)为

$$\text{TOCD}=\frac{1}{l}\cdot\frac{\mathrm{d}l}{\mathrm{d}M}-\frac{1}{v}\cdot\frac{\mathrm{d}v}{\mathrm{d}M} \tag{9-7-12}$$

按照上述沿转轴的轴线成±45°角位置处粘贴 SAW 传感器的方案，在声表面波器件坐标系下，时延扭矩系数可以写成：

$$\text{TOCD}=\frac{\varepsilon_{11}}{\mathrm{d}M}-\frac{1}{v}\frac{\mathrm{d}v}{\mathrm{d}M} \tag{9-7-13}$$

对于谐振器型声表面波传感器，扭矩变化导致器件的谐振频率发生变化。定义频率扭矩系数(Torque Coefficient of Frequency, TOCF)为

$$\text{TOCF}=\frac{1}{f}\frac{\mathrm{d}f}{\mathrm{d}M}=\frac{1}{v}\frac{\mathrm{d}v}{\mathrm{d}M}-\frac{1}{\lambda}\frac{\mathrm{d}\lambda}{\mathrm{d}M} \tag{9-7-14}$$

频率扭矩系数与时延扭矩系数的绝对值相同，仅符号相反。因此，与温度传感一样，无论扭矩传感器是延迟线型还是谐振器型，压电基底切向和声波传播方向的优化没有任何区别。

需要提到的是，虽然上述传感原理的分析过程针对的是转轴扭矩，但 SAW 传感器能实现扭矩检测的本质是敏感扭矩导致的压电基底应变的变化。因此，上述自式(9-7-9)开始的传感原理分析也同样适用于声表面波压力传感器、应变传感器等。

航空发动机的扭矩测量是保证航空发动机正常运行、节省能源、提高效率的重要手段。航空发动机测量扭矩时，其能量供给和信号传输通常采用滑环、变压器、电池三种方式，存在相应的问题。滑环方式会因其触头的磨损和接触电阻的变化影响传感器的测量精度和使用寿命，而且存在较大的噪声；变压器及其线圈布排需要进行专门的设计和试验，对安装工艺及使用的现场环境条件要求较高；电池供电虽然通过无线模块能实现无线传感，但其有源方式存在功耗寿命问题以及高温高压条件下的易燃易爆危险。如何实现能量的可靠供给和信号的有效传输，从而准确地测量扭矩，是航空发动机扭矩检测需要解决的关键问题。相比较而言，无线无源声表面波传感技术从原理上可以有效解决现有航空发动机扭矩测量技术存在的可靠供电和信号传输的困难。

对于延迟线型和谐振器型两种 SAW 扭矩传感器，在相同频率下，谐振器型不仅比延迟线型的尺寸小，而且可获得更小的器件插入损耗。考虑上述因素，选择单端谐振器型声表面波

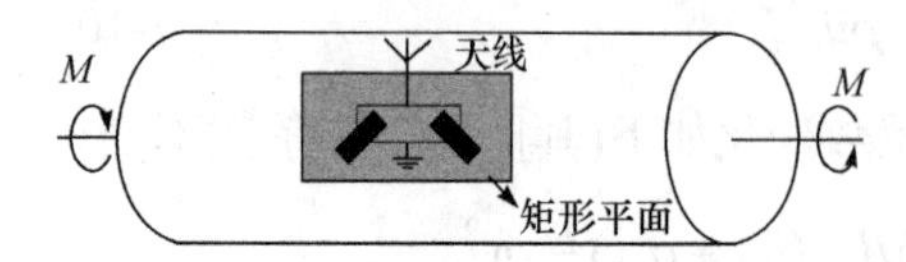

图 9-7-5　扭矩转轴设计方案

传感器用于扭矩传感。由于压电基底的材料较硬，无法直接粘贴到圆柱形转轴的表面，因此在转轴中间铣出一个矩形平面，以方便 SAW 传感器的粘贴。两个 SAW 传感器以±45°粘贴在矩形平面上，并联连接天线，如图 9-7-5 所示。两个传感器谐振频率分别为 f_1、f_2，测量结果做差分处理，既能消除温度等环境因素影响，又能将灵敏度提高一倍。

要实现声表面波扭矩传感系统的无线无源功能，需要设计与声表面波传感器相对应的阅读器，阅读器能够完成激励信号的发射、SAW 传感器回波信号的接收以及信号处理等任务。扭矩传感系统的阅读器工作原理如图 9-7-6 所示。一方面，控制器控制信号源产生一定占空比的间歇周期性高频正弦激励信号，通过功率放大器放大到额定的功率，经射频开关连接到天线发射给传感器；另一方面，阅读器通过天线接收传感器的回波信号。阅读器激励信号和回波信号如图 9-7-7 所示，回波信号紧随激励信号并呈指数衰减，通过单刀双掷的射频收发隔离开关就可以分离出回波信号。

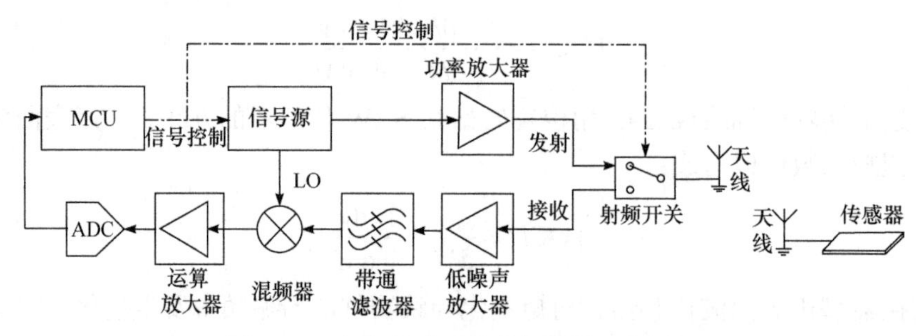

图 9-7-6　扭矩传感系统的阅读器工作原理

扭矩传感应用在转轴旋转场合，需要保证天线在转轴 360°方向都具有较好的性能，所以设计一款适于转轴圆柱结构的阅读器环状天线。通过美国 Ansoft 公司的 HFSS(High Frequency Structure Simulator)仿真软件来设计环状天线，采用 PCB 制作，环状天线结构如图 9-7-8 所示。

无线无源声表面波扭矩传感器不仅可用于航空发动机运行状态监测系统，还可用于汽车电动助力转向系统、导弹舵机控制系统等，适合转动设备的扭矩等测量，具有较广的应用前景。

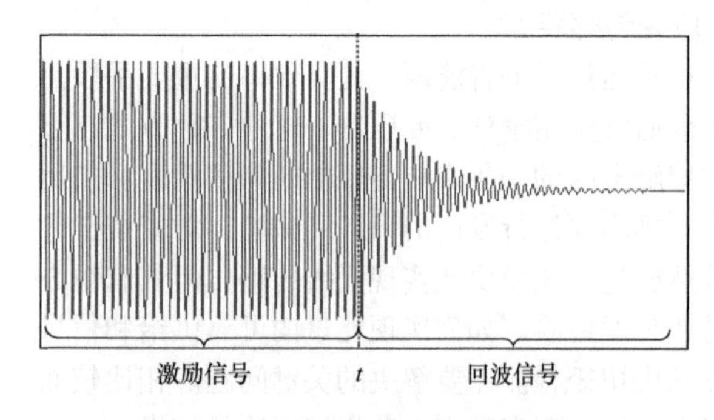

图 9-7-7　阅读器激励信号和回波信号

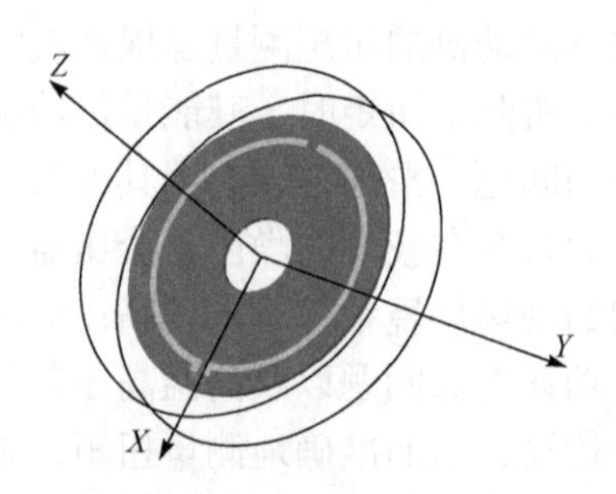

图 9-7-8　环状天线结构

9.7.3　声表面波射频识别与温度传感一体化系统

识别、传感是物联网的两大核心环节。在很多应用场合，需要识别和传感功能同时实现。以食品安全为例，近年来食品安全问题频发，重要原因之一是食品安全事故追溯不到源头，责任不清楚，无法做到有效监管，因此需要采用识别技术加强对食品的过程追踪。与此同时，还需要结合传感技术，通过对食品质量的实时监控来提前避免食品安全事故的出现，如冷链食品在运输、流通及存储过程中对温度的实时监测。射频识别技术是一种非接触式的自动识别技术，是物联网的重要组成部分。射频识别系统主要由标签和阅读器组成，两者之间通过天线实现信息的无线传输。基于声表面波技术的 RFID 系统采用单端延迟线型声表面波器件作为标签，声表面波在压电基底上的传播时间受温度影响，因此声表面波标签在射频识别的同时也可以作为温度传感器。鉴于声表面波标签的大容量编码和多参数敏感特点，能够同时实现对食品的溯源与质量监控。

声表面波射频识别与温度传感一体化系统的工作原理如图 9-7-9 所示。阅读器发射的射频查询脉冲经标签天线接收进入 IDT，通过逆压电效应转换为声表面波。声表面波在沿压电基底传播的过程中遇到反射栅产生部分反射和部分透射，各反射栅的反射信号由 IDT 经正压电效应转换为回波脉冲串。阅读器通过回波脉冲串时间延迟与反射栅位置之间的关系来获得标签编码信息，实现射频识别功能。当温度变化时，压电基底的材料参数发生变化，声表面波在反射栅之间传播的时间发生相应变化，导致回波脉冲之间的时延改变，时延与温度间存在的对应关系使得声表面波标签也同时具有温度传感功能。由于 SAW 的传播速度为 2500～4500m/s，比电磁波低 5 个数量级，因此经过“电-声”“声-电”转换之后的回波脉冲串与环境干扰信号在时间上能够明显地区分开来，具有极强的抗干扰能力，这也是声表面波射频识别系统的优势之一。

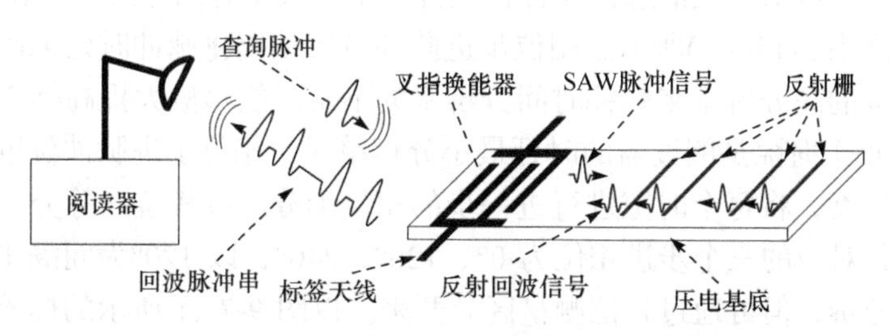

图 9-7-9　声表面波射频识别与温度传感一体化系统的工作原理

声表面波标签最常见的编码方案是脉冲幅度和脉冲位置编码，分别如图 9-7-10(a)和(b)所示。

脉冲幅度编码通常是在 SAW 标签的有效区域内等间距排列多个位置固定的时隙，每个时隙代表一位编码，通过时隙上有无反射栅来实现 1、0 编码，类似于二进制编码方案。以图 9-7-10(a)所示的标签为例，其编码为 10110101。对于具有 8 个时隙的 SAW 标签，其容量为 $2^8=256$。脉冲幅度编码存在一定的局限性：首先，标签的编码密度较低；其次，不同标签的反射栅数目和位置各不相同，使得回波幅值差异较大，即回波一致性较差，导致标签的有效识别较为困难。

脉冲位置编码利用回波脉冲相对于参考点的时延对标签进行编码。在基底上划分不同的数据区，每个数据区内又等间距地划分一定数量的时隙，同一数据区内可以放置一个或多个反射栅。以图 9-7-10(b)所示的标签为例，起始反射栅和截止反射栅作为参考，其六个数据区的时隙编码为 2-1-3-0-2-1。若规定每个数据区只放一个反射栅，则上述标签的编码容量为 4^6=4096。与脉冲幅度编码相比，在相同的编码容量下，脉冲位置编码大幅度减少了回波脉冲个数，即减少了反射栅的数量，从而降低了标签的插入损耗，提高了回波信号的信噪比。若每个数据区只存在一个反射栅，则不同编码的标签只是反射栅位置发生变化，反射栅个数仍保持不变，SAW 的传输损耗是相近的，因此具有较好的回波一致性。

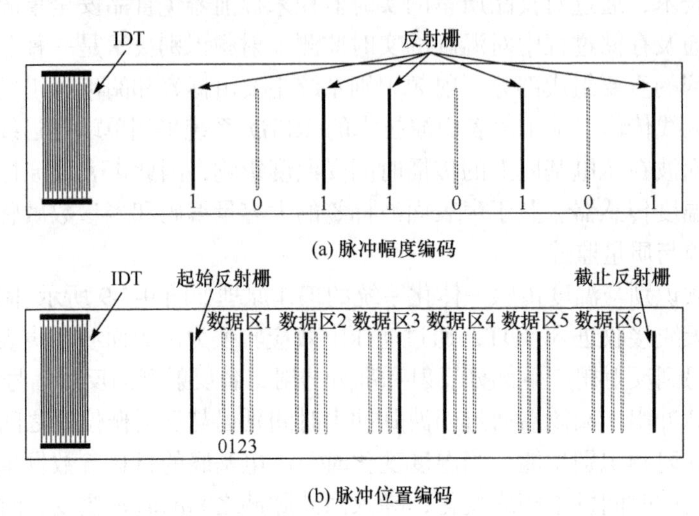

图 9-7-10 常见的声表面波标签编码方案

虽然脉冲位置编码的编码容量比脉冲幅度编码有了本质上的提高，但其容量仍然有限，从而限制了声表面波射频识别系统的大规模应用。事实上，在标签的回波信号中，不仅包括幅度和时延信息，还包括相位信息，并且相位分辨率远大于时间分辨率。相位延迟 φ 与时间延迟 t 之间的关系如式(9-5-2)所示。相位步进脉冲位置编码将脉冲时延编码与相位编码相结合，通过相位测量的高分辨率来弥补时间分辨率的不足，能够极大提高标签的编码容量。如图 9-7-11 所示，每个时隙是阅读器的时延最小分辨单元，相位步进脉冲位置编码方案根据阅读器的相位测量精度，将每个时隙进行进一步的相位细分。以相位三等分为例，同一个时隙包括三个相隙，其对应的三个步进相位为 0°、120°、240°，以 120°为间隔步进。相邻相隙虽然通过时延无法分辨，但可通过相位测量区分开来。以图 9-7-11 所示的标签结构为例，当数据区 X=6、时隙 n=4、相隙 N=3 时，仅采用脉冲时延编码方案的编码容量为 n^X=4096，而脉冲时延结合相位编码方案的容量则为$(n\times N)^X$=2985984。两者相差 3 个数量级，且后者接近三百万，满足大多数场合的应用需求。图 9-7-11 中除各个数据区的编码反射栅之外，还存在起始和截止反射栅。起始反射栅作为参考，用于消除距离和环境的影响。截止反射栅动态跟随最后一个编码反射栅，两反射栅对应的回波脉冲之间的时延称为参考时延。

常规的声表面波射频识别系统的阅读器采用基带过采样硬件模拟正交解调方案，其结构如图 9-7-12 所示。回波信号经过低噪声放大器、带通滤波器，通过巴伦得到两路差分信号，分别与经过 0°/90°移相器后的本振混频得到 I、Q 两路基带信号，再通过滤波和放大后进入 A/D 转换器，将基带信号转换成 I、Q 两路数字信号。上述方案存在以下问题：

(1) 具有硬件下变频模块，结构相对复杂、成本较高。

(2) 硬件模拟正交解调采用的是模拟本振，其幅度和相位易受静电、温度等环境因素影响，导致两路本振信号幅相不平衡。

(3) 基带信号的滤波和放大也会引入 I、Q 两路增益、延时不平衡，两个支路不可避免地存在幅相不平衡，从而对后续声表面波标签的识别和测温带来一定影响。

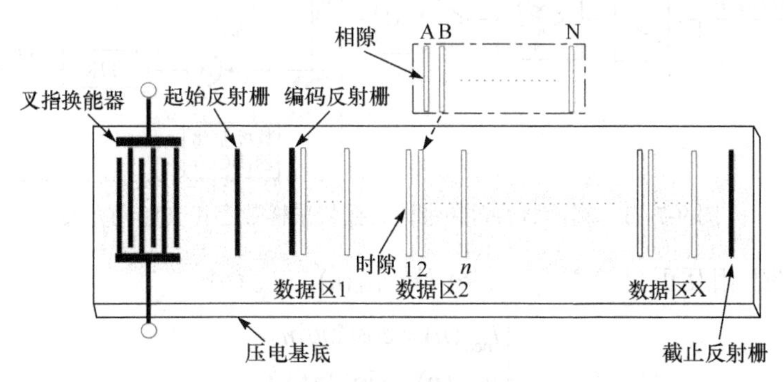

图 9-7-11　相位步进脉冲位置编码方案

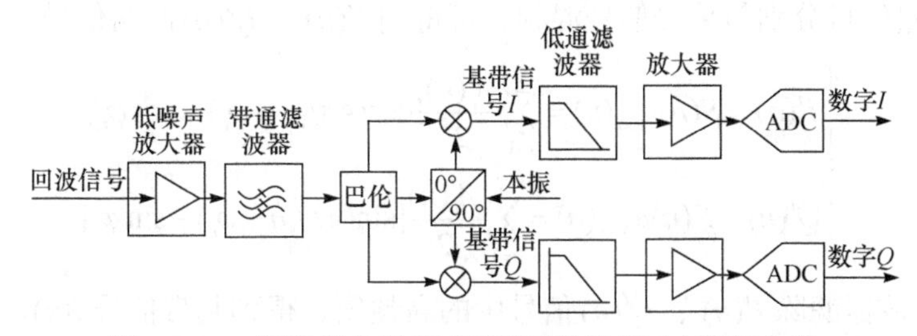

图 9-7-12　阅读器的基带过采样硬件模拟正交解调方案

上述基带过采样方法需要遵循奈奎斯特采样定理，即满足 A/D 采样率大于最高信号频率的两倍，这也正是声表面波标签回波信号通常需要下变频到基带信号的原因，以此降低对 ADC 采样频率的要求。但实际上，虽然标签回波信号的中心频率高达 922.5MHz，但其带宽只有 5MHz，对于这种窄带宽的信号，可以对其进行射频带通直接欠采样，等同于对其频带进行了频谱搬移，搬移到第一奈奎斯特区域内。因此，无须遵循传统意义上的奈奎斯特采样定理，只要保证 ADC 带通采样后的回波频谱不发生混叠，就可以完整恢复标签带宽内的全部信息。与此同时，随着软件无线电(Software Defined Radio，SDR)技术的日益成熟，射频电路逐渐向软件化方向发展。数字正交解调是一种典型的软件无线电技术，可以避免硬件模拟正交解调带来的相关问题。

综上所述，阅读器可采用射频带通直接欠采样数字正交解调方案，如图 9-7-13 所示。标签回波信号经过低噪声放大器、带通滤波器之后，对其进行直接欠采样得到回波数字信号。数控振荡器(Numerically Controlled Oscillator, NCO)是数字正交解调的重要组成部分，在数字域构建两路正交信号，与回波数字信号混频，再通过 FIR 滤波器得到 I、Q 两路基带数字信号。该方案较好地解决了原有基带过采样硬件模拟正交解调方案存在的相关问题，不仅结构简单、成本低，而且对声表面波标签的识别、测温也更加稳定和准确。

声表面波标签回波的采样信号可以用式(9-7-15)描述：

$$S(n)=\sum_{i=1}^{N}A_i(n)\cos(2\pi f_1 n+\varphi_i) \tag{9-7-15}$$

式中，f_1 为采样信号的中心频率；N 为回波脉冲串中的脉冲数量，即标签的反射栅数量；$A_i(n)$ 为第 i 个反射栅的回波包络幅值；φ_i 为第 i 个反射栅的相位。

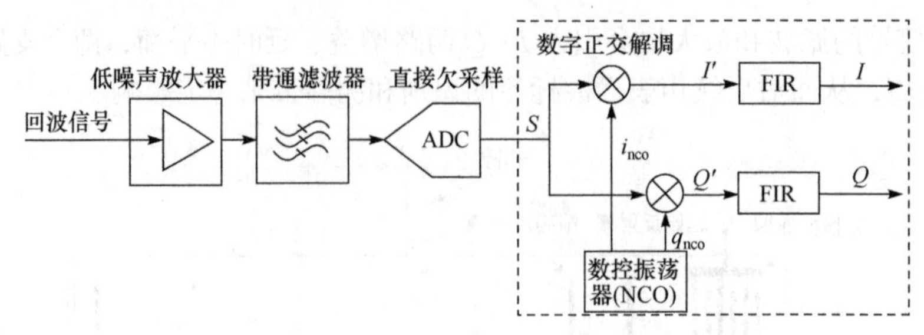

图 9-7-13　阅读器的射频带通直接欠采样数字正交解调方案

NCO 分别产生相互正交的 I、Q 两路信号 $i_{\rm nco}(n)$、$q_{\rm nco}(n)$：

$$\begin{cases} i_{\rm nco}(n) = \cos(2\pi f_1 n) \\ q_{\rm nco}(n) = \sin(2\pi f_1 n) \end{cases} \tag{9-7-16}$$

将 I、Q 两路信号分别与采样信号混频，可得到 $I'(n)$ 、$Q'(n)$ 两路信号：

$$\begin{cases} I'(n) = S(n) i_{\rm nco}(n) = \sum\limits_{i=1}^{N} \dfrac{A_i(n)}{2} [\cos(4\pi f_1 n + \varphi_i) + \cos\varphi_i] \\ Q'(n) = S(n) q_{\rm nco}(n) = \sum\limits_{i=1}^{N} \dfrac{A_i(n)}{2} [\sin(4\pi f_1 n + \varphi_i) - \sin\varphi_i] \end{cases} \tag{9-7-17}$$

采用 FIR 滤波器滤除 $I'(n)$ 、$Q'(n)$ 信号中的高频项，得到基带信号 $I(n)$、$Q(n)$：

$$\begin{cases} I(n) = \sum\limits_{i=1}^{N} \dfrac{A_i(n)}{2} \cos\varphi_i \\ Q(n) = -\sum\limits_{i=1}^{N} \dfrac{A_i(n)}{2} \sin\varphi_i \end{cases} \tag{9-7-18}$$

将基带信号代入以下两式。通过式(9-7-19)可解算出各回波脉冲的峰点位置，从而获得各数据区的时隙编码；在解算出峰点位置的基础上，通过式(9-7-20)可进一步获得各数据区的相位编码。

$$\sum_{i=1}^{N} A_i^2(n) = 4\left[I^2(n) + Q^2(n)\right] \tag{9-7-19}$$

$$\varphi_i = \arctan\left[-\frac{Q(n_i)}{I(n_i)}\right] \tag{9-7-20}$$

针对声表面波的时延温度系数 TCD，对式(9-7-2)进行一阶泰勒展开，可推导出公式如下：

$$\frac{t_T - t_0}{t_0} = \text{TCD} \cdot (T - T_0) \tag{9-7-21}$$

式中，t_0 为参考温度 T_0 时的延迟时间；t_T 为实际温度 T 时相应的延迟时间。

根据相位 φ 与时延 t 之间的关系 $\varphi=2\pi ft$，式(9-7-22)可转换为

$$\frac{\varphi_T - \varphi_0}{\varphi_0} = \text{TCD} \cdot (T - T_0) \tag{9-7-22}$$

通过合适的时隙设计，正交解调方法可以直接解算出标签的时延编码。但是，正交解调直接解算出的相位受温度影响，通常与标签的设计相位不一致。并且，相位测量存在模糊性

问题，即不可能测出 360°的整周期数，只能测得小于 360°的尾数部分。因此，在设计 SAW 标签时，针对截止反射栅与最后一个编码反射栅对应的回波脉冲之间的参考时延，使其在测温范围内相应的相位变化不超过一个周期。通过参考时延的相位变化，根据反射栅之间的位置关系，可反推出每个反射栅在参考温度时的设计相位，从而解算出标签的相位编码。

正交解调直接解算出的相位减去标签的设计相位即温度引起的相位变化，但鉴于相位模糊性的存在，实际获得的也只是其尾数部分。可通过相位比例尺递推，将参考时延随温度引起的相位变化逐步递推到起始与截止反射栅之间的相位变化，从而根据式(9-7-22)测出实际温度 T，且具有较高的测温精度。

综上所述，实现声表面波射频识别与温度传感一体化的算法流程如图 9-7-14 所示。

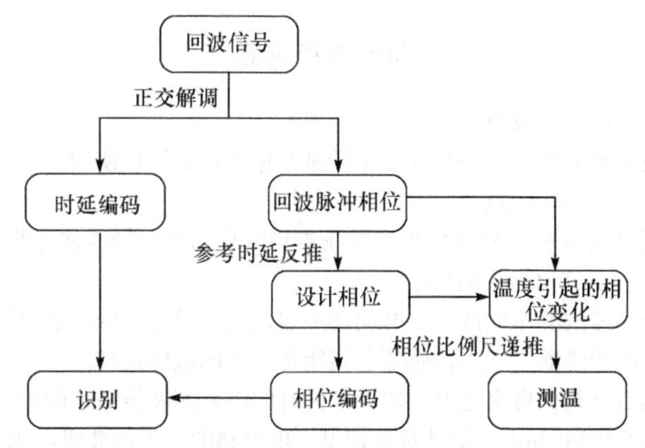

图 9-7-14　射频识别与温度传感一体化的算法流程

将声表面波标签放在阅读器的可识别范围以内，通过高频示波器对 ADC 前端的标签回波信号进行测试，测试结果如图 9-7-15 所示。从图中可以明显观察到 8 个反射栅对应的 8 个回波脉冲，且回波信号的信噪比较好，便于后续 ADC 采样和数字正交解调。

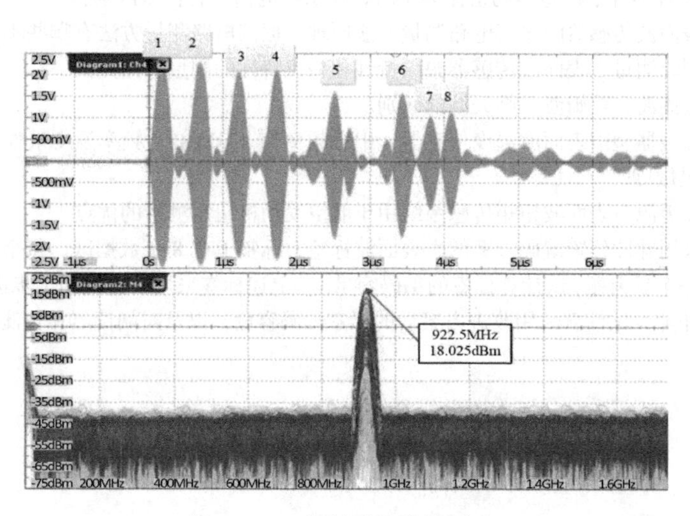

图 9-7-15　标签回波信号测试

标签天线通常采用印刷偶极子天线，在硬质 FR4 板材上制作，不适于如食品安全检测时需要弯曲天线以易于与食品包装相整合等应用场景。目前声表面波标签的芯片尺寸已经可以做得非常小，标签整体尺寸取决于标签天线，但天线尺寸较大，限制了其在很多场合的应用。

因此，对标签天线的柔性和小型化设计具有显著的实用意义。

标签天线可在以聚酰亚胺为基材的柔性印制电路板(Flexible Printed Circuit-Board, FPCB)上制作，通过折叠的方式实现天线尺寸的缩减。小型化折叠偶极子天线的结构如图 9-7-16 所示，通过对半波偶极子天线的两臂弯折以减小尺寸，同时增加 T 型匹配调节阻抗。

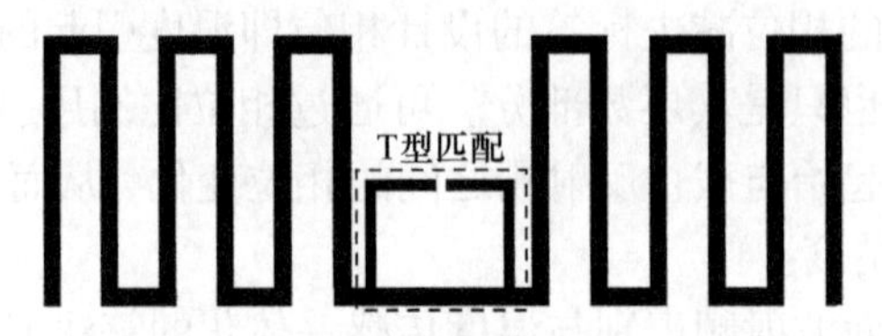

图 9-7-16　折叠偶极子天线结构

习题与思考题

9-1　什么是声表面波？声表面波技术具有哪些特点？

9-2　目前声表面波技术最典型的应用是在哪个领域？作为什么器件使用？

9-3　声表面波传感器具有哪些优点？

9-4　压电本构方程是通过哪种材料常数将弹性场本构方程与介电场本构方程耦合在一起的？压电介质中声、电耦合振动的场量有几个？分别是什么？

9-5　简述声表面波与声体波的本质区别，并简述声表面波传播速度的求解思路。

9-6　简述声表面波温度传感器、气体传感器、扭矩传感器的敏感机理。

9-7　对于某切型的压电材料，自由化电学边界条件时的声表面波传播速度为 3901m/s，金属化电学边界条件时的声表面波传播速度为 3857m/s，试计算该切型压电材料的声表面波机电耦合系数。

9-8　在设计声表面波传感器时，如何优化选择声表面波的各向异性因子？

9-9　与楔形换能器、梳状换能器相比，采用叉指换能器激发声表面波有哪些优点？叉指换能器具有哪些特性？

9-10　对于谐振器型声表面波传感器，激励信号的频率是否必须要与传感器自身的谐振频率相等？当激励信号的频率等于或者不等于传感器的谐振频率时，输出响应信号有什么区别？

9-11　简述声表面波传感器的振荡电路测量方法原理。振荡电路测量方法有哪些不足？

9-12　简述可同时测量声表面波传感器幅频特性和相位特性的测量电路方案。

9-13　简述声表面波、兰姆波、勒夫波的区别。

9-14　对于某谐振器型声表面波温度传感器，中心频率为 433MHz，频率温度系数为 23.5ppm/℃，试计算该温度传感器的灵敏度。

9-15　简述无线无源声表面波扭矩传感系统用于航空发动机扭矩测量的优点。

9-16　对于某采用脉冲位置编码方案的声表面波标签，标签上有 8 个数据区，每个数据区有 3 个时隙，且每个数据区只有一个反射栅，试计算标签的编码容量。若上述标签采用改进的相位步进脉冲位置编码方案，每个时隙包括 4 个相隙，试计算采用改进方案后的标签编码容量，以及对阅读器相位测量精度的要求。

第 10 章　光纤传感器

光纤传感器是 20 世纪 70 年代迅速发展起来的一种新型传感器。它具有灵敏度高、绝缘性能好、抗电磁干扰、耐腐蚀、耐高温、体积小、重量轻等优点。光纤传感器种类繁多，应用范围极广。本章选择其中典型的几种加以简要的介绍。

10.1　光纤及传光原理

10.1.1　光纤的结构和种类

1. 光纤的结构

光纤的结构很简单，裸露的光纤由纤芯和包层组成(图 10-1-1)。纤芯位于光纤的中心部位。它是由玻璃或塑料制成的圆柱体，直径为 5～100μm。光在纤芯中传输。围绕着纤芯的那一部分称为包层，材料也是玻璃或塑料，但两者材料的折射率不同。纤芯的折射率 n_1 稍大于包层的折射率 n_2。由于纤芯和包层构成一个同心圆双层结构，所以光纤具有使光封闭在里面传输的功能。再加上外面的保护套，这样就构成了光缆。

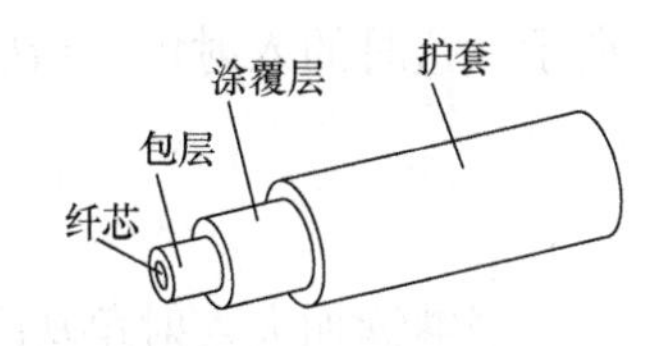

图 10-1-1　光纤的基本结构

2. 光纤的种类

光纤按纤芯和包层材料性质分类，有玻璃光纤及塑料光纤等类型；按折射率分布分类，有阶跃型和梯度型两种。

阶跃型多模光纤如图 10-1-2(a)所示，纤芯的折射率 n_1 分布均匀，不随半径变化。包层内的折射率 n_2 分布也大体均匀。可是纤芯与包层之间折射率的变化呈阶梯状。在纤芯内，中心光线沿光纤轴线传播。通过轴线平面的不同方向入射的光线(子午光线)呈锯齿形轨迹传播。

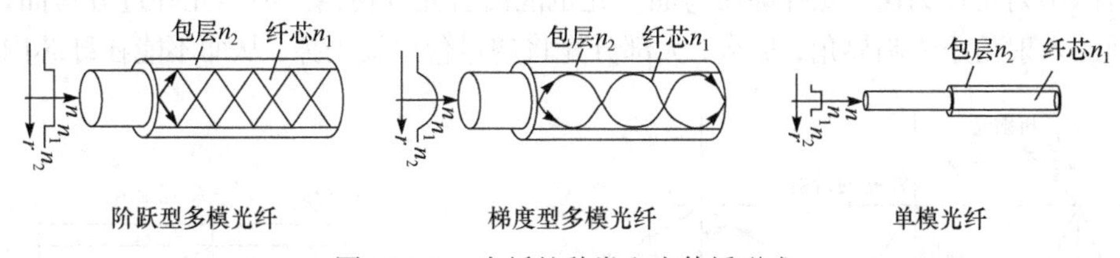

图 10-1-2　光纤的种类和光传播形式

梯度型光纤纤芯内的折射率不是常值，从中心轴线开始沿径向大致按抛物线规律逐渐减小。因此光在传播中会自动地从折射率小的界面处向中心会聚，光线偏离中心轴线越远，则传播路程越长，传播的轨迹似正弦波曲线，这种光纤又称自聚焦光纤。图 10-1-2(b)所示为经过轴线的子午光线传播的轨迹。

光纤还有另一种分类方法，即按光纤的传播模式分类，可以分为多模光纤和单模光纤两类。这里简单介绍一下模的概念。

在纤芯内传播的光波，由于纤芯边界的限制，其电磁场麦克斯韦方程组的解不连续。这种不连续的场解称为模式。只能传播一种模式的光纤称为单模光纤，能同时传播多种模式的光纤称为多模光纤。单模光纤和多模光纤的主要差别是纤芯的尺寸和纤芯-包层的折射率差值。多模光纤的纤芯直径大(50～500μm)，纤芯-包层折射率差大($\Delta=(n_1-n_2)/n_1=0.01\sim0.02$)；单模光纤的纤芯直径小(2～12μm)，纤芯-包层折射率差小($\Delta=(n_1-n_2)/n_1=0.0005\sim0.001$)，如图 10-1-2(c)所示。

10.1.2　传光原理

光的全反射现象是研究光纤传光原理的基础。在几何光学中，我们知道当光线以较小的入射角θ_1($\theta_1<\theta_c$, θ_c为临界角)，由光密媒质(折射率为n_1)射入光疏媒质(折射率为n_2)时，一部分光线被反射，另一部分光线折射入光疏媒质，如图 10-1-3(a)所示。折射角θ_2满足斯涅耳定律：

$$n_1\sin\theta_1=n_2\sin\theta_2 \tag{10-1-1}$$

根据能量守恒定律，反射光与折射光的能量之和等于入射光的能量。

当逐渐加大入射角θ_1，一直到θ_c折射就会沿着界面传播，此时折射角$\theta_2=90°$，如图 10-1-3(b)所示。这时的入射角$\theta_1=\theta_c$，θ_c称为临界角。按照斯涅耳定律，临界角θ_c由式(10-1-2)决定：

$$\sin\theta_c=\frac{n_2}{n_1} \tag{10-1-2}$$

当继续加大入射角θ_1(即$\theta_1>\theta_c$)时，光不再产生折射，只有反射，形成光的全反射现象，如图 10-1-3(c)所示。

下面以阶跃型多模光纤为例来说明光纤的传光原理。

阶跃型多模光纤的基本结构如图 10-1-4 所示。设纤芯的折射率为 n_1，包层的折射率为n_2($n_1>n_2$)。当光线从空气(折射率n_0)中射入光纤的一个端面，并与其轴线的夹角为θ_0时(图 10-1-4)，按斯涅耳定律，在光纤内折射成θ_1角。然后以φ_1($\varphi_1=90°-\theta_1$)角入射到纤芯与包层的界面上。若入射角φ_1大于临界角φ_c，则入射的光线就能在界面上产生全反射，并在光纤内部以同样的角度反复逐次全反射向前传播，直至从光纤的另一端射出。因光纤两端都处于同一媒质(空气)之中，所以出射角也为θ_0。光纤即便弯曲，光也能沿着光纤传播。但是光纤过分弯曲，致使光射至界面的入射角小于临界角，那么，大部分光将透过包层损失掉，从而不能在纤芯内部传播。

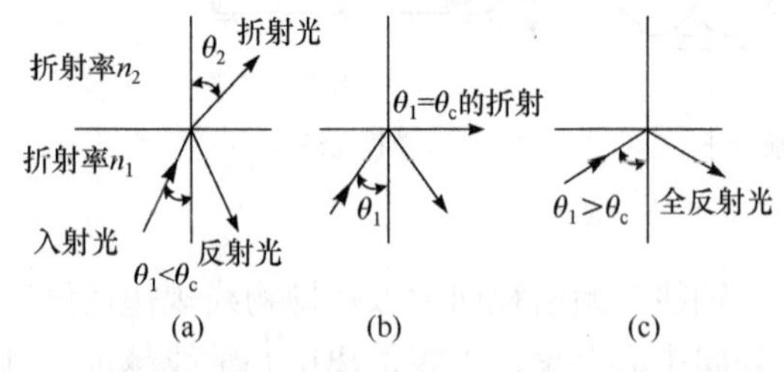

图 10-1-3　光线入射角小于、等于和大于临界角时界面上发生的内反射

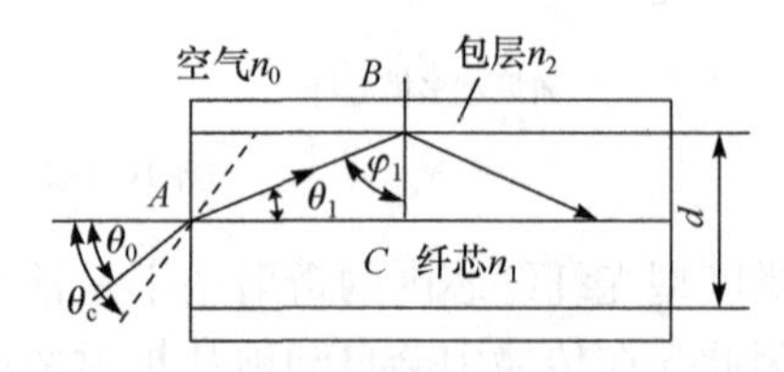

图 10-1-4　阶跃型多模光纤中子午光线的传播

从空气中射入光纤的光并不一定都能在光纤中产生全反射。只有在光纤端面一定入射角范围内的光线才能在光纤内部产生全反射传播出去。能产生全反射的最大入射角可以通过斯

涅耳定律及临界角定义求得。

由图 10-1-4，设光线在 A 点入射，应用斯涅耳定律，有

$$n_0\sin\theta_0 = n_1\sin\theta_1 = n_1\cos\varphi_1 \tag{10-1-3}$$

当入射光线在界面上发生全反射时，应满足：

$$\sin\varphi_1 > \frac{n_2}{n_1}$$

即

$$\cos\varphi_1 < \sqrt{1-\frac{n_2^2}{n_1^2}} \tag{10-1-4}$$

将式(10-1-4)代入式(10-1-3)，得

$$\sin\theta_0 < \frac{1}{n_0}\sqrt{n_1^2-n_2^2} \tag{10-1-5}$$

式(10-1-5)确定了能发生全反射的子午光线在端面的入射角范围。若入射角超出这个范围，进入光纤的光线便会透入包层而散失。入射角的最大值θ_c可由式(10-1-5)求出，即

$$\sin\theta_c = \frac{1}{n_0}\sqrt{n_1^2-n_2^2} \tag{10-1-6}$$

若仿照研究透镜那样，引入光纤的数值孔径 NA 这个概念，则

$$\sin\theta_c = \frac{1}{n_0}\sqrt{n_1^2-n_2^2} = \mathrm{NA} \tag{10-1-7}$$

式中，n_0为光纤周围媒质的折射率。对于空气，$n_0=1$。

数值孔径是光纤的一个基本参数，它决定了能被传播的光束的半径角的最大值θ_c，反映了光纤的集光能力。纤芯与包层的折射率差越大，数值孔径就越大，光纤的集光能力越强。

10.1.3　光纤传感器中的元器件

光纤传感器除了光导纤维外，还必须有光源和光探测器，另外还有一些光无源器件。

1. 光源

光纤传感器对光源的要求有体积小、波长合适、功率大、工作稳定等。体积小有利于光源和光纤的耦合；合适的波长可以减小光在光纤中传输的损失；足够大的光功率，保证了传感器信号强度。

光纤传感器可选择的光源很多，可分为相干光和非相干光。相干光包括各种激光器，如半导体激光器、氦氖激光器等；非相干光有各种发光二极管、白炽灯等。

2. 探测器

光探测器对光纤传感器的性能有直接影响，要求探测器的灵敏度高、响应快、线性好。常用的探测器有各种光电二极管、光电倍增管、光敏电阻、光电池等，相关信息在有关资料中有详细介绍。

3. 光无源器件

除了上述光源和光探测器外，在光纤传感器还用到各种光无源器件。光无源器件是一种不必借助外部的任何光或电的能量，由自身能够完成某种光学功能的光学元器件，光无源器

件按其功能可分为光连接器件、光衰减器件、光功率分配器件、光波长分配器件、光隔离器件、光开关器件、光调制器件等。对于光纤传感器的小型化集成化具有重要意义。

光纤耦合器又称分路器，是将光信号从一条光纤中分至多条光纤中的元件，在电信网络、有线电视网络中都会应用到。光纤耦合器可分标准耦合器(双分支，表示为 1×2，即将光信号分成两个功率相等的信号)、星状/树状耦合器等，制作方式则有烧结式、微光学式、光波导式三种，而以烧结式方法生产占多数。

光纤活动连接器一般简称光纤连接器，俗称活接头，主要用途是连接两根光纤或光缆形成连续光通路，已经广泛应用在光纤传输线路、光纤配线架和光纤测试仪器中，是目前使用数量最多的光无源器件。光纤连接器的种类众多，结构各异，其基本结构由三个部分组成：两个配合插头和一个耦合管。两个插头装进两根光纤尾端，耦合管起对准套管的作用。另外，耦合管还配有金属或非金属法兰，以便于连接器的安装固定。

自聚焦透镜又称为梯度变折射率透镜，是指其折射率分布是沿径向渐变的柱状光学透镜。传统的透镜成像是通过控制透镜表面的曲率，利用产生的光程差使光线汇聚成一点。自聚焦透镜材料能够使沿轴向传输的光产生折射，并使折射率的分布沿径向逐渐减小，从而实现出射光线被平滑且连续地汇聚到一点。自聚焦透镜用在光纤准直器中，可以对光纤中传输的高斯光束进行准直，以提高光纤与光纤间的耦合效率，是光纤通信系统和光纤传感系统中的基本光学器件。

10.1.4 光纤传感器的分类

按照光纤在传感器中的作用，通常可将光纤传感器分为两种类型：功能型(或称传感型)和非功能型(或称传光型、结构型)。

功能型光纤传感器，如图 10-1-5(a)所示，主要使用单模光纤。光纤不仅起到传光作用，而且是敏感元件。这是利用光纤本身的传输特性受被测物理量作用而发生变化，使光纤中波导光的属性(光强、相位、偏振态、波长等)被调制这一特点。因此这一类光纤传感器又分光强调制型、相位调制型、偏振态调制型和波长调制型等数种。功能型光纤传感器的特点是由于光纤本身是敏感元件，因此加长光纤的长度，可以得到很高的灵敏度。尤其是对光的相位变化利用种种干涉技术进行测量的光纤传感器，具有极高的灵敏度，但这一类光纤传感器技术上实现难度较大，结构比较复杂，调整也比较困难。

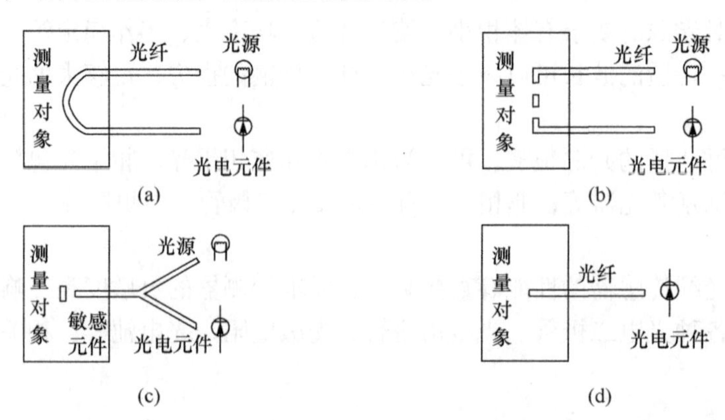

图 10-1-5　光纤传感器的基本结构原理

非功能型光纤传感器中，光纤不是敏感元件。它是利用在光纤的端面或在两根光纤中间放置光学材料、机械式或光学式的敏感元件感受被测物理量的变化，使透射光或反射光强度随之发生变化。这种情况光纤只是作为光的传输回路，所以这种传感器也称为传输回路型光纤传感器，如图 10-1-5(b)和(c)所示。为了得到较大光量和传输的光功率，非功能型光纤传感器使用的光纤主要是数值孔径和芯径大的阶跃型多模光纤。非功能型光纤传感器的特点是结构简单、可靠，技术上容易实现，便于推广应用，但灵敏度一般比功能型光纤传感器低，测量精度也差些。

在非功能型(传光型)光纤传感器中，也有并不需要外加敏感元件的情况，光纤把测量对象辐射的光信号或测量对象反射、散射的光信号传播到光电元件，如图 10-1-5(d)所示。这一种光纤传感器也称为传感探针型光纤传感器。通常使用单模光纤或多模光纤。典型的例子有光纤激光多普勒速度传感器和光纤辐射温度传感器，其特点是非接触式测量，而且具有较高的精度。

光纤传感器与电类传感器相比具有以下特点：①本质防爆，适合于易燃、易爆等危险物品检测；②对电绝缘，适合于高电压场合检测；③无感应性，适合于强电磁场干扰环境下检测；④化学稳定性，适合于环保、医药、食品工业检测；⑤时域变换性，适合于多点分布测量。另外，光纤传感器还具有低损耗、大容量、高精度、尺寸小、重量轻、非接触式等特点。光纤传感器与电类传感器的比较列于表 10-1-1 中。

表 10-1-1　光纤传感器与电类传感器对比

分类内容	光纤传感器	电类传感器
调制参量	振幅：吸收、反射等；相位：偏振	电阻、电容、电感等
敏感材料	温-光敏、力-光敏、磁-光敏	温-电敏、力-电敏、磁-电敏
传输信号	光信号	电信号
传输介质	光纤、光缆	电线、电缆

表 10-1-2 归纳了各类光纤传感器基于某种光学效应的原理、分类以及光纤的种类，便于大家对各种光纤传感器有一个概貌性的了解。

表 10-1-2　光纤传感器分类

被测物理量	光的调制	光学效应	传感器分类	光纤
电流、磁场	偏光 相位	法拉第效应 干涉现象(磁致伸缩)	传感型 传光型	单模、多模 单模
电压、电场	偏光 相位	泡克耳斯效应 干涉现象(电应变效应)	传光型 传感型	多模 单模
温度	光强度	用隔板遮断光路 半导体光吸收效应 荧光反射	传光型 传光型 传光型	多模 多模 多模
	光强度-光谱	发射体辐射	传光型	多模
	偏光	双折射变化	传光型	多模
角速度		萨奈克效应	传感型	单模
速度、流速		多普勒效应	传光型	单模、多模
流量		干涉现象	传感型	单模

续表

被测物理量	光的调制	光学效应	传感器分类	光纤
位移 振动 加速度 压力	光强度	微弯曲损耗 用隔板遮断光路 反射光强度变化	传感型 传光型 传光型	多模 多模 多模
	偏光 相位 频率	光弹性效应 干涉现象(光弹性效应) 多普勒效应	传光型 传感型 传光型	多模 单模 单模、多模

10.2　光强调制型光纤传感器

引起光纤光强调制的因素很多，如引起光纤传输光强变化的光纤弯曲、光纤截断遮挡、光吸收等，光反射、接收等过程中光纤反射光强变化等。光强调制对光纤本身要求不高，为了增大光强调制深度，一般采用多模光纤。

10.2.1　光纤微弯曲位移和压力传感器

这是一种基于光纤微弯曲而产生的弯曲损耗原理制成的光强调制型传感器。微弯曲损耗的机理可用图 10-2-1 中光纤微弯对传播光的影响来说明。假如光线在光纤的直线段以大于临界角的入射角射入界面($\varphi_1>\varphi_c$)，则光线在界面上产生全反射。理想情况下，光将无衰减地在纤芯内传播。当光线射入微弯曲段的界面上时，入射角将小于临界角($\varphi_1<\varphi_c$)。这时，一部分光在纤芯和包层的界面上反射，另一部分光则透射进入包层，从而导致光能的损耗。基于这一原理，研制成光纤微弯曲传感器。

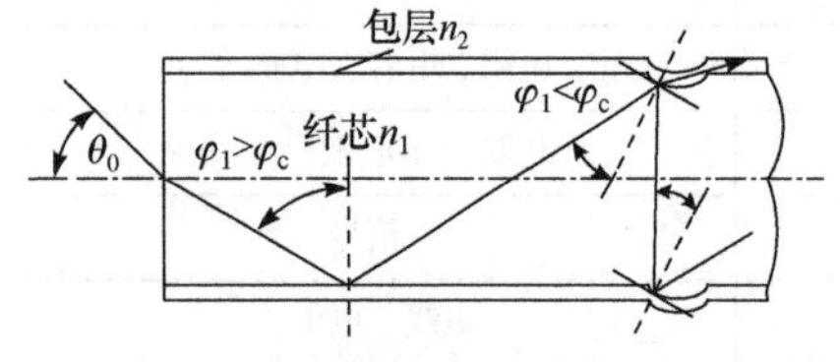

图 10-2-1　光纤微弯对传播光的影响

光纤微弯曲位移(压力)传感器所使用的变形器如图 10-2-2 所示，它由两块波形板构成。其中一块是活动板；另一块是固定板。波形板一般采用尼龙、有机玻璃等非金属材料制成。一根阶跃型多模光纤(或渐变型多模光纤)从一对波形板之间通过。当活动板受到微扰(位移或压力作用)时，光纤就会发生周期性微弯，引起传播光的散射损耗，使光在芯模中再分配：一部分光从芯模(传播模)耦合到包层模(辐射模)；另一部分光反射入芯模。当活动板的位移或所加的压力增加时，泄漏到包层的散射光随之增大；相反，光纤芯模的输出光强度就减小，这样光强受到了调制。通过检测泄漏出包层的散射光强度或光纤芯透射光强度就能测出位移(或压力)信号。光纤微弯曲位移(压力)传感器实际测量光路如图 10-2-2(b)所示。

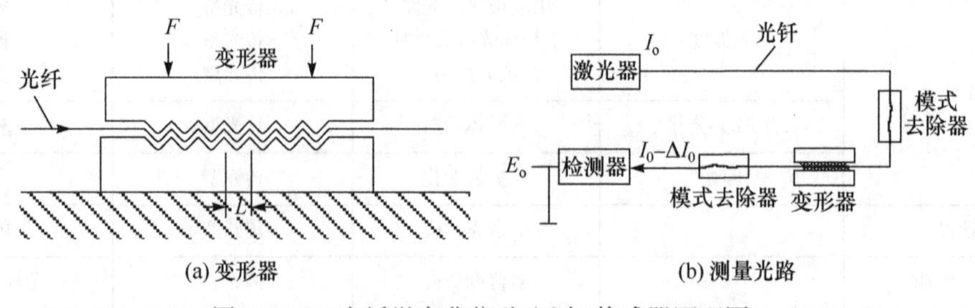

图 10-2-2　光纤微弯曲位移(压力)传感器原理图

光纤微弯曲传感器的一个突出优点是光功率维持在光纤内部，这样可以免除周围环境的影响，适宜在恶劣环境中使用。光纤微弯曲传感器的灵敏度很高，能检测小至100μPa的压力变化。虽然灵敏度不及干涉型传感器，但它能兼容多模光纤技术，结构又比较简单。而且具有动态范围宽、线性度较好、性能稳定等优点。因此，光纤微弯曲传感器是一种有发展前途的传感器。

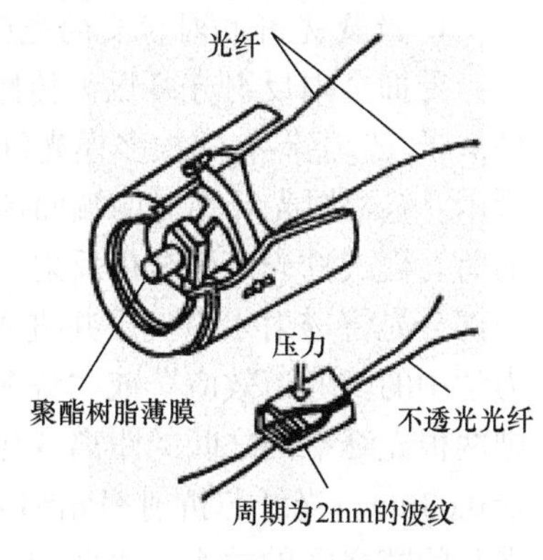

图10-2-3　光纤微弯水听器

图10-2-3是休斯研究实验室的研究人员与美海军实验室合作研制的一种以微弯变形器作为换能元件的水听器。其中一块变形片刚性地安装在水听器的圆柱形外壳上，而另一块变形片连接到一块薄膜片上。该水听器除了通常的光纤外，还包含一根不通光的光纤，以确保变形片在工作过程中保持平行。这种经过改进的光纤微弯水听器的灵敏度已能与许多普通的水听器相比。

10.2.2　临界角光纤液位传感器

液位检测广泛地应用在石油化工、水利电力、食品工业、水处理厂、污染检测等领域。传统的液位检测方法很难解决易燃、易爆、强腐蚀等环境下的检测问题，如原油、成品油的液位检测，为了安全防爆，不许传感器带电工作。采用光纤传感器传输介质是光，可以实现无电操作，在石油化工行业大型油罐及易燃、易爆液体储罐液位检测方法有广泛用途。

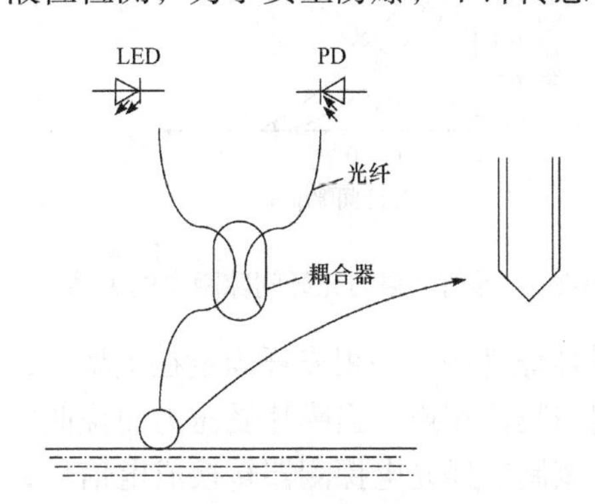

图10-2-4　临界角光纤液位传感器

如图10-2-4所示是光纤液位传感器的工作原理，在光纤一端切割一个反射面，入射光线在界面上的反射、折射与光纤及周围介质有关，入射角小于临界角时，一部分光折射进入周围介质，另一部分光则返回光纤。当光纤外部分别为空气和液体时，临界角分别满足式(10-2-1)、式(10-2-2)的关系。返回的反射光被光电探测器转换为电信号输出。

外部是空气时的临界角

$$\theta_{co} = \arcsin\frac{n_0}{n_1} \tag{10-2-1}$$

外部是液体时的临界角

$$\theta_{c液} = \arcsin\frac{n_{液}}{n_1} \tag{10-2-2}$$

当光纤到达液面时，外部介质的变化，引起反射光强的变化，从而可以进行液位检测。设置两个探头就可以用于液位高、低的检测。

10.2.3　传输光强调制型光纤传感器

传输光强调制型光纤传感器，一般在两根光纤(输入光纤和输出光纤)之间配置有机械式或光学式的敏感元件，敏感元件在物理量作用下调制传输光强的方式有改变输入光纤和输出光纤之间的相对位置、遮断光路和吸收光能量等。

针对以上三种调制光强的方式，举出几个实例加以说明。

1. 改变光纤相对位置的光强调制型光纤传感器

受抑全内反射光纤压力传感器，是利用改变光纤轴向相对位置对光强进行调制的一个典型例子。传感器有两根多模光纤：一根固定，另一根在压力作用下可以垂直位移，如图 10-2-5 所示。这两根光纤相对的端面被抛光，并与光纤轴线成一足够大的角度θ，以便使光纤中传播的所有模式的光产生全内反射。当两根光纤充分靠近(中间约有几个波长距离的薄层空气)时，一部分光将透射入空气层并进入输出光纤。这种现象称为受抑全内反射现象，它类似于量子力学中的“隧道效应”或“势垒穿透”。当一根光纤相对另一根固定光纤产生垂直位移x时，则两根光纤端面之间的距离变化了$x\sin\theta$，透射光强便随距离发生变化。图 10-2-6 为光源波长λ=0.63μm，光纤芯折射率n_1=1.48，数值孔径 NA=0.2，θ分别为 52°、64°和 76°时光纤透射光强与间隙之间的关系。由曲线可知，光强变化与间隙距离的变化呈非线性关系。因此，在使用中应限制光纤的位移距离，使传感器工作在变化距离较小的一段线性范围内。从曲线还可以看出，θ越大，曲线的线性段斜率越大。所以为了使传感器获得较高的灵敏度，光纤端面的倾斜角(90°−θ)要切割得较小。

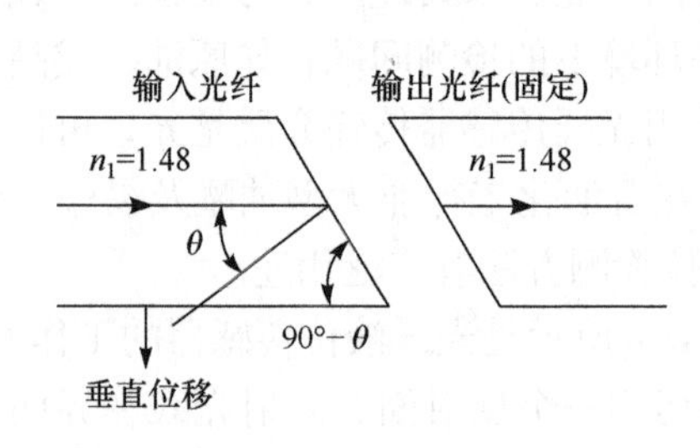

图 10-2-5　受抑全内反射原理

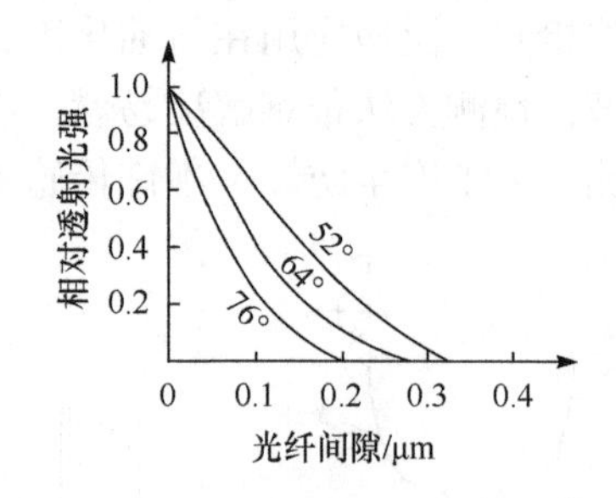

图 10-2-6　透射光强与光纤间隙距离的关系

图 10-2-7 为基于受抑全内反射原理的光纤压力传感器原理图。一根光纤固定在支架上，另一根光纤通过支架安装在铍青铜弹簧片上。支架上端与膜片相连。当膜片受压力而挠曲并使可动光纤发生垂直位移时，透射入输出光纤的光强被调制。经光电探测器转换成电信号，便能够检测出压力信号。

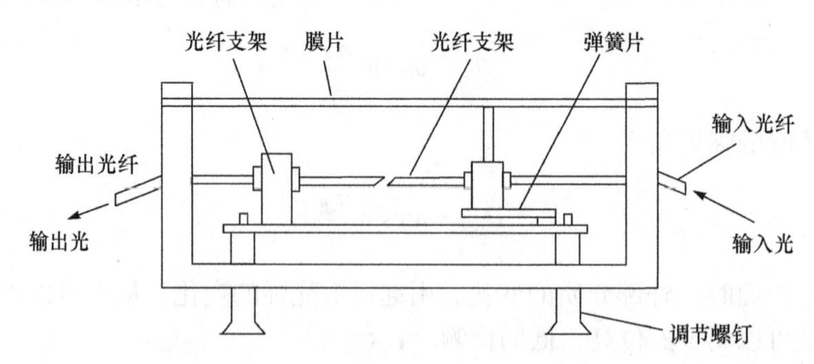

图 10-2-7　受抑全内反射光纤压力传感器

受抑全内反射光纤传感器的灵敏度相当高，最初应用于水声检测。只要适当增加入射光功率，能检测 100Hz～100kHz 的深海噪声。其缺点是要求严格的机械公差，机械调整比较困难，而且光不能约束在光纤内部，在外场工作不易稳定。这些缺点限制了它在外场的应用。

2. 遮断光路的光强调制型光纤传感器——具有双金属片的光纤温度传感器

在两根光纤束之间的平行光位置上放置一个双金属片，这就构成了一个温度传感器，如图 10-2-8 所示。

双金属片是温度敏感元件。它由两种不同热膨胀系数的金属片(如膨胀系数极小的铁镍合金与黄铜和铁)黏合在一起组成，如图 10-2-9 所示。当双金属片受热变形时，其端部将产生位移。位移量 x 由式(10-2-3)给出：

$$x=\frac{Kl^2\Delta T}{h} \tag{10-2-3}$$

式中，ΔT 为温度变化；l 为双金属片长度；K 为由两种金属热膨胀系数之差、弹性系数之比和厚宽比所决定的常数。

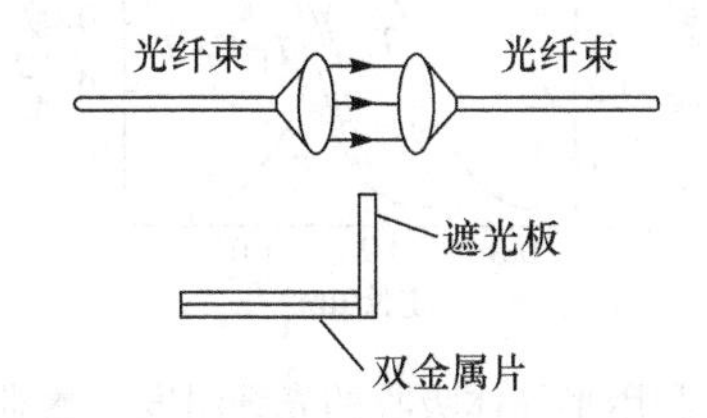

图 10-2-8　具有双金属片的光纤温度传感器测试原理图

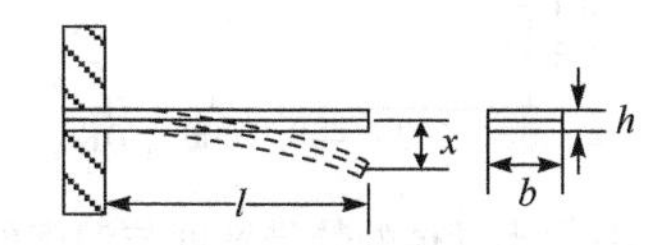

图 10-2-9　双金属片受热引起的位移

当温度变化时，双金属片带动端部的遮光片在平行光束中发生垂直方向位移，起遮光作用，使透过的光强发生变化。光束的透射率为

$$T=\frac{I_T}{I_0}\times 100\% \tag{10-2-4}$$

式中，T 为光透射率；I_T 为局部遮光时透射的光强；I_0 为不遮光时透射的光强。

局部遮光时透射到输出光纤中的光强与遮光的多少(即与双金属片的位移量)有关，双金属片的位移量又随温度增加呈线性增加，因此，温度增加时，光的透射率将近似线性降低，如图 10-2-10 所示。光电探测器将透射到输出光纤中的光信号转换成电信号，便能检测出温度。

具有双金属片的光纤温度传感器可以在 10～50℃温度范围内进行较为精确的温度测量。光纤的传输距离可达 5000m。它可应用于雷雨区高压线铁塔上的温度测量。每当雷电来临时，气温将急剧下降。传感器将感受的温度信号传送到指令所，指令所立即发出控制信号给变电所，变更输电线路，避免事故的发生。

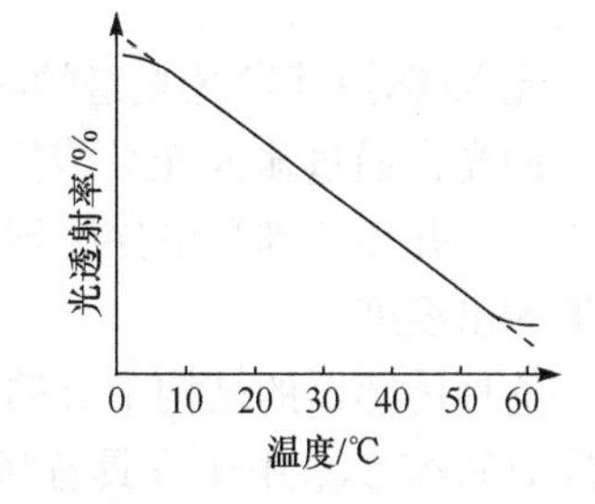

图 10-2-10　光透射率与温度的关系

由于光纤具有良好的绝缘性能，又不受电磁干扰，所以这种光温度传感器在高压线温度测量中具有独特的优越性。

双金属光纤温度传感器还能够用来测量油库的温度。将双金属片固定在油库的壁上，用长光纤传输被温度调制的光信号，经光电探测器转成电信号，再经放大后输出。由于光纤温度传感器的传感头不带电，因此在诸如油库等易燃、易爆场合进行温度测量是特别适合的。

3. 利用半导体吸收的光纤温度传感器

由半导体物理知，半导体的禁带宽度 E_g 随温度 T 的增加近似线性地减小，如图 10-2-11 所示。因此半导体的本征吸收边波长λ_g($\lambda_g = ch/E_g$，式中 c 为光速，h 为普朗克常数)随温度增加而向长波长方向位移。由图 10-2-12 可知，半导体引起的光吸收，随着吸收边波长λ_g的变长而急剧增加，最后直到光几乎不能穿透半导体。相反，对于比λ_g长的波长的光，半导体的透光率很高。由此可见，透过半导体的透射光强随温度 T 的增加而减小。

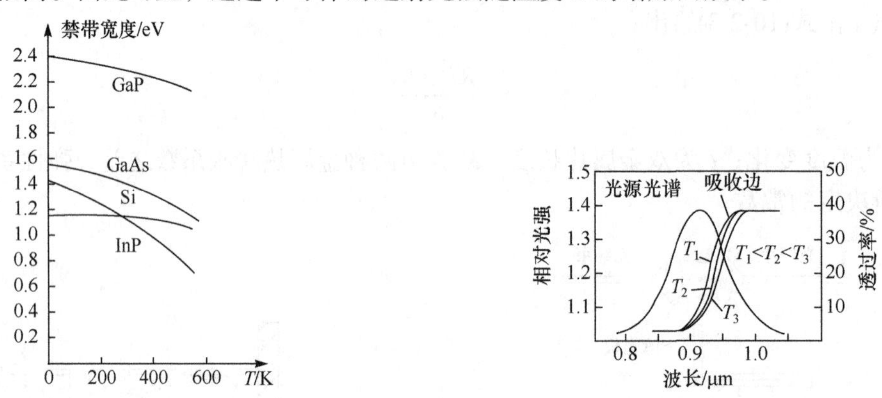

图 10-2-11　半导体的禁带宽度与温度的关系　　图 10-2-12　利用半导体吸收的光纤温度传感器的基本原理

图 10-2-13(a)所示为光纤温度传感器测量原理图。在输入光纤和输出光纤两端面间夹一片厚零点几毫米的半导体光吸收片，并用不锈钢管加以固定，使半导体与光纤成为一体，如图 10-2-13(b)所示。

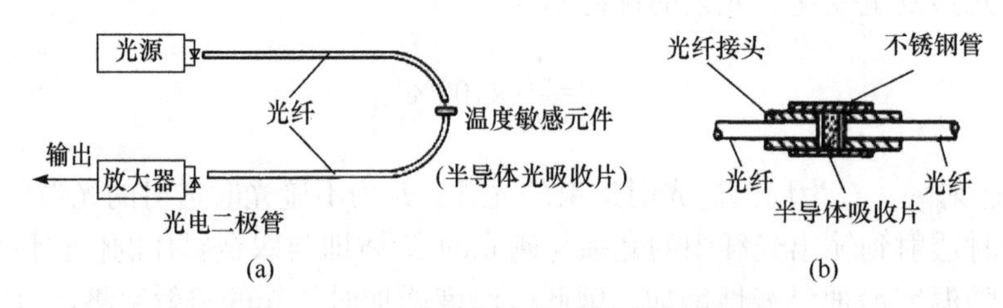

图 10-2-13　光纤温度传感器测温原理图

光源(选择其发光光谱的峰值对应波长与半导体吸收边波长λ_g一致的光源)发出的光功率恒定的光，通过输入光纤传播到半导体薄片后，透射光强受到温度的调制。透射光由输出光纤接收，并传播到光电探测器(雪崩光电二极管或 PIN 光电二极管)转换成信号输出，这样就能够测出温度。

这种传感器的结构十分简单，能够在强电磁场环境中工作，温度测量范围为−20～300℃，响应时间约 2s。由于它具有超小型的特点，所以可以将光纤温度敏感元件贴附在变压器的线圈上，监测线圈的温升。

10.2.4　反射光强调制型光纤传感器

实现反射光强调制的常见形式有两种：改变反射面与光纤端面之间的距离；改变反射面的面积。下面举几个应用例子。

1. 光纤位移传感器

图 10-2-14 为光纤位移传感器原理图。这是一种基于改变反射面与光纤端面之间距离的反

射光强调制型传感器。反射面是被测物的表面。Y 形光纤束由几百根至几千根直径为几十微米的阶跃型多模光纤集束而成。它被分成纤维数目大致相等、长度相同的两束：发送光纤束和接收光纤束。发送光纤束的一端与光源耦合，并将光源射入其纤芯的光传播到被测物表面(反射面上)。反射光由接收光纤束拾取，并传播到光电探测器转换成电信号输出。

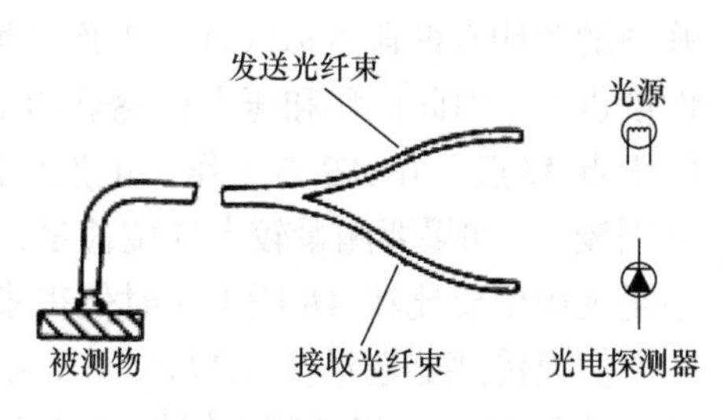

图 10-2-14　光纤位移传感器

发送光纤束和接收光纤束在汇集处端面的分布有好几种，如随机分布、对半分布、同轴分布(发送光纤在外层和发送光纤在里层两种)，如图 10-2-15 所示。不同的分布方式，反射光强与位移的特性曲线不同。如图 10-2-16 所示。由图可见，随机分布方式较好。按这种方式分布的传感器，无论灵敏度或线性都比按其他几种分布方式分布的传感器工作得要好。光纤位移(或压力)传感器所用的光纤一般都采用随机分布的光纤。

图 10-2-15　光纤分布方式

●—发送光纤；○—接收光纤

图 10-2-16 中的曲线可以用实验得到，也可以从理论分析上加以定性说明。我们以相邻两根光纤(一根发送光纤，一根接收光纤)为例。如图 10-2-17 所示，当反射面与光纤端面之间的距离为 x 时，发送光纤的出射光在反射面上的光照面积为 A。能够被接收光纤拾取的反射光的最大反射光面积也为 A。但当距离为 x 时，实际上只有两圆交叉的那一部分光照面积(B_1)的光能够被反射到接收光纤的端面上(光照面积 B_2)。距离 x 增大，发送光纤在反射面上的光照面积 A 和交叉部分的光照面积 B_1 都相应变大，以致接收光纤端面的反射光光照面积 B_2 也随之增大，接收光纤拾取的光通量也就相应增加。当接收光纤的端面(面积为 C)全部被反射光照射时(即 $B_2 = C$)，反射到接收光纤的光强达到最大值。如果距离继续增大，由于接收光纤端面的光照面积不再增加，而入射到反射面的光强却急剧减小，因此反射到接收光纤的光强将随距离的增加减小。

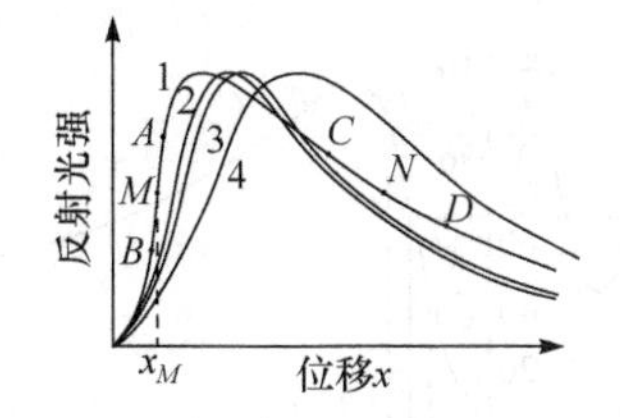

图 10-2-16　反射光强与位移的关系

1—随机分布；2—同轴分布(发送光纤在外)；
3—同轴分布(发送光纤在内)；4—对半分布

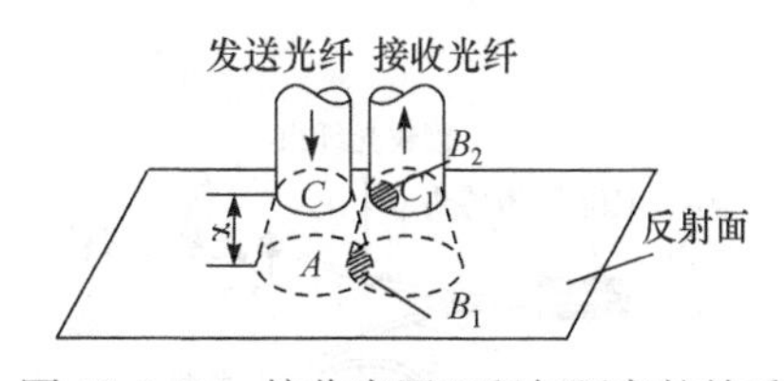

图 10-2-17　接收光照面积与距离的关系

理论证明，对于随机分布的光纤，当距离 x 相对光纤的直径 d 较小时，反射光强按 $x^{3/2}$ 变化(图 10-2-16 中曲线 1 的左半部分)；当距离较大($x \gg d$)时，则按 x^{-2} 的规律变化。曲线在峰顶的两侧有两段近似线性的工作区域(AB 段或 CD 段)。AB 段的斜率比 CD 段的大得多，线性度也好。因此位移和压力传感器的工作范围应选择在 AB 段，而偏置工作点则设置在 AB 段的中点 M 点。在 AB 段工作，虽然可以获得较高的灵敏度和较好的线性度，但是测量的位移范围较小。如果要测量较大的位移量，也可选择在 CD 段工作，工作点设置在 CD 段的中点 N，但是灵敏度要比在 AB 段工作时低得多。

假设传感器选择在 AB 段工作，被测物体的反射面与光纤端面之间的初始距离是 M 点所对应的距离 x_M。当被测物体相对光纤发生位移时，两者之间的距离 x 将变化，x 的变化量即物体的位移量。由曲线可知，随着物体位移增加，反射光光强近似线性增加；反之则近似线性减小。反射光信号由接收光纤束传播到光电探测器并转换成相应的电信号输出，就可检测出物体的位移大小。根据输出信号的极性，可以知道位移的方向。

光纤位移传感器一般用来测量小位移。最小能检测零点几微米的位移量。这种传感器已在镀层的不平度、零件的椭圆度、锥度、偏斜度等测量中得到应用，还可用来测量微弱的振动，其特点是非接触测量。

2. 光纤动态压力传感器

上述测量位移的原理同样适合于测量压力，所不同的只是光的反射面是压力敏感元件(如膜片)。图 10-2-18 为光纤动态压力传感器原理图。传感器由光源、膜片、光敏二极管、Y 形光纤束和放大器等组成。光源可以采用激光器、发光二极管(LED)或白炽灯。图中所示的传感器选用的是一只特制的低压大电流小型聚光白炽灯泡。圆形平膜片是由不锈钢等材料制成的弹性敏感元件。用电子束焊等焊接工艺将它焊接到传感器的传感头端面上。当然也可以采用由机械加工、电解加工等工艺制成的整体式膜片。膜片的内表面是光反射面，要求抛光，以提高反射率。如果在内表面上再蒸镀一层反射膜，反射效率会更高。

光纤由大约 3000 根直径为 50μm 的阶跃型多模光纤(NA=0.603)集束而成。它被分成纤维数目大致相等、长度相同的两束：发送光纤束和接收光纤束。在两束光纤的汇集端，两种光纤随机分布。为了补偿光源光功率的波动以及光敏二极管的噪声，结构上加了一根补偿光纤束。

由于传感器用于动态压力测量，因此膜片感受到的压力是压力流场的平均压力和脉动压力两种压力。由此可见，光敏二极管接收的反射光光强也由两部分组成，恒定光强和随压力变化的光强。为此，在设计传感器膜片时，既要考虑平均压力的大小，又要考虑脉动压力的峰值。也就是说，膜片在动态压力作用下，应保证膜片的最大位移不超过 AB 段工作范围。从这一点出发，传感器的偏置工作点 M 应选择在 AB 段的中点，如图 10-2-19 所示。

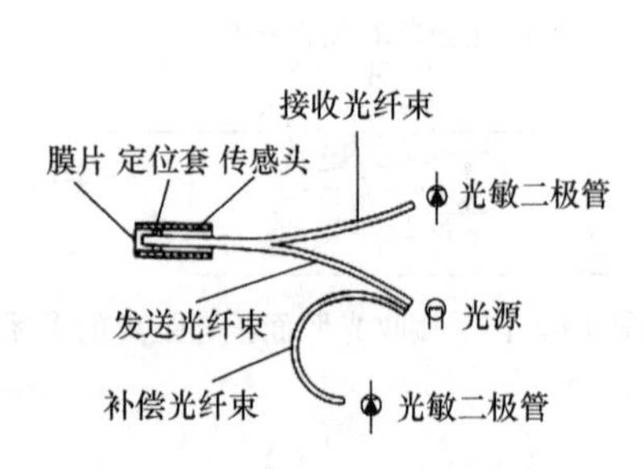

图 10-2-18　光纤动态压力传感器结构

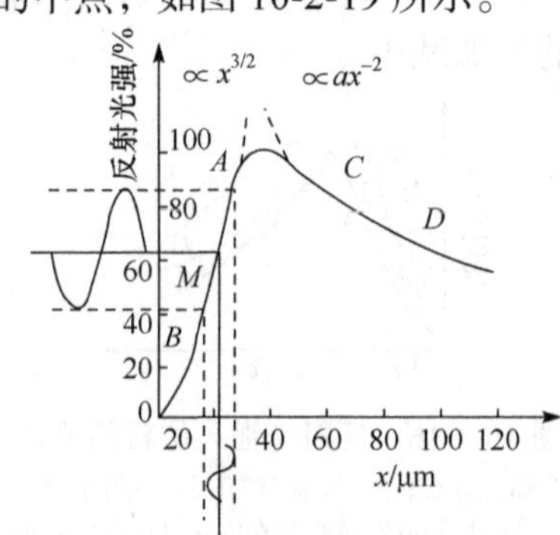

图 10-2-19　光纤动态压力传感器的膜片反射光强与距离的关系曲线

根据膜片小挠度理论，对于周边固定的圆形平膜片，其中心位移与压力成正比。因此，当压力增加(或减小)时，膜片与光纤端面之间的距离将线性地减小(或增加)。这样，光纤接收的反射光强度就将随压力增加而线性减小。

结构型光纤动态压力传感器的优点是：结构简单，容易实现，输出信号经放大可达几伏。缺点是精度不高，一般情况下，测试精度约 2%。这样的性能指标当然比不上传统的高精度静态压力传感器，但对动态压力测量来说还是能满足要求的。

10.2.5　传感探针型光纤温度传感器

对这类光纤传感器，光纤仅起传输光信号的作用，而且没有敏感元件，光纤直接传输被测对象的辐射或散射光信号。下面介绍的光纤辐射温度传感器是一种典型的传感探针型光纤传感器。

这是一种基于黑体辐射定律工作的非接触式测温传感器(见 12.6 节非接触温度测量)。光纤辐射温度传感器由光路系统和信号处理系统两部分组成，其组成框图如图 10-2-20 所示。光路系统由探头与光缆组成。光缆是一根用金属软管保护的光纤束，有一定的柔软性，可以弯曲，两端带螺纹接头，分别与探头和二次仪表连接。被测辐射能量由探头中的物镜聚焦后耦合进光缆，用滤色镜限制工作光谱范围后，经光纤束传送到探测器。由探测器将光信号转换成电信号，经前置放大器放大、发射率校正和线性化处理、输入峰值保持电路和 U/I 转换电路，变换成 0～10mA 信号输出。同时，经 A/D 转换后输入数显仪表，读出被测温度值。为保持仪器的测量精度和稳定性，将探测器、滤色镜和前置放大器置于恒温器中或温度较低处，以减小环境温度的影响。

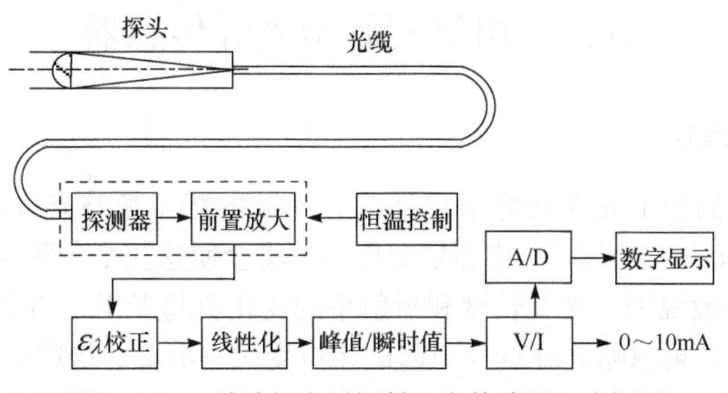

图 10-2-20　单波长光纤辐射温度传感器组成框图

由于发射率ε_λ难以准确确定，所以利用上述单波长光纤辐射温度传感器测温精度不太高。改进的方法是利用双波长进行测温(即比色法)。如图 10-2-21 所示，为双波长光纤辐射温度传感器原理图。

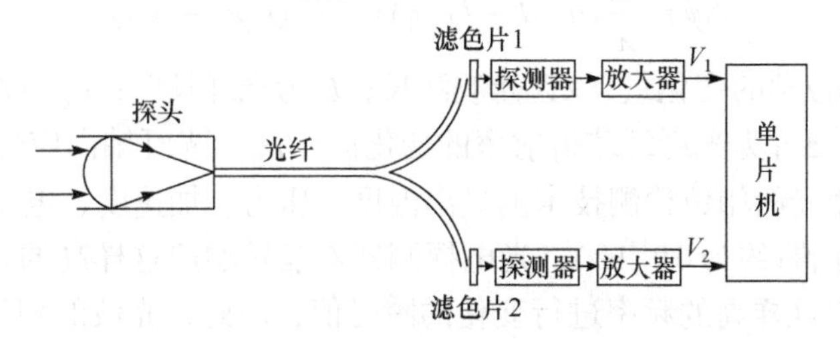

图 10-2-21　双波长光纤辐射温度传感器原理

辐射能量经 Y 形多模光纤传输，分别通过滤色镜输出两路波长(λ_1 和λ_2)相近的光辐射，并由探测器转换成相应的电信号，再经放大器、除法器和线性化处理显示出温度值。

在自然界中，一般物体的光谱辐射度可用下式表示

$$E(\lambda,T)=\varepsilon_\lambda C_1\lambda^{-5}[e^{C_2/(\lambda T)}-1]^{-1} \tag{10-2-5}$$

式中，ε_λ 为物体的光谱发射率（$0<\varepsilon_\lambda\leqslant 1$）；$C_1=3.14\times10^{-12}\text{W}\cdot\text{cm}^{-2}$ 为第一辐射常数；$C_2=1.44\text{cm}\cdot\text{K}$ 为第二辐射常数；λ为光谱辐射波长μm；T 为辐射温度(K)。

考虑式(12-2-5)中 $e^{C_2/\lambda T}\gg 1$，所以两路信号相除后得到的输出能量比 R 为

$$R=\frac{E_{\lambda 1}}{E_{\lambda 2}}=\frac{\varepsilon_{\lambda 1}}{\varepsilon_{\lambda 2}}\left(\frac{\lambda_2}{\lambda_1}\right)^5 e^{\frac{C_2}{T}\left(\frac{1}{\lambda_2}-\frac{1}{\lambda_1}\right)} \tag{10-2-6}$$

将式(10-2-6)两边取对数，得到

$$\ln R=\ln\frac{\varepsilon_{\lambda_1}}{\varepsilon_{\lambda_2}}+5\ln\left(\frac{\lambda_2}{\lambda 1}\right)+\frac{C_2}{T}\left(\frac{1}{\lambda_2}-\frac{1}{\lambda_1}\right)$$

若 $\lambda_1\approx\lambda_2$，则 $\varepsilon_{\lambda_1}\approx\varepsilon_{\lambda_2}$，上式可写成

$$\ln R=\frac{C_2}{T}\left(\frac{1}{\lambda_2}-\frac{1}{\lambda_1}\right) \tag{10-2-7}$$

由式(10-2-7)可知，输出信号与物体发射率ε_λ无关，仅与被测温度 T 呈单值函数关系。

光纤辐射温度传感器的优点是非接触测量，响应速度快，在冶金、窑炉、涡轮发动机燃气等高温检测中得到广泛的应用。

10.3　相位调制型光纤传感器

10.3.1　相位调制的原理

当一束波长为λ的相干光在光纤中传播时，光波的相位角与光纤的长度 L、纤芯折射率 n_1 和纤芯直径 d 有关。若光纤受物理量的作用，将会使这三个参数发生不同程度的变化，从而引起光相移。一般说来，光纤长度和折射率的变化引起光相位的变化要比光纤直径引起的变化大得多。因此，可忽略光纤直径引起的相位变化。由普通物理学知道，在一长为 L 的单模光纤(纤芯折射率为 n_1)中，波长为λ的输出光相对输入端来说，其相位角ϕ为

$$\phi=\frac{2\pi n_1 L}{\lambda} \tag{10-3-1}$$

若光纤受到外界物理量的作用，则光波的相位角变化为

$$\Delta\phi=\frac{2\pi}{\lambda}(n_1\Delta L+L\Delta n_1)=\frac{2\pi L}{\lambda}(n_1\varepsilon_L+\Delta n_1) \tag{10-3-2}$$

式中，$\Delta\phi$ 为光波相位角的变化量；λ为光波波长；L 为光纤长度；n_1 为光纤纤芯折射率；ΔL 为光纤长度变化量；Δn_1 为光纤纤芯折射率的变化量；ε_L 为光纤轴向应变($\varepsilon_L=\Delta L/L$)。

这样，可以应用光的相位检测技术测量出温度、压力、加速度、电流等物理量。

由于光的频率很高(约为 10^{14}Hz)，光电探测器不能够响应这样高的频率，也就是说，光电探测器不能跟踪以这样高的频率进行变化的瞬时值，因此，光波的相位变化是不能够直接被检测到的。为了能检测光波的相位变化，就必须应用光学干涉测量技术将相位调制转换成

振幅(强度)调制。通常，在光纤传感器中常采用马赫-曾德尔(Mach-Zehnder)、迈克耳孙(Michelson)等干涉原理。它们有一个共同之处，即光源的输出光都被分束器(棱镜或低损耗光纤耦合器)分成光功率相等的两束光(也有分成几束光)，并分别耦合到两根或几根光纤中去。在光纤的输出端再将这些分离光束汇合起来，输入一个光电探测器。在干涉仪中采用锁相零差、合成外差等解调技术，可以检测出相位调制信号。

下面将以普通的马赫-曾德尔干涉仪在压力及温度测量中的应用为例，介绍相位检测中的原理。

10.3.2　相位调制光纤压力和温度传感器

图 10-3-1 所示为利用普通的马赫-曾德尔干涉仪测量压力或温度的相位调制型光纤传感器原理图。He-Ne 激光器发出的一束相干光通过扩束器后，被分束棱镜分成两束光，并分别耦合到传感光纤和参考光纤中。传感光纤被置于被测对象的环境中，感受压力(或温度)的信号，参考光纤不感受被测物理量。这两根单模光纤构成干涉仪的两个臂。当两臂的光程长大致相等(在光源相干长度内)，那么来自两根光纤的光束经过准直和合成后将会产生干涉，并形成一系列明暗相间的干涉条纹。

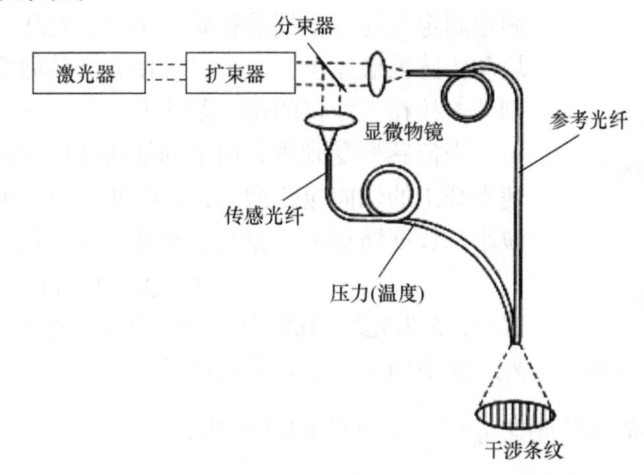

图 10-3-1　用马赫-曾德尔干涉仪测量压力或温度的相位调制型光纤传感器原理图

若传感光纤受物理量的作用，则光纤的长度、直径和折射率将会发生变化，但直径变化对光的相位变化影响不大。当传感光纤感受温度变化时，光纤的折射率会发生变化，而且因光纤的热胀冷缩，长度发生改变。

由式(10-3-2)可知，光纤的长度和折射率变化，将会引起传播光的相位角变化。这样，传感光纤和参考光纤的两束输出光的相位也发生了变化。从而使合成光强随着相位的变化而变化(增强或减弱)。

如果在传感光纤和参考光纤的汇合端放置一个光电探测器，就可以将合成光强的强弱变化转换成电信号大小的变化，如图 10-3-2 所示。

由图 10-3-2 可以看出，在初始情况，传感光纤中的传播光与参考光纤中的传播光同相时，输出光电流最大。随着相位的增加，光电流逐渐减小。相移增加π rad，光电流达到最小值。相移继续增加到 2π rad 时，光电流又上升到最大值。这样，光的相位调制便转换成电信号的幅值调制。对应相位变化 2π rad，移动一根干涉条纹。如果这两根光纤的输出端用光电元件来扫描干涉条纹的移动，并变换成电信号，再经放大后输入记录仪。从记录的移动条纹数就可以检测出温度(或压力)信号，试验表明，检测温度的灵敏度比检测压力的灵敏度高得多，例如，1m 长的石英光纤，温度变化 1℃，干涉条纹移动 17 条。而压力需变化 154kPa，才移动一根干涉条纹。然而，加长光纤可以提高灵敏度。

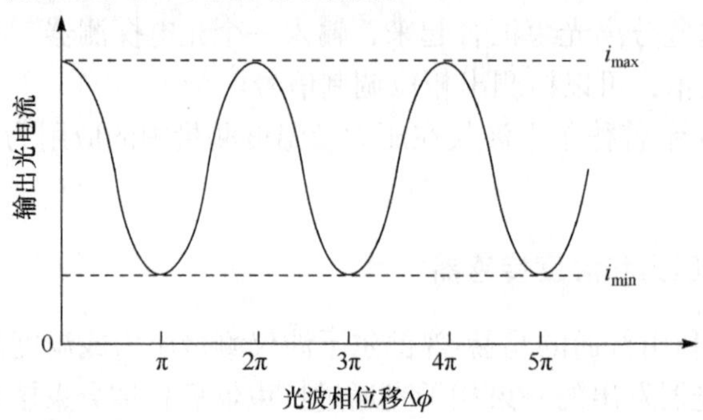

图 10-3-2 输出光电流与光波相位变化的关系

10.3.3 光纤加速度传感器

图 10-3-3 所示为光纤加速度传感器原理图。在两根光纤之间悬挂一块质量块。光纤 1 牢固地固定在壳体上端盖和质量块上，光纤 2 牢固地固定在质量块和传感器底座上，安装时应使光纤稍微绷紧，这两根光纤分别被熔接在干涉仪的每一条臂上。

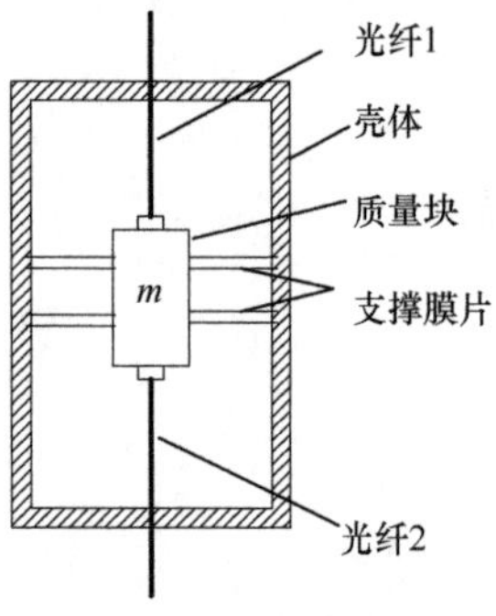

图 10-3-3 光纤加速度传感器

当传感器受到垂直向上的加速度作用时，惯性力的作用将使光纤 1 的轴向应变增大，长度伸长ΔL，而光纤 2 的轴向应变减小，长度缩短ΔL。这样，使质量块加速所需的力 F 为

$$F = 2S\Delta T = ma$$

式中，S 为光纤的截面积；ΔT 为每根光纤上应力的变化量。另外，式中的因子 2 是指两根光纤。

张应力变化引起的光纤应变 $\varepsilon_L = \dfrac{\Delta L}{L}$ 由式(10-3-3)给出：

$$\varepsilon_L = \frac{\Delta L}{L} = \frac{ma}{2ES} \tag{10-3-3}$$

式中，E 为光纤材料的弹性模数；m 为质量块的质量；a 为加速度。

当光纤受应变后，光束经过长度为 L 的光纤的传播，光的相位将发生变化。每根光纤传播光的相位变化由式(10-3-2)给出。对于拉伸应变情况，光相移主要是由光纤长度变化引起的，折射率变化所引起的作用很小，可以忽略。这样，每根光纤中传播光的相移为

$$\Delta\phi = \frac{2\pi L n_1 \varepsilon_L}{\lambda} \tag{10-3-4}$$

将式(10-3-3)代入式(10-3-4)，且因 $S = \dfrac{\pi d^2}{4}$，则得

$$\Delta\phi = \frac{4 n_1 L m a}{E \lambda d^2} \tag{10-3-5}$$

式中，L 为光纤长度；n_1 为光纤芯折射率；E 为光纤材料的弹性模数；d 为光纤芯直径；λ为光波波长；m 为质量块的质量；a 为加速度。

由式(10-3-5)可知，光相位的变化(两根光纤则变化量加倍)与加速度成正比。利用光学干

涉测量技术就可测出加速度。这种光纤加速度传感器的灵敏度极高，最小可检测 1μg 的加速度。为消除横向加速度的影响，结构上加了两片薄膜(图 10-3-3)，这两片薄膜的横向刚度大，可以有效地起到隔离横向加速度的作用，而其轴向刚度极小，因此并不影响加速度传感器的谐振频率。

光纤加速度传感器的谐振频率，可以按一般二阶系统计算的方法得出。我们知道，光纤在传感器中起着支承质量块的弹簧的作用。所以当质量块沿光纤轴向位移距离 x 所需的弹簧力 F 为

$$F=-\frac{2ESx}{L}=-kx \tag{10-3-6}$$

由此可得

$$k=\frac{2ES}{L} \tag{10-3-7}$$

式中，k 为光纤的弹性常数；E 为光纤材料的弹性模数；S 为光纤的截面积；L 为光纤的长度。

当质量块 m 连在弹性常数为 k 的光纤上时，其谐振频率由式(10-3-8)给出：

$$f=\frac{1}{2\pi}\sqrt{\frac{k}{m}} \tag{10-3-8}$$

将式(10-3-7)代入式(10-3-8)，且因 $S=\frac{\pi}{4}d^2$，则可得

$$f=\sqrt{\frac{Ed^2}{8\pi Lm}} \tag{10-3-9}$$

图 10-3-4 为典型的光纤加速度传感器的频响特性。可以看出，光纤加速度传感器的频率响应并不高，一般只能响应几百赫兹频率的振动。但对加速度却有良好的线性响应，如图 10-3-5 所示。

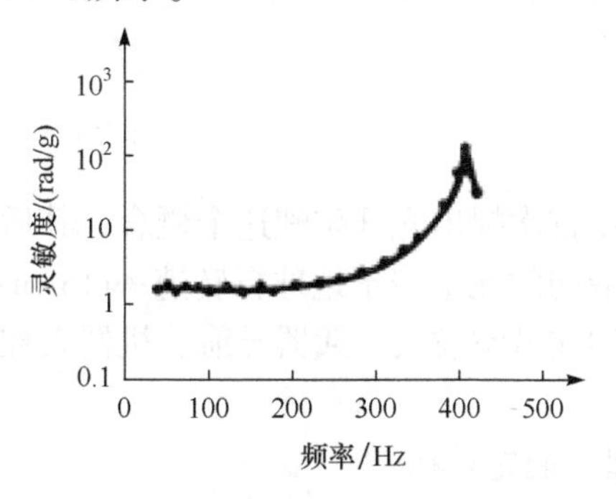

图 10-3-4　光纤加速度传感器的频率特性

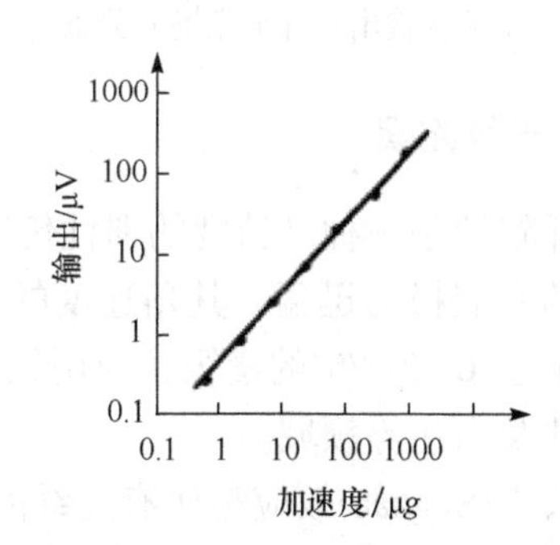

图 10-3-5　干涉仪输出与加速度的关系

10.3.4　光纤磁场传感器

光纤测量磁场(和电流)一般可以利用两种效应，法拉第效应和磁致伸缩效应，利用法拉第效应测量电流将在偏振态调制型传感器中叙述。这里只介绍利用磁致伸缩效应测量磁场的原理。

我们知道，镍、铁、钴等金属结晶体材料和铁基非晶态金属玻璃(FeSiB)具有很强的磁致伸缩效应。可以利用这一现象，将一段单模光纤和磁致伸缩材料黏合在一起，并且作为干涉仪的一个臂(传感臂)。把它们沿外加磁场轴向放置在磁场中。由于磁致伸缩材料的磁致伸缩效

应，光纤被迫产生纵向应变，使光纤的长度和折射率发生变化，从而引起光纤中传播光产生相移。利用马赫-曾德尔干涉仪就可以检测出磁场的大小。

光纤磁场传感器有三种基本结构形式，如图 10-3-6 所示。

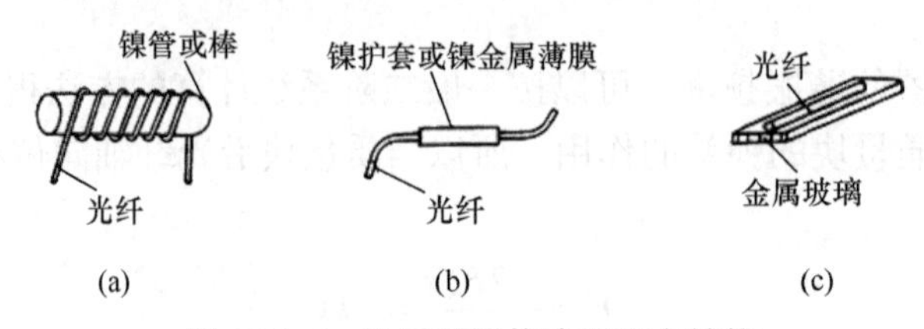

图 10-3-6　光纤磁场传感器基本结构

(1) 在磁致伸缩材料的圆柱体上卷绕光纤，如图 10-3-6(a)所示。

(2) 在光纤表面包上一层镍护套或用电镀方法镀一层约 10μm 厚的镍或镍合金金属层，如图 10-3-6(b)所示。

(3) 用环氧树脂将光纤粘贴在具有高磁致伸缩效应的金属玻璃带上，如图 10-3-6(c)所示。为了消除被覆过程中产生的残余应变，必须进行退火处理。

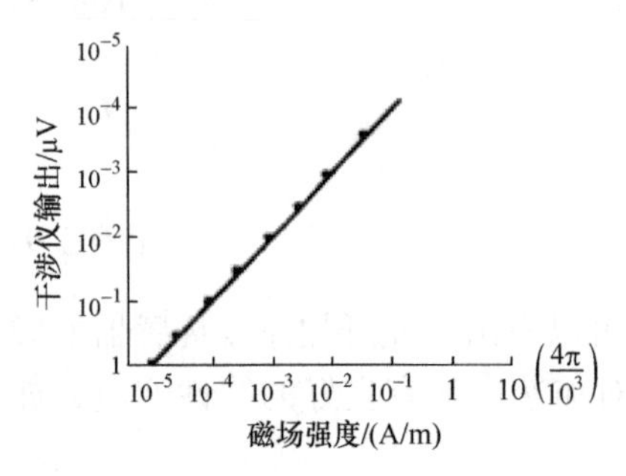

图 10-3-7　干涉仪输出与外加磁场的关系

相位调制光纤磁场传感器的灵敏度极高，一种包镍护套的光纤传感器，当光纤长 1m 时，可检测到 1.4×10^{-3}A/m 的磁场强度。若采用更强磁致伸缩效应的金属玻璃材料作护套，当光纤长至 1km 时，预计可以检测小至 1.4×10^{-9}A/m 的磁场。因此这种类型的光纤磁场传感器特别适用于弱磁场检测。

光纤磁场传感器的线性度也很好，图 10-3-7 所示为包镍的光纤磁场传感器对于频率为 10kHz 的交变磁场的响应曲线。

10.3.5　光纤陀螺

光纤陀螺是一种高精度的惯性传感器件。1976 年首次提出光纤陀螺这个概念，其后，光纤陀螺的发展极为迅猛，其角速度的测量精度已从最初的几十倍于地球自转速率(15°/h)提高到现在小于 0.001°/h 的量级，应用领域十分广泛，如在航空航天、武器导航、机器人控制、石油钻井及雷达等领域。

萨奈克(Sagnac)效应是所有光纤陀螺的基本原理，最先是在 1913 年由萨奈克提出的。同一光源同一光路，两束对向传播光之间的光程差或相位差与其光学系统相对于惯性空间旋转的角速度成正比的现象称为萨奈克效应。

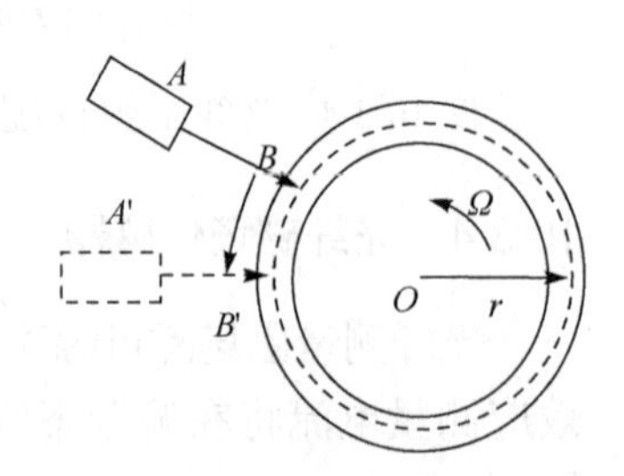

图 10-3-8　圆形光路的萨奈克效应

萨奈克效应的严格推导需要用相对论知识，可用图 10-3-8 所示的示意图进行简化证明。图中光源 A 发出的光由 B 点分为两束：一束为顺时针传播的光束，另一束为逆时针传播的光束。当系统角速度 $\Omega=0$ 时，顺、逆光束由 B 点开始传播均又回到 B 点，路径为 $L=2\pi r$，所需时间为 $t=L/c$，其中 c 为纤芯中的光速，故两束光之间无光程差。当系统以角速度 Ω 相对惯性空间逆时针旋转时，

从 B 点出发的逆时针传播光束到 B'所需时间与顺时针传播光束由 B 点到 B'点所需时间之差为

$$\Delta t = \frac{L}{c - r\Omega} - \frac{L}{c + r\Omega} \tag{10-3-10}$$

因光速 $c \gg r\Omega$，所以

$$\Delta t = \frac{2Lr\Omega}{c^2} = \frac{4A}{c^2}\Omega \tag{10-3-11}$$

式中，A 为圆形光学系统围成的面积。

因此，顺光束、逆光束之间的光程差和相位差分别为

$$\Delta L = c\Delta t = \frac{4A}{c}\Omega \tag{10-3-12}$$

$$\Delta\phi = \frac{2\pi c}{\lambda}\Delta t = \frac{8\pi A}{\lambda c}\Omega \tag{10-3-13}$$

式中，λ为纤芯中光的波长。

于是接收器检测到两光束干涉的光强：$I=I_0(1+\cos\Delta\phi)$，通过光电转换与调制解调就可得到$\Delta\phi$。对于固定的光纤陀螺系统有$\Delta\phi=K\cdot\Omega$(K 为常数)，从而可求得角速度Ω。

光纤陀螺是基于 Sagnac 效应，用光纤构成环状光路，组成光纤 Sagnac 干涉仪。如图 10-3-9 所示，来自光源的光束被分束器分成两束光，分别从光纤圈的两端耦合进光纤敏感线圈，沿顺时针、逆时针方向传播。从光纤圈两端出来的两束光，再经过合束器而叠加产生干涉。当光纤圈处于静止状态时，从光纤圈两端出来的两束光，光程差为零。当光纤圈以角速度Ω旋转时，由于 Sagnac 效应，顺时针、逆时针方向传播的两束光产生光程差。在光纤陀螺中，用 N 匝光纤可以提高其灵敏度，则相应的顺光束、逆光束之间的光程差和相位差分别为

$$\Delta L = c\Delta t = N\frac{4A}{c}\Omega \tag{10-3-14}$$

$$\Delta\varphi = \frac{2\pi c}{\lambda}\Delta t = N\frac{8\pi A}{\lambda c}\Omega \tag{10-3-15}$$

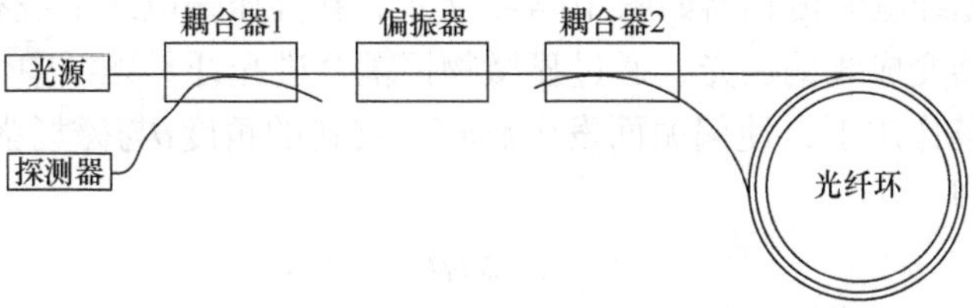

图 10-3-9　光纤陀螺结构

若光在空气中的光速和波长分别为 c_0 和λ_0，则有

$$c = \frac{c_0}{n_1}, \qquad \lambda = \frac{\lambda_0}{n_1}$$

式(10-3-14)和式(10-3-15)改写为

$$\Delta L = n_1 N\frac{4A}{c_0}\Omega \tag{10-3-16}$$

$$\Delta\phi = n_1^2 N \frac{8\pi A}{\lambda_0 c_0} \Omega \tag{10-3-17}$$

光纤陀螺仪与传统的机械陀螺仪相比，优点是全固态，没有旋转部件和摩擦部件、寿命长、动态范围大、瞬时启动、结构简单、尺寸小、重量轻。与激光陀螺相比，光纤陀螺不需要精确加工和仔细密封的光学腔和高品质反射镜，大大降低了复杂性，因而大大降低了生产成本，而且利用不同规格的基本元件，就可构成适合不同要求的高、中、低级光纤陀螺，因而具有极大的设计灵活性。

10.4 偏振态调制型光纤电流传感器

10.4.1 法拉第旋转效应

从普通物理学知道，当某些介质中传播的线偏振光受到沿光传播方向的磁场的作用时，线偏振光的偏振面会发生旋转，这一现象就是磁光效应，通常称为法拉第旋转效应。

偏振态调制型光纤传感器就是基于这一效应的具体应用。其中最典型的应用例子是检测高压输电线电流的光纤电流传感器。

10.4.2 偏振态调制型光纤电流传感器工作原理

在高压电力领域，特别是500kV以上的高压输电系统中，绝缘和接地是主要考虑的问题。另外，在电力工业领域中，使用计算机控制技术，需要解决输入与输出之间的强电(高压电线)与弱电(计算机和控制设备)之间的电绝缘以及信息的可靠传递等问题，因此对于电压、电流监测是一项很重要的措施。目前，很多电流传感器都是电子仪器，很容易受到电磁干扰。光纤电流传感器由于其抗电磁干扰、绝缘性好等优点，成了传统电流传感器很好的代替品。使用光纤电流传感器监测系统中的电流情况，是解决上述问题的一种新方法。

目前，光纤电流传感器主要有两种类型：一种是采用单模光纤，以法拉第效应为基本原理的大电流测量用传感器；另一种是采用金属被覆的多模光纤，用来测量小电流的传感器。

偏振态调制型光纤电流传感器如图10-4-1所示，在高压输电线上绕有单模光纤。激光器发出的光束经起偏器变成线偏振光，通过显微物镜耦合进光纤。光纤中传播的线偏振光在高压输电线形成的磁场作用下，使偏振面发生旋转。旋转的角度θ与磁场强度H及磁场中光纤的长度L成正比，即

$$\theta=VHL \tag{10-4-1}$$

式中，V为韦尔代(Verdet)常数。

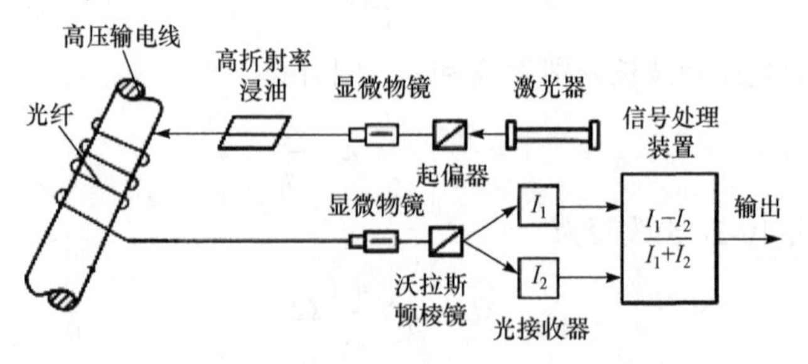

图10-4-1 偏振态调制型光纤电流传感器测试原理图

载流长导线在离轴线距离为 r 处的空间磁场的磁场强度 H，用安培环路定律计算可得到

$$H=\frac{I}{2\pi r} \tag{10-4-2}$$

式中，I 为载流导线通过的电流。

由于光纤直接绕在载流导线上，因此只要将式(10-4-2)中的 r 当作导线的半径，那么 H 就是光纤所处空间位置的磁场强度。将式(10-4-2)代入式(10-4-1)，可得到导线中电流强度的计算式：

$$I=\frac{2\pi r\theta}{VL} \tag{10-4-3}$$

由式(10-4-3)可知，电流强度 I 与线偏振光的偏振面旋转角 θ 成正比。只要测出 θ 角就可知道导线中的电流。

从上面已经知道，由于法拉第旋转效应，线偏振光在通过磁场中的一段光纤以后，其偏转面已经旋转了一个角度。这样必然使偏振光强度发生变化。如图10-4-1所示，将光纤的出射光通过沃拉斯顿棱镜分成振动方向互相垂直的两束偏振光，并分别被送到光接收器。经过信号处理装置处理后，可以输出与两束偏振光强度有关的信号，即

$$P=\frac{I_1-I_2}{I_1+I_2} \tag{10-4-4}$$

式中，I_1 和 I_2 分别为与两束偏振光的强度相应的电信号，有

$$\begin{cases} I_1=I_0\cos^2(45°-\theta) \\ I_2=I_0\sin^2(45°-\theta) \end{cases} \tag{10-4-5}$$

在没有任何磁场时，P=0；在磁场作用下，偏振面发生旋转，相应输出信号 P。计算表明，P 与旋转角 θ 的关系为

$$P\approx\sin 2\theta \tag{10-4-6}$$

在高压输电线中，光纤中传播的线偏振光偏振面旋转的角度很小，所以

$$P\approx 2\theta$$

因此测出 P 值后，就可以求出传输导线中的电流 I。

这种光纤电流传感器的优点是：测量范围广，灵敏度高，尤其是因为光纤具有良好的电绝缘性能，所以能安全地在高压电力系统中进行测量。但光纤自身存在一定的双折射效应，温度、压力等外界因素将使光的偏振面产生附加的旋转，从而引起输出不稳定。降低光纤的固有双折射率或采用保偏光纤，可以大大降低光的偏振面随外界因素变化的旋转角度。

10.5　频率调制型光纤传感器

利用外界因素改变光的频率，通过检测光的频率变化来测量物理量的光纤传感器，称为频率调制型光纤传感器。

基于光学多普勒效应实现频率调制的激光多普勒光纤测速传感器和光纤多普勒血流速度传感器，就是典型的频率调制型光纤传感器。

10.5.1　光学多普勒原理

当光源和观察者(光接收器)有相对运动时，观察者所接收到的光波频率不同于光源的频率，两者相接近时，接收到的频率增大，反之，则减小，这种现象称为光的多普勒效应。由于多普勒效应而引起的频率变化数值称为多普勒频移。

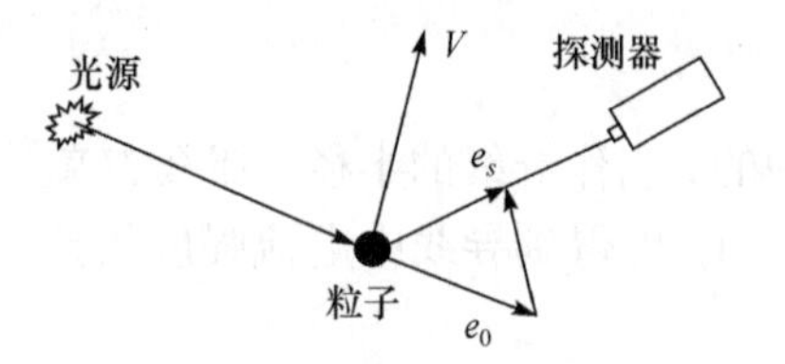

图 10-5-1　光学多普勒效应

如图 10-5-1 所示，一束频率为 f_0 的光从静止光源入射到相对于光源速度为 v 的运动物体上，根据多普勒效应，则从运动物体反射的光频率 f' 为

$$f' = f_0 \frac{1 - \dfrac{\boldsymbol{v} \cdot \boldsymbol{e}_0}{c}}{\sqrt{1 - \left(\dfrac{\boldsymbol{v} \cdot \boldsymbol{e}_0}{c}\right)^2}} \tag{10-5-1}$$

式中，$\boldsymbol{e}_0$ 为光照射方向的单位矢量。

由于光速 c 远远大于 v，所以简化为

$$f' \approx f_0 \left(1 - \frac{\boldsymbol{v} \cdot \boldsymbol{e}_0}{c}\right) \tag{10-5-2}$$

同样根据多普勒效应，静止探测器接收到的光频率为

$$f_s \approx f' \left(1 + \frac{\boldsymbol{v} \cdot \boldsymbol{e}_s}{c}\right) \tag{10-5-3}$$

式中，$\boldsymbol{e}_s$ 为粒子指向探测器方向的单位矢量。

将式(10-5-2)代入式(10-5-3)得

$$f_s \approx f_0 \left(1 + \frac{\boldsymbol{v} \cdot (\boldsymbol{e}_s - \boldsymbol{e}_0)}{c}\right) \tag{10-5-4}$$

频率移动为

$$\Delta f \approx f_s - f_0 = \frac{1}{\lambda} \left| \boldsymbol{v} \cdot (\boldsymbol{e}_s - \boldsymbol{e}_0) \right| \tag{10-5-5}$$

利用多普勒效应可以进行速度、流速、流量等测量，例如，光纤式血液流速测量，激光多普勒超低速(1cm/h)、超声速测量等。

10.5.2　光纤多普勒测速仪

图 10-5-2 所示为光纤多普勒血流速度传感器示意图。激光器产生频率为 f_0 的光经分束器分成两束。其中被声光调制器(布拉格盒)调制成 $f_0 - f_1$ 的一束光射入探测器中；另一束频率为 f_0 的光经光纤入射到血液中。由于血液里的红细胞以速度 v 运动，根据光学多普勒效应，其反射光的频率为 f_s ($f_s = f_0 \pm \Delta f$)。它与 $f_0 - f_1$ 的光在光电探测器中混频后形成 $f_1 \pm \Delta f$ 的振荡信号，经频谱分析仪处理，可测量出 Δf，由此可求出 f_s，代入式(10-5-3)中，即可得到血流速度 v。信号光频率 f_s 可能大于 f_0，也可能小于 f_0，取决于血液运动的方向。

采用耦合器、光纤偏振控制器等功能型光纤元件，构建了功能型全光纤激光多普勒测速

仪，如图 10-5-3 所示。激光器发出的激光经耦合器后分为两束同等强度的光入射到两单模光纤中，再经物镜出射汇聚到探测点，运动粒子经过探测点，产生散射光并被探测器接收，散射光中携带了粒子速度信息。为了保证两入射光在探测点相互干涉，用光纤偏振控制器保证两光束偏振面一致。用光纤声光器件实现光的频移。从而实现了全光纤多普勒测速仪。

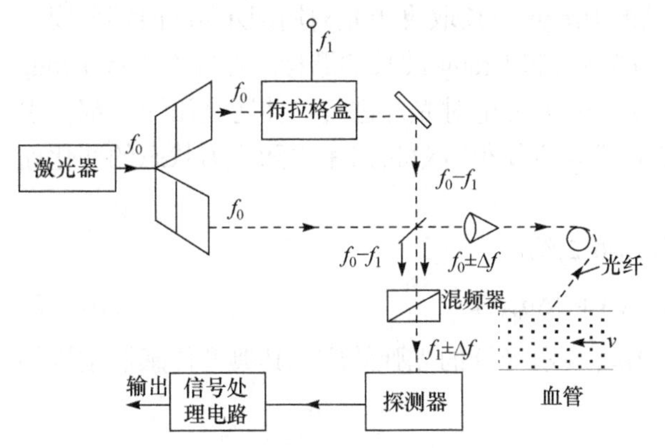

图 10-5-2　光纤多普勒血液流动速度传感器原理图

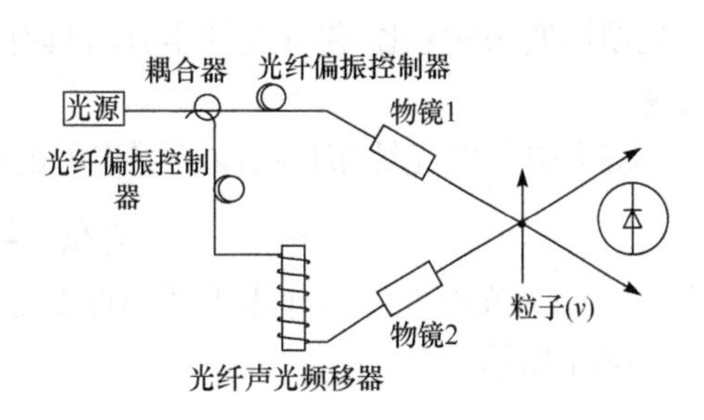

图 10-5-3　功能型全光纤激光多普勒测速仪

10.6　波长调制型光纤传感器

被测参量与功能型光纤相互作用，引起光纤中传输光的波长改变，称为波长调制。利用波长的变化量来确定被测参量的光纤传感器即波长调制型光纤传感器。目前，波长调制型传感器中以对光纤光栅传感器的研究和应用最为普及。除了光纤光栅传感器以外，还有其他类型的波长调制型光纤传感器，如光纤黑体温度计、磷光传感器、光声光谱传感器、光纤 SPR 传感器等。

10.6.1　光纤布拉格光栅传感器波长调制原理

光纤光栅是利用光纤材料的光敏性(外界入射光子和纤芯内的锗离子相互作用引起折射率的永久性改变)，在纤芯内形成空间相位光栅，其作用实质是在纤芯内形成一个窄带的(透射或反射)滤波器或反射镜。光纤布拉格光栅(fiber Bragg grating，FBG)的工作原理是纤芯的折射率沿轴线方向周期性的变化，导致一定波长的光波发生相应的模式耦合，使得其透射光谱和反射光谱对该波长出现奇异性。光纤布拉格光栅传感器是一种典型的波长调制型光纤传感器。其工作机理是通过外界被测参数对 Bragg 中心波长 λ_B 的调制获得传感信息，其表达式为

$$\lambda_B = 2n_{eff}\Lambda \tag{10-6-1}$$

式中，n_{eff} 为纤芯的有效折射率；Λ 为光栅周期。

光纤 Bragg 光栅传感器具有以下优点。

(1) 抗干扰能力强。一方面因为普通的传输光纤不会影响传输光波的频率特性；另一方面，光纤光栅传感器从本质上排除了各种光强变化引起的干扰。微小弯曲损耗和耦合损耗不会影响传感信号的波长特性，因而光纤 Bragg 光栅传感器具有很高的稳定性。

(2) 传感器探头结构简单，横向尺寸小，适合于诸多应用场合，如智能材料结构。

(3) 属于准分布式测量，便于构成光纤传感网络。

(4) 对光纤光栅标定后，可用于参数的绝对测量。

(5) 光栅的紫外线写入工艺已经成熟，适宜于规模化生产，保证了传感器的一致性。

10.6.2 光纤 Bragg 光栅传感器

由光纤光栅的 Bragg 方程可知，光纤光栅的 Bragg 波长取决于光栅周期Λ和反向耦合模的有效折射率 n_{eff}，这两个参数的任意一个改变都将引起 Bragg 波长的漂移。在所有引起 Bragg 波长的漂移的外界因素中，最直接的为线应变，因为无论对光纤进行拉伸还是压缩，都会引起光栅周期Λ的变化，并且光纤本身所具有的光弹效应使得有效折射率也随应力状态的变化而改变。

应力引起的光纤布拉格波长漂移可由式(10-6-2)给出：

$$\Delta\lambda_{\text{B}} = 2n_{\text{eff}}\Delta\Lambda + 2\Delta n_{\text{eff}}\Lambda \tag{10-6-2}$$

式中，$\Delta\Lambda$为光纤在应力作用下的弹性变形；Δn_{eff}表示光纤的光弹效应。其典型传感器结构如图 10-6-1 所示。

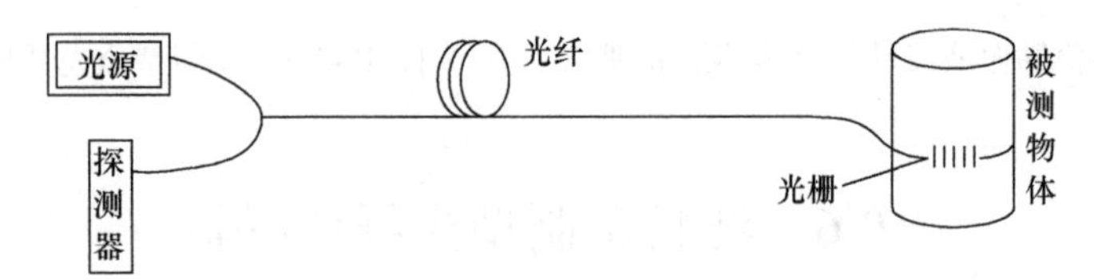

图 10-6-1　光纤光栅压力/应变传感器结构简图

与应力作用相似，外界温度的改变同样也会引起光纤光栅布拉格波长的漂移。从物理本质看，引起波长漂移的原因主要有三个：光纤的热膨胀效应、光纤热光效应以及光纤内部热应力引起的光弹效应。温度改变时，布拉格方程的变分形式为

$$\Delta\lambda_{\text{B}} = 2\left[\frac{\partial n_{\text{eff}}}{\partial T}\Delta T + \left(\Delta n_{\text{eff}}\right)_{\text{ep}} + \frac{\partial n_{\text{eff}}}{\partial a}\Delta a\right]\Lambda + 2n_{\text{eff}}\frac{\partial \Lambda}{\partial T}\Delta T \tag{10-6-3}$$

式中，a 为光纤纤芯直径；$\partial n_{\text{eff}} / \partial T$ 代表光纤光栅折射率的温度系数；$\left(\Delta n_{\text{eff}}\right)_{\text{ep}}$ 表示热膨胀引起的光弹效应；$\partial n_{\text{eff}} / \partial a$ 表示由于膨胀导致光纤芯径变化而产生的泊松效应；$\partial \Lambda / \partial T$ 表示光纤的线性热膨胀系数。

10.7　分布式光纤传感器

分布式光纤传感技术是把被测量作为光纤位置长度的函数，应用光纤几何上的一维特性在整个光纤长度上对沿光纤几何路径分布的外部物理参量进行测量的技术。

分布式光纤传感技术利用光纤自身集传输和传感为一体的特点，充分体现了光纤分布伸展的优势，提供了同时获取被测物理参量的空间分布状态和随时间变化信息的手段。与传统的传感器相比分布式光纤传感器具有无可比拟的优点。分布式光纤传感器一次测定就可以获取整个光纤区域的应力、温度、振动和损伤等信息一维分布图，如果将光纤纵横交错地敷设成网状，就可测定被测区域的二维和三维分布情况。

分布式光纤传感器具有非常广阔的应用前景，可以实现对庞大、重要的结构，如水坝、

桥梁、建筑物、压力容器以及武器装备等的全面实时检测，克服传统点式监测漏检的弊端，提高检测的成功率。如 2002 年第一次在油井中安装了工业用分布式温度传感光纤，其用于井下恶劣环境中的连续温度测量。

分布式光纤传感技术是基于光纤工程中广泛应用的光时域反射(Optical Time Domain Reflectermetry，OTDR)技术发展起来的一种新型传感技术。OTDR 是光纤分布测量的基础。从 20 世纪 70 年代末提出到现在，分布式光纤传感技术取得了相当大的发展。

10.7.1　时域分布式光纤传感器的工作机理

OTDR 系统的工作原理类似于雷达的工作原理，如图 10-7-1 所示，将一束光脉冲发射入光纤中，当光脉冲在光纤内传输时，会由于光纤本身的性质、连接器、接头、弯曲或其他类似的事件而产生散射、反射,其中一部分的散射光和反射光经过同样的路径延时返回到入射端。根据入射信号与其返回信号的时间差 t，利用式(10-7-1)就可计算出上述事件点与端点的距离 L：

$$L=\frac{C\cdot t}{2n} \tag{10-7-1}$$

式中，C 为光在真空中的速度；n 为光纤纤芯的有效折射率。

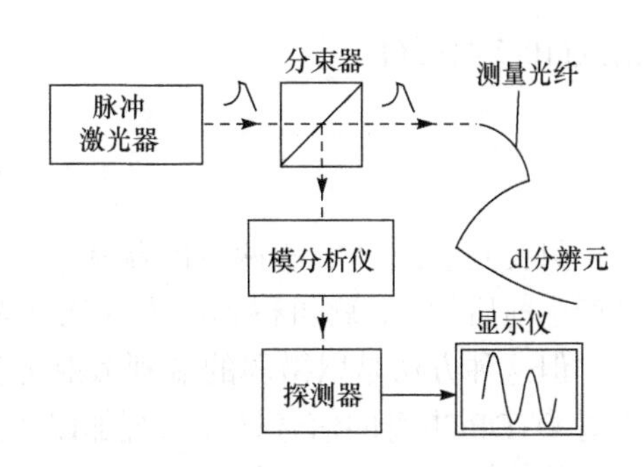

图 10-7-1　OTDR 分布式传感系统

所以，测出背向散射光脉冲的到达时间和功率损耗，此光强与散射点的温度、应力、应变等信息有关，便可以确定缺陷及扰动的位置和强度。OTDR 也可称为光学雷达。

光在光纤中传输会发生散射,包括由光纤折射率变化引起的瑞利散射、光学声子引起的拉曼散射和声学声子引起的布里渊散射三种类型。瑞利散射是指当光波在光纤中传输时,遇到光纤纤芯折射率 n 在微观上随机起伏而引起的线性散射，是光纤的一种固有特性。布里渊散射是入射光与声波或传播的压力波相互作用的结果，拉曼散射是入射光波的一个光子被一个声子散射成为另一个低频光子，同时声子完成其两个振动态之间的跃迁。瑞利散射的波长不发生变化,而拉曼散射和布里渊散射是光与物质发生非弹性散射时所携带的信息，散射波长相对于入射波长产生偏移。因而产生了基于瑞利散射、基于布里渊散射和基于拉曼散射的分布式传感技术，光纤中最强的散射过程就是瑞利散射，其中基于瑞利散射和拉曼散射的分布式传感技术的研究已经趋于成熟，并逐步走向实用化。

10.7.2　基于光时域反射法的分布式光纤应力传感器

光纤应力检测是通过光纤在应力作用下发生微弯扰动，根据 OTDR 工作原理，当光纤某处存在缺陷或外界扰动引起微弯，其背向散射光强在该处就有一定衰减，会产生微弯损耗，检测这一损耗的大小从而实现对应力的检测。

设光纤受到微弯扰动(应力变化量)为ΔP，光纤微弯变形为Δx，其引起相应的微弯损耗的变化量为$\Delta\alpha$，则有

$$\Delta\alpha=f\left(\frac{\Delta\alpha}{\Delta x}\right)\Delta P \tag{10-7-2}$$

式中，$f(\Delta\alpha/\Delta x)$为灵敏度系数。

根据后向散射理论,设注入光纤的光脉冲峰值功率为 I_0，则光脉冲沿光纤传输到 x 处，经过 n 个应力分布区，在 x 处得到的背向散射功率 $I(x)$为

$$I(x)=I_0\eta\exp\left[-2\alpha x-2\left(\alpha_1+\alpha_2+\cdots+\alpha_n\right)\right] \tag{10-7-3}$$

式中，α为光纤的衰减系数；η为瑞利背向散射因子；α_i 为第 i 个应力传感区引起的衰减量。

第 i 个压力调制区的前后 x_1、x_2 两点的背向散射光功率 $I(x_1)$、$I(x_2)$为

$$\begin{cases}I(x_1)=I_0\eta\exp\left[-2\alpha x_1-2\left(\alpha_1+\alpha_2+\cdots+\alpha_{i-1}\right)\right]\\ I(x_2)=I_0\eta\exp\left[-2\alpha x_2-2\left(\alpha_1+\alpha_2+\cdots+\alpha_i\right)\right]\end{cases} \tag{10-7-4}$$

由式(10-7-4)可得

$$\alpha_i\approx\frac{1}{2}\ln\left[\frac{I(x_1)}{I(x_2)}\right] \tag{10-7-5}$$

只要测量出 Z_1、Z_2 两点的瑞利背向散射光功率 $I(x_1)$、$I(x_2)$，由式(10-7-5)可得α_i，通过扰动产生前后的α_i，就可得到应力变化量为ΔP。

但这种方法是以微弱的瑞利散射为基础的，信噪比低，测试精度也不高。改进方法有：①对 OTDR 本身的信号处理系统加以改进；②将被测光纤做成特种结构，如利用光纤的微弯效应等，加大应力、应变测试的灵敏度。将多个应力调制区用敏感光纤串联，由 OTDR 探测、定位微弯损耗，实现分布式光纤应力测量。

利用光纤和复合材料具有良好的相容性的特点，将光纤传感器埋入材料结构中，可组成智能结构系统(Smart Structure)，即“灵巧表皮”，可以实现结构本身的自检测与诊断。“灵巧表皮”在军用飞机、航天器等领域具有重要应用前景。

习题与思考题

10-1 光纤传感器有哪几种分类方法？各有哪些优缺点？

10-2 什么是功能型光强调制光纤传感器？

10-3 相位调制型光纤传感器的基本检测方法是什么？该类传感器的主要技术难点是什么？

10-4 说明光纤辐射高温传感器的工作原理及结构形式。

10-5 设空气的折射率 n_0=1，计算 n_1=1.46、n_2=1.45 的阶跃型光纤的数值孔径 NA 值，以及光纤的临界角。

10-6 试述光纤陀螺的工作原理，如何提高其测量灵敏度？

10-7 某光纤陀螺使用的激光波长在空气中是λ_0=0.638μm，纤芯的折射率 n_1=1.46，光纤圆环的半径 $R=4\times10^{-2}$m，计算当角速度Ω=0.01°/s 时相移大小。

10-8 根据频率调制原理，设计一种光纤传感器测试风洞中气流流速，并叙述其工作原理。

第 11 章　磁敏传感器

磁敏传感器是把磁学物理量转换成电信号的传感器。它广泛地应用于自动控制、信息传递、电磁测量、生物医学等各个领域。磁敏传感器的应用可以分为两大类：直接应用和间接应用。直接应用包括测量磁场强度的各种磁场计，如地磁的测量、磁带和磁盘的读出、漏磁探伤、磁控设备等。间接应用是把磁场作为媒介用来探测非磁信号，如无触点开关、无触点电位器、电流计、功率计、线位移和角位移的测量等。不同用途的磁敏传感器，对灵敏度、分辨率、线性度有不同的要求。

磁敏传感器的工作原理大多是基于载流子在磁场中受洛伦兹力的作用而发生偏转的机理。磁敏传感器可以分为两类：①高磁导率材料($\mu \gg 1$)制成的磁敏传感器，如利用镀镍光纤的磁致伸缩效应等制成的磁敏传感器；②低磁导率材料($\mu \approx 1$)制成的磁敏传感器，如利用半导体材料(如 Si、GaAs、InSb 等)的电磁效应制成的磁敏感器，霍尔器件、磁敏晶体管、磁敏电阻器等都是这一类传感器。除上述两类外，还有核磁共振、超导量子干涉器件等磁敏传感器。

目前，磁敏传感器发展的主要方向是半导体集成磁敏传感器。它可以采用集成电路工艺，把传感器和信号处理电路制作在同一芯片上，具有灵敏度高、体积小、性能可靠、成本低等优点。

本章简要阐述霍尔元件、磁阻元件、磁敏二极管、磁敏三极管等磁敏元件的物理效应及利用磁敏元件制成的各种磁敏传感器的测量原理。

11.1　霍尔传感器

11.1.1　霍尔效应和霍尔元件

1. 霍尔效应

如图 11-1-1 所示的金属或半导体薄片，若在它的两端通以控制电流 I，并在薄片的垂直方向上施加磁感应强度为 B 的磁场。那么，在垂直于电流和磁场的方向上(即霍尔输出端之间)将产生电动势 U_H(霍尔电势或称霍尔电压)，这种现象称为霍尔效应。

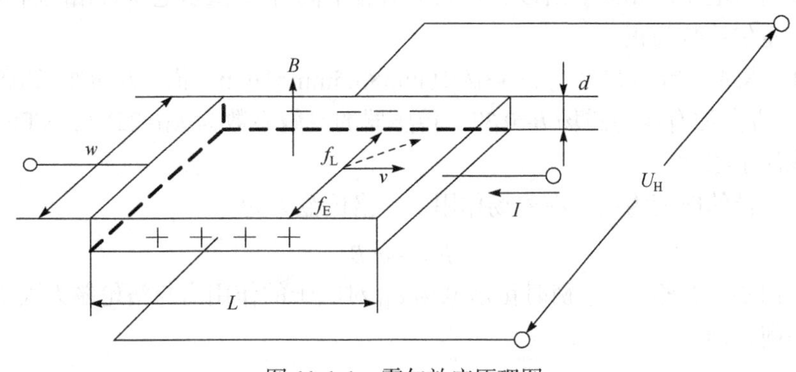

图 11-1-1　霍尔效应原理图

霍尔效应的产生是由于运动电荷受磁场中洛伦兹力作用的结果。假设，在N型半导体薄片的控制电流端通以电流 I，那么，半导体中的载流子(电子)将沿着和电流相反的方向运动。若在垂直于半导体薄片平面的方向上加以磁场 B，则由于洛伦兹力 f_L 的作用，电子向一边偏转(见图中虚线方向)，并使该边形成电子积累，而另一边则积累正电荷，于是产生电场。该电场阻止运动电子继续偏转。当电场作用在运动电子上的力 f_E 与洛伦兹力 f_L 相等时，电子的积累便达到动态平衡。这时，在薄片两横端面之间建立的电场称为霍尔电场 E_H，相应的电势就称为霍尔电势 U_H，其大小可用式(11-1-1)表示：

$$U_H = \frac{R_H IB}{d} \tag{11-1-1}$$

式中，R_H 为霍尔常数($m^3 \cdot C^{-1}$)；I 为控制电流(A)；B 为磁感应强度(T)；d 为霍尔元件的厚度(m)。

令

$$K_H = \frac{R_H}{d} \tag{11-1-2}$$

将式(11-1-2)代入式(11-1-1)，则得到

$$U_H = K_H IB \tag{11-1-3}$$

式中，K_H 称为霍尔灵敏度或乘积灵敏度$\left(V/(A \cdot T)\right)$，它表示一个霍尔元件在单位控制电流和单位磁感应强度时产生的霍尔电压的大小。它是表征在单位磁感应强度和单位控制电流时输出霍尔电压大小的一个重要参数，一般要求它越大越好。霍尔元件的灵敏度与元件材料的性质和几何尺寸有关。由于半导体(尤其是N型半导体)的霍尔常数 R_H 要比金属的大得多，所以在实际应用中，一般都采用N型半导体材料做霍尔元件。此外，元件的厚度 d 对灵敏度的影响也很大，元件的厚度越薄，灵敏度就越高，所以霍尔元件的厚度一般都比较薄。霍尔电势的大小正比于控制电流 I 和磁感应强度 B，在控制电流恒定时，霍尔电压与磁感应强度成正比。式(11-1-3)还说明，当控制电流的方向或磁场的方向改变时，输出电势的方向也将改变，因此，霍尔器件可以作为测量磁场大小和方向的传感器。但当磁场和电流同时改变方向时，霍尔电势并不改变原来的方向。

当磁感应强度 B 与器件平面法线 n 有一个夹角 θ 时，霍尔电压为

$$U_H = K_H IB\cos\theta \tag{11-1-4}$$

当霍尔元件使用的材料是P型半导体时,导电的载流子为带正电的空穴。空穴在电场 E 作用下沿电力线方向运动(与电子运动方向相反)，所带电荷也与电子相反,结果它在洛伦兹力作用下偏转的方向与电子却相同。所以，积累电荷有不同符号,霍尔电压有相反符号。在P型材料的情况下，霍尔系数为正。

例 11-1-1 某霍尔元件尺寸为 $l \times w \times d$=10mm×3.5mm×1mm，沿 l 方向通以电流 I=1.0mA，在垂直于 lw 面方向加有均匀磁场 B=0.3T，传感器的灵敏系数为 K_H=22V/(A · T)，试求其输出霍尔电势及载流子浓度。

解析 电子带的电荷为$-e$，在磁场作用下，洛伦兹力为

$$F = -evB$$

式中，v 为电子的运动速度。平衡时霍尔电场 E_H 对电子的作用力与洛伦兹力大小相等，方向相反，相互平衡，即

$$eE_{\mathrm{H}} = evB$$

得霍尔电场强度的大小

$$E_{\mathrm{H}} = vB$$

电场在电极方向建立霍尔电压U_{H}为

$$U_{\mathrm{H}} = E_{\mathrm{H}}w = vBw$$

当电子浓度为n时，有

$$I = -n \cdot e \cdot v \cdot (w \cdot d)$$

所以

$$v = -\frac{I}{newd}$$

得

$$U_{\mathrm{H}} = -\frac{\mathrm{I}}{newd}Bw = -\frac{1}{ned}IB$$

对 N 型半导体材料，霍尔系数R_{H}为

$$R_{\mathrm{H}} = -\frac{1}{ne}$$

$$U_{\mathrm{H}} = -R_{\mathrm{H}}\frac{\mathrm{I}}{d}Bw = K_{\mathrm{H}}IB = 6.6(\mathrm{mV})$$

$$n = -\frac{1}{K_{\mathrm{H}}ed} = \frac{1}{2.2 \times 1.6 \times 10^{-19} \times 1 \times 10^{-3}} = 2.84 \times 10^{21}\left(1/\mathrm{m}^3\right)$$

2. 霍尔元件

霍尔元件的结构很简单，它由霍尔片、引线和壳体组成。霍尔片是一块矩形半导体薄片(图 11-1-2)。在长边的两个端面上焊上两根控制电流端引线(图中 1、1′)，在元件短边的中间以点的形式焊上两根霍尔输出端引线(图中 2、2′)，在焊接处要求接触电阻小，而且呈纯电阻性质(欧姆接触)。霍尔片一般用非磁性金属、陶瓷或环氧树脂封装。

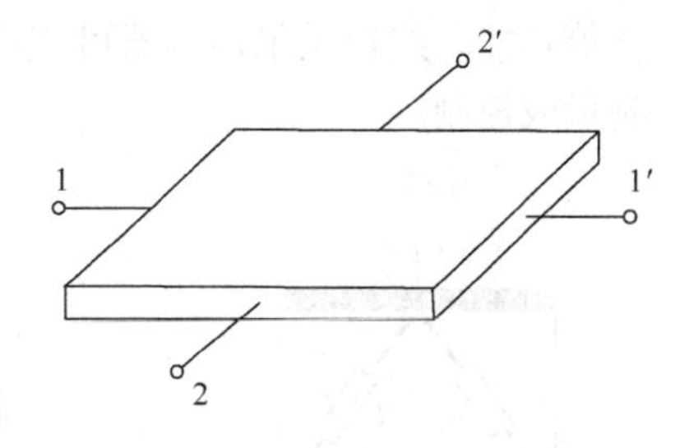

图 11-1-2　霍尔元件示意图

霍尔元件一般采用 N 型的锗、锑化铟和砷化铟等半导体单晶材料制作。锑化铟元件的输出较大，但受温度的影响也较大。锗元件的输出虽小，但它的温度性能和线性度却比较好。砷化铟元件的输出信号没有锑化铟元件强，但是受温度的影响却比锑化铟要小，而且线性度也较好。因此，采用砷化铟做霍尔元件的材料受到普遍重视。一般地，在高精度测量中，大多采用锗和砷化铟元件，作为敏感元件时，一般采用锑化铟元件。

图 11-1-3 所示是霍尔元件的基本测量电路。控制电流由电源E供给，可调电阻R用于调节控制电流的大小。霍尔输出端接负载R_{L}。在磁场与控制电流的作用下，负载上就有电压输出。在实际使用时，I、B或两者同时作为信号输入，输出信号则正比于I或B或两者的乘积。

霍尔元件采用半导体材料，易于通过集成化将霍尔元件及其放大电路制作成集成霍尔传感器。集成霍尔传感器的输出信号强，驱动能力强，还可以在单片上进行温度补偿。因而，集成霍尔传感器尺寸小、稳定性好、成本低，成为应用最为广泛的集成传感器之一。集成霍尔传感器按其输出功能可分为开关型和线性型两种，如图 11-1-4 所示。

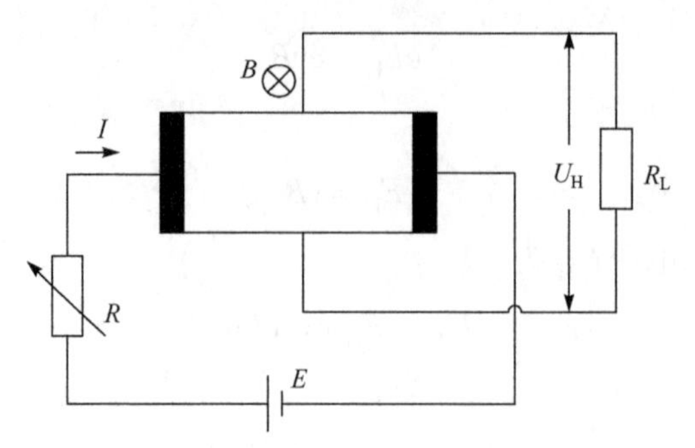

图 11-1-3　霍尔元件的基本测量电路

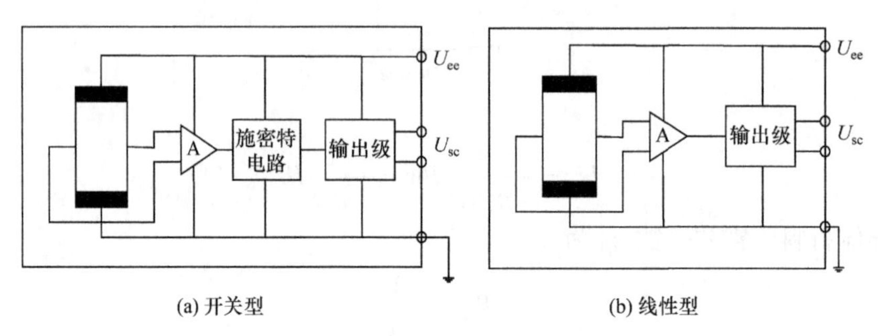

图 11-1-4　霍尔集成电路原理框图

开关型集成霍尔传感器是把霍尔器件的输出电压经过一定的阈值甄别处理和放大，而输出一个高电平或低电平的数字信号；主要由稳压电路、霍尔元件放大器、整形电路、开路输出等部分组成。稳压电路可使它易与数字电路直接配接，因此在控制系统中有着广泛的应用。

线性集成霍尔传感器可以看作霍尔器件加上一个线性放大器组成的集成电路。可以输出与磁场的线性关系很好的电压信号。为了提高电路性能，在实际电路中还有稳压、补偿、调整等功能。线性霍尔传感器可广泛应用于位置、力学、重量、厚度、速度、磁场、电流等的测量或控制。

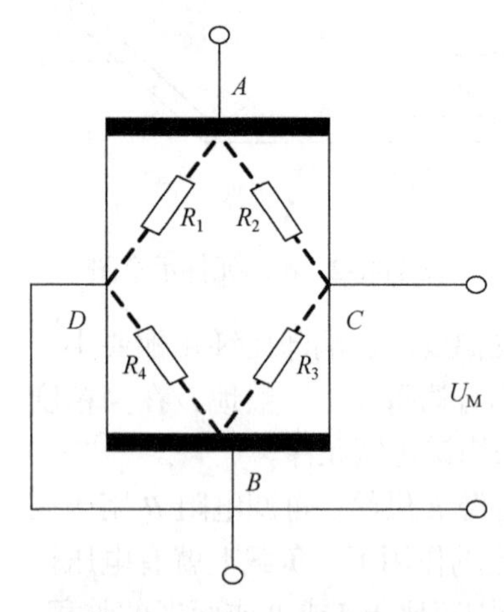

图 11-1-5　霍尔元件的等效电桥

3. 误差分析

1) 不等位电势

当外磁场为零时，通过一定的控制电流，霍尔元件便有输出，这是不等位电势，是霍尔元件的零位误差。

在分析不等位电势时。我们把霍尔元件等效为一个电桥，如图 11-1-5 所示。理想状况下 U_M=0，但由于霍尔元件的某种结构原因造成 $U_M \neq 0$，则电桥处于不平衡状态，即四个分布电阻的阻值不等。两个霍尔电压极在制作时不可能绝对对称地焊在霍尔元件两侧，控制电流极的端面接触不良，以及材料电阻率不均匀、霍尔元件的厚度不均匀等均会产生不等位电势。

可以采用图 11-1-6 所示的补偿线路进行补偿。

2) 温度误差及其补偿

由于半导体材料的电阻率、迁移率和载流子浓度等会随温度的变化而发生变化，霍尔元件的性能参数(如内阻、霍尔电势等)对温度的变化也是很灵敏的。

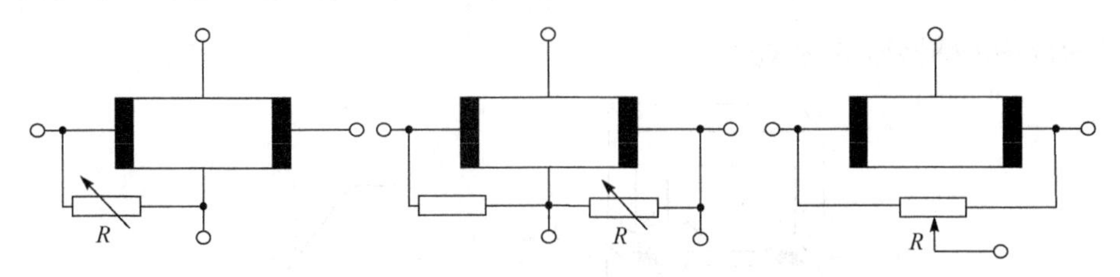

图 11-1-6　不等位电势的几种补偿线路

为了减小霍尔元件的温度误差，除选用温度系数小的元件(如砷化铟)或采用恒温措施外，用恒流源供电往往可以得到明显的效果。恒流源供电的作用是减小元件内阻随温度变化而引起的控制电流的变化。但采用恒流源供电还不能完全解决霍尔电势的稳定性问题，必须结合其他补偿线路。图 11-1-7 所示是一种既简单、补偿效果又较好的补偿电路。它是在控制电流极并联一个合适的补偿电阻 r_0，这个电阻起分流作用。当温度升高时，霍尔元件的内阻迅速增加，所以流过元件的电流减小，而流过补偿电阻 r_0 的电流却增加。这样，利用元件内阻的温度特性和一个补偿电阻，就能自动调节流过霍尔元件的电流大小，从而起到补偿作用。

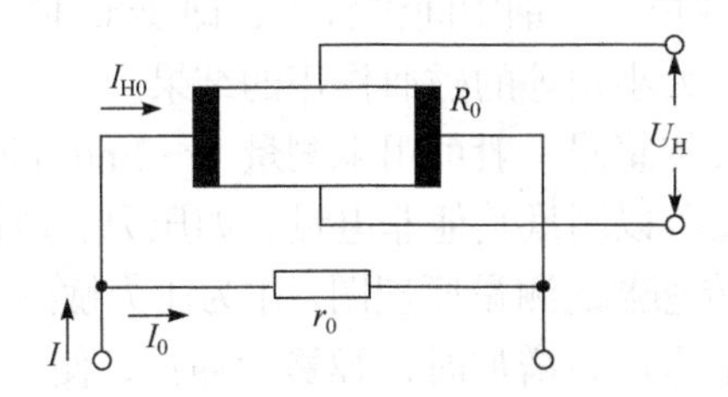

图 11-1-7　温度补偿电路

11.1.2　霍尔传感器实例

1. 霍尔位移和压力传感器

由于霍尔元件具有对磁场敏感、结构简单、体积小、频响宽、动态范围大(输出电势的变化大)、无活动部件、使用寿命长等优点，因此在测量技术、自动化技术等方面有着广泛的应用。

利用霍尔输出正比于控制电流和磁感应强度乘积的关系，可分别使其中一个量保持不变，另一个量作为变量；或两者都作为变量。因此，霍尔元件的应用大致可分为三种类型。例如，当保持元件的控制电流恒定，而使元件所感受的磁场因元件与磁场的相对位置、角度的变化而变化时，元件的输出正比于磁感应强度，这方面的应用有测量恒定和交变磁场的高斯计等。当元件的控制电流和磁感应强度都作为变量时，元件的输出与两者乘积成正比，这方面的应用有乘法器、功率计等。

霍尔元件在非电量测量方面的应用发展也很快。例如，利用霍尔元件做成的位移、压力、流量等传感器。下面以位移和压力传感器为例说明霍尔元件的应用。

图 11-1-8(a)是霍尔位移传感器的磁路结构示意图。在极性相反、磁场强度相同的两个磁钢的气隙中放置一块霍尔片，当霍尔元件的控制电流 I 恒定不变时，霍尔电势 U_H 与磁场强度 B 成正比。若磁场在一定范围内沿 x 方向的变化梯度 dB/dx 为一个常数(图 11-1-8(b))，则当霍尔元件沿 x 方向移动时，霍尔电势的变化为

$$\frac{dU_H}{dx} = R_H I \frac{dB}{dx} = K \tag{11-1-5}$$

式中，K 为位移传感器输出灵敏度。

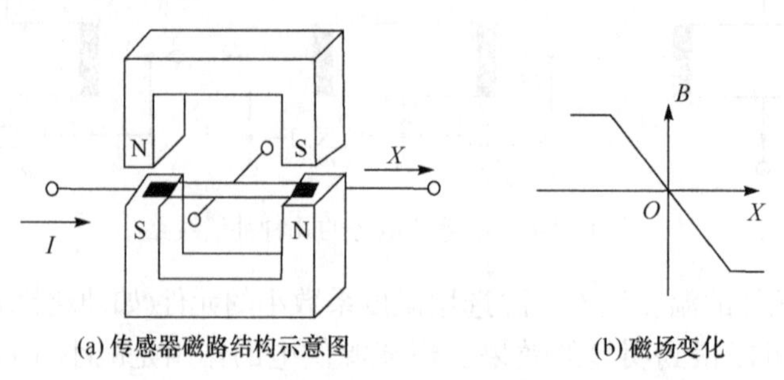

(a) 传感器磁路结构示意图　(b) 磁场变化

图 11-1-8　霍尔式位移传感器的磁路结构示意图

将式(11-1-5)积分后得到

$$U_{\mathrm{H}} = K \cdot x \tag{11-1-6}$$

由式(11-1-6)可知，霍尔电势与位移量 x 呈线性关系。霍尔电势的极性反映了元件位移的方向。实验证明，磁场梯度越大，灵敏度也就越高；磁场梯度越均匀，则输出线性度就越好。式(11-1-6)还说明了当霍尔元件位于磁钢中间位置上，即 $x=0$ 时，霍尔电势 $U_{\mathrm{H}}=0$。这是由于在此位置元件受到方向相反、大小相等的磁通作用的结果。

基于霍尔效应制成的位移传感器一般可用来测量 1～2mm 的小位移，其特点是惯性小、响应速度快。利用这一原理还可以测量其他非电量，如压力、压差、液位、流量等。

图 11-1-9 是霍尔式压力传感器的测量原理图。作为压力敏感元件的弹簧管，其一端固定，另一端安装着霍尔元件。当输入压力增加时，弹簧管伸长，使处于恒定梯度磁场中的霍尔元件产生相应的位移。从霍尔元件的输出即可线性地测量出压力的大小。

2. 霍尔转速传感器

利用霍尔元件测量转速的方案很多。有的将永久磁铁装在旋转体上，霍尔元件装在永久磁铁旁，相隔 1mm 左右。当永久磁铁通过霍尔元件时，霍尔元件输出一个电脉冲。由脉冲信号的频率便可得到转速值。

有的转速传感器、永久磁铁装在靠近带齿旋转体的侧面，霍尔元件粘贴在磁极的端面，如图 11-1-10 所示。齿轮每转过一个齿，霍尔元件输出一个电脉冲，由脉冲信号的频率便可得到转速值。

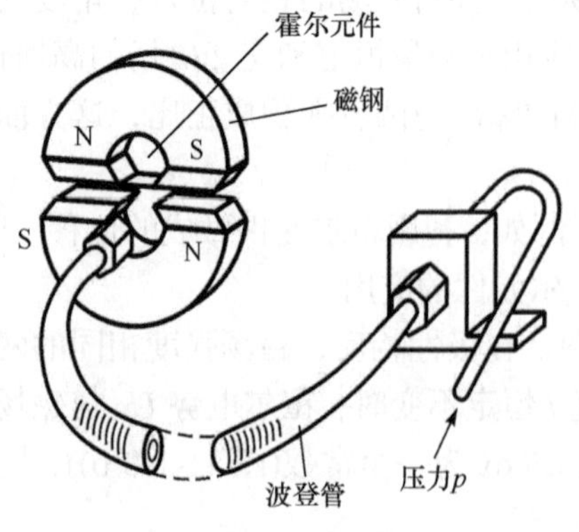

图 11-1-9　霍尔式压力传感器

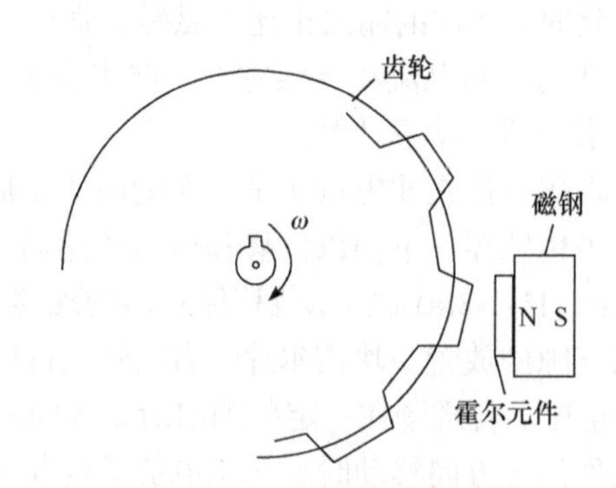

图 11-1-10　霍尔转速传感器

11.2　磁阻传感器

磁敏电阻是基于磁阻效应的磁敏元件。磁敏电阻的应用范围比较广，可以利用它制成磁场探测仪，位移、角度和速度检测器，安培计以及磁敏交流放大器等。

11.2.1　磁阻效应和磁阻结构

1. 磁阻效应

当通电流的半导体或金属薄片置于与电流垂直或平行的外磁场中，其电阻随外加磁场变化而变化的现象称为磁阻效应。磁阻效应是和霍尔效应同时发生的一种物理效应。

将通以电流的导体放在均匀磁场中，洛伦兹力使在半导体中做直线运动的载流子偏离了原来的方向，这样就延长了载流子通过的路程和时间，也就增加了它们与晶格、杂质原子和晶格缺陷碰撞的机会，从而降低了电子的迁移率，也就是半导体中电流方向发生了偏转，结果延长了电流经过的路径，从而宏观地表现为元件电阻的增加。磁阻效应的大小和材料的迁移率以及半导体的几何形状有关。前者被称为物理磁阻效应，后者被称为几何磁阻效应。

对物理磁阻效应，在通电的半导体上加磁场，当温度恒定时，在弱磁场范围内，磁阻与磁场强度 H 的平方成正比。对于器件中只有电子参与导电的简单情况，其电阻率变化为

$$\frac{\rho_B-\rho_0}{\rho_0}=\frac{\Delta\rho}{\rho_0}=3.8\times10^{-17}H^2\mu^2 \tag{11-2-1}$$

式中，ρ_B、ρ_0 为有、无磁场时的半导体材料的电阻率；H 为磁场强度；μ为电子迁移率(在室温下，μ=7.5m²/(V · s)。

磁阻的大小除了与材料有关外，还和磁敏元件的几何形状有关。若半导体晶片的几何尺寸不同，电阻值的变化率也不相同，称为几何磁阻效应。与半导体薄片几何形状有关的阻值变化可表达为

$$\frac{R_B}{R_0}=\frac{\rho_B}{\rho_0}\times G_r\left(\frac{L}{W},\tan\theta\right) \tag{11-2-2}$$

式中，R_B、R_0 分别为有、无磁场时半导体薄片的电阻阻值；L、W 分别为薄片的长度和宽度，长度方向为外加电场方向；θ 为霍尔角，是由洛伦兹力作用使载流子运动偏离原来的方向的角度大小；G_r 为与磁场和样品形状有关的几何因子。

由式(11-2-2)可知，磁场一定，为获得显著的磁阻效应，必须选用迁移率大的半导体材料。迁移率越高的材料，如 InSb、InAs 和 NiSb 等半导体材料，其磁阻效应越明显。

2. 磁阻结构

磁阻元件有圆盘形和长条形两种结构。对长方形磁阻元件而言，电阻变化较小。常用的是格子形的磁阻元件如图 11-2-1(a)所示，即在长方形电阻中设置许多与电流方向垂直的短路金属条，短路条的作用是短路霍尔电压，使之不能形成电场力，保持载流子运动路线的倾斜，增加元件的磁阻变化率。它的制造方法是先把半导体单晶切成薄片粘在玻璃片上，用机械和化学的方法减薄到 5～10μm 后，用真空镀膜方法镀上一层金属膜，用光刻技术将金属膜绘出电极以及平行的金属边界条。

由于半导体工艺条件限制，等间距的金属条宽度及间距都不能做得很小。因此，提高几

何磁阻效应的方法受到一定限制。为此，有一种 InSb-NiSb 共晶材料是在拉制锑化铟单晶时，加入 1%的镍，就可以得到锑化铟和锑化镍的共晶体。在结晶制作过程中有方向性地析出直径为 1μm，长为 100μm 的互相平行的间距接近微米级的针状晶条，它代替栅格金属条起到短路霍尔电动势的作用，如图 11-2-1(b)所示。

圆盘形磁敏电阻的中心和边缘各有一电极，如图 11-2-1(c)所示，将具有这种结构的磁阻元件称为科比诺元件。科比诺元件的圆盘中心圆形电极和外沿环形电极构成一个电阻器，电流在两个电极间流动时，载流子的运动路径因磁场作用而发生弯曲。在电流的横向，电阻是无“头”无“尾”的，因此霍尔电势无法建立，有效地消除了霍尔电场的短路影响。由子不存在霍尔电场，电阻会随磁场有很大的变化。这是可以获得最大磁阻效应的一种形状。所以磁阻元件大多制成圆盘结构。圆盘形的科比诺元件的阻值变化范围最大，缺点是它的电阻不易做高。

(a) 有短路金属条结构　(b) 平行析出金属结构　(c) 圆盘结构

图 11-2-1　磁敏电阻结构

对于不同几何形状的半导体薄片，在恒定磁感应强度下，其长度(L)与宽度(W)之比越小，则 $\Delta\rho/\rho_0$ 越大。各种形状的圆形和不同矩形磁敏电阻元件的阻值随磁感应强度 B 的变化趋势如图 11-2-2 所示。

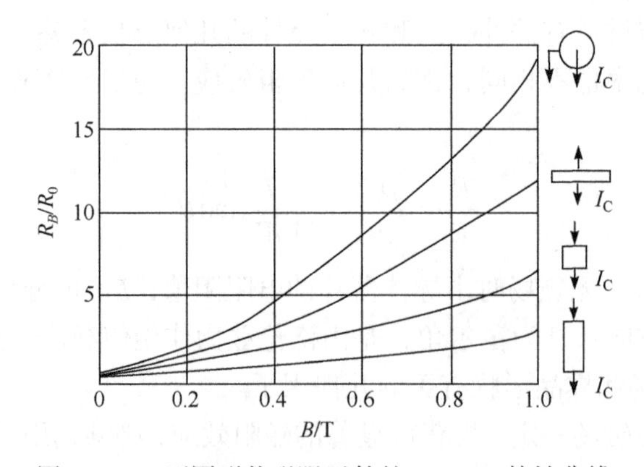

图 11-2-2　不同形状磁阻元件的 R_B/R_0-B 特性曲线

磁敏电阻的灵敏度一般为非线性的，且受温度影响大，因此，在使用磁敏电阻时，必须考虑温度影响，确定温度补偿方案。

11.2.2　磁阻元件及其应用

1. 磁阻元件

1) InSb 磁阻元件

InSb 磁阻元件外形呈扁平状，非常薄，它是在厚 0.1～0.5mm 的绝缘基片上蒸镀一层 20～

25 μm 的 InSb 材料制成的。为了增加其有效电阻，常将其制成弯曲栅格状。其端子用导线引出后，再用绝缘漆等覆盖密封。InSb 磁阻元件的灵敏度较高，在 1T 磁场中，电阻可增加 10～15 倍。在强磁场范围内，线性较好，但温度影响较大，在 0～50℃范围内零磁场电阻 R_0 的温度系数为−0.01℃$^{-1}$，故一般需采取温度补偿措施。

2) InSb-NiSb 磁阻元件

InSb-NiSb 磁阻元件是用 InSb-NiSb 共晶材料制成的，在晶体中 NiSb 呈针状横向排列，NiSb 的导电性好，代替了栅格状金属膜电极，起到短路条的作用。该磁阻元件在 0.3～1T 的磁场强度下线性较好，适合于测量强磁场。在弱磁场中呈现平方特性，可以制成位移、压力等各种类型的开关。

3) 强磁性薄膜磁阻元件

强磁性薄膜磁阻元件是一种以陶瓷或玻璃为衬底，在上面蒸镀一层强磁性金属薄膜(如 Fe-Ni-Co 合金)，再经过光刻和腐蚀等工艺而制成的薄膜金属电阻。在外磁场作用下，其阻值随磁场的强度和方向的不同而变化。强磁性薄膜磁阻元件具有灵敏度高和方向性(和薄膜所在平面垂直的磁场强度分量对其不起作用)、温度特性好及可靠性高的优点。其灵敏度比 InSb 磁敏电阻高 1～2 个数量级，而电阻温度系数却要小一个数量级。所以用它制成各种磁传感器，用于测量磁场强度和方向、微位移和角位移、转速、压力和位置等，特别是在恶劣的环境下，它的优点显著，所以有取代半导体磁敏元件的趋势，引起人们的广泛关注。

2. 磁敏电阻元件的应用

磁敏电阻元件可用于检测磁场，制成位移、角度、速度等传感器以及电流计、功率计等，还可以用作温度补偿元件，制作成交流放大器、振荡器等。

磁敏电阻元件的灵敏度的温度系数很大，在使用时必须对其进行温度补偿。以 InSb 磁敏电阻为例，将其用于齿轮转速的测量。InSb 栅格式磁敏电阻随磁场变化单调增加，在表面磁感应强度 600～2500Gs(1Gs=10^{-4}T)范围内时灵敏度较大，所以应加较大的偏置磁场使其工作在高灵敏度区。但当磁感应强度达到一定值后，元件电阻基本不变。InSb 磁敏电阻对温度十分敏感，随着温度的升高，影响电流大小的载流子运动速度将加快，表现为磁敏电阻的负温度特性。

用磁敏电阻制成的齿轮传感器是采用对称半桥结构形式，其结合齿轮结构的特点，由半导体 InSb 磁敏电阻和偏置磁钢组成，如图 11-2-3 所示。与相应模数铁磁性材料齿轮(由铁、矽钢片等软磁材料制成)配套，当其中一齿顶覆盖在一个磁阻元件上时，另一个磁阻元件则处于齿空隙处，如此每转过一个齿，该传感器就输出一个完整的准正弦波信号。因此，传感器齿轮旋转的速度及位置决定了这一准正弦波信号的工作频率。而其输出信号幅值与旋转速度大小无关。在信号处理电路中，采用了浮动零点跟踪技术，可以很好地克服由于温度、环境磁场等变化而带来的影响。其原理如图 11-2-4 所示。

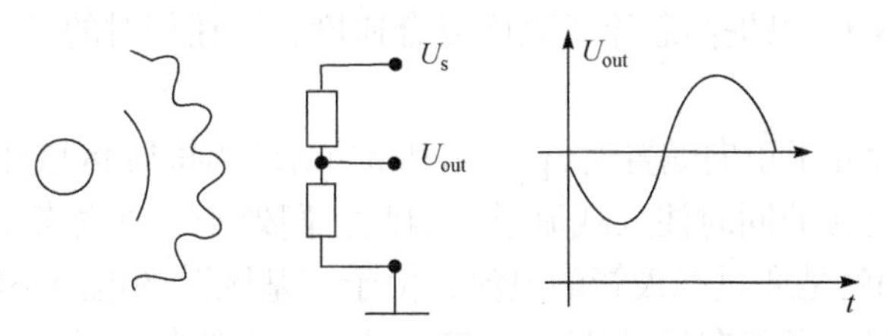

图 11-2-3　磁敏转速传感器结构原理图

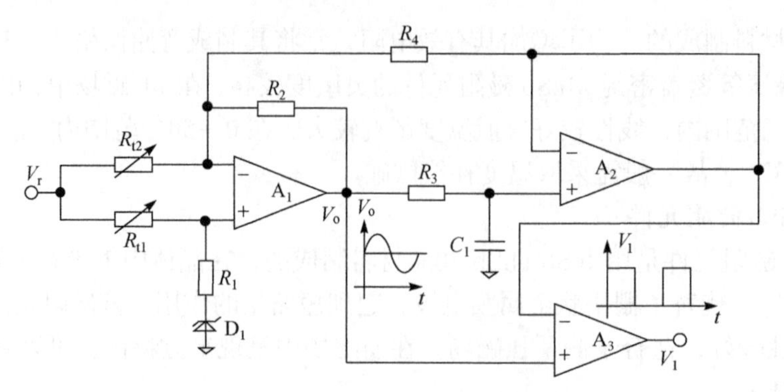

图 11-2-4　浮动零点跟踪电路原理

设运算放大器 A_1 和 A_2 都是理想运算放大器，R_{t1}、R_{t2} 为半桥磁敏电阻的两个桥臂，V_r 为供桥电压，其大小由磁敏电阻的阻值和散热条件决定，运算放大器工作于单电源方式，R_3 和 C_1 构成一阶低通滤波器，其时间常数为 R_3C_1，其作用是得到 A_1 放大器输出 V_o 的直流分量，时间常数由传感器传热时的温度变化快慢决定。当温度惯性较大时，时间常数取值相应较大，稳压二极管 D_1 的稳压值设为 V_D，由于 A_2 为一个跟随器，所以 A_1 输出的直流分量和 A_2 的输出相等，设为 V_o。分析电路可以得到

$$V_o=\left[\frac{R_1R_2R_4}{R_{t1}\cdot R_{t2}\cdot(R_2+R_4)}+\frac{R_1}{R_{t1}}-\frac{R_2R_4}{R_{t2}\cdot(R_2+R_4)}\right](V_r-V_D)+V_D \tag{11-2-3}$$

如果 $R_2\gg R_1=R_4=R$，$R_{t1}\approx R_{t2}$，则式(11-2-3)化简为

$$V_o\approx\frac{R^2}{{R_{t1}}^2}(V_r-V_D)+V_D \tag{11-2-4}$$

当环境温度或磁场发生变化时，V_o 随之改变，在较大的温度范围内，A_1 不会出现输出饱和现象。齿轮转动时，运算放大器 A_1 的输出是在 V_o 直流分量上叠加了一个交流信号，而运算放大器 A_2 的输出只有直流成分，两路信号接到比较器 A_3 的输入端，A_3 输出方波信号。通过单位时间计得的脉冲数，可得到测量齿轮的转速。

11.3　磁敏二极管与三极管

11.3.1　磁敏二极管

磁敏二极管的结构和工作原理如图 11-3-1 所示。在高阻半导体(本征型 i)芯片的两端，分别制成重掺杂的 n^+ 和 p^+ 区，形成具有长“基区”的 p^+-i-n^+ 型二极管结构。i 区称为“基区”，基区的长度 L 大于载流子的扩散长度 L_p，一般取 $L=5L_p$。磁敏二极管“基区”的一个侧面非常粗糙，形成高复合区 r，以提高载流子表面复合速度；而在相对的另一侧非常光滑，表面复合速度很低。

当 p^+-i-n^+ 型二极管处于正向偏置时，p^+-i 结和 n^+-i 结分别向 i 区域注入空穴和电子，在“基区”表面上不断发生复合的同时注入载流子，因此它们处于一种动态平衡。在基区内形成的复合电流(包括复合面)就是通过二极管的电流，由于“基区”的电阻率较高，而且基区很长，所以外加正向偏压大部分降落在长“基区”，使“基区”中的载流子在漂移电场的作用下发生漂移运动，由于 $L=5L_p$，所以在基区中的载流子以漂移运动为主，扩散运动可以忽略不计。

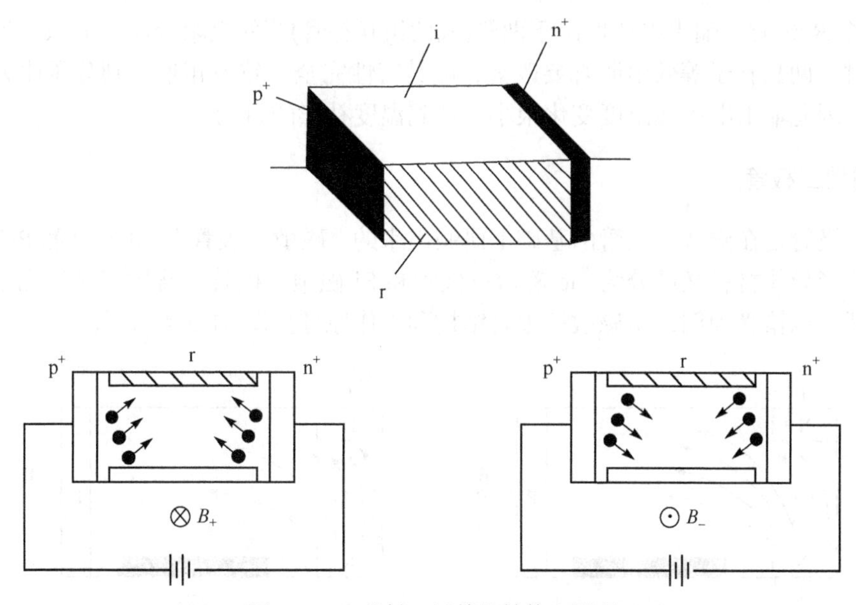

图 11-3-1　磁敏二极管的结构和原理

当在平行磁敏二极管复合表面且垂直于电流方向施加磁场时，载流子受洛伦兹力作用均向高复合区 r 偏转，使得载流子的复合速度增大，引起载流子有效寿命减小，扩散长度变短。外加偏置电压在"基区"内压降增加，同时相应地 p^+-i 结和 i-n^+ 结偏压下降，通过磁敏二极管的电流增大。当磁敏二极管两端电压保持不变时，载流子偏转的大小与磁场强度成正比，所以电流的变化也与磁场强度成正比。当磁场强度不大时，电流的变化与磁场强度呈线性关系。

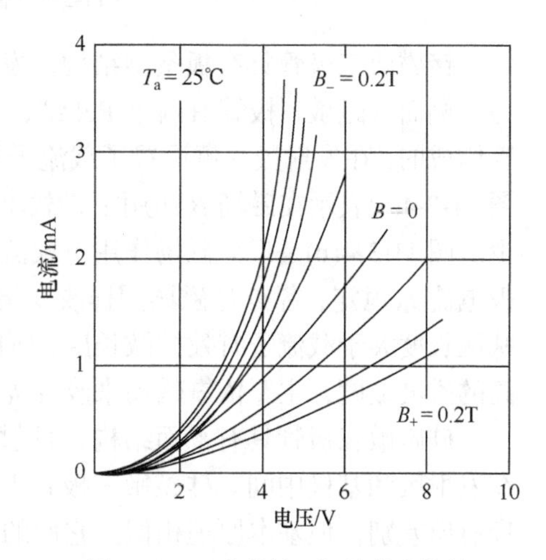

图 11-3-2　硅磁敏二极管伏安特性

磁敏二极管在不同磁场强度和方向下的伏安特性如图 11-3-2 所示。利用这些曲线就能根据某一偏压下的电流值来确定磁场的大小和方向。

磁敏二极管的温度特性较差，因此在使用时一般需对它进行补偿，补偿的方法较多，常采用互补电路，选用一组两只(或选用两组)特性相同或相近的磁敏二极管，按相反磁极性组合，即管子的磁敏感面相对放置，如图 11-3-3 所示，构成互补电路。

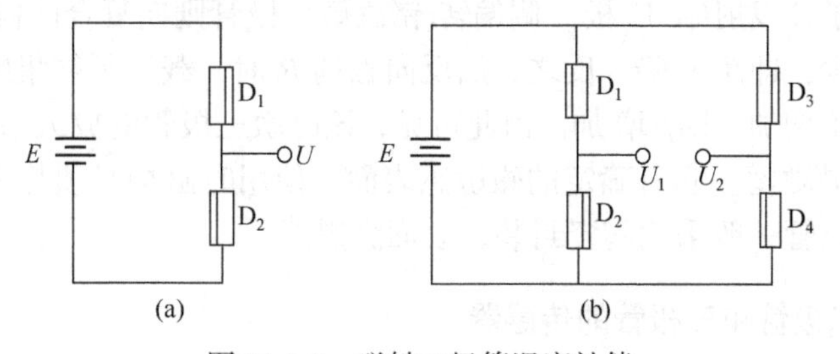

图 11-3-3　磁敏二极管温度补偿

当磁场 B=0 时，输出电压取决于两管(或两组互补管)等效电阻分压比关系，当环境温度发生变化时，两只管子等效电阻都要改变，因其特性完全一致或相近，则分压比关系不变或变化很小，因此输出电压随温度变化很小，达到温度补偿的目的。

11.3.2　磁敏三极管

磁敏三极管是在磁敏二极管的基础上研制出来的。磁敏三极管有 NPN 型和 PNP 型结构，按照所选用半导体材料又可分为 Ge 磁敏三极管和 Si 磁敏三极管。磁敏三极管也是以长基区为主要特征，以锗管为例，锗磁敏三极管结构和工作原理如图 11-3-4 所示。

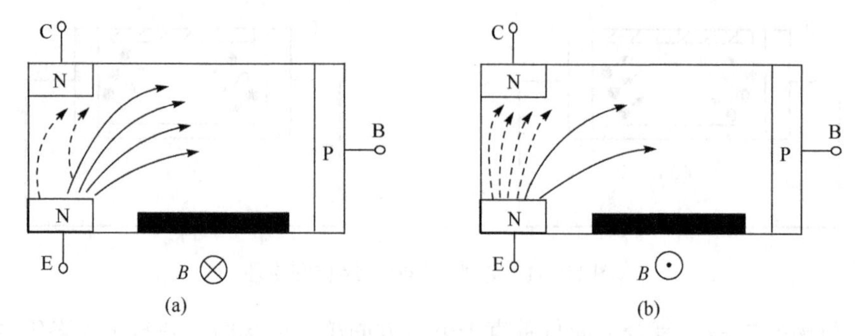

图 11-3-4　锗磁敏三极管结构与工作原理

锗磁敏三极管具有板条型结构，发射区和集电区设置在板条的上下表面，而基极设置在另一侧面。磁敏三极管有两个 PN 结，其中发射极 E 和基极 B 之间的 PN 结是由长基区二极管构成的，在发射极一侧设置了载流子复合速率很大的高复合区，即图 11-3-4 中粗黑线部分。图 11-3-4(a)表示在磁场 B 作用下，载流子受洛伦兹力而偏向高复合区，使集电极 C 的电流减少。图 11-3-4(b)是反向磁场作用下载流子背离高复合区，集电极电流 I_C 增加。可见，即使基极电流 I_B 恒定，靠外加磁场同样改变集电极电流 I_C，这是和普通三极管不一样的地方。因为基区长度大于载流子有效扩散长度，所以共发射极直流电流增益$\beta<1$，但是其集电极电流有很高的磁灵敏度，主要依靠磁场来改变 I_C。

硅磁敏三极管具有平面结构，发射区、集电区、基极均设置在硅片表面，而集电区设置在发射区和基极中间。硅磁敏三极管上未设置高复合区。硅磁敏三极管和锗磁敏三极管的原理有所差别，但基本原理相似。它们的共同特点是基区宽度 w 大于载流子扩散长度。另外，发射区 e、基区 i、基极 B 是 p^+-i-n^+型长二极管。它们的共发射极电流放大系数β都 小于 1，其中锗为 NPN 型，而硅为 PNP 型。

对硅磁敏三极管而言，当磁敏三极管处于共发射极偏置情况下，加正磁场 B_+时，由于洛伦兹力作用，载流子往发射结 E 极一侧偏转(锗磁敏三极管则向复合区偏转)，使载流子输送到集电结的电流减少，即β下 降。反之，加反向磁场 B_-时，载流子往集电结一侧偏转，使输送到集电结的载流子增加，即β增 加。由此可见，该磁敏三极管的放大系数是随磁场变化的，而且具有正反向磁灵敏度。它有确定的磁敏感表面，使用时磁场必须与之垂直，才有最大的磁灵敏度。磁敏三极管一般采用陶瓷封装，表面涂黑漆。

11.3.3　基于磁敏二极管和三极管的传感器

磁敏二极管和磁敏三极管(特别是硅磁敏三极管差分电路)同霍尔元件和磁阻元件一样，也可以组成各种各样的传感器，用于对磁场、电流、压力、位移和方位等物理量的测量以及用作自动检测的传感器等。

例如，利用磁敏三极管的集电极电流正比于磁感应强度的原理，便可制成用于磁场强度测量和大电流测量的传感器。磁敏晶体管灵敏度大大高于霍尔器件，可用来进行弱磁场的检测，如剩磁、漏磁、地磁、弱磁体磁场的测量。还可以用它构成只读磁头、直流无刷电机的位置开关和磁探伤仪等。在 0～0.1T 磁感应强度范围内，磁敏晶体管输出基本上与 B 成正比，输出电压为 0～1V，非线性度≤2%。

又如，用硅磁敏三极管为敏感器件，并配以适当的磁路便可组成传感器。把该传感器安装在钢轨上，当列车驶过时车轮就改变了传感器中磁路的磁场强度，从而使磁敏三极管集电极电流产生变化，于是每驶过一个车轮，传感器就相应地输出一个开关信号。用一个计数器累计这种开关信号，便可记下所通过的车厢数目。

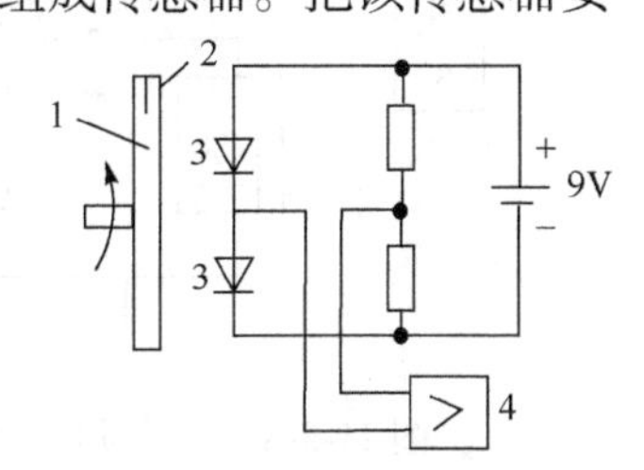

图 11-3-5　一种用磁敏二极管的转速测量方法

1—旋转盘；2—永久磁铁；3—磁敏二极管；4—放大器

图 11-3-5 是一种用磁敏二极管组成不平衡电桥的转速测量方法。将一个或几个永久磁铁装在旋转盘上，将磁敏二极管装在旋转体旁，两个磁敏二极管和两个固定电阻组成不平衡电桥。电桥不平衡电压经放大器放大后输出，输出信号的频率与旋转盘的转速成比例，测出此频率，便可以确定旋转盘的转速。

采用磁敏三极管还可组成各种接近开关，用于定位、限位、测量转速等自动化设备中，还可用于程序控制、位置控制、线速度测量和制作风速计、流量计等。

现介绍利用磁敏二极管制作的位移传感器。可以采用两个传感器 C_1 与 C_2 差动安装，如图 11-3-6 所示。如果其中的 C_1 与 C_2 都采用单个磁敏二极管，则这两个传感器组成一般的差动线路如图 11-3-7 所示。当导磁板上有一个小线位移 Δx 时，例如，导磁板是向右的，则 C_1 离导磁板的距离增大，C_1 中磁钢端面上的 B 减小，贴在 C_1 磁钢 N 极的磁敏二极管的电阻 R_{1N} 减小；C_2 离导磁板的距离减小，C_2 中磁钢端面上的 B 增大，贴在 C_2 磁钢 N 极的磁敏二极管的电阻 R_{2N} 增大。

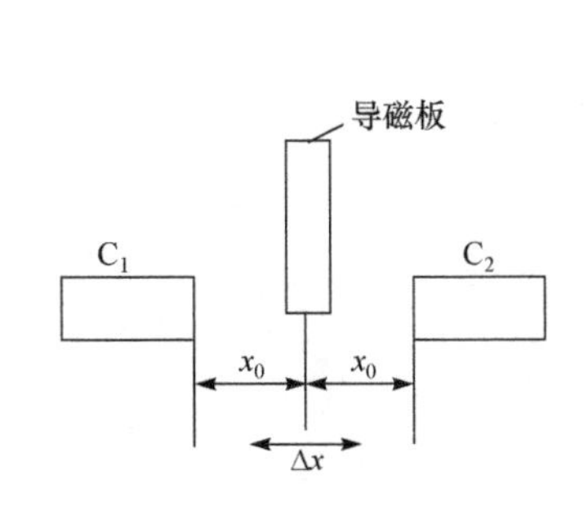

图 11-3-6　两个传感器差动测量导磁板的线位移 x 的示意图

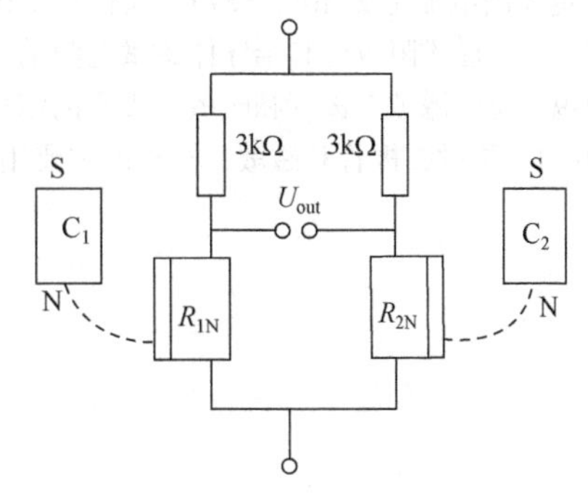

图 11-3-7　由两个用单个磁敏二极管做的传感器的连接线路

如采用全桥线路，则需要 4 个磁敏二极管，分别贴在两个磁钢的两极。当导磁板向右移动时，则 C_1 离导磁板的距离增大，C_1 中磁钢端面上的 B 减小，贴在 C_1 的 N、S 极的磁敏二极管的电阻 R_{1N}、R_{1S} 减小；而 C_2 离导磁板的距离减小，C_2 中磁钢端面上的 B 增大，贴在 C_2

的 N、S 极的磁敏二极管的电阻 R_{2N}、R_{2S} 增大。采用如图 11-3-8 所示的形式连成电桥，便是双差动电桥线路，这样的线路的灵敏度是比较高的。

如果要测量非导磁板的小线位移，便可将磁敏二极管贴在非导磁板的两个侧面，两边各装上一块小磁钢，如图 11-3-9 所示。

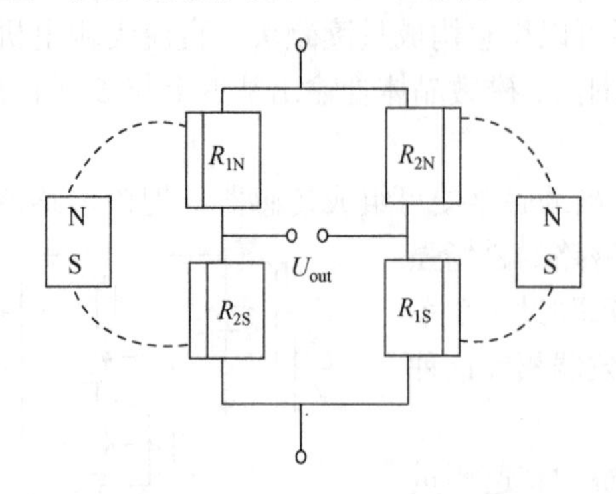

图 11-3-8　双差动电桥线路示意图

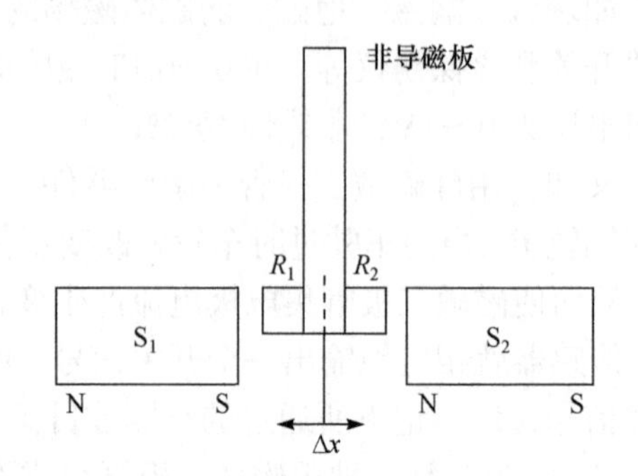

图 11-3-9　测量非导磁板的线位移的示意图

S_1、S_2—永久磁铁；R_1、R_2—磁敏二极管

当然，在测量导磁板的小位移时，也可以将两个磁敏二极管与磁钢分开，与图 13-3-9 所示的情况一样。测量振动的振幅就是测量小线位移，测量振动频率与测量转速类似。

习题与思考题

11-1　什么是霍尔效应？霍尔电势与哪些因素有关？

11-2　为什么霍尔元件用半导体薄片制成？

11-3　霍尔元件灵敏度是如何定义的？

11-4　影响霍尔元件输出零点的因素有哪些？怎样补偿？

11-5　试分析霍尔元件输出接有负载 R_L 时，利用恒压源和输入回路串联电阻 R 进行温度补偿的条件。

11-6　若一个霍尔器件的 K_H=4mV/(mA · kGs)，控制电流 I=3mA，将它置于 1Gs～5kGs 变化的磁场中(设磁场与霍尔器件平面垂直)，它的输出霍尔电势范围是多大?

11-7　有一个霍尔元件，其灵敏度 K_H=1.2mV/(mA · kGs)，把它放在一个梯度为 5kGs/mm 的磁场中，如果额定控制电流是 20mA，设霍尔元件在平衡点附近做±0.1mm 的摆动，问输出电压范围为多少?

11-8　简述磁阻效应和半导体磁敏电阻的原理。

11-9　简述磁敏二极管和磁敏三极管的结构及工作原理。

11-10　磁敏二极管和磁敏三极管的主要用途是什么？

第 12 章　热电式传感器

12.1　概　　述

12.1.1　温度的概念

温度是表征物体冷、热程度的物理量，它是七个基本物理量之一。在日常生活、工农业生产与科学研究的各个领域中，温度的测量都占有重要的地位。

温度概念的建立是以热平衡为基础的。如果两个冷热程度不同的物体相互接触必然会发生热交换现象，热量将由热程度高的物体向热程度低的物体传递，直至两个物体的冷热程度一致，处于热平衡状态，即两个物体的温度相等。

从微观上看，物体温度的高低反映了物体内部分子运动平均动能的大小。温度高，表示分子动能大，运动剧烈；温度低，表示分子动能小，运动缓慢。

12.1.2　测温的一般方法和测温仪器

直到目前为止，测量温度都采用间接测量的方法。它是利用一些材料或元件的性能随温度而变化的特性，通过测量该性能参数，而得到被测温度的大小。用以测量温度特性的原理有材料的热膨胀、电阻、热电动势、磁导率、介电系数、光学特性、弹性等，其中前三者尤为成熟，获得广泛的应用。

按照所用测温方法的不同，温度测量分为接触式和非接触式两大类。接触式测温的特点是感温元件直接与被测对象相接触，两者之间进行充分的热交换以达到热平衡，这时通过对感温元件的某个物理参数的测量和转换，从而得到与之相对应的温度值。接触式测温的主要优点是直观可靠，其缺点在于被测温度场的分布易受感温元件的影响，接触不良时会带来测量误差；由于需要一定的时间才能达到热平衡，所以存在测温的延迟现象；此外，温度太高或腐蚀性介质对感温元件的性能和寿命会产生不利影响。非接触式测温的特点是感温元件不直接与被测对象相接触，而是通过热辐射进行热交换，故可避免接触式测温法的缺点，具有较高的测温上限。非接触式测温法的热惯性小，可达 1ms，故便于测量运动物体的温度和快速变化的温度。

对应于两种测温方法，测温仪器也分为接触式和非接触式两大类。接触式测温仪器分为机械式温度计(包括膨胀式温度计和压力式温度计)和电气式温度计(包括电阻式温度计、热电式温度计、晶体管式温度计等)。非接触式测温仪器分为辐射温度计、亮度温度计和比色温度计，由于它们都是以热辐射为基础的，故也被统称为辐射温度计。

12.1.3　温标

由于测温原理和感温元件的形式很多，即使感受相同的温度，它们所提供的物理量的形式和变化量的大小也不相同。因此，为了给温度以定量的描述，并保证测量结果的精确性和一致性，需要建立一个科学的、严格的、统一的标尺，简称“温标”，是一种人为的规定，或者称为一种单位制。作为一个温标，应包含三个基本内容：第一，要确定选择一种物质(如水银、氢气等)，这些物质的冷热状态必须能够明显地反映客观物体(欲测物体)的温度变化，而且这种变化有复现性(这一步被称为选择“测温质”)。第二，要知道该测温质的哪些物理量随着温度的变化将产生某种预期的改变(这一步被称为确定“测温特性”)。例如，水银温度计是用水银做测温质，水银的体积随温度呈线性变化，这就是水银这种测温质的测温特性。第三，要选定该物理量的两个确定的数值作为参考点(也称为基准点)，进而规定划分温度间隔的方法。目前，使用的主要温标有摄氏温标(又称为百度温标)、华氏温标、热力学温标(又称开氏温标)及国际实用温标。

(1) 摄氏温标是用水银作为测温质，以在标准大气压下冰的熔点为零摄氏度(标以 0℃)，以水的沸点为100摄氏度(标以100℃)。他认定水银柱的长度随温度呈线性变化，在0℃和100℃之间均分成100等份，每一份就是一个单位，称作1摄氏度(℃)。

(2) 华氏温标也是用水银作为测温质，把冰、水、氯化铵和氯化钠的混合物的熔点定为零华氏度，以0℉表示，把冰的熔点定为32℉，把水的沸点定为212℉，在32～212的间隔内均分180等份，每一份就是一个单位，称作1华氏度(℉)。华氏温度和摄氏温度之间的关系为

$$F = \frac{9}{5}t + 32$$

式中，F 为华氏温度(℉)；t 为摄氏温度(℃)。

(3) 热力学温标也称为绝对温标或开尔文温标，它是根据卡诺循环定出来的，以卡诺循环的热量作为测定温度的工具，即热量起着测温质的作用。选取水的三相点温度(273.16K)作为唯一参考温度。热力学温标用符号 T 表示，单位为开尔文(K)。因为标准大气压(101325Pa)下水的凝固点为273.15K(注意与水的三相点温度不同)，而摄氏温标以这个温度为0℃，所以热力学温标与摄氏温标间有如下的关系：

$$T = t + 273.15$$

式中，T 为热力学温度(或称绝对温度)(K)。

热力学温标仅与热量有关，而与测温质无关，是一种理想温标。

(4) 国际实用温标是一个国际协议性温标，它与热力学温标相接近，而且复现精度高，使用方便。国际计量委员会在18届国际计量大会第七号决议中通过了1990年国际温标ITS-90，我国自1994年1月1日起全面实施ITS-90国际温标。ITS-90由0.65K向上到普朗克辐射定律使用单色辐射实际可测量的最高温度。ITS-90是这样制定的，即在全量程中，任何温度的 T_{90} 值非常接近于温标采纳时 T(热力学温标)的最佳估计值，与直接测量热力学温度相比，T_{90} 的测量要方便得多，而且更为精密，并具有很高的复现性。ITS-90规定：

第一温区为0.65～5.00K，T_{90} 由3He和4He的蒸气压与温度的关系式来定义；第二温区为3.0K到氖三相点(24.5661K)，T_{90} 是用氦气体温度计来定义的；第三温区为平衡氢三相点(13.8033K)到银的凝固点(961.78℃)，T_{90} 是由铂电阻温度计来定义的，它使用一组规定的固定温度点及利用内插法来分度。

银凝固点(961.78℃)以上的温区，T_{90} 是按普朗克辐射定律来定义的，复现仪器为光学高温计。

12.2　热电偶测温传感器

12.2.1　热电偶测温原理

热电偶在温度测量中应用极为广泛，它构造简单，使用方便，具有较高的准确度，且温度测量范围宽。常用的热电偶可测温度范围为–50～1600℃。若配用特殊材料，其可测温度范围可扩大为–180～2000℃。

1. 热电效应

热电偶的基本工作原理是基于物体的热电效应。由 A、B 两种不同的导体两端相互紧密地连接在一起，组成一个闭合回路，如图 12-2-1 所示。当两结点温度不等($T>T_0$)时，回路中就会产生电势，从而形成电流，这一现象称为热电效应，该电动势称为热电势。

热电势的大小与两种导体材料的性质及结点温度有关。组成闭合回路的 A、B 两导体称为热电极。两个结点，一个称工作端或热端(T)，测温时将它置于被测温度场中。另一个称为自由端(也称参考端)或冷端(T_0)，工作时将冷端置于某一恒定温度。由这两种不同导体组合并将温度转换成热电势的传感器称为热电偶。

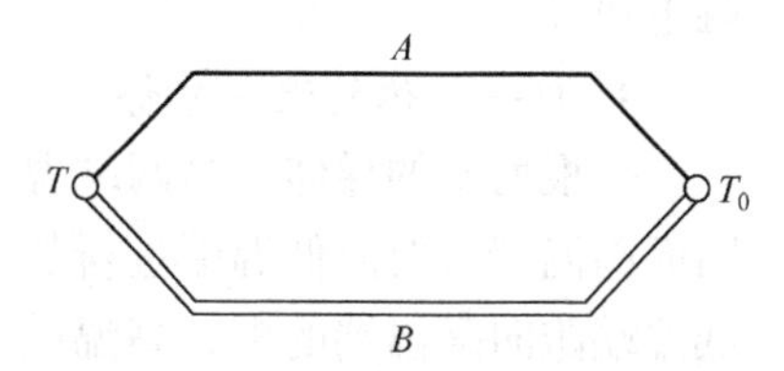

图 12-2-1　热电偶结构原理

热电偶产生的热电势是由两种导体的接触电势(也称珀尔贴电势)和单一导体的温差电势(也称汤姆逊电势)所组成的。

2. 接触电势

导体中都有大量自由电子，材料不同则自由电子的浓度不同。当两种不同的导体 A、B 连接在一起，在 A、B 的接触处就会发生电子扩散。设导体 A 的自由电子浓度大于导体 B 的自由电子浓度，那么在单位时间内，由导体 A 扩散到导体 B 的电子数要比导体 B 扩散到导体 A 的电子数多，这时导体 A 因失去电子而带正电，导体 B 因得到电子而带负电，于是在接触处便形成了电位差，该电位差称作接触电势，如图 12-2-2(a)所示。该电势将阻碍电子的进一步扩散，当电子扩散能力与电场的阻力平衡时，接触处的电子扩散就达到了动态平衡，接触电势也就达到一个稳态值。接触电势的大小与两导体材料的性质和接触点的温度有关，其数量级为 10^{-2}～10^{-3}V。两导体两端接触电势用符号 $e_{AB}(T)$和 $e_{AB}(T_0)$表示。其数学表达式由物理学可知：

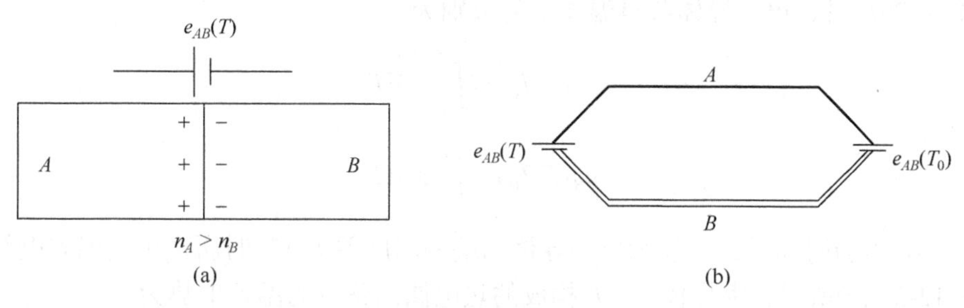

图 12-2-2　接触电势

$$\mathrm{e}_{AB}(T)=\frac{kT}{e}\ln\frac{n_A}{n_B} \tag{12-2-1}$$

$$e_{AB}(T_0)=\frac{kT_0}{e}\ln\frac{n_A}{n_B} \tag{12-2-2}$$

式中，k 为玻尔兹曼常量；T、T_0 为两结点处的绝对温度；n_A、n_B 为材料 A、B 的自由电子浓度；e 为电子电荷量。

因 $e_{AB}(T)$ 与 $e_{AB}(T_0)$ 方向相反，如图 12-2-2(b)所示，故回路中的总接触电势为

$$\begin{aligned}e_{AB}(T)-e_{AB}(T_0)&=\frac{kT}{e}\ln\frac{n_A}{n_B}-\frac{kT_0}{e}\ln\frac{n_A}{n_B}\\&=\frac{k}{e}(T-T_0)\ln\frac{n_A}{n_B}\end{aligned} \tag{12-2-3}$$

由式(12-2-3)可以看出，热电偶回路中的接触电势只与导体 A、B 的性质和两接触点的温度有关。如果两接触点温度相同，即 $T=T_0$，尽管两接触点处都存在接触电势，但回路中总接触电势等于零。

3. 单一导体的温差电势

一根均质的导体，当两端温度不同时，由于高温端的电子能量比低温端的电子能量高，因而高温端就要向低温端进行热扩散，表现为导体内高温端的自由电子跑向低温端的数目比低温端跑向高温端的多，高温端因失去电子而带正电，低温端因获得多余电子而带负电，因此，在导体两端便形成电位差，该电位差称为温差电势，如图 12-2-3(a)所示。该电势将阻止电子从高温端跑向低温端，同时它加速电子从低温端跑向高温端，直至动态平衡，此时温差电势达到稳态值。温差电势一般比接触电势小得多，其数量级约为 10^{-5}V。

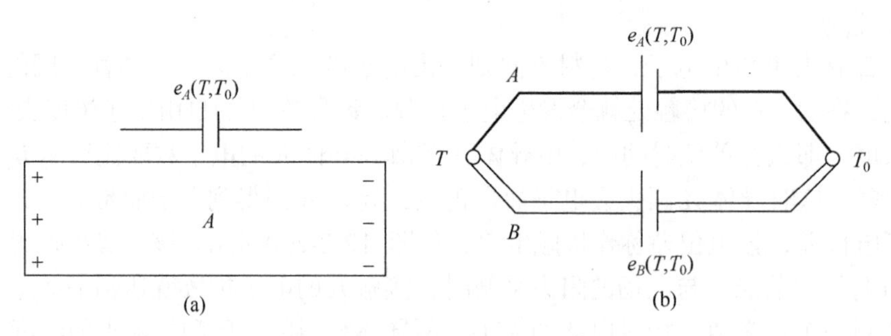

图 12-2-3　单一导体温差电势

温差电势的大小与导体材料和导体两端的温度差有关。若导体 A、B 两端温度分别为 T 和 T_0，并且 $T>T_0$ 时，单一导体各自温差电势分别为

$$e_A(T,T_0)=\int_{T_0}^{T}\sigma_A\mathrm{d}T \tag{12-2-4}$$

$$e_B(T,T_0)=\int_{T_0}^{T}\sigma_B\mathrm{d}T \tag{12-2-5}$$

式中，σ_A、σ_B 为汤姆孙系数，表示单一导体两端的温度差为 1℃时所产生的温差电势。

如图 12-2-3(b)所示，由导体 A、B 构成的热电偶回路总的温差电势为

$$e_A(T,T_0)-e_B(T,T_0)=\int_{T_0}^{T}(\sigma_A-\sigma_B)\mathrm{d}T \tag{12-2-6}$$

由式(12-2-3)、式(12-2-6)得出由 A、B 两导体组成的热电偶回路有两个接触电势和两个温差电势，如图 12-2-4 所示。其总热电势为

$$E_{AB}(T,T_0)=e_{AB}(T)-e_{AB}(T_0)-e_A(T,T_0)+e_B(T,T_0)$$
$$=\frac{k}{e}(T-T_0)\ln\frac{n_A}{n_B}-\int_{T_0}^{T}(\sigma_A-\sigma_B)\mathrm{d}T \tag{12-2-7}$$

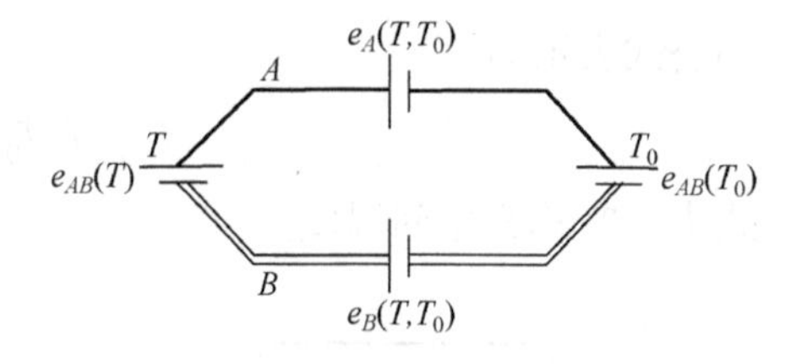

图 12-2-4　势电偶回路中各热电势

对式(12-2-7)变换如下：

$$E_{AB}(T,T_0)=\left[e_{AB}(T)-\int_0^T(\sigma_A-\sigma_B)\mathrm{d}T\right]-\left[e_{AB}(T_0)-\int_0^{T_0}(\sigma_A-\sigma_B)\mathrm{d}T\right]$$
$$=E_{AB}(T)-E_{AB}(T_0) \tag{12-2-8}$$

由上述分析可得：

(1) 如果构成热电偶的两个热电极材料相同，即使两结点温度不同，热电偶回路内的总热电势为零，因此，热电偶必须采用两种不同材料作为热电极。

(2) 如果热电偶两结点温度相等，由于 $T=T_0$，尽管导体 A、B 的材料不同，热电偶回路内的总热电势也为零，因而热电偶的热端和冷端两个结点必须具有不同的温度。

既然热电偶回路的热电势 $E_{AB}(T, T_0)$与两导体材料及两结点温度 T、T_0 有关，当材料确定后，回路的热电势就是两个结点温度函数之差，即

$$E_{AB}(T,T_0)=f(T)-f(T_0) \tag{12-2-9}$$

当自由端温度 T_0 固定不变时，即 $f(T_0)=C$(常数)，此时 $E_{AB}(T, T_0)$就是工作端温度 T 的单值函数，即

$$E_{AB}(T,T_0)=f(T)-C=\phi(T) \tag{12-2-10}$$

式(12-2-10)在实际测温中得到广泛应用。

应该指出，在实际测量中不可能，也没有必要单独测量接触电势和温差电势，而只需用仪表测出总热电势，由于温差电势与接触电势相比较，其值甚小，故在工程技术中认为热电势近似等于接触电势。

实用中，当测出总热电势后如何来确定温度值呢？通常不是利用公式计算，而是用查热电偶分度表的方法来确定。分度表是将自由端温度保持为 0℃，通过实验建立起来的热电势与温度之间的数值对应关系。热电偶测温完全是建立在利用实验热特性和一些热电定律的基础上。下面引述几个常用的热电定律。

12.2.2　热电偶的基本定律

1. 中间温度定律

热电偶 AB 的热电势仅取决于热电偶的材料和两个结点的温度，而与温度沿热电极的分布以及热电极的尺寸和形状无关。

如热电偶 AB，两结点的温度分别为 T、T_0 时所产生的热电势，等于热电偶 AB 两结点温度为 T、T_n 与热电偶 AB 两结点温度为 T_n、T_0 时所产生的热电势的代数和，如图 12-2-5 所示。

用公式表示为

$$E_{AB}(T,T_0)=E_{AB}(T,T_n)+E_{AB}(T_n,T_0) \tag{12-2-11}$$

式中，T_n称为中间温度。

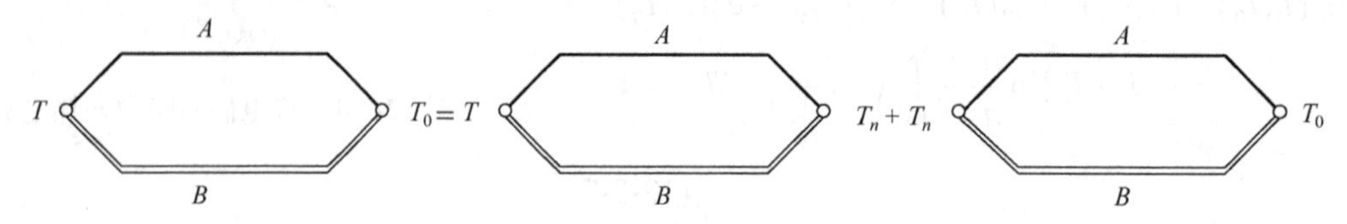

图 12-2-5　中间温度定律

中间温度定律为制定热电偶分度表奠定了理论基础。根据中间温度定律，只需要列出自由端温度为 0℃时各工作端温度与热电势的关系表。若自由端温度不是 0℃时，此时所产生的热电势就可按式(12-2-11)计算。

2. 中间导体定律

在热电偶测温过程中，必须在回路中引入测量导线和仪表。当接入导线和仪表后会不会影响热电势的测量呢？中间导体定律说明，在热电偶 AB 回路中，只要接入的第三导体两端温度相同，则对回路的总热电势没有影响。下面看两种接法。

(1) 在热电偶 AB 回路中，断开参考结点，接入第三种导体 C，只要保持两个新结点 AC 和 BC 的温度仍为参考结点温度 T_0，如图 12-2-6(a)所示，根据热电偶的热电势等于各结点热电势的代数和，即

$$E_{ABC}(T,T_0)=E_{AB}(T)+E_{BC}(T_0)+E_{CA}(T_0) \tag{12-2-12}$$

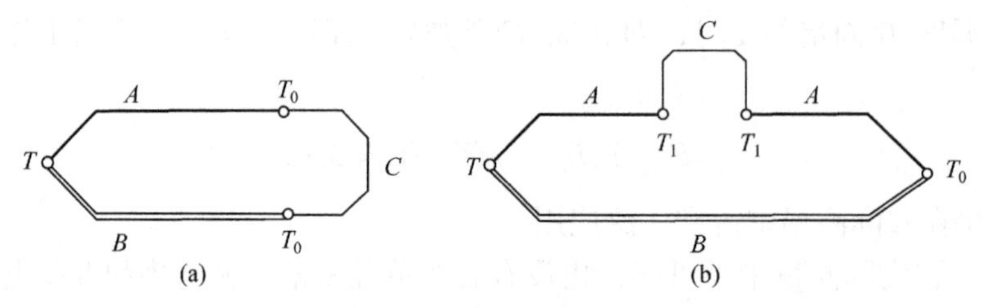

图 12-2-6　热电偶接入中间导体的回路

如果回路中各结点温度相等均为 T_0，则回路中的总热电势应等于零，即

$$E_{AB}(T_0)+E_{BC}(T_0)+E_{CA}(T_0)=0$$

或

$$E_{BC}(T_0)+E_{CA}(T_0)=-E_{AB}(T_0) \tag{12-2-13}$$

将式(12-2-13)代入式(12-2-12)中得

$$E_{ABC}(T,T_0)=E_{AB}(T)-E_{AB}(T_0)=E_{AB}(T,T_0) \tag{12-2-14}$$

由式(12-2-14)可看出，接入中间导体 C 后，只要导体 C 的两端温度相同，就不会影响回路的总热电势。

(2) 热电偶 AB 回路中，将其中一个导体 A 断开，接入导体 C，如图 12-2-6(b)所示，在导体 C 与导体 A 的两个结点处保持相同温度 T_1，根据同样的道理可证明：

$$E_{ABC}(T,T_0,T_1)=E_{AB}(T,T_0) \tag{12-2-15}$$

上面两种接法分析都在热电偶回路中接入了中间导体，只要中间导体两端的温度相同，就不会影响回路的总热电势。若在回路中接入多种导体，只要每种导体两端温度相同也可以得到同样的结论。

3. 标准电极定律

当热电偶回路的两个结点温度为 T、T_0 时，用导体 AB 组成热电偶的热电势等于热电偶 AC 和热电偶 CB 的热电势的代数和，即

$$E_{AB}(T,T_0)=E_{AC}(T,T_0)+E_{CB}(T,T_0)=E_{AC}(T,T_0)-E_{BC}(T,T_0) \tag{12-2-16}$$

该定律也可用图 12-2-7 表示。

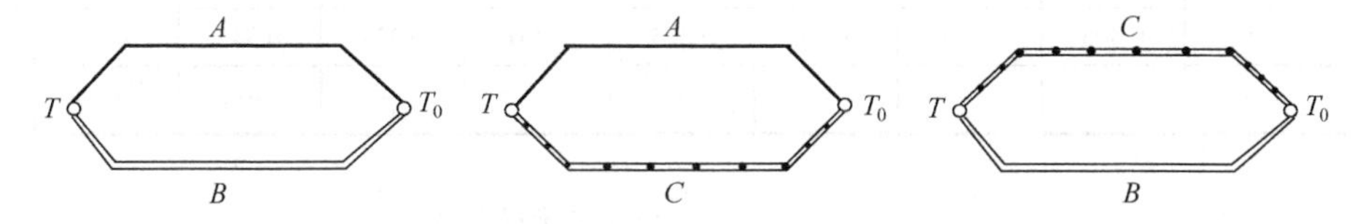

图 12-2-7　标准电极定律

导体 C 称为标准电极，这一规律称为标准电极定律。标准电极 C 通常采用纯铂丝制成，因为铂的物理、化学性能稳定，易提纯，熔点高。如果已求出各种热电极对铂极的热电势值，就可以用标准电极定律求出其中任意两种材料配成热电偶后的热电势值，这就大大简化了热电偶的选配工作。

12.2.3　热电偶的误差及补偿措施

1. 热电偶冷端误差及其补偿

由式(12-2-8)可知，热电偶 AB 闭合回路的总热电势 $E_{AB}(T, T_0)$是两个结点温度的函数。但是，通常要求测量的是一个热源的温度，或两个热源的温度差。为此，必须固定其中一端(冷端)的温度，其输出的热电势才是测量端(热端)温度的单值函数。工程上广泛使用的热电偶分度表和根据分度表刻画的测温显示仪表的刻度，都是根据冷端温度为 0℃来制作的，则测得的热电势值，通过查相应的分度表，即可得到准确的温度值。按热电偶电极材料的不同，热电偶可分为铂铑$_{10}$-铂(S 型)、铂铑$_{30}$-铂铑$_6$(B 型)、镍铬-镍硅(K 型)、镍铬-康铜(E 型)等，表 12-2-1 所示为铂铑$_{10}$-铂热电偶分度表的一部分。

例 12-2-1　将一支铬镍-康铜热电偶与电压表相连，电压表接线端是 50℃，若电位计上读数是 60mV，问热电偶热端温度是多少？该热电偶的灵敏度为 0.08mV/℃。

解析　热电偶的优点是尺寸小，可用来测量局部位置的温度，测量范围宽，可以测量 −250～2600℃范围的温度，但热电偶能直接输出的电压一般很小，只有 mV 级。

由题意，温度为 50℃时热电偶输出=4mV，以参考温度 0℃为基础时的热电偶输出为 60+4=64(mV)，热电偶热端温度为 $50+\dfrac{64}{0.08}=850℃$ 。

但在实际测量中，热电偶的两端距离很近，冷端温度将受热源温度或周围环境温度的影响，并不为 0℃，而且也不是一个恒值，因此将引入误差。为了消除或补偿这个误差，常采用以下几种补偿方法。

表 12-2-1　铂铑$_{10}$-铂热电偶(S 型)分度表(部分)

测量端温度/℃	0	1	2	3	4	5	6	7	8	9
	热电动势/mV									
…	…	…	…	…	…	…	…	…	…	…
0	0.000	0.005	0.011	0.016	0.022	0.027	0.033	0.038	0.044	0.050
10	0.055	0.061	0.067	0.072	0.078	0.084	0.090	0.095	0.101	0.107
20	0.113	0.119	0.125	0.131	0.137	0.142	0.148	0.154	0.161	0.167
30	0.173	0.179	0.185	0.191	0.197	0.203	0.210	0.216	0.222	0.228
40	0.235	0.241	0.247	0.254	0.260	0.266	0.273	0.279	0.286	0.292
50	0.299	0.305	0.312	0.318	0.325	0.331	0.338	0.345	0.351	0.358
…	…	…	…	…	…	…	…	…	…	…

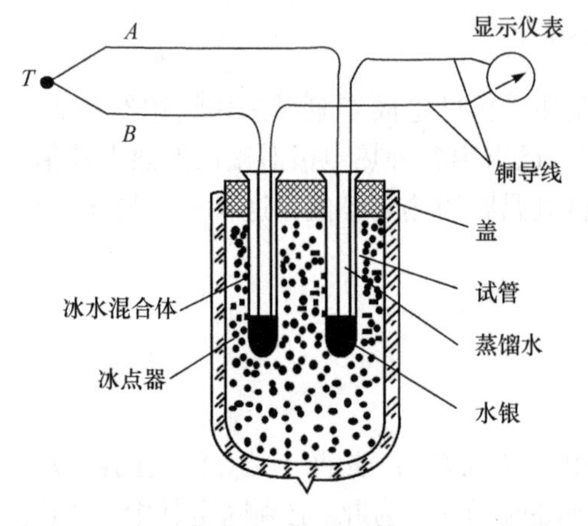

图 12-2-8　冰点槽

1) 0℃恒温法

将热电偶的冷端保持在 0℃容器内。图 12-2-8 是一个简单的冰点槽。为了获得 0℃的温度条件，一般用纯净的水和冰混合，在一个大气压下冰水共存时，它的温度即 0℃。

冰点法是一种准确度很高的冷端处理方法，但使用起来比较麻烦，需保持冰水两相共存，故只适用在实验室使用，对于工业生产现场使用极不方便。

2) 修正法

在实际使用中，热电偶冷端保持 0℃比较麻烦，但将其保持在某一恒温下，置热电偶冷端在一个恒温箱内还是可以做到的。此时，可以采用冷端温度修正方法。

根据中间温度定律：$E_{AB}(T,T_0)=E_{AB}(T,T_n)+E_{AB}(T_n,T_0)$，当冷端温度 T_n 为某一个非 0℃的恒定值时，由冷端温度引入的误差值 $E_{AB}(T_n,T_0)$ 是一个常数，且可以由分度表上查得其电势值。将测得的热电势值 $E_{AB}(T,T_n)$ 加上 $E_{AB}(T_n,T_0)$ 值，就可获得冷端温度 $T_0=0$ ℃时的热电值 $E_{AB}(T,T_0)$，经查热电偶分度表，即可得到被测热源的真实温度 T。

3) 补偿电桥法

测温时若保持冷端温度为某一恒温也有困难，可采用电桥补偿法。利用不平衡电桥产生的电势来补偿热电偶因冷端温度变化而引起的热电势变化值，如图 12-2-9 所示。E 是电桥的电源，R 为限流电阻。

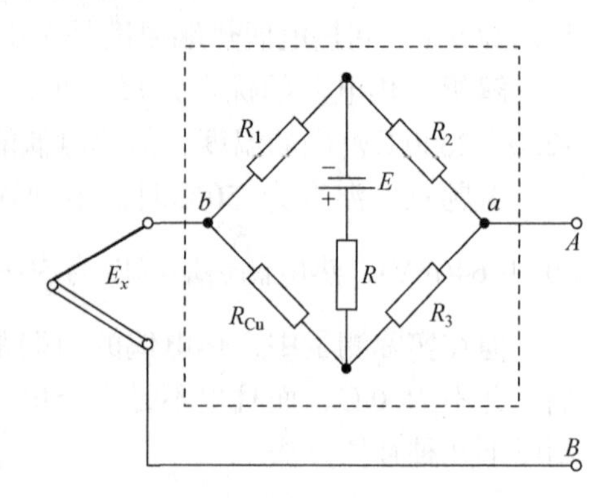

图 12-2-9　冷端温度补偿电桥

补偿电桥与热电偶冷端处于相同的环境温度下，其中三个桥臂电阻用温度系数近于零的锰铜绕制。使 $R_1=R_2=R_3$，另一桥臂为补偿桥臂，用铜导线绕制。使用时选取 R_{Cu} 的阻值，使电桥处于平衡状态，电桥输出 $U_{ab}=0$。当冷端温度升高时，补偿桥臂 R_{Cu} 阻值增大，电桥失去平衡，电桥输出随之增大。而热电偶的热电势 E_x 由于冷端温度的升高而减小，若电桥输出值的增大量 U_{ab} 等于热电偶电势的减少量 ΔE_x，则总输出值 $U_{AB}=E_x+U_{ab}$，就不随着冷端温度的变化而变化。

在有补偿电桥的热电偶电路中，若冷端温度为 20℃时，补偿电桥处于平衡，只要在回路中加入相应的修正电压，或调整指示装置的起始位置，就可达到完全补偿的目的。准确测出冷端为 0℃时的输出。

4) 延引热电极法

当热电偶冷端离热源较近，受其影响使冷端温度在很大范围内变化时，则直接采用冷端温度补偿法将很困难，此时采用延引热电极法。将热电偶输出的电势传输到 10m 以外的显示仪表处，也就是将冷端移至温度变化比较平缓的环境中，再采用上述的补偿方法进行补偿。补偿导线可选用直径粗、导电系数大的材料制作，以减小补偿导线的电阻的影响。对于廉价热电偶，可以采用延长热电极的方法。采用的补偿导线的热电特性和工作热电偶的热电特性相近。补偿导线产生的热电势应等于工作热电偶在此温度范围内产生的热电势，$E_{AB}(T_0',T_0)=E_{A'B'}(T_0',T_0)$，如图 12-2-10 所示，这样测量时，将会很方便。

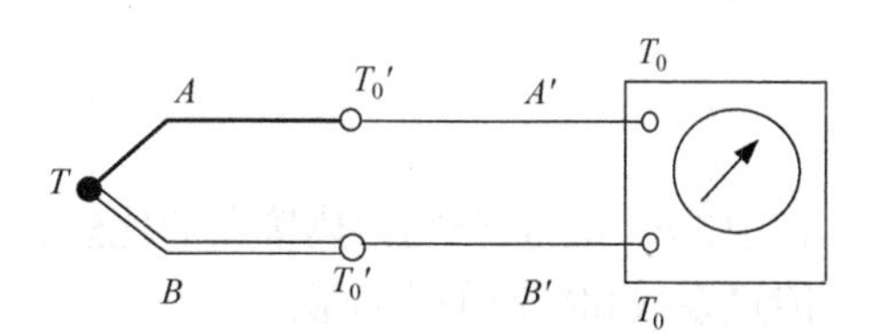

图 12-2-10　延引热电极法

2. 热电偶的动态误差及时间常数

我们知道，任何测温仪表由于质量与热惯性，其指示温度都不是被测介质温度变化的瞬时值，而是有一个时间滞后，热电偶测温也不例外。当用热电偶测某介质温度时，被测介质某瞬时的温度为 T_g，而热接点的温度为 T，两者之差称为热电偶的动态误差$\Delta T=T_g-T$，动态误差值取决于热电偶的时间常数τ和热接点温度随时间的变化率 $\frac{\mathrm{d}T}{\mathrm{d}t}$ 的值。可用下列公式表示：

$$T_g-T=\tau\frac{\mathrm{d}T}{\mathrm{d}t}\tag{12-2-17}$$

已知某热电偶测温示值随时间的变化曲线如图 12-2-11 所示，若想求得任一瞬时被测介质的温度，只要求出曲线在该时刻的斜率，乘以该热电偶的时间常数即可得到动态误差值 $\Delta T=\tau\frac{\mathrm{d}T}{\mathrm{d}t}$。用该瞬时的动态误差来修正热电偶指示值，即可得到该瞬时的被测介质温度。

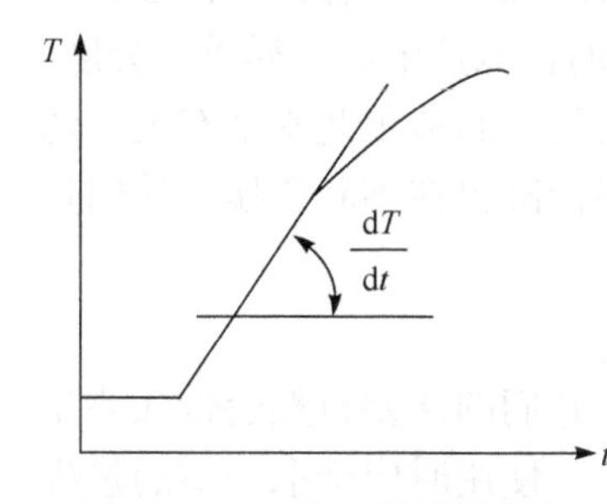

图 12-2-11　热电偶测温曲线

$$T_g=T+\Delta T=T+\tau\frac{\mathrm{d}T}{\mathrm{d}t}$$

实用中，热电偶的时间常数可由测温曲线求得。将式(12-2-17)变换为

$$\frac{1}{T_g-T}\mathrm{d}T=\frac{1}{\tau}\mathrm{d}t$$

在初始条件为 $t=0$ 时，热接点的温度等于热电偶的初始温度，即 $T=T_0$，对上式进行积分得

$$T_g - T = (T_g - T_0)\mathrm{e}^{-t/\tau} \tag{12-2-18}$$

或

$$T - T_0 = (T_g - T_0)(1 - \mathrm{e}^{-t/\tau}) \tag{12-2-19}$$

当 $t = \tau$ 时，有

$$T - T_0 = (T_g - T_0) \times 0.632 \tag{12-2-20}$$

式(12-2-20)表明，无论热电偶的初始温度 T_0 和被测温度 T_g 为何值，即无论温度的阶跃 $(T_g - T_0)$ 有多大，只要经过 $t = \tau$，其温度示值 $(T - T_0)$ 总是升高整个阶跃的 63.2%，所以 τ 是热电偶的时间常数。实用中，只要求得测温曲线 63.2%处的时间值，即可知道该热电偶的时间常数值 τ。一般

$$\tau = \frac{c\rho V}{\alpha A_0} \tag{12-2-21}$$

式中，c、ρ、V 分别为热接点的比热、密度、容积；α、A_0 分别为热接点与被测介质间的对流传热系数和接触的表面积。

由式(12-2-21)可知，时间常数 τ 不仅取决于热接点的材料性质和结构参数，而且还随被测介质的工作情况而变，所以，不同的热电偶其时间常数是不同的。

欲减小动态误差，必须减小时间常数。可减小热接点直径，使其容积减小，传热系数增大，或增大热接点与被测介质接触的表面积，将球形热接点压成扁平状，体积不变而使表面积增大，用这些方法，可减小时间常数，改善动态响应，减小动态误差。当然，这种减小时间常数的方法有一定限制，否则会产生机械强度低、使用寿命短、制造困难等问题。实用中，可在热电偶测温系统中引入与热电偶传递函数的倒数近似的 RC 和 RL 网络，实现动态误差实时修正。

3. 热电偶的其他误差

1) 分度误差

工业上常用的热电偶分度，都是按标准分度表进行的。但实用的热电偶特性与标准的分度表并不完全一致，这就带来了分度误差，即使对其像非标准化的特殊热电偶一样单独分度，也会有分度误差，这种分度误差是不可避免的。它与热电极的材料与制造工艺水平有关。随着热电极材料的不断发展和制造工艺水平的提高，热电偶分度表标准也在不断更换，使用热电偶时应注意与其配套。

2) 仪表误差及接线误差

用热电偶测温时，必须有与之配套的仪表进行显示或记录。它们的误差自然会带入测量结果，这种误差与所选仪表的精度及仪表的最大、最小量程有关。使用时应选取合适的量程与仪表精度。

热电偶与仪表之间的连线，应选取电阻值小，而且在测量过程中保持常值的导线，以减小其对热电偶测温的影响。

3) 干扰和漏电误差

热电偶测温时，由于周围电场和磁场的干扰，往往会造成热电偶回路中的附加电势，引起测量误差，常用冷端接地或加屏蔽等方法加以消除。

不少绝缘材料随着温度升高而绝缘电阻值下降，尤其在 1500℃以上的高温时，其绝缘性

能显著变坏，可能造成热电势分流输出。有时也会有被测对象所用电源电压泄漏到热电偶回路中的现象，这些都能造成漏电误差，所以在测高温时一定要选取绝缘性能良好的热电偶。

另外，热电偶定期校验是很重要的工作。因为，热电偶在使用过程中，尤其在高温作用下会不断地受到氧化、腐蚀等，而引起热特性的变化，使测量误差扩大，因此需要对热电偶定期校验，经校验后精度合格的热电偶才能再次投入使用。

12.2.4　常用热电偶结构及特性

1. 常用热电偶的特性

虽然说许多金属相互接合组成回路都会产生热电效应，但是能做成适于测温的实用热电偶的为数不多。目前常用的热电偶种类及其特性如表 12-2-2 所示。

表 12-2-2　常用热电偶种类及性质

热电偶名称	分度号		热电材料		使用温度/℃		适用环境	特点
	新	旧	极性	成分	长期	短期		
铂铑$_{10}$-铂	S	LB-3	+	10%Rh，其余 Pt	1～1400	0～1600	可以在氧化性及中性气氛中长期使用，不能在还原性及含有金属或非金属蒸气的气氛中使用	热电性能稳定，测温精度高，宜制作标准热电偶，测温范围广，热电势率低，价格较贵
			−	100%Pt				
铂铑$_{30}$-铂铑$_{6}$	B	LL-2	+	30%Rh，其余 Pt	0～1600	0～1800	同上	热电势率比上述更低，当冷端温度低于 50℃时，所产生的热电势很低，可不考虑冷端误差
			−	6%Rh，其余 Pt				
镍铬-镍硅(铝)	K	EU-2	+	9%～10 % Cr，4%Si，其余 Ni	0～1000	0～1300	适用于氧气氛，耐金属蒸气，不耐还原性气氛	热电势高，热电特性近于线性，性能稳定，复制性好，价格便宜，精度次于铂铑$_{10}$—铂，作测量和二级标准
			−	2.5%～3%Si，其余 Ni				
镍铬-康铜	E	EA-2	+	同 EU-2	0～600	0～800	同上	热电势高，特性线性，价格便宜，测温范围较窄，作测量用
			−	56%～57%Cu，其余 Ni				
铁-康铜	J	TK	+	100% Fe	−200～600	−200～800	适用于还原性气氛(对氢、一氧化碳也稳定)	价兼，热电势高，线性好，均匀性差，易生锈，用于测低温
			−	55%Cu，其余 Ni				
铜-康铜	T	CK	+	100%Cu，同 TK	−200～300	−200～350	同上	价廉，低温性能好，均匀性好
			−					
钨铼$_{5}$-钨铼$_{26}$			+	5%Re，其余 W	0～2400	0～3000	适用于高温测量和还原性气氛、惰性气体、氢气	热电势高，作高温测量
			−	26%Re，其余 W				
铱-铱铑$_{40}$			+	100%Ir	1100～2000	1100～2100	适用于真空和惰性气体	可作高温测量，但热电势稍低，特性难一致，非常脆，价格贵
			−	40%Rh，其余 Ir				
铜-金钴			+	100%Cu	−269.15～−173.15			低温特性好，可测的温度低达 0K，不宜作常温以上温度的测量
			−	97.89%Au，2.11%Co				
铬镍-金铁$_{0.07}$			+	Ni，Cr	−272.15～26.85			在低温区，热电势极稳定，热电势高
			−	99.03%Au，0.07%Fe				

2. 热电偶结构

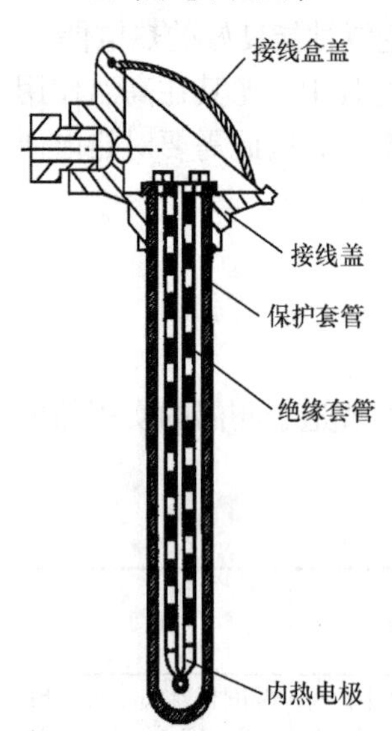

图 12-2-12　普通热电偶结构示意图

热电偶能直接进行温度-电势转换，而且体积小、测量范围广，因此，获得了广泛的应用。其结构形式也很多，除普通型外，还有铠装(也称缆式)热电偶、薄膜热电偶等。在辐射检测中，采用多个热电偶组成热电堆，构成热量型检测器，实现将辐射热转换为相应的电信号。

1) 普通热电偶

工业上常用的普通热电偶已做成标准形式，其结构如图 12-2-12 所示，由热电极、绝缘套管、保护套管、接线盒和盒盖组成。常用于测量气体、蒸汽和各种液体等介质的温度。根据测量温度范围来选取不同型号的热电量。

2) 铠装热电偶

铠装热电偶又称缆式热电偶，是由热电极、绝缘材料和金属保护套组成的，其结构比较特殊，可做得很细、很长，可以弯曲。其外径为 1～3mm，热电极直径为 0.2～0.8mm。铠装热电偶种类繁多，可做成单芯、双芯和四芯。主要特点是测量端热容量小、动态响应快、挠性好、强度高。根据测量温度和环境，可选用不同形式的测量端。其测量端的形式可分为：碰底型，不碰底型，露头型，帽型等，如图 12-2-13 所示。

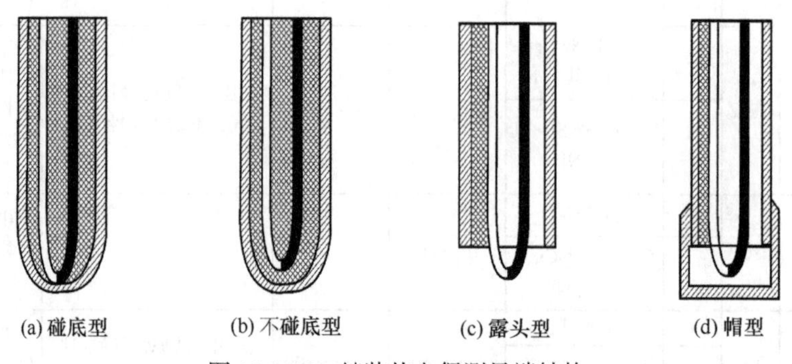

图 12-2-13　铠装热电偶测量端结构

3) 薄膜热电偶

薄膜热电偶结构可分为片状、针状等形式。常用的片状低温热电偶，其外形与应变片相似，测温范围为–200～300℃。由热电极、衬底和接头夹组成。采用真空蒸镀(或真空溅射)、化学涂层和电镀等工艺制成。因镀层很薄(厚度可达 0.01～0.1μm)，测表面温度时不影响被测表面的温度分布，其本身热容量小，故动态响应快，适合测量微小面积的瞬时变化的温度，是一种理想的表面测温热电偶。此外，若将热电极直接蒸镀在被测表面而构成的热电偶，更是一种响应快、时间常数可达微秒级的更加理想的表面测温热电偶。

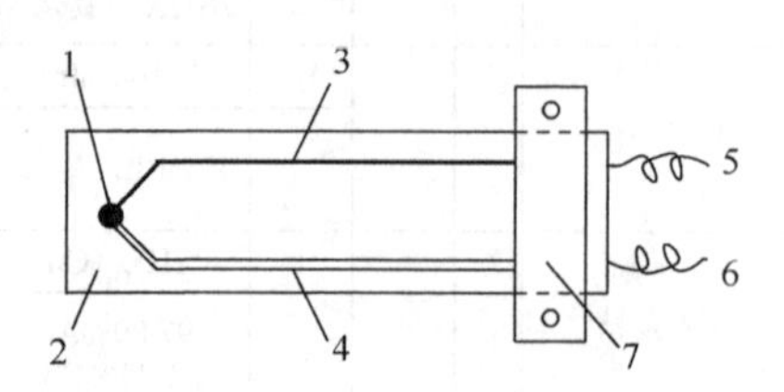

图 12-2-14　铁-镍片状薄膜热电偶

1—测量端接点；2—基底；3—铁膜；4—镍膜；5—铁丝；6—镍丝；7—接头夹具

图 12-2-14 所示为铁-镍片状薄膜热电偶。它的热

电极由铁膜、镍膜组成，厚度为 3～6μm，测温范围为 0～300℃，时间常数为 0～0.01s。

12.2.5　热电偶测温线路

热电偶测温时，与其配套的仪表有动圈式仪表、自动电子电位差计、示波器和数字式测温仪表以及自动记录仪表等。

在测温准确度要求不高的场合，可用动圈式仪表(如毫伏表)直接与热电偶连接，如图 12-2-15 所示。这种连接方式简单、价格便宜，但需注意的是仪表中流过的电流不仅与热电偶的热电势大小有关，而且还与测温回路的总电阻有关，因此要求测温回路总电阻为恒定值，即

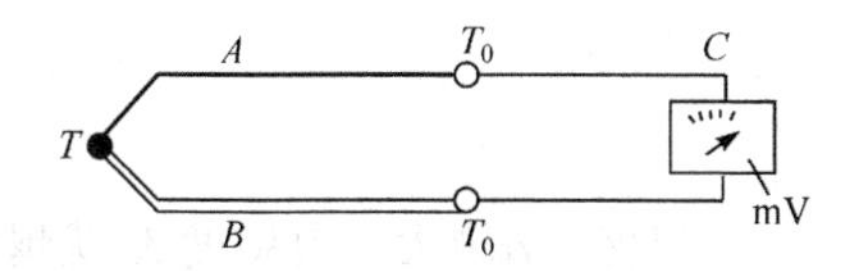

图 12-2-15　热电偶测温线路

$$R_T + R_L + R_G = 常量 \tag{12-2-22}$$

式中，R_T 为热电偶电阻；R_L 为连接导线电阻；R_G 为指示仪表电阻。

有时为了提高灵敏度，也可采用若干个同型号的热电偶，在冷端和热端保持温度为 T_0 和 T 的情况下串联使用，如图 12-2-16 所示。显然，这种线路的总热电势为单支热电偶热电势的 n 倍，即

$$E_G = E_1+E_2+\cdots+E_n = nE \tag{12-2-23}$$

这种线路使灵敏度提高，相对误差减小，但由于元件增多，若其中一个热电偶断路，则整个线路不能工作。

如果被测介质面积较大，也可采用若干个同型号的热电偶并联使用，如图 12-2-17 所示。该测温线路可测出各点温度的算术平均值。其缺点是其中某一热电偶断路时，不能及时发现。

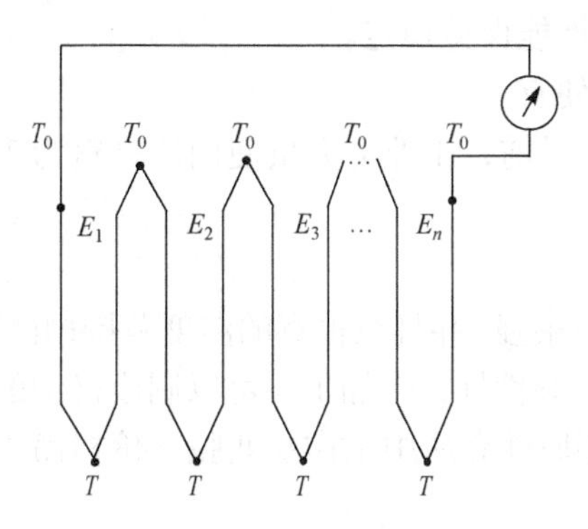

图 12-2-16　热电偶串联测温线路

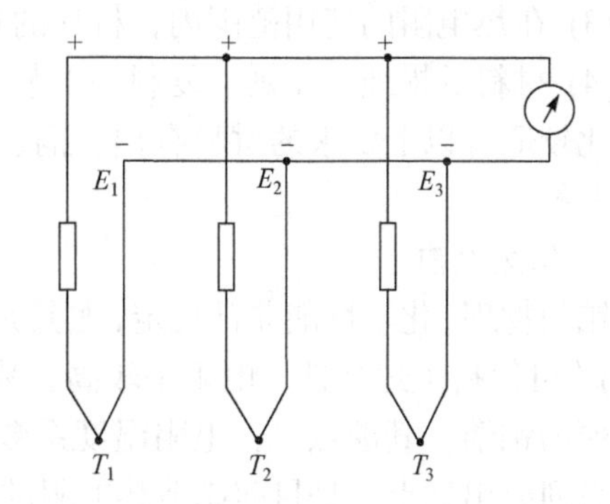

图 12-2-17　热电偶并联测温线路

12.3　热电阻式传感器

12.3.1　热电阻测温原理

物质的电阻率随温度变化而变化的物理现象称为热电阻效应。大多数金属导体的电阻随温度的升高而增加，电阻增加的原因可用其导电机理说明。在金属中参加导电的为自由电子，当温度升高时，虽然自由电子数目基本不变(当温度变化范围不是很大时)，但是，每个自由电子的动能将增加。因此，在一定的电场作用下，要使这些杂乱无章的电子做定向运动就会遇

到更大的阻力，导致金属电阻随温度的升高而增加，其变化关系可由式(12-3-1)表示：

$$R_1 = R_0[1 + \alpha(t - t_0)] \tag{12-3-1}$$

式中，R_1、R_0为分别为热电阻在t℃和t_0℃时的电阻值；α为热电阻的电阻温度系数(℃$^{-1}$)。

从式(12-3-1)可见，只要α保持不变(常数)，则金属电阻R_1将随温度线性地增加，其灵敏度K为

$$K = \frac{1}{R_0}\frac{\mathrm{d}R_t}{\mathrm{d}t} = \alpha \tag{12-3-2}$$

显然，α越大，灵敏度K就越大，纯金属的电阻温度系数α为0.3%～0.6%℃$^{-1}$。

但是，绝大多数金属导体，α并不是一个常数，它是随着温度的变化而变化的，只能在一定的温度范围内，把它近似地看作一个常数。不同的金属导体，α保持常数所对应的温度范围不相同，而且这个范围均小于该导体能够工作的温度范围。

根据热电阻效应制成的传感器为热电阻传感器，简称热电阻。热电阻按材料不同，可分为金属热电阻(一般称热电阻)和半导体热电阻(一般称热敏电阻)两大类。

12.3.2 金属测温电阻器

金属测温电阻器是由测温敏感元件——热电阻、引出线、绝缘套管和接线盒等部件组成的，其中热电阻是测温电阻器的主要部件。热电阻的材料应满足如下要求：

(1) 电阻温度系数α要大并且希望保持常数。α越大，热电阻的灵敏度越高。纯金属的α比合金的高，所以一般采用纯金属作热电阻元件。

(2) 电阻率ρ尽可能大，以便在相同灵敏度下减小热电阻的体积，减小热惯性。

(3) 在热电阻的使用范围内，材料的物理、化学性能保持稳定。

(4) 材料的提纯、压延、复制等工艺性好，价格便宜。

比较适合以上要求的材料有铂、铜、铁和镍等。目前，工业上大量使用的材料为铂、铜和镍三种。

1. 铂热电阻

铂的物理、化学性能非常稳定，尤其是耐氧化能力很强，并且在很宽的温度范围内(1200℃以下)均可保持上述特性。电阻率较高，易于提纯，复制性好，易加工，可以制成极细的铂丝或极薄的铂箔。其缺点是：电阻温度系数较小，在还原性介质中工作易变脆，价格昂贵。铂有一系列突出优点，是目前制造热电阻的最好材料。

铂热电阻在国际实用温标IPTS-68和IPTS-90中都有重要的作用。在IPTS-68中，规定在−259.34～630.74℃温度范围内，以铂热电阻作为标准仪器，传递从13.81～903.89K温度范围内国际实用温标；而在ITS-90中，规定从平衡氢三相点(13.8033K)到银凝固点(961.78℃)之间，T_{90}由铂电阻温度计来定义，它使用一组规定的定义固定点，并且利用所规定的内插方法来分度。

铂热电阻与温度之间近似线性关系。

在−200℃≤t≤0℃时有

$$R_t = R_0[1 + At + Bt^2 + C(t-100)t^3] \tag{12-3-3}$$

在0℃≤t≤850℃时有

$$R_t = R_0(1 + At + Bt^2) \tag{12-3-4}$$

式中，R_t 为温度为 t℃时铂热电阻的电阻值；R_0 为温度为 0℃时铂热电阻的电阻值；A、B、C 是由实验确定的常数，它们的数值分别为：A=3.96847×10^{-3}℃$^{-1}$，B=−5.847×10^{-7}℃$^{-2}$，C=−4.22×10^{-12}℃$^{-4}$。

铂的电阻率与其纯度密切相关，纯度越高，电阻率越大。铂的纯度通常用百度电阻比 W(100)表示：

$$W(100) = \frac{R_{100}}{R_0} \tag{12-3-5}$$

式中，R_0 为温度为 0℃时铂电阻的电阻值；R_{100} 为温度为 100℃时铂电阻的电阻值。

W(100)越大，纯度越高，目前的技术水平已可提纯到 W(100)=1.3930，其相应的铂纯度约为 99.9995%，一般工业用铂热电阻 W(100)=1.387～1.390。标准铂热电阻要求 W(100)≥1.3925。

目前，我国常用的标准化铂热电阻按分度号有 B_{A1}、B_{A2} 和 B_{A3} 等几种，它们相应地可记为 Pt50、Pt100、Pt300，铂电阻的技术特性见表 12-3-1。

表 12-3-1　铂热电阻技术特性表

<table>
<tr><th>分度号</th><th>R_0 / Ω</th><th>R_{100}/R_0</th><th>精度等级</th><th>R_0 允许的误差 / %</th><th>最大允许误差 / ℃</th></tr>
<tr><td rowspan="2">B_{A1}
(Pt50)</td><td rowspan="2">46.00
(50.00)</td><td>1.391±0.0007</td><td>Ⅰ</td><td>±0.05</td><td rowspan="5">对于Ⅰ级精度
−200～0℃
$\pm(0.15+4.5\times10^{-3}t)$
0～500℃
$\pm(0.15+3\times10^{-3}t)$
对于Ⅱ级精度
−200～0℃
$\pm(0.3+6\times10^{-3}t)$
0～500℃
$\pm(0.3+4.5\times10^{-3}t)$</td></tr>
<tr><td>1.391±0.001</td><td>Ⅱ</td><td>±0.1</td></tr>
<tr><td rowspan="2">B_{A2}
(Pt100)</td><td rowspan="2">100.00</td><td>1.391±0.0007</td><td>Ⅰ</td><td>±0.05</td></tr>
<tr><td>1.391±0.001</td><td>Ⅱ</td><td>±0.1</td></tr>
<tr><td>B_{A3}
(Pt300)</td><td>300.00</td><td>1.391±0.001</td><td>Ⅱ</td><td>±0.1</td></tr>
</table>

例 12-3-1　铂电阻温度计在 100℃时电阻值为13.9Ω，当它与热的气体接触时，电阻值增至281Ω，试确定气体的温度，设 0℃时电阻值为100Ω。

解析　各种金属做成的电阻温度计，在上限为 600℃低温测量时均能满足精确度高，长时间稳定性好的要求，金属的电阻与温度的关系在 0℃附近时可表示如下：

$$R = R_0(1 + a\theta)$$

式中，a 为材料的电阻温度系数(℃$^{-1}$)；R_0 为 0℃时的电阻值；θ 为相对于 0℃的温度。

常见金属的电阻温度系数：铜 0.0043℃$^{-1}$，镍 0.0068℃$^{-1}$，铂 0.0039℃$^{-1}$，假设温度变化由 θ_1 到 θ_2，则有 $R_2 = R_1 + R_0 a(\theta_2 - \theta_1)$，所以

$$\theta_2 = \theta_1 + \frac{R_2 - R_1}{aR_0}$$

由题意，已知铂的 a 为 0.0039℃$^{-1}$，把已知数代入上式，得

$$\theta_2 = 100 + \frac{281 - 139}{0.0039 \times 100} = 464.1℃$$

2. 铜热电阻

铜热电阻也是一种常用的热电阻。铂热电阻由于价格昂贵，所以在一些测量精度要求不高而且温度较低的场合，普遍采用铜热电阻，用来测量−50～150℃的温度。在此温度范围内铜电阻值与温度的线性关系好，铜电阻温度系数比铂高，α=4.25×10^{-3}～4.28×10^{-3}℃$^{-1}$，并且铜容易提纯，价格便宜。其缺点是电阻率小，约为铂的 1/5.8，因而铜电阻的电阻丝细而且长，其机械强度较低，体积较大。此外，铜容易被氧化，不宜用于侵蚀性介质中。

在−50～150℃温度范围内，铜电阻与温度之间的关系为

$$R_1 = R_0(1 + At + Bt^2 + Ct^3) \tag{12-3-6}$$

式中，R_1 为温度为 t℃时的铜电阻值；R_0 为温度为 0℃时的铜电阻值；A、B、C 为常数，分别为 $A = 4.28899\times10^{-3}$ ℃$^{-1}$，$B = -2.133\times10^{-7}$ ℃$^{-1}$，$C = 1.233\times10^{-9}$ ℃$^{-1}$。

我国生产的铜热电阻的代号为 WZC，按其初始电阻 R_0 的不同，有 50Ω 和 100Ω 两种,分度号为 Cu50 和 Cu100，其材料的百度电阻比 W(100)不得小于 1.425。其精度在−50～50℃温度范围内为±0.5℃，在−50～150℃温度范围内为±0.01℃。

12.3.3　半导体热敏电阻器

半导体热敏电阻是利用半导体材料的电阻率随温度而变化的性质制成的温度敏感元件。半导体和金属具有完全不同的导电机理，由于半导体中参加导电的是载流子，载流子的密度(单位体积内载流子的数目)比金属中自由电子的密度少得多，所以半导体的电阻率大。随着温度的升高，一方面，半导体中的价电子受热激发跃迁到较高的能级而产生新的电子-空穴对，使参加导电的载流子数目大大增加，导致电阻率减小了；另一方面，半导体材料的载流子的平均运动速度升高，导致电阻率增大。因此，半导体热敏电阻有多种不同类型。

1. 基本类型

热敏电阻随温度变化的典型特性有三种类型，即负电阻温度系数热敏电阻(NTC)、正电阻温度系数热敏电阻(PTC)和在某一特定温度下电阻值会发生突变的临界温度电阻器(CTR)。它们的特性曲线如图 12-3-1 所示。

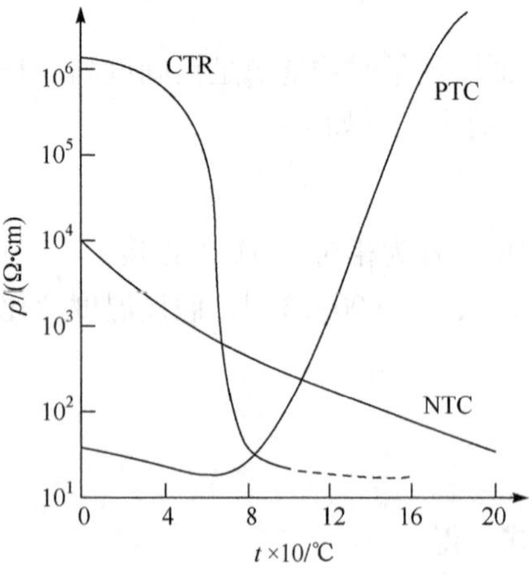

图 12-3-1　半导体热敏电阻的温度特性曲线

电阻率ρ随着温度的增加比较均匀地减少的热敏电阻，称为负温度系数(NTC)热敏电阻，是缓变型热敏电阻。这类电阻有较均匀的感温特性。它采用负电阻温度系数很大的固体多晶半导体氧化物的混合物制成。例如，用铜、铁、铝、锰、钴、镍、铼等氧化物，取其中 2～4 种，按一定比例混合，烧结而成。改变其氧化物的成分和比例，就可得到不同测温范围、阻值和温度系数的 NTC 热敏电阻。

电阻率随温度升高而增加，当超过某一温度后而急剧增加的热敏电阻，称为正温度系数(PTC)剧变型热敏电阻。这种电阻的材料都是陶瓷材料，在室温下是半导体，也称 PTC 铁电半导体陶瓷。由强电介质钛酸钡掺杂铝或锶部分取代钡离子的方法制成，其居里点

为 120℃。根据掺杂量的不同，可以调节 PTC 热敏电阻的居里点。

由钒、钡、磷和硫化银系混合氧化物而烧结成的热敏电阻，当温度升高接近某一温度(约 68℃)时，电阻率大大下降，产生突变称为临界温度(CTR)热敏电阻。

PTC 和 CTR 热敏电阻随温度变化的特性为剧变型。适合在某一较窄温度范围内做温度控制开关或监测使用。而 NTC 热敏电阻随温度变化的特性为缓变型，适合在较宽温度范围内做温度测量用，也是目前使用的主要热敏电阻。下面对负温度系数热敏电阻的基本特性进行介绍。

2. 基本特性

1) 热电特性

热电特性是指热敏电阻的阻值与温度之间的关系，它是热敏电阻测温的基础。负温度系数 NTC 热敏电阻与温度之间的关系近似符合指数函数规律，即

$$R_T = R_0 e^{B\left(\frac{1}{T}-\frac{1}{T_0}\right)} \tag{12-3-7}$$

式中，T 为被测温度(K)；T_0 为参考温度(K)；R_T、R_0 分别为 T(K)和 T_0(K)时的热敏电阻值；B 为热敏电阻的材料常数，可由实验获得，通常 B=2000～6000K，在高温下使用时，B 值将增大。

热电特性的一个重要指标是：热敏电阻在其本身温度变化 1℃时电阻值的相对变化量，称为热敏电阻的温度系数，即

$$\alpha_T = \frac{1}{R_T}\frac{dR_T}{dT} \tag{12-3-8}$$

由式(12-3-7)可得

$$\alpha_T = -\frac{B}{T^2} \tag{12-3-9}$$

可见，α_T 随着温度降低而迅速增大，如果 B 值为 4000K，当 T=293.15K(20℃)时，用式(12-3-9)可求得 α_T=−4.75%℃$^{-1}$，约为铂热电阻的 12 倍，因此这种测温电阻的灵敏度是很高的。图 12-3-2 为 RRC4 型热敏电阻的热电特性曲线。

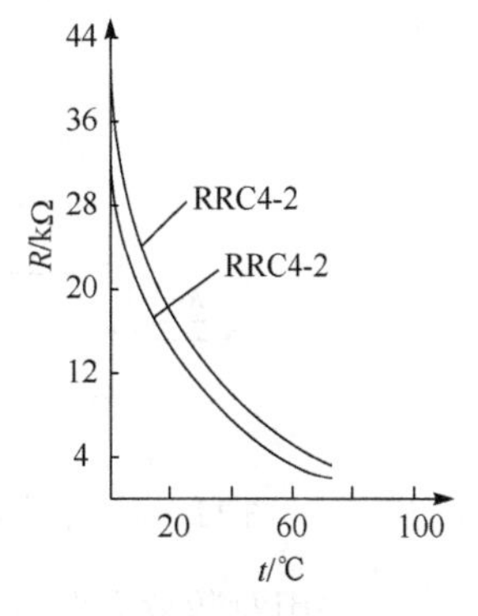

图 12-3-2　热敏电阻的热电特性

2) 伏安特性

伏安特性是指流过热敏电阻的电流 I 与热敏电阻两端电压 U 之间的函数关系，即 $U=f(I)$。图 12-3-3 所示为热敏电阻的典型伏安特性。由图可见，当流过热敏电阻的电流很小时，热敏电阻的伏安特性符合欧姆定律，是图中曲线的线性上升段。当电流增大到一定值时，引起热敏电阻自身温度的升高，使热敏电阻出现负阻特性，虽然电流增大，但其电阻减小，端电压反而下降。因此，在具体使用热敏电阻时，应尽量减小通过热敏电阻的电流，以减小热敏电阻自热效应的影响。

热敏电阻由于有电阻温度系数大、体积小、可以做成各种形状且结构简单等一系列优点，目前被广泛应用于点温、表面温度、温差和温度场的测量中。其主要缺点是同一型号产品的特性和参数差别大，因而互换性差。其次是热电特性的非线性，给使用带来不便。下面就其非线性进行一些讨论。

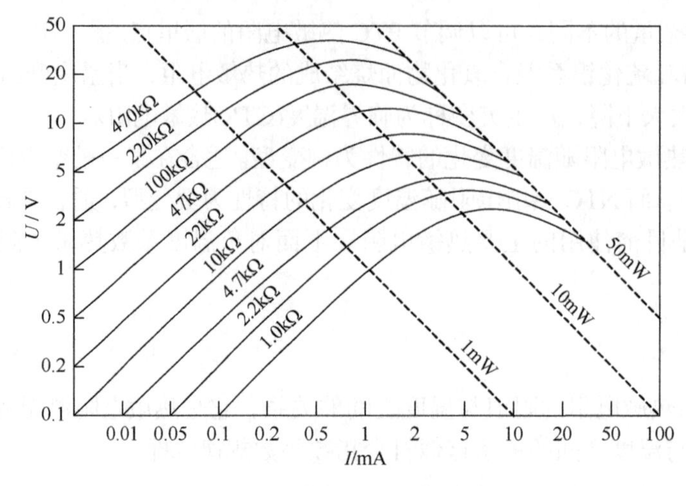

图 12-3-3　热敏电阻的伏安特性

由式(12-3-7)可知，热敏电阻值随温度变化呈指数规律变化，显然其非线性是十分严重的。当需要进行线性转换时，即使温度范围不大，为了保证测量精度要求，均应考虑其非线性的修正问题。在进行线性化处理时，应注意不能使灵敏度下降过大，常用的方法如下。

(1) 线性化网络：利用包含热敏电阻的电阻网络(常称线性化网络)来代替单个的热敏电阻，其一般形式如图 12-3-4 所示。根据 R_T 的实际特性和要求的网络特性 $R_T(t)$，通过计算或图解方法确定网络中的电阻 R_1、R_2、R_3。目前这种方法用得较多。为了提高设计的准确度，可利用计算机进行设计。

(2) 利用电阻测量装置中其他部件的特性进行综合修正：图 12-3-5 是一个温度-频率转换电路，虽然电容 C 充电特性是非线性特性，但适当地选取线路中的电阻 r 和 R，可以在一定温度范围内，得到近于线性的温度-频率转换特性。

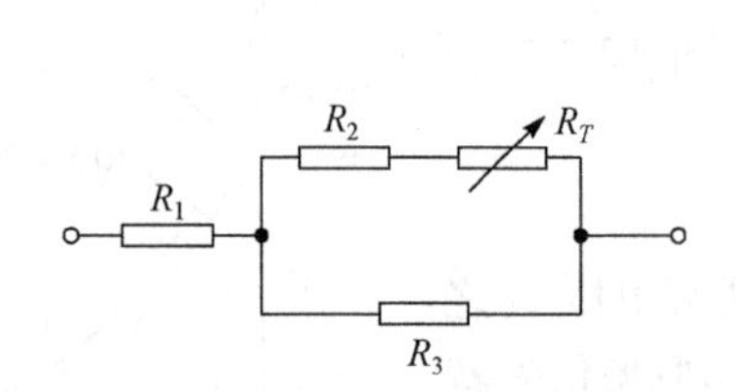

图 12-3-4　热敏电阻线性化网络

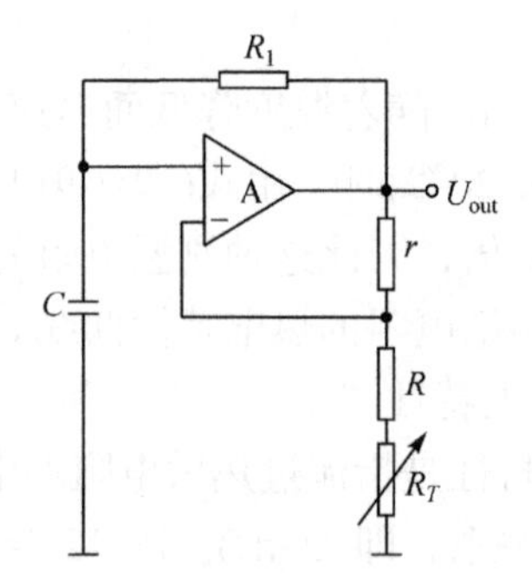

图 12-3-5　温度-频率转换器原理

采用对数放大器也可以获得相应的效果。

(3) 计算修正法：在带有微处理机(或微计算机)的测量系统中，当已知热敏电阻器的实际特性和要求的理想特性时，可采用线性插值法将特性分段，并把各分段点的值放在计算机的存储器内。计算机将根据热敏电阻器的实际输出值进行校正计算后，给出要求的输出值。

12.4　半导体 PN 结测温传感器

半导体 PN 结测温系统以 PN 结的温度特性为理论基础。当 PN 结的正向压降或反向压降保持不变时，正向电流或反向电流都随着温度的变化而变化；而当正向电流保持不变时，PN 结的正向压降随着温度的变化近似于线性变化，大约以–2.3mV/℃的斜率随温度变化。因此，利用 PN 结的这一特性，可以对温度进行测量。

半导体测温系统可利用晶体二极管与晶体三极管作为感温元件。二极管感温元件 PN 结利用在恒定电流下，其正向电压与温度之间的近似线性关系来实现。由于它忽略了高次非线性项的影响，其测量误差较大。若采用晶体三极管代替晶体二极管作为敏感元件，则能较好地解决这一问题。若使三极管集电结处于充分反向偏置，在 $qU_{\mathrm{be}}/KT \gg 1$ 的条件下，集电极电流 I_{c} 可近似表示为

$$I_{\mathrm{c}} \approx I_{\mathrm{s}} \exp\left(\frac{qU_{\mathrm{bc}}}{KT}\right) \tag{12-4-1}$$

反向饱和电流 I_{s} 与温度密切有关，通过理论推导可得

$$U_{\mathrm{be}} = U_0 - a(b - \ln I_{\mathrm{c}})T \tag{12-4-2}$$

式中，U_0、a、b 均为常数。

如果集电极电流 I_{c} 为常数，晶体管的基极-发射极电压 U_{be} 与温度 T 近似线性关系，通过实验也可将式(12-4-2)简单表示为

$$U_{\mathrm{be}} \approx 1.27 - CT \tag{12-4-3}$$

式中，C 为常数，与结电流和工艺参数有关。

U_{be} 与温度的关系也可用曲线表示，如图 12-4-1 所示。由图可见 $U_{\mathrm{be}}(T)$ 曲线与垂直轴相交于 1.27V，此值与工艺参数、偏置电流和晶体管几何尺寸无关，此特性对于作为温度传感器的晶体管是非常重要的。这样，若测量任一温度下的 U_{be}，就可以在较宽的温度范围内得到 $U_{\mathrm{be}}(T)$ 曲线。再者，由于工艺误差，U_{be} 值会产生离散，此离散可以用偏置电流来调节补偿，使 U_{be} 达到标定值，得到同一曲线。

利用晶体管发射极-基极电压与温度的关系可以制成晶体管温度传感器。为了消除基区宽度调制效应，通常将基极与集电极短路，使晶体管成为一个两端热敏器件，为了减小传感器的自热效应和噪声，应尽量降低偏置电流 I_{c}(通常为几十到一百微安)。

单个晶体管温度传感器电路原理如图 12-4-2 所示。I_{c} 采用恒流源和反馈放大器组成，所得 U_{be} 值与参考电压 U_{ref} 之差送入 A/D 转换器，这样可以采用分辨率较低的 A/D 转换器，再送入微机及显示装置。

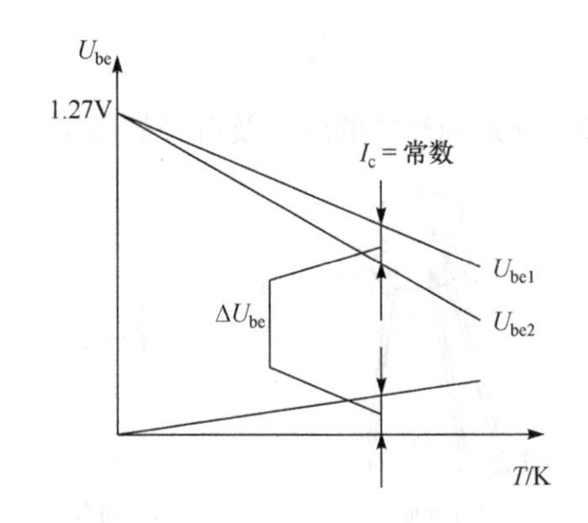

图 12-4-1 基极-发射极电压 U_{be} 与温度的关系

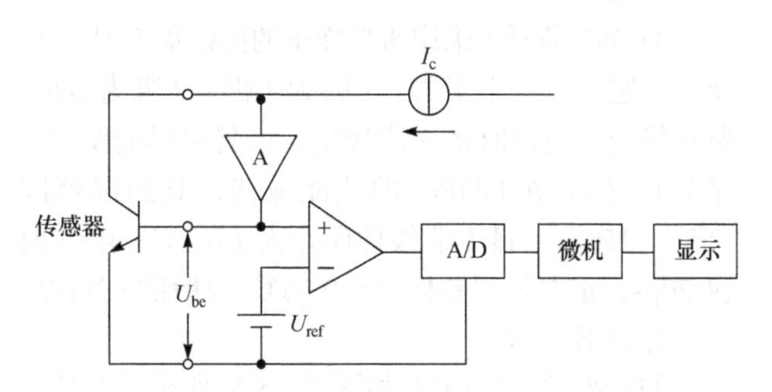

图 12-4-2 单个晶体管温度传感器电路原理图

单个晶体管温度传感器成本低，且有较高的准确度，但在高、低温区误差较大，为了解决这一问题，目前多采用集成温度传感器。

12.5　集成温度传感器

12.5.1　集成温度敏感元件基本电路

集成温度传感器是采用专门的设计与集成工艺，把热敏晶体管、偏置电路和放大电路制作在同一芯片上，它利用晶体管对的基极-发射极电压之间的差U_{be}与温度呈线性关系制成，基本电路如图 12-5-1 所示。在忽略基极电流情况下，当认为两个晶体三极管的温度均为T时，它们的集电极电流是相等的，U_{be1}与U_{be2}的结压降差就是电阻R_1上的电压降，即

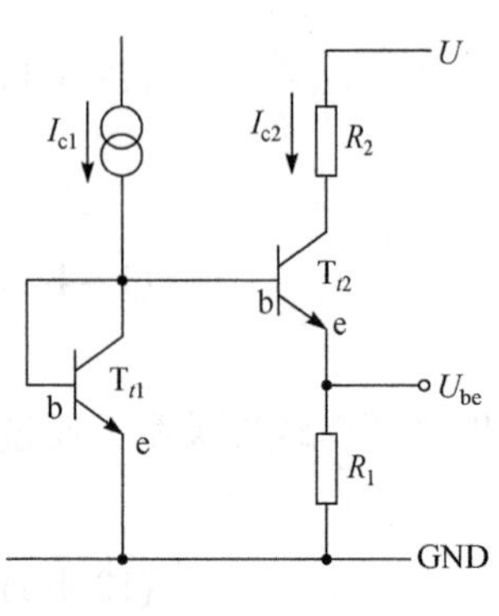

图 12-5-1　集成温度敏感元件的基本电路

$$\Delta U_{be}=U_{be1}-U_{be2}=\frac{kT}{e}\ln\gamma \tag{12-5-1}$$

式中，γ为T_{t1}与T_{t2}结面积相关的倍数；k为玻尔兹曼常量，k=1.381×10^{-23}J/K；e为电子电荷量，e=1.602×10^{-19}C；T为被测物体的热力学温度(K)。

式(12-5-1)表明ΔU_{be}正比于热力学温度T。用该原理可制成正比于热力学温度的传感器，其与单个晶体管温度传感器相比，由于它采用了晶体管对作为温度敏感器件，因而补偿了许多不利因素。

12.5.2　模拟集成温度传感器应用实例

模拟集成温度传感器是最简单的一种集成化、专门用来测量温度的传感器。其主要特点是功能单一(仅测量温度，芯片内部不含控制电路)、性能好、价格低、外围电路简单，它是目前在国内外应用最为广泛的集成温度传感器。

AD590 是由美国哈里斯(Harris)公司、模拟器件公司(ADI)等生产的恒流源式模拟集成温度传感器。它兼有集成恒流源和集成温度传感器的特点，具有测温误差小、动态阻抗高、响应速度快、传输距离远、体积小、微功耗等优点，适合远距离测温、控温，不需要进行非线性校准。

1. AD590 外形

AD590 是属于采用激光修正的精密集成温度传感器，其系列产品的外形及符号如图 12-5-2 所示，它共有 3 个引脚：1 脚为正极，2 脚为负极，3 脚接管壳。使用时将 3 脚接地，可起到屏蔽作用。该系列产品以 AD590M 的性能最佳，其测温范围是−55～+150℃，最大非线性误差为±0.3℃，响应时间仅 20μs，重复性误差低至±0.05℃，功耗约 2mW。

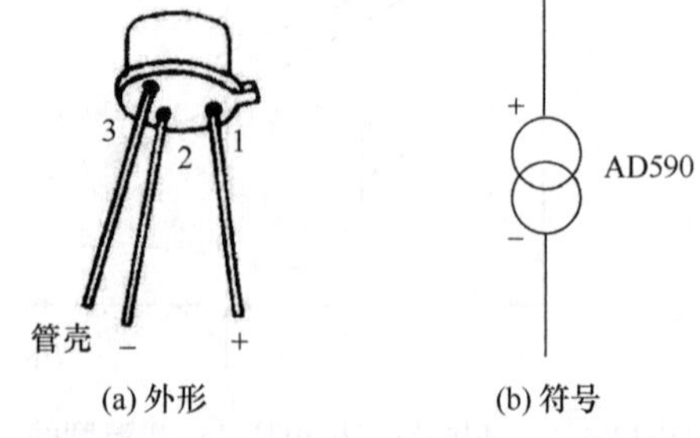

图 12-5-2　AD590 系列产品的外形及符号

2. 工作原理

AD590 的内部电路如图 12-5-3 所示。芯片中的R_1和R_2是采用激光修正的校准电阻，它能使

298.15K(+25℃)下的输出电流恰好为 298.2μA。首先由晶体管 VT_8 和 VT_{11} 产生与热力学温度成正比的电压信号，再通过 R_5、R_6 把电压信号转换成电流信号。为保证良好的温度特性，R_5、R_6 的电阻温度系数应非常小，这里采用激光修正的 SiCr 薄膜电阻，其电阻温度系数低至$(-50\sim-30)\times10^{-6}℃^{-1}$。$VT_{10}$ 的集电极电流能够跟随 VT_9 和 VT_{11} 的集电极电流的变化，使电流达到额定值。R_5 和 R_6 也需要在 25℃的标准温度下校准。

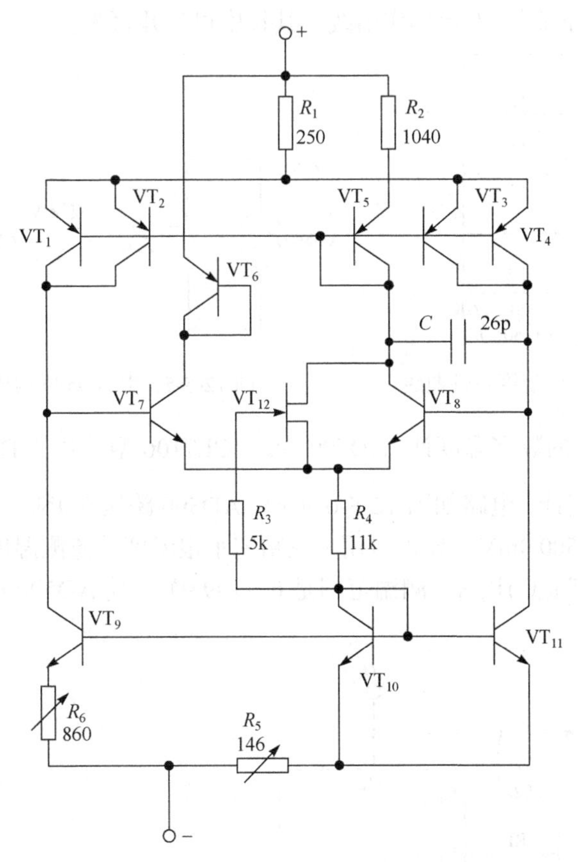

图 12-5-3　AD590 的内部电路

AD590 等效于一个高阻抗的恒流源，其输出阻抗大于 10MΩ，能大大减小因电源电压波动而产生的测温误差。例如，当电源电压从 5V 变化到 10V 时，所引起的电流最大变化量仅为 1μA，等价于 1℃的测温误差。

AD590 的工作电压为+4～+30V、测温范围是−55～+150℃，对应于热力学温度 T 每变化 1K，输出电流就变化 1μA。在 298.15K(对应于 25℃)时输出电流恰好等于 298.15μA。这表明，其输出电流 I_o(μA)与热力学温度 T(K)严格成正比。电流温度系数 K_1 的表达式为

$$K_1=\frac{I_o}{T}=\frac{3k}{qR}\cdot\ln 8 \tag{12-5-2}$$

式中，k、q 分别为玻尔兹曼常数和电子电量；R 是内部集成化电阻。式(12-5-2)中的 ln8 表示内部晶体管 VT_9 和 VT_{11} 的发射结等效面积之比 $r=S_9/S_{11}=8$ 倍，然后取自然对数值。将 $k/q=0.0862\text{mV/K}$，$R=538\Omega$ 代入式(12-5-2)中得到

$$K_1=\frac{I_o}{T}=1.000\ \mu\text{A/K} \tag{12-5-3}$$

因此，输出电流的微安数就代表着被测温度的热力学温度值。AD590 的电流-温度(I-T)特性曲线如图 12-5-4 所示。

3. AD590 的典型应用

1) 由 AD590 构成的模拟式温度计如图 12-5-5 所示。AD590 把被测温度转成电流，使微安表偏转。在对微安表进行标定之后，即可作为模拟式温度计使用。为防止引入外界的干扰，需采用双股绞合线(以下简称双绞线)作引线，其长度可达几百米。

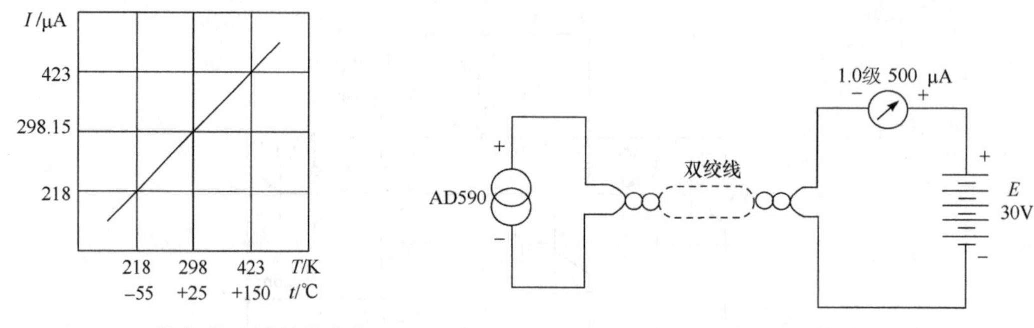

图 12-5-4　AD590 的电流-温度特性曲线　　图 12-5-5　由 AD590 构成的模拟式温度计

2) 由 AD590 构成的数字温度计。AD590 配以 ICL7106 型单片 A/D 转换器，即可构成 $3\frac{1}{2}$ 位液晶显示的数字温度计，电路如图 12-5-6 所示。AD590 跨接在 IN_-与 U_-之间。调整电位器 RP_1 使基准电压 U_{REF}=500.0mV。校正时用一只精密水银温度计监测温度，调整电位器 RP_2 使仪表显示值与被测温度 t(℃)相等。测温范围是 0～199.9℃，受 AD590 所限制，最高温度不得超过 150℃。

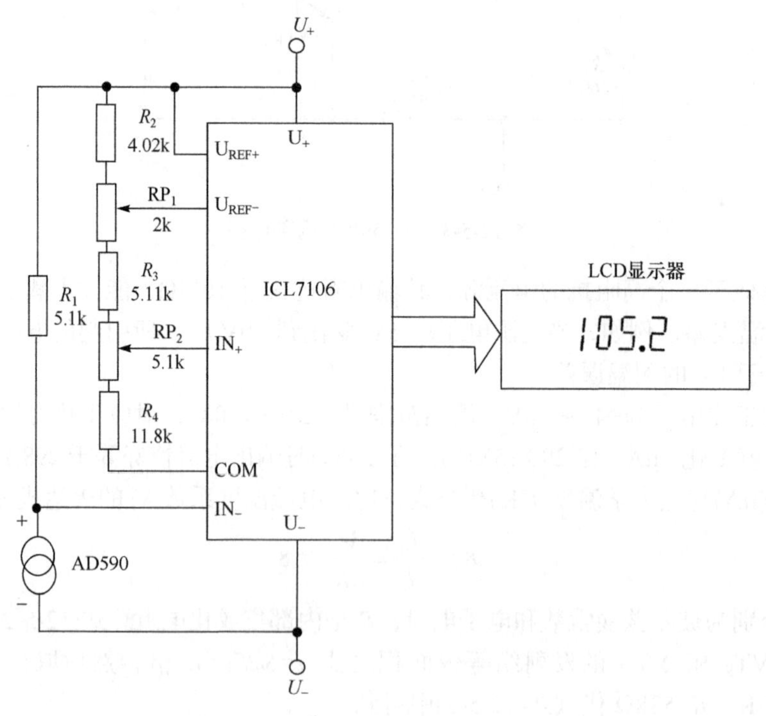

图 12-5-6　$3\frac{1}{2}$ 位液晶显示的数字温度计

欲构成华氏(℉)数字温度计，需要改变各电阻值，取 R_1=9kΩ，R_2=4.02kΩ，R_3=12.4kΩ，RP_2的阻值改为 10kΩ，RP_1的阻值不变，但要去掉 R_4(即 R_4=0)。此时仪表测温范围变成 0～199.9℉(对应于−17.8～+93.3℃)。

12.6　非接触式温度测量系统

这种测量系统采用热辐射和光电检测的方法。其工作机理是：当物体受热后，电子运动的动能增加，有一部分热能转变为辐射能，辐射能量的多少与物体的温度有关。当温度较低时，辐射能力很弱；当温度较高时，辐射能力很强；当温度高于一定值之后。可以用肉眼观察到发光，其发光亮度与温度值有一定关系。因此，高温及超高温检测可采用热辐射和光电检测的方法。依上述原理制成非接触式温度测量系统。

根据所采用测量方法的不同，非接触式温度测量系统可分为全辐射式测温系统、亮度测温系统和比色测温系统。

12.6.1　全辐射式测温系统

全辐射式测温系统利用物体在全光谱范围内总辐射能量与温度的关系测量温度。能够全部吸收辐射到其上能量的物体称为绝对黑体。绝对黑体的热辐射与温度之间的关系就是全辐射式测温系统的工作机理。对于理想黑体，辐射源发射的光谱辐射能量可用普朗克公式表示：

$$E(\lambda,T)=C_1\lambda^{-5}[e^{C_2/(\lambda T)}-1]^{-1} \tag{12-6-1}$$

式中，$E(\lambda, T)$是黑体发射的光谱辐射度(W·cm^{-2}·μm^{-1})；C_1=3.14×10^{-12}W·cm^{-2}为第一辐射常数；C_2=1.44cm·K 为第二辐射常数；λ为光谱辐射波长(μm)；T 为黑体辐射温度(K)。图 12-6-1 表示黑体光谱辐射度与波长λ和温度 T 的关系。

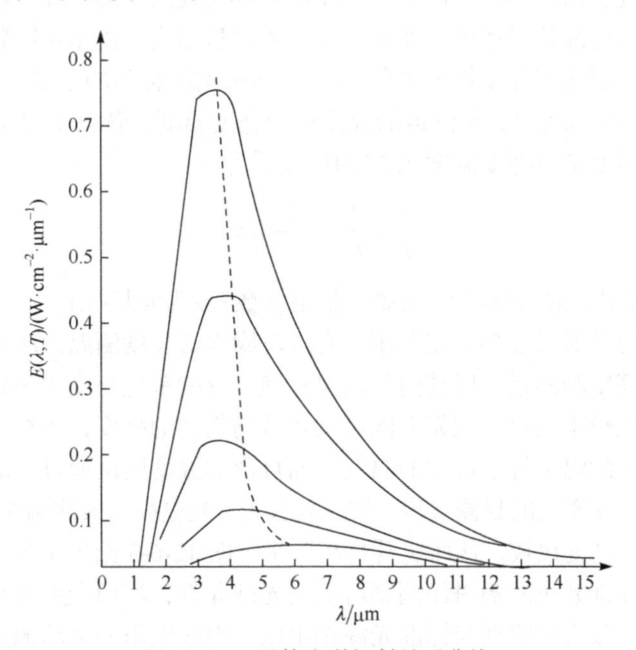

图 12-6-1　黑体光谱辐射关系曲线

在自然界中，一般物体的辐射能力都比理想黑体小，其光谱辐射度可表示为

$$E(\lambda,T)=\varepsilon_\lambda C_1\lambda^{-5}[e^{C_2/(\lambda T)}-1]^{-1} \tag{12-6-2}$$

式中，ε_λ为物体的光谱发射率($0<\varepsilon_\lambda\leqslant1$)。

按式(12-6-2)，对已知发射率ε_λ的物体，测量选定波长或波段的光谱辐射度，便可测出温度。由于实际物体的吸收能力小于绝对黑体，所以用全辐射式测温系统测得的温度总是低于物体的真实温度。通常把测得的温度称为“辐射温度”，其定义为：非黑体的总辐射能量 E_T 等于绝对黑体的总辐射能量时，黑体的温度即非黑体的辐射温度 T_r，则物体真实温度 T 与辐射温度 T_r 的关系为

$$T=T_r\frac{1}{\sqrt[4]{\varepsilon_r}} \tag{12-6-3}$$

式中，ε_r 为温度 T 时物体的全辐射发射系数。

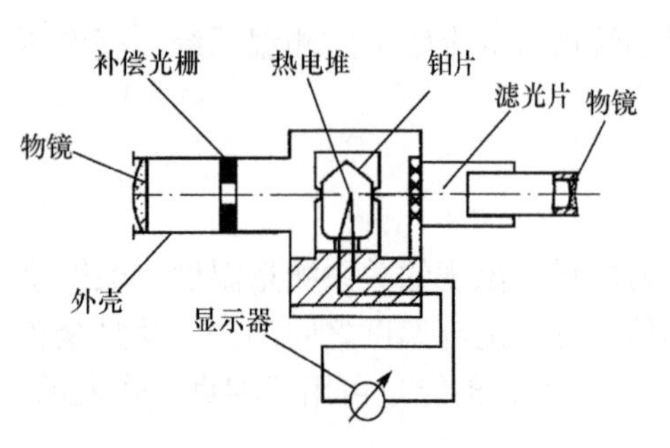

图 12-6-2　全辐射式测温系统的结构示意图

全辐射式测温系统的结构示意图如图 12-6-2 所示，由辐射感温器及显示仪表组成。测温工作过程如下：被测物的辐射能量经物镜聚焦到热电堆的靶心铂片上，将辐射能转变为热能。再由热电堆变成热电动势。由显示仪表显示出热电动势的大小，由热电动势的数值可知所测温度的大小。这种测温系统适用于远距离、不能直接接触的高温物体，其测温范围为 100～2000℃。

12.6.2　亮度式测温系统

亮度式测温系统利用物体的单色辐射亮度随温度变化的原理，并以被测物体光谱的一个狭窄区域内的亮度与标准辐射体的亮度进行比较来测量温度。由于实际物体的单色辐射发射系数小于绝对黑体，因而实际物体的单色亮度小于绝对黑体的单色亮度。故系统测得的温度值低于被测物体的真实温度 T。所测得的温度称为亮度温度。若以 T_L 表示被测物体的亮度温度，则物体的真实温度 T 与亮度温度 T_L 之间的关系为

$$\frac{1}{T}-\frac{1}{T_L}=\frac{\lambda}{C_2}\ln\varepsilon_{\lambda T} \tag{12-6-4}$$

式中，$\varepsilon_{\lambda T}$ 为单色辐射发射系数；C_2 为第二辐射常数；λ为波长(m)。

亮度式测温系统的形式很多，较常用的有灯丝隐灭式亮度测温系统和各种光电亮度测温系统。灯丝隐灭式亮度测温系统以其内部高温灯泡灯丝的单色亮度作为标准，并与被测辐射体的单色亮度进行比较来测温。依靠人眼可比较被测物体的亮度，当灯丝亮度与被测物体亮度相同时，被测物体的温度等于灯丝的温度，而灯丝的温度则由通过它的电流大小来确定。由于这种方法的亮度依靠人的目测实现，故误差较大。光电亮度式测温系统可以克服此缺点，它利用光电元件进行亮度比较，从而实现自动测量。图 12-6-3 给出了这种形式的一种实现方法。将被测物体与标准光源的辐射经调制后射向光敏元件，当两光束的亮度不同时，光敏元件产生输出信号，经放大后驱动与标准光源相串联的滑线电阻的活动触点向相应方向移动，以调节流过标准光源的电流，从而改变它的亮度，当两光束的亮度相同时，光敏元件信号输

出为零，这时滑线电阻触点的位置即代表被测温度值。这种测温系统的量程较宽，有较高的测量精度，一般用于测量 700～3200℃范围的浇铸、轧钢、锻压、热处理时的温度。

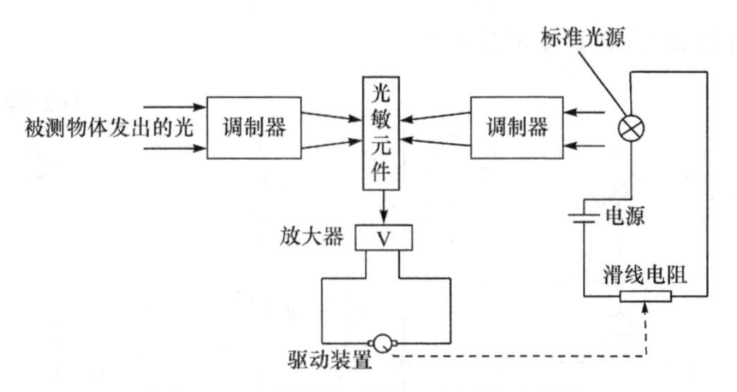

图 12-6-3　光电亮度测温度原理示意图

12.6.3　比色测温系统

比色测温系统以测量两个波长的辐射亮度之比为基础。该系统由于用于比较两个波长的亮度，故被称为“比色测温法”。通常，将波长选在光谱的红色和蓝色区域内。利用此法测温时，仪表所显示的值为“比色温度”，其定义为：非黑体辐射的两个波长λ_1 和λ_2 对应的亮度$L_{\lambda 1\mathrm{T}}$ 和 $L_{\lambda 2\mathrm{T}}$ 的比值等于绝对黑体相应的亮度之比值时，绝对黑体的温度被称为该黑体的比色温度，以 T_P 表示。它与非黑体的真实温度 T 的关系为

$$\frac{1}{T}-\frac{1}{T_P}=\frac{\ln\left(\dfrac{\varepsilon_{\lambda 1}}{\varepsilon_{\lambda 2}}\right)}{C_2\left(\dfrac{1}{\lambda_1}+\dfrac{1}{\lambda_2}\right)} \tag{12-6-5}$$

式中，$\varepsilon_{\lambda 1}$ 为对应于波长λ_1 的单色辐射发射系数；$\varepsilon_{\lambda 2}$ 为对应于波长λ_2 的单色辐射发射系数；C_2 为第二辐射常数(m · K)。

由式(12-6-5)可以看出，如果两个波长的单色发射系数相等，则物体的真实温度 T 与比色温度相同。一般灰体的发射系数不随波长而变，故它们的比色温度等于真实温度。对待测辐射体的两测量波长按工作条件和需要选择，通常λ_1 对应为蓝色，λ_2 对应为红色。对于很多金属。由于单色发射系数随波长的增加而减小，故比色温度高于真实温度。通常$\varepsilon_{\lambda 1}$ 与$\varepsilon_{\lambda 2}$ 非常接近，故比色温度与真实温度相差很小。

图 12-6-4 给出了比色测温系统的结构示意图，包括透镜 L、分光镜 G、滤光片 K_1 和 K_2、光敏元件 A_1 和 A_2、放大器 A 以及可逆伺服电机等。其工作过程是：被测物体的辐射经透镜 A 投射到分光镜 G 上，而使长波透过，经滤光片 K_2 把波长为λ_2 的辐射光投射到光敏元件 A_2 上。光敏元件的光电流 $I_{\lambda 2}$ 与波长λ_2 的辐射强度成正比。则电流 $I_{\lambda 2}$ 在电阻 R_3 和 R_x 上产生的电压 U_2 与波长λ_2 的辐射强度也成正比；另外，分光镜 G 使短波辐射光被反射，经滤光片 K_1 把波长为λ_1 的辐射光投射到光敏元件 A_1 上。同理，光敏元件的光电流 $I_{\lambda 1}$ 与波长λ_1 的辐射强度成正比，电流 $I_{\lambda 1}$ 在电阻 R_1 上产生的电压 U_1 与波长的辐射强度也成正比，当$\Delta U=U_2-U_1\neq 0$ 时，ΔU 经放大后驱动伺服电动机转动，带动电位器 R_W 的触点向相应方向移动，直到 $U_2-U_1=0$，电动机停止转动，此时

$$R_x = \frac{R_2 + R_W}{R_2}\left(R_1 \frac{I_{\lambda 1}}{I_{\lambda 2}} - R_3\right) \tag{12-6-6}$$

电位器的电阻值 R_x 反映了被测温度值。

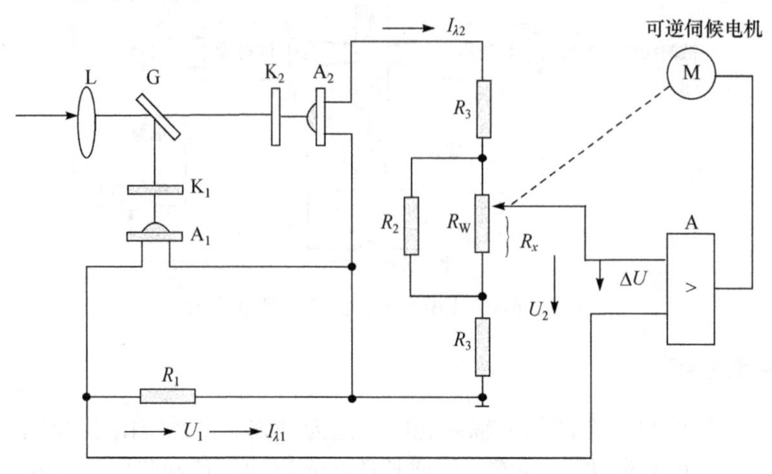

图 12-6-4　比色测温系统结构示意图

比色温度系统可用于连续自动检测钢水、铁水、炉渣和表面没有覆盖物的高温物体温度。其量程为 800～2000℃，测量精度为 0.5%。其优点是反应速度快、测量范围宽、测量温度接近实际值。

习题与思考题

12-1　铬镍-康镍热电偶灵敏度为 0.04mV/℃，把它放在温度 1200℃处，若以指示表作为冷端，此处温度为 50℃，试求热电势大小。

12-2　热电偶温度传感器的输入电路如题 12-2 图所示，已知铂铑-铂热电偶温度在 0～100℃之间变化时，其平均热电势波动为 6μV/℃，桥路中供桥电压为 4V，铜电阻 R_t 的电阻温度系数为 a=0.004℃$^{-1}$，已知当温度为 0℃时电桥平衡，为了使热电偶的冷端温度在 50℃时，其热电势得到完全补偿，试求可调电阻的阻值 R_x。

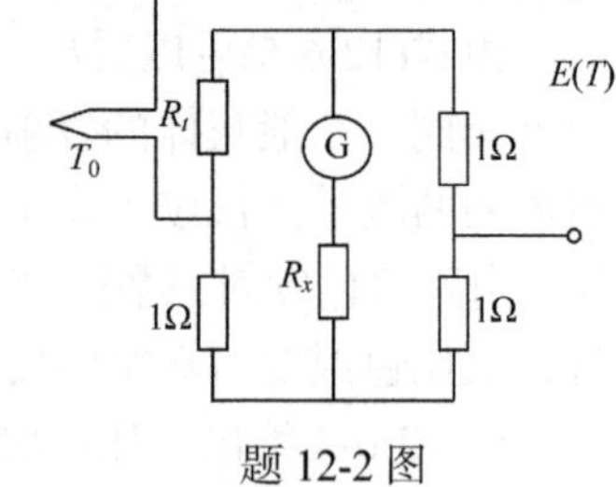

题 12-2 图

12-3　某热敏电阻，其 B 值为 2900K，若冰点电阻为 500kΩ，求热敏电阻在 100℃时的阻抗。

12-4　以热敏电阻作温度敏感元件，设计一个水温测量仪表，测量范围为−20℃～+90℃，非线性度为 1%。

12-5　在某一瞬间，电阻温度计上指示温度 θ_2 为 50℃，而实际温度 θ_1 是 100℃，设电阻温度计的动态关系为

$$\frac{d\theta_2}{dt} = K(\theta_1 - \theta_2)$$

$K = 0.2\text{s}^{-1}$，试确定温度计达到稳态(95%)所需的时间。

12-6　热电偶测温的基本原理是什么？它主要利用哪种电势变化？

12-7　试述热电偶的种类及其应用。

12-8　对热电偶冷端进行温度补偿常用哪些方法？如何进行温度补偿？

12-9　试述半导体热敏电阻的工作原理，并画出其电阻-温度特性曲线。

第 13 章　压阻式传感器

13.1　压 阻 效 应

随着半导体技术的发展，压力传感器已向半导体化和集成化方向发展。人们发现固体受到作用力后电阻率(或电阻)就要发生变化，所有的固体材料都有这个特点，其中以半导体材料最为显著。当半导体材料在某一方向上承受应力时，它的电阻率发生显著变化，这种现象称为半导体压阻效应。压阻式传感器就是利用固体的压阻效应制成的，压阻式传感器主要用于测量压力、加速度和载荷等参数。利用压阻效应的传感器有两种类型：一种是利用半导体材料的体电阻做成粘贴式的应变片，即半导体应变片，已在第 4 章中介绍过；另一种是在半导体材料的基片上用集成电路工艺制成扩散型压敏电阻，用它做传感元件，称固态压阻式传感器，也称扩散型压阻式传感器。本章讨论扩散型压阻式传感器。

在第 4 章中已讲过，任何材料电阻的变化率都可式(13-1-1)决定：

$$\frac{\mathrm{d}R}{R}=\frac{\mathrm{d}\rho}{\rho}+\frac{\mathrm{d}l}{l}-\frac{\mathrm{d}S}{S} \tag{13-1-1}$$

对于金属电阻而言，式(13-1-1)中的 $\mathrm{d}\rho/\rho$ 一项较小，即电阻率的变化较小，有时可忽略不计，而 $\mathrm{d}l/l$ 与 $\mathrm{d}S/S$ 两项较大，即几何尺寸的变化率较大，故金属电阻的变化率主要是由 $\mathrm{d}l/l$ 与 $\mathrm{d}S/S$ 两项引起的，这是电阻的应变效应。对于半导体材料而言，$\mathrm{d}\rho/\rho$ 很大，而 $\mathrm{d}l/l$ 与 $\mathrm{d}S/S$ 两项相对较小，可忽略不计，这是由半导体材料的导电特性决定的，此即半导体的压阻效应。根据实验研究可知，电阻率的相对变化可表示为

$$\frac{\mathrm{d}\rho}{\rho}=\pi\sigma \tag{13-1-2}$$

式中，π为压阻系数，即单位应力引起的电阻率的相对变化量；σ为应力。

再根据横向应变与纵向应变的关系，则式(13-1-1)可写成：

$$\frac{\mathrm{d}R}{R}=\pi\sigma+\frac{\mathrm{d}l}{l}+2\mu\frac{\mathrm{d}l}{l}=\pi E\varepsilon+(1+2\mu)\varepsilon=(\pi E+1+2\mu)\varepsilon=K\varepsilon \tag{13-1-3}$$

式中，$K=(\pi E+1+2\mu)$，是灵敏系数。

对于金属而言，πE 很小，可忽略不计，而泊松系数 μ=0.25～0.5，故金属丝灵敏系数近似为

$$K_m=1+2\mu=1.5\sim2$$

对于半导体而言，$1+2\mu$可忽略不计，而压阻系数$\pi=40\times10^{-11}\sim80\times10^{-11}\mathrm{m^2/N}$，弹性模量 $E=1.3\times10^{11}\sim1.9\times10^{11}$ Pa，故

$$K_s=\pi E=50\sim100$$

可见

$$K_s=50K_m\sim100K_m$$

上式表示，压阻式传感器的灵敏系数是金属应变片灵敏系数的 50 倍以上。有时压阻式传感器的输出不需要放大，就可直接用于测量。这说明了压阻式传感器的灵敏度是非常高的。

压阻式传感器除了灵敏度高这一优点外，另一优点是分辨力高。压阻式传感器测量压力时，可以测量毫米量级水柱的压力变化，可见其分辨力之高。

由于扩散型压阻式传感器是用集成电路工艺制成的，测量压力时，有效面积可做得很小，有时可做到有效面积对应的直径仅有零点几毫米，这种传感器可用来测量几十千赫的脉动压力，所以频率响应高，也是它的一个突出优点。

测量加速度的压阻式传感器，如恰当地选择尺寸与阻尼系数，可用来测量低频振动加速度，这是压阻式加速传感器的优点。

压阻式传感器由半导体材料制成，半导体材料对温度很敏感，因此压阻式传感器的温度误差较大，这是压阻式传感器的最大缺点。所以，压阻式传感器必须要有温度补偿，或是在恒温条件下使用。

13.2 晶向的表示方法

扩散型压阻式传感器的基片是半导体单晶硅。由于单晶硅是各向异性材料，外加力的方向不同，压阻系数变化很大，晶体的不同取向决定了其压阻效应不同。晶体的取向是用晶向表示的，所谓晶向就是晶面的法线方向，如图 13-2-1 所示，平面 *ABC* 的法线方向为 $\bar{p}$ 。对于平面有两种表示方法。

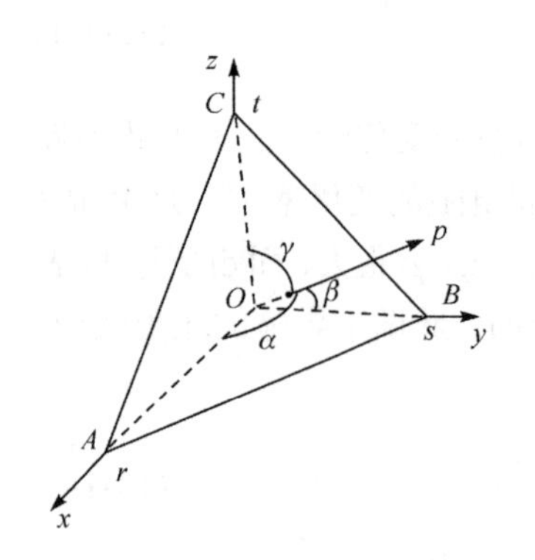

图 13-2-1 平面的截距表示法

1) 截距式

$$\frac{x}{r}+\frac{y}{s}+\frac{z}{t}=1 \tag{13-2-1}$$

式中，r、s、t 分别为 x、y、z 轴的截距。

2) 法线式

$$x\cos\alpha + y\cos\beta + z\cos\gamma = p \tag{13-2-2}$$

式中，p 为法线长度；$\cos\alpha$、$\cos\beta$、$\cos\gamma$ 为法线的方向余弦，也可以用 l、m、n 表示。

如果法线 $\bar{p}$ 的大小与方向(即方向余弦)均为已知，该平面就是确定的。如果只知道法线 $\bar{p}$ 的方向，而不知道大小，则该平面的方位是确定的。

若式(13-2-1)与式(13-2-2)表示的是同一平面，则由式(13-2-2)得

$$\frac{x}{p}\cos\alpha+\frac{y}{p}\cos\beta+\frac{z}{p}\cos\gamma=1 \tag{13-2-3}$$

比较式(13-2-1)与式(13-2-3)，于是可得

$$\cos\alpha:\cos\beta:\cos\gamma=\frac{1}{r}:\frac{1}{s}:\frac{1}{t} \tag{13-2-4}$$

从式(13-2-4)可看出，已知 r、s、t，就可求出 $\cos\alpha$、$\cos\beta$、$\cos\gamma$，因而法线的方向就可确定。如果将 $\frac{1}{r}$、$\frac{1}{s}$、$\frac{1}{t}$ 用 r、s、t 的最小公倍数乘之，化成三个没有公约数的整数 h、k、l，

则知道 h、k、l 后，就等于知道了三个方向余弦，或者说等于知道了晶向。h、k、l 称为米勒指数，晶向就是用它表示的。米勒指数就是截距的倒数化成的三个没有公约数的整数。

晶向是晶面的法线方向，知道晶向后，晶面就是确定的。我国规定用 $\langle hkl \rangle$ 表示晶向，(hkl) 表示晶面，$\{hkl\}$ 表示晶面族。

图 13-2-2(a)中的平面与 x、y、z 轴的截距为−2、−2、4，截距的倒数为 $-\frac{1}{2}$、$-\frac{1}{2}$、$\frac{1}{4}$，米勒指数为 $\overline{2}$、$\overline{2}$、1，故晶向、晶面、晶面族分别为 $\langle \overline{2}\ \overline{2}\ 1 \rangle$、$(\overline{2}\ \overline{2}\ 1)$、$\{\overline{2}\ \overline{2}\ 1\}$。

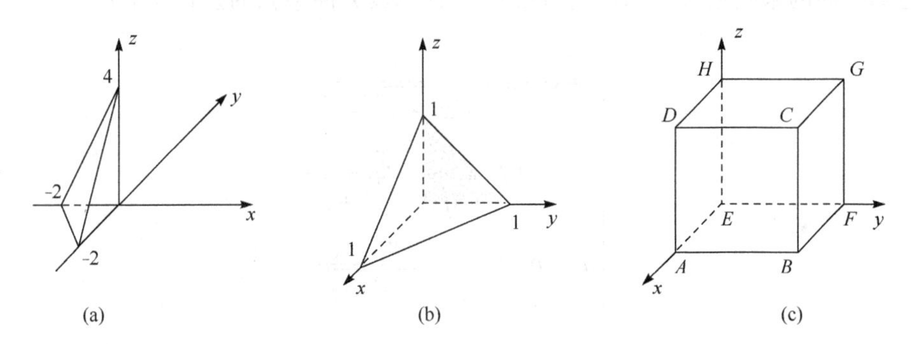

图 13-2-2　晶向与晶面示意图

图 13-2-2(b)中的平面与 x、y、z 轴的截距为 1、1、1，截距的倒数仍为 1、1、1，米勒指数就是 1、1、1，故晶向、晶面、晶面族分别为<111>、(111)、{111}。

图 13-2-2(c)中，$ABCD$ 面的截距为 1、∞、∞，米勒指数为 1、0、0，所以 $ABCD$ 面的晶向、晶面、晶面族分别为<100>、(100)、{100}。

同样，$BFGC$ 面的晶向、晶面、晶面族分别为<010>、(010)、{010}；$CGHD$ 面的晶向、晶面、晶面族分别为<001>、(001)、{001}。

由于是立方晶体，$ABCD$、$BFGC$、$CGHD$ 三个面的特性是一样的，因此<100>、<010>、<001>有时可通用，均可用<100>表示。这是泛指的，若指某一固定的晶向时，则不能通用。

在压阻式传感器的设计中，有时要判断两晶向是否垂直，可将两晶向作为两向量来看待。$\boldsymbol{A}(a_1、a_2、a_3)$与$\boldsymbol{B}(b_1、b_2、b_3)$两向量点乘时，如果 $\boldsymbol{A} \perp \boldsymbol{B}$，必有

$$a_1b_1 + a_2b_2 + a_3b_3 = 0$$

因此可根据上式来判断两晶向是否垂直。

例如，欲判断<110>与<001>两晶向是否垂直，因为 1×0+1×0+0×1=0，故可判定两晶向必垂直。又如，要判断<110>与 $\langle 11\overline{2} \rangle$ 两晶向是否垂直，因为 1×1+1×1+0×(−2)≠0，故断定此两晶向不垂直。

在压阻式传感器的设计中，有时需求出与两晶向都垂直的第三晶向，这可根据两向量的叉乘来求出。叉乘是一个向量，记作 $\boldsymbol{A} \times \boldsymbol{B}$，它的方向垂直于 $\boldsymbol{A}$、$\boldsymbol{B}$，且使 $\boldsymbol{A}$、$\boldsymbol{B}$、$\boldsymbol{A} \times \boldsymbol{B}$ 为右手系。叉乘用坐标表示为

$$\boldsymbol{A} \times \boldsymbol{B} = \begin{vmatrix} i & j & k \\ a_x & a_y & a_z \\ b_x & b_y & b_z \end{vmatrix} = \left\{ \begin{vmatrix} a_y & a_z \\ b_y & b_z \end{vmatrix}, -\begin{vmatrix} a_x & a_z \\ b_x & b_z \end{vmatrix}, \begin{vmatrix} a_x & a_y \\ b_x & b_y \end{vmatrix} \right\}$$

因为 $\boldsymbol{A} \times \boldsymbol{B} = \boldsymbol{C}$，向量 $\boldsymbol{C}$ 必然与向量 $\boldsymbol{A}$ 及向量 $\boldsymbol{B}$ 都垂直。

也可以采用展开叉乘的方法求与两个向量都垂直的向量。如欲求出与<110>、<001>二晶向都垂直的第三晶向，可采用矢量方式来描述两个晶向，<110>晶向的矢量描述为$\boldsymbol{i}+\boldsymbol{j}$，<001>的矢量描述为$\boldsymbol{k}$，由于$(\boldsymbol{i}+\boldsymbol{j})\times\boldsymbol{k}=\boldsymbol{i}\times\boldsymbol{k}+\boldsymbol{j}\times\boldsymbol{k}=-\boldsymbol{j}+\boldsymbol{i}$，于是与<110>、<001>二晶向都垂直的第三晶向必为$<1\bar{1}0>$。又如欲求出与<111>、$<1\bar{1}0>$二晶向都垂直的第三晶向，<111>和$<1\bar{1}0>$二晶向的矢量描述分别为$\boldsymbol{i}+\boldsymbol{j}+\boldsymbol{k}$和$\boldsymbol{i}-\boldsymbol{j}$，由于$(\boldsymbol{i}+\boldsymbol{j}+\boldsymbol{k})\times(\boldsymbol{i}-\boldsymbol{j})=\boldsymbol{i}\times\boldsymbol{i}-\boldsymbol{i}\times\boldsymbol{j}+\boldsymbol{j}\times\boldsymbol{i}-\boldsymbol{j}\times\boldsymbol{j}+\boldsymbol{k}\times\boldsymbol{i}-\boldsymbol{k}\times\boldsymbol{j}=\boldsymbol{i}+\boldsymbol{j}-2\boldsymbol{k}$，第三晶向必为$<11\bar{2}>$。

若已知晶向的米勒指数表达形式为<*xyz*>，计算其方向余弦的公式如下：

$$\begin{cases} l=\cos\alpha=\dfrac{x}{\sqrt{x^2+y^2+z^2}} \\ m=\cos\beta=\dfrac{y}{\sqrt{x^2+y^2+z^2}} \\ n=\cos\gamma=\dfrac{z}{\sqrt{x^2+y^2+z^2}} \end{cases} \tag{13-2-5}$$

13.3　压 阻 系 数

13.3.1　单晶硅的压阻系数

在 13.1 节中曾讲过半导体材料电阻的变化率$\Delta R/R$就等于电阻率的变化率$\Delta\rho/\rho$，而

$$\frac{\Delta\rho}{\rho}=\pi\sigma$$

式中，π是压阻系数；σ是应力。这只是一般概念，实际情况并非如此简单。

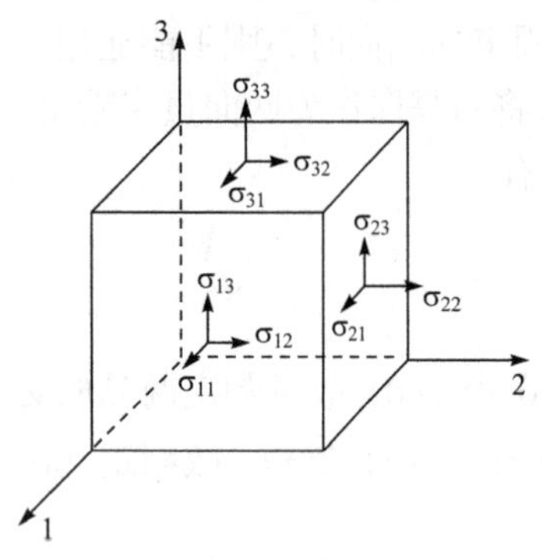

图 13-3-1　单晶硅微元素上应力分量图

单晶硅是正立方晶体结构，定义该晶格的 3 个正交面的法线方向为三个主轴方向，命名为 1、2、3 轴，如图 13-3-1 所示。沿三个晶轴方向取出一微单元，由于单晶硅上受到外力作用时，微单元上会产生应力，应力分量应有 9 个，但剪切应力总是两两相等的，即$\sigma_{23}=\sigma_{32}$、$\sigma_{31}=\sigma_{13}$、$\sigma_{12}=\sigma_{21}$，9 个应力分量中只有 6 个是独立的，即σ_{11}、σ_{22}、σ_{33}、σ_{23}、σ_{31}、σ_{12}是独立的，如下标改用下列方法来表示：

$$11\to1\quad 22\to2\quad 33\to3$$
$$23\to4\quad 31\to5\quad 12\to6$$

则 6 个独立应力分量可写成

$$\sigma_1、\sigma_2、\sigma_3、\sigma_4、\sigma_5、\sigma_6$$

有应力存在就会产生电阻率的变化。6 个独立应力分量可在 6 个相应的方向产生独立的电阻率的变化，若电阻率的变化率 $\mathrm{d}\rho/\rho$用符号δ表示，则 6 个独立的电阻率的变化率可写成

$$\delta_1、\delta_2、\delta_3、\delta_4、\delta_5、\delta_6$$

电阻率的变化率与应力之间的关系是由压阻系数联系着的，6 个独立的电阻率的变化率与 6 个独立的应力分量之间的压阻系数如下：

	σ_1	σ_2	σ_3	σ_4	σ_5	σ_6
δ_1	π_{11}	π_{12}	π_{13}	π_{14}	π_{15}	π_{16}
δ_2	π_{21}	π_{22}	π_{23}	π_{24}	π_{25}	π_{26}
δ_3	π_{31}	π_{32}	π_{33}	π_{34}	π_{35}	π_{36}
δ_4	π_{41}	π_{42}	π_{43}	π_{44}	π_{45}	π_{46}
δ_5	π_{51}	π_{52}	π_{53}	π_{54}	π_{55}	π_{56}
δ_6	π_{61}	π_{62}	π_{63}	π_{64}	π_{65}	π_{66}

据此，可将电阻率的变化率和应力分量之间的关系写成下列矩阵方程：

$$\begin{bmatrix}\delta_1\\\delta_2\\\vdots\\\delta_6\end{bmatrix}=\begin{bmatrix}\pi_{11}&\pi_{12}&\pi_{13}&\pi_{14}&\pi_{15}&\pi_{16}\\\pi_{21}&\pi_{22}&\pi_{23}&\pi_{24}&\pi_{25}&\pi_{26}\\\vdots&\vdots&\vdots&\vdots&\vdots&\vdots\\\pi_{61}&\pi_{62}&\pi_{63}&\pi_{64}&\pi_{65}&\pi_{66}\end{bmatrix}\begin{bmatrix}\sigma_1\\\sigma_2\\\vdots\\\sigma_6\end{bmatrix}\tag{13-3-1}$$

若将式(13-3-1)中的压阻系数矩阵等分成四块，则可看出如下关系。

(1) 剪切应力不可能产生正向压阻效应，矩阵中右上块内的各分量为零，即

$$\pi_{14}=\pi_{15}=\pi_{16}=\pi_{24}=\pi_{25}=\pi_{25}=\pi_{34}=\pi_{35}=\pi_{36}=0$$

(2) 正向应力不可能产生剪切压阻效应，矩阵中左下块内的各分量应为零，即

$$\pi_{41}=\pi_{42}=\pi_{43}=\pi_{51}=\pi_{52}=\pi_{53}=\pi_{61}=\pi_{62}=\pi_{62}=0$$

(3) 剪切应力只能在剪切应力作用方向所在平面内产生压阻效应，因此只剩下π_{44}、π_{55}、π_{66}三项，而面外剪切压阻效应系数为零，即

$$\pi_{45}=\pi_{46}=\pi_{54}=\pi_{56}=\pi_{64}=\pi_{65}=0$$

(4) 单晶硅是正立方晶体，考虑到正立方晶体的对称性，必存在下列特性：

① 纵向压阻效应系数相等，故

$$\pi_{11}=\pi_{22}=\pi_{33}$$

② 横向压阻效应系数相等，故

$$\pi_{12}=\pi_{21}=\pi_{13}=\pi_{31}=\pi_{23}=\pi_{32}$$

③ 面内剪切压阻效应系数相等，故

$$\pi_{44}=\pi_{55}=\pi_{66}$$

因此，压阻系数的矩阵为

$$\begin{bmatrix}\pi_{11}&\pi_{12}&\pi_{12}&0&0&0\\\pi_{12}&\pi_{11}&\pi_{12}&0&0&0\\\pi_{12}&\pi_{12}&\pi_{11}&0&0&0\\0&0&0&\pi_{44}&0&0\\0&0&0&0&\pi_{44}&0\\0&0&0&0&0&\pi_{44}\end{bmatrix}\tag{13-3-2}$$

由此矩阵可看出，独立的压阻系数分量仅有π_{11}、π_{12}、π_{44}，π_{11}称为纵向压阻系数，π_{12}称为横向压阻系数，π_{44}称为剪切压阻系数。必须强调的是，式(13-3-2)所示矩阵是相对晶轴坐标系推导得出的，因此π_{11}、π_{12}、π_{44}是相对三个晶轴方向而言的三个独立分量。

如在晶轴坐标系中欲求任意方向，也就是任意晶向的压阻系数，可分两种情况来考虑：一种是求纵向压阻系数；另一种是求横向压阻系数。

单晶硅任意方向压阻系数计算示意图如图 13-3-2 所示。图中 1、2、3 为单晶硅晶格的主轴方向，在任意方向 P 形成压敏电阻，电阻沿此方向变化，该方向即电阻的主方向，又称为纵向。Q 的方向与 P 垂直，为压敏电阻的副方向，又称为横向。电流 I 通过压敏电阻的方向也就是 P，由于采用的是扩散工艺，电阻条与弹性基体只有一个接触面，这就决定了电阻条在 P 和 Q 方向只有正应力。P 方向的应力$\sigma_{//}$称为纵向应力，欲求纵向压阻系数$\pi_{//}$，则必须将式(13-3-2)中各压阻系数分量全部投影到 P 方向，才可求得。定义一个新坐标系 1′2′3′，使 1′轴与 P 重合，欲将式(13-3-2)中各压阻系数分量全部投影到 P 方向，设 P 方向(即 1′轴)在标准的立方晶格坐标系中的方向余弦为 l_1、m_1、n_1，则投影结果为

$$\pi_{//} = \pi_{11} - 2(\pi_{11} - \pi_{12} - \pi_{44})(l_1^2 m_1^2 + m_1^2 n_1^2 + l_1^2 n_1^2) \tag{13-3-3}$$

此即计算任意晶向的纵向压阻系数公式。

沿 Q 方向作用在单晶硅上的应力$\sigma_{\perp}$为横向应力，欲求此横向压阻系数$\pi_{\perp}$，也可利用同样的方法求得。使 2′轴的方向与 Q 一致，设 Q 方向(即 2′轴)在标准的立方晶格坐标系中的方向余弦为 l_2、m_2、n_2，则投影的结果为

$$\pi_{\perp} = \pi_{12} + (\pi_{11} - \pi_{12} - \pi_{44})(l_1^2 l_2^2 + m_1^2 m_2^2 + n_1^2 n_2^2) \tag{13-3-4}$$

此即计算任意晶向的横向压阻系数公式。

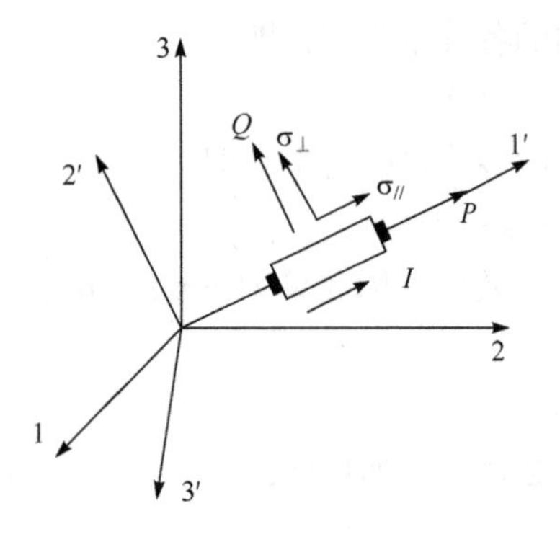

图 13-3-2　求任意晶向的压阻系数

任意晶向的纵向压阻系数与横向压阻系数求出后，如果单晶硅在此晶向上同时有纵向应力$\sigma_{//}$与横向应力$\sigma_{\perp}$的作用，如图 13-3-2 所示，则在此晶向上(注意必须是电流流过的方向)电阻的变化率，可利用式(13-3-3)与式(13-3-4)求得

$$\frac{\Delta R}{R} = \pi_{//}\sigma_{//} + \pi_{\perp}\sigma_{\perp} \tag{13-3-5}$$

式(13-3-5)表示在同一晶向上$\dfrac{\Delta R}{R}$由两部分之和组成：一部分是由$\sigma_{//}$与$\pi_{//}$引起的；另一部分是由$\sigma_{\perp}$与$\pi_{\perp}$引起的。

式(13-3-3)、式(13-3-4)与式(13-3-5)是设计压阻式传感器的三个基本计算公式。

在室温下，单晶硅的π_{11}、π_{12}与π_{44}($\times 10^{-11}\mathrm{m^2/N}$)的数值见表 13-3-1。对于 P 型硅，$\pi_{11}$与$\pi_{12}$较小，$\pi_{44}$较大，计算时可将$\pi_{11}$与$\pi_{12}$忽略，只取$\pi_{44}$计算。对于 N 型硅，$\pi_{44}$较小，$\pi_{11}$较大，$\pi_{12} = -\dfrac{1}{2}\pi_{11}$，计算时可将$\pi_{44}$忽略，只取$\pi_{11}$与$\pi_{12}$计算。

表 13-3-1　π_{11}、π_{12}与π_{44}($\times 10^{-11}\mathrm{m^2/N}$)的数值

晶体	导电类型	电阻率/(Ω·cm)	π_{11}	π_{12}	π_{44}
Si	P	7.8	6.6	−1.1	138.1
	N	11.7	−102.2	53.4	−13.6

例 13-3-1　试计算(100)晶面内<011>晶向的纵向压阻系数与横向压阻系数。

解析　如图 13-3-3 所示，*ABCDEFGH* 为一单位立方晶格，*ABCD* 为(100)面，在该面内<011>晶向为 *AC*，相应的横向为 *BD*。

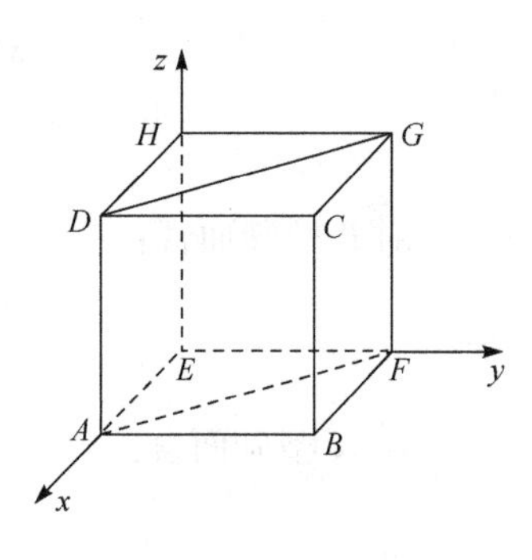

图 13-3-3　(110)晶面内<011>晶向的纵向和横向示意图

晶面(100)方向的矢量描述为 $\boldsymbol{i}$，晶向<011>的矢量描述为 $\boldsymbol{j}+\boldsymbol{k}$。由于

$$\boldsymbol{i}\times(\boldsymbol{j}+\boldsymbol{k})=\boldsymbol{i}\times\boldsymbol{j}+\boldsymbol{i}\times\boldsymbol{k}=\boldsymbol{k}+(-\boldsymbol{j})$$

因此在(100)面内<011>晶向的横向为 $<0\bar{1}1>$。设<011>与 $<0\bar{1}1>$ 晶向的方向余弦分别为 l_1、m_1、n_1 与 l_2、m_2、n_2，则

$$l_1=0,\ m_1=\frac{1}{\sqrt{1^2+1^2}}=\frac{1}{\sqrt{2}},\ n_1=\frac{1}{\sqrt{1^2+1^2}}=\frac{1}{\sqrt{2}}$$

$$l_2=0,\ m_2=\frac{-1}{\sqrt{(-1)^2+1^2}}=-\frac{1}{\sqrt{2}},\ n_2=\frac{1}{\sqrt{(-1)^2+1^2}}=\frac{1}{\sqrt{2}}$$

故

$$\pi_{//}=\pi_{11}-2(\pi_{11}-\pi_{22}-\pi_{44})\times\frac{1}{2}\times\frac{1}{2}=\frac{1}{2}(\pi_{11}+\pi_{12}+\pi_{44})$$

$$\pi_{\perp}=\pi_{12}+(\pi_{11}-\pi_{12}-\pi_{44})\left(\frac{1}{2}\times\frac{1}{2}+\frac{1}{2}\times\frac{1}{2}\right)=\frac{1}{2}(\pi_{11}+\pi_{12}-\pi_{44})$$

对 P 型硅而言：

$$\pi_{//}\approx\frac{1}{2}\pi_{44},\quad \pi_{\perp}\approx-\frac{1}{2}\pi_{44}$$

对 N 型硅而言：

$$\pi_{//}\approx\frac{1}{4}\pi_{11},\quad \pi_{\perp}\approx\frac{1}{4}\pi_{11}$$

例 13-3-2　试计算(110)晶面内 $<1\bar{1}0>$ 晶向的纵向压阻系数与横向压阻系数。

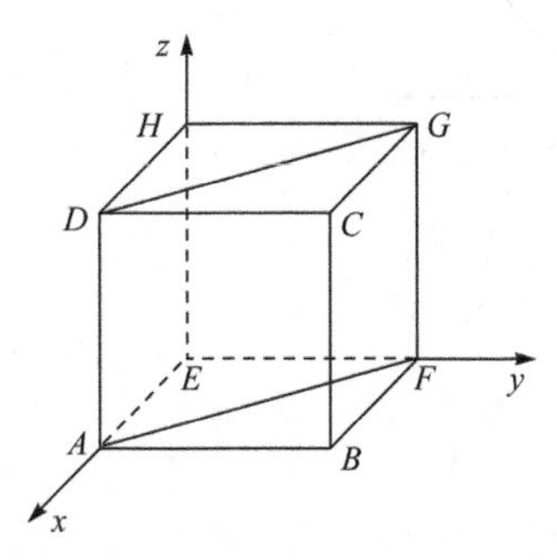

图 13-3-4　(110)晶面内 $<1\bar{1}0>$ 晶向的纵向和横向示意图

解析　如图 13-3-4 所示，*ABCDEFGH* 为一单位立方晶格，*AFGD* 为(110)面，在该面内 $<1\bar{1}0>$ 晶向为 *AF*，相应的横向为 *AD*。

晶面(110)方向的矢量描述为 $\boldsymbol{i}+\boldsymbol{j}$，晶向 $<1\bar{1}0>$ 的矢量描述为 $\boldsymbol{i}-\boldsymbol{j}$。由于

$$(\boldsymbol{i}+\boldsymbol{j})\times(\boldsymbol{i}-\boldsymbol{j})=\boldsymbol{i}\times\boldsymbol{i}-\boldsymbol{i}\times\boldsymbol{j}+\boldsymbol{j}\times\boldsymbol{i}-\boldsymbol{j}\times\boldsymbol{j}=0-\boldsymbol{k}+(-\boldsymbol{k})-0=-2\boldsymbol{k}$$

因此，在(110)晶面内 $<1\bar{1}0>$ 晶向的横向为 $<00\bar{2}>$，通常写为 $<00\bar{1}>$。设 $<1\bar{1}0>$ 与 $<00\bar{1}>$ 晶向的方向余弦分别为 l_1、m_1、n_1 与 l_2、m_2、n_2，则

$$l_1=\frac{1}{\sqrt{1^2+(-1)^2}}=\frac{1}{\sqrt{2}},\quad m_1=\frac{-1}{\sqrt{1^2+(-1)^2}}=-\frac{1}{\sqrt{2}},\quad n_1=0$$

$$l_2=0,\quad m_2=0,\quad n_2=1$$

故

$$\pi_{//}=\pi_{11}-2(\pi_{11}-\pi_{12}-\pi_{44})\times\frac{1}{2}\times\frac{1}{2}=\frac{1}{2}(\pi_{11}+\pi_{12}+\pi_{44})$$

$$\pi_{\perp}=\pi_{12}+(\pi_{11}-\pi_{12}-\pi_{44})\cdot 0=\pi_{12}$$

对 P 型硅而言：

$$\pi_{//}\approx\frac{1}{2}\pi_{44},\quad \pi_{\perp}=0$$

对 N 型硅而言：

$$\pi_{//}\approx\frac{1}{4}\pi_{11},\quad \pi_{\perp}\approx-\frac{1}{2}\pi_{11}$$

例 13-3-3　做出 P 型硅(100)晶面的纵向压阻系数与横向压阻系数的分布图。

解析　设 P 为(100)晶面内的任一方向，如图 13-3-5(a)所示，与 2 轴的夹角为α，Q 为 P 的横向，P 与 Q 的方向余弦分别为 l_1、m_1、n_1 与 l_2、m_2、n_2，则

$$l_1=0,\ m_1=\cos\alpha,\ n_1=\sin\alpha$$
$$l_2=0,\ m_2=-\sin\alpha,\ n_2=\cos\alpha$$

故

$$\pi_{//}=\pi_{11}-\frac{1}{2}(\pi_{11}-\pi_{12}-\pi_{44})\sin^2 2\alpha\approx\frac{1}{2}\pi_{44}\sin^2 2\alpha$$

$$\pi_{\perp}=\pi_{12}+\frac{1}{2}(\pi_{11}-\pi_{12}-\pi_{44})\sin^2 2\alpha\approx-\frac{1}{2}\pi_{44}\sin^2 2\alpha$$

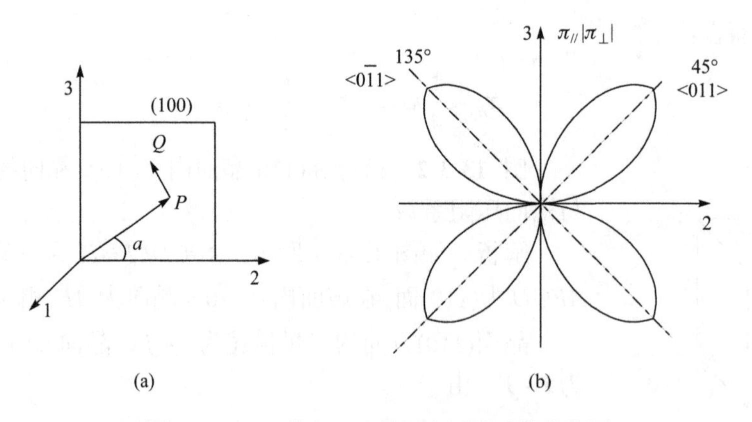

图 13-3-5　P 型硅(100)晶面内压阻系数分布图

P 型硅在(100)晶面内，$\pi_{//}=-\pi_{\perp}$，做出$\pi_{//}=f(\alpha)$与$\pi_{\perp}=f(\alpha)$的图形，就可得到纵向压阻系数$\pi_{//}$与横向压阻系数$\pi_{\perp}$的分布图，如图 13-3-5(b)所示。图形对 2 轴(即<010>晶向)与 3 轴(即<001>晶向)对称，且对 45°直线(即<011>晶向)与 135°直线(即$<0\bar{1}1>$晶向)对称。$\pi_{//}$与$\pi_{\perp}$都在<011>与$<0\bar{1}1>$晶向上为最大，并有

$$\pi_{//}=\frac{1}{2}\pi_{44},\quad \pi_{\perp}=-\frac{1}{2}\pi_{44}$$

单晶硅(或是其他正立方晶体)的一些主要晶向的纵向压阻系数与横向压阻系数已经计算好

(表 13-3-2)。P 型硅与 N 型硅主要晶向的纵向压阻系数和横向压阻系数的近似计算见表 13-3-3。

表 13-3-2　主要晶向的纵向压阻系数与横向压阻系数

纵向晶向	纵向压阻系数$\pi_{//}$	横向晶向	横向压阻系数$\pi_{\perp}$
$<001>$	π_{11}	$<010>$	π_{12}
$<001>$	π_{11}	$<110>$	π_{12}
$<111>$	$1/3(\pi_{11}+2\pi_{12}+2\pi_{44})$	$<1\bar{1}0>$	$1/3(\pi_{11}+2\pi_{12}-\pi_{44})$
$<111>$	$1/3(\pi_{11}+2\pi_{12}+2\pi_{44})$	$<11\bar{2}>$	$1/3(\pi_{11}+2\pi_{12}-\pi_{44})$
$<1\bar{1}0>$	$1/2(\pi_{11}+\pi_{12}+\pi_{44})$	$<111>$	$1/3(\pi_{11}+2\pi_{12}-\pi_{44})$
$<1\bar{1}0>$	$1/2(\pi_{11}+\pi_{12}+\pi_{44})$	$<001>$	π_{12}
$<1\bar{1}0>$	$1/2(\pi_{11}+\pi_{12}+\pi_{44})$	$<110>$	$1/2(\pi_{11}+2\pi_{12}-\pi_{44})$
$<1\bar{1}0>$	$1/2(\pi_{11}+\pi_{12}+\pi_{44})$	$<11\bar{2}>$	$1/6(\pi_{11}+5\pi_{12}-\pi_{44})$
$<11\bar{2}>$	$1/2(\pi_{11}+\pi_{12}+\pi_{44})$	$<1\bar{1}0>$	$1/6(\pi_{11}+5\pi_{12}-\pi_{44})$
$<1\bar{1}0>$	$1/2(\pi_{11}+\pi_{12}+\pi_{44})$	$<22\bar{1}>$	$1/9(4\pi_{11}+5\pi_{12}-4\pi_{44})$
$<22\bar{1}>$	$\pi_{11}-8/27(\pi_{11}-2\pi_{12}-2\pi_{44})$	$<1\bar{1}0>$	$1/9(4\pi_{11}+5\pi_{12}-4\pi_{44})$

表 13-3-3　P 型硅与 N 型硅主要晶向纵向压阻系数和横向压阻系数的近似计算

纵向晶向	纵向压阻系数$\pi_{//}$		横向晶向	横向压阻系数$\pi_{\perp}$	
	P 型	N 型		P 型	N 型
$<001>$	0	π_{11}	$<010>$	0	$-1/2\pi_{11}$
$<001>$	0	π_{11}	$<110>$	0	$-1/2\pi_{11}$
$<111>$	$2/3\pi_{44}$	0	$<1\bar{1}0>$	$-1/3\pi_{44}$	0
$<111>$	$2/3\pi_{44}$	0	$<11\bar{2}>$	$-1/3\pi_{44}$	0
$<1\bar{1}0>$	$1/2\pi_{44}$	$1/4\pi_{11}$	$<111>$	$-1/3\pi_{44}$	0
$<1\bar{1}0>$	$1/2\pi_{44}$	$1/4\pi_{11}$	$<001>$	0	$-1/2\pi_{11}$
$<1\bar{1}0>$	$1/2\pi_{44}$	$1/4\pi_{11}$	$<110>$	$-1/2\pi_{44}$	$1/4\pi_{11}$
$<1\bar{1}0>$	$1/2\pi_{44}$	$1/4\pi_{11}$	$<11\bar{2}>$	$-1/6\pi_{44}$	$-1/4\pi_{11}$
$<11\bar{2}>$	$1/2\pi_{44}$	$1/4\pi_{11}$	$<1\bar{1}0>$	$-1/6\pi_{44}$	$-1/4\pi_{11}$
$<1\bar{1}0>$	$1/2\pi_{44}$	$1/4\pi_{11}$	$<22\bar{1}>$	$-4/9\pi_{44}$	$1/6\pi_{11}$
$<22\bar{1}>$	$16/27\pi_{44}$	$1/9\pi_{11}$	$<1\bar{1}0>$	$-4/9\pi_{44}$	$1/6\pi_{11}$

13.3.2　影响压阻系数大小的因素

影响压阻系数大小的因素主要是扩散杂质的表面浓度和温度。

压阻系数与扩散杂质表面浓度 N_S 的关系如图 13-3-6 所示。图中一条曲线是 P 型硅扩散层的压阻系数π_{44}与表面浓度N_S的关系；另一条曲线是N型硅扩散层的压阻系数π_{11}与表面浓度N_S的关系。扩散杂质表面浓度N_S增加时，压阻系数都减小。

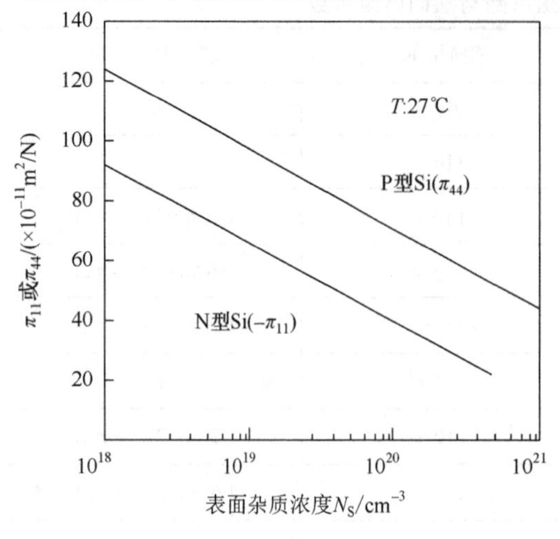

图 13-3-6　压阻系数与表面杂质浓度N_S的关系

出现这一现象的原因，可以粗略地解释：掺有杂质的半导体，其电阻率可表示为

$$\rho=\frac{1}{nq\mu} \tag{13-3-6}$$

式中，n是载流子浓度；q是载流子所带电荷；μ是载流子迁移率。当n增加时，ρ则要降低。当扩散杂质的表面浓度N_S增加时，说明载流子的浓度n也要增加，电阻率ρ必然要降低；但由于扩散杂质的表面浓度N_S增加，载流子浓度比较大，半导体受到应力作用后，电阻率的变化(即$\Delta\rho$)更小，因此电阻率的变化率是降低的，这就说明了当扩散杂质的表面浓度增加时，压阻系数是降低的。

当温度变化时，压阻系数的变化也比较明显，压阻系数与温度的关系如图 13-3-7 所示。图(a)是P型硅π_{44}与温度的关系；图(b)是N型硅π_{11}与温度的关系。表面杂质浓度低时，温度增加则压阻系数下降得快；表面杂质浓度高时，温度增加则压阻系数下降得慢。

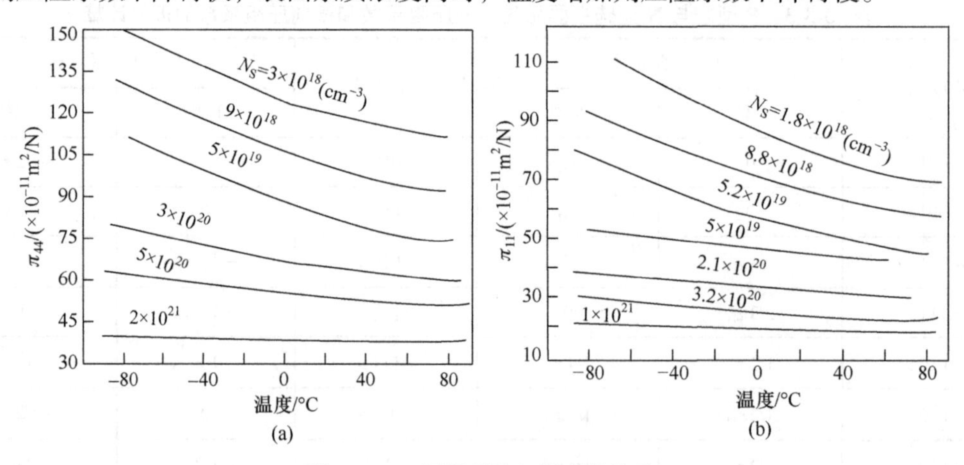

图 13-3-7　压阻系数与温度的关系

出现这一现象的原因，也可根据式(13-3-6)来粗略地解释。温度增加时，由于载流子的扩散运动增大，使单向迁移率μ稍有减小，因而电阻率ρ变大，从而使电阻率的变化率($\Delta\rho/\rho$)减小，故压阻系数随着温度的增加而减小。不过扩散杂质表面浓度较小时，μ迁移率减小得较大，使电阻率ρ增加得也较大，因而压阻系数随温度的增加下降得较快。而扩散杂质表面浓度较大时，迁移率μ减小得较小，电阻率增加得也就较小，因而压阻系数随着温度的增加下降得较慢。

为了降低温度影响，扩散杂质的表面浓度高些比较好。但扩散杂质的表面浓度高时，压阻系数要降低，且高浓度扩散时，扩散层P型硅与衬底N型硅之间的PN结的击穿电压就要降低，而使绝缘电阻降低，所以既要使压阻系数不要太低，又要能降低温度影响，同时不会使绝缘电阻降低，应该采用多大的表面杂质浓度进行扩散，必须综合考虑。

13.4　压阻式传感器实例

由 13.3 节中，已经知道单晶硅电阻阻值的变化率由式(13-3-5)决定，即

$$\frac{\Delta R}{R} = \pi_{//}\sigma_{//} + \pi_{\perp}\sigma_{\perp}$$

式中，纵向压阻系数$\pi_{//}$和横向压阻系数$\pi_{\perp}$与晶向有关，由式(13-3-3)与式(13-3-4)计算出，而纵向应力$\sigma_{//}$与横向应力$\sigma_{\perp}$如何确定呢？根据不同功用的传感器，$\sigma_{//}$与$\sigma_{\perp}$有不同的计算方法。

在压阻式传感器的设计中主要要考虑的有：作为敏感元件的弹性元件形状与尺寸的设计，以及力敏电阻在弹性元件上的合理布局。对应变式传感器测量电路——直流电阻电桥的分析已知，差动惠斯通全桥具有最高的灵敏度、最好的温度补偿性能和最高的输出线性度，因此，绝大多数压阻式传感器采用了等臂的差动惠斯通全桥作为敏感检测线路。下面对压阻式压力传感器与压阻式加速度传感器分别进行讨论。

13.4.1　压阻式压力传感器

图 13-4-1 为一种典型的压阻式压力传感器的结构示意图，敏感元件圆形平膜片采用单晶硅来制作，利用微电子加工中的扩散工艺在硅膜片上制造所期望的压敏电阻。

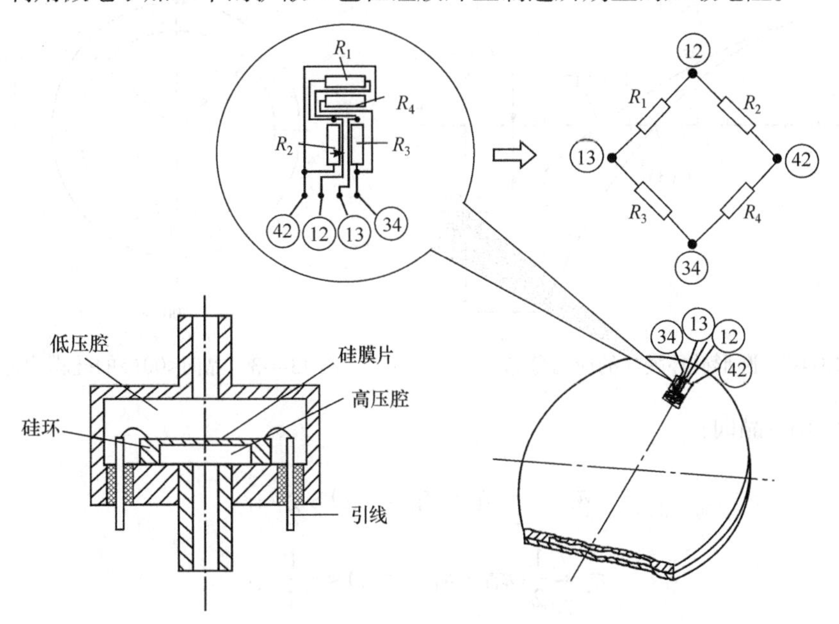

图 13-4-1　压阻式压力传感器的结构示意图

对压阻式压力传感器来讲，$\sigma_{//}$与$\sigma_{\perp}$应该根据圆形硅膜片上各点的径向应力σ_r与切向应力σ_t来决定。

在仪表弹性元件中，圆形平膜片上各点的径向应力σ_r与切向应力σ_t可用式(13-4-1)和式(13-4-2)表示。

$$\sigma_r = \frac{3p}{8h^2}\left[(1+\mu)a^2 - (3+\mu)r^2\right] \tag{13-4-1}$$

$$\sigma_{\mathrm{t}}=\frac{3p}{8h^2}\left[(1+\mu)a^2-(1+3\mu)r^2\right] \tag{13-4-2}$$

式中，a、r、h 分别为膜片的有效半径、计算点半径、厚度(m)；μ为泊松系数，对于硅，取μ=0.35；p 为压力(Pa)。

根据式(13-4-1)和式(13-4-2)作出曲线，如图 13-4-2 所示，就可得圆形平膜片上各点的应力分布图。当 r=0.65a 时，σ_{r}=0；r<0.635a 时，σ_{r}>0，为拉应力；r>0.635a 时，σ_{r}<0，为压应力。当 r=0.812a 时，σ_r=0，仅有σ_{r}存在，且σ_{r}<0，为压应力。

下面结合两种常用的压阻式压力传感器进行讨论。

第一种方案：如图 13-4-3 所示。在<001>晶向的圆形硅膜片上，分别沿相互垂直的 $<1\bar{1}0>$ 与<110>二晶向，利用扩硼的方法扩散出四个 P 型电阻，构成电桥的两对桥臂电阻，位于圆膜片的边缘处。则 $<1\bar{1}0>$ 晶向的两个径向电阻与 $<110>$ 晶向的两个切向电阻阻值的变化率分别为

$$\left(\frac{\Delta R}{R}\right)_{\mathrm{r}}=\pi_{//}\sigma_{//}+\pi_{\perp}\sigma_{\perp}=\pi_{//}\sigma_{\mathrm{r}}+\pi_{\perp}\sigma_{\mathrm{t}} \tag{13-4-3}$$

$$\left(\frac{\Delta R}{R}\right)_{\mathrm{t}}=\pi_{//}\sigma_{//}+\pi_{\perp}\sigma_{\perp}=\pi_{//}\sigma_{\mathrm{t}}+\pi_{\perp}\sigma_{\mathrm{r}} \tag{13-4-4}$$

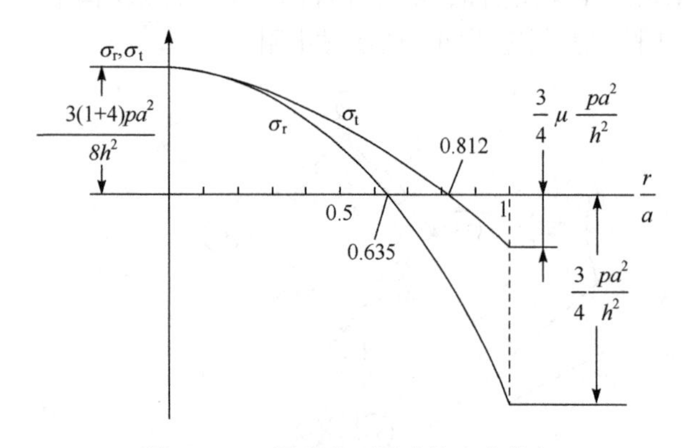

图 13-4-2　圆形硅环膜片的应力分布

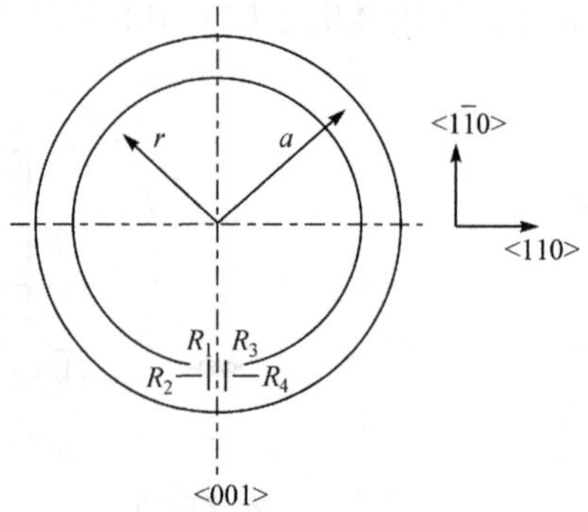

图 13-4-3　晶向<001>的硅膜片传感器元件

而在 $<1\bar{1}0>$ 晶向：

$$\pi_{//}=\frac{1}{2}(\pi_{11}+\pi_{12}+\pi_{44})\approx\frac{1}{2}\pi_{44} \tag{13-4-5}$$

$$\pi_{\perp}=\frac{1}{2}(\pi_{11}+\pi_{12}-\pi_{44})\approx-\frac{1}{2}\pi_{44} \tag{13-4-6}$$

在 $<110>$ 晶向：

$$\pi_{//}=\frac{1}{2}(\pi_{11}+\pi_{12}+\pi_{44})\approx\frac{1}{2}\pi_{44} \tag{13-4-7}$$

$$\pi_{\perp}=\frac{1}{2}(\pi_{11}+\pi_{12}-\pi_{44})\approx-\frac{1}{2}\pi_{44} \tag{13-4-8}$$

将式(13-4-5)与式(13-4-6)代入式(13-4-3)，将式(13-4-7)与式(13-4-8)代入式(13-4-4)，并将式(13-4-1)与式(13-4-2)也代入式(13-4-3)和式(13-4-4)，则得

$$\left(\frac{\Delta R}{R}\right)_{\mathrm{r}} = -\pi_{44}\frac{3pr^2}{8h^2}(1-\mu) \tag{13-4-9}$$

$$\left(\frac{\Delta R}{R}\right)_{\mathrm{t}} = \pi_{44}\frac{3pr^2}{8h^2}(1-\mu) \tag{13-4-10}$$

可见

$$\left(\frac{\Delta R}{R}\right)_{\mathrm{r}} = -\left(\frac{\Delta R}{R}\right)_{\mathrm{t}}$$

作出$\left(\frac{\Delta R}{R}\right)_{\mathrm{r}}$和$\left(\frac{\Delta R}{R}\right)_{\mathrm{t}}$与 r 的关系曲线如图 13-4-4 所示。r 越大，$\left(\frac{\Delta R}{R}\right)_{\mathrm{r}}$与$\left(\frac{\Delta R}{R}\right)_{\mathrm{t}}$的数值越大，所以最好将四个扩散电阻放在膜片有效面积边缘处。

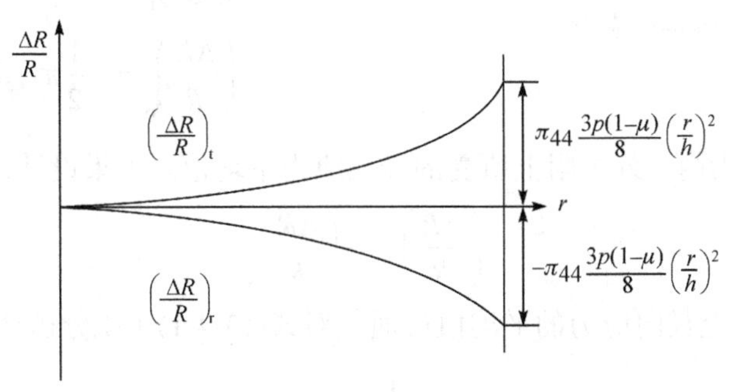

图 13-4-4　$\left(\frac{\Delta R}{R}\right)_{\mathrm{r}}$和$\left(\frac{\Delta R}{R}\right)_{\mathrm{t}}$与 r 的关系曲线

上面讲的是一种设计方法，另一种设计方法是将四个电阻沿两晶向扩散在 $0.812a$ 处，这时因为$\sigma_{\mathrm{t}}=0$，只有σ_{r}存在，故式(13-4-3)与式(13-4-4)分别为

$$\left(\frac{\Delta R}{R}\right)_{\mathrm{r}} = \pi_{//}\sigma_{\mathrm{r}} \tag{13-4-11}$$

$$\left(\frac{\Delta R}{R}\right)_{\mathrm{t}} = \pi_{\perp}\sigma_{\mathrm{r}} \tag{13-4-12}$$

将式(13-4-5)代入式(13-4-11)，式(13-4-8)代入式(13-4-12)，则得

$$\left(\frac{\Delta R}{R}\right)_{\mathrm{r}} = \frac{1}{2}\pi_{44}\sigma_{\mathrm{r}}\ ,\quad \left(\frac{\Delta R}{R}\right)_{\mathrm{t}} = -\frac{1}{2}\pi_{44}\sigma_{\mathrm{r}}$$

同样有

$$\left(\frac{\Delta R}{R}\right)_{\mathrm{r}} = -\left(\frac{\Delta R}{R}\right)_{\mathrm{t}}$$

这种设计方法，$\left(\frac{\Delta R}{R}\right)_{\mathrm{r}}$与$\left(\frac{\Delta R}{R}\right)_{\mathrm{t}}$的数值显然要较上一种设计方法的小，小 1/3 左右。

第二种方案：在$<1\bar{1}0>$晶向的圆形硅膜片上，沿<110>晶向，在 $0.635a$ 半径之内与之外各扩散两个电阻，如图 13-4-5 所示。由于$\left(1\bar{1}0\right)$晶面内所有晶向的纵向压阻系数都较大，而横向压阻系数很小甚至为零，因此压阻式压力传感器可利用圆膜片中心和边缘具有最大的正负应力构成电桥。则由于<110>晶向的横向为<001>晶向，<110>晶向的$\pi_{//}$与$\pi_{\perp}$分别为

$$\pi_{//}=\frac{1}{2}\pi_{44}\text{，}\quad \pi_{\perp}=0$$

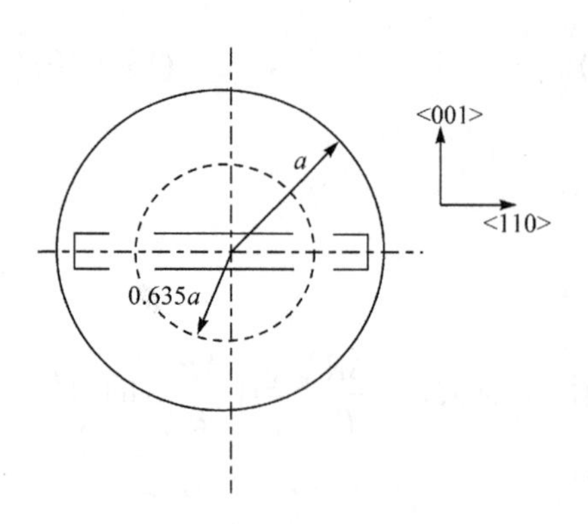

图 13-4-5　晶向是 $<\bar{1}10>$ 的硅膜片传感元件

于是内、外电阻阻值的变化率均为

$$\frac{\Delta R}{R}=\pi_{//}\sigma_{//}+\pi_{\perp}\sigma_{\perp}=\pi_{//}\sigma_{\mathrm{r}}=\frac{1}{2}\pi_{44}\sigma_{\mathrm{r}}$$

由于在 0.635a 半径之内σ_{r}为正值，在 0.635a 半径之外σ_{r}为负值，内、外电阻阻值的变化率应为

$$\left(\frac{\Delta R}{R}\right)_{\mathrm{i}}=\frac{1}{2}\pi_{44}\,\bar{\sigma}_{\mathrm{r}}^{\mathrm{i}}$$

$$\left(\frac{\Delta R}{R}\right)_{\mathrm{o}}=-\frac{1}{2}\pi_{44}\,\bar{\sigma}_{\mathrm{r}}^{\mathrm{o}}$$

式中，$\bar{\sigma}_{\mathrm{r}}^{\mathrm{i}}$、$\bar{\sigma}_{\mathrm{r}}^{\mathrm{o}}$分别为内、外电阻上所受的径向应力平均值。如果设计得使$\bar{\sigma}_{\mathrm{r}}^{\mathrm{i}}=\bar{\sigma}_{\mathrm{r}}^{\mathrm{o}}$必然有

$$\left(\frac{\Delta R}{R}\right)_{\mathrm{i}}=-\left(\frac{\Delta R}{R}\right)_{\mathrm{o}}$$

计算圆形平膜片上径向应力的平均值可通过对式(13-4-1)作积分运算获得

$$\bar{\sigma}_{\mathrm{r}}=\frac{\int_{r_1}^{r_2}\sigma_{\mathrm{r}}(r)\mathrm{d}r}{\int_{r_1}^{r_2}\mathrm{d}r} \tag{13-4-13}$$

压阻式压力传感器在设计过程中，为了使输出线性度较好，扩散电阻上所受的应变不应过大，这可用限制硅膜片上最大应变不超过 400～500με来保证。圆形平膜片上各点的应变考虑横向效应时可用下列两式来计算。

$$\varepsilon_{\mathrm{r}}=\frac{3p}{8h^2E}(1-\mu^2)(a^2-3r^2) \tag{13-4-14}$$

$$\varepsilon_{\mathrm{t}}=\frac{3p}{8h^2E}(1-\mu^2)(a^2-r^2) \tag{13-4-15}$$

式中，ε_{r}、ε_{t}为径向与切向应变(με)；E 为单晶硅的弹性模量。

晶向为<100>时，$E=1.30\times10^{11}\mathrm{N/m^2}$；

晶向为<110>时，$E=1.67\times10^{11}\mathrm{N/m^2}$；

晶向为<111>时，$E=1.87\times10^{11}\mathrm{N/m^2}$。

根据式(13-4-14)和式(13-4-15)作出曲线，就可得圆形平膜片上各点的应变分布图，如图 13-4-6 所示。从图中可见，膜片边缘处切向应变等于零，径向应变为最大，也就是说膜片上最大应变发生在边缘处。所以在设计中，膜片边缘处径向应变ε_{r}不应超过 400～500με。

事实上根据这一要求，令膜片边缘处的径向应变ε_{r}等于 400～500με，就可求出硅膜片的厚度 h。

利用集成电路工艺制造成的压阻式压力传感器，突出优点之一是尺寸可以做得很小，固有频率很高，因而可以用于测量频率很高的气体或液体的脉动压力。

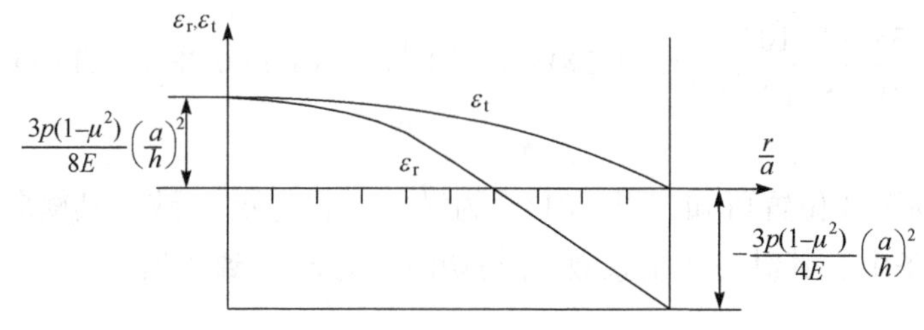

图 13-4-6　平膜片的应变分布图

例 13-4-1　在(100)晶面的 $<011>$ 和 $<0\bar{1}1>$ 晶向上各扩散一电阻条，如图 13-4-7 所示，试求：(1)在 0.1MPa 压力作用下电阻条处 σ_r 与 σ_t 的值；(2)两电阻条分别为 P 型和 N 型时的 $\Delta R/R$ 值。已知硅膜片的泊松比 μ=0.28，r=4.17×10^{-3}m，a=5×10^{-3}m，h=0.15×10^{-3}m，扩散位置的 $<011>$ 晶向为径向，忽略电阻条尺寸对输出的影响。

解析　压阻式传感器中，晶向是指该晶面的法线方向，在同一晶面上可以扩散无数多根任意方向的P型或N型电阻条，设 x_1、x_2、y_1、y_2、z_1、z_2 分别为晶向纵向与横向所对应晶轴的截距。则方向余弦分别为

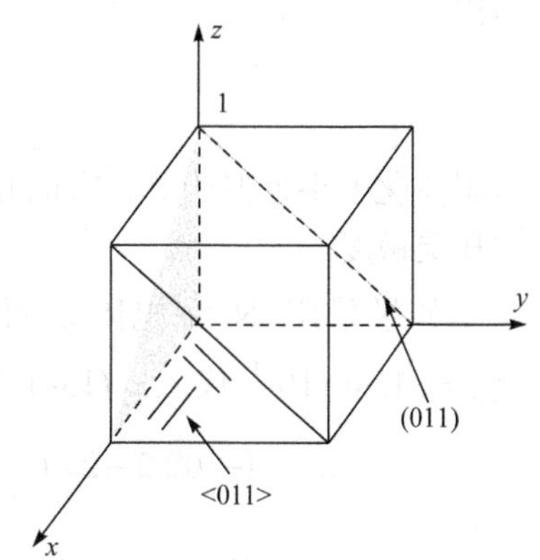

图 13-4-7　例 13-4-1 图

$$l_1=\frac{x_1}{\sqrt{x_1^2+y_1^2+z_1^2}},\quad m_1=\frac{y_1}{\sqrt{x_1^2+y_1^2+z_1^2}},\quad n_1=\frac{z_1}{\sqrt{x_1^2+y_1^2+z_1^2}}$$

$$l_2=\frac{x_2}{\sqrt{x_2^2+y_2^2+z_2^2}},\quad m_2=\frac{y_2}{\sqrt{x_2^2+y_2^2+z_2^2}},\quad n_2=\frac{z_2}{\sqrt{x_2^2+y_2^2+z_2^2}}$$

于是，可由题意先求出 P 型电阻条的电阻变化率，设电阻条在(100)晶面内以 $<011>$ 为纵向，$<0\bar{1}1>$ 为横向，由晶轴坐标转换到新坐标代入上式可得

$$l_1=0,\quad m_1=\frac{1}{\sqrt{2}},\quad n_1=\frac{1}{\sqrt{2}}$$

$$l_2=0,\quad m_2=-\frac{1}{\sqrt{2}},\quad n_2=\frac{1}{\sqrt{2}}$$

再代入式(13-3-3)和式(13-3-4)，由表 13-3-1 查到 P 型电阻条的 $\pi_{11}=6.6\times10^{-11}(\mathrm{m^2/N}),\pi_{12}=-1.1\times10^{-11}(\mathrm{m^2/N}),\pi_{44}=138.1\times10^{-11}(\mathrm{m^2/N})$，因此

$$\pi_{//}=[6.6-2\times(6.6+1.1-138.1)\times\frac{1}{2}\times\frac{1}{2}]\times10^{-11}=71.8\times10^{-11}(\mathrm{m^2/N})$$

$$\pi_{\perp}=[-1.1+(6.6+1.1-138.1)\times\frac{1}{2}]\times10^{-11}=-66.3\times10^{-11}(\mathrm{m^2/N})$$

分别代入式(13-4-1)和式(13-4-2)，求出 σ_r 与 σ_t：

$$\sigma_r=\frac{3\times0.1\times10^6}{8\times(0.15\times10^{-3})^2}\left[(1+0.28)\times(5\times10^{-3})^2-(3+0.28)\times(4.17\times10^{-3})^2\right]$$
$$=-41.73\times10^6(\mathrm{N/m^2})$$

$$\sigma_t = \frac{3\times 0.1\times 10^6}{8\times(0.15\times 10^{-3})^2}\left[(1+0.28)\times(5\times 10^{-3})^2-(1+3\times 0.28)\times(4.17\times 10^{-3})^2\right]$$
$$=0$$

由电阻条在圆膜片位置可知，以$<011>$为纵向，它与σ_r一致，其横向与σ_t一致，而在$<0\bar{1}1>$横向电阻条中，其纵向压阻系数$\pi_{//}$与切向应力σ_t一致，所以

$$\left(\frac{\Delta R}{R}\right)_r = \pi_{//}\sigma_r+\pi_{\perp}\sigma_t=\pi_{//}\sigma_r=71.8\times 10^{-11}\times(-41.73\times 10^6)=-3.00\times 10^{-2}$$
$$\left(\frac{\Delta R}{R}\right)_t = \pi_{//}\sigma_t+\pi_{\perp}\sigma_r=\pi_{\perp}\sigma_r=-66.2\times 10^{-11}\times(41.73\times 10^6)=2.76\times 10^{-2}$$

所以

$$-\left(\frac{\Delta R}{R}\right)_r \approx \left(\frac{\Delta R}{R}\right)_t$$

电阻变化大小近似相等，方向相反。四个电阻条刚好构成差动全桥电路，可获得最大的输出电压灵敏度。

如果采用 N 型电阻条而其他条件均不变，则用$\pi_{11}=-102.2\times 10^{-11}, \pi_{12}=53.4\times 10^{-11}$, $\pi_{44}=-13.6\times 10^{-11}$代入式(13-3-3)、式(13-3-4)，得

$$\pi_{//}=[-102.2-2\times(-102.2-53.4+13.6)\times\frac{1}{4}]\times 10^{-11}=-31.2\times 10^{-11}\left(\mathrm{m^2/N}\right)$$
$$\pi_{\perp}=[53.4+(-102.2-53.4+13.6)\times\frac{1}{2}]\times 10^{-11}=-17.6\times 10^{-11}\left(\mathrm{m^2/N}\right)$$

于是

$$\left(\frac{\Delta R}{R}\right)_r = \pi_{//}\sigma_r+\pi_{\perp}\sigma_t=-31.2\times 10^{-11}\times(-41.72)\times 10^6=1.3\times 10^{-2}$$
$$\left(\frac{\Delta R}{R}\right)_t = \pi_{//}\sigma_t+\pi_{\perp}\sigma_r=-17.6\times 10^{-11}\times(-41.72)\times 10^5=0.74\times 10^{-2}$$

由此看出，用 N 型硅扩散电阻条时，电阻变化率较小，而且受压力后变化方向一致，构成惠斯登电桥时，输出电压灵敏度较低。

13.4.2 压阻式加速度传感器

压阻式加速度传感器是利用单晶硅作悬臂梁，如图 13-4-8，在其根部扩散出四个电阻，当悬臂梁自由端的质量块有加速度作用时，悬臂梁受到弯矩作用，产生应力，使四个电阻阻值发生变化。

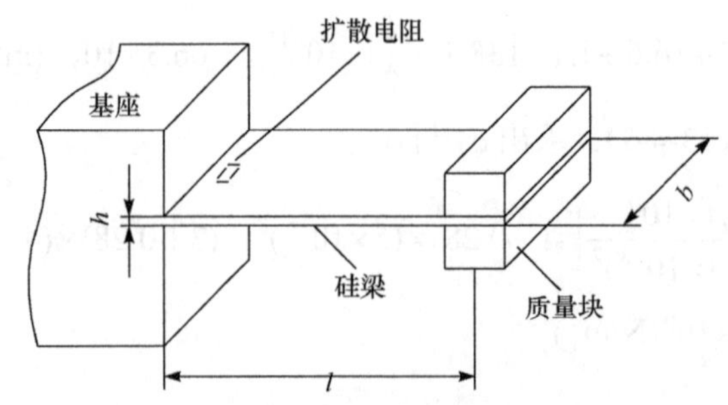

图 13-4-8　压阻式加速度传感器结构示意图

如果采用<001>晶向作为悬臂的单晶硅衬底，沿$<1\bar{1}0>$与<110>晶向各扩散两个 P 型电阻，由材料力学可知悬臂梁根部所受的应力为

$$\sigma_l = \frac{6ml}{bh^2}a \tag{13-4-16}$$

式中，m 为质量块的质量(kg)；b、h 为悬臂梁的宽度与厚度(m)；l 为质量块中心至悬臂根部的距离(m)；a 为加速度(m/s^2)。

另外，$<1\bar{1}0>$晶向的两个电阻阻值的变化率为

$$\left(\frac{\Delta R}{R}\right)_{<1\bar{1}0>} = \pi_{//}\sigma_{//} + \pi_{\perp}\sigma_{\perp} = \pi_{//}\sigma_l \tag{13-4-17}$$

<110>晶向的两个电阻阻值的变化率为

$$\left(\frac{\Delta R}{R}\right)_{<110>} = \pi_{//}\sigma_{//} + \pi_{\perp}\sigma_{\perp} = \pi_{\perp}\sigma_l \tag{13-4-18}$$

将$<1\bar{1}0>$晶向的纵向压阻系数$\pi_{//} = \frac{\pi_{44}}{2}$与式(13-4-16)代入式(13-4-17)，将<110>晶向横向压阻系数$\pi_{\perp} = -\frac{\pi_{44}}{2}$与式(13-4-16)代入式(13-4-18)，则得

$$\left(\frac{\Delta R}{R}\right)_{<1\bar{1}0>} = \pi_{44}\frac{3ml}{bh^2}a \tag{13-4-19}$$

$$\left(\frac{\Delta R}{R}\right)_{<110>} = -\pi_{44}\frac{3ml}{bh^2}a \tag{13-4-20}$$

可见

$$\left(\frac{\Delta R}{R}\right)_{<1\bar{1}0>} = -\left(\frac{\Delta R}{R}\right)_{<110>}$$

为了保证传感器的输出具有较好的线性度，悬壁梁根部所受的应变不应超过 400～500με，具体数值可由下式计算出：

$$\varepsilon = \frac{6ml}{Ebh^2}a \tag{13-4-21}$$

用压阻式加速度传感器测量振动加速度时，固有频率应按式(13-4-22)计算：

$$f_0 = \frac{1}{2\pi}\sqrt{\frac{Ebh^3}{4ml^3}} \tag{13-4-22}$$

这种加速度传感器如能正确地选择尺寸与阻尼系数，则可用来测量低频加速度与直线加速度。

13.4.3　压阻式传感器的调理电路

上面已经讨论过压阻式传感器基片上扩散出的四个电阻值的变化率，这四个电阻一般是接成惠斯登电桥，使输出信号与被测量成比例，并且将阻值增加的两个电阻对接，阻值减小

的两个电阻对接，使电桥的灵敏度最大。电桥的电源既可采用恒压源供电，也可采用恒流源供电，现分别讨论如下。

1. 恒压源供电

假设四个扩散电阻的起始阻值都相等且为 R，当有应力作用时，两个电阻的阻值增加，增加量为ΔR，两个电阻的阻值减小，减小量为$-\Delta R$；另外由于温度影响，每个电阻都有ΔR_T的变化量。采用如图 13-4-9 所示的恒压源供电时，电桥的输出为

$$U_{\text{out}} = U_{\text{BD}} = \frac{U\cdot(R+\Delta R+\Delta R_T)}{R-\Delta R+\Delta R_T+R+\Delta R+\Delta R_T} - \frac{U\cdot(R-\Delta R+\Delta R_T)}{R+\Delta R+\Delta R_T+R-\Delta R+\Delta R_T}$$

整理后得

$$U_{\text{out}} = U\frac{\Delta R}{R+\Delta R_T}$$

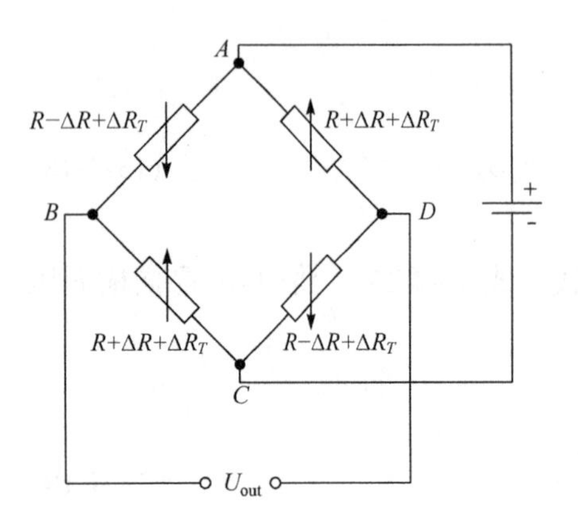

图 13-4-9　恒压源供电

当ΔR_T=0 时，即没有温度影响时，则

$$U_{\text{out}} = U\cdot\frac{\Delta R}{R} \tag{13-4-23}$$

此式说明电桥输出与$\Delta R/R$成正比，也就是与被测量成正比，同时又与 U 成正比，即电桥的输出与电源的大小及精度都有关。

当$\Delta R_T \neq 0$ 时，则 U_{out}与ΔR_T有关，也就是说与温度有关，而且与温度的关系是非线性的，所以用恒压源供电时，不能消除温度的影响。

2. 恒流源供电

采用如图 13-4-10 所示的恒流源供电时，假设电桥两个支路的电阻相等，即 $R_{ABC}=R_{ADC}=2(R+\Delta R_T)$，故有 $I_{ABC}=I_{ADC}=\frac{1}{2}I$。因此电桥的输出为

$$U_{\text{out}} = U_{\text{BD}} = \frac{1}{2}I(R+\Delta R+\Delta R_T) - \frac{1}{2}I(R-\Delta R+\Delta R_T)$$

整理后得

$$U_{\text{out}} = I\cdot\Delta R \tag{13-4-24}$$

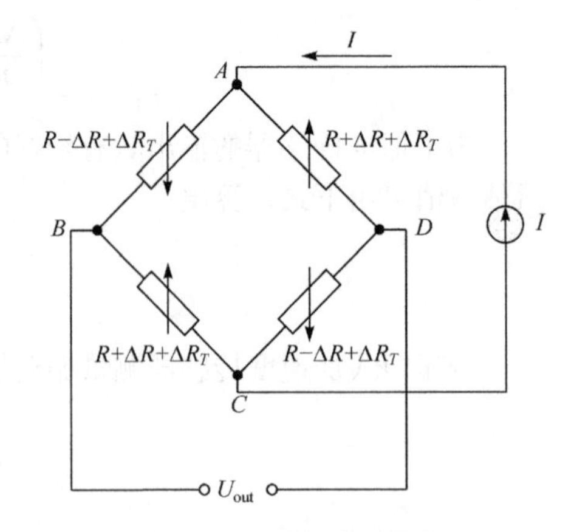

图 13-4-10　恒流源供电

电桥的输出与电阻的变化量成正比，即与被测量成正比，当然也与电源电流成正比，即输出与恒流源供给的电流大小和精度有关。但是电桥的输出与温度无关，不受温度影响，这是恒流源供电的优点。图 13-4-11 是一个压阻式传感器常用的放大电路，它包括 A_1、A_2、A_3 和 A_4 四个运算放大器。其中 A_4 是一个能提供 5～10mA 电流的恒流源电源，A_1、A_2 为两个同相输入的放大器，它们提供了$1+2(R_6/R_G)$的总差动增益和单位共模增益。输出放大器 A_3 是一个单位增益的差动放大器。这种 IC 运算放大器输入阻抗高，放大倍数调节方便，是一种典型放大线路。

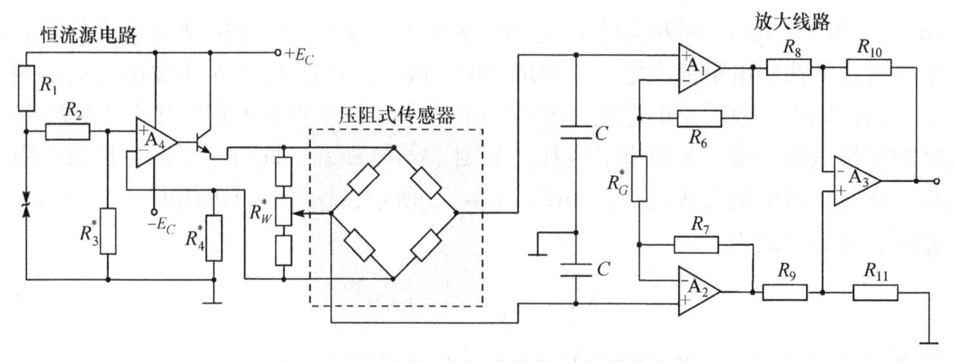

图 13-4-11　压阻式传感器常用的放大电路

13.5　扩散电阻的阻值与几何尺寸的确定

压阻式传感器的输出电阻 R_{out} 必须要与后面的负载相匹配，如果传感器后面接的负载电阻为 R_f，如图 13-5-1 所示，则负载上所获得的电压为

$$U_f = U_{out}\frac{R_f}{R_{out}+R_f} = U_{out}\frac{1}{\frac{R_{out}}{R_f}+1}$$

只有当 $\frac{R_{out}}{R_f} \ll 1$ 时，$U_f \approx U_{out}$。

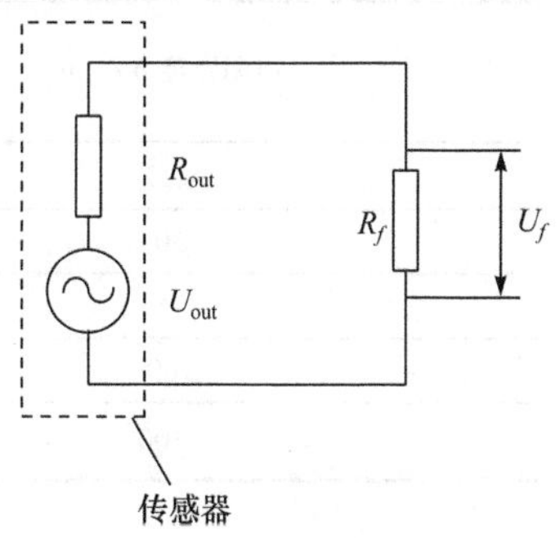

图 13-5-1　传感器与负载的连接

所以传感器的输出电阻(等于电桥桥臂的电阻值)应该小些。设计时一般取电桥桥臂的阻值，也就是每个扩散电阻的阻值为 500～3000Ω。

扩散电阻有两种类型：一种是胖形，见图 13-5-2(a)，这种胖形电阻由于 PN 结的结面积较大，一般较少采用。另一种是瘦形，见图 13-5-2(b)，这是常用的一种类型。

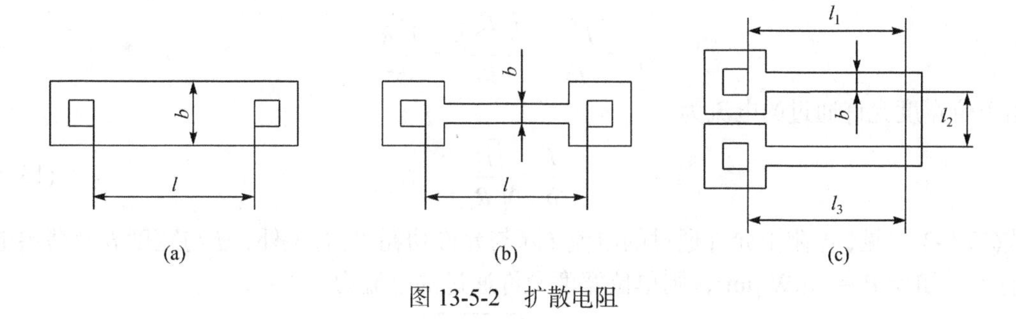

图 13-5-2　扩散电阻

瘦形电阻的阻值按式(13-5-1)计算：

$$R = R_S\frac{l}{b} \tag{13-5-1}$$

式中，l 为扩散电阻的长度，即两个引线孔之间的距离；b 为扩散电阻的宽度；R_S 为薄层电阻，或称方块电阻，即长宽都等于 b 的电阻值，可用符号Ω/□表示。

在式(13-5-1)中，薄层电阻 R_s 由扩散杂质的表面浓度 N_S 和结深 x_j 决定，如 N_S 取 1×10^{18}～

$5\times10^{20}\text{cm}^{-3}$，$x_j$为 1～3μm，则对应的$R_s$为 10～80Ω/□。式(13-5-1)中 l/b 称为方块数，由所需的电阻值与所选的薄层电阻值决定，一般取 50～100□。电阻宽度 b 主要由集成电路工艺水平所决定，目前国内一般采用的宽度是 5～30μm。电阻长度则是由宽度和方块数决定。

实际的扩散电阻两端必须要有引线孔，如图 13-5-2 所示，同时为了避免扩散电阻是一直条时太长，常将扩散电阻弯成几折，如图 13-5-2(c)所示，这样计算电阻时，由于端头效应与弯角的原因，计算公式为

$$R = R_s\left(\frac{l}{b} + K_1 + nK_2\right) \tag{13-5-2}$$

式中，K_1为端头校正因子；K_2为弯角校正因子；n为弯角数。

K_1 的数值与扩散电阻的宽度和形状有关，由实验确定，具体数值如表 13-5-1 所示。K_2 的数值也是由实验确定，一般等于 0.5。计算图 13-5-2(c)所示扩散电阻的阻值时，n 必须等于 2，l 必须等于 $l_1+l_2+l_3$。

表 13-5-1　端头校正因子数值

电阻宽度 b / μm	K_1	
	瘦形	胖形
⩽25	0.8	0.28
50	0.4	0.14
75	0.27	0.09
100	0.2	0.08
>100	可忽略	

电阻上流过电流时就会产生热量，电流过大时，电阻的发热会使阻值变化甚至烧坏，扩散电阻的允许功耗与传感器的封装形式有关，在集成电路中，允许的功耗为 5μW/μm²，在传感器中可将此数值放大几倍。如果将允许功耗换算成单位宽度上的最大工作电流，使用起来更为方便。设电阻单位面积的允许功耗为 P_U，则

$$P_U = \frac{I^2R}{lb} = \frac{I^2R_s\dfrac{l}{b}}{lb} = \frac{I^2R_s}{b^2}$$

电阻单位宽度允许通过的电流为

$$\frac{I}{b} = \sqrt{\frac{P_U}{R_s}} \tag{13-5-3}$$

由式(13-5-3)可见，电阻上允许通过的电流 I 除与允许功耗 P_U 有关外，还与宽度 b 及薄层电阻 R_s 有关。如令 P_U=10μW/μm²，则单位宽度允许通过的电流为

$$R_s = 10\Omega/\square\text{时}，\quad \frac{I}{b} = \sqrt{\frac{10\times10^{-6}}{10}} = 1(\text{mA}/\mu\text{m})$$

$$R_s = 50\Omega/\square\text{时}，\quad \frac{I}{b} = \sqrt{\frac{10\times10^{-6}}{50}} = 0.45(\text{mA}/\mu\text{m})$$

$$R_s = 100\Omega/\square\text{时}，\quad \frac{I}{b} = \sqrt{\frac{10\times10^{-6}}{100}} = 0.32(\text{mA}/\mu\text{m})$$

算出$\frac{I}{b}$后，就可验算外加的电压或电流是否允许。

13.6　温度漂移的补偿

压阻传感器的敏感元件是构成电桥的四个电阻，在外加压力作用下，电桥就会输出不平衡差分电压信号。信号中的主要部分当然是与所加压力成正比的有用信号，但也存在或多或少的各种误差，外加干扰。单晶硅压阻电桥的主要误差有零点失调、零点失调温漂、温漂、灵敏度温漂、满量程偏差、满量程偏差温度系数、非线性误差等，它的迟滞等其他误差项比较小，一般可不予考虑。不经任何修正与补偿的单晶硅压阻电桥，因它的误差过大，如图 13-6-1 所示，如今已很少直接用作传感器。

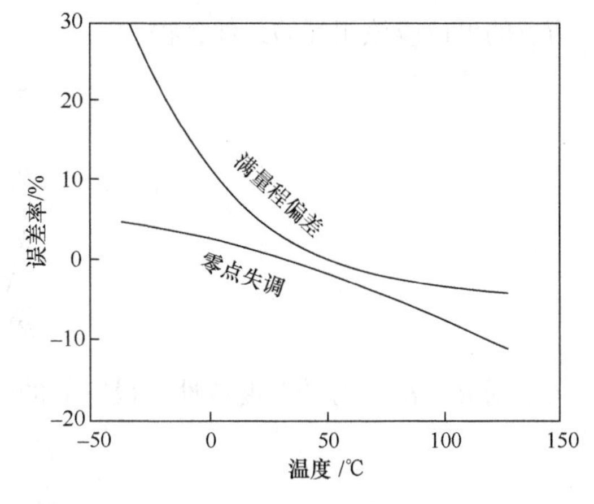

图 13-6-1　零点失调、满量程偏差与温度的关系

零位失调温漂是因扩散电阻的阻值随温度变化引起的。扩散电阻的温度系数随薄层电阻的不同而不同。硼扩散电阻的温度系数是正值，数值可从图 13-6-2 查出。薄层电阻小时，也就是表面杂质浓度高时，温度系数小些；薄层电阻大时，也就是表面杂质浓度低时，温度系数大些。但总的来讲，温度系数较大。当温度变化时，扩散电阻的变化就要引起传感器的零位产生漂移。如果电桥的四个桥臂扩散电阻阻值接近，温度系数也一样，电桥的零位温漂就可以很小，但这在工艺上不容易实现。

1. 传感器零位温漂的补偿

传感器的零位失调温漂一般是用串、并联电阻的方法进行补偿，图 13-6-3 中，R_s是串联电阻，R_p是并联电阻，串联电阻主要起调零作用，并联电阻主要起补偿作用。并联电阻起补偿作用的原理如下。

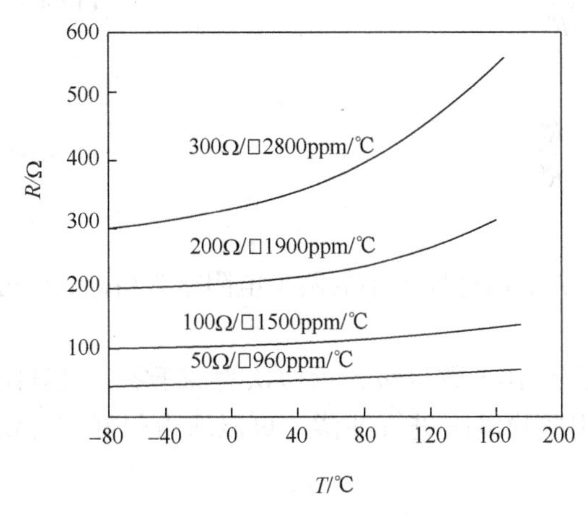

图 13-6-2　硼扩散电阻的温度系数

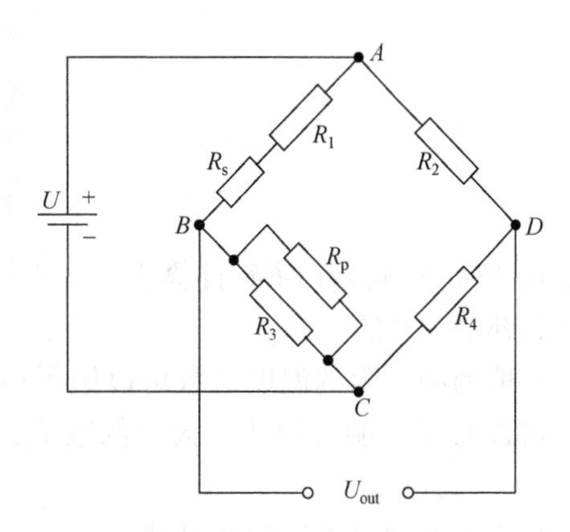

图 13-6-3　零位温度漂移的补偿

传感器存在零位失调温漂，就是说在温度变化时，输出 B、D 两点电位Ω不相等，例如，

温度升高时，R_3的增加比较大，则 D 点电位低于 B 点电位，B、D 两点的电位差就是零位温漂。要消除 B、D 两点的电位差，最简单的办法就是在 R_3上并联一个负温度系数的阻值较大的电阻 R_p，用它来约束 R_3的变化。这样当温度变化时，B、D 两点的电位差不至过大，就可以达到补偿的目的。当然，这时在 R_4上并联一个正温度系数的阻值较大的电阻来进行补偿，作用也是一样的。

有关 R_s与 R_p的计算方法如下。

设 R_1'、R_2'、R_3'、R_4'和 R_1''、R_2''、R_3''、R_4''分别为四个桥臂电阻在低温与高温下的实测数值，R_s'、R_p'和 R_s''、R_p''分别为 R_s、R_p在低温与高温下的欲求数值，根据高、低温下 B、D 两点的电位应该相等的条件，得

$$\frac{R_1'+R_s'}{\dfrac{R_3'R_p'}{R_3'+R_p'}}=\frac{R_2'}{R_4'} \tag{13-6-1}$$

$$\frac{R_1''+R_s''}{\dfrac{R_3''R_p''}{R_3''+R_p''}}=\frac{R_2''}{R_4''} \tag{13-6-2}$$

又根据 R_s、R_p本身的温度特性，设它们的温度系数α与 β 为已知，则得

$$R_s''=R_s'(1+a\Delta T) \tag{13-6-3}$$

$$R_p''=R_p'(1+\beta\Delta T) \tag{13-6-4}$$

根据式(13-6-1)～式(13-6-4)就可以计算出 R_s'、R_p'、R_s''、R_p''四个未知数。实际上只需将式(13-6-3)与式(13-6-4)代入式(13-6-1)与式(13-6-2)，计算出R_s'、R_p'即可，由 R_s'、R_p'就可计算出常温下 R_s、R_p的大小。

计算出 R_s、R_p的大小后，选择这种温度系数和阻值的电阻接入桥路，就可达到补偿的目的。

如果选择温度系数很小(可认为等于零)的电阻来进行补偿，则式(13-6-1)与式(13-6-2)应为

$$\frac{R_1'+R_s}{\dfrac{R_3'R_p}{R_3'+R_p}}=\frac{R_2'}{R_4'} \tag{13-6-5}$$

$$\frac{R_1''+R_s}{\dfrac{R_3''R_p}{R_3''+R_p}}=\frac{R_2''}{R_4''} \tag{13-6-6}$$

根据式(13-6-5)和式(13-6-6)计算出两个未知数 R_s、R_p，用这样大小的两个电阻接入桥路，也可以达到补偿的目的。

一般薄膜电阻的温度系数可以做得很小，可至 10^{-6} 数量级，近似认为等于零，且其阻值又可以修正，能得到任意大小的数值，所以用薄膜电阻进行补偿，可以取得很好的补偿效果。

2. 传感器灵敏度温漂的补偿

传感器的灵敏度温漂，一般采用改变电流和电压大小的方法来进行补偿。温度升高时，传感器灵敏度要降低，这时如果使电桥的电源电压提高些，让电桥的输出变大些，就可以达

到补偿的目的。反之，温度降低时，传感器灵敏度升高，如果使电桥的电源电压降低些，让电桥的输出变小些，也一样能达到补偿目的。图 13-6-4 所示的两种补偿线路即可达到改变电桥电流和电压大小的目的。图 13-6-4(a)中用正温度系数的热敏电阻敏感温度的大小，改变运算放大器的输出电压，从而改变电桥电源电压的大小，达到补偿的目的。图 13-6-4(b)中是利用三极管的基极与发射极间的 PN 结敏感温度的大小，使三极管的输出电流发生变化，改变管压降的大小，从而使电桥电压得到改变，达到补偿的目的。

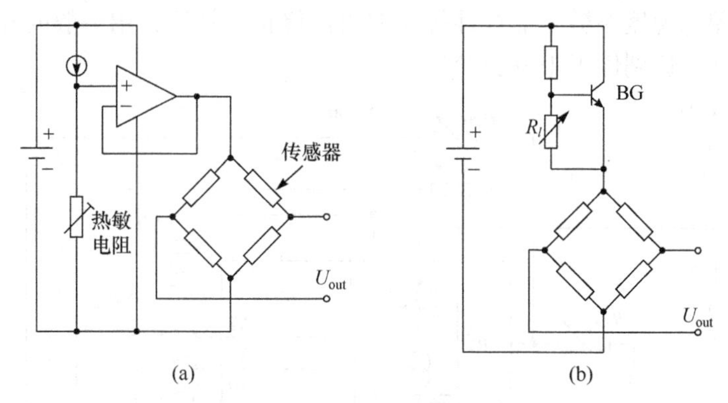

图 13-6-4　灵敏度温度漂移补偿电路

单晶硅压阻电桥在制造过程中，可以采取图 13-6-5 所示的电阻修刻法(激光修刻技术)，对失调、温漂以及满量程偏差和满量程偏差温度系数进行修正与补偿。零点修刻电阻 R_{TZ1} 和 R_{TZ2} 是电桥平衡调整电阻，用来补偿传感器在室温下的零位偏置电压，采用激光修刻技术可使电桥初始状态达到高度平衡，从而消除失调误差。与电桥并联的电阻 R_{TS}，其阻值大小能影响电桥供电电流大小，即电桥灵敏度的高低，修正满量程偏差与补偿满量程偏差温度系数。R_{TZ} 是热敏电阻，用来补偿温漂。

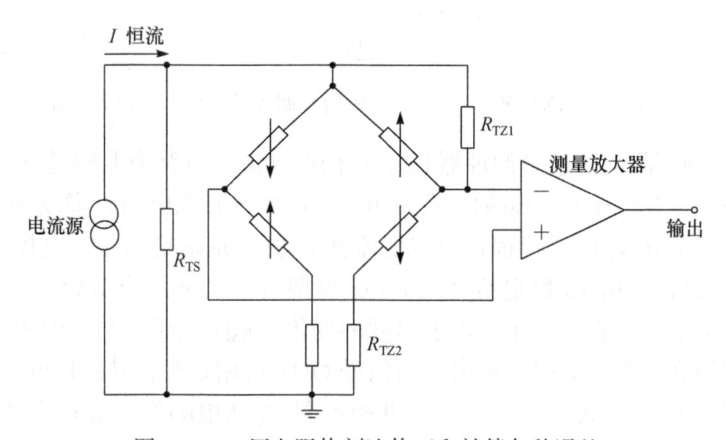

图 13-6-5　用电阻修刻法修正和补偿各种误差

13.7　压阻传感器专用信号调理集成电路

随着电子技术的发展，出现了很多压阻传感器专用信号调理集成电路，如 MAXIM 公司为硅压阻电桥的接口设计的多种专用信号调理电路 IC，如 MAX1450、MAX1458 等，使完整的压力传感器设计变得更简便了。这些信号调理电路 IC 中除了有基本的高精度的测量放大器之外，还安排了为电桥供电的电流源电路和包括失调、温漂、满量程偏差等多项误差修正与补偿电路，使传感器的测压精度极大提高。

有关 MAX1450 型硅压阻电桥信号调理器件简介如下。

MAX1450 型硅压阻电桥信号调理器 IC 芯片内包括一个可调的驱动硅压阻电桥用的电流源电路、一个 3 位数字控制的增益可编程放大器(PGA)和一个 A=1 的缓冲放大器，如图 13-7-1 所示。该图中还表示出 MAX1450 外围电路的典型接法，通过人工调整，使失调(OFFSET)与温漂、满量程偏差与温度系数、非线性等误差得以修正或补偿，用一般的硅压阻电桥组成传感器后其测压精度可达到优于 1%的水平。

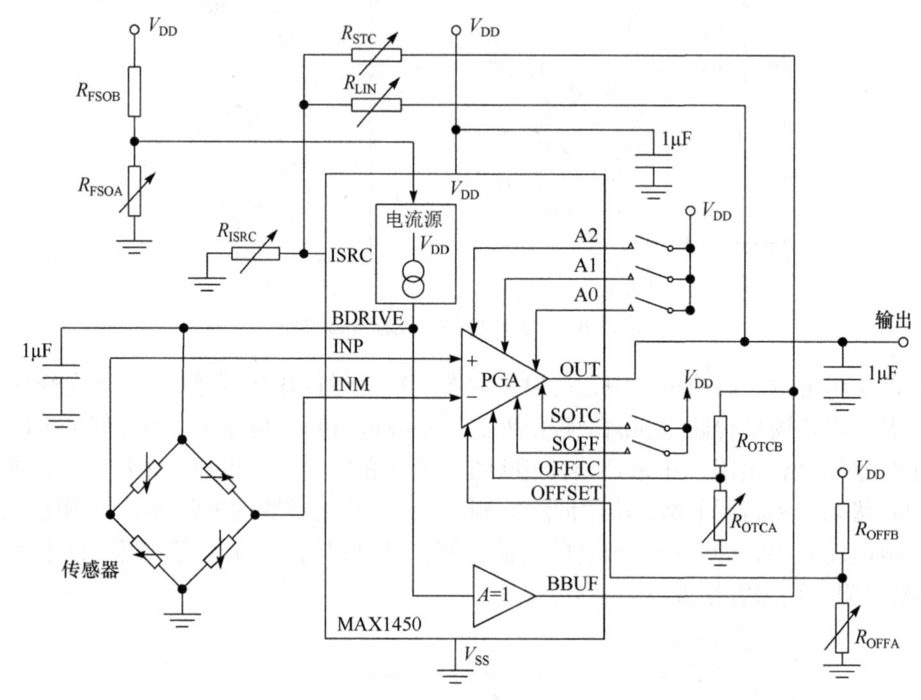

图 13-7-1　MAX1450 型硅压阻电桥信号调理芯片内、外电路的组成

MAX1450 型硅压阻电桥信号调理器 IC 芯片内的电流源电路为电桥提供可调的驱动电流，电流源电路如图 13-7-2 所示，虚线内部为 IC 芯片处电流源电路，虚线外部为外围电路。FSOTRIM 端电压或 R_{ISRC} 电阻值都将决定电流基准输出 I_{ISRC} 的大小。电桥驱动电流 I_{BDRIVE} 为 I_{ISRC} 的 13 倍，且该比值 13 稳定不变，I_{BDRIVE} 典型值为 0.5mA 或 1mA。缓冲放大器输出电压等于电桥供电端电压，它的变化代表了温度的变化。I_{ISRC} 端引入与温度相关的 BBUF 信号就可补偿满量程温度系数，又引入输出反馈信号 OUT 可用来改善其线性度。

增益可编程放大器(PGA)实际上是一个共模抑制比(CMRR)为 90dB 的测量放大器，通常可配接输出范围为 10～30mV/V 的硅压阻电桥。引脚 A0、A1、A2 输入二进制代码，可按 8 级控制放大器的增益，39、65、91、…、221 倍。PGA 中可引入失调与温漂的修正信号，如图 13-7-1 与图 13-7-3 所示，OFFSET、OFFTC 分别引入失调与温漂的大小量，而 SOFF、SOTC 则分别控制失调与温漂的正负方向。由图 13-7-1 可见，失调与温漂的大小、方向都靠人工调整。

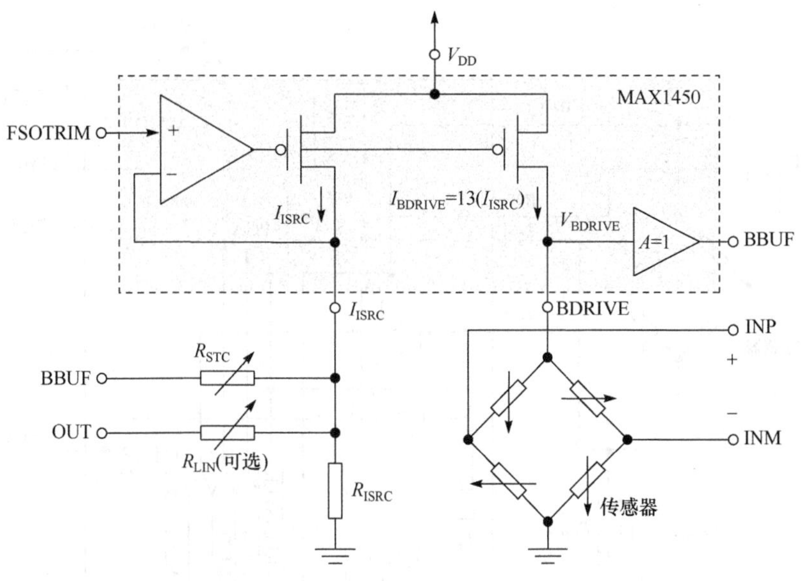

图 13-7-2　MAX1450 中驱动电桥的电流源电路

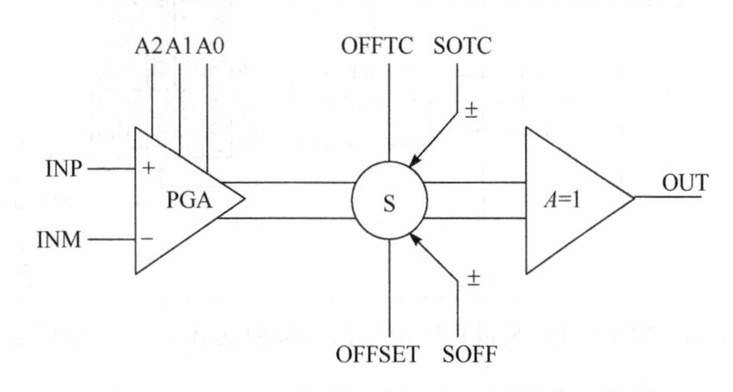

图 13-7-3　PGA 中引入失调与温漂的修正信号

MAX1458 型硅压阻电桥信号调理器 IC 芯片仍然是一种中等精度(1%等级)的专用单片信号调理器，但它采取了数字控制的误差修正与补偿技术，外围电路要比 MAX1450 简单得多。它的内部组成不仅包括有一个可调的驱动硅压阻电桥用的电流源电路、一个 3 位数字控制的增益可编程放大器(PGA)和多个 A=1 的缓冲放大器，而且还增加了一个储存修正补偿系数用的 128 位 EEPROM、4 个 12 位 D/A 转换器及控制 EEPROM 写/读逻辑用的串行同步数字通信接口电路等，如图 13-7-4 所示，取代了原 MAX1450 外围的各电位器。

EEPROM 中有一个 12 位设置寄存器，供存放失调与温漂符号、PGA 增益代码、内部电阻选择代码以及输入偏置码等之用。还有 4×12 位数据寄存器分别存放失调、温漂、满程输出、满程输出温度系数四个数据，以及 2×12 位是供用户使用的。另外，还有 40 位寄存器则是厂方保留的，用户不能使用。

驱动电桥的电流源电路如图 13-7-5 所示，满量程输出 FSO 由 FSO 寄存器中数据经 D/A 转换形成的电压决定，同时还受到 R_{ISRC} 等电阻的影响。电桥驱动电流 I_{BDRIVE} 为电流 I_{ISRC} 的 14 倍，且该比值 14 稳定不变，I_{BDRIVE} 典型值为 0.5mA 或 1mA。电桥供电顶端的电压，它的变化代表了温度的变化，所以温度信号由此而得出。R_{FTC} 支路的接入就是为补偿满程温度系数。

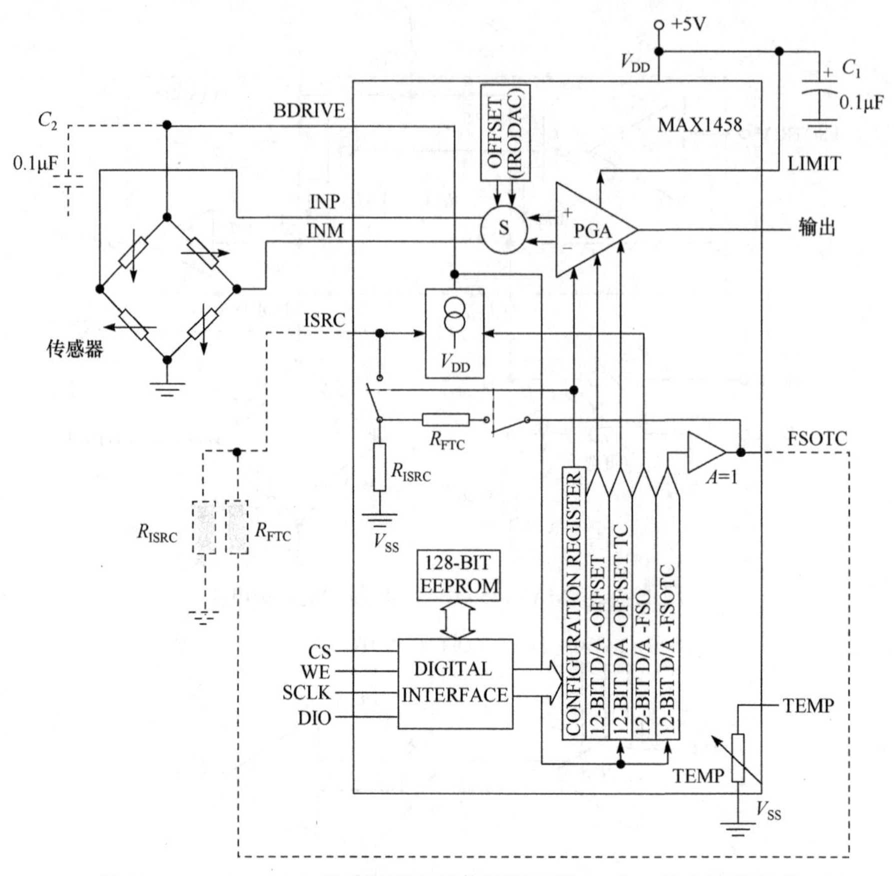

图 13-7-4　MAX1458 型硅压阻电桥信号调理器 IC 内、外电路的组成

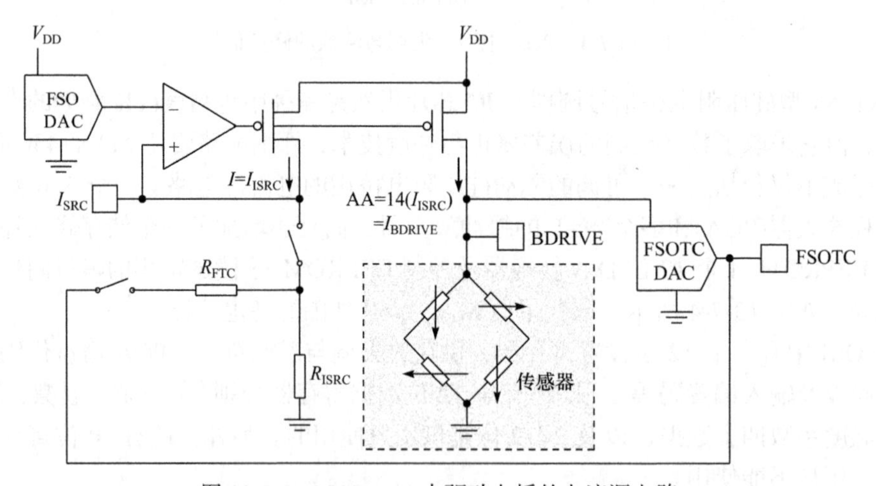

图 13-7-5　MAX1458 中驱动电桥的电流源电路

失调与温漂的修正及补偿也是将 OFFSET 和 OFFSET TC 寄存器中数据经 D/A 转换为电压，叠加到 PGA 放大器信号中，类似于图 13-7-3 所示。

习题与思考题

13-1　用米勒指数表示题 13-1 图中剖面线所示的晶面的晶向。

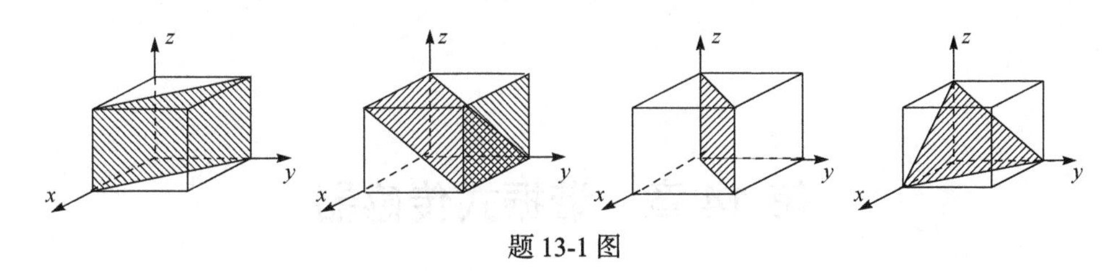

题 13-1 图

13-2　画出单晶硅立方晶体，并在其上画出题 13-2 表所列各晶面、纵向和横向的位置，说明纵横两晶向之间的关系。

题 13-2 表

晶面	纵向	横向	晶面	纵向	横向
$(1\bar{1}0)$	$<001>$	$<110>$	(100)	$<011>$	$<0\bar{1}1>$
(110)	$<001>$	$<1\bar{1}0>$	$(0\bar{1}1)$	$<011>$	$<100>$
(100)	$<0\bar{1}1>$	$<011>$	(011)	$<100>$	$<0\bar{1}1>$

13-3　在 N 型衬底晶面上扩散 P 型电阻条时，试求 (110) 晶面上以 $<001>$ 晶向为纵向，而以 $<1\bar{1}0>$ 晶向为横向的压阻系数 $\pi_{//}$ 和 $\pi_{\perp}$。

13-4　已知硅膜片厚 0.15mm，有效直径为 10mm，硅膜片材料的泊松比 $\mu=0.28$，在 0.25MPa 压力作用下，求距膜片中心 4.17mm 的径向应力 σ_r 和切向应力 σ_t。

13-5　在 (110) 晶面 $<001>$ 和 $<1\bar{1}0>$ 晶向上各扩散一电阻条，$<001>$ 方向电阻条沿径向，$<1\bar{1}0>$ 方向电阻条沿切向。已知硅膜片半径 a=10mm，厚度 h=0.15mm，电阻条位置参数为 r=8.12mm，泊松比 $\mu=0.35$，试求：

(1) 在 0.1MPa 压力作用下电阻条的 σ_r 和 σ_t；

(2) 两电阻条分别为 P 型和 N 型电阻条时的 $\Delta R/R$ 值。

13-6　从输出电压灵敏度出发，如何设计压阻式压力传感器电阻条的位置，试举例说明。

13-7　在晶面为 (110) 的圆形 N 型单晶硅膜片上，已知有两个晶向 $<001>$ 和 $<1\bar{1}0>$，欲在膜片上扩散四个 P 型电阻条，试在圆膜片中画出这四个电阻条的位置并组成惠斯登电桥，说明理由。

13-8　设计一只悬臂梁结构的压阻式加速度传感器，试画出传感器结构示意图、全桥电路，以及幅-频特性示意图。

第 14 章　谐振式传感器

基于机械谐振技术，以谐振元件作为敏感元件而实现测量的传感器称为谐振式传感器。谐振式传感器自身为周期信号输出(准数字信号)，只用简单的数字电路即可转换为易与微处理器接口的数字信号，同时由于谐振元件的重复性、分辨力和稳定性等非常优良，因此谐振式测量原理成为研究的重点。本章阐述的振弦、振筒、振梁、振膜各式压力传感器，正是利用这些谐振元件的谐振频率随压力的变化而改变的特征来完成测量任务的。

14.1　基 本 知 识

14.1.1　谐振现象的实质

假定任意弹性振动元件为一个单自由度强迫振动系统，则可用下列二阶微分方程来描述：

$$m\ddot{x} + c\dot{x} + kx = F(t) \tag{14-1-1}$$

式中，m 为振动系统的等效质量(kg)；c 为振动系统的等效阻尼系数($\mathrm{N \cdot s/m}$)；k 为振动系统的弹簧常数($\mathrm{N/m}$)；x 为振动体的位移(m)；$F(t)$ 为外加激振力(N)。

$m\ddot{x}$、$c\dot{x}$ 和 kx 分别反映了振动系统的惯性力、阻尼力和弹性力。振动系数的计算模型与力的分布如图 14-1-1 所示。根据谐振状态的特性，当振动系统处于谐振状态时，弹性力与惯性力自相平衡，外力仅仅用于克服阻力，即

$$\begin{cases} kx = m\ddot{x} \\ F(t) = c\dot{x} \end{cases} \tag{14-1-2}$$

在阻尼力非常小的情况下，只要很小的外力就可以使系统产生振荡。根据谐振时力的矢量与力的平衡图(图 14-1-2)可得到下列关系：

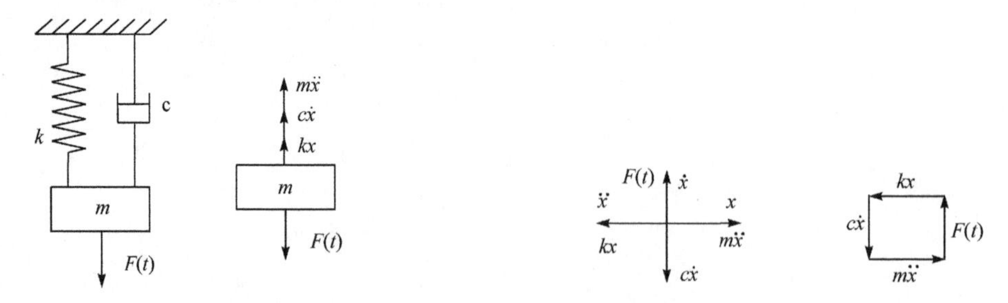

图 14-1-1　振动系数的计算模型与力分布图　　　　图 14-1-2　谐振时力的平衡和力的矢量

(1) 作用在质量 m 上的弹性力，其方向与位移矢量 x 相反。

(2) 惯性力的方向与位移矢量 x 相同，与加速度 $\ddot{x}$ 相反。

(3) 阻尼力的与速度矢量 $\dot{x}$ 成反比，方向则相反，且比位移矢量 x 落后 90°。

从谐振力矢量图还可以看出，要使系统谐振，外力应等于阻尼力，即要求外力矢量在相位上超前位移矢量 90°。所以，当外加激振力平衡阻尼力，相位又满足要求时，系统就以固有

频率(ω_0)振动， $\omega_0 = \sqrt{k/m}$ 。

这是非常理想的情况，在实际应用中很难实现，原因是实际振动系统的阻尼力很难确定，因此，可以从系统的频谱特性来认识谐振现象。

当式(14-1-1)中的外力 $F(t)$ 是周期信号时，即

$$F(t) = F_{\mathrm{m}} \sin \omega t \tag{14-1-3}$$

则系统的归一化幅值响应和相位响应分别为

$$A(\omega) = \frac{1}{\sqrt{(1-P^2)^2 + (2\xi P)^2}} \tag{14-1-4}$$

$$\varphi(\omega) = \begin{cases} -\arctan\dfrac{2\xi P}{1-P^2}, & P \leqslant 1 \\ -\pi + \arctan\dfrac{2\xi P}{P^2-1}, & P > 1 \end{cases} \tag{14-1-5}$$

式中，ω_0 为系统的固有频率(rad/s)；ξ 为系统的阻尼比系数，$\xi = \dfrac{c}{2\sqrt{km}}$，对谐振子而言，$\xi \ll 1$，为弱阻尼系统；$P$ 为相对于系统固有频率的归一化频率， $P = \dfrac{\omega}{\omega_0}$ 。

系统的幅频特性曲线和相频特性曲线如图 14-1-3 所示。

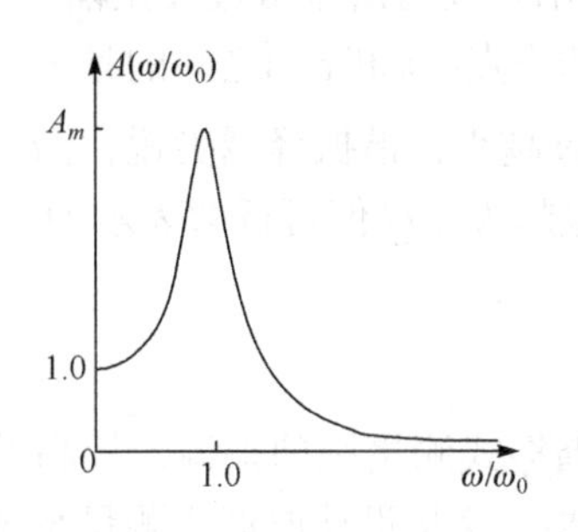

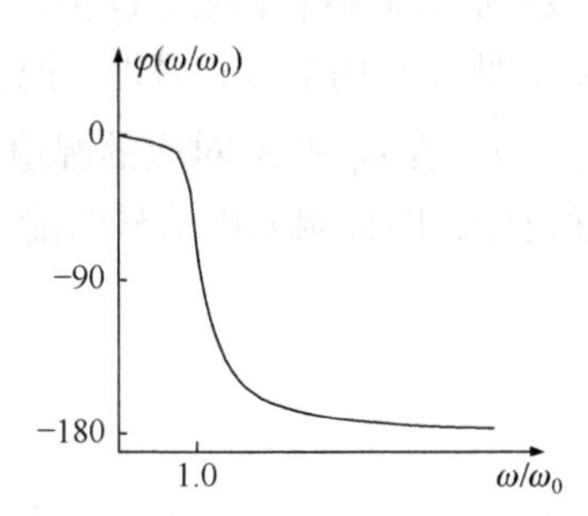

图 14-1-3　系统的幅频特性曲线和相频特性曲线

当 $P = \sqrt{1-2\xi^2}$ 时，$A(\omega)$ 达到最大值，有

$$A_{\max} = \frac{1}{2\xi\sqrt{1-\xi^2}} \approx \frac{1}{2\xi} \tag{14-1-6}$$

这时系统的相位为

$$\varphi = -\arctan\frac{2\xi P}{2\xi^2} \approx -\arctan\frac{1}{\xi} \approx -\frac{\pi}{2} \tag{14-1-7}$$

通常，工程上将系统的幅值增益达到最大值时的工作情况定义为谐振状态，相应的激励频率($\omega_r = \omega_0\sqrt{1-2\xi^2}$)定义为系统的谐振频率。

14.1.2　品质因数 Q

根据上述分析，系统的谐振频率为 $\omega_r = \omega_0\sqrt{1-2\xi^2}$ 。由于系统的固有频率 $\omega_0 = \sqrt{k/m}$ 只

与系统固有的质量和弹簧常数有关，而与系统的阻尼比系数无关，即系统的固有频率是一个与外界阻尼等干扰无关的量，因此具有非常高的稳定性。但实际系统的谐振频率与系统的固有频率并不相同，两者之间差别与系统的阻尼比系数密切相关。显然，从测量的角度出发，这个差别越小越好。为了描述这个差别，或者说为了描述谐振子谐振状态的优劣程度，引入谐振子的品质因数 Q。品质因数 Q 定义为每周储存的能量与阻尼消耗的能量之比，即

$$Q = 2\pi \frac{E_S}{E_C} \tag{14-1-8}$$

式中，E_S 为谐振子储存的总能量；E_C 为谐振子每个周期被阻尼所消耗的能量。

从系统振动能量的角度分析，Q 值越高，相对于谐振子每个周期储存的能量来说所需付出的能量耗散就越少，储能效率就越高。很明显，阻尼小，Q 值就高。可以用一个窄带滤波器来表征高 Q 值。滤波器只让谐振点附近的频率通过，对其他频率则起抑制作用，因此，频率选择性好。所谓频率选择性是指传感器从不同频率的信号总和中选出所需信号频率的能力，它反映了谐振曲线的尖锐程度，所以，Q 值直接影响传感器选择性的好坏。Q 值越高，意味着损耗越小，谐振频率的稳定度越高，传感器也就越稳定，抗外界振动干扰的能力越强，传感器的重复性就越好。例如，振筒式压力传感器的 Q 值可达 5000 以上，振梁式压力传感器的 Q 值高达 50000 以上。

如何计算品质因数 Q 的具体数值呢？或者说怎样定量地表示频率选择性的好坏呢？一个简便的方法是利用幅频特性描述 Q 值，如图 14-1-4 所示。设与谐振时最大振幅 A_m 对应的中心频率为 ω_r，此即有用信号；另外，把谐振峰两侧半功率点(ω_1 和 ω_2)之间的频率范围定义为通频带宽度 $\Delta\omega$，在 ω_1 和 ω_2 对应的幅值为 $A_m/\sqrt{2}$。$\Delta\omega$ 越小，谐振峰越尖锐，谐振系统的频率选择性就越好，即抑制无用信号的能力越强，Q 值也越大。Q 值可近似表示为

$$Q \approx \frac{\omega_r}{\omega_2 - \omega_1} \tag{14-1-9}$$

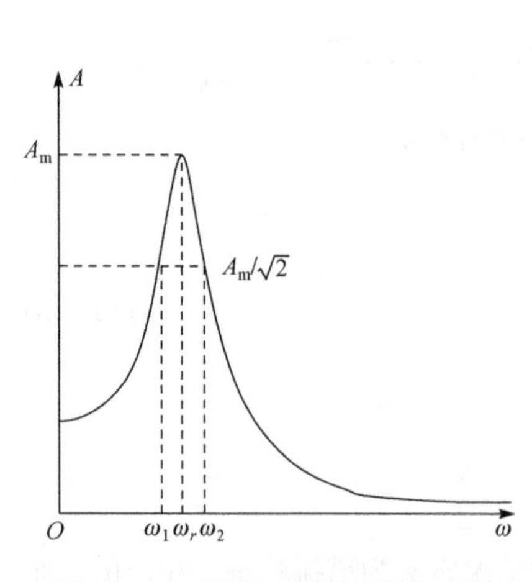

图 14-1-4　利用幅频特性描述 Q 值

总之，对于谐振式测量原理来说，提高谐振子的品质因数 Q 至关重要，这是设计谐振式测量系统的关键。通常可以通过以下四个途径提高 Q 值。

(1) 选择高 Q 值的材料，如石英晶体材料、单晶硅材料和精密合金材料等。

(2) 采用先进的加工工艺手段，尽量减小加工过程中引起的谐振子内部残余应力。如对于测量压力的谐振筒敏感元件，由于其壁厚只有 0.08mm 左右，所以通常采用旋拉工艺，但在谐振筒的内部容易形成较大的残余应力，其 Q 值为 3000～4000，采用精密车磨工艺加工，其 Q 值可达 8000 以上，远高于前者。

(3) 注意优化设计谐振子的边界结构及封装，即要阻止谐振子与外界振动的耦合，有效地使谐振子的振动与外界隔离。为此通常采用调谐解耦的方式，并使谐振子通过其节点与外界连接。

(4) 优化谐振子的工作环境，使其尽可能地不受被测介质的影响。

14.1.3　谐振式传感器的基本结构组成

图 14-1-5 所示为一般谐振式传感器的基本结构组成。

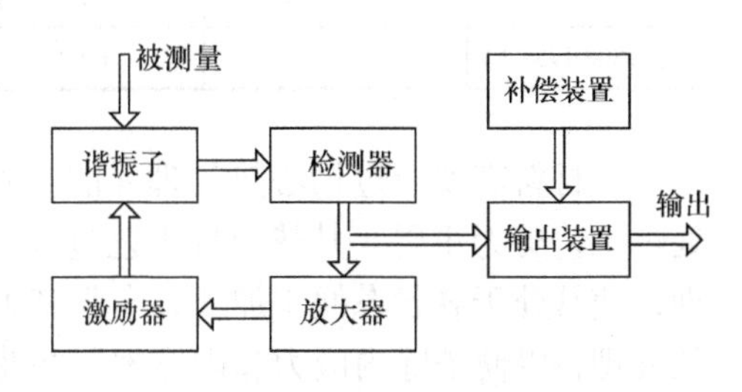

图 14-1-5　谐振式传感器基本结构组成

谐振式传感器是利用某种谐振子的固有频率(也有用相位和幅值的)随被测量的变化而变化来进行测量的一种装置，谐振子是谐振式传感器的核心。常见的机械谐振器有振弦、振筒、谐振梁、谐振膜、谐振管、音叉。

任何弹性体都具有固有振动频率，当外界的作用力(激励)可以克服阻尼力时，它就可能产生振荡，其振荡频率与弹性体的固有频率、阻尼特性及激励特性有关。若激励力的频率与弹性体的固有频率相同、大小刚好可以补充阻尼的损耗时，该弹性体即可做等幅连续振荡，振荡频率为其自身的固有频率，谐振式传感器就是利用这一原理来测量有关物理量的。

激励器和信号检测器是实现机电转换的部件，并与放大器一起组成谐振传感器的闭环自激系统。常用的激励方式有静电激振、电磁激振、压电激振、电热激振和光激振等。常用的检测方法有磁电效应、压电效应、静电效应、压阻效应和光效应等。放大器用于信号相位和幅值的调节，使系统稳定工作在闭环自激状态。

补偿装置主要用于对温度误差及环境干扰进行补偿。输出装置实现对谐振周期信号的检测并输出。

14.2　振筒式传感器

14.2.1　结构特点与工作原理

振筒式传感器是利用振筒的固有振动频率来测量有关的参量，大多用于测量压力。

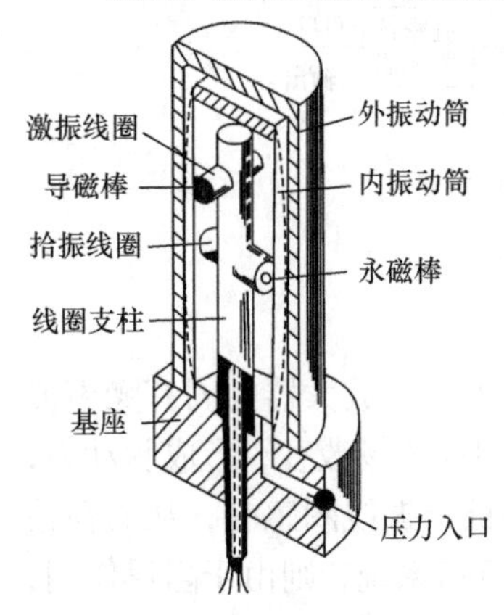

图 14-2-1　振筒式压力传感器结构示意图

1. 结构特点

振筒式压力传感器的结构大致可分为四个部分，如图 14-2-1 所示。

1) 振动圆筒

这是传感器的敏感元件，通常是一只壁厚仅为 0.08mm 左右的薄壁圆筒。通过改变筒壁厚度，获得不同的测压范围。圆筒一端密闭，为自由端，另一端固定在基座上。这只类似杯形的振筒可以整体车削，或旋压拉伸，或管坯加工制成。圆筒材料必须是能够构成闭环磁回路的磁性材料，还应具有很低的弹性温度系数。目前应用最广泛的圆筒材料是 Ni-SpanC 合金，其成分大致为(%)：Ni42.2，Cr5.2，Ti2.5，C<0.06，Mn、S、Al 各 0.4，余为铁。

国内常用 3J53 弹性合金作圆筒材料，其物理性能列于表 14-2-1。

表 14-2-1　3J53 材料物理性能

弹性模量 E/GPa	频率温度系数 A_f(×10⁻⁶/℃)	线胀系数 A_e(×10⁻⁶/℃)	疲劳极限 /(×10⁷/kg/mm)	弹性后效/%	磁饱和强度/GS	居里点/℃
180～195	±5	≤8	723.4	0.08～0.2	4000～6000	120

该材料需要经过精心热处理才能达到满意的性能，对于车削加工成薄壁圆筒的情况，热处理工艺更为重要，其热处理工艺过程大致为：首先对原材料进行 900～1000℃淬火时效处理，使其处于软状态便于加工，车削基本成型后经 4h 在 650～750℃保护气体或真空炉内时效处理，以便消除内应力和内摩擦，并使洛氏硬度达 HRC36～40，然后经磨削加工达到要求的尺寸，最后经 200℃左右低温稳定性处理。作为绝对压力传感器，外筒与内筒之间形成真空参考室。振筒与基座之间可用激光焊或氩弧焊焊接，以便达到要求的真空度。

2) 激振线圈和拾振线圈

这两只线圈在振筒内相隔一定距离呈十字形交叉排列，以防止或尽量减少两只线圈间的电磁耦合作用。实际上它们被封装在环氧树脂内，与基座浇注成一个整体构件。在激振线圈骨架中心装有一根导磁棒，在拾振线圈中心有一根永磁棒。

3) 基座

基座上安装着振筒和线圈组件，并有通入被测压力的进气孔。

4) 屏蔽与外壳

为了避免外界电磁场的干扰，要加屏蔽，有时外壳也可代替屏蔽。当被测压力通入振筒与线圈组件之间的空腔时，就能测出相对压力。如需测定绝对压力，要用真空作为参考标准，则在振筒外面要再装一只同轴保护筒，把振筒和保护筒之间的空腔抽成真空即可。当然在保护筒外还应有外壳。

2. 工作过程

当被测压力为零时，要使内振动筒工作在谐振状态，必须从外部提供电激励能量，而系统本身还应是一个满足自激振荡的正反馈闭环系统，其线路框图如图 14-2-2 所示。

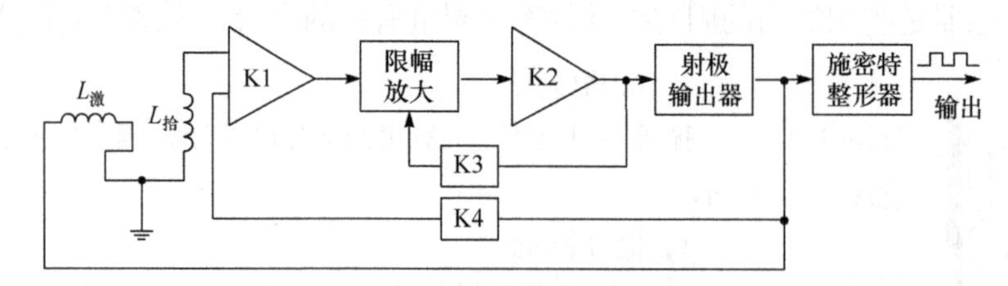

图 14-2-2　激励放大器原理框图

电源未接通时，筒处于静止状态。一旦直流电流接通激励放大器，放大器的固有噪声便在激振线圈中产生微弱的随机脉冲。该阶跃信号通过激振线圈时引起磁场改变，形成脉动力，从而引起筒壁变形，使圆筒以小振幅的谐振频率振动。筒壁位移被拾振线圈感受，从而在拾振线圈中产生感应电势。显然，如果外部不继续供能量给激振的机械系统，则由于阻尼作用，振荡是逐渐衰减的。为此，通过外电路使拾振线圈输出的感应电势经放大后再反馈到激振线圈，产生激振力，于是，圆筒迅速进入大幅度谐振状态，并以一定的振型维持振荡。

当被测压力通入圆筒内腔时，由于被测压力的作用，沿轴向和径向被张紧的圆筒的刚度发生变化，从而改变了筒的谐振频率。拾振线圈一方面直接检测出随压力而变的振动频率增量，通过数字电路显示出来，另一方面又不断地把感应电势反馈到激振线圈产生激励力，使圆筒维持振动。由于最大激励电压被限制在一个固定值(5V 左右)，所以，圆筒壁最大变形量也绝不会超过某个固定值。实际上，筒的径向最大振动只有 3μm 左右，轴向是 1μm 左右。

3. 基本振型

任何弹性体被激振后都可能出现多种振动波形。一般情况下，对弹性体系统只考虑其最低固有频率下的共振波型，这称为基本振型。可以把薄壁圆筒的振动分两个方向来考虑。一个是轴向截面的振动，在这个截面中筒壁两端被固定，其变形如同简单梁，最简单的变形是中心处位移为最大，即波节仅一个，如图 14-2-3(a)所示。设 m 为圆筒振动时的轴向半波数，则有 m=1，m=2，m=3 等各种类型的变形，但所有 m>1 的振型均属高频振型，不易激励，且不具备压力传感器要求的特性，故不予讨论。另一个是径向变形，即在径向截面上呈波状的变形，而且在平均圆的内外有波峰和波谷，这种波属于振荡波，如图 14-2-3(b)所示。这种振型可用周期数目表示，理论上可以有无数个，但是，当振动质量一定、振幅一定时，振动频率越高，所需激振能量就越高。振动频率高的振型还不易起振，因此，振筒总是以相对物理尺寸为最低的固有频率而振动，这也是它的最低能级，并可得到最大的振幅。为了达到测量目的，必须选择一种不易受其他谐振影响的强振型。从这些要求出发，压力传感器采用的振筒基本振型是四瓣向里四瓣向外的运动，称为四瓣型对称振型，即 $n=4$。因此，筒的基本振型是 $m=1$，$n=4$。用激光全息投影技术能够把圆筒的基本对称振型清晰地显示出来，也可通过测量振筒的输出来研究振型：用灵敏的小型微音器围绕圆筒缓慢地转动，画出波节和波腹的图形。

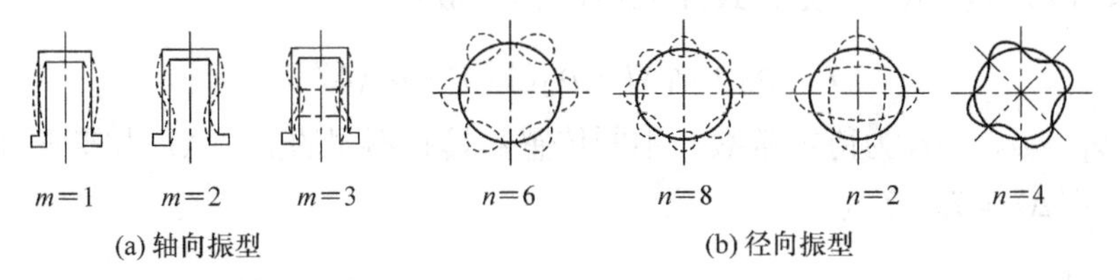

图 14-2-3　振筒可能出现的振型

4. 零压力频率 f_0

当振筒不受压力时，筒内外的压力相等，如果忽略介质质量、金属内摩擦以及气体介质的黏滞阻尼，则振筒在零压力下的固有频率为

$$f_0=\frac{1}{2\pi}\sqrt{\frac{Eg}{\gamma R^2(1-\mu^2)}}\sqrt{\Omega_{mn}} \tag{14-2-1}$$

式中，$\Omega_{mn}=\dfrac{(1-\mu)^2\lambda^4}{(\lambda^2+n^2)^2}+a(\lambda^2+n^2)$，$\lambda=\dfrac{nRm}{L}$，$a=\dfrac{h^2}{12R^2}$，$h$ 为圆筒壁的厚度，R 为圆筒中曲面半径，L 为圆筒工作部分长度；γ为圆筒材料的密度；g 为当地的重力加速度；μ为材料的泊松系数；E 为材料的弹性模量；n 为圆筒振动时的径向周期数；m 为圆筒振动时的轴向半波数。

径向周期数 n 可根据式(14-2-2)进行近似计算：

$$n=\sqrt{2\lambda}\sqrt[4]{\frac{R}{h}} \tag{14-2-2}$$

传感器的振筒是一种典型的薄壳圆筒，有许多人对薄壳圆筒进行过力学分析，从理论和实验两方面进行过研究，结果证明根据式(14-2-2)得出的计算值与实际测试结果是基本一致的。例如，有一只振筒压力传感器，圆筒材料为Ni-SpanC，其结构参数和物理常数为：R=9mm，L=57mm，h=0.08mm，$E=1.96\times10^{11}\text{N/m}^2$，$\gamma=7.8\times10^3\text{kg/m}^3$，$\mu=0.3$，$g=9.8\text{m/s}^2$。把这些数据代入式(14-2-1)和式(14-2-2)算出，f_0=3.94kHz，n=3.4。实测的数据则为4.098kHz，n=4。由此可见，计算值与实测值基本相符，这两个公式是基本正确的。

14.2.2 振动频率与压力的关系

系统的振动频率是圆筒的材料和形状的函数，因此频率的稳定精度仅仅取决于材料的稳定性。如果暂不考虑材料的弹性温度系数影响，则频率的高低应决定于圆筒内外气体压力之差，谐振频率与被测压力呈单值函数关系。可是，频率与压力不是线性关系，而近似呈抛物线关系，如图14-2-4所示。

传感器的零压力频率为f_0，当压力从零增大到满量程压力值时，输出频率也随之增加到f_P，其变化量约为20%。传感器通常工作在3～6kHz范围内，当压力从零增加到满量程，频率变化为0.8～1.2kHz。若频率变化为$\Delta f=f_P-f_0$，则压力-频率输出特性方程式表示为

$$P=\alpha_0'+\alpha_1'(\Delta f)+\alpha_2'(\Delta f)^2+\alpha_3'(\Delta f)^3 \tag{14-2-3}$$

式中，常数α_0'、α_1'、α_2'、α_3'用实验方法求得。

为了提高测量精度，缩短测量时间，可采用周期法测量振筒的输出信号，被测压力与周期的关系如图14-2-5所示。于是，式(14-2-3)可改写成：

$$P=\alpha_0+\alpha_1\Delta T+\alpha_2(\Delta T)^2+\alpha_3(\Delta T)^3 \tag{14-2-4}$$

式中，α_0、α_1、α_2、α_3为待定常数，不同传感器具有不同的值；ΔT为零压力周期与P压力周期之差，即$\Delta T=T_0-T_P$。

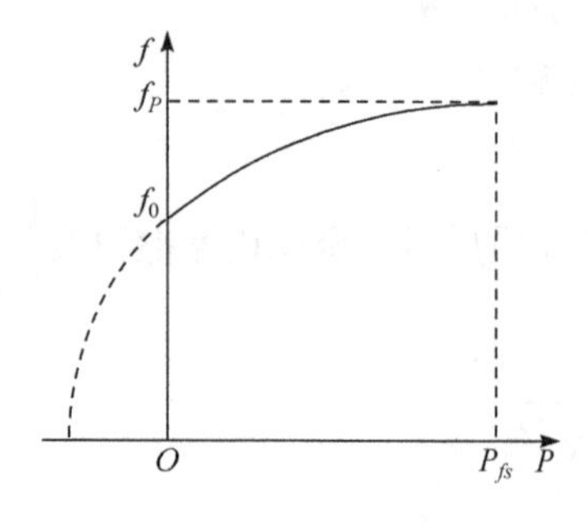

图14-2-4　压力-频率输出特性

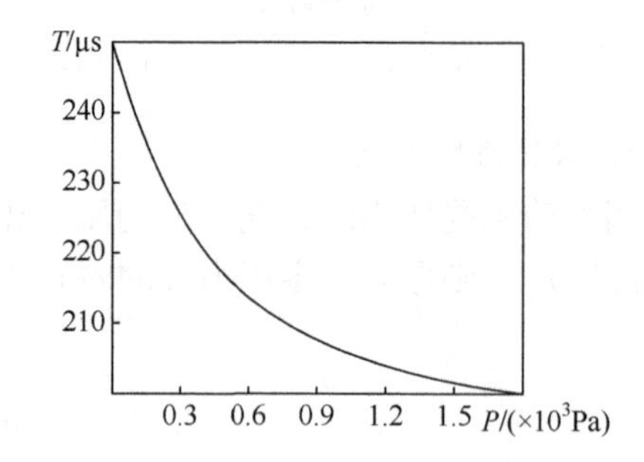

图14-2-5　压力周期输出特性

在测量中等压力时，传感器的非线性一般为5%～6%，又因要使每只振筒具有完全一致的物理尺寸是不可能的，因此各只振筒的零压力频率f_0均有差异，但要求输出线性特性相同，故必须要进行线性化处理，达到自动校正与补偿的目的。

14.2.3 测量方法及线性化处理

传感器高性能的获得，一方面靠新工艺、新材料、新原理的发展；另一方面靠近代电子技术的配合，一般不应该单纯追求传感器本身结构的高精度。传感器与先进电子线路的良好

结合，可以达到提高传感器性能的目的，振筒压力传感器就是这方面的典型例子。

传感器输出信号的测量方法通常有两种，即频率测量法和周期测量法。频率测量法是测量 1s 内出现脉冲数，即输入信号的频率，如图 14-2-6 所示。传感器的矩形波脉冲信号被送入门电路，“门”的开关受标准钟频的定时控制，即用标准钟频信号 CP(其周期为 T_{CP})作为门控信号。1s 内通过“门”的矩形波脉冲数 n_x 就是输入信号的频率，即 $f_x = n_x / T_{CP}$。

由于计数器不能计算周期的分数值，因此若门控时间为 1s，则传感器的精度是±1Hz，如果传感器的频率从 4kHz 变化到 5kHz(满量程压力变化)，即Δf=1kHz，则用此方法测量的传感器分辨为 0.1%，测量时间是 1s。显然，对于精度可达 0.02%的振筒式传感器必须延长测量时间才可能使分辨率提高到 0.01%或 0.001%。

周期测量法是测量重复信号完成一个循环所需的时间，它是频率的倒数，其测量电路如图 14-2-7 所示。

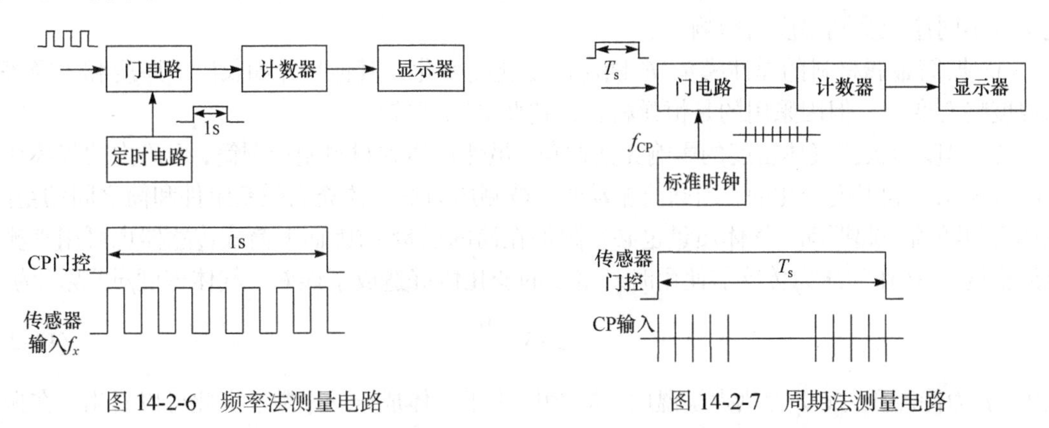

图 14-2-6　频率法测量电路

图 14-2-7　周期法测量电路

该电路用传感器输出作为门控信号。假设采用 4MHz 标准频率信号作为输入端，若传感器的 $f_0 = 4\text{kHz}$，则计数器在每一输入脉冲周期内对时钟脉冲所计脉冲数为 1000(因为 4×10^6/(4×10^3)=1000)，测量周期 $T_x = n_x / f_{op} = 1000/(4\times10^6) = 0.25(\text{ms})$，即表示在 0.25ms 测量时间内，传感器分辨率可达 0.1%。如果提高分辨率，只要使门控信号通过分辨器即可把门控时间延长到 2.5ms 或 25ms，即分辨率达到 0.01%或 0.001%。

由此可见，要达到同样的分辨率，采用周期法测量，测量周期只有频率法的 1/4000。因此，对于振筒式压力传感器，总是采用周期法测量。

通过激励放大电路后传感器的输出已是准数字频率信号，稳定性极高，不受传递信息的影响，可以用一般数字频率计读出，但是不能直接显示压力值，这是由于压力与频率输出不呈线性关系。从图 14-2-4 和图 14-2-5 可明显看出这种非线性输出特性是不能满足使用与显示要求的。从图 14-2-5 的特性曲线看，当压力为零时，周期具有初始值 T_0，随着被测压力的增加，周期反而减少，压力与输出显示值之间非线性误差太大，不便于判读。只有解决了这些问题，传感器才能使用。

振筒式压力传感器线性化，可用 MOS 集成电路 TTL 逻辑元件等硬件构成补偿非线性误差或温度修正电路，但结构比较复杂，价格昂贵，工艺性差。

随着计算机和微处理器在传感器中应用日益增多，人们已逐步采用软件补偿方案来代替硬件补偿方案。其方案有两种：一是利用机载或地面上已有的计算机，通过解算，直接把传感器的输出转换为经修正的可认出的工程单位，由外部设备直接显示出被测值或将该值记录下来；二是利用微处理器(最好是传感器内带有单片机)，通过一只可编程的存储器 PROM，把测试数据存储在内存中，通过查表方法和插值公式找出被测压力值。

以上修正非线性误差的问题，实际上是非线性传感器的曲线拟合问题，要找一条尽可能符合传感器的实际校准曲线的参考曲线，例如，采用最小二乘法对传感器进行曲线拟合。

14.2.4　误差分析及补偿方法

振动筒压力传感器由于低阻尼高 Q 值的特性，对外界振动、冲击和加速度、电源电压波动等均不敏感，因此，长期稳定性好，重复性也好。实测证明，传感器在 10g 振动加速度作用下，误差仅为 0.0045%FS，电源电压波动为 20%，误差也仅 0.0015%FS，因此这些误差影响均可忽略不计。

对于振动筒压力传感器，除了 14.2.3 节所述非线性误差外，还存在温度误差。传感器通过两种不同途径受到温度的影响。

(1) 振筒金属材料的弹性模量 E 随温度变化而变化，其他尺寸如长度、厚度和半径等也随温度略有变化，但因采用的是恒弹材料，这些影响都较小。

(2) 温度对被测气体密度的影响无法避免。虽然用恒弹材料制造圆筒，但筒内的气体质量是随气体压力和温度变化的，当圆筒振动时，被测压力的气体充满磁铁组件和筒之间的空间，气体必须随筒一起振动，气体质量也必须附加在筒的质量上(因而振筒式传感器也可用来测量气体密度)，在作为压力传感器使用时，密度的变化恰好造成了误差。气体密度ρ可表示为

$$\rho=K_g \frac{p}{T} \tag{14-2-5}$$

式中，p 为待测压力；T 为热力学温度；K_g 为取决于气体成分的系数。由此可以看出，在振筒压力传感器中，气体密度的影响表现为温度误差。

实际测试证明，在−55～125℃整个温度范围内，输出频率的变化仅为 2%，即温度误差为 0.01%/℃。在要求不太高的场合，可以不加考虑，但在高精度要求的场合，必须进行温度补偿。

温度误差补偿方法目前有两种。一是采用石英晶体作为温度传感器，与振筒压力传感器封装在一起，感受相同的环境温度。石英晶体是按具有最大温度效应的方向切割成的。石英晶体温度传感器的输出频率与温度呈单值函数关系，输出频率量可以与线性电路一起处理，使压力传感器在−55～125℃范围内工作的总精度达到 0.01%。二是用一只半导体二极管作为感温元件，利用其偏置电压随温度而变的原理进行传感器的温度补偿。二极管安装在传感器底座上，与压力传感器感受相同的环境温度。二极管的偏置电压灵敏度可达 2mV/℃，二极管的感温灵敏度比热电偶高 30～40 倍，而且其电压变化与温度近似是直线关系，如图 14-2-8 所示。在温度补偿电路上(图 14-2-9)，改变 AR 运放的负反馈电阻 R_f 的大小，即可获得所需要的二极管的感温灵敏度。

可以把感温二极管的输出电压进行模数转换，与上述石英晶体温度传感器补偿一样作为线性化电路的第二输出量，通过对传感器与二极管温度特性的测试，分别得到传感器温度误差与二极管温度特性校准表格确定的误差修正量，存放在 EPROM 中，在计算机软件支持下，对传感器温度误差进行修正，以达到预期的测量精度。

除此以外，为了防止外磁场对传感器的干扰，必须把维持振荡的电磁装置屏蔽起来。通常可用高磁导率合金制成同轴外筒，即可达到屏蔽目的。

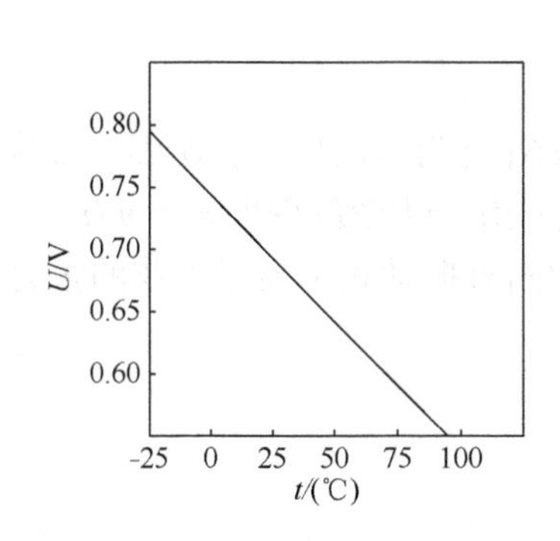

图 14-2-8 二极管偏置电压与温度的关系

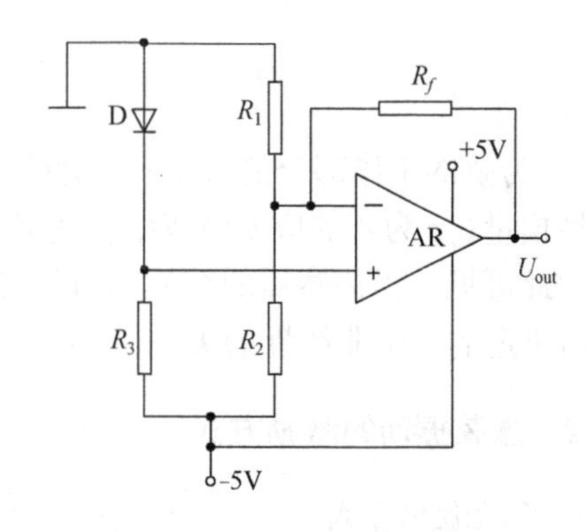

图 14-2-9 温度补偿电路图

振筒式压力传感器的精度比一般模拟量输出压力传感器高 1～2 个数量级，另外，它具有工作温度范围宽、工作极其可靠、长期稳定性好和数字量(频率)输出等优点，尤其是它能在振动、冲击、加速度的恶劣环境中可靠地工作，因而适用于航空机载设备使用，且已被广泛应用。近年来，高性能超声速飞机上已装备了振筒压力传感器，获得飞行中的正确高度和速度；经计算机直接解算可进行大气数据参数测量。同时，它还可以作压力测试的标准仪器，也可用来代替无汞压力计。

14.3 振弦式传感器

14.3.1 工作原理和结构

振弦式传感器的结构及工作原理如图 14-3-1 所示。振弦固定在上下夹块之间，用螺钉固紧。给振弦加一定的初始张力 T，在弦的中间固定一块软铁块，永久磁铁和线圈构成弦的激励器兼拾振器。下部的膜片承受压缩的力 p。

振弦式传感器的工作原理是：在线圈中通以电流脉冲，就可激励振动。当电流脉冲来到时，磁铁的磁性大大增强，软铁块及钢弦被永久磁铁吸住而被拉向左边；而在电流脉冲通过之后，磁铁的磁性又大大减弱，钢弦及其上的软铁块脱离磁铁而产生自由振动，并使永久磁铁和弦上的软铁块间的磁路间隙发生变化，造成了变磁阻的条件，在激励器兼拾振器的线圈中将产生与钢弦的振动同频率的交变电势输出。振弦处于自由振动状态时，尽管由于阻尼因素的存在，自由振动的幅度会衰减，但其振动频率不变，故传感器输出的交变电势频率为常数。但当力 p 改变时，弦的固有频率也将随之改变，因此可通过测量输出信号的频率来确定力 p 的大小。振弦的固有频率为

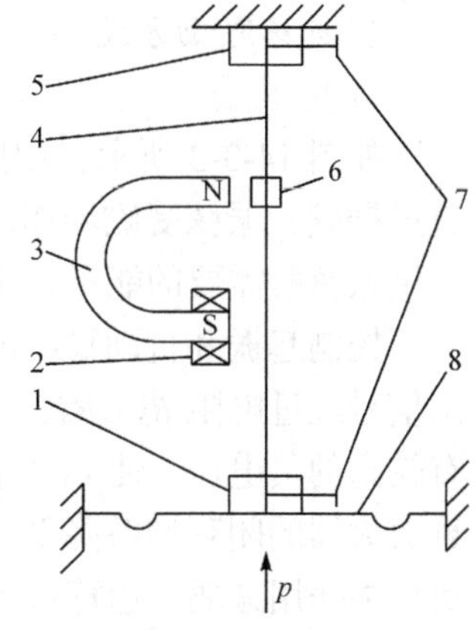

图 14-3-1 振弦传感器工作原理图

1、5—振弦夹紧机构；2—线圈；3—永久磁铁；4—振弦；6—软铁块；7—压紧螺钉；8—膜片

$$f_0 = \frac{1}{2l}\sqrt{\frac{T}{\rho_i}} \tag{14-3-1}$$

或

$$f_0 = \frac{1}{2l}\sqrt{\frac{\sigma}{\rho}} \tag{14-3-2}$$

式中，l 为弦的工作部分的长度；T 为弦所受张力，$T=\sigma S$；σ为弦的应力，$\sigma=E\varepsilon$，E 为弦材料的弹性模量，ε 为弦的应变($\Delta l/l$)；ρ_l 为弦的线密度，$\rho_l=m/l$；ρ为弦的密度，$\rho=m/V$。

由此可见，当传感器的结构和材料确定后，振弦的固有振动频率 f_0 是由弦的张力 T(或应力σ)所决定的，是非线性的关系。

14.3.2　振弦振动的激励方式

1. 间歇激励方式

如图 14-3-2 所示，当张弛振荡器给出激励脉冲时，继电器吸合，电流通过磁铁线圈，磁铁吸住软铁块及振弦。脉冲停止后继电器释放，磁铁松开振弦及软铁块，故振弦产生自由振动，线圈输出的交变电势的频率即振弦的固有频率。传感器将振弦张力 T 转换为感应电势的频率输出。为了维持振弦的振动，这种激励方式必须间隔一定时间再加一次激励。振幅的衰减与频率无关，不影响测量结果。

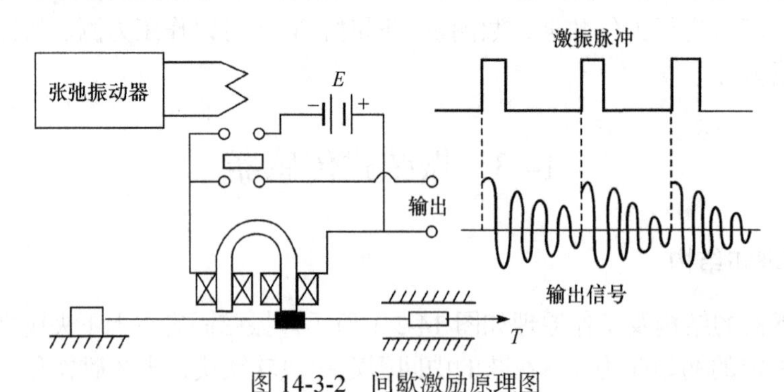

图 14-3-2　间歇激励原理图

2. 连续激励方式

1) 电流法

如图 14-3-3 所示，用振弦与运算放大器组成激励电路。当电路接通时，有一个初始电流流过振弦，振弦受磁场作用开始振荡。振弦在激励电路中组成一个选频的正反馈网络，不断提供振弦所需要的能量，于是振荡器产生等幅的持续振动。

控制起振和自动稳幅的原理如下：如果工作条件变化，引起振荡器的输出幅度增加，输出信号经过电阻 R_3、R_4、二极管 D、电容 C 检波后，成为场效应管 FET 的栅极控制信号，具有较高的负电压，使 FET 管的漏源极间的等效电阻增加，从而使负反馈支路的反馈增大，运算放大器的闭环增益降低，输出信号幅值减小，趋向增加前的幅值；反之，输出幅值减小，负反馈作用减弱，运算放大器闭环增益提高，有使输出幅值自动提升的趋势。

2) 电磁法

电磁法激励电路如图 14-3-4 所示。电路中包括两个磁钢和两个线圈，一个线圈激励振弦振动，另一个线圈拾振并产生感应电势。图中线圈 2 检测到的电势 E 被送到放大器输入端，经放大后送到电磁线圈 1 以补充能量。只要放大器的输出电流能满足构成振荡器的振幅及相位条件，振弦由于及时得到能量补充而维持连续振动，其振动频率即弦的固有频率。

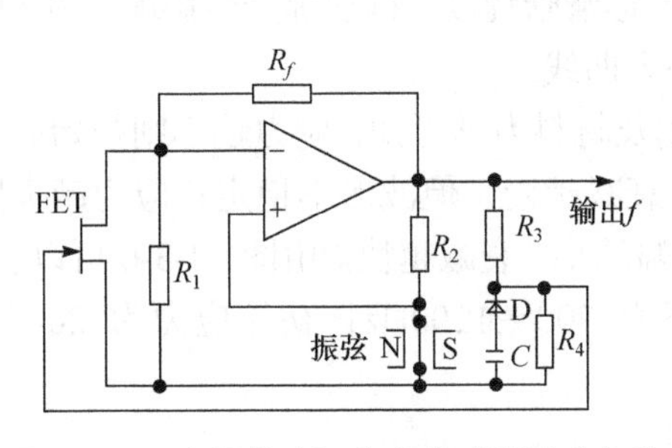

图 14-3-3 连续激励振弦式传感器激励电路

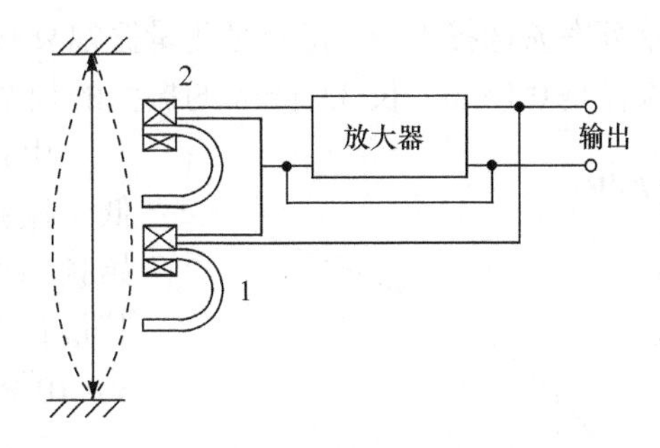

图 14-3-4 电磁法激励原理图

14.3.3 振弦式传感器的特性分析

1. 灵敏度

从理论分析可知，振弦式传感器对于外界待测参数引起振弦的相对变形，其灵敏度 K 为

$$K=\frac{E}{8l^2\rho f_0} \tag{14-3-3}$$

式中，E 为振弦的弹性模量；l 为振弦工作长度；ρ为振弦材料的密度；f_0 为振弦固有振动频率。

从式(14-3-3)可知，灵敏度 K 正比于弦的弹性模量 E，反比于振弦工作长度 l 的平方、材料的密度ρ、固有振动频度 f_0。振弦对力的灵敏度也有类似的情况。

2. 非线性

由式(14-3-1)或式(14-3-2)可知，振弦式传感器的输入-输出特性曲线是非线性的。如图 14-3-5 所示，当张力范围在 T_1～T_2之间，对应的振弦振动频率为 2～4kHz 时，非线性误差不大。一般要求振弦有一定的初始张力 T_0。

设振弦的初始张力为 T_0，当振弦的张力增加ΔT 时，由理论可求得特性曲线的非线性相对误差：

$$e_f\approx-\frac{1}{4}\frac{\Delta T}{T_0} \tag{14-3-4}$$

由式(14-3-4)可知，$\Delta T/T_0$ 越小，线性度越差。仅当 $\Delta T\ll 1$ 时，频率和张力才近似为线性的关系。

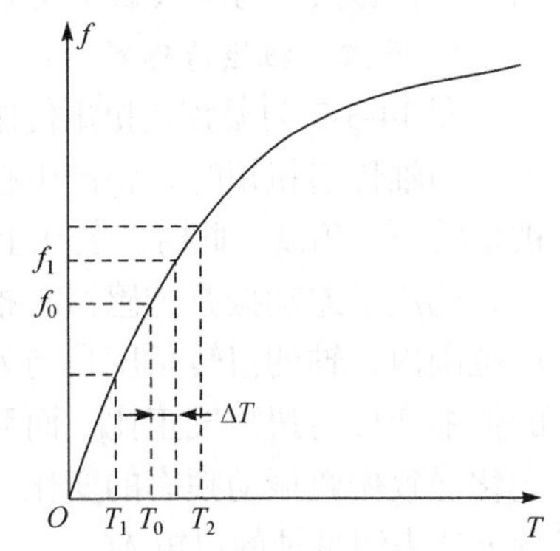

图 14-3-5 振弦传感器特性曲线

3. 频度的稳定性

在振弦长度及材料确定之后，频率的稳定性与振弦中的初始应力的稳定性有关。因此要求传感器的弹性敏感元件及振弦的弹性极限高、抗蠕变能力好、残余应力小，一般经形变处理和冰冷处理。

在传感器应用时，温度的变化使金属材料热胀冷缩，应力发生变化，引起温度误差。一般采取零温度系数材料、线路补偿、恒温及传感器自身热补偿等措施。

4. 最佳工作频段的选择

由式(14-3-2)可见，f_0 与σ为非线性关系，因此，选择合适的工作点是很重要的。当传感器材料和结构决定之后，f_0 和σ 即可稳定不变。此后对应每个σ 值只有一个 f 值。但是，如果初始频率f_0选择不当，将会对测量振幅衰减快慢、波形清晰程度、抖动等产生影响。图 14-3-6 为直径是 0.1mm、长 33.4mm 的振弦的频率-应力关系曲线。

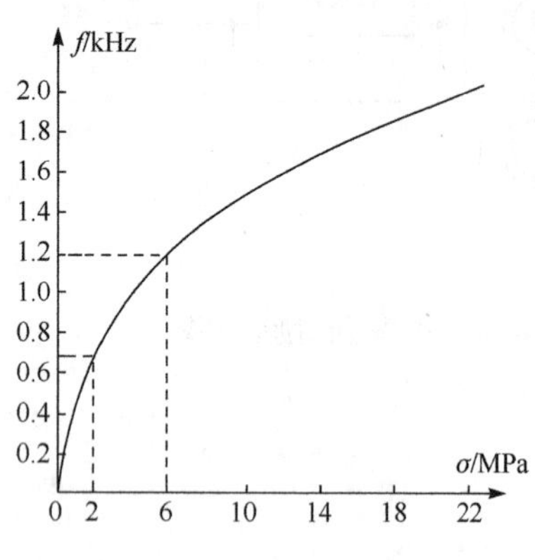

图 14-3-6　频率-应力关系曲线

由式(14-3-2)及材料力学可知，应力越小则初始频率越低、振幅越大、衰减越慢，但波形不稳定；应力越大则初始频率越高、振幅越小、衰减越快。由图 14-3-6 可以看出，其最佳工作频率为 700～1200Hz，初始应力为 20×10^7～60×10^7Pa。

5. 温度误差

构成传感器的金属材料(包括振源)受温度的影响，均将产生温度变形，因此振弦的实际应力将发生变化，从而造成输出信号不稳定。为了使不同温度时材料的热膨胀系数保持平衡，可以采取以下措施：

(1) 采用零温度系数的材料；

(2) 采用线路补偿；

(3) 传感器采取恒温措施；

(4) 传感器设计成机械封闭系统，使传感器机械结构自身达到热补偿。

设计传感器时，找出由于温度变化引起振弦应力增加或减小的零件和尺寸，并同该零件材料的线膨胀系数相乘，保持胀缩平衡。

14.3.4　振弦式传感器的典型结构

振弦式传感器由振弦、磁铁、夹紧装置等零部件组成。振弦一般采用直径为 0.025～0.5mm 的钨丝；磁铁可为永久磁铁或电磁铁。

1. 振弦式扭矩传感器

图 14-3-7 为振弦式扭矩传感器的结构示意图。测量时传感器安装在被测轴的两个相邻面上。当轴传递扭矩时，将产生扭转变形，轴的相邻两个截面被扭转一个角度。此时，装在上面的振弦 A 受拉，振弦 B 受压，构成了差动振弦传感器。根据虎克定律，在材料弹性变形范围内，轴的扭转角度是与外加的扭矩成正比的，故振弦的伸缩变形与扭矩成正比，而弦的伸缩变形引起的弦的应力变化导致振弦振动频率的变化。因此可用测量弦的振动频率的方法来测量轴的扭矩 M。

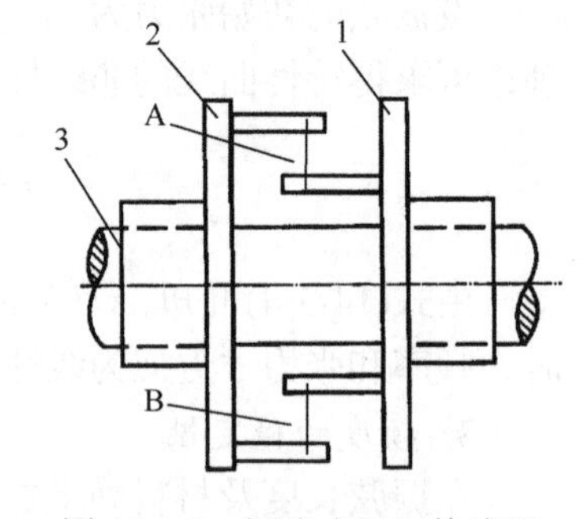

图 14-3-7　振弦式扭矩传感器

1、2—套筒；A、B—振弦；3—被测轴

在测出轴的扭矩 M 的同时，测出轴的转速 n，因扭矩 M、转速 n、功率 N 之间有如下关系：

$$M = 9549N / n \tag{14-3-5}$$

故有

$$N = M \cdot n / 9549 \tag{14-3-6}$$

式中，N 为功率(kW)；M 为轴的扭矩(N·m)；n 为轴的转速(r/min)。

通过以上分析，该传感器可用于扭矩及功率测量；若在机器(或机构)的输入、输出轴上均安装该类传感器，还可测出其传动效率。

2. 振弦式压力传感器

图 14-3-8 所示为振弦式压力传感器。在测量时，传感器底座上的膜片和要测量的地层面直接接触。地层压力变化时，膜片即感受压力而发生扭曲变形。从而带动两个振弦支架向两侧拉开，振弦被拉紧，于是振弦的频率发生改变。根据振弦频率的变化量可测量地层压力的大小，可用于地震预报。

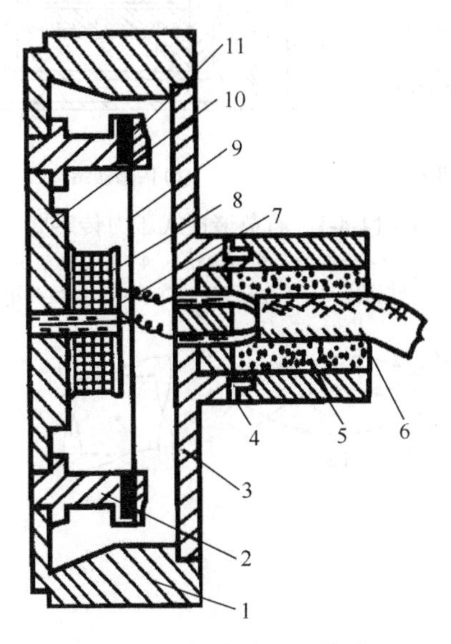

图 14-3-8　振弦式压力传感器

1—底座；2—支架；3—盖子；4—塞子；5—绝缘；6—电缆；7—铁心；8—线圈；9—振弦；10—膜片；11—振弦夹紧装置

14.4　石英谐振式传感器

对于振筒式和振弦式传感器，由于均用金属材料做振动敏感元件，因此材料性能的长期稳定性、老化和蠕变都可能造成频率漂移，而且易受电磁的干扰和环境振动的影响，因此零点和灵敏度不易稳定。

石英晶体具有稳定的固有振动频率，当强迫振动等于其固有振动频率时，便产生谐振。利用这一特性可组成石英晶体谐振器，简称石英谐振器，用不同尺寸和不同振动模式可做出从几千赫到几百兆赫的石英谐振器，石英谐振传感器具有很多优点：长期稳定性好，Q 值高，动态响应好，抗干扰能力强，精度高，可在恶劣环境(温度、电磁场、振动、加速度等)中可靠工作。

14.4.1　概述

石英谐振式压力传感器由石英晶片、电极、外壳、端盖等组成，如图 14-4-1 所示。它的性能与晶片的切型和尺寸、电极的设置、加工工艺等有关。其中，晶片的切型问题是设计时首先要考虑的关键问题。由于石英晶体不是任何方向都具有压电效应，也不是从石英晶体上任意切下一块晶片就具有单一的振动模式和零温度系数，因此只有沿某些方向切下晶片才能满足设计要求。石英晶体的振动模式有长度伸缩、弯曲、面切变和厚度切变等，如图 14-4-2 所示。其中厚度切变振动模式是石英谐振式传感器的主要振动模式。不同振动模式对应不同频率方程。由于石英晶体是各向异性体，它们的弹性品质和频率温度特性、压电常数等都与石英晶体的切角有关，因此设计石英谐振式传感器必须进行周密考虑。由于受篇幅限制，不能展开详述，需要者可参阅有关参考书。

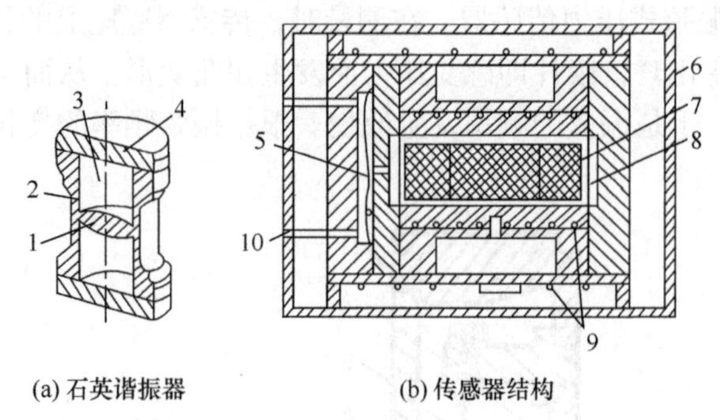

(a) 石英谐振器　　(b) 传感器结构

图 14-4-1　石英谐振式压力传感器

1—双凸形振子；2—外圆筒；3—真空腔；4—密封盖；5—隔离膜片；6—外壳；7—石英谐振器；8—不可压缩液体；9—双层恒温箱；10—压力进口

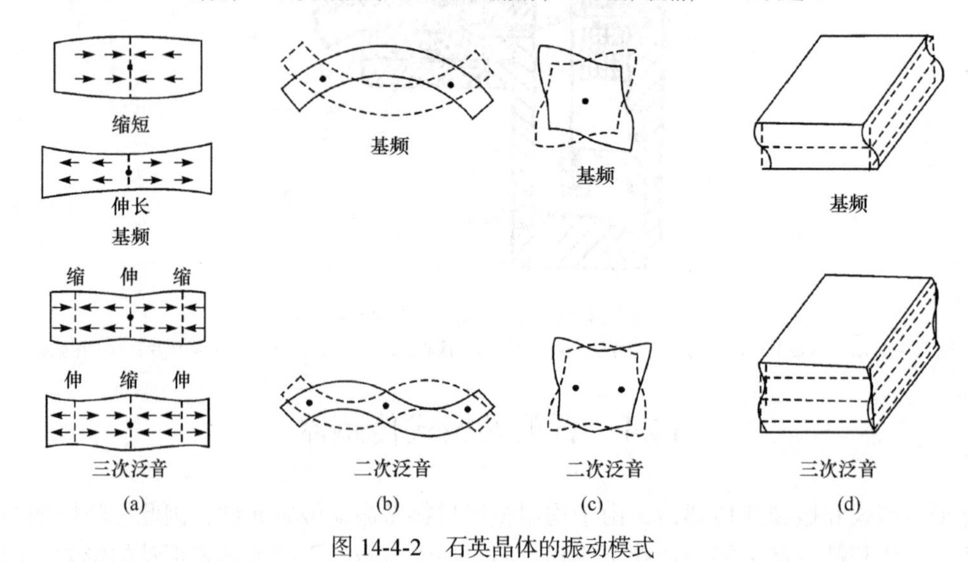

图 14-4-2　石英晶体的振动模式

14.4.2　石英谐振式压力传感器

图 14-4-3 所示为压力传感器所用的石英谐振器的结构原理图。它是采用厚度切变振动模式 AT 切型石英晶体制成的。

1. 厚度切变石英谐振器的设计

厚度切变石英谐振器的频率适用范围为 500kHz～350MHz。它是四种振动模式中频率最高、频率范围最宽的一种。常用切型为 AT、BT 和 SC 切型三种，用 IRE 标准符号表示为$(yxl)\varphi_1$。其中φ_1在 35°附近时为 AT 切型，φ_1在$-49°$附近时为 BT 切型，双转角($\varphi_1=21.93°$，$\theta=33.93°$)为 SC 切型谐振片，符号表示为$(yx\omega lt)\varphi\theta$。SC 切型具有其他切型无法比拟的显著优点。其温度和应变效应大大优于 AT 切型，它具有应力补偿和热瞬变补偿的功能，老化小，耐辐射，可制成双功能(温敏、压敏)谐振传感器。SC 切型的频率应力系数则比 AT 切型小两个数量级以上，因此双转角切型是有发展前途的。

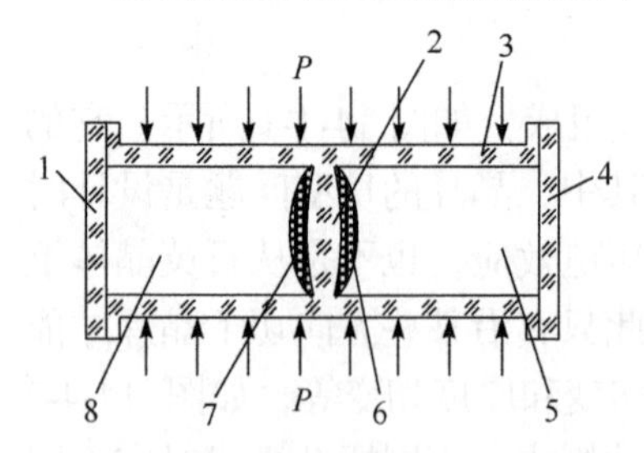

图 14-4-3　石英谐振器结构原理图

1、4—端盖；2—振子；3—圆筒；5、8—空腔；6、7—电极

2. 石英谐振式压力传感器的结构和工作原理

图 14-4-1 的石英谐振式压力传感器是用一整块石英加工出振子和圆筒。空腔抽成真空，谐振器两边有一对电极与外电路连接组成振荡电路。圆筒由端盖密封。石英圆筒有效地传递谐振器周围的压力。

当激励电信号加到电极时，根据压电效应使谐振器产生机械振荡，同时电极板上出现交变电荷，通过与外电路连接的电极对谐振器适当补充能量，使电和机械的振荡能等幅地维持。对厚度切变振动模式的石英谐振器，其固有频率为

$$f_0 = \frac{n}{2t}\sqrt{\frac{C_{ii}}{\rho}}, \quad n = 1,3,5 \tag{14-4-1}$$

式中，t 为晶片厚度(m)；ρ为石英晶片密度(g/cm^3)；C_{ii} 为厚度切变弹性模量(N/m^3)，$i = 4$、5、6 时分别表示 x 面、y 面、z 面。

由式(14-4-1)看出，C_{ii} 对频率 f_0 的影响起主导作用。当石英谐振器受静态压力作用时，谐振器的振动频率改变，频率的变化与加的压力为一一对应的函数关系。这种静应力和频率效应主要通过 C_{66} 随压力变化而产生的。从结构图看出，谐振器制成圆形整体结构滞后小、频率稳定性好，但加工工艺复杂。也可以用分离式结构，谐振器和支架为分离式并由不同材料制成，这样加工容易、结构简单，但是重复性较差、滞后大。

石英谐振器形状一般采用双凸形，谐振频率为 5MHz。这样品质因数高，可达 10^6～7×10^7。因此，这是一种性能极好的实用石英谐振传感器，可测气体或液体压力，量程可达 100MHz。不仅可测静态压力、准静态压力，还可测动态压力。

14.5 振动梁式压力传感器

为了克服振筒式传感器易受温度与外界磁场的干扰的缺点，Q 值还不够高等缺点，人们研制成功了振动梁式压力传感器。这种传感器有许多优点：对温度、振动、加速度等外界干扰不敏感(如灵敏度温漂为 4×10^{-5}%/℃，对加速度的灵敏度是 8×10^{-4}%/g)，稳定性好，体积小(2.5cm×4cm×4cm)，重量轻(约 0.7kg)，Q 值高(达 40000)，动态响应频率高(10^3Hz)等。又因传感器是直接数字输出，所以易于把压力测量与遥测系统或数字计算机结合起来。这种传感器目前已用于大气数据系统、喷气发动机试验、数字程序控制及压力二次标准仪表。

14.5.1 工作原理

图 14-5-1 所示为由石英晶体谐振器构成的振动梁式差压传感器。两个相对的波纹管用来接收输入压力 P_1 与 P_2，作用在波纹管有效面积上的压力差产生一个合力，造成了一个绕支点的力矩，该力矩由石英晶体的拉伸力或压缩力来平衡，这样就改变了晶体的谐振频率。频率的变化是被测压力的单值函数，从而达到了测量目的。

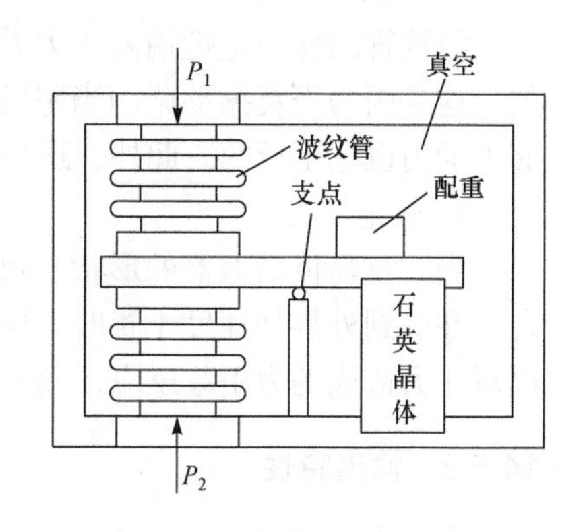

图 14-5-1 振动梁式差压传感器

下面扼要叙述振动梁式差压传感器的主要组件及作用。

1. 振动梁谐振器

振动梁是压力传感器的敏感元件，横跨在传感器中央，如图 14-5-1 所示。石英晶体振动梁不直接固定在产生输出力的构件上，以防止反作用力和力矩造成基座上的能量损失，从而使品质因数 Q 值降低。同时外界的有害干扰也会传递进来，降低稳定性，直接影响谐振器的性能。梁的结构形状是一种以弯曲方式振动的两端固定梁，这种形状感受力的灵敏度高，即施加单位应力引起的频率变化大。

2. 机械隔离器

为了避免振动梁与产生力的机械系统直接连接，在振动梁两端固定着机械隔离系统，包括隔离器弹性体、隔离器质量块以及弯曲去载区，如图 14-5-2 所示。隔离系统的自振频率要选择得比振动梁的低得多(约低几个数量级)，从而能有效地消除固定件对振动梁的影响，振动梁端部的反作用力和反作用力矩将迫使隔离器的质量块和弹性体振动，由于隔离系统自振频率很低，从而可以消除对振动梁频率的影响，也就是把梁隔离起来了。

3. 压电激励电极

在振动梁的上下两面蒸发沉积着四个电极，利用了压电效应的可逆原理。当四个电极加上电场后，梁在一阶弯曲振动状态下起振，未输入压力时，其自然谐振频率主要决定于梁的几何形状和结构。当电场加到晶体梁上时，矩形梁变成平行四边形梁，如图 14-5-3 所示。梁歪斜的形状取决于所加电场的极性。当斜对着的一组电极与另一组电极的极性相反时，梁呈一阶弯曲状态，一旦变换电场极性，梁就朝相反方向弯曲。这样，当用一个维持振荡电路代替所加电场时，梁就会发生谐振，并由测量电路维持振荡。当输入压力 $P_2>P_1$ 时，振动梁受拉伸力，如图 14-5-1、图 14-5-2 所示，梁的刚度增加，谐振频率上升。反之，当 $P_2<P_1$ 时，振动梁受压缩，谐振频率下降。因此，输出频率的变化反映了输入力的大小。

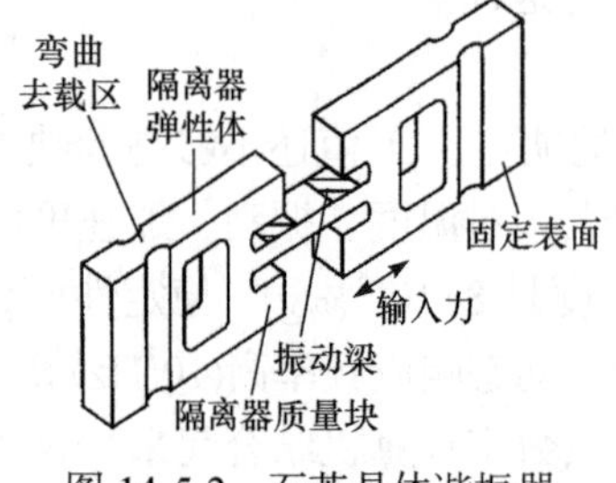

图 14-5-2　石英晶体谐振器

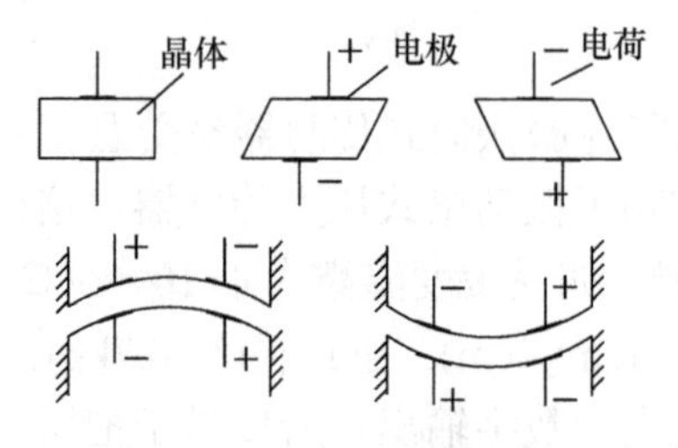

图 14-5-3　压电激励示意图

4. 波纹管

波纹管的作用是把输入压力差转换为振动梁的测量力，是用高纯度材料经特殊加工制成的。这是因为石英振动梁相当坚硬，要使梁在力作用下发生即使仅几十微米的挠曲，没有足够大的力也是不行的。此外，还要求波纹管的迟滞小。

5. 配重

当石英晶体谐振器的形状、尺寸、位置决定后，配重可以调节运动组件的重心与支点重合。在受到外界加速度干扰时，配重还有补偿加速度的效应，因其力臂几乎是零，谐振器仅仅对压力造成的力矩起反应，而不感受外力。

14.5.2　输出特性

该压力传感器内部是抽成真空的，故谐振器是一根无阻尼的振动梁，其截面不变，两端固定，仅轴向受载。

在零压力差时，传感器固有频率 f_0 约 40kHz。当压力差大于零($P_1-P_2>0$)时，输出频率随之减小。从零压力到满量程压力差，频率变化约 10%，即在满量程压力差下，谐振频率为 36kHz。若用周期法测量，输出周期是随压力差增加的，输出特性的非线性约 6%。周期 T 与压力差 P 的关系可表示为

$$P = a\left(1-\frac{T_0}{T}\right) - b\left(1-\frac{T_0}{T}\right)^2 \tag{14-5-1}$$

式中，P 为待测压力差(P_1-P_2)；T_0 为零压力差时的输出周期；T 为 P 压力差时的输出周期；a、b 为待定常数。

在零压力差时，周期约为 25μs(按 f_0=40kHz 计)；满量程压力差时，周期为 28μs，系数 a 的单位与被测压力相同。若输出特性按 6%非线性计算，则多项式(14-5-1)中第二项 $(1-T_0/T)^2$ 就代表非线性误差 6%的修正量，因为在满量程时 $(1-T_0/T)^2=0.01$，所以系数 b 一定是 a 的 60%。在零压力差时的输出周期可直接测出，则待定系数 a 与 b 可以从实验数据中直接推导求出。

根据梁的弯曲变形理论，推导出的无载荷振动梁自振频率的表达式为

$$f_0 = 32.18\left(\frac{t}{L^2}\right)\left(\frac{E}{\gamma}\right)^{1/2} \tag{14-5-2}$$

式中，t 为梁的厚度；L 为梁的长度；E 为弹性模量；γ 为梁的密度。

振动梁式传感器的线性化电路和维持振荡电路与振筒式传感器的类似，不再介绍。

习题与思考题

14-1　试分析机械二阶系统谐振时，弹性力、惯性力、阻尼力和外力之间的关系。

14-2　试述振动筒压力传感器的工作原理。

14-3　为什么要求谐振传感器的品质因数越高越好?

14-4　试定性分析改变振动筒压力传感器的筒壁厚度和筒的长度对振筒的谐振频率 f_0 及输出灵敏度的影响。

14-5　谐振式传感器输出信号的测量为什么用周期法比频率法精度高?

14-6　振动筒压力传感器非线性误差的软件补偿如何进行?

14-7　试述振动筒压力传感器温度误差产生的原因及补偿措施。

14-8　试述振膜式谐振传感器的工作原理及其优缺点。

14-9　试述振弦式传感器的工作原理。

14-10　当振弦式传感器采用方波间歇激发时，试画出其输出信号波形。

14-11　试分析振弦式传感器连续激发电路的工作原理。

第 15 章　微机电技术与微传感器

15.1　概　　述

传感器的微型化，是传感器的主要发展方向之一，除了在体积、重量、能耗等方面有减少外，还大大降低了传感器的成本，提高了传感器的可靠性，扩展了传感器的应用领域，以往很多难以想象的应用，随着传感器的微型化而变成了现实。

微传感器的诞生，也是微机电技术发展的一个必然结果，微电子机械系统(Micro Electro Mechanical System，MEMS)技术的发展是微传感器产生的最直接的推动力，微传感器也是目前最成功、最具有实用性的微机械电子系统装置。

微机电系统又称微机械(Micro-machine)或微系统(Micro-systems)，是指利用微机械加工技术制作的由微型传感器、微型执行器、信号处理与控制电路以及通信接口电路等组成的微机电器件、装置或部件，图 15-1-1 所示为典型的微机电系统示意图。微机电系统涉及微机械学、微电子学、自动控制、物理、化学、生物以及材料科学等多门学科，是近几十年发展起来的一个高新技术的交叉边缘学科，是一种用于获取、处理信息和执行机械操作的微型化集成系统。与微机电系统研究相关的基础理论、设计、加工、检测和应用技术被称为微机电系统技术。

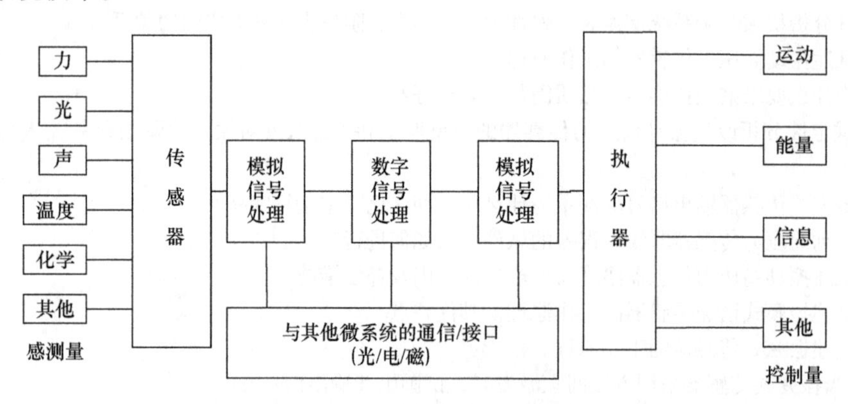

图 15-1-1　微机电系统示意图

20 世纪 50 年代，硅和砷化镓半导体压电特性的发现，促进了硅传感器和换能器的发展；1971 年出现了集成硅压力传感器；1977 年研制出电容式硅压力传感器；1987 年，美国采用集成电路制造工艺首次制作出直径为 1000μm 的硅静电微马达，如图 15-1-2 所示，该微马达的转子的直径仅为 60μm，这一突破性的技术成就开辟了微机械制造的崭新领域。随后，微膜、微梁、微齿轮、微凸轮等微结构相继出现，与微电子技术相结合，就形成了一个新兴的技术领域——微机电系统。

与“普通的”或“常规的”传感器相比，微传感器不仅是在尺寸上按比例缩小，其在材料、加工方式、应用范围等方面，与传统的传感器都有很大的不同。可以说，微传感器的出现，给传感器技术带来了一场革命。

图 15-1-2　加利福尼亚大学伯克利分校研制的第一个微机电马达

与其他传感器比较，微传感器具有以下一系列的优点。

(1) 体积小、重量轻、惯性小。利用微机电系统技术，微传感器的敏感元件尺寸大多在微米级，这使得微传感器的整个尺寸也大大缩小，一般微传感器封装后的尺寸大多为毫米级，有的甚至更小。例如，微型压力传感器已经小到可以放在注射针头内，被送进血管来测量血液流动情况；装在飞机或发动机叶片表面用以测量气体的流速和压力。体积的减小也带来了重量的减轻，微传感器的重量一般都在几克到几十克之间。

(2) 功耗低。绝大多数传感器都是将非电量信号转换为电量信号，并且是有源的，也就是说工作时离不开电源。因此，传感器功耗的大小，在某种程度上决定了整个系统的寿命。微传感器一般都是低功耗，工作电压也比较低，这样既节约了能源，又提高了系统的寿命。

(3) 性能好。微传感器在几何尺寸上的微型化，不但保持了它原有的传感特性，而且其温度稳定性提高，不易受外界温度干扰。

(4) 易于批量生产，成本低。微传感器的敏感元件一般是利用微机电系统技术工艺制造的，微机电系统技术工艺一个显著的特点就是适合批量生产，并且大批量生产使得传感器单件的成本大大降低。采用硅微机械加工工艺可以在一片硅片上同时制造出成百上千的传感器。

(5) 便于集成化和多功能化。在一个微机电系统中，可以把不同功能、不同灵敏度和不同敏感方式的多个传感器或多个执行器集成于一体，形成传感器阵列、微执行器阵列，甚至还可以把多功能的器件集成在一起，形成复杂的微机电系统。

微机电系统的这些特点决定它在民用和军事领域具有广阔的应用前景和巨大的应用潜力。微机电系统可应用于生物医学、航空航天、军事、工业、农业、交通及信息等领域，例如，进行细胞操作，精细外科手术，排除人体血管的血栓，定位定时施药，DNA 检测；微卫星中的微惯导装置与姿态调整，微型仪表，微型飞机；分布式战场侦察传感器网络；狭窄空间及特殊工况条件下的维修机器人；环境监测等。据有关预测，微机电系统在 21 世纪将发展成为庞大的高新技术产业，它给各个领域技术的发展带来的影响将不逊于 20 世纪大规模集成电路的诞生。因此，微机电系统技术受到世界各国的高度重视，并投入大量的人力、物力进行研究与开发，是一个国家高新技术综合水平的体现。

15.2 微机电系统中的尺度效应

15.2.1 尺度效应

在微机电系统中，随着研究对象的不同，所定义的微尺度效应的尺寸范围也不相同，通常所指的微尺度介于 1nm～100μm。微器件尺寸的缩小可以带来很多宏观器件所不具有的新功能，因此微尺度效应对微机电系统的设计、材料选择以及制造工艺都有着重要的影响，这也是传统的宏观系统设计与微机电系统设计的主要不同之处。体积和表面积是微机电系统设计中需要考虑的两个重要物理量，体积决定了微机电系统中各部分的质量、重量以及热容量等，而表面积则与压力、表面张力等密切相关，在绝大多数情况下，物体尺寸按比例缩小后，通常是无法实现同等地缩小其体积和表面积的。

考虑一个边长为 L 的正方体，其表面积 S 和边长 L 的二次方成正比，即

$$S \propto L^2 \tag{15-2-1}$$

其体积 V 则与 L 的三次方成正比，即

$$V \propto L^3 \tag{15-2-2}$$

如果以 l 作为该正方体的线性尺度，从而可以得到如下的关系式：

$$\frac{S}{V} \propto l^{-1} \tag{15-2-3}$$

当物体的尺寸缩小时，其表面积和体积并不是等比例缩小，表面积以二次方的比例缩小而体积以三次方的比例缩小，表面积的缩小程度远小于体积的缩小程度。对于边长都为 L 的正方体，当边长缩小为原来的 1/10 时，其体积缩小为原来的 1‰，而表面积仅缩小为原来的 1%，因此其表面积与体积之比增大为原来的 10 倍，和表面积有关的力学特性将取代与体积相关的力学特性，即与特征尺寸的低次方成正比的物理特性取代了与特征尺寸的高次方成正比的物理特性。进行微机电系统设计时，应当考虑到不同尺寸的材料对其特性的影响，在微尺度效应下，材料的缺陷减少，材料的强度要比宏观尺寸要好很多，一些材料特性如弹性模量、泊松比、断裂强度、传导率等和宏观尺寸相比有显著不同。

15.2.2 刚体动力学中的尺度效应

在微机电系统中，移动某个器件时所需要的力与该器件的质量相关，因此对于特定的执行动作而言，当器件的体积减小时，该器件完成特定运动的功率 P、作用力 F 及时间 t 都会发生改变。Trimmer 在 1989 年提出了力尺度向量，用来描述刚体动力学中器件的尺度与加速度、时间和功率等物理量之间的关系，力尺度向量的定义如下：

$$F = [l^F] = \begin{bmatrix} l^1 \\ l^2 \\ l^3 \\ l^4 \end{bmatrix} \tag{15-2-4}$$

根据该力尺度矢量则可以推导出其他相关物理量的尺度向量。

如图 15-2-1 所示，当刚体从一个位置移动到另外一个位置，其运动的距离 s 正比于该刚体的尺度 l，其自身质量正比于刚体尺度 l 的三次方，由运动学公式可知运动距离可表示为

$$s = v_0 t + \frac{1}{2}at^2 \tag{15-2-5}$$

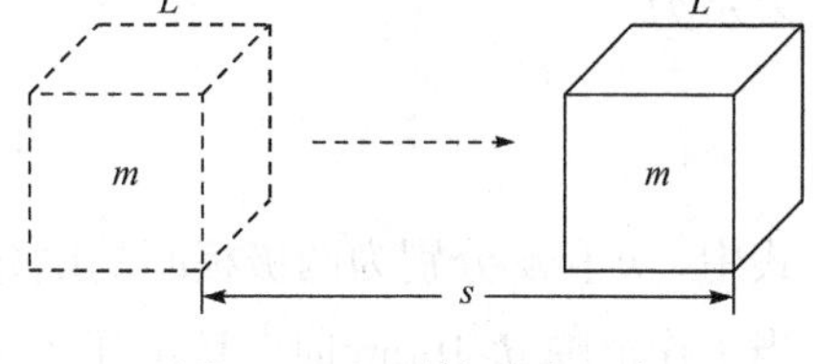

图 15-2-1　刚体平移运动

当 $v_0 = 0$ 时，加速度可表示为 $a = \dfrac{2s}{t^2}$，则由牛顿第二定律可知，作用力 F 可以表示为

$$F = ma = \frac{2sM}{t^2} \propto \left(l^1\right)\left(l^3\right)\left(t^{-2}\right) \tag{15-2-6}$$

将式(15-2-4)代入式(15-2-6)则可以得到加速度 a 的尺度向量：

$$a = [l^{\mathrm{F}}][l^3]^{-1} = [l^F][l^{-3}] = \begin{bmatrix} l^1 \\ l^2 \\ l^3 \\ l^4 \end{bmatrix} [l^{-3}] = \begin{bmatrix} l^{-2} \\ l^{-1} \\ l^0 \\ l^1 \end{bmatrix} \tag{15-2-7}$$

时间 t 的尺度向量可以表示为

$$t = \sqrt{\frac{2sM}{F}} \propto \left(\left[l^1\right]\left[l^3\right]\right)^{1/2}\left[l^F\right]^{-1/2} = \begin{bmatrix} l^1 \\ l^2 \\ l^3 \\ l^4 \end{bmatrix}^{-1/2} \left[l^2\right] = \begin{bmatrix} l^{-1/2} \\ l^{-1} \\ l^{-1.5} \\ l^{-2} \end{bmatrix} \left[l^2\right] = \begin{bmatrix} l^{1.5} \\ l^1 \\ l^{0.5} \\ l^0 \end{bmatrix} \tag{15-2-8}$$

同样可以得到功率密度 P/V_0 的尺度向量，功率密度定义为驱动单位体积为 V_0 的微系统部件时所需的功率 P：

$$\frac{P}{V_0} = \frac{Fs}{tV_0} = \frac{[l^{\mathrm{F}}][l^1]}{\left([l^1][l^3][l^{-\mathrm{F}}]\right)^{\frac{1}{2}}[l^3]} = [l^{1.5\mathrm{F}}][l^{-4}] = \begin{bmatrix} l^1 \\ l^2 \\ l^3 \\ l^4 \end{bmatrix}^{1.5} [l^{-4}] = \begin{bmatrix} l^{-2.5} \\ l^{-1} \\ l^{0.5} \\ l^2 \end{bmatrix} \tag{15-2-9}$$

综上可以得到表 15-2-1 中刚体动力学中的各物理量对应的尺度向量表达式。

表 15-2-1　刚体动力学中各物理量的尺度向量

阶数	作用力 F	加速度 a	时间 t	功率密度 P/V_0
1	l^1	l^{-2}	$l^{1.5}$	$l^{-2.5}$
2	l^2	l^{-1}	l^1	l^{-1}
3	l^3	l^0	$l^{0.5}$	$l^{0.5}$
4	l^4	l^1	l^0	l^2

15.2.3　静电力中的尺度效应

考虑到如图 15-2-2 所示的长为 L、宽为 W 的平行板电容器，该平行板中的电势能 E 可以

表示为

$$E=-\frac{1}{2}CU^2=-\frac{\varepsilon_0\varepsilon_r WL}{2d}U^2 \tag{15-2-10}$$

式中，ε_r和ε_0分别为两极板间的电介质的相对介电常数和真空介电常数；U为所施加的电压，当工作范围d>10μm时，该电压U正比于尺度l，即$U\propto l^1$，又考虑到ε_0，$\varepsilon_r\propto l^0$，则可以得到静电势能E的尺度向量表达式：

$$E\propto\frac{(l^0)(l^0)(l^1)(l^1)(l^1)^2}{l^1}=(l)^3 \tag{15-2-11}$$

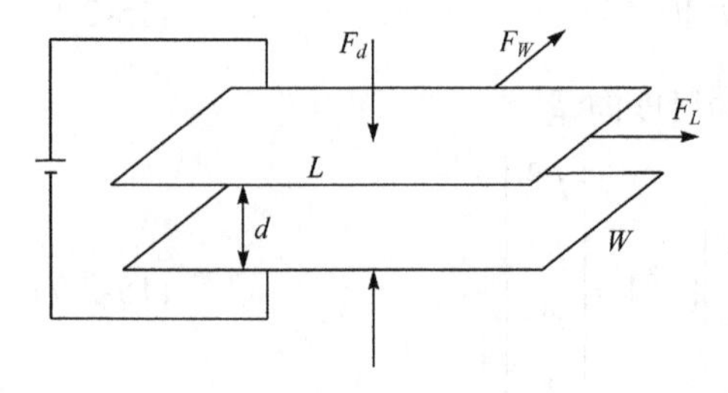

图 15-2-2　充电平行板之间的静电力

由式(15-2-11)可知，当电容器的线性尺度同时减少为原来的1/10时，静电势能E将会减少为原来的1‰。考虑到在平行板电容器的长L、宽W和极板间距d方向都可以产生静电力，三个方向的静电力可表示如下：

$$F_d=-\frac{1}{2}\frac{\varepsilon_0\varepsilon_r WLU^2}{d^2} \tag{15-2-12}$$

$$F_W=\frac{1}{2}\frac{\varepsilon_0\varepsilon_r LU^2}{d} \tag{15-2-13}$$

$$F_L=\frac{1}{2}\frac{\varepsilon_0\varepsilon_r WU^2}{d} \tag{15-2-14}$$

由上可知，三个方向的静电力F_d、F_W和F_L都正比于l^2，当平行电极板的尺寸缩减为原来的1/10时，静电力将减小为原来的1%。

15.2.4　电路中的尺度效应

宏观系统中的电学物理规律在微系统中同样适用，大部分微系统的静电力驱动、点动力泵驱动、压电效应和电热驱动都需要通过电路来实现，因此需要了解电路在微尺度下的尺寸效应的影响。考虑如下电阻公式：

$$R=\frac{\rho L}{A} \tag{15-2-15}$$

式中，ρ、L和A分别为材料的电阻率、长度和导体的横截面积，从而得到电阻的尺度为$R\propto(l)^{-1}$。

同样，可以得到电路消耗功率P的尺度为

$$P=\frac{U^2}{R}\propto(l)^1 \tag{15-2-16}$$

考虑到微系统模块中储存的可用电能E主要取决于该模块的体积，即$E\propto(l)^3$，因此可得到消耗功率P与可用电能E的比率为

$$\frac{P}{E}\propto\frac{l^1}{l^3}=(l)^{-2} \tag{15-2-17}$$

当系统的尺度缩小为原来的 1/10 时，由于系统中电阻增加所导致的功率消耗与系统储存能量比将增大为原来的 100 倍，这将会导致微系统的可持续工作时间大大减小。

15.2.5　流体力学中的尺度效应

在亚微米以及纳米尺度下，流体在管道内流动时将发生毛细管效应，因此宏观条件下的基于 Navier-Stokes 方程的连续流体力学将不再适用，下面将利用流体在图 15-2-3 所示的圆形导管中流动的例子来说明尺度效应对流体力学的影响，图中的流体到剪切力作用下流经长度为 L、半径为 a 的圆形导管，该圆形导管的压降 ΔP 与体积流速 Q 的关系可以表示如下：

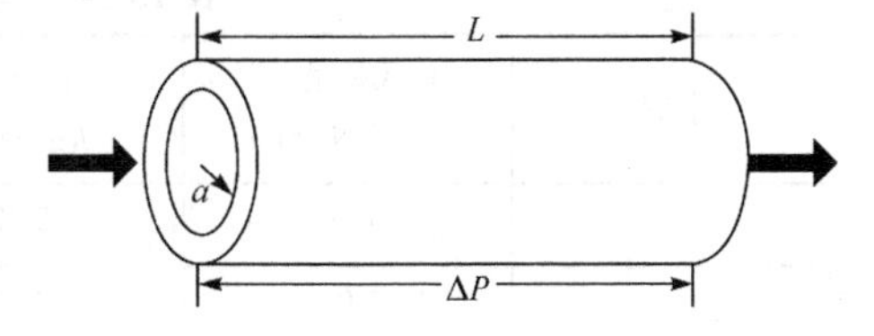

图 15-2-3　长度为 L 的圆形导管中的压降

$$\Delta P = \frac{8\mu LQ}{\pi a^4} \tag{15-2-18}$$

式中，μ 为流体的黏度系数，考虑到圆形导管的半径为 a，则该流体的平均流速 $\bar{v}$ 可以表示为

$$\bar{v} = \frac{Q}{\pi a^2} \tag{15-2-19}$$

单位长度压力的梯度变化值为

$$\frac{\Delta P}{\Delta L} = \frac{8\mu\bar{v}}{a^2} \tag{15-2-20}$$

从以上各式可以推导出，当圆形导管的半径尺寸 a 缩小而单位长度 L 不变时，流体的体积流量的尺度 $Q \propto a^4$，单位长度的压降 $\Delta P / \Delta L \propto a^{-2}$，微流体系统的半径尺寸减小为原来的 1/10 时，体积流速将减小为原来的 0.01%，单位长度内流体的压降将增大为原来的 100 倍，因此宏观流体系统的驱动机理在微纳系统中不再适用，流体的表面张力在微纳尺度条件下将占据主导作用。

15.3　常用材料与制造工艺

15.3.1　微机电系统的相关技术

微机电技术的研究对象主要包括微驱动器、微执行器和微传感器，微传感器是当今开发的重点。微传感器涉及物理、化学、数学等基础及材料、工艺、电子、机械、计算机、信息处理等众多学科。微传感器不是传统传感器简单的几何缩小，当结构尺寸达到微米甚至纳米尺度以后会产生许多新的物理现象，涉及多种基础理论方面的研究，包括微机械学、微电子学、微流体力学、微热学、微摩擦学、纳米生物学等。微电子制造技术与微机电系统加工工艺具有很多共同点，如光刻和掩膜工艺等，微机电系统中会使用各种不同种类的材料来完成相应的设计功能，如各种硅化合物、石英、聚合物、塑料以及金属等。

15.3.2　微机电系统中的常用材料

在微机电系统中，材料起着相当重要的作用。一方面，在微机电系统中，材料具有传统的几何成形的作用。另一方面，材料的特性对于微机电系统的特性又起着决定性的作用。因此，用于微机电系统的材料既要保证微机械性能要求，又要满足微加工方法所需的条件。目前，在微机电系统中主要使用的材料包括硅、形状记忆合金、压电材料、电致伸缩材料、磁致伸缩材料、电流变体、凝胶等。表 15-3-1 列出了微机电系统中所使用的几种常用材料的力学和物理特性参数。

表 15-3-1　常用 MEMS 材料的性能参数

材料	杨氏模量 E /($\times10^{11}$ N / m^2)	密度 ρ /(g / cm^3)	热导率 k /(W / (cm · ℃))	热膨胀系数 α / ($\times10^{-6}$ ℃)	熔点 T /℃
Si	1.90	2.30	1.57	2.33	1400
SiC	7.00	3.20	3.50	3.30	2300
Si_3N_4	3.85	3.10	0.19	0.80	1930
SiO_2	0.73	2.27	0.014	0.50	1700
铝	0.70	2.70	2.36	25	660
铜	0.11	8.9	3.93	16.56	1080

硅(Si)是微机电系统中最重要的材料之一，也是用于制造微传感器和微执行器的基本材料。硅作为一种优良的半导体材料，已广泛应用于各种半导体器件中。微电子工业就是利用了硅单晶极好的电子学方面的特性，将其和其他电子器件如 P 型和 N 型压阻元件等集成在同一基底上。作为微机电系统的主要材料，硅也有很好的机械特性和其他的一些特性，它的杨氏模量约为1.9×10^5MPa，密度约为$2.3\text{g}/\text{cm}^3$，熔点为 1400℃，可以在较高的温度下保持稳定的状态，硅单晶的断裂强度比不锈钢高，弹性模量与不锈钢接近，其强度、硬度和杨氏模量与铁相当，密度类似铝，热传导率与钼和钨接近；硅材料的谐振频率高、工作频带宽，响应时间短，敏感区间小，空间解析度高。硅还具有多种优异的传感特性，如压阻效应、霍尔效应等。

二氧化硅(SiO_2)也是常用的硅化合物之一，可以通过在含有氧气的氧化剂中添加热硅材料进行制备。二氧化硅具有较高的电阻率，因此可以作为热和电的绝缘体，此外它也具备良好的抗刻蚀性能，因此可以作为硅表面微加工工艺中的牺牲层或者掩膜。

碳化硅(SiC)具有较好的高温尺寸稳定性和化学稳定性，同时作为宽禁带半导体，具有良好的电学特性，如高饱和电子迁移速率和高热导率。由于碳化硅具有比硅更高的硬度和耐磨损、耐腐蚀等特性，因此可以作为硅器件的表面保护层，或者作为抗刻蚀的掩膜或者保护层来使用，常用的刻蚀剂如 KOH 和 HF 都无法将其腐蚀，碳化硅薄膜可以在硅、二氧化硅、氮化硅等多种基底上生长，因此制造工艺良好，便于集成。

氮化硅(Si_3N_4)同样具有良好的耐高温抗氧化性能和抗腐蚀特性，可以较好地阻挡水分子和离子(如钠离子)的扩散，因此可以作为衬底隔离或密封、表面钝化、刻蚀掩膜和悬浮结构的电气绝缘层材料。

多晶硅则主要用于制备电阻、晶体管的栅极以及薄膜晶体管，多晶硅进行 N 型掺杂(掺入砷和磷)或者 P 型掺杂(掺入硼)之后可以作为半导体使用，多晶硅本身是由随机尺寸和随机取向的单晶硅小颗粒组成的，可以看成一种各向同性的硅材料，多晶硅一般采用低压化学气相沉积的方法进行制备，沉积温度为 550～700℃，制备时在硅烷气体中混入磷烷或者硼烷就可以进行掺杂。

聚合物材料一般指由小分子(主要为碳氢化合物有机分子)构造而成的链状分子,微机电制造工艺中使用的常用聚合物材料包括聚酰亚胺(PI)、聚二甲基硅氧烷(PDMS)和聚甲基丙烯酸甲酯(PMMA)等。聚酰亚胺(PI)是一种耐高温聚合物，具有良好的物理和化学稳定性，相对介电常数为 3.4 左右，具备良好的绝缘性，生物兼容性好且具有一定的韧性和柔性，可以作为大部分柔性微纳器件的衬底材料。聚二甲基硅氧烷(PDMS)也是一种高分子聚合物，具备良好的弹性、化学稳定性和生物兼容性，因此可以被大量使用在生物 MEMS 器件特别是微流体芯片中，但其本身强度较差，需要配合硅或者二氧化硅基底使用。聚甲基丙烯酸甲酯(PMMA)也称为亚克力，即有机玻璃，其具有良好的机械和力学特性，拉伸强度高，具有良好的介电和电绝缘特性，加工方便，可以作为微机电器件的结构部件。

除此以外，其他智能材料如磁致伸缩金属(如 NiCo、FeCo 和镍铁氧体等)、形状记忆合金、磁流变液、电流变液等也开始被运用到一些特定性能要求的微机电器件中。

15.3.3　微机电加工工艺

微传感器制作技术广泛应用了微机械加工技术。微机械加工技术是大规模集成电路芯片工艺的延续和扩展，因此很多集成电路的制造工艺也被用来加工 MEMS 器件，微机电加工技术包括精密微细刻蚀技术、表面薄膜生成技术、固相键合技术、表面微机械加工技术和光刻技术等。微机电系统除了需要特殊技术外，同样大量应用了常规集成电路的工艺，如氧化、掺杂、外延、光刻、淀积、钝化等微细工艺。

1. 光刻技术

光刻(Lithography)指利用光学成像技术将掩膜上的图形转移到衬底表面,在衬底表面制备出亚微米级图形，可以在体微加工工艺中制备腐蚀空腔、表面微加工工艺中进行牺牲层薄膜的沉积和腐蚀，以及构建传感器的信号处理电路等，随着近年来半导体技术的发展，光刻技术的极限尺寸已经从毫米级缩小到亚微米级，从常规的光学技术到利用电子束、X 射线、微离子束和激光等新技术。

光刻工艺的基本流程如图 15-3-1 所示，首先需要制作光刻掩膜，掩膜一般选择透明的材料如石英和玻璃等，在其表面溅射或者蒸镀一层金属铬，然后根据设计的图形在铬薄膜上腐蚀出透光区，器件的基底可以采用单晶硅、二氧化硅和氧化硅等材料。完整的光刻工艺包括硅片表面清洗烘干、涂底、旋涂光刻胶、软烘、曝光、后烘、显影、硬烘、刻蚀、检测等工序。硅片清洗烘干完毕后，在其表面进行旋涂光刻胶，光刻胶的厚度一般与曝光的光源波长相关。目前所用的光刻胶一般利用树脂、感光剂及其他溶剂混合而成，根据曝光后特性的不同，可以分为正光刻胶和负光刻胶，正光刻胶不溶于显影剂，但遇到紫外线照射后光敏树脂中的分子链被裂解，使其容易溶于显影液；负光刻胶则与正光刻胶相反，在紫外线中曝光后分子之间产生链接，不容易溶于显影液中。

曝光分为接触式曝光和非接触式曝光，其区别在于曝光时掩膜和硅片之间的相对距离。接触式曝光具有分辨率高、转印面积大、转印精度高、设备简单、操作方便等优点，但曝光时掩膜直接与光刻胶层接触，容易污损掩膜和损伤晶片上的感光胶图层，对准精度也受到限制。非接触式曝光指在投影曝光过程中，掩膜图形经过光学系统在光刻胶上成像，掩膜和硅片上的光刻胶层不会接触，对准精度和成品率都较高，但投影设备复杂，技术难度也高。曝光时，在硅片基底表面旋涂光刻胶，紫外线透过掩膜照射到光刻胶上，曝光后的光刻胶图案

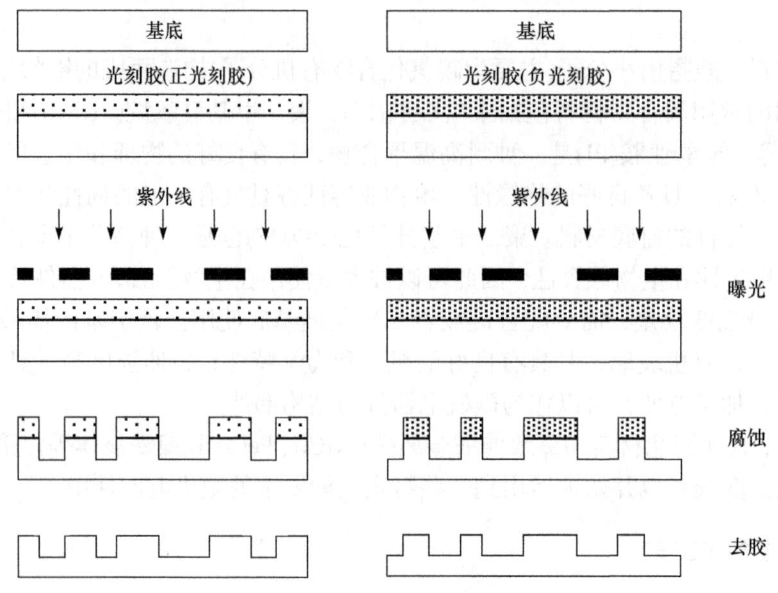

图 15-3-1　光刻工艺的基本流程

成型后具有一定的抗腐蚀性，然后通过蒸镀或者溅射工艺，将金属薄膜沉积到光刻胶表面，再在显影液中进行清洗，附着在硅基底的金属薄膜层得以保留，而附着在光刻胶上的金属则随着光刻胶的溶解而与基底分裂，并在硅片基底上形成所需的图案。

其中，刻蚀(也称为腐蚀)是一种对材料的某些部分进行有选择地去除的工艺。腐蚀加工常用化学腐蚀和离子刻蚀技术。采用化学腐蚀液的称为化学刻蚀，也称为湿法刻蚀；采用惰性气体的称为离子刻蚀，也称为干法刻蚀。由于化学刻蚀操作简单，并可较好地控制被刻蚀的结构轮廓，所以实际中常采用化学刻蚀方法。

如图 15-3-2(a)、(b)所示，先在单晶硅的(100)晶面生长一层氧化层作为光掩膜，并在其上覆盖光刻胶形成图案，再浸入氢氟酸中，进行腐蚀。

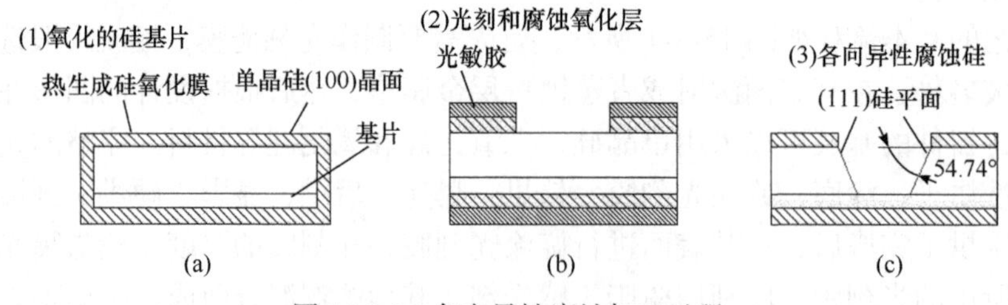

图 15-3-2　各向异性腐蚀加工过程

然后将此片置于各向异性的腐蚀液(如乙二胺+邻苯二酚+水)对晶面进行纵向腐蚀,腐蚀出腔体的界面为(111)晶面，与(100)晶面的夹角为 54.74°，如图 15-3-2(c)所示。

2. 牺牲层技术

在表面微加工技术中，为了获得有空腔和可活动的微结构，常采用“牺牲层”技术，这种技术可以形成很多器件的悬空微结构，如微型悬臂梁、微型腔、加速度计、陀螺仪、微探针和大量生物 MEMS 器件及射频 MEMS 器件等。牺牲层腐蚀可以选择性地移除表面薄膜或者结构层下的部分衬底，从而使得结构层变得“悬浮”起来，仅在预定义的连接处与衬底相连接。采用液体或者气体腐蚀剂的横向腐蚀可以将牺牲层移除而将所需的结构层完整地保留下来。一般来说，横向腐蚀很难通过干式等离子刻蚀或者反应离子刻蚀来实现，而湿法刻蚀由于可以进入较窄的结构缝隙中有效地去除牺牲层。某些器件加工时需要在牺牲层和衬底之间做一层隔离层，例如，采用低压化学气相淀积形成的氮化硅层用作电隔离。

图 15-3-3 是利用这种工艺制造多晶硅梁的过程。在 N 型硅(100)基底上淀积一层 Si_3N_4 作为多晶硅的绝缘支撑，并刻出窗口，如图 15-3-3(a)所示。利用局部氧化技术在窗口处生成一层 SiO_2 作为牺牲层,如图 15-3-3(b)所示。

在 SiO_2 层及余下的 Si_3N_4 上生成一层多晶硅膜并刻出微型硅梁，如图 15-3-3(c)所示。腐蚀掉 SiO_2 层形成空腔，即可得到桥式硅梁，如图 15-3-3(d)所示。另外，在腐蚀 SiO_2 层前先溅铝，刻出铝压焊块，以便引线。

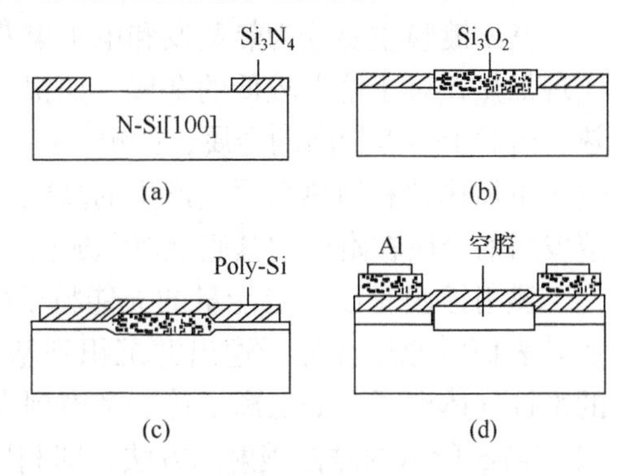

图 15-3-3　牺牲层硅梁制作过程

图 15-3-4 是微型硅传感器的一些基本弹性结构，这些结构已成功地应用在微型谐振型传感器、加速度传感器、流量传感器和压电式传感器中。

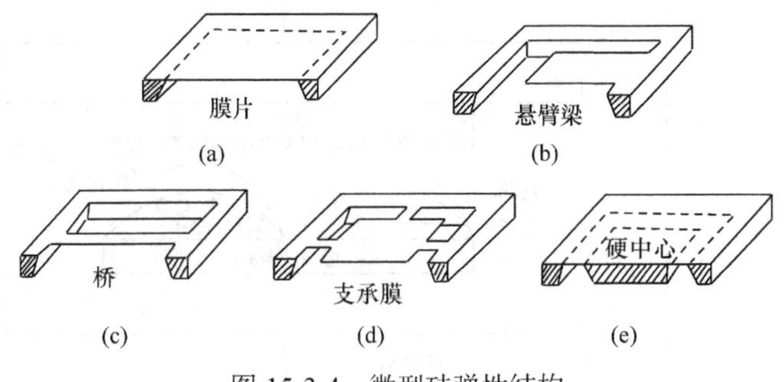

图 15-3-4　微型硅弹性结构

3. 薄膜加工技术

在微型传感器中，利用化学气相沉积(CVD)、物理气相沉积(PVD)、真空蒸镀、溅射成膜等工艺，在一定的基底上加工成零点几微米至几微米的金属、半导体或氧化物薄膜，这些薄膜可以加工成各种梁、桥、膜等微型弹性元件，也可加工为转换元件，有的可作为绝缘膜，有的可用作控制尺寸的牺牲层，在加工完成之前去掉，在传感器的研制中得到了广泛应用。

化学气相沉积指利用物理加热、等离子或光照射等方式，在容器内使得蒸汽状态下的化学物质在固体表面经化学反应形成固态薄膜的加工技术，目前常用的化学气相沉积技术主要包括以下几种：①常压化学气相沉积(APCVD)：在大气压力常压下，在开放环境下进行化学气相沉积，该方法不需要真空系统，沉积速度快，沉积温度低(350～400℃)，但由于反应速度较快，容易形成生成物颗粒落在硅片表面，影响硅片表面的薄膜生长。②低压化学气相沉积(LPCVD)：将反应容器内的压力降低到 133Pa 以下进行化学气相沉积，该种方法的薄膜质量好，能减小反应物颗粒形成，适合进行批量化生产，但反应速率较低，需要较高的反应温度。③等离子体增强型化学气相沉积(PECVD)：在容器内通过射频形成的等离子体来增强化学反应，从而降低了沉积所需温度，可以在常温下进行，反应温度低，沉积速率高，适合于低熔点金属薄膜层的后续工艺。

物理气相沉积指主要采用物理方法实现在基底表面形成薄膜的方式，例如，真空镀膜，即通过将镀膜材料(主要是各类金属)置于真空容器内，在真空条件下，利用高能量将镀膜材料转换为分子散布到容器中，当将基底放置于真空容器中时，容器中散布的分子就会沉积到基底表面形成薄膜，主要的真空镀膜方式有以下两种：蒸发镀膜和溅射镀膜。

蒸发镀膜主要分为热蒸发和电子束蒸发。热蒸发可以通过电流发热或者磁场感应涡流来实现加热，对于熔点较低的金属，如银、铝和金等，可以采用在线圈中通入高电流来实现加热，而对于熔点较高的金属，如钽、钨、钼、钛等，则需要利用感应涡流进行高温加热实现；电子束加热则利用热金属丝产生的高能电子束轰击放在冷却容器中的镀膜材料并使之蒸发，蒸发后的金属在附近的基底上沉积成薄膜。

溅射镀膜是以一定能量的充能粒子(离子、原子和分子等)在真空状态下轰击靶材表面，使其表面的原子和分子逸出并沉积到基底表面的工艺，溅射所使用的粒子一般为带正电荷的惰性气体离子，如氩离子等。考虑到直接溅射的效率较低，为了提高加工效率，可以利用图 15-3-5 所示的磁控溅射的方法，即利用电磁和磁场的交互作用原理，使电子的运动轨迹加长，并汇集在镀膜材料附近，被磁场束缚的电子与惰性气体碰撞次数增加，大大提高了离化率。

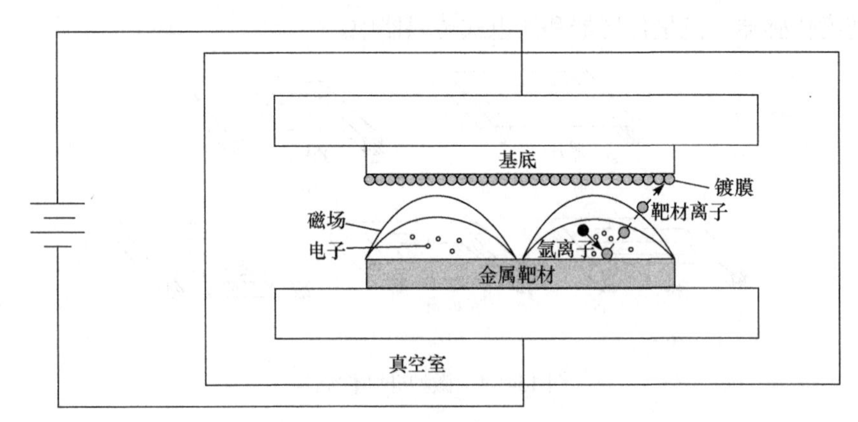

图 15-3-5　磁控溅射镀膜原理图

4. 键合技术

键合技术是指不用胶和黏合剂而将材料层融合到一起形成很强的键的一种加工方法。键合技术主要通过加电、加热或加压的方法，使材料层很好地连接在一起。主要方法有静电键合(或称阳极键合)、热键合、金属共熔键合、低温玻璃键合和冷压焊键合等。常用的互联材料有金属(合金)和硅、玻璃和硅、硅和硅以及金属和金属等。

阳极键合是目前较为普遍使用的一种键合方式，其基本原理是在一定温度下通过静电力作用，使接触界面通过化学反应形成化学键，从而实现长久性的黏合，在较低温度下可以实现硅-玻璃、玻璃-金属、合金-半导体、玻璃-半导体的直接键合，并具有良好的气密性和稳定性，整个过程可以在真空、惰性气体或者大气中进行，具有残余应力小、结合强度高、密封性能好等特点，以图 15-3-6 中的硅和玻璃的阳极键合为例，玻璃本身为绝缘体，键合时玻璃上表面施加负电压，当在高温及强电场状态下，玻璃中的碱金属钠离子在电场作用下会向阴极迁移，并在玻璃上表面聚集形成正电性，而玻璃中的 O^{2-}则在电场的作用下移动到与硅接触的玻璃的下表面，形成负电性，最终在静电力的作用下，硅片和玻璃紧密结合，氧离子和硅离子化合形成 SiO_2，使得玻璃和硅永久键合。

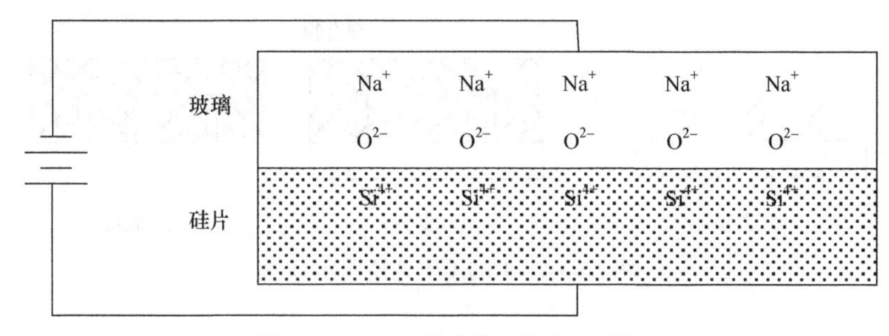

图 15-3-6　硅-玻璃阳极键合示意图

热键合技术也称为熔融键合技术，这种技术是指通过高温处理将硅晶片加热至 1000℃，使其处于熔融状态，并依靠分子力使两硅片结合在一起，并辅以高温退火过程完成键合。该种键合技术的优点是可以获得硅-硅键合界面，得到一体化的硅结构，并实现材料热膨胀系数、弹性系数的最佳匹配，气密性好并有利于提高结构长期稳定性，但对键合表面的质量要求很高，硅片表面必须清洁、光滑和平整，表面不能有粒子污染，氧化层要尽量薄，键合前要进行抛光。硅熔融键合的键合强度和键合后的退火温度有关，当退火温度达到 700℃以上时，键合强度显著增加，因此熔融键合的常用退火温度高达 1100～1400℃，不适用于含有金属薄膜层的 MEMS 器件加工。除了热键合和阳极键合以外，还可以利用其他有机键合物，如光刻胶、聚酰亚胺、聚对二甲苯作为中间层进行键合。

5. LIGA 工艺

LIGA 是德语光刻(Lithographie)、电铸(Galvanoformung)和模压(Abformung)的缩写组合，该工艺利用高能 X 射线对厚几微米或几厘米的光刻胶进行辐射和曝光，形成高深宽比的三维光刻胶结构，然后通过金属蒸镀，将金属填充到光刻胶模具中，再除去光刻胶，最后得到独立的金属结构，使用得到的金属模具进行微复制成型。LIGA 工艺中的基底需要采用导体或者涂有导电材料的绝缘体制成，以便于进行后续的电镀工艺，LIGA 工艺中首选的光刻胶材料为 PMMA，其基本要求是光刻胶必须对 X 射线辐射敏感，对干法和湿法刻蚀具有较强的抗腐蚀性，在 140℃以上保持良好的稳定性，在电镀过程中与基底保持良好的黏合性。LIGA 工艺的最小线宽可以达到亚微米级别，适合制造高深宽比(深宽比超过 100)的微结构，但 LIGA 工艺需要利用同步 X 射线作为曝光光源，对光刻掩膜的要求也高，整体工艺成本较高。为了降低成本，研究者开发了称为准 LIGA 技术的一系列替代工艺，如采用 SU-8 光刻胶进行深紫外线曝光来取代同步 X 射线曝光，或者利用准分子激光或者深度反应离子刻蚀制作模具来取代同步 X 射线曝光和电铸制备的金属模具等，准 LIGA 工艺的最小线宽为微米级，所能制备的微结构的深宽比也小于标准 LIGA 工艺，图 15-3-7 所示为利用 LIGA 技术制造高深宽比微结构的流程示意图。

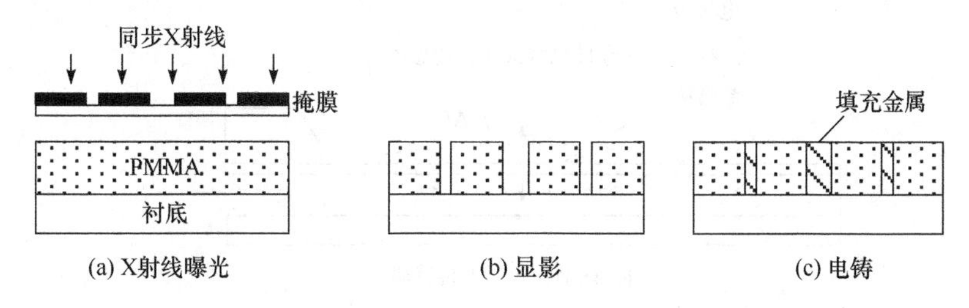

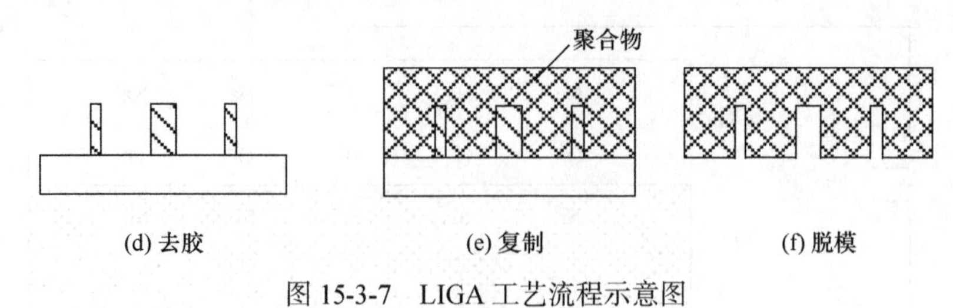

图 15-3-7 LIGA 工艺流程示意图

15.4 微传感器的应用

随着电子技术的发展，MEMS 的应用领域越来越广泛，由最早的工业、军用航空应用走向普通的民用和消费市场。在智能手机上，MEMS 传感器广泛应用在声音性能、场景切换、手势识别、方向定位以及温度/压力/湿度传感器等方面；在汽车上，MEMS 传感器借助气囊碰撞传感器、胎压监测系统(TPMS)和车辆稳定性控制增强车辆的性能；医疗领域，通过 MEMS 传感器成功研制出微型胰岛素注射泵，并使心脏搭桥移植和人工细胞组织成为现实中可实际使用的治疗方式；在可穿戴应用中，MEMS 传感器可实现运动追踪、心跳速率测量等。

15.4.1 微型压力传感器

MEMS 压力传感器是最早开始研制的微机械产品，也是微机械技术中最成熟、最早开始产业化的产品，绝大部分 MEMS 压力传感器的传感元件为硅膜片，按照信号检测方式和敏感机理的不同，MEMS 压力传感器分为压阻式压力传感器、电容式压力传感器以及谐振式压力传感器，可以通过体微机械加工技术和牺牲层技术制造，从敏感膜结构来看，有圆形、方形、矩形、E 形等多种结构。

图 15-4-1(a)中显示的是 MEMS 压阻式压力传感器，压敏电阻被扩散在硅膜片上，并扩散

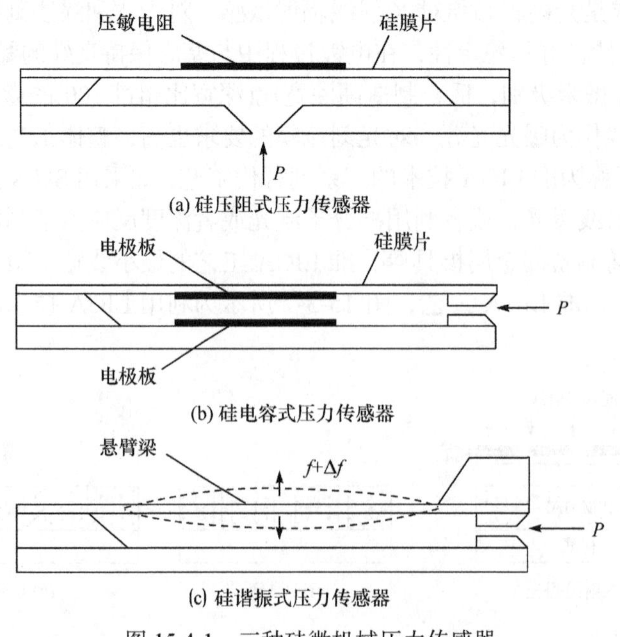

图 15-4-1 三种硅微机械压力传感器

为惠斯通测量电桥，当被测压力作用在硅膜片上时，膜片表面发生变形，并引起压敏电阻的阻值变化，通过测量电桥输出电压值即可以得到压力大小；图 15-4-1(b)中为硅电容式压力传感器，淀积在膜片下表面的金属层形成电容器的活动电极，另一电极淀积在硅衬底表面，两个电极构成平行板电容器，当模块承受压力发生弯曲变形时，极板之间的间距改变，从而引起电容变化，进而得到压力测量值；图 15-4-1(c)中为硅谐振式压力传感器，当硅膜片受到激励产生谐振动时，施加压力改变膜片的刚度，进而影响硅膜片的谐振频率，通过测量硅膜片的谐振频率的改变量得到被测压力大小。

15.4.2 微型加速度传感器

硅微加速度传感器是继微压力传感器之后第二个进入市场的微机械传感器，其主要类型有压阻式、电容式、力平衡式和谐振式等。

1) 压阻式加速度微传感器

悬臂梁式加速度微传感器具体结构是由一块硅片(包括敏感质量块和悬臂梁)和两块玻璃键合而成的，硅片键合在两片玻璃中间，以保护此结构，并限制冲击和减振。从而形成质量块的封闭腔，如图 15-4-2 所示。在悬臂梁上，通过扩散法集成了压敏电阻。当质量块运动时，悬臂梁弯曲，于是压敏电阻的阻值就发生变化。

制作这样一个加速度微传感器的基本工艺过程如下。首先在硅片上腐蚀一些定位孔，接着在硅片上生长一层带有一定图形的大约 1.5μm 厚的氧化物。然后进行两次扩散，一次形成连接线，一次形成压敏电阻。在硅片正面淀积一层厚的、致密的氧化物，对硅片背面氧化物图形化，再用 KOH(氢氧化钾溶液)刻蚀以形成梁的形状。对正面的氧化物图形化，并使用 KOH 对其刻蚀以形成质量块的活动间隙。接下来，金属化玻璃层以形成必要的空腔，再在玻璃上淀积并图形化一层 Al，用来形成键合盘。接着，硅晶片夹在两层玻璃之间键合，压阻式加速度微传感器就制作完成了，如图 15-4-3 所示。

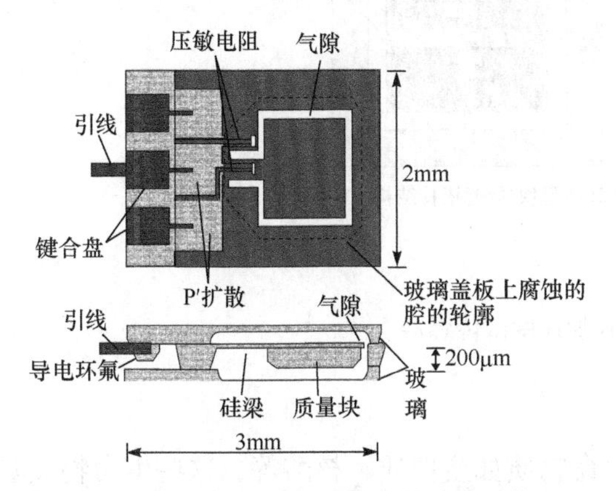

图 15-4-2　悬臂梁式加速度微传感器结构图

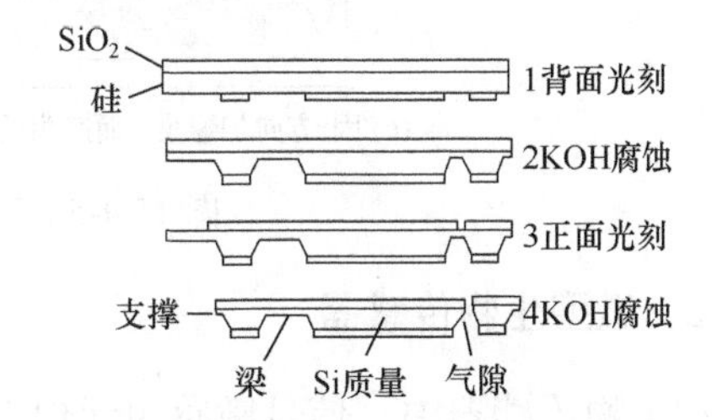

图 15-4-3　压阻式加速度微传感器制作过程

压阻式加速度微传感器具有制造工序简单，检测电阻变化的电子线路也相对简单等优点。但其缺点是对温度敏感、灵敏度较低等。为了改进压阻式加速度微传感器的性能，许多更复杂的压阻式加速度微传感器已被研制出来。

2) 电容式加速度微传感器

电容式加速度微传感器具有灵敏度高、直流响应和信噪比特性好、漂移低、低温灵敏度好以及功耗低等优点。但同时也有检测电路复杂等缺点。电容式加速度微传感器的接口电路必须置于传感器的邻近处(最好是集成在一起)，以减少寄生电容对测量精确度的影响。

图 15-4-4 所示的电容式加速度微传感器采用了硅片和玻璃键合的方法，利用较为厚重的敏感质量块以得到高灵敏度，质量块则由一个悬臂梁来支撑。对电容式加速度微传感器的改进，主要是在敏感质量块上。有些采用双悬臂梁、四悬臂梁，甚至八悬臂梁等结构形式，还有一种改进是利用一个敏感质量块实现三轴加速度测量的微传感器，图 15-4-5 所示即这种加速度微传感器的示意图。在此结构中，敏感质量块具有四个电极，并且具有苜蓿叶式的形状，由四个梁支悬。质量块的特殊形状使微小面积内可以制作出相对长的梁以及大的电容电极。z 方向加速度造成敏感质量块同向平移，其结果是所有 4 个电容的容值变化相同，如图 15-4-5(b)所示，而 x 或 y 方向的加速度则使质量块倾斜，如图 15-4-5(c)所示。此时，两个电容值增加，两个电容值减少，这样就可测出三个方向的加速度值。

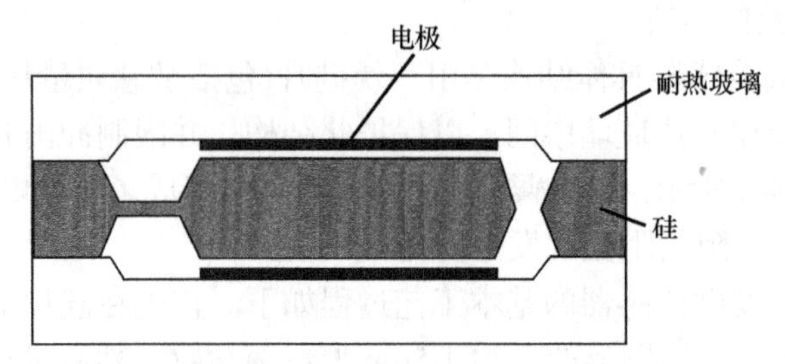

图 15-4-4　电容式加速度微传感器结构示意图

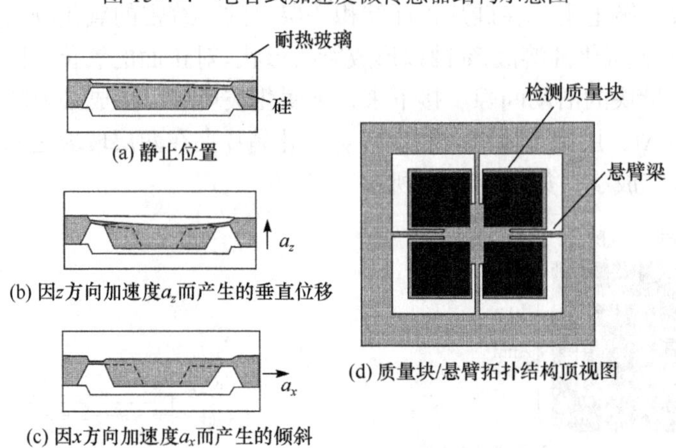

图 15-4-5　三轴电容式加速度微传感器

15.4.3　微型生物传感器

在生物传感器中，信号敏感单元包括各种生命物质如蛋白质、核酸等，这些生命物质具有分子识别功能，能够和被检测物质的分子发生特异性的相互作用，并通过合适的换能器转换为可检测的信号，分子间的特异性相互作用可以分为亲和作用和代谢作用两种类型。亲和作用即生物大分子与被测物质特异性结合，如抗原和抗体、互补的 DNA 单链等，使固定在换能器上的敏感材料的物理特性(如电学特性、热血特性、光学性能等)或器件参数(如质量、尺寸等)发生变化；代谢作用指固定在换能器上的生物大分子在接触被测物分子时，将其转化为可以被换能器响应或者检测的化学物质。

生物传感器按照所采用的生物敏感介质的不同，如图 15-4-6 所示，可以分为酶传感器、免疫传感器、微生物传感器、细胞传感器和 DNA 传感器等，制作方法一般是在芯片或传感器衬底表面挂一层分子膜，作为结合层，然后在这层膜表面耦合探测分子，构成传感面，当含有被探测分子的溶液从传感面流过时，被测分子和探测分子结合引起敏感元件的变形或者频率、重量、光学特性等参数变化，从而推算出被测分子的浓度、活性等相关物理量。

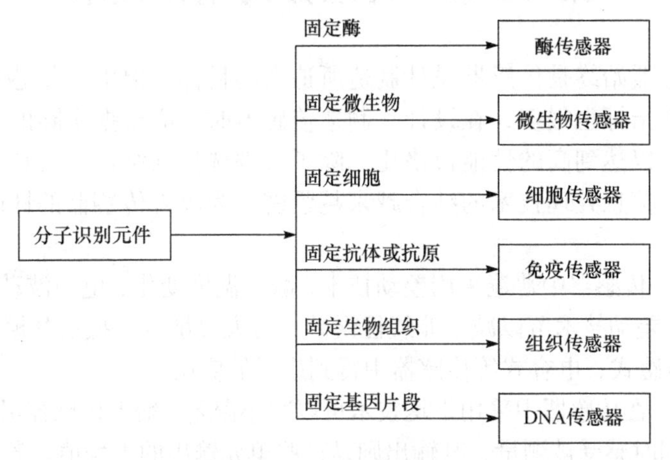

图 15-4-6　生物传感器的分类

习题与思考题

15-1　微传感器与常规传感器相比有哪些特点?

15-2　尺度效应对微机电系统的设计存在哪些影响?

15-3　简述光刻技术的基本流程。

15-4　简述硅牺牲层技术的原理和用途。

第16章　传感器高精化技术

高精度的传感器始终是传感器设计制造所追求的目标。但由于传感器种类繁多，决定传感器性能的技术指标也很多，在设计、制造传感器时，应根据实际的需要与可能，全面衡量传感器性能，以达到高的性能价格比。除了合理选择其结构、材料和参数外，现代传感器技术与电子、信息处理技术的结合越来越紧密，为改善传感器的性能，还可以采用下列技术途径。

(1) 差动技术：传感器中普遍采用差动技术，减小温度变化、电源波动、外界干扰等对传感器精度的影响。差动技术可以减小非线性误差，增大灵敏度，抵消共模误差。差动技术已在电阻应变式、电感式、电容式等传感器中得到广泛的应用。

(2) 平均技术：在传感器中采用平均技术可以减小误差，增大传感器灵敏度。其原理是利用 n 个传感单元同时感受被测量，其输出则是这些单元输出的平均值，若将每个单元可能带来的误差 δ 均看作随机误差且服从正态分布，根据误差理论，总的误差将减小为

$$\Delta = \pm\frac{\delta}{\sqrt{n}}$$

另外，在相同条件下的测量重复 n 次或进行 n 次采样，然后进行数据处理，随机误差也将减小 $\sqrt{n}$ 倍。对于带有微处理芯片的智能化传感器实现起来尤为方便。

(3) 补偿与校正技术：传感器产生误差的原因有很多，采用一定技术措施后仍难以满足要求，或虽然可满足要求，但因价格昂贵或技术过分复杂而实现困难。这时，可以采用补偿与校正技术，找出误差的变化规律，采用修正的方法(如修正曲线或公式)加以补偿或校正，例如，对非线性、温差等常用此法。

补偿与校正，可以利用电子技术通过线路(硬件)来解决；也可以采用计算机通过软件来实现，后者越来越多地被采用。

(4) 屏蔽、隔离与干扰抑制：传感器的工作现场，往往存在各种干扰，如机械干扰(振动与冲击)、热干扰(温度与湿度变化)、电磁干扰、光干扰等。传感器除能敏感有用信号外，对外界其他无用信号也敏感，各种干扰因素的影响造成测量误差。

削弱或消除外界因素对传感器影响的方法归纳起来有两种：一是减小传感器对各种干扰的灵敏度；二是降低外界因素对传感器实际作用的强度。如对于电磁干扰，可以采用屏蔽、隔离等措施，对于温度、湿度、机械振动可进行相应的隔热、密封、隔振等，或者在变换成电量后对干扰信号进行分离或抑制，减小其影响。

(5) 稳定性处理：稳定性是传感器的重要技术指标，其重要性甚至胜过精度指标，对决定传感器能否长期反复使用显得特别重要。

造成传感器性能不稳定的原因是：随着时间的推移和环境条件的变化，构成传感器的各种材料与元器件性能将发生变化。

为了提高传感器性能的稳定性，常对材料、元器件或传感器整体进行必要的稳定性处理。例如，结构材料的时效处理、冷却处理，永磁材料的时间老化、温度老化、机械老化及交流

稳磁处理，电气元件的老化筛选等。

(6) 集成化与智能化：传感器的集成化与智能化，可以大大扩展传感器的功能，改善传感器的性能，提高其性能价格比。

下面对相关措施进行详细论述。具体内容请扫描二维码查看。

16.1　传感器补偿技术

16.1.1　调零、偏置与零点温度补偿

16.1.2　增益调整与增益温度补偿

16.1节

16.1.3　线性化补偿技术

16.1.4　比对法补偿技术

16.1.5　自动平衡法补偿技术

16.2　传感器抗干扰措施

16.2.1　干扰与噪声的基本概念

16.2节

16.2.2　干扰的耦合方式

16.2.3　抑制干扰的技术方法

16.3　传感器的智能化

16.3.1　智能化传感器的概述

16.3节

16.3.2　智能化传感器中的数据处理

16.3.3　智能化传感器典型应用

16.4　多传感器信息融合

16.4.1　多传感器信息融合的概念

16.4节

16.4.2　多传感器信息融合的方法

16.4.3　多传感器信息融合的应用

16.5　无线传感器网络

16.5.1　无线传感器网络概述

16.5节

16.5.2　无线传感器网络及相关技术

16.5.3　无线传感器网络的应用

习题与思考题

16-1　为了提高传感器的性能，通常可以采取的措施有哪些？

16-2　举例说明传感器差动技术的原理。

16-3　什么是传感器自动平衡技术？说明传感器闭环技术的原理及特点。

16-4　什么是智能传感器？它与一般传感器有哪些区别？

16-5　多传感器融合的三个层次是什么？

16-6　什么是无线传感器网络？传感器网络节点的组成有哪几个部分？举例传感器网络可能的应用场合。

部分习题参考答案

第 2 章　传感器的一般特性

2-2　26.5Hz，29.3%

2-3　10s，5×10^{-6}V/℃；0.33s，2.3V/Pa

2-4　535.7℃，504.3℃，−38.2°，8.4s

2-5　0.63V，0.86V，0.95V，0.98V；2.72V/s

2-6　59%，33%，20%

2-7　0.53ms，1.4%，−9.3°

2-9　4.9kg/s

2-11　4%，−7.99°

2-12　1.5×10^5rad/s，0.01，4.89pC·s^2/m，5.06kHz

2-13　0～1.74kHz

第 4 章　应变式传感器

4-1　1500με，0.2%

4-2　2，5%

4-4　1.04mV，0.875mV，0.583mV

4-5　1.97×10^{-3}，0.24Ω

4-6　9.35×10^{-4}

4-7　7.71mV

4-8　5000με，0.025V

4-9　31.8×10^3kg·cm

4-10　(1) $a/\sqrt{3}$

4-11　17.8mV

4-12　3.12×10^{-8}(mV/N)/V

第 5 章　电容式传感器

5-2　(1)1.2×10^5V/m

5-3　(1)±0.049pF

第 6 章　变磁阻式传感器

6-1　(1)85.4Ω；(2)0.117V，0.234V；(3)27.9°

第 7 章　磁电式传感器

7-1　800N/m

7-2 837N/m，6000mV·m^{-1}·s

7-3 3.515

7-5 0.4%

第 8 章 压电式传感器

8-2 0.24Hz

8-3 93.7%

8-4 969MΩ

8-5 7.04kHz

8-13 −2.56N，256N，−1920N

8-14 (1)1.05pC；(2)1000pC

8-15 (1)2.5×10^{9}V/cm；(2)119.6Hz；(3)4.84×10^{4}pF

第 9 章 声表面波传感器

9-7 2.26%

9-14 10.18kHz/℃

9-16 6561，429981696，±45°

第 10 章 光纤传感器

10-5 0.17，9.78

10-7 2.4×10^{-7}rad

第 11 章 磁敏传感器

11-6 1.2×10^{-2}～60mV

11-7 −12～12mV

第 12 章 热电式传感器

12-1 46mV

12-2 605Ω

12-3 29kΩ

12-5 15s 达到稳定值的 95%

第 13 章 压阻式传感器

13-3 −6.6×10^{-11}m^2/N，−1.1×10^{-11}m^2/N

13-4 2.96×10^{4}N/m^2， 4 × 10^{4}N/m^2

13-5 (1) 143MPa；

(2) P 型硅：$\left(\dfrac{\Delta R}{R}\right)_{\rm r}=0, \left(\dfrac{\Delta R}{R}\right)_{\rm t}=0$；

N 型硅：$\left(\dfrac{\Delta R}{R}\right)_{\rm r}=0.146, \left(\dfrac{\Delta R}{R}\right)_{\rm t}=0.073$

参考文献

陈裕泉, 葛文勋, 2007. 现代传感器原理及应用. 北京: 科学出版社.
戴焯, 2010. 传感器原理与应用. 北京: 北京理工大学出版社.
董永贵, 2006. 传感技术与系统. 北京: 清华大学出版社.
都甲洁, 宫城幸一郎, 2003. 图说传感器. 李林, 译. 北京: 科学出版社.
ELWENSPOEK M, WIEGERINK R, 2003. 硅微机械传感器. 陶家渠, 等译. 北京: 中国宇航出版社.
樊尚春, 2004. 传感器技术及应用. 北京: 北京航空航天大学出版社.
何道清, 张禾, 谌海云, 2004. 传感器与传感器技术. 北京: 科学出版社.
蒋蓁, 罗均, 谢少荣, 2005. 微型传感器及其应用. 北京: 化学工业出版社.
靳伟, 廖廷彪, 张志鹏, 1998. 导波光学传感器: 原理与技术. 北京: 科学出版社.
李科杰, 2002. 新编传感器技术手册. 北京: 国防工业出版社.
李艳红, 李海华, 杨玉蓓, 2016. 传感器原理及实际应用设计. 北京: 北京理工大学出版社.
林玉池, 曾周末, 2009. 现代传感技术与系统. 北京: 机械工业出版社.
刘笃仁, 韩保君, 刘靳, 2009. 传感器原理及应用技术. 2 版. 西安: 西安电子科技大学出版社.
刘君华, 2010. 智能传感器系统. 2 版. 西安: 西安电子科技大学出版社.
刘迎春, 叶湘滨, 1998. 现代新型传感器原理与应用. 北京: 国防工业出版社.
刘迎春, 叶湘滨, 2004. 传感器原理设计与应用. 4 版. 长沙: 国防科技大学出版社.
娄利飞, 2010. 微机电系统与设计. 北京: 电子工业出版社.
孟立凡, 郑宾, 2005. 传感器原理及技术. 北京: 国防工业出版社.
莫锦秋, 梁庆华, 王石刚, 2015. 微机电系统及工程应用. 北京: 化学工业出版社.
强锡富, 2004. 传感器. 3 版. 北京: 机械工业出版社.
单成祥, 1999. 传感器的理论与设计基础及其应用. 北京: 国防工业出版社.
宋强, 张烨, 王瑞, 2016. 传感器原理与应用技术. 成都: 西南交通大学出版社.
孙宝元, 杨宝清, 2004. 传感器及其应用手册. 北京: 机械工业出版社.
孙利民, 李建中, 陈渝, 等, 2005. 无线传感器网络. 北京: 清华大学出版社.
孙圣和, 王廷云, 徐颖, 2000. 光纤测量与传感技术. 哈尔滨: 哈尔滨工业大学出版社.
王化祥, 张淑英, 2019. 传感器原理及应用. 4 版. 天津: 天津大学出版社.
王元庆, 2002. 新型传感器原理及应用. 北京: 机械工业出版社.
WEBSTER J G, 2003. 传感器和信号调节. 张伦, 译. 北京: 清华大学出版社.
温殿忠, 赵晓锋, 张振辉, 2008. 传感器原理及应用. 哈尔滨: 黑龙江大学出版社.
吴键, 袁慎芳, 2006. 无线传感器网络节点的设计和实现. 仪器仪表学报, 127(19): 1120-1124.
徐科军, 2004. 传感器与检测技术. 北京: 电子工业出版社.
徐泰然, 2017. MEMS 与微系统——设计、制造及纳尺度工程. 2 版. 梁仁荣, 刘立滨, 等译. 北京: 电子工业出版社.
杨宝清, 2001. 现代传感器技术基础. 北京: 中国铁道出版社.
余瑞芬, 1995. 传感器原理. 北京: 航空工业出版社.
郁有文, 常健, 程继红, 2014. 传感器原理及工程应用. 4 版. 西安: 西安电子科技大学出版社.
袁慎芳, 2007. 结构健康监测. 北京: 国防工业出版社.
苑伟政, 乔大勇, 2014. 微机电系统(MEMS)制造技术. 北京: 科学出版社.
张洪润, 张亚凡, 2005. 传感技术与实验——传感器件外形、标定与实验. 北京: 清华大学出版社.
张培仁, 2012. 传感器原理、检测及其应用. 北京: 清华大学出版社.
郑国钦, 2002. 集成传感器应用入门. 杭州: 浙江科学技术出版社.

中华人民共和国国家质量监督检验检疫总局, 2004. 传感器主要静态性能指标计算方法: GB/T 18459—2001. 北京: 中国标准出版社.

GARDNER J W, VARADAN V K, AWADELKARIM O O, 2004. Microsensors, MEMS, and smart devices. 北京: 清华大学出版社.

GRATTAN K T V, MEGGITT B T, 2000. Optical fiber sensor technology. Boston: Kluwer Academic.

WEBSTER J G, 1999. The measurement, instrumentation and sensors handbook. Abingdon: CRC Press.

WILSON J S, 2005. Sensor technology handbook. Oxford: Elsevier Inc.